Egon Krause

Strömungslehre, Gasdynamik und Aerodynamisches Laboratorium

Egon Krause

Strömungslehre, Gasdynamik und Aerodynamisches Laboratorium

Mit 656 Abbildungen, 42 Tabellen, 208 Aufgaben mit Lösungen sowie 11 ausführlichen Versuchen im Aerodynamischen Laboratorium

B. G. Teubner Stuttgart · Leipzig · Wiesbaden

Bibliografische Information der Deutschen Bibliothek
Die Deutsche Bibliothek verzeichnet diese Publikation in der Deutschen Nationalbibliographie; detaillierte bibliografische Daten sind im Internet uber <http.//dnb ddb de> abrufbar.

Univ.-Prof. em. Prof. h.c. Egon Krause, Ph.D., Studium. Maschinenwesen RWTH Aachen, Dipl -Ing. 1961; Astronautics Polytechnic Institute of Brooklyn, M Sc. 1962; Aeronautics a Astronautics New York Univ., Doctor of Philosophy 1966; Wiss Mitarbeiter DFVLR, 1972 Wiss Rat u. Professor für Aerodynamik des Fluges RWTH Aachen. Von 1973 bis 1998 Univ -Professor fur Stromungslehre und Direktor des Aerodynamischen Instituts an der RWTH Aachen. Dekan der Fakultät für Maschinenwesen und Mitglied des Senats der RWTH von 1992 bis 1994 Max-Planck-Forschungspreis 1993 und andere Auszeichnungen. Fellow of the World Innovation Foundation. Ehrenprofessur an der Russischen Akademie der Wissenschaften 2001.

1. Auflage Oktober 2003

Der B G Teubner Verlag ist ein Unternehmen der Fachverlagsgruppe BertelsmannSpringer.
www.teubner de

Umschlaggestaltung: Ulrike Weigel, www CorporateDesignGroup de
Gedruckt auf säurefreiem und chlorfrei gebleichtem Papier

ISBN-13: 978-3-519-00435-6 e-ISBN-13: 978-3-322-80053-4
DOI: 10.1007/ 978-3-322-80053-4

Vorwort

Während der vergangenen 40 Jahre konnten experimentelle und numerische Methoden der Strömungsmechanik stark verbessert werden. Auf Hochleistungsrechnern werden heute zeitabhängige räumliche Strömungen simuliert und in modernen Windkanälen Geschwindigkeits- und Druckverteilungen, Luftkräfte und -momente für Flugbereiche gemessen, die bisher der Forschung nicht zugänglich waren. Trotz dieser beeindruckenden Entwicklung bilden die Grundlagen immer noch auch 100 Jahre nach der Einführung der Prandtlschen Grenzschichttheorie den Ausgangspunkt für die Lösung von Strömungsproblemen. In dem vorliegenden Buch werden die wichtigen Teilgebiete der Strömungsmechanik inkompressibler und kompressibler Medien vorgestellt und die das Strömungsverhalten beschreibenden Grundgesetze sowie deren Anwendungen in einer den ingenieurwissenschaftlichen Anforderungen angepaßten Form beschrieben.

Das Buch ist in die sechs Abschnitte Strömungslehre I und II, Übungen zu Strömungslehre I und II, Gasdynamik, Übungen zur Gasdynamik und Aerodynamisches Laboratorium gegliedert. Diese Aufteilung lehnt sich an die allgemein an deutschen wie auch an ausländischen Hochschulen akzeptierte und seit langem bewährte Gliederung des Vorlesungsstoffs an. In Strömungslehre I werden nach einleitenden Darstellungen Strömungen im wesentlichen mit dem Impuls- und Impulsmomentensatz beschrieben. In Strömungslehre II werden die vollständigen Bewegungsgleichungen der Strömungsmechanik, die Navier-Stokes-Gleichungen, mit wichtigen asymptotischen Lösungen vorgestellt. Es wird gezeigt, wie Strömungen mit Hilfe von Ähnlichkeitsparametern klassifiziert und spezielle Probleme identifiziert, formuliert und gelöst werden können. In der Gasdynamik wird der Einfluß der veränderlichen Dichte auf das Verhalten von Unterschall- und Überschallströmungen beschrieben.

In den Übungen zu Strömungslehre I und II und zur Gasdynamik wird der dargestellte Stoff mit insgesamt über 200 Übungsaufgaben und getrennt aufgeführten Lösungen vertieft. Es wird gezeigt, wie die Grundgleichungen der Strömungslehre und der Gasdynamik für die einzelnen Problemstellungen vereinfacht und Lösungen konstruiert werden können. Numerischen Methoden wurden nicht angewendet. Hier sollen die grundsätzlichen Zusammenhänge in möglichst geschlossener Form dargestellt werden, um so die enge Verbindung zwischen ingenieurwissenschaftlicher Formulierung strömungsmechanischer Probleme und deren Lösung mit Methoden der angewandten Mathematik zu verdeutlichen. Bei der Auswahl der Aufgaben wurde auch angestrebt, die vielen unterschiedlichen Strömungsformen aufzuzeigen, die in Natur und Technik beobachtet werden.

Wegen der besonderen Bedeutung des Experiments in der Strömungsmechanik wird im letzten Abschnitt, der mit Aerodynamisches Laboratorium überschrieben ist, eine Einführung in die Versuchstechnik gegeben, welche jedoch keinen Anspruch auf eine eingehende oder gar vollständige Darstellung experimenteller Methoden erhebt. Vielmehr soll mit Beschreibungen von Versuchen erläutert werden, wie in Windkanälen und anderen Versuchseinrichtungen experimentelle Daten gewonnen werden können.

Eine gleichnamige Lehrveranstaltung wird seit langem schon im Aerodynamischen Institut der RWTH Aachen durchgeführt. In den Laborübungen werden Funktionsweise von Niedergeschwindigkeits-, Überschallwindkanälen und Meßverfahren mit Versuchen in den Institutsanlagen erklärt, Druckverteilungen an Halbkörper und Tragflügelprofil aufgenommen, Widerstand einer Kugel in inkompressibler und kompressibler Strömung, Luftkräfte und deren Momente an einem Tragflügelprofil, Geschwindigkeitsprofile in einer Plattengrenzschicht und Verluste in einer kompressiblen Rohrströmung vermessen. Ein wichtiger Bestandteil des Laboratoriums ist auch das Erklären von Strömungsanalogien, wie zum Beispiel der Wasseranalogie, nach der sich eine Druckstörung in einem mit einem kompressiblen Gas gefüllten Rohr analog zu einer Druckstörung in einem schießenden Flachwassergerinne ausbreitet.

Dieses Buch ist durch freundliche Ermunterung und Zusprache von Herrn Dr. M. Feuchte vom B.G. Teubner-Verlag entstanden. Meinem Nachfolger, Herrn Prof. Dr.-Ing W. Schröder, danke ich sehr für die personelle und materielle Unterstützung durch das Aerodynamische Institut bei der Herstellung der Druckvorlage. Großen Anteil daran hat Herr Dr.-Ing. O. Thomer, der deren Anfertigung einleitete und bis zu seinem Ausscheiden aus dem Institut betreute. Die Textherstellung wurde von Herrn cand.-Ing. O. Yilmaz besorgt, dem ich ebenfalls herzlich danke. Herr Dr.-Ing. M. Meinke half mit gutem Rat bei der Herstellung einiger Diagramme.

Aachen, im Juli 2003 E. Krause

Inhaltsverzeichnis

1 Strömungslehre I

1.1 Einführung

Als Teilgebiet der allgemeinen Mechanik behandelt die Strömungslehre die Gesetzmäßigkeiten bewegter Flüssigkeiten und Gase. In der Natur sowie in der Technik spielen Flüssigkeits- und Gasströmungen eine wichtige Rolle, wie zum Beispiel: Strömungen in lebenden Organismen, atmosphärische Zirkulation, Meeres- und Flußströmungen, Bauwerksbelastungen durch Wasser und Wind, Strömungsvorgänge in Flammen und bei Explosionen, Strömungskräfte an Flugzeugen und Schiffen, Strömungen in Turbinen, Pumpen, Triebwerken, Rohren, Armaturen, Lagern und hydraulischen Systemen.

Flüssigkeiten und Gase, die heute oft unter dem Begriff Fluide zusammengefaßt werden, setzen im Gegensatz zu festen Körpern langsamen Formänderungen, die ohne Volumenänderung vor sich gehen, nur geringen Widerstand entgegen. Er ist um so kleiner, je langsamer die aufgeprägte Formänderung vor sich geht. Daraus läßt sich folgern, daß die auftretenden Tangentialspannungen bei langsamen Formänderungen klein und im Ruhezustand Null sind. Flüssigkeiten und Gase kann man somit als solche Körper definieren, in denen im Ruhezustand keine Tangentialspannungen auftreten. Bei schnellen Formänderungen ergibt sich ein Widerstand, der proportional zu den Reibungskräften in der Flüssigkeit ist. Zur Kennzeichnung von Strömungen ist deshalb das Verhältnis von Trägheits- zu Reibungskräften von großer Bedeutung. Dieses Verhältnis wird als Reynoldssche Zahl bezeichnet.

Flüssigkeiten sind im Gegensatz zu Gasen wenig komprimierbar. So ist die relative Volumenänderung von Wasser $5 \cdot 10^{-5}$ bei einer Druckänderung von 1 b, während sie bei Luft unter Normalbedingungen bei isothermer Kompression $5 \cdot 10^{-1}$ beträgt. Bei der Beschreibung von Flüssigkeits- und Gasströmungen betrachtet man im allgemeinen nicht die Bewegung einzelner Atome oder Moleküle, sondern vernachlässigt ihr mikroskopisches Verhalten und erfaßt das strömende Medium als Kontinuum. Als Teilchen eines Kontinuums bezeichnet man sehr kleine Volumenelemente, deren Abmessungen jedoch wesentlich größer als die intermolekularen Abstände sind. Diese Betrachtungsweise ist dann erlaubt, wenn die mittlere freie Weglänge zwischen zwei Stößen klein ist gegenüber jener charakteristischen Länge, auf der sich die Strömungsgrößen ändern. Geschwindigkeit, Druck und Temperatur sowie Dichte, Zähigkeit, Wärmeleitfähigkeit und spezifische Wärme werden lediglich als Mittelwerte in Abhängigkeit von Ort und Zeit dargestellt. Zur Bildung eines Mittelwertes ist es erforderlich, daß das Volumenelement klein ist im Vergleich zu dem vom Kontinuum eingenommenen Gesamtvolumen. Das sei am Beispiel der Dichte für eine Luftströmung in einem Kanal mit 1 cm^2 Querschnitt erläutert. Bei Raumtemperatur und Atmosphärendruck enthält ein Kubikzentimeter Luft $2,7 \cdot 10^{19}$ Moleküle mit einer mittleren freien Weglänge von etwa 10^{-4} mm. Ein Würfel mit einer Kantenlänge von 10^{-3} mm, also der 10^{12}te Teil eines Kubikzentimeters, enthält noch immer $2,7 \cdot 10^7$ Moleküle, so daß der Mittelwert der Dichte gebildet und punktförmig im Strömungsfeld beschrieben werden kann. Dies gilt in gleicher Weise auch für die anderen Strömungsgrößen.

Die Grundlage zur Betrachtung von Strömungsvorgängen sind die Erhaltungssätze für Masse, Impuls und Energie. Diese werden nach den einführenden Kapiteln in Strömungslehre I für räumliche Strömungen durch Bilanzbetrachtung in integraler und differentieller Form in Strömungslehre II hergeleitet. Geschlossene Lösungen dieser Gleichungen sind für die meisten Strömungsprobleme nicht möglich. Jedoch können in vielen Fällen Näherungslösungen durch Vereinfachungen und Idealisierungen gewonnen werden, indem man in den Erhaltungsgleichungen mit Hilfe von Ähnlichkeitsparametern Kräfte bzw. Energien untereinander vergleicht und nur die wichtigsten Terme berücksichtigt. So lassen sich in schleichenden Strömungen die Trägheitskräfte gegenüber den Reibungskräften vernachlässigen. Am Beispiel der Strömung in einem Gleitlager wird die Lösung der vereinfachten Gleichungen hergeleitet. Dominieren die Trägheits- und Druckkräfte, kann die Reibung vernachlässigt werden. Eine wichtige Klasse solcher Strömungen sind die Potentialströmungen. Mit der Potentialtheorie kann das Druckfeld an umströmten Körpern berechnet werden. Sie bildet die Grundlage der Auftriebsberechnung. Mehrere Beispiele werden mit Hilfe analytischer Funktionen vorgestellt.

In Wandnähe sind die Reibungskräfte nicht vernachlässigbar. Sie können mit der Prandtlschen Grenzschichtnäherung berechnet werden, solange sie in einer dünnen Schicht wirken. Als Beispiel werden die ähnlichen Lösungen der Plattengrenzschicht beschrieben und der Einfluß des Druckgradienten auf die Wandschubspannung diskutiert.

In Gasströmungen mit großen Geschwindigkeiten müssen Dichteänderungen berücksichtigt werden. Die Gesetzmäßigkeiten kompressibler Strömungen werden in der Gasdynamik dargestellt.

1.2 Hydrostatik

1.2.1 Oberflächen- und Volumenkräfte

Ein Kontinuum befindet sich im Gleichgewicht, wenn die Resultierende der an jedem beliebigen Teil des Volumens angreifenden Kräfte Null ist. Diese Kräfte sind Oberflächen- und Volumen- oder Massenkräfte. Sie heißen so, weil ihre Größe proportional zur Oberfläche bzw. zum Volumen oder der Masse des betrachteten Teils des Kontinuums ist. Die Oberflächenkräfte wirken normal zur Oberfläche, solange die Flüssigkeit in Ruhe ist. Die ihnen entsprechenden Spannungen (Normalkraft pro Flächeneinheit) werden nach Euler (1755) als Flüssigkeitsdruck oder kurz als Druck bezeichnet. Die Gleichgewichtsbedingung ergibt z. B. für ein beliebig gewähltes dreieckiges prismatisches Element

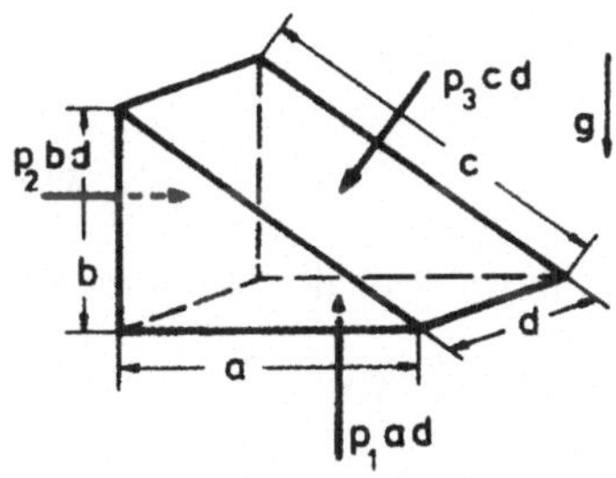

$$\begin{aligned} p_1\, a\, d - p_3\, c\, d\, \cos(a,c) - \rho\, g\, \frac{a\, b\, d}{2} &= 0 \\ p_2\, b\, d - p_3\, c\, d\, \cos(b,c) &= 0 \\ a = c\, \cos(a,c) \\ b = c\, \cos(b,c) \\ p_1 = p_2 = p_3 = p \quad . \end{aligned} \tag{1.1}$$

Für $c \to 0$ verschwinden die Volumenkräfte. Daraus folgt, daß der Druck p in einer sich im Gleichgewicht befindlichen Flüssigkeit in jedem Punkt unabhängig von der Richtung des Oberflächenelements ist, auf das er wirkt.

Das Gleichgewicht für einen Zylinder mit infinitesimal kleiner Querschnittsfläche A, dessen Achse senkrecht zur Wirkungslinie der Schwerkraft gerichtet ist, ergibt folgende Beziehung:

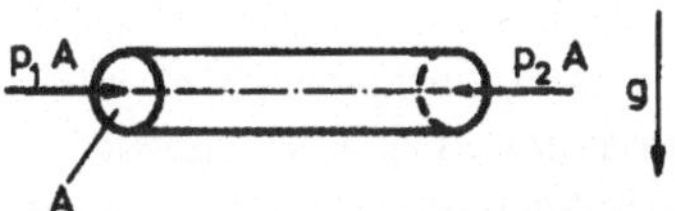

$$p_1\, A = p_2\, A \quad \Rightarrow \quad p_1 = p_2 = p \quad . \tag{1.2}$$

Die Achse des Zylinders stellt eine Linie konstanten Druckes dar. Dreht man den Zylinder so, daß die Schwerkraft in Richtung der Achse wirkt, folgt aus dem Kräftegleichgewicht in z-Richtung

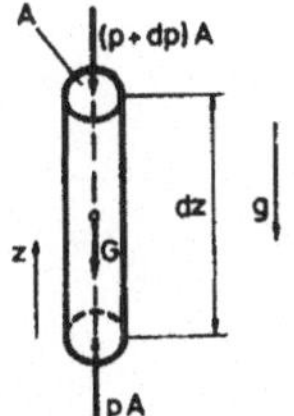

$$-\rho\, g\, A\, dz - (p + dp)\, A + p\, A = 0 \quad . \tag{1.3}$$

Damit ändert sich der Druck in einer ruhenden Flüssigkeit in Richtung der wirkenden Volumenkraft entsprechend der Differentialgleichung

$$\frac{dp}{dz} = -\rho\, g \quad . \tag{1.4}$$

Durch Integration erhält man für eine inkompressible Flüssigkeit ($\rho =$ konst.) und für $g =$ konst. die hydrostatische Grundgleichung

$$p + \rho\, g\, z = \text{konst.} \quad . \tag{1.5}$$

Bestimmt man ρ aus der thermische Zustandsgleichung

$$\rho = \frac{p}{R\,T} \quad , \tag{1.6}$$

so ergibt sich für konstante Temperatur $T = T_0$ (isotherme Atmosphäre) die barometrische Höhenformel

$$p = p_0 \, e^{-\frac{g\,z}{R\,T_0}} \quad . \tag{1.7}$$

Die Differentialform der hydrostatischen Grundgleichung kann für beliebige Kraftfelder angesetzt werden. Mit $\vec{b}$ als Beschleunigungsvektor lautet sie

$$\text{grad}(p) = \rho\,\vec{b} \quad . \tag{1.8}$$

1.2.2 Anwendungen der hydrostatischen Grundgleichung

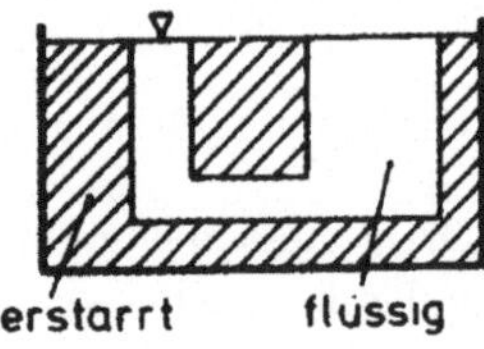

In dem nebenstehend skizzierten flüssigkeitsgefüllten Behälter denke man sich den schraffierten Teil erstarrt, ohne daß sich die Dichte ändert. Das Gleichgewicht der Flüssigkeit bleibt dann unbeeinflußt (Erstarrungsprinzip nach Stevin 1586). Es entstehen kommunizierende Gefäße. Dieses Prinzip findet Anwendung z. B. in Flüssigkeitsmanometern und hydraulischen Pressen.

U-Rohr-Manometer

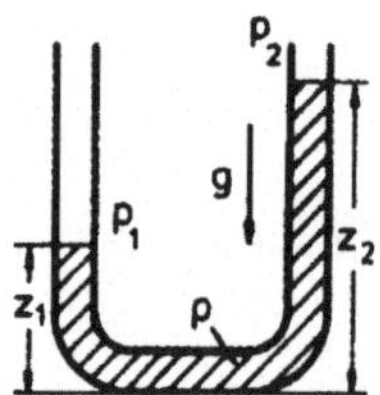

Einschenkel-Manometer

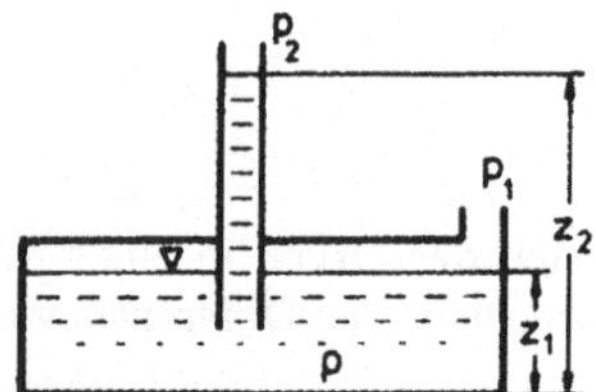

Aus der hydrostatischen Grundgleichung folgt

$$p_1 - p_2 = \rho\,g\,(z_2 - z_1) \quad . \tag{1.9}$$

Die zu messende Druckdifferenz ist proportional zur Höhendifferenz der Flüssigkeitsspiegel.

Barometer

Ein Schenkel des U-Rohr-Manometers wird verschlossen und evakuiert ($p_2 = 0$). Der atmosphärische Druck ist

$$p_a = p_1 = \rho\, g\, (z_2 - z_1) \quad . \tag{1.10}$$

Hydraulische Presse

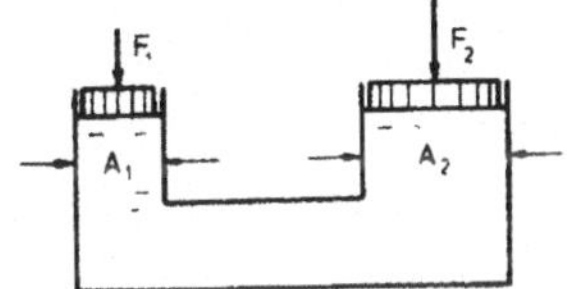

Bei gleichem statischen Druck an den Kolbenunterseiten ergibt sich die Kraft F_2 zu

$$F_2 = F_1\, \frac{A_2}{A_1} \quad . \tag{1.11}$$

Kommunizierende Gefäße können zur Erzeugung großer Kräfte verwendet werden, wenn $A_2 >> A_1$ ist.

Hydrostatisches Paradoxon (Pascal 1647)

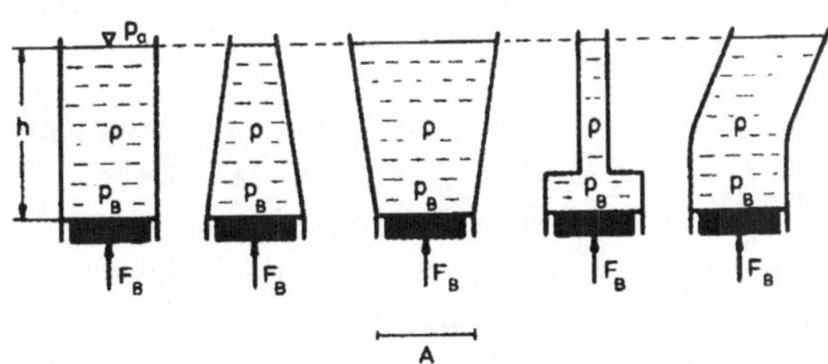

In allen Gefäßen ist die auf den Boden wirkende Kraft unabhängig von der Gefäßform und dem Gewicht der Flüssigkeit, solange die Bodenfläche A und die Höhe h konstant sind.

$$F_B = (p_B - p_A)\, A = \rho\, g\, h\, A \tag{1.12}$$

Kraft auf eine ebene Seitenwand

Die aus dem Flüssigkeitsdruck resultierende Kraft auf die Seitenwand des Behälters ist

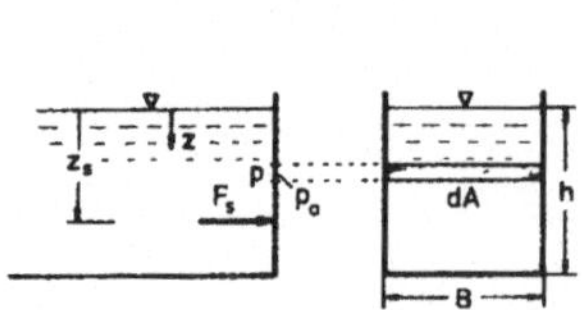

$$F_s = \int_A (p - p_a)\, dA$$

$$F_s = \int_0^h B\,\rho\, g\, z\, dz = \rho\, g\, \frac{B\, h^2}{2} = \rho\, g\, A\, \frac{h}{2} \quad (1.13)$$

Der Angriffspunkt der Kraft folgt aus dem Momentengleichgewicht zu

$$z_s = \frac{2}{3}\, h \quad . \quad (1.14)$$

1.2.3 Hydrostatischer Auftrieb

Ein in eine Flüssigkeit der Dichte ρ_F eingetauchter Körper erfährt einen Auftrieb oder scheinbaren Gewichtsverlust vom Betrag des Gewichtes der von ihm verdrängten Flüssigkeit (Archimedisches Prinzip 250 v. Chr.)

$$F_s = \rho_F\, g \int_A (z_1 - z_2)\, dA = \rho_F\, g\, \tau \quad . \quad (1.15)$$

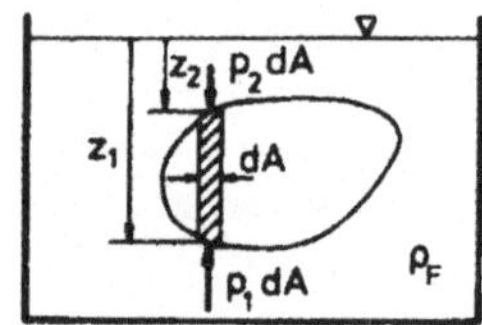

τ ist das Volumen der vom Körper verdrängten Flüssigkeit. Damit ist das Gewicht eines in einer Flüssigkeit schwebenden oder auf einer Flüssigkeit schwimmenden Körpers gleich dem Gewicht der von ihm verdrängten Flüssigkeit (Beispiel: Ballon, Schiff).

1.3 Hydrodynamik

1.3.1 Kinematik der Flüssigkeiten

Zur Beschreibung von Flüssigkeitsbewegungen werden die Darstellungen von Lagrange und Euler benutzt.

Lagrangesche Darstellung (Flüssigkeitskoordinaten)

Wie in der Punktmechanik wird die Bewegung durch Angabe der Koordinaten einzelner Flüssigkeitsteilchen in Abhängigkeit von der Zeit beschrieben. Die Verbindung aller Punkte, die ein Teilchen im Laufe der Zeit einnimmt, wird Bahnlinie genannt.

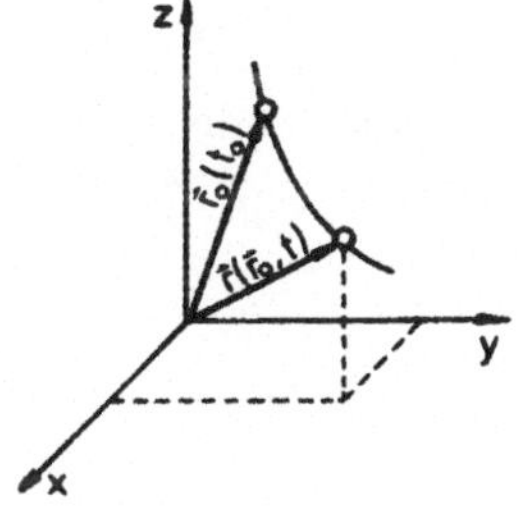

Sie beginnt zur Zeit $t = t_0$ in einem Punkt, der durch den Ortsvektor

$$\vec{r}_0 = \vec{i}\,x_0 + \vec{j}\,y_0 + \vec{k}\,z_0 \tag{1.16}$$

gekennzeichnet ist. Die Bewegung der Flüssigkeit ist vollständig beschrieben, wenn der Ortsvektor $\vec{r}$ in Abhängigkeit von der Zeit bekannt ist:

$$\vec{r} = \vec{F}(\vec{r}_0, t) \tag{1.17}$$

oder in Komponenten

$$x = f_1(x_0, y_0, z_0, t) \quad ; \quad y = f_2(x_0, y_0, z_0, t) \quad ; \quad z = f_3(x_0, y_0, z_0, t) \quad . \tag{1.18}$$

Die Geschwindigkeit erhält man durch Differentiation des Ortsvektors nach der Zeit

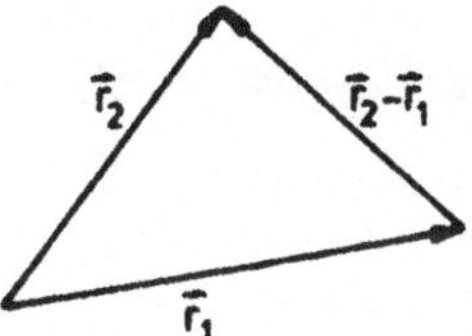

$$\vec{v} = \lim_{\Delta t \to 0} \left(\frac{\vec{r}_2 - \vec{r}_1}{\Delta t} \right) = \frac{d\vec{r}}{dt} \tag{1.19}$$

mit

$$\frac{d\vec{r}}{dt} = \vec{i}\,\frac{dx}{dt} + \vec{j}\,\frac{dy}{dt} + \vec{k}\,\frac{dz}{dt} = \vec{i}\,u + \vec{j}\,v + \vec{k}\,w \quad , \tag{1.20}$$

wobei u, v und w die Komponenten der Geschwindigkeit sind. Entsprechend ergeben sich die Komponenten des Beschleunigungsvektors zu

$$b_x = \frac{d^2x}{dt^2} \quad ; \quad b_y = \frac{d^2y}{dt^2} \quad ; \quad b_z = \frac{d^2z}{dt^2} \quad . \tag{1.21}$$

Für die meisten Strömungsprobleme erweist sich die Lagrangesche Methode als zu aufwendig. Bis auf Ausnahmen interessiert nicht das Weg-Zeit-Gesetz einzelner Teilchen, sondern der Strömungszustand an einem Ort zu verschiedenen Zeiten.

Eulersche Darstellung (Raumkoordinaten)

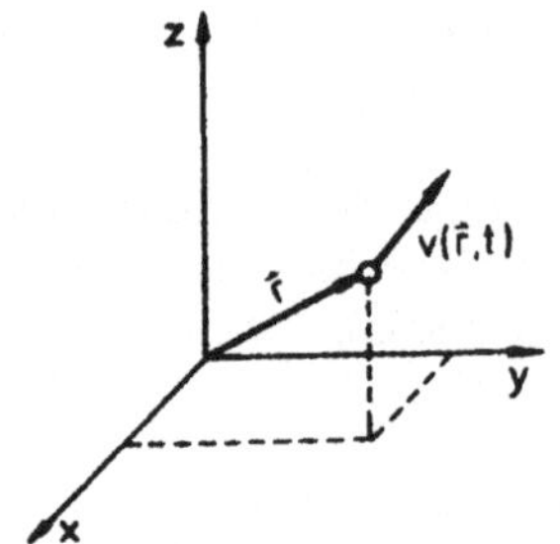

Die Bewegung der Flüssigkeit ist vollständig bestimmt, wenn die Geschwindigkeit $\vec{v}$ in Abhängigkeit von der Zeit überall im Strömungsfeld gegeben ist.

$$\vec{v} = \vec{g}(\vec{r}, t) \tag{1.22}$$

oder in Komponenten

$$u = g_1(x,y,z,t) \quad ; \quad v = g_2(x,y,z,t) \quad ; \quad w = g_3(x,y,z,t) \quad . \tag{1.23}$$

Ist die Geschwindigkeit $\vec{v}$ von der Zeit unabhängig, nennt man die Strömung stationär. Im Vergleich zur Lagrangeschen Darstellung bietet die Eulersche eine größere Anschaulichkeit und eine einfachere mathematische Behandlung.

Bahnlinien und Stromlinien

Bahnlinien stellen den Weg dar, den die einzelnen Flüssigkeitsteilchen im Laufe der Zeit nehmen. Man kann sie durch Integration der Differentialgleichungen

$$\frac{dx}{dt} = u \quad ; \quad \frac{dy}{dt} = v \quad ; \quad \frac{dz}{dt} = w \tag{1.24}$$

gewinnen. Die Integrale sind identisch mit den vorher genannten Funktionen f_1, f_2, f_3.

$$\begin{aligned} x &= \int u\,dt = f_1(x_0, y_0, z_0, t) \\ y &= \int v\,dt = f_2(x_0, y_0, z_0, t) \\ z &= \int w\,dt = f_3(x_0, y_0, z_0, t) \end{aligned} \tag{1.25}$$

Stromlinien geben eine Momentaufnahme der Strömung zu einem bestimmten Zeitpunkt.

Stromlinien sind dadurch definiert, daß ihre Richtung in jedem Punkt mit der Richtung des Geschwindigkeitsvektors zusammenfällt. Für ebene Strömungen gilt

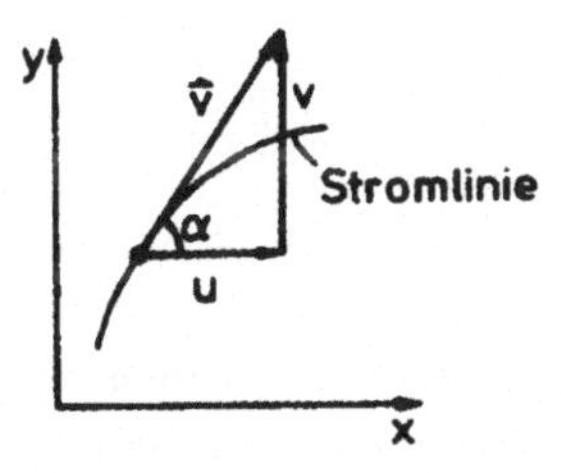

$$\tan(\alpha) = \frac{dy}{dx} = \frac{v}{u} \quad . \tag{1.26}$$

In einer stationären Strömung fallen Bahnlinien und Stromlinien zusammen.

Bezugssystem und Bewegungsform

Bestimmte instationäre Bewegungen lassen sich durch Koordinatentransformation als stationäre darstellen. Für einen ruhenden Beobachter erscheint z. B. die Strömung um den Bug eines vorbeifahrenden Schiffes als eine instationäre. Er sieht die einzelnen Bahnlinien der Strömung. Das Stromlinienbild ist zu jedem Zeitpunkt ein anderes. Einem Beobachter auf dem Schiff erscheint die Strömung um den Bug stationär. Stromlinien und Bahnlinien sind jetzt einander gleich, und das Stromlinienbild ändert sich im Verlauf der Zeit nicht.

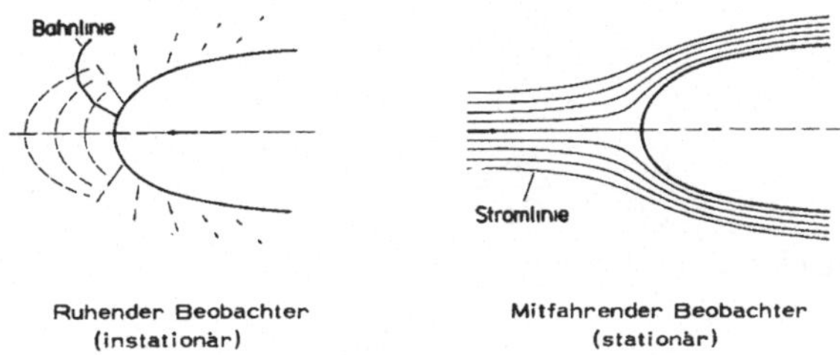

Ruhender Beobachter (instationär) Mitfahrender Beobachter (stationär)

1.3.2 Stromfaden und Stromröhre

Kontinuitätsgleichung

Die durch eine geschlossene Kurve hindurchgehenden Stromlinien bilden eine Stromröhre, die von Flüssigkeit durchströmt wird. Da die Geschwindigkeitsvektoren die Mantelfläche tangieren, kann keine Flüssigkeit durch diese hindurchtreten; durch jeden Querschnitt fließt bei inkompressibler Strömung die gleiche Masse.

$$\dot{m} = \rho\, v\, A \quad ; \quad \rho\, v_1\, A_1 = \rho\, v_2\, A_2 \tag{1.27}$$

Das Produkt $v\,A$ ist der Volumenstrom $\dot{Q}$. Eine Stromröhre mit infinitesimal kleiner Querschnittsfläche wird Stromfaden genannt.

Bernoullische Gleichung (Daniel Bernoulli 1738)

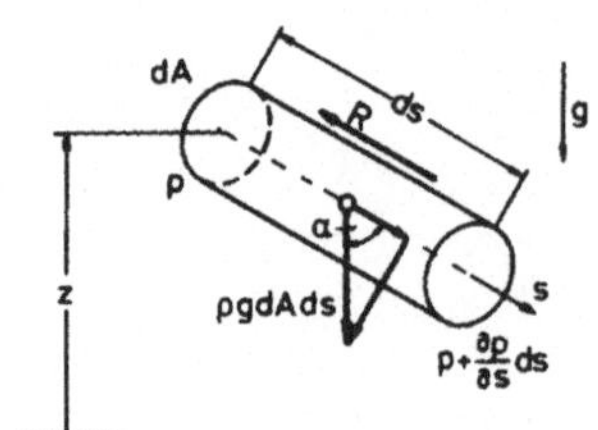

Nach dem Newtonschen Gesetz

$$m\,\frac{d\vec{v}}{dt} = \sum \vec{F}_a \tag{1.28}$$

ergibt das Kräftegleichgewicht an einem Element eines Stromfadens, wenn Druck-, Volumen- und Reibungskräfte berücksichtigt werden,

$$\rho\,dA\,ds\,\frac{dv}{dt} = -\frac{\partial p}{\partial s}\,ds\,dA + \rho\,g\,\cos\alpha\,ds\,dA - R \tag{1.29}$$

mit

$$ds\,\cos\alpha = -dz \tag{1.30}$$

und

$$R' = \frac{R}{dA\,ds} \tag{1.31}$$

folgt

$$\rho\,\frac{dv}{dt} = -\frac{\partial p}{\partial s} - \rho\,g\,\frac{dz}{ds} - R' \quad . \tag{1.32}$$

Ist die Geschwindigkeit eine Funktion vom Weg s und der Zeit t, lautet das totale Differential

$$dv = \frac{\partial v}{\partial t}dt + \frac{\partial v}{\partial s}ds \quad . \tag{1.33}$$

Mit $v = ds/dt$ ergibt sich die substantielle Beschleunigung zu

$$\frac{dv}{dt} = \frac{\partial v}{\partial t} + v\,\frac{\partial v}{\partial s} = \frac{\partial v}{\partial t} + \frac{1}{2}\,\frac{\partial(v^2)}{\partial s} \quad , \tag{1.34}$$

wobei $\partial v/\partial t$ die lokale und $v\,(\partial v/\partial s)$ die konvektive Beschleunigung ist. Damit erhält man die folgende Differentialgleichung

$$\rho\,\frac{\partial v}{\partial t} + \frac{\rho}{2}\,\frac{\partial v^2}{\partial s} + \frac{\partial p}{\partial s} + \rho\,g\,\frac{dz}{ds} = -R' \quad . \tag{1.35}$$

Unter den Annahmen reibungsfreier ($R' = 0$), stationärer ($v = v(s)$) und inkompressibler Strömung liefert die Integration die Energiegleichung für den Stromfaden (Bernoullische Gleichung 1738)

$$p + \frac{\rho}{2}\,v^2 + \rho\,g\,z = \text{konst.} \quad . \tag{1.36}$$

Diese Gleichung sagt aus, daß die Summe der mechanischen Energien längs eines Stromfadens konstant ist. Das Kräftegleichgewicht an einem Element eines Stromfadens kann für beliebige Kraftfelder angesetzt werden, wenn der Beschleunigungsvektor $\vec{b}$ gegeben ist:

$$\rho\,\frac{\partial v}{\partial t} + \frac{\rho}{2}\,\frac{\partial v^2}{\partial s} + \frac{\partial p}{\partial s} - \rho\,b\,\cos(\vec{b},\vec{s}) = -R' \tag{1.37}$$

1.3.3 Anwendungen der Bernoullischen Gleichung

Messung des Gesamtdruckes (Pitot-Rohr)

Ist in einer reibungsfreien Strömung die Geschwindigkeit in einem Punkt gleich Null, so spricht man von einem Staupunkt.

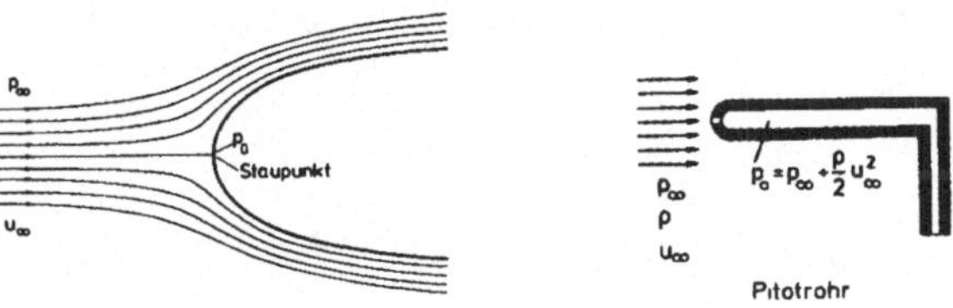

Nach der Bernoullischen Gleichung ergibt sich der Druck im Staupunkt (Gesamtdruck p_0) aus der Summe des statischen Druckes p_∞ und des Staudruckes $\rho u_\infty^2/2$ der Anströmung. Zur Bestimmung des Gesamtdruckes dient ein Pitot-Rohr, dessen Öffnung der Strömung entgegengestellt wird.

Messung des statischen Druckes

Zur Bestimmung des statischen Druckes im Innern eines Strömungsfeldes werden die Sersche Scheibe oder eine statische Drucksonde benutzt. Im Gegensatz zum Pitot-Rohr ergeben sich schon bei kleinen Anstellwinkeln relativ große Meßfehler.

Staudruckmessung (Prandtlsches Staurohr)

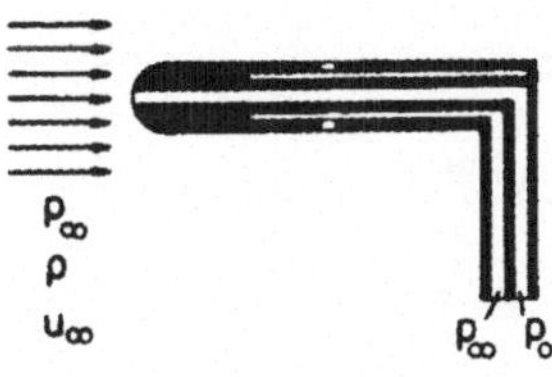

Das Prandtlsche Staurohr vereint die statische Drucksonde und das Pitot-Rohr zur Staudruckmessung. Nach der Bernoullischen Gleichung kann der Staudruck aus der Differenz zwischen Gesamtdruck und statischem Druck bestimmt werden.

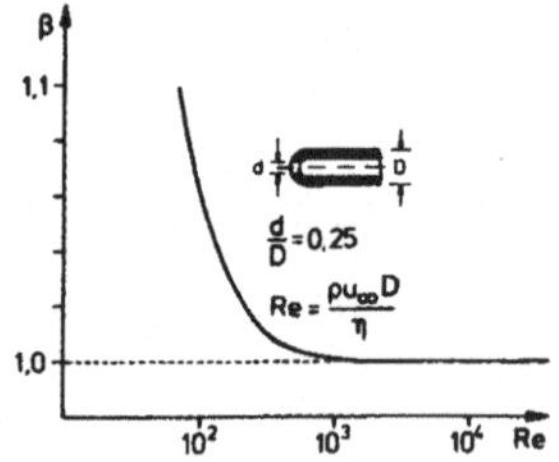

Wegen der Flüssigkeitsreibung weicht der gemessene Staudruck von dem der reibungsfreien Strömung ab. Die Abweichung hängt von der Reynolds-Zahl und vom Durchmesserverhältnis d/D ab und läßt sich mit einem Korrekturfaktor β berichtigen

$$p_0 - p_\infty = \beta \, \frac{\rho}{2} \, u_\infty^2 \quad \text{mit} \quad \beta = \beta \left(Re, \frac{d}{D} \right) \quad . \tag{1.38}$$

Ausfluß aus einem Gefäß

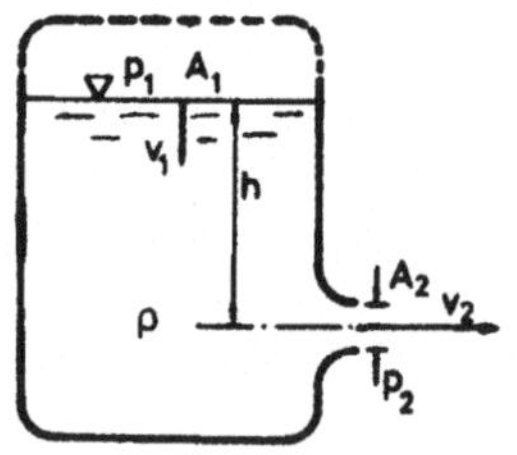

Die Ausflußgeschwindigkeit beträgt

$$v_2 = \sqrt{v_1^2 + 2\,g\,h + \frac{2\,(p_1 - p_2)}{\rho}} \quad . \tag{1.39}$$

Für $A_1 >> A_2$ und mit $p_1 = p_2$ ist $v_2 = \sqrt{2\,g\,h}$ (Torricellisches Theorem 1644).

Unter dem Einfluß der Reibung wird die tatsächliche Ausflußgeschwindigkeit kleiner. Der Querschnitt des ausfließenden Strahles stimmt in der Regel nicht mit dem geometrischen Öffnungsquerschnitt überein. Abhängig von der Form der Gefäßöffnung und der Reynoldsschen Zahl erfährt der Strahl eine Einschnürung $\Psi = A_e/A$, die Strahlkontraktion genannt wird.

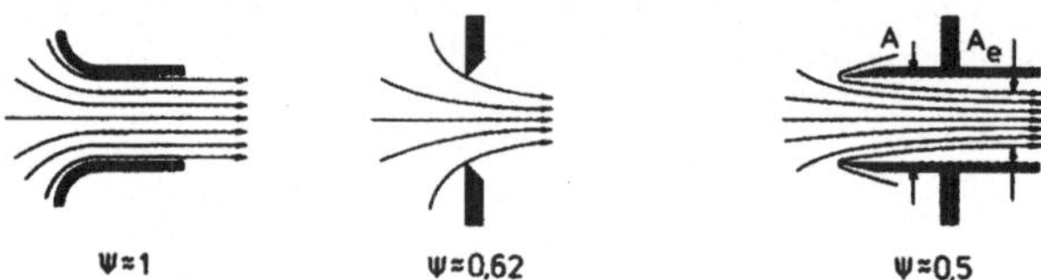

Das sekündlich austretende Volumen ist dann

$$\dot{Q} = \Psi \, A \, \sqrt{2\,g\,h} \quad . \tag{1.40}$$

Durchflußmessung in Leitungen

Die Bestimmung des Durchflußvolumens einer stationären Rohrströmung kann auf eine Druckmessung zurückgeführt werden, indem man eine hinreichend große Druckänderung durch eine Querschnittsverengung erzwingt. Bezeichnet $m = A_2/A_1$ das Flächenverhältnis, erhält man für die Geschwindigkeit im Querschnitt 2

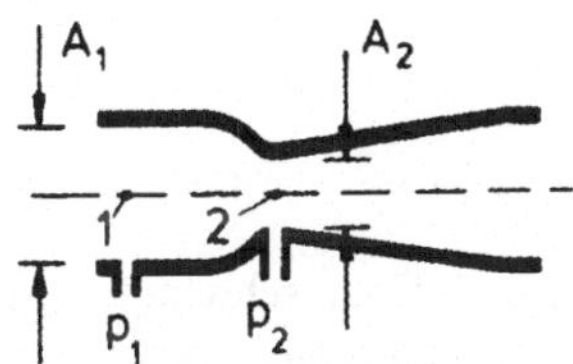

Venturidüse

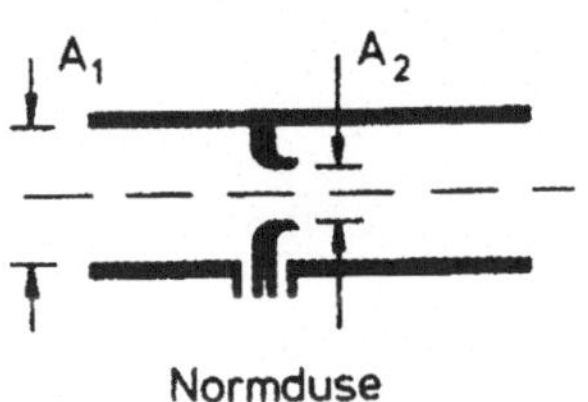

Normdüse

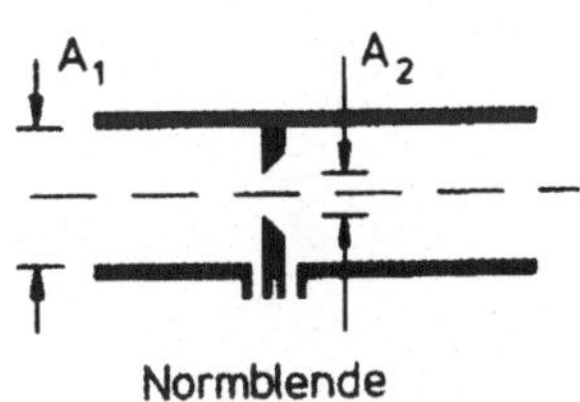

Normblende

$$v_2 = \sqrt{\frac{1}{(1-m^2)} \frac{2\,(p_1 - p_2)}{\rho}} \tag{1.41}$$

und für das Durchflußvolumen

$$\dot{Q}_{th} = v_2\, A_2 \quad . \tag{1.42}$$

In der Technik werden hauptsächlich die Venturidüse, die Normdüse und die Normblende zur Durchflußmessung verwendet. Der Einfluß der Flüssigkeitsreibung, des Flächenverhältnisses und der Form der Verengung wird in der Durchflußzahl α berücksichtigt.

$$\dot{Q} = \alpha\, A_2 \sqrt{\frac{2}{\rho}\, \Delta p_w} \tag{1.43}$$

Die Druckdifferenz Δp_w wird als Wirkdruck bezeichnet. Abmessungen, Druckmeßstellen, Einbauvorschriften, Toleranzen und Durchflußzahlen sind in den Durchflußmeßregeln DIN 1952 festgelegt.

1.4 Eindimensionale instationäre Strömung

Ändert sich die Geschwindigkeit in einer Stromröhre nicht nur mit dem Weg, sondern auch mit der Zeit, resultiert daraus eine zeitliche Änderung des Volumenstromes. Da

$$\dot{Q}(t) = v(s,t)\, A(s) \quad , \tag{1.44}$$

ist

$$\frac{\partial \dot{Q}}{\partial t} = \frac{\partial v}{\partial t}\, A \quad . \tag{1.45}$$

Damit ändert sich auch der Zusammenhang zwischen Druck und Geschwindigkeit. Unter sonst gleichen Voraussetzungen wie bei der Herleitung der Bernoullischen Gleichung erhält man jetzt die Energiegleichung für instationäre Strömung längs eines Stromfadens

$$\rho \int \frac{\partial v}{\partial t}\, ds + p + \frac{\rho}{2}\, v^2 + \rho\, g\, z = k(t) \quad . \tag{1.46}$$

Ist das Integral über die lokale Beschleunigung klein im Vergleich zu den anderen Größen, spricht man von einer quasistationären Strömung.

Schwingung einer Flüssigkeitssäule

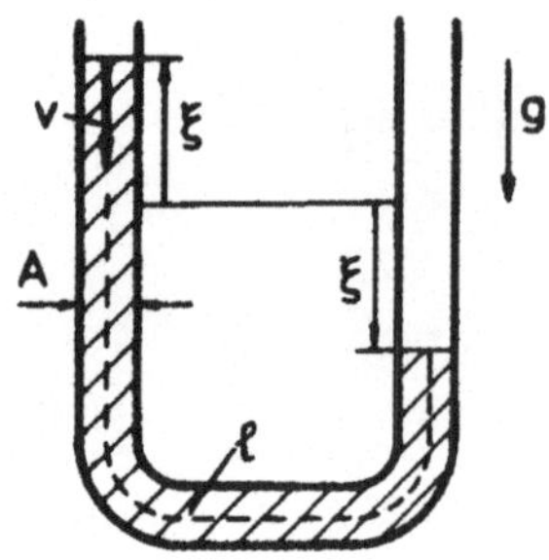

Eine Flüssigkeitssäule in einem U-Rohr schwingt unter der Einwirkung der Erdschwere nach einer Auslenkung ξ_0. Aus der Energiegleichung für instationäre, reibungsfreie Strömungen folgt

$$\rho\, g\, \xi = -\rho\, g\, \xi + \rho\, \frac{dv}{dt}\, l \quad . \tag{1.47}$$

Mit $v = -d\xi/dt$ erhält man die Schwingungsgleichung

$$\frac{d^2\, \xi}{dt^2} + \frac{2\, g}{l}\, \xi = 0, \tag{1.48}$$

deren Lösung mit den Anfangsbedingungen

$$v(t = 0) = 0, \quad \xi(t = 0) = \xi_0 \tag{1.49}$$

durch die Beziehung

$$\xi = \xi_0\, \cos(\alpha\, t) \quad \text{mit} \quad \alpha = \sqrt{\frac{2\, g}{l}} \tag{1.50}$$

gegeben ist; α ist die Eigenfrequenz der schwingenden Flüssigkeitssäule.

Ansaugvorgang einer Kolbenpumpe

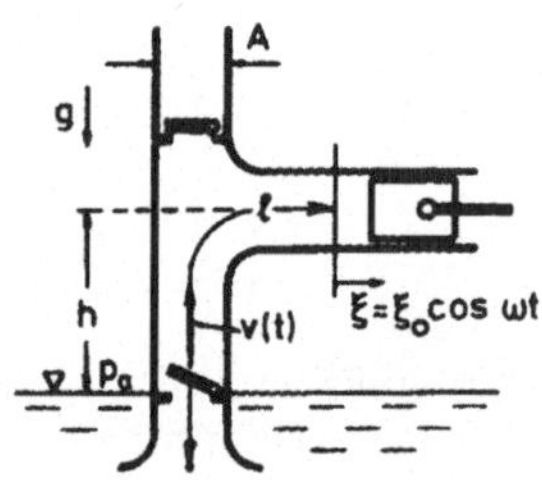

Der Pumpvorgang einer periodisch arbeitenden Kolbenpumpe läßt sich unter vereinfachenden Voraussetzungen nach der Energiegleichung für instationäre Strömungen bestimmen. Zur Vermeidung von Kavitation darf der Druck im Ansaugrohr nicht auf den Dampfdruck der Flüssigkeit abfallen.

Der niedrigste Druck tritt während der Ansaugphase am Kolbenboden auf. Unter der Voraussetzung, daß die Geschwindigkeit nur von der Zeit t abhängt, erhält man für den Druck p_{KB} am Kolbenboden

$$\frac{p_{KB}}{\rho\, \omega^2\, l^2} = \frac{p_a - \rho\, g\, h}{\rho\, \omega^2\, l^2} + \frac{\xi_0}{l}\, \left[\cos(\omega\, t) - \frac{1}{2}\, \frac{\xi_0}{l}\, \left(1 - 3\, cos^2(\omega\, t)\right)\right] \quad . \tag{1.51}$$

Im allgemeinen ist der Kolbenhub ξ_0, sehr viel kleiner als die Länge der Ansaugleitung l; dann ist die Winkelgeschwindigkeit, bei der am Kolbenboden gerade der Dampfdruck $p_{KB} = p_D$ erreicht wird,

$$\omega_K = \sqrt{\frac{p_a - \rho\, g\, h - p_D}{\rho\, \xi_0\, (l - \xi_0)}} \quad . \tag{1.52}$$

Der mittlere Förderstrom ergibt sich zu

$$\dot{Q} = \frac{\omega}{2\,\pi} \int_{\pi/\omega}^{2\,\pi/\omega} v\, A\, dt \qquad \Rightarrow \qquad \dot{Q} = \xi_0\, A\, \frac{\omega}{\pi} \quad . \tag{1.53}$$

1.5 Impuls- und Impulsmomentensatz

Der Impulssatz beschreibt das Gleichgewicht zwischen Impulsflüssen und äußeren Kräften und der Impulsmomentensatz das Gleichgewicht zwischen deren Momenten. Für stationäre wie auch im zeitlichen Mittel stationäre Strömungen beinhalten sie nur Zustände auf der Berandung (Grenzflächen) eines abgeschlossenen Gebietes.

1.5.1 Impulssatz

Nach dem Impulssatz der Mechanik ist die substantielle Änderung der Bewegungsgröße gleich der Summe der angreifenden äußeren Kräfte

$$\frac{d\vec{I}}{dt} = \sum \vec{F} \quad . \tag{1.54}$$

Für ein System von n Teilchen mit den Massen m_i und den Geschwindigkeiten $\vec{v}_i$ ist mit

$$\vec{I} = \sum_{i=1}^{n} m_i\, \vec{v}_i \tag{1.55}$$

$$\frac{d}{dt} \sum_{i=1}^{n} m_i\, \vec{v}_i = \sum \vec{F} \quad . \tag{1.56}$$

Bilden die Massenteilchen ein Kontinuum mit der Dichte $\rho(x, y, z, t)$, geht die Summe in ein Volumenintegral über. Die zeitliche Änderung des Impulses ist dann

$$\frac{d\vec{I}}{dt} = \frac{d}{dt} \int_{\tau(t)} \rho\, \vec{v}\, d\tau \quad . \tag{1.57}$$

Das Volumen τ, das stets dieselben Massenteilchen einschließt, ändert sich mit der Zeit von $\tau(t)$ auf $\tau(t + \Delta t)$.

$$\frac{d}{dt} \int_{\tau(t)} \rho\, \vec{v}\, d\tau = \lim_{\Delta t \to 0} \frac{1}{\Delta t} \left[\int_{\tau\,(t+\Delta t)} \rho\, \vec{v}\,(t + \Delta t)\, d\tau - \int_{\tau(t)} \rho\, \vec{v}(t)\, d\tau \right] \tag{1.58}$$

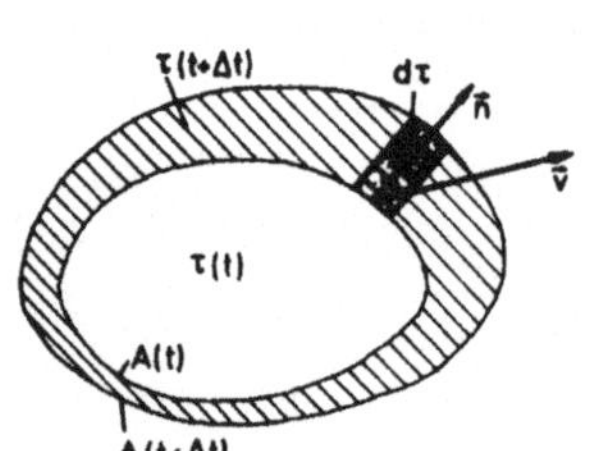

$$\rho\,\vec{v}\,(t+\Delta t) = \rho\,\vec{v}(t) + \frac{\partial(\rho\,\vec{v})}{\partial t}\,\Delta t + ... \tag{1.59}$$

$$\frac{d\vec{I}}{dt} = \int_{\tau(t)} \frac{\partial}{\partial t}\,(\rho\,\vec{v})\,d\tau + \lim_{\Delta t\to 0}\left(\frac{1}{\Delta t}\int_{\Delta\tau(t)} \rho\,\vec{v}\,d\tau\right) \tag{1.60}$$

Das letzte Integral läßt sich in ein Integral über die Oberfläche $A(t)$ umwandeln.

Da

$$d\tau = (\vec{v}\cdot\vec{n})\,dA\,\Delta t \quad , \tag{1.61}$$

ist

$$\frac{d\vec{I}}{dt} = \int_{\tau(t)} \frac{\partial}{\partial t}\,(\rho\,\vec{v})\,d\tau + \int_{A(t)} \rho\,\vec{v}(\vec{v}\cdot\vec{n})\,dA \quad . \tag{1.62}$$

Für eine stationäre Strömung wird die zeitliche Änderung des Impulses durch das Oberflächenintegral der letzten Gleichung angegeben. Die Oberfläche A des betrachteten Volumens τ wird Kontrollfläche genannt. Die äußeren Kräfte, die der Impulsänderung das Gleichgewicht halten, sind Volumen- und Oberflächenkräfte. Die Volumenkräfte resultieren zum Beispiel aus der Schwerkraft

$$\vec{F}_g = \int_\tau \rho\,\vec{g}\,d\tau \quad . \tag{1.63}$$

Die Oberflächenkräfte setzen sich zusammen aus Druck- und Reibungskräften. Die Druckkraft ist gegeben durch das Integral

$$\vec{F}_p = -\int_A p\,\vec{n}\,dA \quad . \tag{1.64}$$

Die Reibungskraft ist gegeben durch das Oberflächenintegral über die Komponenten des Spannungstensors $\bar{\bar{\sigma}}$.

$$\vec{F}_r = -\int_A (\bar{\bar{\sigma}}'\cdot\vec{n})\,dA \quad . \tag{1.65}$$

Wird ein Teil der Kontrollfläche von einer festen Wand gebildet, übt diese eine Stützkraft $\vec{F}_s$ auf die Flüssigkeit aus. Sie ist entgegengesetzt gleich der Kraft, die die Flüssigkeit auf die Wand ausübt. Damit lautet der Impulssatz für stationäre Strömungen

$$\int_A \rho\,\vec{v}\,(\vec{v}\cdot\vec{n})\,dA = \vec{F}_g + \vec{F}_p + \vec{F}_s + \vec{F}_r \quad . \tag{1.66}$$

Die Schwierigkeit der Lösung der Impulsgleichung besteht hauptsächlich in der Auflösung der Integrale. Die Kontrollfläche A muß nach Möglichkeit so gewählt werden, daß alle auftretenden Integrale gelöst werden können. Damit die Lösung eindeutig ist, muß die Kontrollfläche einfach zusammenhängend sein.

1.5.2 Anwendungen des Impulssatzes

Kraft auf Rohrkrümmer

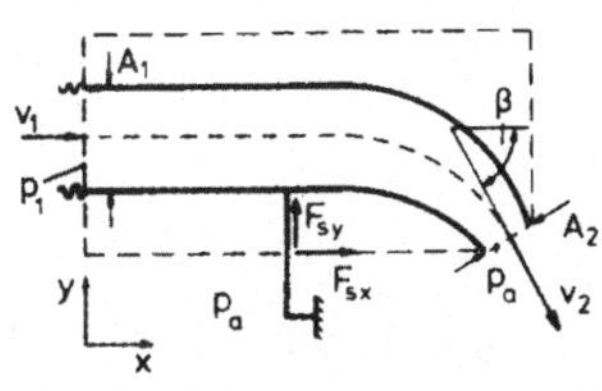

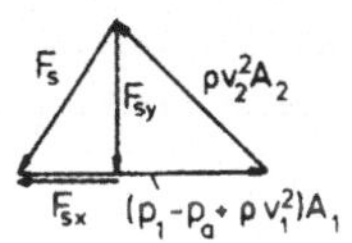

Die Strömung durch einen horizontalen Krümmer sei reibungsfrei und inkompressibel. Gegeben sind Ein- und Austrittsquerschnitt, der Druck im Eintrittsquerschnitt und der Außendruck p_a, der auch im Austrittsquerschnitt herrscht, sowie der Umlenkwinkel β. Es ist zweckmäßig, die Kontrollfläche wie in der Skizze angedeutet zu wählen. Die Geschwindigkeiten im Ein- und Austrittsquerschnitt werden mit Hilfe der Bernoullischen Gleichung und der Kontinuitätsgleichung ermittelt:

$$v_1 = \sqrt{\frac{2\,(p_1 - p_a)}{\rho}\,\frac{1}{\left(\frac{A_1}{A_2}\right)^2 - 1}} \quad \text{und} \quad v_2 = v_1 \left(\frac{A_1}{A_2}\right) \quad . \tag{1.67}$$

Nach dem Impulssatz ergibt sich für die x-Richtung

$$-\rho\, {v_1}^2\, A_1 + \rho\, {v_2}^2\, A_2\, \cos\beta = (p_1 - p_a)\, A_1 + F_{sx} \tag{1.68}$$

und für die y-Richtung

$$-\rho\, {v_2}^2\, A_2\, \sin\beta = F_{sy} \quad . \tag{1.69}$$

Aus diesen beiden Gleichungen lässt sich die Stützkraft $\vec{F_s}$ bestimmen.

Strahlkraft auf eine Wand

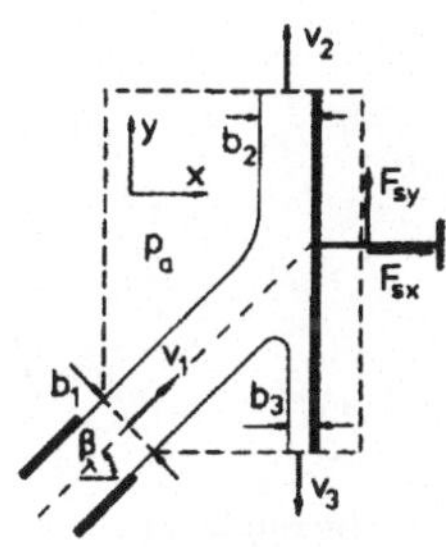

Ein horizontaler ebener Flüssigkeitsstrahl trifft unter einem Winkel β auf eine Wand und wird nach beiden Seiten verlustlos umgelenkt.

Nach der Bernoullischen Gleichung sind die Abströmgeschwindigkeiten gleich der Anströmgeschwindigkeit v_1, wenn angenommen wird, dass die Strahlen parallel zur Platte abströmen. Damit ergeben sich die Komponenten der Stützkraft zu

$$F_{sx} = -\rho\, v_1^2\, b_1 \cos\beta \quad \text{und} \quad F_{sy} = 0 \quad . \tag{1.70}$$

Die Breiten der Teilstrahlen sind

$$b_2 = b_1 \frac{1+\sin\beta}{2} \quad \text{und} \quad b_3 = b_1 \frac{1-\sin\beta}{2} \quad . \tag{1.71}$$

Unstetige Rohrerweiterung

Bei einer unstetigen Erweiterung eines Rohres vom Querschnitt A_1 auf A_2 durchströmt die Flüssigkeit beim Eintritt in den erweiterten Teil nicht den gesamten Querschnitt A_2. In den Ecken bilden sich Totwassergebiete aus, die durch Reibung dem vorbeiströmenden Strahl Impuls entziehen, was sich in einem Druckverlust äußert. Der Druck, der im Eintrittsquerschnitt herrscht, wirkt auch auf die Stirnwand $A_2 - A_1$ der Erweiterung.

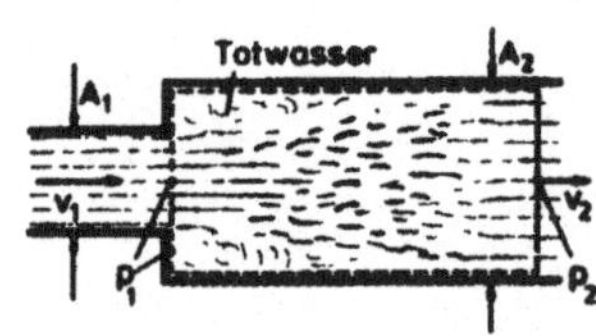

Die Strömungsverluste lassen sich mit der Kontinuitätsgleichung, der Bernoullischen Gleichung und dem Impulssatz berechnen, wenn man annimmt, dass stromab vom Totwassergebiet über dem Querschnitt wieder konstante Strömungszustände herrschen und die Reibung an den festen Wänden vernachlässigt wird.

Für die in der Skizze dargestellte Kontrollfläche ergibt sich der Druckverlust

$$\Delta p_v = p_{01} - p_{02} = (p_1 + \frac{\rho}{2}\, v_1^2) - (p_2 + \frac{\rho}{2}\, v_2^2) \tag{1.72}$$

mit

$$v_1\, A_1 = v_2\, A_2 \tag{1.73}$$

und

$$\rho\, {v_2}^2\, A_2 - \rho\, {v_1}^2\, A_1 = (p_1 - p_2)\, A_2 \tag{1.74}$$

zu

$$\Delta p_v = \frac{\rho}{2}\, v_1^2 \left(1 - \frac{v_2}{v_1}\right)^2 \quad . \tag{1.75}$$

Der Druckverlust, bezogen auf den Staudruck, wird als Druckverlustbeiwert bezeichnet.

$$\zeta = \frac{\Delta p_v}{\frac{\rho}{2}\, v_1^2} = \left(1 - \frac{A_1}{A_2}\right)^2 \qquad \text{Carnotsche Gleichung} \tag{1.76}$$

Druckverlust einer Blende

Die Strömung durch eine Blende ist nach dem Vorhergehenden (unstetige Querschnittsänderung) mit einem Druckverlust verbunden. Dieser kann ebenfalls mit der Carnotschen Gleichung berechnet werden. Beim Durchgang durch die Blende erfährt der Strahl eine Einschnürung, welche von der Geometrie der Blende abhängt (geometrisches Öffnungsverhältnis $m = \frac{A'}{A_1}$).

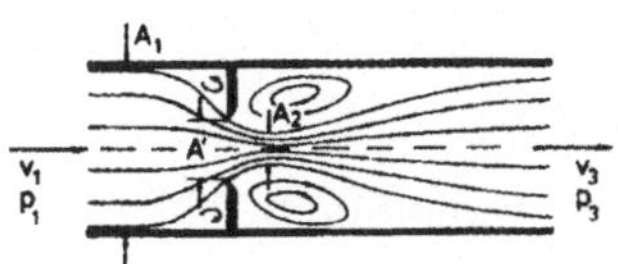

Das Verhältnis des engsten Strömungsquerschnittes zum Öffnungsquerschnitt der Blende wird als Kontraktionsziffer bezeichnet $\Psi = \frac{A_2}{A'}$. Der Druckverlustbeiwert der Blende, bezogen auf die Anströmzustände im Rohr, ist

$$\zeta_B = \frac{\Delta p_v}{\frac{\varrho}{2} v_1^2} = \left(\frac{1 - \psi\, m}{\psi\, m}\right)^2 \quad . \tag{1.77}$$

Für einige charakteristische Werte $\Psi\, m$ ist der Druckverlustbeiwert der Blende in der nachfolgenden Tabelle angegeben

$\Psi\, m$	1	2/3	1/2	1/3
ζ_B	0	1/4	1	4

Widerstand eines Einbaues in einem Rohr

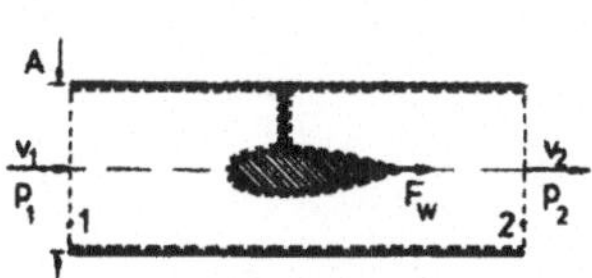

In einem Rohr mit konstantem Querschnitt ist nach dem Kontinuitätssatz $v_1 = v_2$. Der Widerstand des Körpers äußert sich dann in einem Druckabfall. Für die angegebene Kontrollfläche ist bei Vernachlässigung der Rohrreibung

$$F_w = (p_2 - p_1)\, A. \tag{1.78}$$

Rankinesche Strahltheorie

Leistung, Schubkraft und Wirkungsgrad von Rotoren an Windkraftanlagen und Propellern (Schiffsschrauben, Luftschrauben) können mit den Bewegungsgleichungen für eindimensionale Strömungen unter folgenden vereinfachenden Annahmen berechnet werden:

Die Strahldrehung übt keinen Einfluß auf die axiale Strömungsgeschwindigkeit aus; die antreibende Kraft ist unabhängig von der Flügelzahl gleichmäßig auf den gesamten Strahlquerschnitt verteilt (unendlich viele Flügel); die Abbremsung oder Beschleunigung der Strömung erfolgt verlustfrei.

In nachstehender Skizze ist die Strömung durch ein Windrad dargestellt. Für die Stromröhre gilt mit $p_2 = p_1 = p_a$ (atmosphärischer Druck in größerer Entfernung von der Flügelebene)

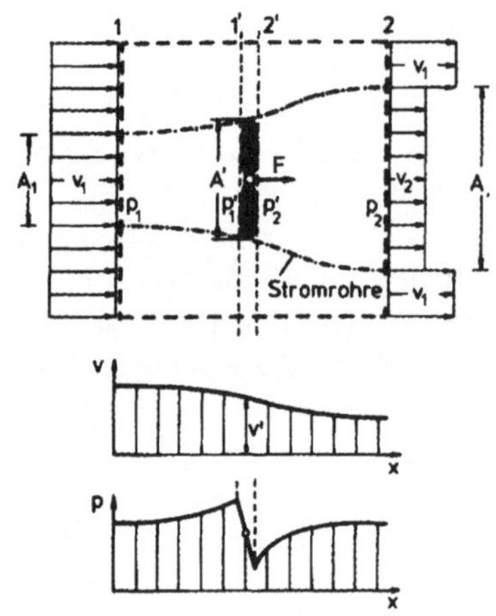

$$\begin{aligned} \rho\, v_1\, A_1 &= \rho\, v'\, A' = \rho\, v_2\, A_2 \\ \frac{\rho}{2}\, {v_1}^2 + p_a &= \frac{\rho}{2}\, {v_1'}^2 + p_1' \\ \frac{\rho}{2}\, {v_2}^2 + p_a &= \frac{\rho}{2}\, {v_2'}^2 + p_2' \end{aligned} \qquad (1.79)$$

Stetiger Geschwindigkeitsverlauf im Strahl.

Unstetige Druckänderung in der Flügelebene.

Zwischen den beiden Querschnitten $1'$ und $2'$, unmittelbar stromauf und stromab von der Flügelebene, wird die vom Flügel ausgeübte Kraft F (Windrad) nach dem Impulssatz berechnet.

$$F = (p_2' - p_1')\, A' \qquad (1.80)$$

Für die große Kontrollfläche ergibt sich die Flügelkraft zu

$$F = \rho\, v'\, A'\, (v_2 - v_1) \quad . \qquad (1.81)$$

Unter Berücksichtigung der Bernoullischen Gleichung erhält man die Geschwindigkeit in der Flügelebene zu

$$v' = \frac{(v_1 + v_2)}{2} \qquad \text{(Froudesches Theorem 1883)} \qquad (1.82)$$

Die Energie, die dem Luftstrom pro Zeiteinheit entzogen wird, ist

$$P = \frac{\rho}{4}\, A'\, {v_1}^3 \left(1 + \frac{v_2}{v_1}\right) \left(1 - \frac{v_2^2}{v_1^2}\right) \quad . \qquad (1.83)$$

Der Energieentzug P hat ein Maximum für das Geschwindigkeitsverhältnis $\frac{v_2}{v_1} = \frac{1}{3}$. Der maximale Energieentzug, bezogen auf die von den Flügeln überstrichene Querschnittsfläche, beträgt

$$\frac{P_{max}}{A'} = \frac{8}{27}\, \rho\, v_1^3 \quad , \qquad (1.84)$$

und der dazugehörige Schub pro Fläche ist

$$\frac{F}{A'} = -\frac{4}{9}\, \rho\, v_1^2 \qquad (1.85)$$

Für Luft mit $\rho = 1.25\,kg/m^3$ ergeben sich folgende Werte in Abhängigkeit von der Windgeschwindigkeit

$-v_1\ [m/s]$	1	5	10	15	20	25	30
– Windstärke $[BF]$	1	3	6	7	9	10	12
$-P_{max}/A'\ [kW/m^2]$	0.00037	0.0463	0.370	1.25	2.963	5.79	10.0
$-F/A'\ [N/m^2]$	0.555	13.88	55.55	125	222	347	500
–							

1.5.3 Strömungen in offenen Gerinnen

Strömungen in Flüssen und Kanälen werden als Gerinneströmungen bezeichnet. Sie unterscheiden sich von Rohrströmungen durch ihre freie Oberfläche, auf die der Atmosphärendruck wirkt. Für einen bestimmten Volumenstrom kann sich damit bei der Breite b des Gerinnes die Wassertiefe h in Abhängigkeit von der Geschwindigkeit einstellen. Setzt man reibungsfreie stationäre Strömung voraus, führt die Bernoullische Gleichung für jede Stromlinie auf die Beziehung

$$\frac{v^2}{2\,g} + h' + z = konst. \tag{1.86}$$

Die Summe aus Geschwindigkeitshöhe $v^2/(2\,g)$ und der Höhe des Wasserspiegels h über der Sohle wird als Energiehöhe H bezeichnet. Die Wassergeschwindigkeit sei unabhängig von z.

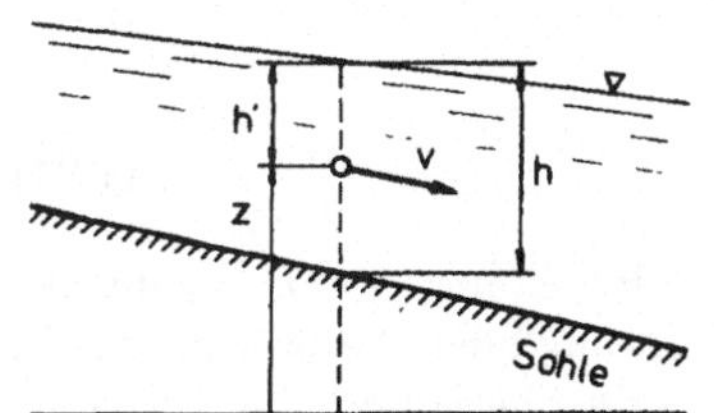

Mit

$$v = \frac{\dot{Q}}{b\,h} \tag{1.87}$$

ist

$$H = h + \frac{\dot{Q}^2}{2\,g\,h^2\,b^2} \quad . \tag{1.88}$$

Bei vorgegebenem Durchflußvolumen und vorgegebener Energiehöhe H liefert die Gleichung zwei physikalisch sinnvolle Lösungen für die Wassertiefe h und damit auch für die Geschwindigkeit v. Diese beiden unterschiedlichen Strömungszustände sind zu beiden Seiten des Minimums

$$H_{min} = \frac{3}{2}\sqrt[3]{\frac{\dot{Q}^2}{g\,b^2}} \tag{1.89}$$

der Beziehung $H = H(h)$ zu finden. Die dazugehörige Wassertiefe (Grenztiefe) ist

$$h_{gr} = \sqrt[3]{\frac{\dot{Q}^2}{g\,b^2}} \quad . \tag{1.90}$$

Ihr entspricht die Grenzgeschwindigkeit

$$v_{gr} = \sqrt{g\,h_{gr}} \quad . \tag{1.91}$$

Bezogen auf H_{min} ergibt sich

$$\frac{H}{H_{min}} = \frac{2}{3}\left[\frac{h}{h_{gr}} + \frac{1}{2}\left(\frac{h_{gr}}{h}\right)^2\right] \quad . \tag{1.92}$$

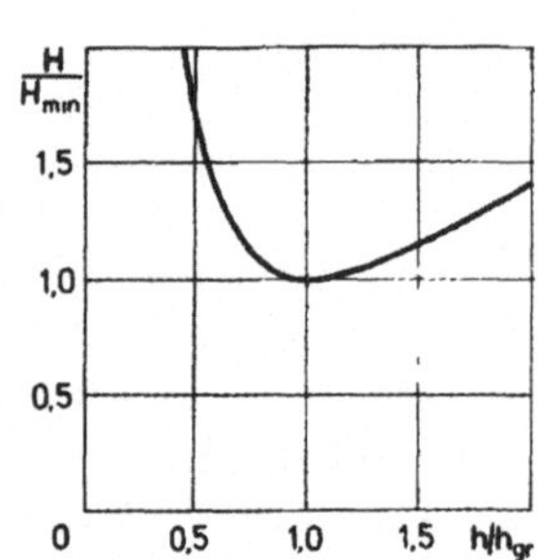

Die Größe $c = \sqrt{g\,h}$ stellt die Fortpflanzungsgeschwindigkeit von Schwerewellen in flachem Wasser dar, und das Verhältnis v/c wird Froude-Zahl genannt.

$$Fr = \frac{v}{c} \quad . \tag{1.93}$$

Die Größe der Froude-Zahl bestimmt, welcher der beiden Strömungszustände sich einstellt.

$Fr < 1$	$h > h_{gr}$	$v < v_{gr}$	strömendes Wasser
$Fr > 1$	$h < h_{gr}$	$v > v_{gr}$	schießendes Wasser

In schießendem Wasser (reißende Bäche) können sich kleine Störungen nicht stromauf bewegen. Nach der Bernoullischen Gleichung ist die Summe aus geodätischer Höhe der Sohle und der Energiehöhe konstant. Bei hinreichend hoher Anhebung der Sohle (Bodenwelle) setzt in einem strömenden Gerinne schießende Bewegung ein. Ist H die Energiehöhe des Gerinnes, beträgt die dafür erforderliche Höhe der Bodenwelle

$$Z_{gr} = H - H_{min} \quad . \tag{1.94}$$

Auch der umgekehrte Vorgang wird beobachtet. Eine schießende Bewegung ($h < h_{gr}$) geht mit einem nahezu sprunghaften Anstieg des Wasserspiegels (Wassersprung oder Wechselsprung) in eine strömende über. Dadurch wird ein strömungsmechanischer Verlust hervorgerufen. Die Höhe des Wasserspiegels nach dem Sprung h_2 läßt sich mit Impuls- und Kontinuitätssatz bestimmen. Für ein ebenes Gerinne mit konstanter Breite ist

$$\rho\,(v_2^2\,h_2 - v_1^2\,h_1) = \rho\,g\left(\frac{h_1^2}{2} - \frac{h_2^2}{2}\right) \tag{1.95}$$

und

$$h_1\,v_1 = h_2\,v_2 \quad . \tag{1.96}$$

Daraus erhält man das Verhältnis der Spiegelhöhen zu

$$\frac{h_2}{h_1} = \sqrt{\frac{1}{4} + \frac{2\,v_1^2}{g\,h_1}} - \frac{1}{2} \quad . \tag{1.97}$$

Eine Abnahme der Spiegelhöhe beim Sprung ($h_2/h_1 < 1$) ist nicht möglich, da dafür eine Zunahme der Energiehöhe erforderlich wäre. Die Differenz der Energiehöhen $H_1 - H_2$

$$H_1 - H_2 = \frac{h_1}{4}\left(\frac{h_1}{h_2}\right)\left(\frac{h_2}{h_1} - 1\right)^3 \tag{1.98}$$

ist nur dann positiv (im Grenzfall Null), wenn $h_2/h_1 \geq 1$. Führt man diese Bedingung in die Beziehung für das Verhältnis der Spiegelhöhen ein, folgt, daß $Fr_1 \geq 1$ ist. Der Wassersprung stellt sich also nur in schießendem Wasser ein.

1.5.4 Impulsmomentensatz

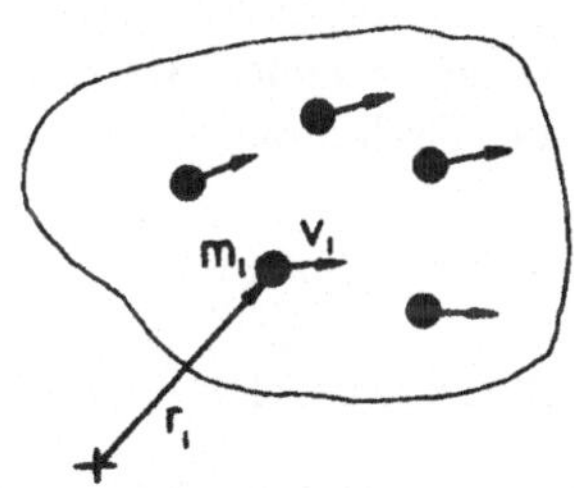

Nach dem Flächensatz der Mechanik ist die zeitliche Änderung der Impulsmomente gleich der Summe der angreifenden äußeren Momente. Für ein System von n Teilchen mit den Massen m_i, den Geschwindigkeiten $\vec{v}_i$ und den Abständen $\vec{r}_i$ von einer raumfesten Achse ist

$$\frac{d}{dt}\sum_{i=1}^{n} \vec{r}_i \times (m_i\, \vec{v}_i) = \sum \vec{M} \quad . \tag{1.99}$$

Wie beim Impulssatz wird beim Übergang vom Punkthaufen zum Kontinuum aus der Summe auf der linken Seite ein Volumenintegral.

$$\frac{d\vec{L}}{dt} = \frac{d}{dt}\int_{\tau(t)} \rho\, \vec{r} \times \vec{v}\, d\tau \quad . \tag{1.100}$$

Das Impulsmoment wird oft zur Abkürzung mit $\vec{L}$ bezeichnet. Seine zeitliche Änderung ist gleich der Summe der Momente aller an der betrachteten Flüssigkeit angreifenden Kräfte bezogen auf eine feste Achse.

Für stationäre Strömungen läßt sich wieder das Volumenintegral in ein Oberflächenintegral umwandeln

$$\frac{d\vec{L}}{dt} = \int_A \rho\, (\vec{r} \times \vec{v})\, (\vec{v} \cdot \vec{n})\, dA \quad . \tag{1.101}$$

Das resultierende Moment der äußeren Kräfte setzt sich zusammen aus den Momenten der Volumenkräfte M_g, der Druckkräfte M_p, der Reibungskräfte M_r und der Stützkräfte M_s.

$$\begin{aligned}
\vec{M}_g &= \int_\tau (\vec{r} \times \rho\, \vec{g})\, d\tau \\
\vec{M}_p &= -\int_A p\, (\vec{r} \times \vec{n})\, dA \\
\vec{M}_r &= -\int_A \vec{r} \times (\bar{\bar{\sigma}}' \cdot \vec{n})\, dA \\
\vec{M}_s &= \vec{r}_s \times \vec{F}_s
\end{aligned} \tag{1.102}$$

1.5.5 Anwendungen des Impulsmomentensatzes

Eulersche Turbinengleichung (1754)

Durchströmt eine Flüssigkeit einen mit konstanter Winkelgeschwindigkeit rotierenden Kanal von außen nach innen (Radialturbine), kann das von der Strömung abgegebene Moment mit der Impulsmomentengleichung berechnet werden. Relativ zum Kanal, dessen Berandung das Kontrollvolumen abgrenzt, ist die Strömung stationär. Die den Kanal durchströmende Masse ist

$$\dot{m} = \rho\, v_1\, A_1\, \sin\delta_1 = \rho\, v_2\, A_2\, \sin\delta_2 \quad . \tag{1.103}$$

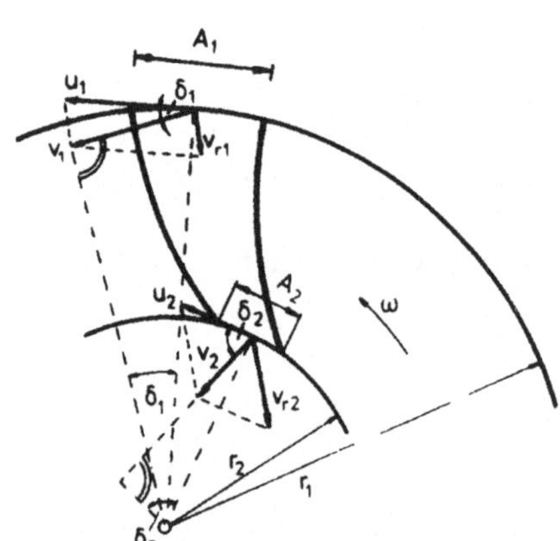

Mit den Bezeichnungen der nebenstehenden Skizze beträgt die zeitliche Änderung des Drehimpulses

$$\int_A \rho\, (\vec{r} \times \vec{v})\, (\vec{v} \cdot \vec{n})\, dA =$$
$$= \vec{k}\, [-\dot{m}\, v_1\, r_1\, \cos\delta_1 + \dot{m}\, v_2\, r_2\, \cos\delta_2] \quad . \tag{1.104}$$

Damit ist das an der Turbinenwelle abgegebene Moment (Reaktionsmoment)

$$M_d = \dot{m}\, [v_1\, r_1\, \cos\delta_1 - v_2\, r_2\, \cos\delta_2] \quad . \tag{1.105}$$

Diese Beziehung wird als Eulersche Turbinengleichung bezeichnet. Die an die Turbine abgegebene Leistung ist mit $u_1 = r_1\, \omega$ und $u_2 = r_2\, \omega$

$$P = M_d\, \omega = \dot{m}\, (v_1\, u_1\, \cos\delta_1 - v_2\, u_2\, \cos\delta_2) \quad . \tag{1.106}$$

Die Leistung ist am größten, wenn die Absolutgeschwindigkeit v_2 senkrecht zu der Umfangskomponente u_2 steht, d. h. $\cos\delta_2 = 0$ ist.

Segnersches Wasserrad (1750)

Strömt Flüssigkeit aus einem Reservoir in ein wie in der folgenden Skizze angedeutet abgewinkeltes, um eine Achse drehbar gelagertes Rohr, wird dieses in Rotation versetzt. Die Strömung erzeugt ein Drehmoment, das am Rohr abgenommen wird. Ein bestimmter Anteil dieses Moments wird zur Überwindung der Lagerreibung gebraucht. Wenn die Flüssigkeit das rotierende Rohr stationär durchströmt, kann das Moment mit der Impulsmomentengleichung berechnet werden.

Mit den in der Skizze angegebenen Bezeichungen ist die austretenden Masse

$$\begin{aligned} \dot{m} &= \rho\, v_r\, A \\ M &= \dot{m}\, (v_r - \omega\, R)\, R \quad . \end{aligned} \tag{1.107}$$

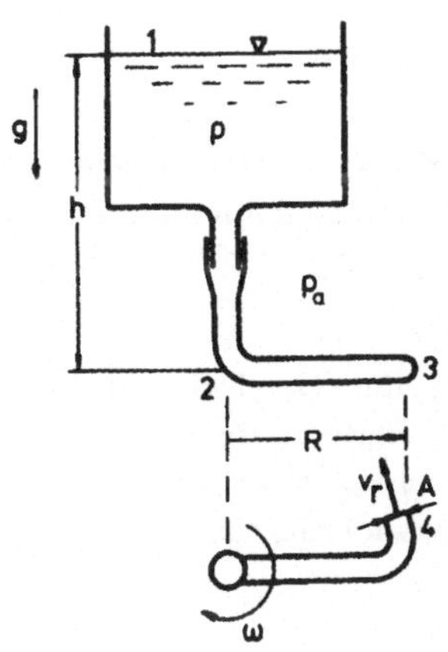

Zur Ermittlung der relativen Austrittsgeschwindigkeit v_r wird verlustfreie Strömung zwischen der Flüssigkeitsoberfläche im Reservoir und dem Austrittsquerschnitt angenommen.
Die Energiegleichung für das betrachtete Relativsystem lautet

$$p_a + \int_1^4 \rho\,\vec{b}\,d\vec{s} = p_a + \frac{\rho}{2}\,v_r^2 \quad . \tag{1.108}$$

Das Integral läßt sich wie folgt aufspalten

$$\int_1^4 \rho\,\vec{b}\cdot d\vec{s} = \int_1^2 \rho\,g\,dz + \int_2^3 \rho\,\omega^2\,r\,dr \tag{1.109}$$

wobei $\omega^2\,r$ die Zentrifugalbeschleunigung darstellt.

Nach Integration erhält man für die relative Austrittsgeschwindigkeit

$$v_r = \sqrt{2\,g\,h + \omega^2\,R^2} \quad . \tag{1.110}$$

Für M ergibt sich mit den Abkürzungen

$$\xi = \frac{\omega\,R}{\sqrt{2\,g\,h}} \quad \text{und} \quad M_0 = 2\,\rho\,g\,h\,A\,R \tag{1.111}$$

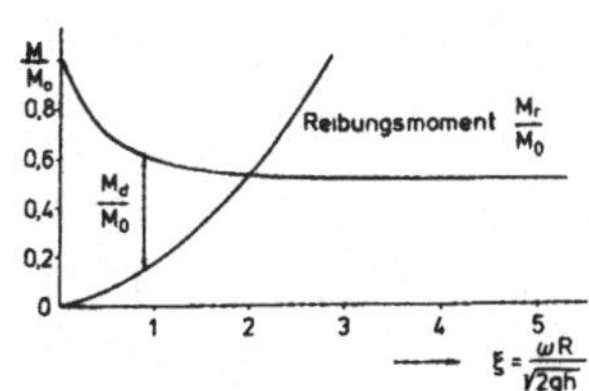

$$\frac{M}{M_0} = \sqrt{1+\xi^2}\left(\sqrt{1+\xi^2} - \xi\right) \quad . \tag{1.112}$$

Die Größe M_0 wird als Anfahrmoment bezeichnet. Ist die Abhängigkeit des Reibungsmomentes von der Drehzahl bekannt, kann das am rotierenden Rohr abzunehmende Moment M_d angegeben werden.

1.6 Schichtenströmung zäher Flüssigkeiten

Bei Formänderungen von Flüssigkeiten wird durch molekularen Impulsaustausch ein Teil der Strömungsenergie in Wärme umgesetzt (innere Reibung). Bei einer Rohrströmung äußert sich dies z. B. in einem Druckabfall in Strömungsrichtung. Makroskopisch betrachtet strömt die Flüssigkeit in Schichten (lat. lamina). Man spricht von laminaren Strömungen. Von Schicht zu Schicht ändert sich die Geschwindigkeit; im Grenzfall infinitesimal dünner Schichten ergibt sich ein kontinuierliches Profil. Die Schichten strömen aneinander vorbei, und der molekulare Impulsaustausch zwischen ihnen bewirkt Tangentialspannungen. Diese stehen in einem engen Zusammenhang mit den Geschwindigkeitsgradienten und können durch einen phänomenologischen Ansatz beschrieben werden. Die Form des Ansatzes hängt von der Art der Flüssigkeit ab (Fließgesetz). In der wandnahen Schicht verlieren die Moleküle der Flüssigkeit die Tangentialkomponente des Impulses an der begrenzenden Oberfläche. Die Strömung haftet deshalb an einer festen Wand (Stokessche Haftbedingung 1845).

1.6.1 Fließgesetze

Newtonsche Flüssigkeiten

Newtonsche Flüssigkeiten sind solche, die einen linearen Zusammenhang zwischen Tangentialspannung und Geschwindigkeitsgradienten besitzen. Diesen Zusammenhang kann man sich mit folgendem Experiment veranschaulichen. Zwischen zwei parallel angeordneten ebenen Platten befindet sich eine Newtonsche Flüssigkeit.

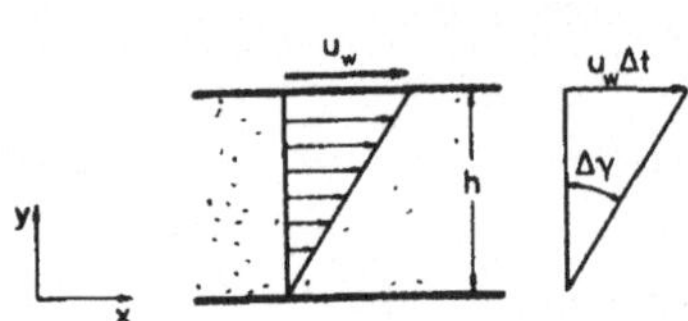

Wird die obere Platte mit der Geschwindigkeit u_w parallel zur unteren Platte bewegt, ändert sich die Geschwindigkeit linear in y-Richtung, so daß die Teilchen sich in den übereinanderliegenden Schichten verschieden schnell bewegen.

$$u(y) = u_w \, \frac{y}{h} \tag{1.113}$$

Aus ihrer Verschiebung in x-Richtung läßt sich der Scherwinkel

$$\Delta\gamma \approx -\frac{u_w \, \Delta t}{h} \tag{1.114}$$

bestimmen. Aus diesem folgt die Schergeschwindigkeit durch Bildung des Differentialquotienten

$$\dot{\gamma} = \lim_{\Delta t \to 0} \frac{\Delta\gamma}{\Delta t} = -\frac{u_w}{h} \quad . \tag{1.115}$$

Für nichtlineare Geschwindigkeitsverteilungen gilt allgemein

$$\dot{\gamma} = -\frac{du}{dy} \quad . \tag{1.116}$$

Der Zusammenhang zwischen Schergeschwindigkeit und Tangential- oder Schubspannung ergibt sich durch Vergleich mit einem Scherversuch an einem festen Körper.

Scherversuch

Die Schubspannung ist proportional zur Schergeschwindigkeit. Die Proportionalitätskonstante ist die dynamische Scherzähigkeit η; sie hängt vom Medium, vom Druck und von der Temperatur ab. Das Verhältnis $\nu = \frac{\eta}{\rho}$ wird als kinematische Zähigkeit bezeichnet.

Fester Körper $\tau = f(\gamma)$; γ = Scherung
Hookesches Gesetz: $\tau = G\,\gamma$

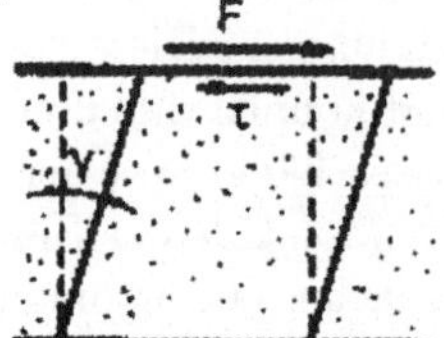

Flüssigkeit $\tau = f(\dot{\gamma})$; $\dot{\gamma}$ = Schergeschwindigkeit
Newtonsches Fließgesetz: $\tau = \eta\,\dot{\gamma}$

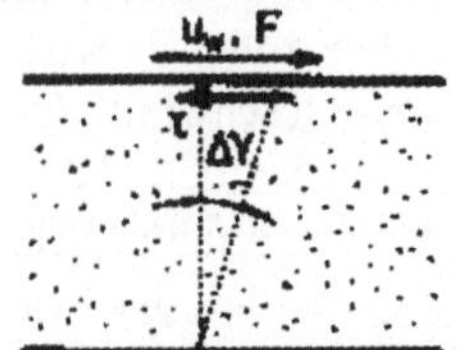

Die beiden nachstehenden Abbildungen zeigen für Wasser und Luft die Temperaturabhängigkeit der dynamischen und kinematischen Zähigkeit bei Atmosphärendruck.

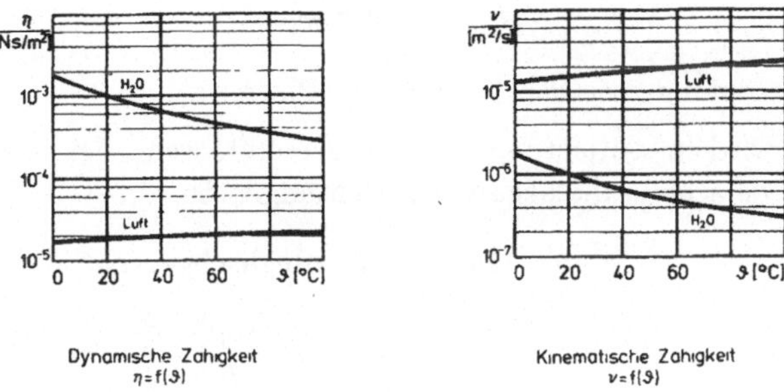

Dynamische Zähigkeit $\eta = f(\vartheta)$

Kinematische Zähigkeit $\nu = f(\vartheta)$

Nicht-Newtonsche Flüssigkeiten

Viele Flüssigkeiten (z. B. hochpolymere Flüssigkeiten und Suspensionen) gehorchen nicht dem Newtonschen Fließgesetz. Um mit einfachen Beziehungen das sehr unterschiedliche Fließverhalten der Flüssigkeiten beschreiben zu können, hat man zahlreiche empirische Modellgesetze aufgestellt.

Das Bingham-Modell beschreibt das Fließen solcher Flüssigkeiten, die sich unterhalb einer bestimmten Schubspannung wie ein fester Körper verhalten (Zahnpasten).

$$\tau = \eta\,\dot{\gamma} \pm \tau_0 \tag{1.117}$$

Für $|\tau| < \tau_0$ ist $\dot{\gamma} = 0$. Das Ostwald-de Waele-Modell kennzeichnet nichtlineares Fließverhalten

$$\tau = \eta \mid \dot{\gamma} \mid^{n-1} \dot{\gamma} \quad . \tag{1.118}$$

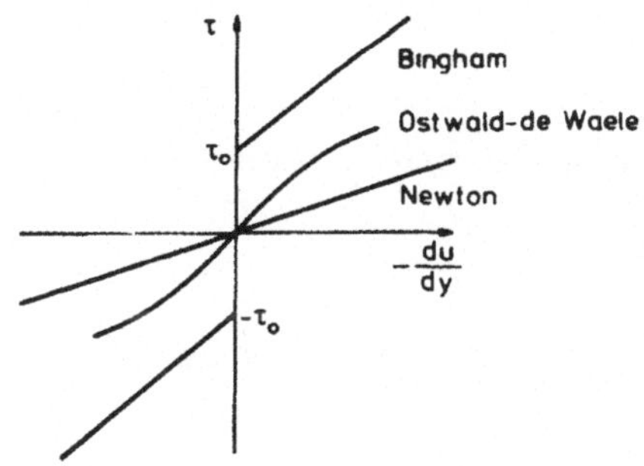

Für den Exponenten $n = 1$ geht dieser Ansatz in das Newtonsche Fließgesetz über. Die drei Fließgesetze sind in der nebenstehenden Skizze dargestellt.

1.6.2 Ebene Scherströmungen mit Druckgradient

In dem vorher beschriebenen Scherversuch wirken in der Flüssigkeit nur Schubspannungen. Im folgenden soll gezeigt werden, wie Normalspannungen im Zusammenhang mit Schubspannungen die Strömung beeinflussen. Zur Vereinfachung der Darstellung wird angenommen, dass die Normalspannungen durch eine Druckänderung in x-Richtung hervorgerufen werden und die Schubspannungen sich nur in y-Richtung ändern:

$$\tau = \tau(y) \qquad p = p(x) \tag{1.119}$$

(parallele Schichtenströmung zwischen zwei ebenen Platten).

Die Schubspannung wird in x-Richtung positiv angesetzt, wenn der Normalenvektor der zugehörigen Begrenzungsfläche in die negative y-Richtung weist.

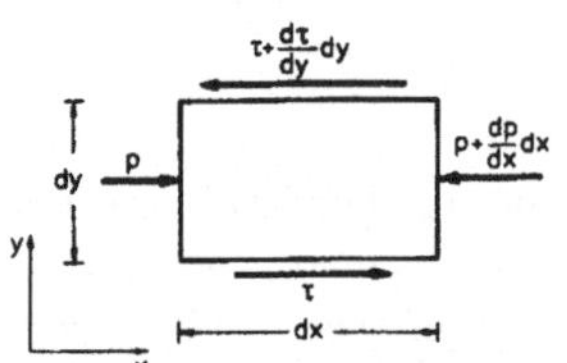

Aus dem Kräftegleichgewicht folgt

$$\frac{dp}{dx} + \frac{d\tau}{dy} = 0 \quad . \tag{1.120}$$

Durch Integration erhält man

$$\tau(y) = (p_1 - p_2)\,\frac{y}{L} + c_1 \quad . \tag{1.121}$$

Dabei ist L die Länge in x-Richtung, auf der sich der Druck von p_1 auf p_2 ändert. Die letzte Gleichung gilt für Newtonsche und nicht-Newtonsche Flüssigkeiten. Die Geschwindigkeitsverteilung ergibt sich, indem man das Fließgesetz einführt und über y integriert. Für eine Newtonsche Flüssigkeit mit

$$\tau = -\eta\,\frac{du}{dy} \tag{1.122}$$

folgt für die Geschwindigkeitsverteilung

$$u(y) = \frac{p_2 - p_1}{2\,\eta\,L}\,y^2 + c_1'\,y + c_2 \quad . \tag{1.123}$$

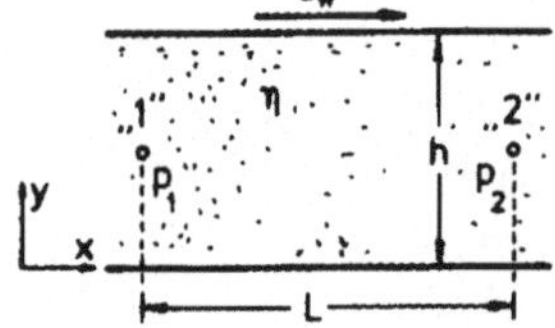

Die Integrationskonstanten c_1' und c_2 werden aus den Randbedingungen ermittelt.

$$\left.\begin{aligned} y = 0 &: \quad u = 0 \\ y = h &: \quad u = u_w \end{aligned}\right\} \quad \text{Stokesche Haftbedingung} \tag{1.124}$$

$$u(y) = h^2\,\frac{p_2 - p_1}{2\,\eta\,L}\left[\left(\frac{y}{h}\right)^2 - \frac{y}{h}\right] + u_w\,\frac{y}{h} \quad . \tag{1.125}$$

Der Geschwindigkeitsverlauf wird durch die Wandgeschwindigkeit u_w und die Druckdifferenz $p_1 - p_2$ bestimmt.

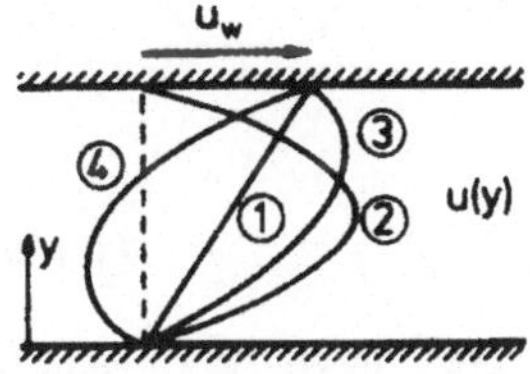

① $u_w > 0 \quad p_1 - p_2 = 0$

② $u_w = 0 \quad p_1 - p_2 > 0$

③ $u_w > 0 \quad p_1 - p_2 = 0$

④ $u_w > 0 \quad p_1 - p_2 < 0$

Die Wandschubspannungen ergeben sich durch Differentiation

$$y = 0 \quad : \quad \tau_w = -\eta \left[\frac{h}{L} \frac{p_1 - p_2}{2\,\eta} + \frac{u_w}{h} \right] \tag{1.126}$$

$$y = h \quad : \quad \tau_w = \eta \left[\frac{h}{L} \frac{p_1 - p_2}{2\,\eta} - \frac{u_w}{h} \right] \quad . \tag{1.127}$$

Das sekündlich durch einen Querschnitt hindurchtretende Flüssigkeitsvolumen ist

$$\frac{\dot{Q}}{b} = \int_0^h u(y)\, dy = h^3 \frac{p_1 - p_2}{12\,\eta\, L} + \frac{u_w\, h}{2} \quad . \tag{1.128}$$

1.6.3 Laminare Rohrströmung

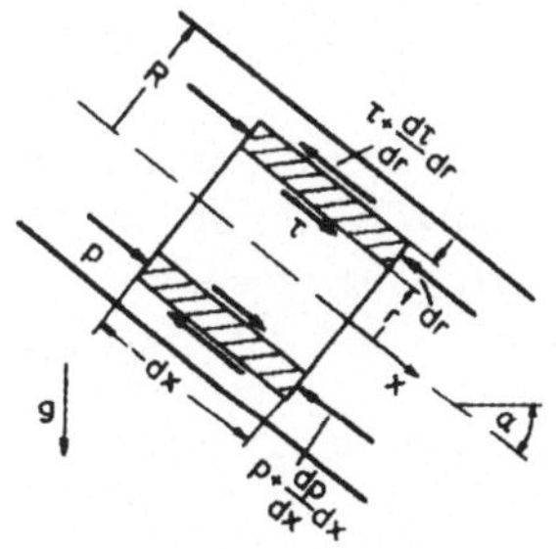

Ein um einen Winkel α geneigtes zylindrisches Rohr mit dem Radius R wird laminar von einer Flüssigkeit durchströmt. Die Schubspannung hänge nur vom Radius ab. Aus dem Kräftegleichgewicht folgt

$$-\frac{dp}{dx} + \rho\, g\, \sin\alpha - \frac{1}{r} \frac{d}{dr} (\tau\, r) = 0 \quad , \tag{1.129}$$

woraus sich durch Integration die Schubspannungsverteilung ergibt

$$\tau = +\frac{r}{2} \left[\frac{p_1 - p_2}{L} + \rho\, g\, \sin\alpha \right] \quad . \tag{1.130}$$

Für eine Newtonsche Flüssigkeit mit $\tau = -\eta \frac{du}{dr}$ erhält man unter Berücksichtigung der Stokesschen Haftbedingung die Geschwindigkeitsverteilung

$$u(r) = \frac{R^2}{4\,\eta} \left[\frac{p_1 - p_2}{L} + \rho\, g\, \sin(\alpha) \right] \left[1 - \left(\frac{r}{R} \right)^2 \right] \quad . \tag{1.131}$$

In der Rohrmitte ($r = 0$) erreicht die Geschwindigkeit ihr Maximum

$$u_{max} = \frac{R^2}{4\,\eta} \left[\frac{p_1 - p_2}{L} + \rho\, g\, \sin\alpha \right] \quad . \tag{1.132}$$

Der Volumenstrom durch das Rohr ist

$$\dot{Q} = \int_0^R u(r)\,2\,\pi\,r\,dr = \frac{\pi\,R^4}{8\,\eta}\left[\frac{p_1 - p_2}{L} + \rho\,g\,\sin\alpha\right] \tag{1.133}$$

(Von Hagen und Poisseuille um 1840 für $\alpha = 0$ angegeben). Aus dem Volumenstrom $\dot{Q}$ läßt sich eine mittlere Geschwindigkeit u_m definieren

$$u_m = \frac{\dot{Q}}{A} = \frac{R^2}{8\,\eta}\left[\frac{p_1 - p_2}{L} + \rho\,g\,\sin\alpha\right] = \frac{u_{max}}{2} \quad . \tag{1.134}$$

Bei Vernachlässigung der Schwerkraft ist die Druckdifferenz $p_1 - p_2$ ein Maß für die Wandschubspannung

$$\tau_w = \frac{R}{2}\,\frac{p_1 - p_2}{L} \quad . \tag{1.135}$$

Die auf den Staudruck der mittleren Geschwindigkeit bezogene Druckdifferenz ist

$$\frac{p_1 - p_2}{\frac{\rho}{2}\,u_m^2} = \frac{64\,\eta\,l}{\rho\,u_m\,D^2} \quad . \tag{1.136}$$

Darin stellt der dimensionslose Ausdruck $\frac{\rho\,u_m\,D}{\eta}$ die Reynolds-Zahl Re dar. Damit ist

$$\frac{8\,\tau_w}{\rho\,u_m^2} = \frac{64}{Re} \quad . \tag{1.137}$$

Der Quotient $8\,\tau_w/(\rho\,u_m^2)$ wird als Rohrreibungsbeiwert λ bezeichnet. Er ist proportional zu der auf den Staudruck der mittleren Geschwindigkeit bezogenen Wandschubspannung.

$$\lambda = \frac{8\,\tau_w}{\rho\,u_m^2} \quad . \tag{1.138}$$

Rohreinlaufströmung

Hängt die Geschwindigkeit nur von der radialen Koordinate r ab, wie z. B. beim Hagen-Poiseuilleschen Gesetz, spricht man von einer ausgebildeten Rohrströmung. Dieser Strömungszustand wird erst am Ende der Einlaufstrecke L_e erreicht. Ihre Länge ist näherungsweise

$$L_e = 0,029\,Re\,D \quad . \tag{1.139}$$

In der Einlaufstrecke ändern sich die Geschwindigkeitsprofile wie in der Skizze dargestellt.

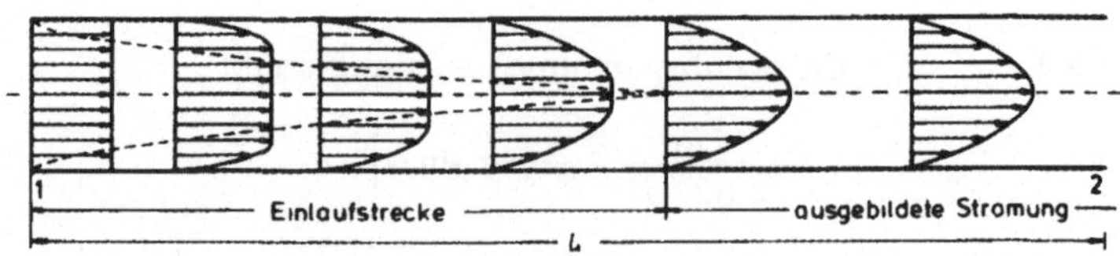

In der Einlaufstrecke entsteht ein zusätzlicher Druckverlust, der durch einen Verlustbeiwert ($\zeta_e \approx 1,16$) erfaßt wird.

$$\frac{p_1 - p_2}{\frac{\rho}{2}\,u_m^2} = \lambda\,\frac{L}{D} + \zeta_e \quad . \tag{1.140}$$

Bei langen Rohrleitungen sind die Einlaufverluste vernachlässigbar klein, während sie bei Zähigkeitsmessungen mit Kapillarviskosimetern berücksichtigt werden müssen.

1.7 Turbulente Rohrströmungen

Das Hagen-Poisseuillesche Gesetz der laminaren Rohrströmung verliert oberhalb einer bestimmten Reynolds-Zahl seine Gültigkeit.

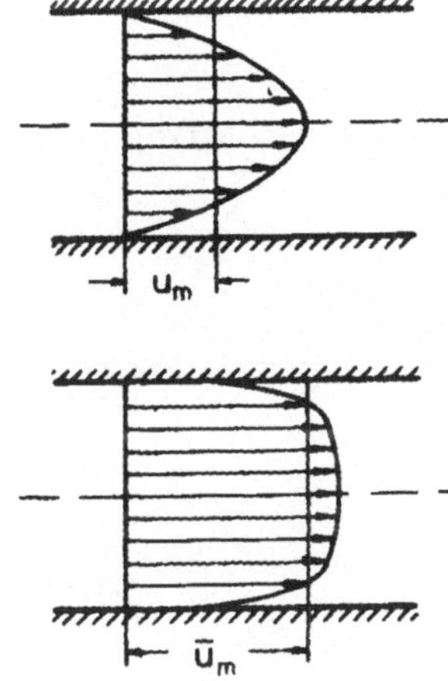

Experimente zeigen, dass unregelmäßige Geschwindigkeitsschwankungen einsetzen, welche eine intensive Durchmischung und Verwirbelung der einzelnen Strömungsschichten bewirken. Der Impulsaustausch quer zur Rohrachse wächst stark an. Die Profile der zeitlich gemittelten Geschwindigkeit werden völliger, und die Schubspannung an der Wand nimmt zu. Der Druckabfall ist nicht mehr zu $\dot{Q}$, sondern annähernd zu $\dot{Q}^2$ proportional. Solche Strömungen werden als turbulent bezeichnet. Bei technischen Rohrströmungen erfolgt der Übergang von laminarer zu turbulenter Strömungsform im allgemeinen bei einer Reynolds Zahl $Re = 2300$. Unter besonderen Versuchsbedingungen können Rohrströmungen bei $Re = 20000$ und darüber hinaus laminar gehalten werden.

1.7.1 Impulsaustausch in turbulenten Strömungen

Nach Reynolds (1882) kann die Geschwindigkeit mit einem Ansatz beschrieben werden, der einen zeitlichen Mittelwert und einen Schwankungsanteil enthält.

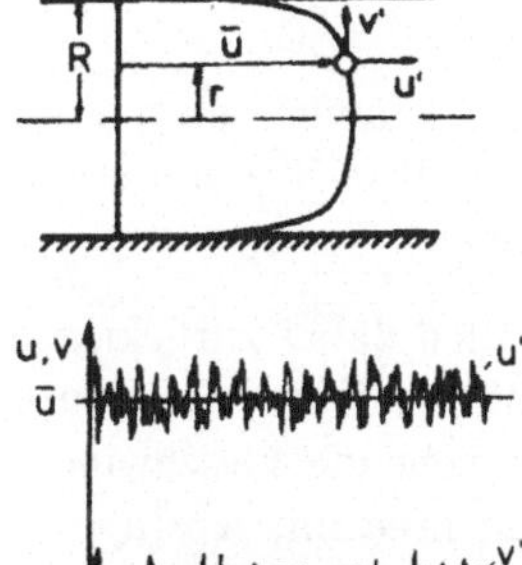

Für die ausgebildete turbulente Rohrströmung ergibt die Aufspaltung für die Komponente in Achsrichtung.

$$u(r, \Phi, x, t) = \bar{u}(r) + u'(r, \Phi, x, t) \qquad (1.141)$$

und senkrecht dazu

$$v(r, \Phi, x, t) = v'(r, \Phi, x, t) \quad . \qquad (1.142)$$

Der zeitliche Mittelwert der Geschwindigkeitskomponenten wird so bestimmt, dass der zeitliche Mittelwert der Schwankungsgrößen verschwindet.

Dabei ist der Mittelwert des Produktes zweier Schwankungsgrößen (Korrelation) im allgemeinen von Null verschieden.

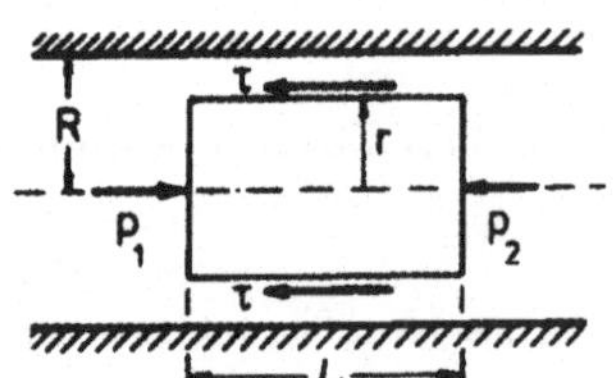

Für den turbulenten Impulsaustausch ist die Korrelation der Geschwindigkeitsschwankungen

$$\overline{u'v'} = \frac{1}{T} \int_0^T (u'v')\, dt \tag{1.143}$$

maßgeblich.

Dies geht aus folgender Impulsbetrachtung an dem skizzierten Kontrollvolumen hervor.

$$\int_\tau \frac{\partial}{\partial t} \rho\, \vec{v}\, d\tau + \int_A \rho\, \vec{v}\, (\vec{v} \cdot \vec{n})\, dA = \vec{F}_p + \vec{F}_r \tag{1.144}$$

Mit der Geschwindigkeit

$$\vec{v} = \vec{i}\,(\bar{u} + u') + \vec{j}\, v' \tag{1.145}$$

folgt für die zeitlich gemittelte Impulsgleichung

$$\rho \int_A \overline{u'v'}\, dA = 2\,\pi\, r\, L\, \rho\, \overline{u'v'} = \pi\, r^2\, (p_1 - p_2) - \tau\, 2\,\pi\, r\, L \quad , \tag{1.146}$$

aus der sich nach Einsetzen des Newtonschen Fließgesetzes die Beziehung

$$(p_2 - p_1)\, \frac{r}{2\,L} = -\rho\, \overline{u'v'} + \eta\, \frac{d\bar{u}}{dr} \tag{1.147}$$

ergibt. Die Größe $\rho\, \overline{u'v'}$, wird scheinbare oder turbulente Schubspannung τ_t genannt. Zur Ermittlung des Geschwindigkeitsprofils $\bar{u}(r)$ muß die Korrelation $\overline{u'v'}$ bekannt sein. Da für die scheinbaren Schubspannungen keine Bestimmungsgleichungen zur Verfügung stehen, muß eine zusätzliche Hypothese eingeführt werden, die eine Beziehung zwischen den Schwankungen und der mittleren Geschwindigkeit $\bar{u}$ herstellt.

Prandtlscher Mischungsweg

Bei dieser Hypothese über den turbulenten Strömungsmechanismus geht Prandtl von der Annahme aus, dass kleine Flüssigkeitsballen sich relativ zur übrigen Flüssigkeit in Strömungsrichtung und quer dazu bewegen und mit ihrer Umgebung Impuls austauschen.

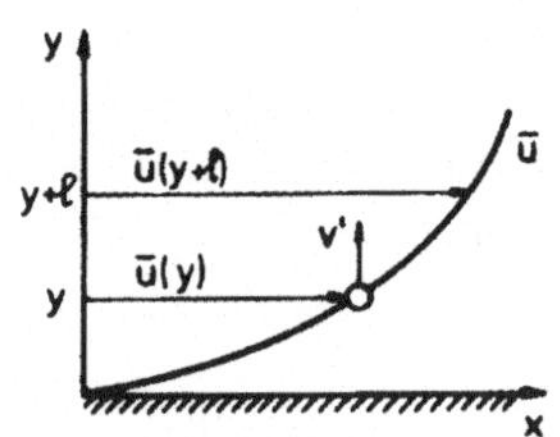

Der Weg, den die Flüssigkeitsballen dabei zurücklegen, wird als Mischungsweg l eingeführt. Quer zur Hauptströmungsrichtung ist die entsprechende Geschwindigkeitsänderung zwischen zwei Schichten mit Abstand l

$$\Delta u = \bar{u}(y + l) - \bar{u}(y) \approx l\, \frac{d\bar{u}}{dy} \quad . \tag{1.148}$$

Diese Differenz kann als Geschwindigkeitsschwankung u' aufgefaßt werden

$$u' = l\, \frac{d\bar{u}}{dy} \quad . \tag{1.149}$$

Die Schwankungen in Strömungsrichtung verursachen Quergeschwindigkeiten v' von gleicher Größenordnung. Eine positive Schwankung u' hat meistens eine negative Schwankung v' zur Folge. Damit ist

$$v' = -cu' \quad , \tag{1.150}$$

wobei c eine positive Konstante ist, die in den Mischungsweg einbezogen wird. Die turbulente Schubspannung τ_t folgt dann aus dem Mittelwert des Produktes beider Schwankungsgrößen

$$\tau_t = \rho\,\overline{u'v'} = \rho\, l^2 \left|\frac{d\bar{u}}{dy}\right| \frac{d\bar{u}}{dy} \quad . \tag{1.151}$$

Der Absolutwert von $d\bar{u}/dy$ ist eingeführt, damit sich das Vorzeichen der Schubspannung mit dem des Geschwindigkeitsgradienten ändert.

1.7.2 Geschwindigkeitsverteilung und Widerstandsgesetz

Mit der Gleichung für die turbulente Schubspannung lautet der Impulssatz für die Rohrströmung mit der Koordinate $y = R - r$

$$-\frac{p_2 - p_1}{2\,L}\,(R - y) = \eta\,\frac{d\bar{u}}{dy} + \rho\, l^2 \left|\frac{d\bar{u}}{dy}\right| \frac{d\bar{u}}{dy} \quad . \tag{1.152}$$

Für $y = 0$ stellt die rechte Steite der Gleichung die Wandschubspannung τ_w dar. Die turbulente Schubspannung verschwindet an der Wand, da wegen der Stokesschen Haftbedingung auch die Geschwindigkeitsschwankungen dort Null sind. Der Mischungsweg l muß deshalb in Wandnähe ebenfalls gegen Null gehen. Nach Prandtl ist in der wandnahen Schicht der Mischungsweg proportional dem Wandabstand

$$l = k\,y \quad , \tag{1.153}$$

wobei k eine Konstante ist. Da die turbulente Schubspannung, abgesehen von einer sehr dünnen Schicht in unmittelbarer Wandnähe, wesentlich größer als die laminare ist, kann letztere bei der Integration vernachlässigt werden. Führt man schließlich noch Prandtls Annahme ein, nach der τ_t sich nicht ändert und gleich der Wandschubspannung τ_w ist, erhält man durch Integration des Impulssatzes das universelle Wandgesetz der turbulenten Strömung

$$\frac{\bar{u}}{u_*} = \frac{1}{k}\,\ln\frac{y\,u_*}{\nu} + C \quad . \tag{1.154}$$

Die Größe $u_* = \sqrt{\tau_w/\rho}$ wird Schubspannungsgeschwindigkeit genannt.

Die nach von Kármán benannte Konstante $k = 0,4$ und die Integrationskonstante C wurden aus dem Experiment bestimmt. Für glatte Rohre ist $C = 5,5$. Die logarithmische Form des Geschwindigkeitsgesetzes zeigt, daß es in unmittelbarer Wandnähe seine Gültigkeit verliert. Da der Mischungsweg mit y gegen 0 verschwindet, ist die Schubspannung in der zähen Unterschicht allein durch $\eta\, d\bar{u}/dy$ gegeben.

Mit $\tau = \tau_w = konst.$ ist die Geschwindigkeit in der zähen Unterschicht

$$\frac{\bar{u}}{u_*} = \frac{y\,u_*}{\nu} \quad . \tag{1.155}$$

Obwohl das logarithmische Geschwindigkeitsprofil nur für die wandnahe Schicht hergeleitet worden war, zeigt das Experiment, daß das Gesetz näherungsweise bis zur Rohrmitte gültig bleibt. Durch Elimination der Integrationskonstanten C erhält man mit $\bar{u} = \bar{u}_{max}(y = R)$ die Beziehung

$$\frac{\bar{u}_{max} - \bar{u}}{u_*} = \frac{1}{k} \ln \frac{R}{y} \quad . \tag{1.156}$$

Die über den Querschnitt gemittelte mittlere Geschwindigkeit $\bar{u}_m$ ist

$$\frac{\bar{u}_m}{u_*} = \frac{\bar{u}_{max}}{u_*} - 3,75 \quad . \tag{1.157}$$

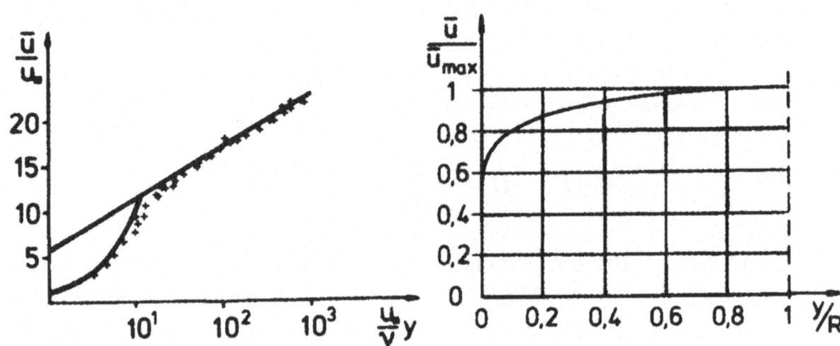

Universelles Wandgesetz in semi-logarithmischer Darstellung

zeitlich gemittelte dimensionslose radiale Geschwindigkeitsverteilung der turbulenten Rohrströmung als Funktion der Koordinate $\frac{y}{R} = 1 - \frac{r}{R}$.

Die Meßwerte bestätigen dieses Gesetz, wenn anstelle von 3,75 der Wert 4,07 eingesetzt wird. Mit der Definition für den Rohrreibungsbeiwert

$$\lambda = \frac{8\,{u_*}^2}{\bar{u}_m^2} \tag{1.158}$$

und dem logarithmischen Geschwindigkeitsgesetz erhält man

$$\frac{1}{\sqrt{\lambda}} = 2,035 \log(Re\,\sqrt{\lambda}) - 0,91. \tag{1.159}$$

Diese Gesetzmäßigkeit stimmt dann mit den experimentellen Ergebnissen überein, wenn man statt der oben angegebenen Gleichung die folgende Beziehung

$$\frac{1}{\sqrt{\lambda}} = 2,0 \log(Re\,\sqrt{\lambda}) - 0,8 \tag{1.160}$$

verwendet (universelles Widerstandsgesetz nach Prandtl).Für Reynolds-Zahlen bis etwa 10^5 gilt auch eine einfachere empirische Beziehung (Blasius 1911)

$$\lambda = \frac{0,316}{Re^{0,25}} \quad . \tag{1.161}$$

Rohre, für die diese Gesetze gelten, sind hydraulisch glatt.

Rauhe Rohre

Die in der Technik verwendeten Rohre sind in der Regel nicht als hydraulisch glatt anzusehen. Die Wandrauhigkeit beeinflußt die Strömung, so daß der Rohrreibungsbeiwert nicht mehr durch das Prandtlsche Gesetz angegeben werden kann. Im allgemeinen hängt der Rohrreibungsbeiwert von der Anzahl der Rauhigkeitselemente pro Flächeneinheit, von deren Form und von deren Verteilung ab.

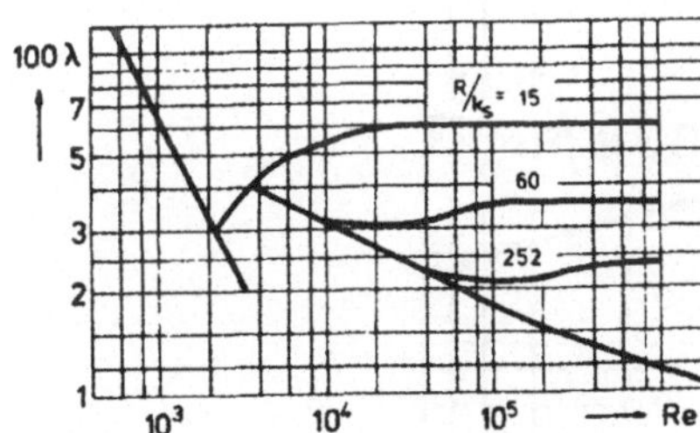

Zur Kennzeichnung der Rauhigkeit wird in vereinfachender Darstellung ein Parameter k/R (relative Rauhigkeit) eingeführt, der einer genauer definierbaren Sandrauhigkeit k_s/R so zugeordnet wird, dass die Rohrreibungsbeiwerte übereinstimmen. Das nebenstehende Diagramm zeigt den Einfluß der relativen Sandrauhigkeit auf den Rohrreibungsbeiwert.

Danach ist λ oberhalb einer bestimmten Re-Zahl nur noch von k_s/R abhängig. In diesem vollkommen rauhen Bereich gilt das quadratische Widerstandsgesetz, und der Rohrreibungsbeiwert kann durch die Beziehung

$$\frac{1}{\sqrt{\lambda}} = 2,0 \log\left(\frac{R}{k_s}\right) + 1,74 \tag{1.162}$$

beschrieben werden.

1.7.3 Rohre mit nichtkreisförmigem Querschnitt

Experimentell ermittelte Widerstände turbulenter Strömungen in Rohren mit nichtkreisförmigen Querschnitten ergeben gute Übereinstimmung mit dem Widerstandsgesetz für kreisförmige Rohre, wenn man in die Gleichung für den Druckverlust und die Reynolds-Zahl den hydraulischen Durchmesser

$$d_h = \frac{4\,A}{U} \tag{1.163}$$

einführt. A bezeichnet den Strömungsquerschnitt und U den Umfang.

$$\Delta p_v = \lambda\,\frac{L}{d_h}\,\frac{\rho}{2}\,\bar{u}_m^2 \qquad Re_h = \frac{\rho\,\bar{u}_m\,d_h}{\eta} \quad . \tag{1.164}$$

Wie das nachstehende Diagramm zeigt, folgen für turbulente Strömungen die Meßdaten $\lambda(Re_h)$ dem Blasiusschen Gesetz. In gleicher Weise läßt sich auch der Druckverlust turbulenter Strömungen in offenen Gerinnen bestimmen. Dabei wird der hydraulische Durchmesser aus dem Strömungsquerschnitt und dem benetzten Umfang des Gerinnes berechnet. Der hydraulische Durchmesser verliert seine Bedeutung für laminare Strömungen. In ihnen läßt sich der Rohrreibungsbeiwert nach der Gesetzmäßigkeit $\lambda = C/Re$ berechnen, indem man bei der Proportionalitätskonstanten C die Form des Querschnittes berücksichtigt.

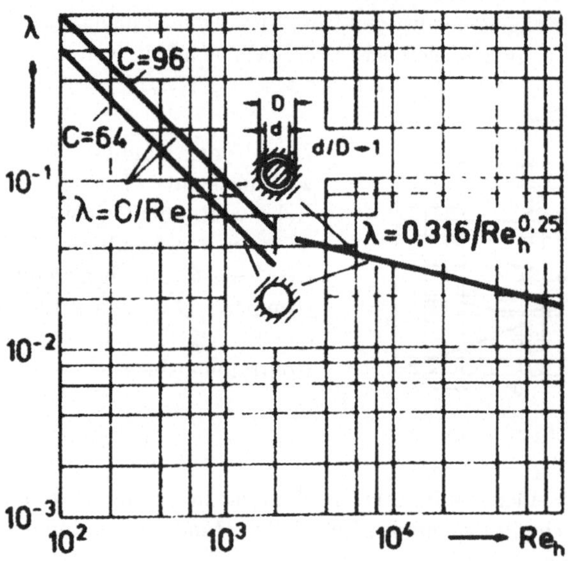

Rohrreibungsbeiwert für laminare und turbulente Rohrströmung mit nichtkreisförmigem Querschnitt

2 Strömungslehre II

2.1 Einführung

Eine Strömung ist vollständig beschrieben, wenn der Geschwindigkeitsvektor $\vec{v}$ und die thermodynamischen Größen Druck p, Dichte ρ und Temperatur T überall bekannt sind. Damit sind sechs Größen (3 Geschwindigkeitskomponenten, 3 thermodynamische Variable) zu ermitteln. Hierzu dienen die Erhaltungssätze für Masse, Impuls und Energie und die thermische Zustandsgleichung, die die thermodynamischen Variablen miteinander verknüpft. Ändern sich diese merklich, müssen Zähigkeit η, Wärmeleitfähigkeit λ und spezifische Wärme c in Abhängigkeit von Druck und Temperatur zusätzlich bekannt sein. Flüssigkeiten sind weitgehend inkompressibel. Die Dichte ρ kann als konstant angesehen werden. Dies trifft auch bei Gasströmungen mit kleinen Geschwindigkeiten zu.

Die Erhaltungssätze werden in Form von partiellen Differentialgleichungen angegeben; für ihre Lösung sind Anfangs- und Randbedingungen erforderlich.

2.2 Grundgleichungen strömender Flüssigkeiten und Gase

2.2.1 Kontinuitätsgleichung

In einer Strömung bleibt die Masse m in einem abgeschlossenen, sich zeitlich ändernden Volumen $\tau(t)$ konstant.

$$\frac{dm}{dt} = \frac{d}{dt} \int_{\tau(t)} \rho \, d\tau = 0 \tag{2.1}$$

Für die substantielle Änderung der Masse m erhält man

$$\frac{d}{dt}\int_{\tau(t)} \rho d\tau = \lim_{\Delta t \to 0}\left[\frac{1}{\Delta t}\left(\int_{\tau(t+\Delta t)} \rho\,(t+\Delta t)\,d\tau - \int_{\tau(t)} \rho(t)\,d\tau\right)\right] \quad . \tag{2.2}$$

Mit

$$\rho(t+\Delta t) = \rho(t) + \frac{\partial \rho}{\partial t}\,\Delta t + \ldots \tag{2.3}$$

und

$$d\tau = (\vec{v}\cdot\vec{n})\,dA\,dt \tag{2.4}$$

ergibt sich

$$\frac{d}{dt}\int_{\tau(t)} \rho\,d\tau = \int_{\tau(t)} \frac{\partial \rho}{\partial t} d\tau + \int_{A(t)} \rho\,(\vec{v}\cdot\vec{n})\,dA \quad . \tag{2.5}$$

Dabei ist $A(t)$ die das Volumen $\tau(t)$ abgrenzende Oberfläche. Das Oberflächenintegral über $A(t)$ läßt sich mit dem Gaußschen Satz in ein Volumenintegral umformen, so daß die letzte Beziehung folgende Form annimmt

$$\frac{d}{dt}\int_{\tau(t)} \rho\,d\tau = \int_{\tau(t)} \left[\frac{\partial \rho}{\partial t} + \nabla\cdot(\rho\,\vec{v})\right]\,d\tau \quad . \tag{2.6}$$

Da das Volumen τ beliebig gewählt worden ist, kann das Integral nur verschwinden, wenn der Integrand Null ist. Damit ist

$$\frac{\partial \rho}{\partial t} + \nabla\cdot(\rho\,\vec{v}) = 0 \quad . \tag{2.7}$$

Der Übergang vom Integral auf die Differentialform ist nur zulässig, wenn die Dichte ρ und die Geschwindigkeit $\vec{v}$ durch stetig differenzierbare Funktionen beschrieben werden können.

Die obige Gleichung wird als Kontinuitätsgleichung bezeichnet. Man kann sie so umformen, daß die substantielle Dichteänderung abgespalten wird.

$$\frac{d\rho}{dt} + \rho\,(\nabla\cdot\vec{v}) = 0 \tag{2.8}$$

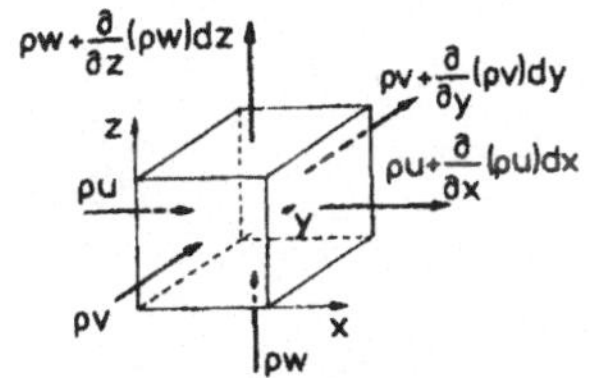

Für eine inkompressible Flüssigkeit ergibt sich $\nabla \cdot \vec{v} = 0$. Die Kontinuitätsgleichung läßt sich auch aus einer Massenbilanz an einem raumfesten Volumenelement herleiten. In diesem muß die Differenz zwischen ein- und ausströmender Masse gleich der Änderung der Masse pro Zeiteinheit im Innern sein.

$$-\left[\frac{\partial(\rho\, u)}{\partial x}\, dx\, dy\, dz + \frac{\partial(\rho\, v)}{\partial y}\, dx\, dy\, dz + \frac{\partial(\rho\, w)}{\partial z}\, dx\, dy\, dz\right] = \frac{\partial \rho}{\partial t}\, dx\, dy\, dz \tag{2.9}$$

Daraus folgt wieder

$$\frac{\partial \rho}{\partial t} + \nabla \cdot (\rho\, \vec{v}) = 0 \quad . \tag{2.10}$$

Die zeitliche Änderung der Masse im Innern des Kontrollvolumens wird durch das partielle Differential $\frac{\partial \rho}{\partial t}$, der Massenfluß durch seine Oberfläche durch $\nabla \cdot (\rho\, \vec{v})$ ausgedrückt.

2.2.2 Navier-Stokes-Gleichungen

Das Kräftegleichgewicht an einem Volumenelement einer Flüssigkeit oder eines Gases kann mit Hilfe des Impulssatzes beschrieben werden. Die zeitliche Änderung des Impulses eines abgegrenzten Volumens ist gleich der Summe der an dem Volumen angreifenden äußeren Kräfte.

$$\frac{d}{dt} \int_{\tau(t)} \rho\, \vec{v}\, d\tau = \sum \vec{F} \tag{2.11}$$

Die linke Seite dieser Gleichung, welche die zeitliche Änderung des Volumenintegrals über den Impuls $\rho\, \vec{v}$ darstellt, kann wie bei der Herleitung der Kontinuitätsgleichung umgeformt werden. Es ist

$$\frac{d}{dt} \int_{\tau(t)} \rho\, \vec{v}\, d\tau = \int_{\tau(t)} \left[\frac{\partial \rho\, \vec{v}}{\partial t} + \nabla \cdot (\rho\, \vec{v}\, \vec{v})\right] d\tau = \int_{\tau(t)} \rho \left[\frac{\partial \vec{v}}{\partial t} + (\vec{v} \cdot \nabla)\, \vec{v}\right] d\tau \quad . \tag{2.12}$$

Der Ausdruck $(\vec{v}\vec{v})$ stellt das dyadische Produkt des Geschwindigkeitsvektors $\vec{v}$ dar. Die äußeren Kräfte setzen sich zusammen aus den Volumenkräften, wie z.B. der Schwerkraft

$$\vec{F}_g = \int_{\tau(t)} \rho\, \vec{g}\, d\tau \quad , \tag{2.13}$$

und den Oberflächenkräften, welche sich aus dem Spannungstensor $\bar{\bar{\sigma}}$ ergeben.

$$\vec{F}_\sigma = - \int_{A(t)} (\vec{n} \cdot \bar{\bar{\sigma}}) dA \tag{2.14}$$

Hierin ist $(\vec{n} \cdot \bar{\bar{\sigma}})$ das Vektorprodukt des Normalenvektors $\vec{n}$ mit dem Spannungstensor $\bar{\bar{\sigma}}$. Das Oberflächenintegral läßt sich wieder mit dem Gaußschen Satz umformen zu

$$\vec{F}_\sigma = - \int_{A(t)} (\vec{n} \cdot \bar{\bar{\sigma}})\, dA = - \int_{\tau(t)} (\nabla \cdot \bar{\bar{\sigma}})\, d\tau \quad . \tag{2.15}$$

Der Impulssatz für ein beliebig abgegrenztes Volumen $d\tau$ lautet dann

$$\int_{\tau(t)} \rho \left[\frac{\partial \vec{v}}{\partial t} + (\vec{v} \cdot \nabla)\, \vec{v} \right] d\tau = \int_{\tau(t)} \rho\, \vec{g}\, d\tau - \int_{\tau(t)} (\nabla \cdot \bar{\bar{\sigma}})\, d\tau \quad . \tag{2.16}$$

Enthalten alle Integranden nur stetig differenzierbare Funktionen, ist die letzte Gleichung erfüllt, wenn

$$\rho \left[\frac{\partial \vec{v}}{\partial t} + (\vec{v} \cdot \nabla)\, \vec{v} \right] = \rho\, \vec{g} - (\nabla \cdot \bar{\bar{\sigma}}) \tag{2.17}$$

ist.

Die Komponenten dieser Vektorgleichung können in verschiedenen Koordinaten angegeben werden. In kartesischen Koordinaten lauten die Gleichungen mit

$$\bar{\bar{\sigma}} = \begin{pmatrix} \sigma_{xx} & \tau_{xy} & \tau_{xz} \\ \tau_{yx} & \sigma_{yy} & \tau_{yz} \\ \tau_{zx} & \tau_{zy} & \sigma_{zz} \end{pmatrix} \tag{2.18}$$

$$\begin{aligned} \rho \left(\frac{\partial u}{\partial t} + u \frac{\partial u}{\partial x} + v \frac{\partial u}{\partial y} + w \frac{\partial u}{\partial z} \right) &= \rho\, g_x - \frac{\partial \sigma_{xx}}{\partial x} - \frac{\partial \tau_{xy}}{\partial y} - \frac{\partial \tau_{xz}}{\partial z} \\ \rho \left(\frac{\partial v}{\partial t} + u \frac{\partial v}{\partial x} + v \frac{\partial v}{\partial y} + w \frac{\partial v}{\partial z} \right) &= \rho\, g_y - \frac{\partial \tau_{yx}}{\partial x} - \frac{\partial \sigma_{yy}}{\partial y} - \frac{\partial \tau_{yz}}{\partial z} \\ \rho \left(\frac{\partial w}{\partial t} + u \frac{\partial w}{\partial x} + v \frac{\partial w}{\partial y} + w \frac{\partial w}{\partial z} \right) &= \rho\, g_z - \frac{\partial \tau_{zx}}{\partial x} - \frac{\partial \tau_{zy}}{\partial y} - \frac{\partial \sigma_{zz}}{\partial z} \quad . \end{aligned} \tag{2.19}$$

Diese Gleichungen stellen Beziehungen zwischen den Geschwindigkeitskomponenten und den örtlichen Spannungen der betrachteten Flüssigkeit oder des betrachteten Gases her. Die Verknüpfung des momentanen Spannungszustandes mit dem Geschwindigkeitsfeld erfolgt durch die Stokessche Hypothese. In Anlehnung an die Festigkeitslehre, in der nach dem Hookeschen Gesetz die Spannungen proportional zur Formänderung sind, werden hier die Spannungen proportional zur Formänderungsgeschwindigkeit angesetzt.

Spannungs-Dehnungs-Beziehung

Zur Herleitung der Beziehungen zwischen Spannungen und Geschwindigkeitsänderungen wird angenommen, daß die Normalspannungen σ_{xx}, σ_{yy}, σ_{zz} Längsdehnungen und Querkontraktionen ϵ_x, ϵ_y, ϵ_z hervorrufen und die Schubspannungen $\tau_{xy}, \ldots, \tau_{zy}$ Winkeländerungen $\gamma_{xy}, \ldots, \gamma_{zy}$.

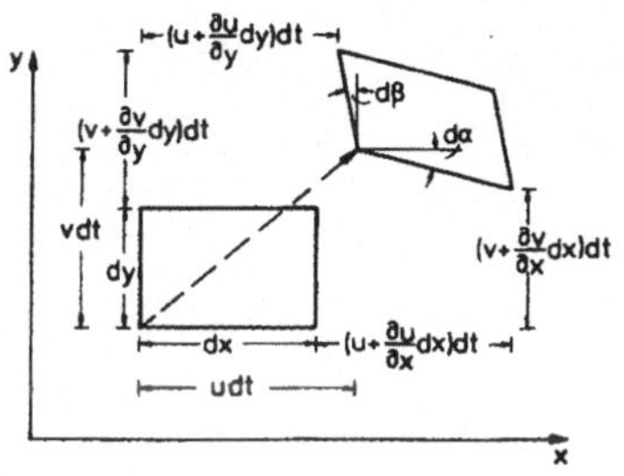

Nach der nebenstehenden Skizze sind die Komponenten der Dehnungsgeschwindigkeit die partiellen Ableitungen der Geschwindigkeitskomponenten in Richtung der Koordinatenachsen.

$$\dot{\epsilon}_x = \frac{\partial u}{\partial x} \qquad \dot{\epsilon}_y = \frac{\partial v}{\partial y} \qquad \dot{\epsilon}_z = \frac{\partial w}{\partial z} \tag{2.20}$$

Aus der Summe der Dehnungsgeschwindigkeiten ergibt sich die auf das Zeitintervall dt bezogene relative Volumenänderung (Volumendilatation)

$$\dot{e} = \frac{\partial u}{\partial x} + \frac{\partial v}{\partial y} + \frac{\partial w}{\partial z} = \nabla \cdot \vec{v} \tag{2.21}$$

Die Schergeschwindigkeiten sind

$$\dot{\gamma}_{xy} = \frac{d\,\beta + d\,\alpha}{dt} = -\left(\frac{\partial u}{\partial y} + \frac{\partial v}{\partial x}\right) \quad \dot{\gamma}_{yz} = -\left(\frac{\partial v}{\partial z} + \frac{\partial w}{\partial y}\right) \quad \dot{\gamma}_{xy} = -\left(\frac{\partial u}{\partial z} + \frac{\partial w}{\partial x}\right) \ . \tag{2.22}$$

Die Normal- und Tangentialspannungen werden in linearen Ansätzen durch die Dehnungs- und Schergeschwindigkeiten ausgedrückt. Im ruhenden Zustand, in dem Dehnungs- und Schergeschwindigkeiten verschwinden, sind die Normalspannungen σ_{xx}, σ_{yy}, σ_{zz} unabhängig von der Richtung allein durch den hydrostatischen Druck gegeben. Daher ist folgender Ansatz nach Stokes sinnvoll

$$\begin{aligned} \sigma_{xx} &= p - 2\,\eta\,\dot{\epsilon}_x - \tilde{\lambda}\,\dot{e} \\ \sigma_{yy} &= p - 2\,\eta\,\dot{\epsilon}_y - \tilde{\lambda}\,\dot{e} \\ \sigma_{zz} &= p - 2\,\eta\,\dot{\epsilon}_z - \tilde{\lambda}\,\dot{e} \end{aligned} \tag{2.23}$$

und

$$\tau_{xy} = \eta\,\dot{\gamma}_{xy} \qquad \tau_{yz} = \eta\,\dot{\gamma}_{yz} \qquad \tau_{xz} = \eta\,\dot{\gamma}_{xz} \quad . \tag{2.24}$$

Da $\tau_{xy} = \tau_{yx}, \tau_{yz} = \tau_{zy}$ und $\tau_{xz} = \tau_{xz}$ ist, treten insgesamt drei unbekannte Normalspannungen und drei unbekannte Tangentialspannungen im Stokesschen Reibungsgesetz auf. Damit lautet der Stokessche Spannungstensor

$$\bar{\bar{\sigma}} = p \begin{pmatrix} 1 & & \\ & 1 & \\ & & 1 \end{pmatrix} - \tilde{\lambda} \begin{pmatrix} \nabla \cdot \vec{v} & & \\ & \nabla \cdot \vec{v} & \\ & & \nabla \cdot \vec{v} \end{pmatrix} -$$

$$-2\,\eta \begin{pmatrix} \frac{\partial u}{\partial x} & \frac{1}{2}\left(\frac{\partial u}{\partial y} + \frac{\partial v}{\partial x}\right) & \frac{1}{2}\left(\frac{\partial u}{\partial z} + \frac{\partial w}{\partial x}\right) \\ \frac{1}{2}\left(\frac{\partial u}{\partial y} + \frac{\partial v}{\partial x}\right) & \frac{\partial v}{\partial y} & \frac{1}{2}\left(\frac{\partial v}{\partial z} + \frac{\partial w}{\partial y}\right) \\ \frac{1}{2}\left(\frac{\partial u}{\partial z} + \frac{\partial w}{\partial x}\right) & \frac{1}{2}\left(\frac{\partial v}{\partial z} + \frac{\partial w}{\partial y}\right) & \frac{\partial w}{\partial z} \end{pmatrix} \quad . \tag{2.25}$$

Die Proportionalitätskonstante $\tilde{\lambda}$ wird in der Regel aufgespalten in $\tilde{\lambda} = \hat{\eta} - \frac{2}{3}\,\eta$. Die Volumenviskosität $\hat{\eta}$ berücksichtigt die molekularen Freiheitsgrade, sie verschwindet für einatomige Gase.

Die Normalspannungen lauten

$$\begin{aligned} \sigma_{xx} &= p - 2\,\eta\,\frac{\partial u}{\partial x} - \left(\hat{\eta} - \frac{2}{3}\,\eta\right)(\nabla \cdot \vec{v}) \\ \sigma_{yy} &= p - 2\,\eta\,\frac{\partial v}{\partial y} - \left(\hat{\eta} - \frac{2}{3}\,\eta\right)(\nabla \cdot \vec{v}) \\ \sigma_{zz} &= p - 2\,\eta\,\frac{\partial w}{\partial z} - \left(\hat{\eta} - \frac{2}{3}\,\eta\right)(\nabla \cdot \vec{v}) \quad . \end{aligned} \tag{2.26}$$

Ihr Mittelwert ist

$$\bar{\bar{\sigma}} = \frac{1}{3}\,(\sigma_{xx} + \sigma_{yy} + \sigma_{zz}) = p - \hat{\eta}\,(\nabla \cdot \vec{v}) \quad . \tag{2.27}$$

Für inkompressible Strömungen ist $\bar{\bar{\sigma}} = p$.

Setzt man die Beziehungen zwischen den Spannungen und Deformationszuständen in die Impulsgleichungen ein, erhält man die Navier-Stokes-Gleichungen (1823, 1845).

$$\begin{aligned} \rho\,\frac{du}{dt} &= -\frac{\partial p}{\partial x} + \frac{\partial}{\partial x}\left[2\,\eta\,\frac{\partial u}{\partial x} + \tilde{\lambda}\,(\nabla \cdot \vec{v})\right] + \frac{\partial}{\partial y}\left[\eta\left(\frac{\partial u}{\partial y} + \frac{\partial v}{\partial x}\right)\right] + \frac{\partial}{\partial z}\left[\eta\left(\frac{\partial u}{\partial z} + \frac{\partial w}{\partial x}\right)\right] + \rho\,g_x \\ \rho\,\frac{dv}{dt} &= -\frac{\partial p}{\partial y} + \frac{\partial}{\partial x}\left[\eta\left(\frac{\partial u}{\partial y} + \frac{\partial v}{\partial x}\right)\right] + \frac{\partial}{\partial y}\left[2\,\eta\,\frac{\partial v}{\partial y} + \tilde{\lambda}\,(\nabla \cdot \vec{v})\right] + \frac{\partial}{\partial z}\left[\eta\left(\frac{\partial v}{\partial z} + \frac{\partial w}{\partial y}\right)\right] + \rho\,g_y \\ \rho\,\frac{dw}{dt} &= -\frac{\partial p}{\partial z} + \frac{\partial}{\partial x}\left[\eta\left(\frac{\partial u}{\partial z} + \frac{\partial w}{\partial x}\right)\right] + \frac{\partial}{\partial y}\left[\eta\left(\frac{\partial v}{\partial z} + \frac{\partial w}{\partial y}\right)\right] + \frac{\partial}{\partial z}\left[2\,\eta\,\frac{\partial w}{\partial z} + \tilde{\lambda}\,(\nabla \cdot \vec{v})\right] + \rho\,g_z \end{aligned} \tag{2.28}$$

Für inkompressible Strömungen mit konstanter Zähigkeit η folgt

$$\begin{aligned}
\rho \frac{du}{dt} &= -\frac{\partial p}{\partial x} + \eta \, \nabla^2 \, u + \rho \, g_x \\
\rho \frac{dv}{dt} &= -\frac{\partial p}{\partial y} + \eta \, \nabla^2 \, u + \rho \, g_y \\
\rho \frac{dw}{dt} &= -\frac{\partial p}{\partial z} + \eta \, \nabla^2 \, u + \rho \, g_z \quad .
\end{aligned} \tag{2.29}$$

2.2.3 Energiegleichung

Nach der Bernoullischen Gleichung bleibt in inkompressiblen, verlustfreien, stationären Strömungen die Summe der mechanischen Energien konstant. In Strömungen mit großen Dichte- oder Temperaturänderungen müssen neben den mechanischen auch die thermischen Energieanteile in die Bilanzbetrachtungen aufgenommen werden.

Die Energie E pro Volumeneinheit setzt sich zusammen aus der inneren Energie $\rho \, e$ und der kinetischen Energie $\frac{1}{2} \, \rho \, \vec{v}^2$.

$$E = \rho \left(e + \frac{\vec{v}^2}{2} \right) \tag{2.30}$$

Nach dem 1. Hauptsatz der Thermodynamik nimmt die innere Energie eines beliebigen, stets dieselben Massenteilchen enthaltenden Gasvolumens zu, wenn die durch die abgrenzende Berandung zugeführte Wärmemenge größer ist als die Arbeit, die gegen die angreifenden Volumen- und Oberflächenkräfte aufgebracht wird. Innere Wärmequellen seien vernachlässigt. Da die zeitlichen Änderungen der einzelnen Energieanteile betrachtet werden, spricht man auch von Leistungsanteilen P. Die Änderung der Gesamtenergie eines abgeschlossenen Flüssigkeitsvolumens ist

$$\frac{d}{dt} \int_{\tau(t)} \rho \left(e + \frac{\vec{v}^2}{2} \right) d\tau = \sum P \quad . \tag{2.31}$$

Der Leistungsanteil, der gegen die Volumenkräfte erbracht werden muß, ergibt sich aus der Arbeit der während des Zeitintervalls dt entlang den Teilchenbahnen wirkenden Kräfte.

Für den Fall der Schwerebeschleunigung ist dieser durch das innere Produkt aus $\vec{g}$ und $\vec{v}$ gegeben.

$$P_\tau = \int_{\tau(t)} \rho (\vec{g} \cdot \vec{v}) d\tau \tag{2.32}$$

Der Leistungsanteil der Oberflächenkräfte läßt sich ermitteln aus deren Arbeit zur Verschiebung der Oberfläche, die das Volumen τ abgrenzt. Er ist gegeben durch das Oberflächenintegral über das innere Vektorprodukt des Spannungstensors $\bar{\bar{\sigma}}$ mit der Geschwindigkeit $\vec{v}$

$$P_A = -\int_A (\bar{\bar{\sigma}} \cdot \vec{v}) \cdot \vec{n}\, dA \quad , \tag{2.33}$$

welches mit Hilfe des Gaußschen Integralsatzes in ein Volumenintegral umgeformt werden kann.

$$P_A = -\int_{\tau(t)} \nabla \cdot (\bar{\bar{\sigma}} \cdot \vec{v})\, d\tau \tag{2.34}$$

Spaltet man wie bei der Herleitung der Navier-Stokes-Gleichungen den Druck von den Spannungen ab, erhält man mit dem Spannungstensor $\bar{\bar{\sigma}}'$, mit dem nur die Reibungskräfte pro Volumeneinheit erfaßt werden,

$$P_A = -\int_{\tau(t)} \nabla \cdot (p\, \vec{v})\, d\tau - \int_{\tau(t)} \nabla \cdot (\bar{\bar{\sigma}}' \cdot \vec{v})\, d\tau \quad . \tag{2.35}$$

Das erste Integral beschreibt den Leistungsanteil der Druckkräfte, das zweite den der Reibungskräfte.

Der thermische Leistungsanteil ist durch den Wärmestrom $\vec{q}$ durch die Berandung gegeben.

$$P_q = -\int_{A(t)} (\vec{q} \cdot \vec{n})\, dA \tag{2.36}$$

Wärmestrahlung wird im folgenden nicht berücksichtigt.

Mit dem Fourierschen Ansatz für die Wärmeleitung

$$\vec{q} = -\lambda \nabla T \tag{2.37}$$

ist

$$P_q = \int_{A(t)} \lambda\, (\nabla T \cdot \vec{n}) dA = \int_{\tau(t)} \nabla \cdot (\lambda \nabla T)\, d\tau \quad . \tag{2.38}$$

Die zeitliche Änderung der im Flüssigkeitsvolumen enthaltenen gesamten Energie läßt sich ebenfalls als Volumenintegral schreiben. Dann lautet der Energiesatz in Integralform

$$\int_{\tau(t)} \left[\rho \frac{d}{dt} \left(e + \frac{\vec{v}^2}{2}\right) - \rho\, (\vec{g} \cdot \vec{v}) + \nabla\, (p \cdot \vec{v}) + \nabla\, (\bar{\bar{\sigma}}' \cdot \vec{v}) - \nabla \cdot (\lambda \nabla \cdot T)\right] d\tau = 0 \quad . \tag{2.39}$$

Enthält der Integrand nur stetig differenzierbare Funktionen, ergibt sich die Energiegleichung in differentieller Form zu

$$\rho \frac{d}{dt} \left(e + \frac{\vec{v}^2}{2}\right) = \rho\, (\vec{g} \cdot \vec{v}) - \nabla \cdot (p\, \vec{v}) + \nabla \cdot (\lambda \nabla T) - \nabla \cdot (\bar{\bar{\sigma}}' \cdot \vec{v}) \quad . \tag{2.40}$$

2.2.4 Formen der Energiegleichung

Die Energiegleichung wird in verschiedenen Formen angegeben. Das skalare Produkt aus dem Geschwindigkeitsvektor und der Navier-Stokes-Gleichung ergibt die Beziehung

$$\rho \frac{d}{dt}\left(\frac{\vec{v}^2}{2}\right) = \rho\,(\vec{v}\cdot\vec{g}) - \vec{v}\cdot(\nabla\cdot\bar{\bar{\sigma}}) \quad . \tag{2.41}$$

Subtrahiert man diese von der Energiegleichung, erhält man die Differentialgleichung für die innere Energie

$$\rho \frac{de}{dt} = \frac{p}{\rho}\frac{d\rho}{dt} + \nabla\cdot(\lambda\,\nabla T) + \eta\,\Phi \quad . \tag{2.42}$$

Der Term $(\frac{p}{\rho})\,(\frac{d\rho}{dt})$ stellt die Kompressionsleistung (oder Expansionsleistung) des Druckes dar. Der Term $\eta\,\Phi$ steht als Abkürzung für

$$\eta\,\Phi = \vec{v}\cdot(\nabla\cdot\bar{\bar{\sigma}}') - \nabla\cdot(\bar{\bar{\sigma}}'\cdot\vec{v}) \quad . \tag{2.43}$$

Die Funktion Φ wird als Dissipationsfunktion bezeichnet. Sie gibt an, wieviel mechanische Energie irreversibel in thermische Energie umgewandelt wird. Eine andere Form der Energiegleichung wird mit der Enthalpie h

$$h = e + \frac{p}{\rho} \tag{2.44}$$

gebildet.

$$\rho \frac{d}{dt}\left(h + \frac{\vec{v}^2}{2}\right) = \frac{\partial p}{\partial t} + \rho\,(\vec{g}\cdot\vec{v}) + \nabla\cdot\left(\lambda\,\nabla T - \bar{\bar{\sigma}}'\cdot\vec{v}\right) \tag{2.45}$$

In stationären Strömungen bleibt bei Vernachlässigung der Volumenkräfte die Ruheenthalpie längs Stromlinien konstant, wenn entweder Wärmeleitung und Reibung verschwinden oder die durch Wärmeleitung abgeführte Wärme gleich der Arbeit der Reibungskräfte ist.

$$h_0 = h + \frac{\vec{v}^2}{2} = \text{konst.} \tag{2.46}$$

Für ideale Gase hängt die Enthalpie nur von der Temperatur ab. Mit

$$dh = c_p\,dT \tag{2.47}$$

kann in der Energiegleichung die zeitliche Änderung der Gastemperatur durch die substantielle Änderung des Druckes, die Divergenz des Wärmeflusses und die Dissipationsfunktion ausgedrückt werden.

$$\rho \, c_p \, \frac{dT}{dt} = \frac{dp}{dt} + \nabla \cdot (\lambda \, \nabla \, T) + \eta \, \Phi \tag{2.48}$$

In kartesischen Koordinaten lautet diese Gleichung

$$\begin{aligned}
\rho \, c_p \left(\frac{\partial T}{\partial t} + u \, \frac{\partial T}{\partial x} + v \, \frac{\partial T}{\partial y} + w \, \frac{\partial T}{\partial z} \right) \; = \; & \frac{\partial p}{\partial t} + u \, \frac{\partial p}{\partial x} + v \, \frac{\partial p}{\partial y} + w \, \frac{\partial p}{\partial z} \\
+ \; & \frac{\partial}{\partial x} \left(\lambda \, \frac{\partial T}{\partial x} \right) + \frac{\partial}{\partial y} \left(\lambda \, \frac{\partial T}{\partial y} \right) + \frac{\partial}{\partial z} \left(\lambda \, \frac{\partial T}{\partial z} \right) \\
- \; & \left(\sigma'_{xx} \, \frac{\partial u}{\partial x} + \sigma'_{yy} \, \frac{\partial v}{\partial y} + \sigma'_{zz} \, \frac{\partial w}{\partial z} \right) \\
- \; & \left[\tau_{xy} \left(\frac{\partial u}{\partial y} + \frac{\partial v}{\partial x} \right) + \tau_{xz} \left(\frac{\partial u}{\partial z} + \frac{\partial w}{\partial x} \right) \right. \\
+ \; & \left. \tau_{yz} \left(\frac{\partial w}{\partial y} + \frac{\partial v}{\partial z} \right) \right] \quad .
\end{aligned} \tag{2.49}$$

Ersetzt man die Komponenten des Stokesschen Spannungstensors durch die vorher eingeführten Beziehungen, so erhält man für Φ, wenn $\hat{\eta} = 0$ ist,

$$\begin{aligned}
\Phi \; = \; & 2 \left[\left(\frac{\partial u}{\partial x} \right)^2 + \left(\frac{\partial v}{\partial y} \right)^2 + \left(\frac{\partial w}{\partial z} \right)^2 \right] - \frac{2}{3} \left(\frac{\partial u}{\partial x} + \frac{\partial v}{\partial y} + \frac{\partial w}{\partial z} \right)^2 \\
+ \; & \left(\frac{\partial u}{\partial y} + \frac{\partial v}{\partial x} \right)^2 + \left(\frac{\partial u}{\partial z} + \frac{\partial w}{\partial x} \right)^2 + \left(\frac{\partial w}{\partial y} + \frac{\partial v}{\partial z} \right)^2 \quad .
\end{aligned} \tag{2.50}$$

Die Dissipationsfunktion ist stets positiv. Dies bestätigt, daß eine irreversible Umwandlung der mechanischen Energie stets eine Erwärmung des Gases zur Folge hat.

Die Erhaltungsgleichungen bilden ein System von fünf gekoppelten, nichtlinearen, partiellen Differentialgleichungen, für dessen Lösung Anfangs- und Randbedingungen erforderlich sind. Für konstante Dichte und Zähigkeit ist die Energiegleichung von der Kontinuitätsgleichung und den Impulsgleichungen entkoppelt, und Druck und Geschwindigkeit können aus diesen ermittelt werden.

2.3 Ähnliche Strömungen

Zur Beschreibung von Strömungsvorgängen ist die Integration der vorher angegebenen Erhaltungssätze erforderlich. Da diese wegen der großen mathematischen Schwierigkeiten im allgemeinen nicht möglich ist, werden Strömungen oft experimentell untersucht. Mit geometrisch ähnlichen Modellen werden strömungsmechanische und thermodynamische Daten gemessen und dann mit Hilfe der Ähnlichkeitstheorie auf die Hauptausführung übertragen. Dazu werden Ähnlichkeitsparameter benutzt, in denen charakteristische Größen der Strömung zu dimensionslosen Kennzahlen zusammengefasst sind. Strömungen, in denen alle Kennzahlen übereinstimmen, werden als ähnlich bezeichnet. Die für einen Strömungsvorgang wichtigen Kennzahlen lassen sich entweder aus einer Dimensionsanalyse der auftretenden physikalischen Größen oder aus den Erhaltungsgleichungen herleiten.

2.3.1 Herleitung der Ähnlichkeitsparameter mit Hilfe der Dimensionsanalyse

Die Aufgaben der Dimensionsanalyse bestehen darin, Ähnlichkeitsparameter zur Übertragung der Meßergebnisse zu entwickeln, die Zahl der notwendigen Versuche, die von der Anzahl der Einflußgrößen abhängt, zu verringern und die physikalischen Größen in eine solche Abhängigkeit zu bringen, dass sie vom Maßsystem unabhängig sind. Man geht dabei von den Dimensionen der physikalischen Größen aus und verbindet diese in einem Produktansatz so, daß sich dimensionslose Kombinationen ergeben. Die Anzahl der möglichen Kombinationen ist bestimmt durch das Buckinghamsche Π-Theorem. Danach ergeben sich bei m Einflußgrößen $m - n$ dimensionslose Kennzahlen, wobei n die Anzahl der auftretenden Grunddimensionen ist.

Im folgenden werden Kennzahlen für die wichtigsten strömungsmechanischen Größen hergeleitet. Ist ein Strömungsproblem durch charakteristische Werte für die Länge l, die Zeit t, die Geschwindigkeit v, die Beschleunigung b, die Druckdifferenz Δp, die Dichte ρ und die dynamische Scherzähigkeit η gekennzeichnet, so können die Dimensionen dieser Größen durch die drei Grunddimensionen Länge, Zeit und Masse dargestellt werden. Jede der genannten Größen läßt sich mit anderen Größen (Bezugsgrößen) in einem Produktansatz zu einer dimensionslosen Kennzahl zusammenfassen. Als Bezugsgrößen werden die Länge l, die Geschwindigkeit v und die Dichte ρ gewählt. Nach dem Π-Theorem ergeben sich für die Zeit t, die Beschleunigung b, die Druckdifferenz Δp und die Zähigkeit η die Produktansätze

$$\begin{aligned} K_1 &= t^{\alpha_1}\,\rho^{\beta_1}\,v^{\gamma_1}\,l^{\delta_1} \\ K_2 &= g^{\alpha_2}\,\rho^{\beta_2}\,v^{\gamma_2}\,l^{\delta_2} \\ K_3 &= \Delta p^{\alpha_3}\,\rho^{\beta_3}\,v^{\gamma_3}\,l^{\delta_3} \\ K_4 &= \eta^{\alpha_4}\,\rho^{\beta_4}\,v^{\gamma_4}\,l^{\delta_4} \quad . \end{aligned} \tag{2.51}$$

Für b wurde die Erdbeschleunigung g eingesetzt. Die unbekannten Exponenten $\alpha_\imath, ..., \delta_\imath$ müssen so bestimmt werden, dass die Kennzahlen K dimensionslos sind. Je einer der Exponenten kann frei gewählt werden, z. B. $\alpha_1 = -1$, $\alpha_2 = -0,5$, $\alpha_3 = 1$, $\alpha_4 = -1$. Dann folgt aus der Gleichung für K_1 durch Vergleich der Exponenten der Grunddimensionen mit $[K_1] = L^0\,T^0\,K^0$

$$\begin{aligned} \text{Länge L} &: \quad 0 = -3\,\beta_1 + \gamma_1 + \delta_1 \\ \text{Zeit T} &: \quad 0 = -1 - \gamma_1 \\ \text{Masse M} &: \quad 0 = \beta_1 \quad . \end{aligned} \tag{2.52}$$

Dieses Gleichungssystern hat die Lösung

$$\beta_1 = 0, \quad \gamma_1 = -1, \quad \delta_1 = 1 \quad . \tag{2.53}$$

Für die Kennzahl K_1 erhält man

$$K_1 = \frac{l}{v\,t} \quad . \tag{2.54}$$

In gleicher Weise werden K_2 bis K_4 bestimmt. Sie lauten

$$K_2 = \frac{v}{\sqrt{g\,l}}, \quad K_3 = \frac{\Delta p}{\rho\,v^2}, \quad K_4 = \frac{\rho\,v\,l}{\eta} \quad . \tag{2.55}$$

Die Kennzahlen sind nach Forschern benannt.

$$\begin{aligned} K_1 &= Sr = \frac{l}{v\,t} && \text{Strouhal-Zahl} \\ K_2 &= Fr = \frac{v}{\sqrt{g\,l}} && \text{Froude-Zahl} \\ K_3 &= Eu = \frac{\Delta p}{\rho\,v^2} && \text{Euler-Zahl} \\ K_4 &= Re = \frac{\rho\,v\,l}{\eta} && \text{Reynolds-Zahl} \end{aligned}$$

Anwendung der Dimensionsanalyse auf die Rohrströmung

Bei der Rohrströmung hängt der Druckverlust Δp von Dichte ρ, mittlerer Geschwindigkeit u_m, Zähigkeit η, Länge l, Rauhigkeit ξ und Durchmesser D ab.

$$f(\Delta p, \rho, u_m, \eta, l, k, D) = 0 \tag{2.56}$$

Die Dimensionen dieser Größen können durch die drei Grunddimensionen Länge, Masse und Zeit beschrieben werden. Als Bezugsgrößen werden wieder Dichte, Geschwindigkeit und Länge (Durchmesser) gewählt, so daß sich für die verbleibenden vier Größen Δp, η, l und k insgesamt vier Kennzahlen bilden lassen. Setzt man $\alpha_\imath = 1$, erhält man

$$\begin{aligned} K_1 &= \Delta p\,\rho^{\beta_1}\,u_m^{\gamma_1}\,D^{\delta_1} \\ K_2 &= \eta\,\rho^{\beta_2}\,u_m^{\gamma_2}\,D^{\delta_2} \\ K_3 &= l\,\rho^{\beta_3}\,u_m^{\gamma_3}\,D^{\delta_3} \\ K_4 &= k\,\rho^{\beta_4}\,u_m^{\gamma_4}\,D^{\delta_4} \quad . \end{aligned} \tag{2.57}$$

Daraus ergeben sich die Kennzahlen K_1 bis K_4 zu

$$K_1 = \frac{\Delta p}{\rho\, u_m^2}, \quad K_2 = \frac{\eta}{\rho\, u_m\, D}, \quad K_3 = \frac{l}{D}, \quad K_4 = \frac{k}{D} \quad . \tag{2.58}$$

Die Funktion f kann jetzt geschrieben werden

$$f_1\left(\frac{\Delta p}{\rho\, u_m^2}, \quad \frac{\eta}{\rho\, u_m\, D}, \quad \frac{l}{D}, \quad \frac{k}{D}\right) = 0 \tag{2.59}$$

oder

$$\frac{\Delta p}{\rho\, u_m^2} = f_2\left(Re, \quad \frac{l}{D}, \quad \frac{k}{D}\right) \quad . \tag{2.60}$$

Die funktionale Abhängigkeit läßt sich mit Hilfe der Dimensionsanalyse nicht bestimmen, jedoch wird die Anzahl der Einflußgrößen von sechs auf drei reduziert.

2.3.2 Methode der Differentialgleichungen

Zur Bestimmung der Ähnlichkeitsparameter aus den Differentialgleichungen bildet man mit geeigneten Referenzwerten (Index 1) dimensionslose Variable. Die Kennzahlen erscheinen als Koeffizienten in den Differentialgleichungen. Zur Vereinfachung werden die Transportgrößen η und λ und die spezifische Wärme c_p konstant gesetzt. Mit

$$\begin{array}{ccccc} \bar{u} = \dfrac{u}{v_1} & \bar{v} = \dfrac{v}{v_1} & \bar{\rho} = \dfrac{\rho}{\rho_1} & \bar{p} = \dfrac{p}{\Delta\, p_1} & \\ \bar{g}_x = \dfrac{\rho\, g_x}{\rho_1\, g} & \bar{t} = \dfrac{t}{t_1} & \bar{x} = \dfrac{x}{l_1} & \bar{y} = \dfrac{y}{l_1} & \bar{\eta} = \dfrac{\eta}{\eta_1} \end{array} \tag{2.61}$$

erhält man aus der x-Komponente der Impulsgleichung für zweidimensionale inkompressible Strömungen

$$\rho\left(\frac{\partial u}{\partial t} + u\,\frac{\partial u}{\partial x} + v\,\frac{\partial u}{\partial y}\right) = -\frac{\partial p}{\partial x} + \rho\, g_x + \eta\, \nabla^2 u \tag{2.62}$$

die dimensionslose Form

$$Sr\,\frac{\partial \bar{u}}{\partial \bar{t}} + \bar{u}\,\frac{\partial \bar{u}}{\partial \bar{x}} + \bar{v}\,\frac{\partial \bar{u}}{\partial \bar{y}} = -Eu\,\frac{\partial \bar{p}}{\partial \bar{x}} + \frac{1}{Fr^2}\,\bar{g}_x + \frac{1}{Re}\,\nabla^2 \bar{u} \quad . \tag{2.63}$$

Sie enthält die bereits bekannten Kennzahlen Sr, Eu, Fr, Re.

Weitere Kennzahlen ergeben sich aus der Energiegleichung für kompressible Strömungen.

$$\begin{aligned}\rho\, c_p \left(\frac{\partial T}{\partial t} + u\,\frac{\partial T}{\partial x} + v\,\frac{\partial T}{\partial y}\right) &= \lambda\,\nabla^2 T + \left(\frac{\partial p}{\partial t} + u\,\frac{\partial p}{\partial x} + v\,\frac{\partial p}{\partial y}\right) + \\ &+ 2\,\eta \left[\left(\frac{\partial u}{\partial x}\right)^2 + \left(\frac{\partial v}{\partial y}\right)^2\right] \\ &+ \eta \left(\frac{\partial u}{\partial y} + \frac{\partial v}{\partial x}\right)^2 \\ &- \frac{2}{3}\,\eta \left(\frac{\partial u}{\partial x} + \frac{\partial v}{\partial y}\right)^2 \end{aligned} \tag{2.64}$$

Mit

$$\bar{T} = \frac{T}{T_1} \qquad \Delta\, p_1 = \rho_1\, {u_1}^2 \tag{2.65}$$

erhält man

$$\begin{aligned}\bar{\rho}\left(Sr\,\frac{\partial \bar{T}}{\partial \bar{t}} + \bar{u}\,\frac{\partial \bar{T}}{\partial \bar{x}} + \bar{v}\,\frac{\partial \bar{T}}{\partial \bar{y}}\right) &= \frac{1}{Pr\,Re}\,\bar{\nabla}^2\,\bar{T} + \\ &+ (\kappa - 1)\,Ma^2 \left[Sr\,\frac{\partial \bar{p}}{\partial \bar{t}} + \left(\bar{u}\,\frac{\partial \bar{p}}{\partial \bar{x}} + \bar{v}\,\frac{\partial \bar{p}}{\partial \bar{y}}\right)\right] \\ &+ (\kappa - 1)\,\frac{Ma^2}{Re}\left\{2\left[\left(\frac{\partial \bar{u}}{\partial \bar{x}}\right)^2 + \left(\frac{\partial \bar{v}}{\partial \bar{y}}\right)^2\right]\right. \\ &- \left.\frac{2}{3}\left(\frac{\partial \bar{u}}{\partial \bar{x}} + \frac{\partial \bar{v}}{\partial \bar{y}}\right)^2 + \left(\frac{\partial \bar{u}}{\partial \bar{y}} + \frac{\partial \bar{v}}{\partial \bar{x}}\right)^2\right\} \quad . \end{aligned} \tag{2.66}$$

Darin sind

$$\begin{aligned} Pr &= \frac{\eta_1\, c_{p_1}}{\lambda_1} && \text{Prandtl-Zahl,} \\ Ma &= \frac{v_1}{a_1} = \frac{v_1}{\sqrt{\kappa\, R T_1}} && \text{Ma-Zahl,} \\ \kappa &= \frac{c_{p_1}}{c_{v1}} && . \end{aligned} \tag{2.67}$$

Die Machzahl ist das Verhältnis von Referenz- zu Schallgeschwindigkeit, welche bei bekanntem Isentropenexponenten κ und bekannter Gaskonstante R nur von der Referenztemperatur T_1 abhängt. Die dimensionslosen Variablen stimmen zu entsprechenden Zeiten und an entsprechenden Punkten in allen Strömungen überein, die ähnliche Anfangs- und Randbedingungen und gleiche Kennzahlen Sr, Eu, Fr, Re, Pr, Ma und κ haben.

2.3.3 Bedeutung der Kennzahlen

Die Kennzahlen, die nach dem Π-Theorem formal gewonnen werden können, lassen sich physikalisch interpretieren.

Die Strouhal-Zahl Sr ist das Verhältnis zweier charakteristischer Zeiten in einem zeitlich veränderlichen Strömungsfeld. Ist die charakteristische Zeit t groß im Vergleich zu l/v, d. h. der Zeit, in der eine Strecke l zurückgelegt wird, spricht man von quasistationären Strömungen ($Sr << 1$). Die örtliche Beschleunigung übt dann keinen spürbaren Einfluß auf die Strömung aus. Für periodische Strömungen (z. B. Blutkreislauf, Pumpen) wird anstelle der charakteristischen Zeit t die Frequenz f eingeführt.

Die Froude-Zahl Fr stellt das Verhältnis von Trägheits- zu Schwerekräften dar. Sie ist von Bedeutung für Strömungen mit freien Oberflächen (Schwerewellen, Gerinneströmungen).

Die Euler-Zahl Eu gibt das Verhältnis von Druck- zu Trägheitskräften an und die Reynolds-Zahl Re das Verhältnis von Trägheits- zu Reibungskräften. Strebt die Reynolds-Zahl gegen unendlich, können die Reibungskräfte vernachlässigt werden. Die Erhaltungsgleichungen für reibungsfreie Strömungen nennt man Euler-Gleichungen (1755). Ist die Reynoldssche Zahl sehr klein, kann der Einfluß der Trägheitskräfte vernachlässigt werden, und man spricht von schleichenden Strömungen.

Die Mach-Zahl ist ein Maß für den Einfluß der Kompressibilität auf die Strömung, welcher für $Ma < 0.4$ im allgemeinen vernachlässigbar klein ist. Dieser Wert entspricht unter Normalbedingungen einer Geschwindigkeit von $133\,m/s$ oder $480\,km/h$.

Die Prandtl-Zahl Pr ist das Verhältnis des Produktes aus dynamischer Scherzähigkeit η und spezifischer Wärmekapazität c_p und Wärmeleitfähigkeit λ.

Für Luft wie auch für andere Gase ist die Prandtl-Zahl nahezu konstant, während sie für Flüssigkeiten stark temperaturabhängig ist.

Der Isentropenexponent κ ist ebenfalls eine Kennzahl. Sie hängt nur von den Freiheitsgraden der Moleküle ab.

In Modellversuchen ist die Einhaltung der Ähnlichkeitsgesetze oft sehr schwierig. Soll in einem Windkanal zum Beispiel an einem Flugzeugmodell der Einfluß der Reibungskräfte auf die Strömungsparameter ermittelt werden, braucht in inkompressibler Strömung nur die Reynolds-Zahl im Versuch den gleichen Wert zu haben wie in der Strömung um die Hauptausführung. Wird im Versuch Luft als Strömungsmedium verwendet, erhält man bei gleichen Stoffwerten für die Anströmgeschwindigkeit des Modells $v_M = l\,v/l_M$. Da das Modell, von Ausnahmefällen abgesehen, viel kleiner als die Hauptausführung ist, muß $v_M \gg v$ sein. Bei sehr großen Geschwindigkeiten wird die Strömung jedoch kompressibel.

Noch schwieriger ist es, mehrere Ähnlichkeitsgesetze gleichzeitig einzuhalten. Bei der experimentellen Ermittlung des Schiffswiderstandes, der aus der Flüssigkeitsreibung und der Wellenbildung herrührt, müssen das Reynoldssche und das Froudesche Ähnlichkeitsgesetz erfüllt werden. Wird für den Versuch wieder dasselbe Strömungsmedium wie für die Hauptausführung verwendet, ergibt sich ein Widerspruch. Aus $Re_M = Re$ erhält man $l_M = \frac{l\,v}{v_M}$, während $Fr_M = Fr$ die Beziehung $l_M = \frac{l\,v_M^2}{v^2}$ liefert, so dass also nur das eine oder das andere Gesetz eingehalten werden kann.

2.4 Schleichende Strömungen

Charakteristisches Merkmal dieser Strömungen ist, daß in ihnen die Reibungskräfte viel größer sind als die Trägheitskräfte. Unter dieser Voraussetzung können die Bewegungsgleichungen vereinfacht und gelöst werden. Dies wird am Beispiel eines hydrodynamisch geschmierten Lagers gezeigt, bei welchem die Spalthöhe h sehr viel kleiner als die Länge des Gleitschuhs ist.

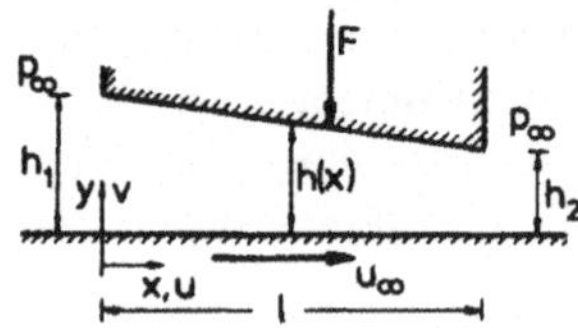

Das Lager wird vereinfacht als unendlich ausgedehnte ebene Wand, die sich mit konstanter Geschwindigkeit u_∞ an dem Gleitschuh vorbeibewegt, dargestellt. Das Schmiermittel verhindert die Berührung des Gleitschuhs mit der Wand und vermindert die Reibungskraft.

Für konstante Temperatur lauten die Erhaltungsgleichungen

$$\begin{aligned}
\frac{\partial u}{\partial x} + \frac{\partial v}{\partial y} &= 0 \\
\rho \left(u \frac{\partial u}{\partial x} + v \frac{\partial u}{\partial y} \right) &= -\frac{\partial p}{\partial x} + \eta \left(\frac{\partial^2 u}{\partial x^2} + \frac{\partial^2 u}{\partial y^2} \right) \\
\rho \left(u \frac{\partial v}{\partial x} + v \frac{\partial v}{\partial y} \right) &= -\frac{\partial p}{\partial y} + \eta \left(\frac{\partial^2 v}{\partial x^2} + \frac{\partial^2 v}{\partial y^2} \right) \quad . \qquad (2.68)
\end{aligned}$$

Die Gleichungen werden dimensionslos gemacht. Die Referenzgrößen werden so gewählt, daß die Geschwindigkeiten und deren Ableitungen von der Größenordnung Eins O(1) sind. Da

$$\frac{v}{u_\infty} = O\left(\frac{h_1}{l}\right) \ll 1 \quad . \qquad (2.69)$$

wird $\bar{v}(x,y) = \frac{v}{u_\infty} \frac{l}{h_1}$ gesetzt.

Mit $Re = \frac{\rho u_\infty l}{\eta}$ folgen die dimensionslosen Druckgradienten aus den Impulsgleichungen zu

$$\begin{aligned}
\frac{\partial \bar{p}}{\partial \bar{x}} &= \frac{1}{Eu\, Re} \frac{l^2}{h_1^2} \left[\frac{\partial^2 \bar{u}}{\partial \bar{y}^2} - Re \frac{h_1^2}{l^2} \left(\bar{u} \frac{\partial \bar{u}}{\partial \bar{x}} + \bar{v} \frac{\partial \bar{u}}{\partial \bar{y}} \right) + \frac{h_1^2}{l^2} \frac{\partial^2 \bar{u}}{\partial \bar{x}^2} \right] \\
\frac{\partial \bar{p}}{\partial \bar{y}} &= \frac{1}{Eu\, Re} \left[\frac{\partial^2 \bar{v}}{\partial \bar{y}^2} - Re \frac{h_1^2}{l^2} \left(\bar{u} \frac{\partial \bar{v}}{\partial \bar{x}} + \bar{v} \frac{\partial \bar{v}}{\partial \bar{y}} \right) + \frac{h_1^2}{l^2} \frac{\partial^2 \bar{v}}{\partial \bar{x}^2} \right] \quad . \qquad (2.70)
\end{aligned}$$

Für $Re \frac{h_1^2}{l^2} \ll 1$ (Trägheitskräfte $\ll$ Reibungskräfte) wird

$$\frac{\partial \bar{p}}{\partial \bar{x}} \approx \frac{1}{EuRe} \frac{l^2}{h_1^2} \frac{\partial^2 \bar{u}}{\partial \bar{y}^2}$$

$$\frac{\partial \bar{p}}{\partial \bar{y}} \approx \frac{1}{EuRe} \frac{\partial^2 \bar{v}}{\partial \bar{y}^2} \quad . \tag{2.71}$$

Aus dem Vergleich der rechten Seiten folgt

$$\frac{\partial \bar{p}}{\partial \bar{y}} << \frac{\partial \bar{p}}{\partial \bar{x}} \quad , \tag{2.72}$$

so daß in guter Näherung die Änderung des Druckes in y-Richtung gegenüber der in x-Richtung vernachlässigt werden kann.

Mit den Randbedingungen

$$\begin{array}{lcl} y = 0 \ : \ u = u_\infty & \qquad & y = h(x) \ : \ u = 0 \\ x = 0 \ : \ p = p_\infty & \qquad & x = l \quad\ : \ p = p_\infty \end{array} \tag{2.73}$$

ergibt die Integration der vereinfachten ersten Impulsgleichung

$$u = u_\infty \left(1 - \frac{y}{h}\right) - \frac{h^2}{2\,\eta}\frac{y}{h}\left(1 - \frac{y}{h}\right)\frac{dp}{dx} \quad , \tag{2.74}$$

woraus man den Volumenstrom $\dot{Q}$ durch Integration in y-Richtung erhält.

$$\dot{Q} = \frac{u_\infty\, h}{2} - \frac{h^3}{12\,\eta}\frac{dp}{dx} \quad . \tag{2.75}$$

Da der Volumenstrom in jedem Querschnitt konstant ist, kann die letzte Gleichung in x-Richtung integriert werden.

$$p(x) = p_\infty + 6\,\eta\, u_\infty \int_0^x \frac{dx'}{h^2(x')} - 12\,\eta\,\dot{Q}\int_0^x \frac{dx'}{h^3(x')} \tag{2.76}$$

Ändert sich die Spalthöhe linear mit x, d. h.

$$h(x) = h_1 - \frac{h_1 - h_2}{l}\,x \quad , \tag{2.77}$$

folgen

$$\begin{aligned} \dot{Q} &= u_\infty \frac{h_1\, h_2}{h_1 + h_2} \\ p(x) &= p_\infty + 6\,\eta\, u_\infty \frac{l}{(h_1^2 - h_2^2)} \frac{(h_1 - h)\,(h - h_2)}{h^2} \end{aligned} \tag{2.78}$$

und damit die Gesamtdruckkraft

$$F_p = \int_0^l p(x)\, dx = \frac{6\,\eta\, u_\infty\, l^2}{(h_1 - h_2)^2} \left[\ln \frac{h_1}{h_2} - \frac{2\,(h_1 - h_2)}{(h_1 + h_2)}\right] \quad . \tag{2.79}$$

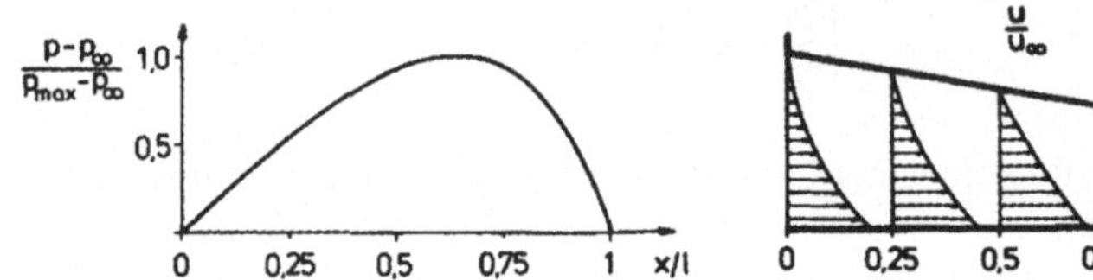

Die Druckverteilung und die x-Komponente der Geschwindigkeit

$$\frac{u}{u_\infty} = (1 - \frac{y}{h}) \left[1 - 3\,\frac{y}{h}\left(1 - \frac{2\,h_1\,h_2}{(h_1 + h_2)\;h}\right)\right] \tag{2.80}$$

sind in den Skizzen dargestellt ($\frac{h_2}{h_1} = 0,559$). Die y-Komponente der Geschwindigkeit läßt sich aus der Kontinuitätsgleichung berechnen.

2.5 Wirbelsätze

Drehen sich die Flüssigkeitsteilchen um ihre eigene Achse, spricht man von drehungsbehafteten Strömungen oder Wirbelströmungen. Drehungsfreie Strömungen nennt man Potentialströmungen. Im folgenden sollen einige wichtige Eigenschaften von Wirbelströmungen und deren Abgrenzung von Potentialströmungen erläutert werden.

2.5.1 Drehung und Zirkulation

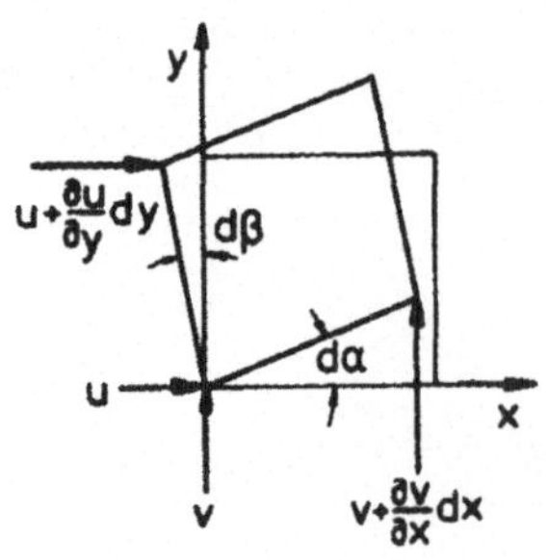

Die Drehung eines Flüssigkeitselements wird durch seine mittlere Winkelgeschwindigkeit beschrieben. Mit den Bezeichnungen nach nebenstehender Skizze sind

$$\begin{aligned} d\alpha &= \frac{\partial v}{\partial x}\, dt \\ d\beta &= -\frac{\partial u}{\partial y}\, dt \end{aligned} \quad , \tag{2.81}$$

und die mittlere Winkelgeschwindigkeit ist

$$\zeta = \frac{1}{2}\left(\frac{\partial v}{\partial x} - \frac{\partial u}{\partial y}\right) \quad . \tag{2.82}$$

Die Verallgemeinerung auf drei Raumkoordinaten führt auf den Dreh- oder Wirbelvektor

$$\vec{\omega} = \vec{i}\,\xi + \vec{j}\,\eta + \vec{k}\,\zeta = \frac{1}{2}\,\nabla \times \vec{v} \quad . \tag{2.83}$$

In Analogie zu Stromröhre bzw. Stromlinie werden Wirbelröhre und Wirbellinie definiert. Die Richtung der Wirbellinie ist in jedem Punkt durch die Richtung des Wirbelvektors gegeben.

$$\frac{dx}{\xi} = \frac{dy}{\eta} = \frac{dz}{\zeta} \tag{2.84}$$

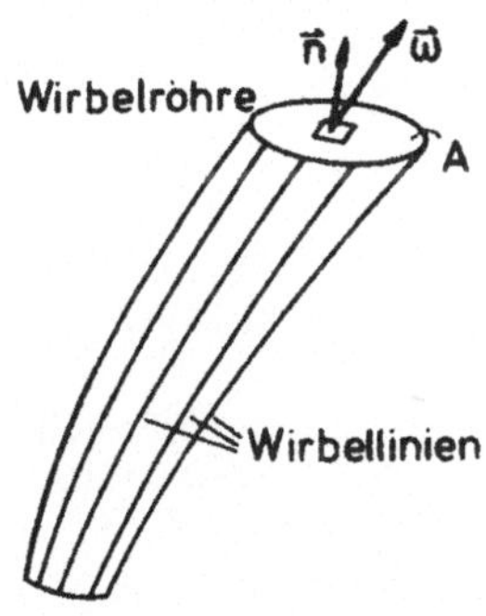

Der durch eine Fläche A hindurchtretender Wirbelfluß Ω ist

$$\Omega = \int_A \vec{\omega} \cdot \vec{n}\, dA \quad . \tag{2.85}$$

Der Wirbelfluß steht in engem Zusammenhang mit der Zirkulation Γ, die definiert ist als das Linienintegral über das skalare Produkt aus Geschwindigkeit und dem Linienelement einer geschlossenen Kurve C.

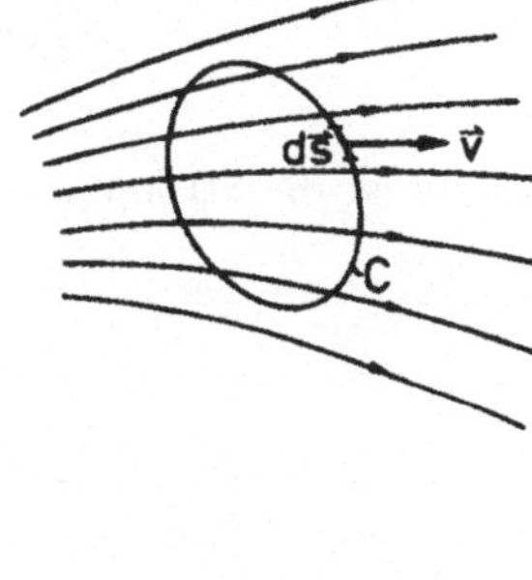

$$\Gamma = \oint_C \vec{v} \cdot d\vec{s} \tag{2.86}$$

Zur Erläuterung des Zusammenhangs zwischen Γ und Ω wird Γ zunächst für ein Element einer ebenen Fläche berechnet. Es ergibt sich

$$d\Gamma = \left(\frac{\partial v}{\partial x} - \frac{\partial u}{\partial y}\right) dx\, dy = 2\,\zeta\, dx\, dy \quad . \tag{2.87}$$

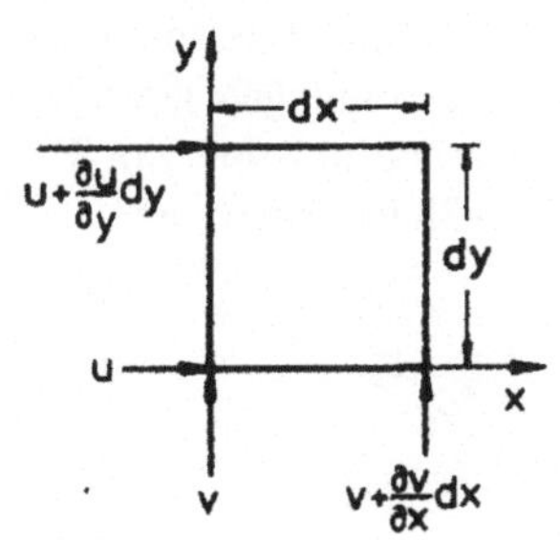

Allgemein gilt

$$d\Gamma = 2\,[\xi\;(dy\,dz) + \eta\;(dx\,dz) + \zeta\;(dx\,dy)] \quad . \tag{2.88}$$

Nach Integration folgt

$$\Gamma = \int_A \vec{\omega} \cdot \vec{n}\, dA = 2\,\Omega \tag{2.89}$$

oder

$$\oint_C \vec{v} \cdot d\vec{s} = \int_A (\nabla \times \vec{v}) \cdot \vec{n} \, dA \quad . \tag{2.90}$$

Die Zirkulation ist gleich dem doppelten Wirbelfluß durch eine über der Kontur aufgespannte Fläche (Satz von Stokes).

In einer inkompressiblen, reibungsfreien Strömung ändert sich die Zirkulation nicht, wenn die Volumenkräfte ein Potential U besitzen. Dies läßt sich beweisen, indem man in den Ausdruck für die zeitliche Änderung von Γ

$$\frac{d\Gamma}{dt} = \oint_C \frac{d\vec{v}}{dt} \cdot d\vec{s} + \oint_C d\left(\frac{\vec{v}^2}{2}\right) \tag{2.91}$$

die Navier-Stokes-Gleichung

$$\frac{d\vec{v}}{dt} = \vec{g} - \frac{1}{\rho} \nabla p + \nu \nabla^2 \vec{v} \tag{2.92}$$

einsetzt und die Volumenkräfte durch ihr Potential $\vec{g} = \nabla U$ eliminiert. Dann ist

$$\frac{d\Gamma}{dt} = \oint_C d\left(U - \frac{p}{\rho} + \frac{\vec{v}^2}{2}\right) + \nu \oint_C (\nabla^2 \vec{v}) \cdot d\vec{s} \quad . \tag{2.93}$$

Für eine reibungsfreie Strömung ($\nu = 0$) folgt $\frac{d\Gamma}{dt} = 0$. Ist $\Gamma(t = 0) = 0$, ist die Strömung zu allen Zeiten drehungsfrei (Satz von Thomson).

2.5.2 Wirbeltransportgleichung

Für inkompressible Strömungen lassen sich in die Erhaltungssätze für Masse und Impuls leicht die Komponenten des Wirbelvektors $\vec{\omega}$ einführen. Man erhält die Wirbeltransportgleichung, welche beschreibt, wie sich der Wirbelvektor im Strömungsfeld ändert. Mit Hilfe eines partikulären Integrals kann ein einfacher Lösungsansatz für reibungsfreie Strömungen gewonnen werden, ohne daß dazu die nichtlinearen Impulsgleichungen benutzt werden müssen. Zur Herleitung der Wirbeltransportgleichung geht man von den Navier-Stokes-Gleichungen aus.

$$\begin{aligned}
\frac{du}{dt} &= -\frac{1}{\rho}\frac{\partial p}{\partial x} + g_x + \nu \nabla^2 u \\
\frac{dv}{dt} &= -\frac{1}{\rho}\frac{\partial p}{\partial y} + g_y + \nu \nabla^2 v \\
\frac{dw}{dt} &= -\frac{1}{\rho}\frac{\partial p}{\partial z} + g_z + \nu \nabla^2 w
\end{aligned} \tag{2.94}$$

Die Wirbelkomponente ζ führt man ein, indem man die erste Gleichung partiell nach y und die zweite nach x differenziert und beide Gleichungen voneinander subtrahiert.

$$\frac{d\zeta}{dt} = \left(\xi\,\frac{\partial w}{\partial x} + \eta\,\frac{\partial w}{\partial y} + \zeta\,\frac{\partial w}{\partial z}\right) + \nu\,\nabla^2\zeta + \frac{1}{2}\left(\frac{\partial g_y}{\partial x} - \frac{\partial g_x}{\partial y}\right) \tag{2.95}$$

Für die Komponenten η und ξ erhält man entsprechend

$$\begin{aligned} \frac{d\eta}{dt} &= \left(\xi\,\frac{\partial v}{\partial x} + \eta\,\frac{\partial v}{\partial y} + \zeta\,\frac{\partial v}{\partial z}\right) + \nu\,\nabla^2\eta + \frac{1}{2}\left(\frac{\partial g_x}{\partial z} - \frac{\partial g_z}{\partial x}\right) \\ \frac{d\xi}{dt} &= \left(\xi\,\frac{\partial u}{\partial x} + \eta\,\frac{\partial u}{\partial y} + \zeta\,\frac{\partial u}{\partial z}\right) + \nu\,\nabla^2\xi + \frac{1}{2}\left(\frac{\partial g_z}{\partial y} - \frac{\partial g_x}{\partial z}\right) \quad . \end{aligned} \tag{2.96}$$

Besitzen die Volumenkräfte ein Potential, entfallen die zweiten Klammerausdrücke auf der rechten Seite der Gleichungen. In Vektorform zusammengefaßt, ergibt sich die Wirbeltransportgleichung.

$$\frac{d\vec{\omega}}{dt} = (\vec{\omega}\cdot\nabla)\;\vec{v} + \nu\,\nabla^2\,\vec{\omega} \tag{2.97}$$

Für ebene Strömungen verschwindet der Term $(\vec{\omega}\cdot\nabla)\;\vec{v}$. Die Festkörperrotation $\vec{\omega}$ = konst. ist eine Lösung dieser Gleichung. Ist die Strömung außerdem reibungsfrei und stationär, erhält man

$$(\vec{v}\cdot\nabla)\,\vec{\omega} = 0 \quad . \tag{2.98}$$

Längs der Stromlinien ist die Drehung konstant, sie kann sich nur normal zur Stromlinie ändern.

Da die Wirbeltransportgleichung nur eine andere Form der Impulsgleichung darstellt, ist diese stets durch $\vec{\omega} = 0$ erfüllt. Diese Lösung ist nur möglich, wenn die Strömung reibungsfrei ist. Die Potentialtheorie baut auf dieser Annahme auf.

2.6 Potentialströmungen inkompressibler Flüssigkeiten

2.6.1 Potential- und Stromfunktion

Die Bedingung $\vec{\omega} = 0$ ist identisch erfüllt, wenn man der Geschwindigkeit ein Potential Φ zuordnen kann. Das Potential wird durch $\vec{v} = \nabla\,\Phi$ definiert. Anstelle der Geschwindigkeit muß nun das Potential aus den Erhaltungsgleichungen bestimmt werden. Da die Impulsgleichung bereits durch die Bedingung $\vec{\omega} = 0$ erfüllt ist, ist die Kontinuitätsgleichung Bestimmungsgleichung für Φ. Einsetzen ergibt

$$\nabla^2\,\Phi = 0 \quad . \tag{2.99}$$

In kartesischen Koordinaten lauten diese Gleichungen

$$u = \frac{\partial \Phi}{\partial x} \qquad v = \frac{\partial \Phi}{\partial y} \qquad w = \frac{\partial \Phi}{\partial z} \tag{2.100}$$

$$\frac{\partial^2 \Phi}{\partial x^2} + \frac{\partial^2 \Phi}{\partial y^2} + \frac{\partial^2 \Phi}{\partial z^2} = 0 \quad . \tag{2.101}$$

Da Reibungsfreiheit vorausgesetzt ist, kann die Stokessche Haftbedingung an festen undurchlässigen Wänden nicht eingehalten werden. In Potentialströmungen wie in allen reibungsfreien Strömungen verschwindet deswegen im allgemeinen nur die Geschwindigkeitskomponente v_n in Richtung der örtlichen Flächennormale $\vec{n}$ (kinematische Strömungsbedingung).

$$v_n = \frac{\partial \Phi}{\partial n} = 0 \tag{2.102}$$

Die Potentialgleichung ist im Gegensatz zur Euler-Gleichung linear, und man kann Lösungen superponieren. Erfüllen Φ_1 und Φ_2 die Potentialgleichung, ist

$$\Phi = c_1\, \Phi_1 + c_2\, \Phi_2 + c_3 \tag{2.103}$$

ebenfalls eine Lösung, wobei c_1, c_2 und c_3 willkürliche Konstanten sind.

Für zweidimensionale Strömungen kann man anstelle des Potentials eine skalare Funktion Ψ, die Stromfunktion, einführen, die die Kontinuitätsgleichung identisch erfüllt und die aus der Bedingung der Drehungsfreiheit bestimmt wird.

Mit

$$u = \frac{\partial \Psi}{\partial y} \qquad v = -\frac{\partial \Psi}{\partial x} \tag{2.104}$$

ist die Kontinuitätsgleichung

$$\frac{\partial u}{\partial x} + \frac{\partial v}{\partial y} = 0 \tag{2.105}$$

erfüllt. Die Bedingung der Drehungsfreiheit

$$\frac{\partial v}{\partial x} - \frac{\partial u}{\partial y} = 0 \tag{2.106}$$

führt auf die Laplacesche Gleichung für die Stromfunktion.

$$\nabla^2\, \Psi = 0 \tag{2.107}$$

Aus dem totalen Differential

$$d\Psi = \frac{\partial \Psi}{\partial x}\, dx + \frac{\partial \Psi}{\partial y}\, dy = -v\, dx + u\, dy \tag{2.108}$$

folgt für $\Psi =$ konst. die Differentialgleichung der Stromlinie

$$\left(\frac{dy}{dx}\right)_{\Psi=konst} = \frac{v}{u} \quad . \tag{2.109}$$

Durch $\Psi(x, y) =$ konst. sind die Gleichungen der Stromlinien gegeben, und $d\Psi$ ist der Volumenstrom zwischen zwei infinitesimal benachbarten Stromlinien. Auf der Körperoberfläche lautet die Randbedingung

$$\Psi(x, y) = \text{konst.} \quad . \tag{2.110}$$

Stromlinien ($\Psi =$ konst.) und Äquipotentiallinien ($\Phi =$ konst.) stehen senkrecht aufeinander. Mit $d\Phi = u\, dx + v\, dy$ folgt

$$\left(\frac{dy}{dx}\right)_{\Phi=konst} = -\frac{u}{v} \quad . \tag{2.111}$$

Die Orthogonalität wird durch die Cauchy-Riemannschen Differentialgleichungen ausgedrückt.

$$\frac{\partial \Phi}{\partial x} = \frac{\partial \Psi}{\partial y} \qquad \frac{\partial \Phi}{\partial y} = -\frac{\partial \Psi}{\partial x} \tag{2.112}$$

2.6.2 Ermittlung des Druckes

Ist das Potential bekannt, kann die Druckverteilung im Strömungsfeld aus den Euler-Gleichungen ermittelt werden. Mit der Identität

$$(\vec{v} \cdot \nabla)\, \vec{v} = \nabla\, \frac{\vec{v}^2}{2} - \vec{v} \text{ x } (\nabla \text{ x } \vec{v}) \tag{2.113}$$

lauten diese

$$\frac{\partial \vec{v}}{\partial t} + \nabla\, \frac{\vec{v}^2}{2} + \frac{1}{\rho}\, \nabla\, p - \vec{v} \text{ x } (\nabla \text{ x } \vec{v}) = \vec{g} \quad . \tag{2.114}$$

Mit $\vec{v} = \nabla\, \Phi$ und $\vec{g} = \nabla\, U$ erhält man

$$\nabla\left[\rho\,\frac{\partial\Phi}{\partial t}+\rho\,\frac{\vec{v}^2}{2}+p-\rho\,U\right]=0 \quad . \tag{2.115}$$

Das Integral lautet

$$\rho\,\frac{\partial\Phi}{\partial t}+\rho\,\frac{\vec{v}^2}{2}+p-\rho\,U=c(t) \qquad \text{(Lagrangesches Integral)} \quad . \tag{2.116}$$

Für stationäre Strömungen folgt daraus die Bernoullische Gleichung

$$\rho\,\frac{\vec{v}^2}{2}+p-\rho\,U=\text{konstant} \quad . \tag{2.117}$$

In Potentialströmungen hat die Bernoullische Konstante im ganzen Strömungsfeld und auf seiner Berandung denselben Wert. Im allgemeinen wird der Druck durch einen dimensionslosen Druckbeiwert c_p angegeben. Bezogen auf Anströmbedingungen lautet er bei verschwindenden Volumenkräften

$$c_p=\frac{p-p_\infty}{\frac{1}{2}\,\rho\,u_\infty^2}=1-\frac{u^2+v^2+w^2}{u_\infty^2} \quad . \tag{2.118}$$

2.6.3 Komplexe Strömungsfunktion

Nach der Theorie komplexer Funktionen erfüllen Real- und Imaginärteil einer analytischen Funktion die Laplacesche Differentialgleichung. Die komplexe Strömungsfunktion $F(z)$ ist so definiert, daß das Potential den Realteil darstellt und die Stromfunktion den Imaginärteil.

$$F(z)=F(x+iy)=\Phi(x,y)+i\,\Psi(x,y) \tag{2.119}$$

Zweimalige partielle Differentiation von F(z) nach x und y liefert

$$\frac{\partial^2 F}{\partial\,x^2}+\frac{\partial^2 F}{\partial\,y^2}=0 \tag{2.120}$$

oder

$$\frac{\partial^2\,\Phi}{\partial\,x^2}+\frac{\partial^2\,\Phi}{\partial\,y^2}+i\left(\frac{\partial^2\,\Psi}{\partial\,x^2}+\frac{\partial^2\,\Psi}{\partial\,y^2}\right)=0 \quad . \tag{2.121}$$

Die Geschwindigkeitskomponenten folgen aus dem totalen Differential

$$\begin{aligned} dF &= \left(\frac{\partial\Phi}{\partial x} + i\,\frac{\partial\Psi}{\partial x}\right) dx + \left(\frac{\partial\Phi}{\partial y} + i\,\frac{\partial\Psi}{\partial y}\right) dy \\ &= (u - \imath v)\,(dx + \imath dy) \\ &= \bar{w} dz \quad , \end{aligned} \tag{2.122}$$

wobei $\bar{w} = \frac{dF}{dz}$ die Konjugierte der komplexen Geschwindigkeit $w = u + iv$ ist.

2.6.4 Beispiele für ebene inkompressible Potentialströmungen

Nachstehend werden einige analytische Funktionen vorgegeben und die zugehörigen Potentialströmungen diskutiert. Auf den umgekehrten Weg, für eine vorgegebene Kontur die Laplacesche Gleichung zu lösen, wird wegen des erheblichen mathematischen Aufwandes verzichtet.

Parallelströmung

Für die Strömungsfunktion $F(z) = (u_\infty - \imath\, v_\infty)\, z$ lauten Potential und Stromfunktion

$$\Phi = u_\infty\, x + v_\infty\, y \qquad \Psi = -v_\infty\, x + u_\infty\, y \quad . \tag{2.123}$$

Die Stromlinien ($\Psi =$ konst.) sind Geraden mit der Steigung

$$\frac{dy}{dx} = \frac{v_\infty}{u_\infty} = \text{konst.} \quad . \tag{2.124}$$

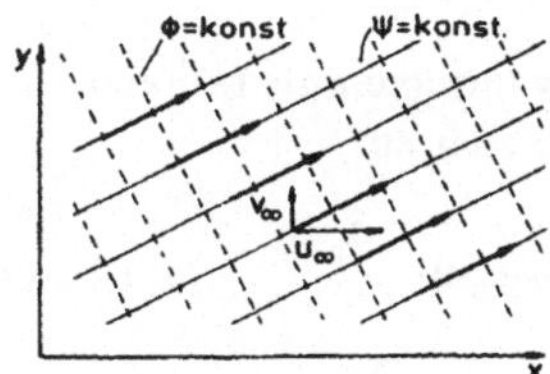

Die konjugiert komplexe Geschwindigkeit

$$\bar{w} = \frac{dF}{dz} = u_\infty - i\, v_\infty \tag{2.125}$$

ist im gesamten Strömungsfeld konstant.

Staupunktströmung

Die Funktion $F(z) = az^2$ (a reell) stellt eine ebene Strömung in der Nähe eines Staupunktes dar. Es sind

$$\Phi = a\,(x^2 - y^2) \qquad \Psi = 2\,a\,x\,y \quad . \tag{2.126}$$

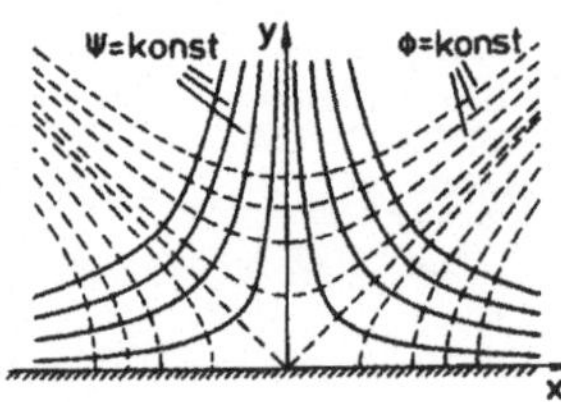

Die Stromlinien sind die Hyperbeln

$$y = \frac{c}{x} \quad , \tag{2.127}$$

die Äquipotentiallinien die dazu orthogonalen Hyperbeln

$$y^2 = c' + x^2 \quad . \tag{2.128}$$

Die Geschwindigkeitskomponenten lauten

$$u = 2\,a\,x \qquad v = -2\,a\,y \quad . \tag{2.129}$$

Quelle

Die Funktion $F(z) = \frac{E}{2\,\pi\,\ln z}$ stellt die Strömung einer ebenen Quelle dar mit der konjugiert komplexen Geschwindigkeit

$$\bar{w} = \frac{E\,x}{2\,\pi\,(x^2+y^2)} - i\,\frac{E\,y}{2\,\pi\,(x^2+y^2)} \quad . \tag{2.130}$$

In Polarkoordinaten sind mit $z = r\,(\cos\theta + i\,\sin\theta)$

$$\Phi = \frac{E}{2\,\pi}\ln r \qquad \Psi = \frac{E}{2\,\pi}\,\theta \quad . \tag{2.131}$$

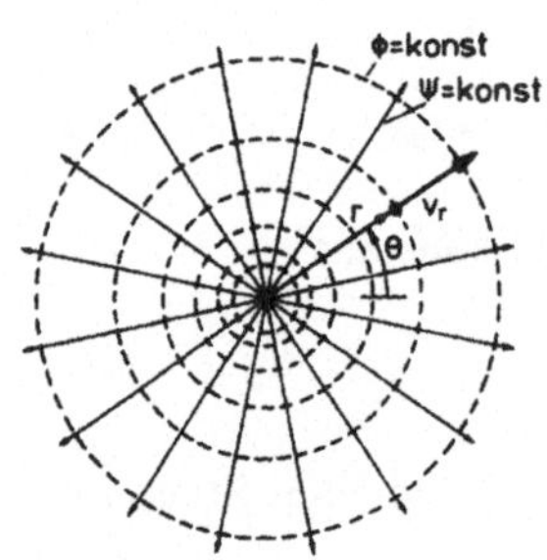

Die Komponenten der Geschwindigkeit in radialer und tangentialer Richtung ergeben sich zu

$$v_r = \frac{E}{2\,\pi\,r} \qquad v_\theta = 0 \quad . \tag{2.132}$$

Die Konstante E stellt den Volumenstrom durch den Kreis mit dem Radius r dar. Ist sie positiv, gibt sie die Ergiebigkeit einer Quelle an, ist sie negativ, das Schluckvermögen einer Senke.

Der Koordinatenursprung ist ein singulärer Punkt im Strömungsfeld, da sich für $r = 0$ eine unendlich große Geschwindigkeit einstellt.

Potentialwirbel

Vertauscht man Stromfunktion und Potential der ebenen Quellströmung, erhält man den Potentialwirbel. Seine Strömungsfunktion lautet

$$F(z) = -\frac{\imath\,\Gamma}{2\,\pi}\,\ln z \quad . \tag{2.133}$$

Die reelle Konstante Γ ist die Zirkulation des Wirbels. Man erhält

$$\Phi = \frac{\Gamma}{2\,\pi}\,\theta \qquad \Psi = -\frac{\Gamma}{2\,\pi}\,\ln r \tag{2.134}$$

$$v_r = 0 \qquad v_\theta = \frac{\Gamma}{2\,\pi\,r} \quad . \tag{2.135}$$

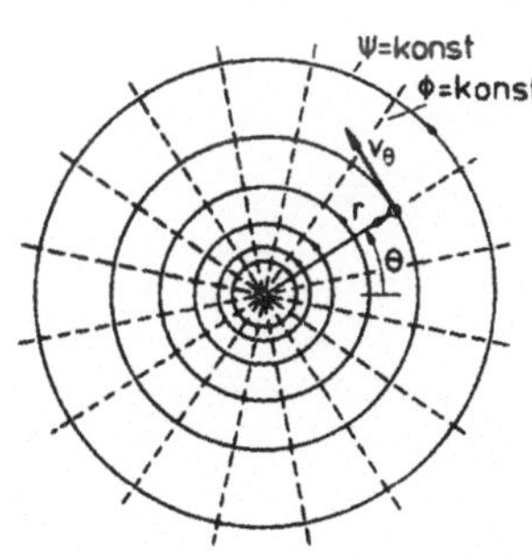

Die Stromlinien des Potentialwirbels sind durch Kreise um den Koordinatenursprung $r = konst.$ gegeben. Die Äquipotentiallinien verlaufen senkrecht dazu.

Dipol

Ordnet man auf der x-Achse eine Quelle mit Ergiebigkeit E und eine Senke mit gleichem Schluckvermögen an und läßt mit abnehmendem Abstand h zwischen Quelle und Senke E so zunehmen, daß das Produkt $E\,h = M$ konstant bleibt, erhält man im Grenzfall $h \to 0$ für die komplexe Strömungsfunktion

$$F(z) = \frac{M}{2\,\pi}\,\lim_{h\to 0}\frac{\ln(z+h) - \ln z}{h} = \frac{M}{2\,\pi\,z} \quad . \tag{2.136}$$

Die Größe M wird Dipolmoment genannt und die Linie, längs derer Quelle und Senke einander genähert wurden, Dipolachse. Potential und Stromfunktion sind

$$\Phi = \frac{M}{2\,\pi}\,\frac{x}{r^2} \qquad \Psi = -\frac{M}{2\,\pi}\,\frac{y}{r^2} \tag{2.137}$$

und die Geschwindigkeitskomponenten

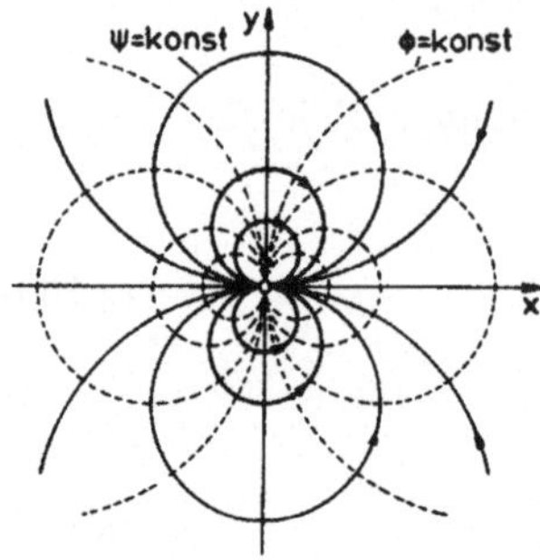

$$u = -\frac{M}{2\,\pi\, r^2}\cos 2\,\theta \qquad v = -\frac{M}{2\,\pi\, r^2}\sin 2\,\theta \quad . \tag{2.138}$$

Die Stromlinien sind Kreise, deren Mittelpunkte auf der y-Achse liegen und die die x-Achse im Koordinatenursprung tangieren.

Halbkörper

Überlagert man eine Parallelströmung mit einer Quelle, ergibt sich das Strömungsfeld um einen ebenen Halbkörper.

$$\begin{aligned} F(z) &= (u_\infty - \imath\, v_\infty)\, z + \frac{E}{2\,\pi}\ln z + \imath\, C \\ \Phi &= u_\infty\, x + v_\infty\, y + \frac{E}{2\,\pi}\ln r \\ \Psi &= -v_\infty\, x + u_\infty\, y + \frac{E}{2\,\pi}\left[\theta - \arctan\left(\frac{v_\infty}{u_\infty}\right)\right] \quad . \end{aligned} \tag{2.139}$$

Die Anströmung sei parallel zur x-Achse. Die Geschwindigkeitskomponenten

$$u = u_\infty + \frac{E\, x}{2\,\pi\, r^2}, \qquad v = \frac{E\, y}{2\,\pi\, r^2} \tag{2.140}$$

verschwinden für $x_s = -\frac{E}{2\,\pi\, u_\infty}$ (Staupunkt). Die durch den Staupunkt hindurchgehende Stromlinie bildet die Kontur des Halbkörpers.

$$r_k = \frac{E}{2\,\pi\, r^2}\,\frac{\pi - \theta}{\sin\theta} \tag{2.141}$$

Die Breite des Halbkörpers für $x \to \infty$ ist

$$h = \frac{E}{2\, u_\infty} \quad . \tag{2.142}$$

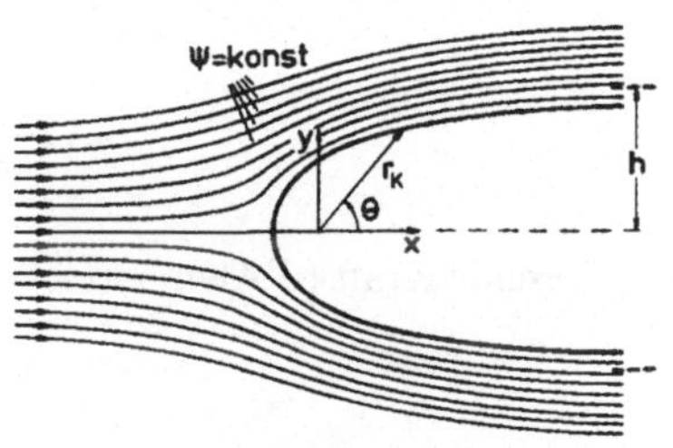

Der Druckbeiwert

$$c_p = 1 - \left[\left(1 + \frac{h\,x}{\pi\,r^2}\right)^2 + \left(\frac{h\,y}{\pi\,r^2}\right)^2 \right] \qquad (2.143)$$

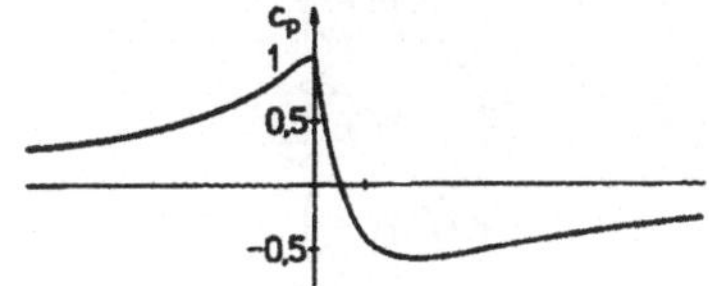

ergibt sich für die Kontur mit $\theta' = \pi - \theta$ zu

$$c_p = \frac{\sin(2\,\theta')}{\theta'} - \left(\frac{\sin\theta'}{\theta'}\right)^2 \quad . \qquad (2.144)$$

Für $\theta' = 0$ ist $c_p = 1$ und für $\theta' = \pi$ ist $c_p = 0$. Bei $\theta' = \frac{\pi}{2}$ ist $c_p = -\frac{4}{\pi^2}$ und nähert sich mit zunehmendem x nach Durchlaufen eines Minimums wieder asymptotisch Null.

Kreiszylinder

Die Überlagerung der Parallelströmung mit einem Dipol ergibt die Umströmung eines Kreiszylinders.

$$\begin{aligned} F(z) &= u_\infty\,z + \frac{M}{2\,\pi\,z} \\ \Phi &= \left(u_\infty + \frac{M}{2\,\pi\,r^2}\right)\,r\,\cos\,\theta \\ \Psi &= \left(u_\infty - \frac{M}{2\,\pi\,r^2}\right)\,r\,\sin\,\theta \end{aligned} \qquad (2.145)$$

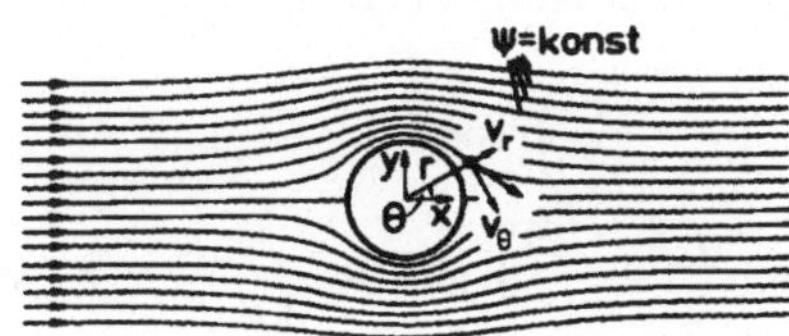

Die Stromlinie $\Psi = 0$ enthält den Kreis um den Koordinatenursprung mit dem Radius $R = \sqrt{\frac{M}{2\,\pi\,u_\infty}}$. Die Umfangs- und Radialkomponente der Geschwindigkeit ergeben sich zu

$$v_\theta = -u_\infty\left(1 + \frac{M}{2\,\pi\,r^2\,u_\infty}\right)\sin\theta \qquad v_r = -u_\infty\left(1 - \frac{M}{2\,\pi\,r^2\,u_\infty}\right)\cos\theta \quad . \qquad (2.146)$$

Auf der Kontur $r = R$ ist $v_r = 0$ und $v_\theta = -2\,u_\infty\,\sin\theta$. Die Strömung besitzt zwei Staupunkte bei $\theta = 0$ und $\theta = \pi$; für $\theta = \frac{\pi}{2}$ und $\theta = 3/2\,\pi$ ist die Geschwindigkeit doppelt so groß wie die der Anströmung.

Die Druckverteilung auf der Kontur

$$c_p = 1 - 4\sin^2\theta \qquad (2.147)$$

ist symmetrisch zu den Koordinatenachsen und ergibt keine resultierende Kraft (d'Alembertsches Paradoxon 1753).

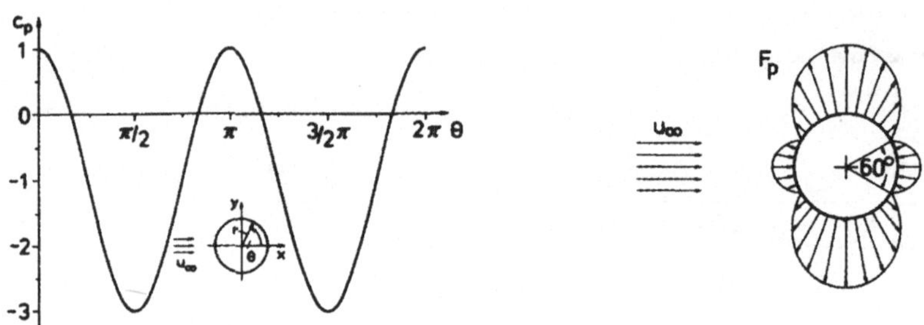

Kreiszylinder mit Zirkulation (Magnus-Effekt)

Wird der Strömung ein Potentialwirbel überlagert, erfährt der Kreiszylinder eine Kraft senkrecht zur Anströmrichtung.

$$F(z) = u_\infty \left(z + \frac{R^2}{z}\right) - \frac{i\,\Gamma}{2\,\pi}\ln z + i\,C$$

$$\Phi = u_\infty \left(r + \frac{R^2}{r}\right)\cos\theta + \frac{\Gamma}{2\,\pi}\,\theta \qquad \Psi = u_\infty \left(r - \frac{R^2}{r}\right)\sin\theta - \frac{\Gamma}{2\,\pi}\ln\frac{r}{R} \qquad (2.148)$$

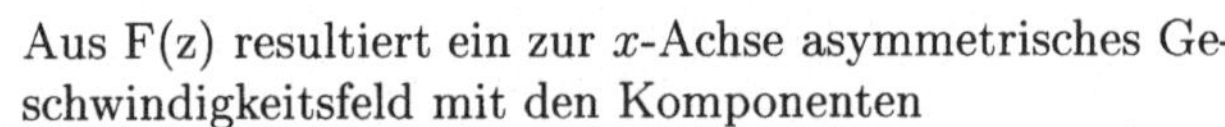

Aus F(z) resultiert ein zur x-Achse asymmetrisches Geschwindigkeitsfeld mit den Komponenten

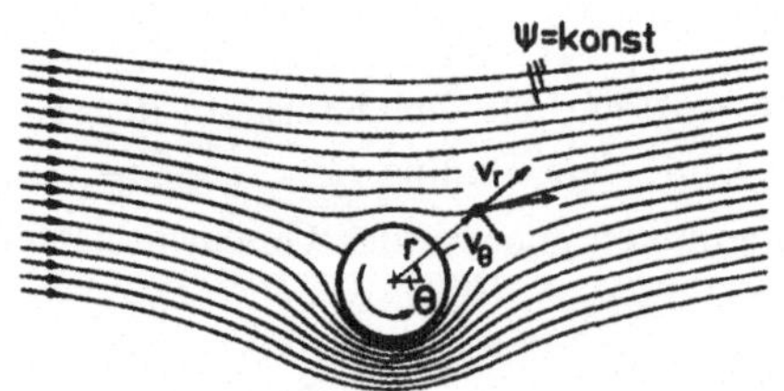

$$v_r = u_\infty \left(1 - \frac{R^2}{r^2}\right)\cos\theta$$

$$v_\theta = -u_\infty \left(1 + \frac{R^2}{r^2}\right)\sin\theta + \frac{\Gamma}{2\,\pi\,r} \quad . \qquad (2.149)$$

Die Druckverteilung auf der Kontur $r = R$

$$c_p = 1 - \left(\frac{\Gamma}{2\,\pi\,u_\infty\,R} - 2\,\sin\theta\right)^2 \qquad (2.150)$$

hängt von der Größe der Zirkulation ab.

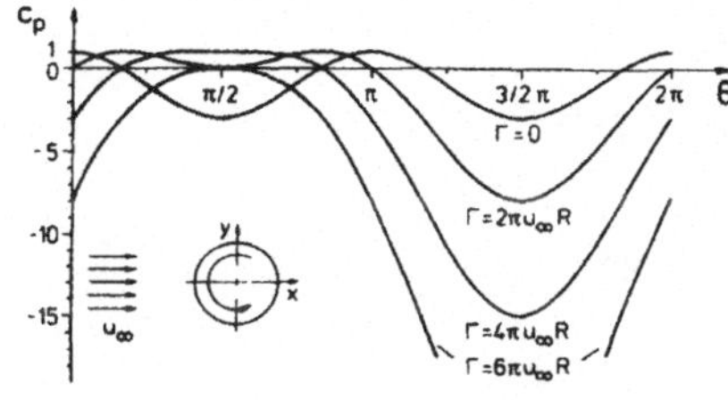

Ihr Vorzeichen bestimmt die Richtung der resultierenden Querkraft. Für $|\Gamma| < 4\pi u_\infty R$ existieren zwei Staupunkte auf der Kontur, deren Lage gegeben ist durch

$$\sin \theta_s = \frac{\Gamma}{4\,\pi\, u_\infty\, R} \quad . \tag{2.151}$$

Ist $|\Gamma| > 4\,\pi\, u_\infty\, R$, bildet sich in der Strömung ein freier Staupunkt aus.

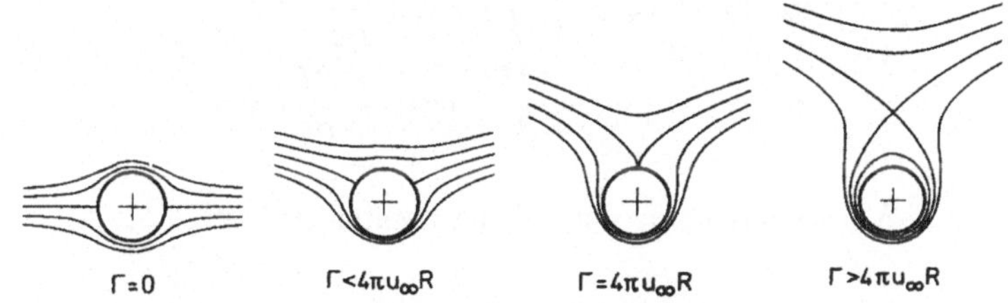

2.6.5 Kutta-Joukowskischer Satz

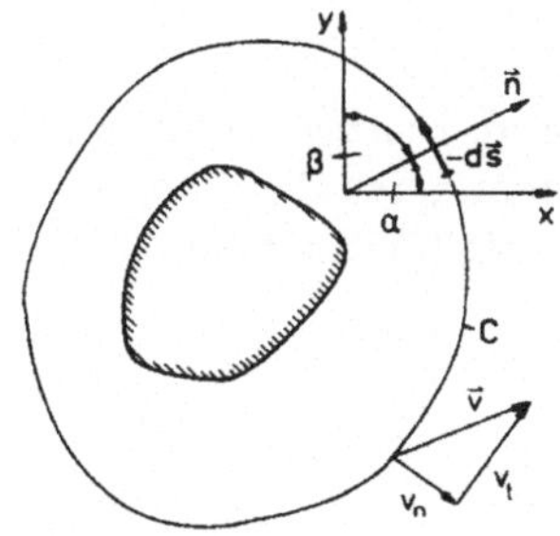

Die Kraft auf einen beliebigen Körper läßt sich mit dem Impulssatz ermitteln. Ersetzt man den Druck mit Hilfe der Bernoullischen Gleichung, erhält man die Kraft, die die Strömung auf den Körper ausübt.

$$\vec{F} = -\int_A \rho\, \vec{v}\, (\vec{v} \cdot \vec{n})\, dA + \int_A \rho\, \frac{\vec{v}^2}{2}\, \vec{n}\, dA \tag{2.152}$$

Die Strömung sei zweidimensional und das Potential Φ durch

$$\Phi = u_\infty\, x + f(x,y) \tag{2.153}$$

gegeben, wobei $f(x,y)$ die Laplacesche Gleichung erfüllt. Die Geschwindigkeitskomponenten sind dann

$$u = u_\infty + \frac{\partial f}{\partial x} \qquad v = \frac{\partial f}{\partial y} \quad . \tag{2.154}$$

Da die Ableitungen $\frac{\partial f}{\partial x}$ und $\frac{\partial f}{\partial y}$ im Unendlichen verschwinden, kann man die Kontrollfläche so groß wählen, daß die Quadrate der Ableitungen vernachlässigbar klein sind. Die Gleichungen für die Komponenten der Kraft $\vec{F}$ sind

$$
\begin{aligned}
F_x &= \rho \int_C \left(\frac{\vec{v}^2}{2} \cos\alpha - u\, v_n \right) ds \\
F_y &= \rho \int_C \left(\frac{\vec{v}^2}{2} \cos\beta - v\, v_n \right) ds \quad .
\end{aligned} \tag{2.155}
$$

Führt man die Geschwindigkeitskomponenten

$$
\begin{aligned}
v_n &= \left(u_\infty + \frac{\partial f}{\partial x} \right) \cos\alpha + \frac{\partial f}{\partial y} \cos\beta \\
v_t &= -\left(u_\infty + \frac{\partial f}{\partial x} \right) \cos\beta + \frac{\partial f}{\partial y} \cos\alpha
\end{aligned} \tag{2.156}
$$

ein, erhält man unter Vernachlässigung der Glieder zweiter Ordnung

$$
\begin{aligned}
F_x &= \frac{\rho\, u_\infty^2}{2} \int_C \cos\alpha\, ds - \rho\, u_\infty \int_c v_n\, ds \\
F_y &= \frac{\rho\, u_\infty^2}{2} \int_C \cos\beta\, ds - \rho\, u_\infty \int_c v_t\, ds \quad .
\end{aligned} \tag{2.157}
$$

Mit $\cos\alpha = \frac{dy}{ds}$ und $\cos\beta = \frac{dx}{ds}$ verschwindet jeweils das erste Integral. Das zweite Integral in dem Ausdruck für F_x verschwindet ebenfalls, da es den Volumenstrom durch die geschlossene Kontur C darstellt. Der Körper erfährt keine Kraft in Anströmrichtung (Widerstand).

Die Kraft quer zur Anströmrichtung ist

$$
F_y = -\rho\, u_\infty\, \Gamma \quad . \tag{2.158}
$$

Diese Beziehung ist grundlegend für die Theorie auftriebserzeugender Körper (Tragflügel).

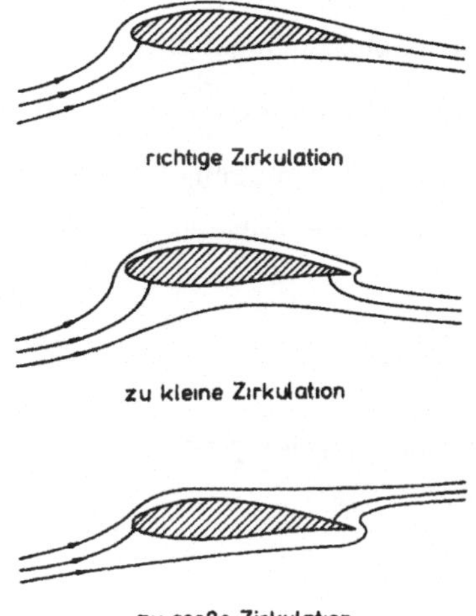

Bei der Berechnung von Tragflügelumströmungen, die durch konforme Abbildungen aus der Zylinderumströmung gewonnen werden können, muß die Zirkulation so gewählt werden, daß die Strömung an der Hinterkante glatt abfließt (Kuttasche Abflußbedingung).

Bei zu kleiner Zirkulation liegt der hintere Staupunkt auf der Profilunterseite, bei zu großer Zirkulation auf der Profiloberseite.

Dies tritt in Wirklichkeit nicht auf, da die Umströmung der scharfen Hinterkante eine unendlich große Geschwindigkeit erfordern würde.

Da sich nach dem Thomsonschen Satz die Zirkulation nicht ändert, müssen nach dem Anfahren des Tragflügels aus der Ruhe heraus zwei gegenläufige Wirbel mit gleicher Zirkulation existieren.

$$\Gamma(t=0) = \Gamma(t) = \Gamma_1 + \Gamma_2 = 0 \qquad (2.159)$$

Der den Auftrieb erzeugende Wirbel wird gebundener Wirbel und der am Ort des Anfahrens zurückbleibende Anfahrwirbel genannt.

2.6.6 Ebene Schwerewellen

Die Potentialtheorie kann auch auf instationäre Flüssigkeitsbewegungen angewendet werden. Dazu gehören zum Beispiel Wellenbewegungen freier Flüssigkeitsoberflächen. Sie lassen sich durch den Ansatz für das Potential

$$\Phi(x,y,t) = f(y)\,\cos(kx - \omega\,t) \qquad (2.160)$$

beschreiben, der die Laplacesche Gleichung erfüllt, wenn die Amplitudenfunktion $f(y)$ der Differentialgleichung

$$f'' - k^2\,f = 0 \qquad (2.161)$$

genügt. Die Größen k und ω sind Konstanten. Das Potential muß folgende Randbedingungen erfüllen:

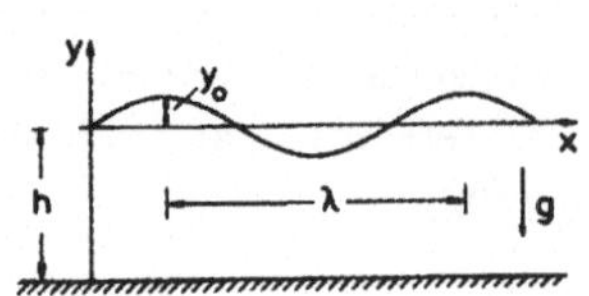

kinematische Strömungsbedingung:

$$y = -h: \quad v = \frac{\partial \Phi}{\partial y} \tag{2.162}$$

dynamische Strömungsbedingung:

$$y = y_0(x,t): \quad p = p_0 = \text{konstant} \tag{2.163}$$

Die Größe y_0 ist die die Oberfläche darstellende Funktion.

Die allgemeine Lösung der Differentialgleichung für die Amplitudenfunktion f ist

$$f = A\, e^{-k\,y} + Be^{+k\,y} \quad , \tag{2.164}$$

und mit der kinematischen Strömungsbedingung folgt

$$f = C\ \cosh[k\ (y+h)] \tag{2.165}$$

und

$$\Phi = c\ \cosh[k\ (y+h)]\ \cos(kx - \omega\, t) \quad . \tag{2.166}$$

Die Wellenfortpflanzungsgeschwindigkeit $c = \frac{\omega}{k}$ wird aus der dynamischen Randbedingung für den Druck mit dem Lagrangeschen Integral ermittelt. Zur Abkürzung werden hier die partiellen Ableitungen nach t, x und y als untere Indizes geschrieben.

$$\Phi_t + \frac{1}{2}\,(\Phi_x^2 + \Phi_y^2) + \frac{p_0}{\rho} + g\,y_0 = K(t) \tag{2.167}$$

Sind die Amplituden klein im Vergleich zur Wellenlänge, kann man die quadratischen Glieder Φ_x^2, Φ_y^2 gegenüber den anderen Größen vernachlässigen. Die ortsunabhängigen Größen $K(t)$ und $\frac{p_0}{p}$ werden in das Potential mit einbezogen. Dann ist

$$\Phi_t + g\,y_0 = 0 \quad . \tag{2.168}$$

Da an der Oberfläche

$$\frac{dy_0}{dt} = \Phi_y\big|_{y=y_0} \tag{2.169}$$

ist, folgt

$$\Phi_{tt} + g\,\Phi_y = 0 \quad . \tag{2.170}$$

Setzt man Φ in diese Gleichung ein, erhält man die Fortpflanzungsgeschwindigkeit eines Wellenberges (Phasengeschwindigkeit).

$$c = \frac{\omega}{k} = \sqrt{\frac{\lambda\, g}{2\,\pi}\,\tanh\left(\frac{2\,\pi\, h}{\lambda}\right)} \tag{2.171}$$

Die Wellenfortpflanzungsgeschwindigkeit ist hier von der Wellenlänge $\lambda = \frac{2\,\pi}{k}$ abhängig (Dispersion).

Ist die Wassertiefe groß im Vergleich zur Wellenlänge ($h \gg \lambda$), wird

$$c = \sqrt{\frac{g\,\lambda}{2\,\pi}} \quad . \tag{2.172}$$

Ist umgekehrt die Wassertiefe sehr viel kleiner als die Wellenlänge ($h \gg \lambda$), wird

$$c = \sqrt{g\,h} \quad . \tag{2.173}$$

Flachwasserwellen, z. B. in Gerinnen, zeigen keine Dispersion.

2.7 Laminare Grenzschichten

Geschlossene Lösungen der Erhaltungsgleichungen sind vorwiegend für die Grenzfälle $Re \to 0$ und $Re \to \infty$ gefunden worden.

Eine Vielzahl von Strömungsproblemen ist gekennzeichnet durch eine sehr große, aber endliche Reynolds-Zahl. Bei diesen Strömungen ist die Wirkung der Reibung auf eine dünne wandnahe Schicht begrenzt (Grenzschicht). An der Wand haftet die Strömung, während sie am Grenzschichtrand die Geschwindigkeit der freien Außenströmung erreicht. Die Aufteilung in eine reibungsfreie Außenströmung und eine reibungsbehaftete Grenzschichtströmung (Prandtlsche Grenzschichthypothese) ermöglicht eine wesentliche Vereinfachung der Erhaltungsgleichungen.

2.7.1 Grenzschichtdicke und Reibungsbeiwert

Die Grenzschichtdicke δ läßt sich abschätzen, indem man Trägheits- und Reibungskräfte in der Größenordnung gleichsetzt. Die Trägheitskräfte pro Volumeneinheit (z. B. $\rho\, u \frac{\partial u}{\partial x}$) sind von der Größenordnung $\frac{\rho\, u_a^2}{l}$, wobei u_a die Geschwindigkeit am äußeren Rand der Grenzschicht ist und l die Lauflänge.

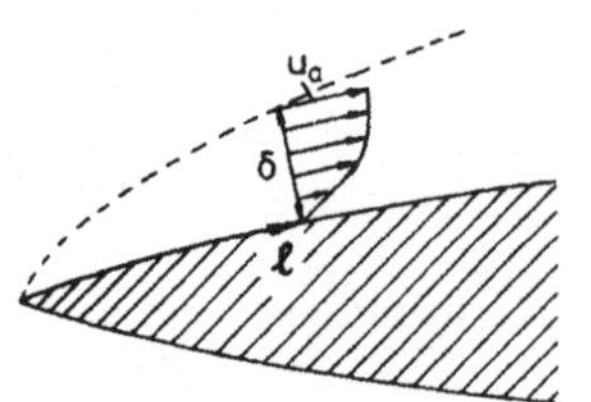

Die Größenordnung der Reibungskräfte pro Volumeneinheit ist durch die Änderung der Schubspannung normal zur Wand gegeben.

$$\eta \frac{\partial^2 u}{\partial y^2} \sim \eta \frac{u_a}{\delta^2} \tag{2.174}$$

Damit folgt

$$\frac{\delta}{l} = O\left(\sqrt{\frac{\eta}{\rho\, u_a\, l}}\right) = O\left(\frac{1}{\sqrt{Re_l}}\right) \quad . \tag{2.175}$$

Die relative Grenzschichtdicke $\frac{\delta}{l}$ ist von der Größenordnung $\frac{1}{\sqrt{Re_l}}$ und somit klein bei großen Reynolds-Zahlen.

Mit dieser Abschätzung für $\frac{\delta}{l}$ läßt sich auch die Größenordnung des örtlichen Reibungsbeiwertes c_f bestimmen. Die auf die Wand wirkende Schubspannung τ_w ist von der Größenordnung $\frac{\eta\, u_a}{\delta}$, so daß

$$c_f = \frac{\tau_w}{\rho\, \frac{u_a^2}{2}} = O\left(\frac{1}{\sqrt{Re_l}}\right) \tag{2.176}$$

ist. Wie die relative Grenzschichtdicke nimmt auch der örtliche Reibungsbeiwert mit zunehmender Reynolds-Zahl ab.

Die Berechnung der Strömung innerhalb der Grenzschicht erfolgt mit den Erhaltungssätzen, die mit der gewonnenen Abschätzung für $\frac{\delta}{l}$ zu den Grenzschichtgleichungen vereinfacht werden.

2.7.2 Grenzschichtgleichungen

Zur Herleitung werde eine inkompressible, zweidimensionale, stationäre Strömung längs einer geraden Wand betrachtet. In die Erhaltungsgleichungen

$$\begin{aligned} \frac{\partial u}{\partial x} + \frac{\partial v}{\partial y} &= 0 \\ u\,\frac{\partial u}{\partial x} + v\,\frac{\partial u}{\partial y} &= -\frac{1}{\rho}\,\frac{\partial p}{\partial x} + \nu\left(\frac{\partial^2 u}{\partial x^2} + \frac{\partial^2 u}{\partial y^2}\right) \\ u\,\frac{\partial v}{\partial x} + v\,\frac{\partial v}{\partial y} &= -\frac{1}{\rho}\,\frac{\partial p}{\partial y} + \nu\left(\frac{\partial^2 v}{\partial x^2} + \frac{\partial^2 v}{\partial y^2}\right) \end{aligned} \tag{2.177}$$

führt man die dimensionslosen Variablen

$$\bar{u} = \frac{u}{u_\infty}, \quad \bar{\bar{v}} = \frac{v}{u_\infty}, \quad \bar{\bar{y}} = \frac{y}{L}, \quad \bar{x} = \frac{x}{L}, \quad \bar{p} = \frac{p}{\rho\, u_\infty^2} \tag{2.178}$$

ein.

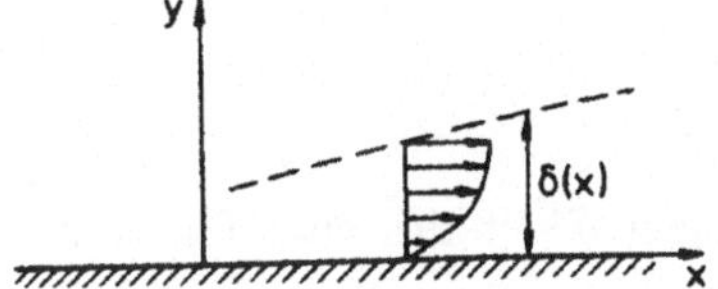

In der Grenzschicht ist $y = O(\delta)$ und damit $\bar{\bar{y}} = O\left(\frac{\delta}{L}\right) = O\left(\frac{1}{\sqrt{Re_L}}\right)$. Aus der Kontinuitätsgleichung folgt deshalb

$$\bar{\bar{v}} = O\left(\frac{1}{\sqrt{Re_L}}\right) \quad . \tag{2.179}$$

Anstelle von $\bar{\bar{v}}$ und $\bar{\bar{y}}$ werden

$$\bar{v} = \bar{\bar{v}}\,\sqrt{Re_L} \quad \text{und} \quad \bar{y} = \bar{\bar{y}}\,\sqrt{Re_L} \tag{2.180}$$

eingeführt. Damit sind die dimensionslosen Geschwindigkeitskomponenten und deren Ableitungen von der Größenordnung Eins.

Die Erhaltungsgleichungen lauten dann

$$\begin{aligned}
\frac{\partial \bar{u}}{\partial \bar{x}} + \frac{\partial \bar{v}}{\partial \bar{y}} &= 0 \\
\bar{u}\,\frac{\partial \bar{u}}{\partial \bar{x}} + \bar{v}\,\frac{\partial \bar{u}}{\partial \bar{y}} &= -\frac{\partial \bar{p}}{\partial \bar{x}} + \frac{\partial^2 \bar{u}}{\partial\,\bar{y}^2} + \frac{1}{Re_L}\,\frac{\partial^2 \bar{u}}{\partial\,\bar{x}^2} \\
\frac{1}{Re_L}\left(\bar{u}\,\frac{\partial \bar{v}}{\partial \bar{x}} + \bar{v}\,\frac{\partial \bar{v}}{\partial \bar{y}}\right) &= -\frac{\partial \bar{p}}{\partial \bar{y}} + \frac{1}{Re_L}\,\frac{\partial^2 \bar{v}}{\partial\,\bar{y}^2} + \frac{1}{Re_L^2}\,\frac{\partial^2 \bar{v}}{\partial\,\bar{x}^2} \quad .
\end{aligned} \tag{2.181}$$

Der Druckgradient in y-Richtung ist um die Größenordnung $\frac{1}{Re_L}$ kleiner als der in x-Richtung. Für große Reynolds-Zahlen entfällt die zweite Impulsgleichung. Ferner kann der letzte Term in der ersten Impulsgleichung vernachlässigt werden. Man erhält so die Grenzschichtgleichungen (Prandtl, 1904) für inkompressible Strömungen in dimensionsbehafteter Form zu

$$\begin{aligned}
\frac{\partial u}{\partial x} + \frac{\partial v}{\partial y} &= 0 \\
\rho\,u\,\frac{\partial u}{\partial x} + \rho\,v\,\frac{\partial u}{\partial y} &= -\frac{\partial p}{\partial x} + \eta\,\frac{\partial^2 u}{\partial\,x^2} \quad .
\end{aligned} \tag{2.182}$$

Zur Lösung dieser Gleichungen muß die Geschwindigkeit u_a am Grenzschichtrand bekannt sein. Man bestimmt u_a, indem man zunächst die Strömung als reibungsfrei betrachtet und die Euler-Gleichungen löst z. B. mit Hilfe der Potentialtheorie. Die Geschwindigkeit der reibungsfreien

Strömung an der Wand wird dann wegen der geringen relativen Grenzschichtdicke näherungsweise gleich u_a gesetzt.

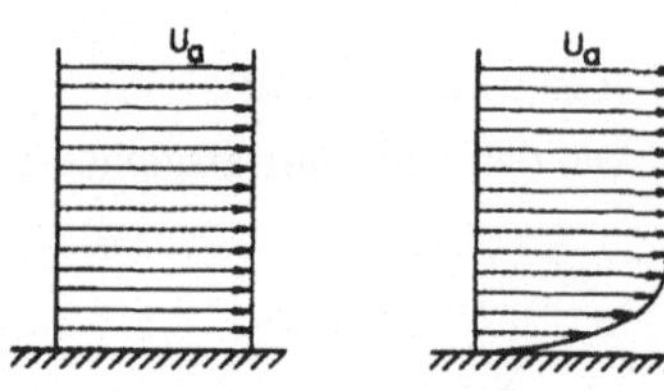

Der Druckgradient in der Grenzschicht wird aus der Euler-Gleichung für $y = 0$ bestimmt.

$$\frac{\partial p}{\partial x} = -\rho\, u_a \frac{\partial u_a}{\partial x} \tag{2.183}$$

In Strömungen mit großen Dichte- und Temperaturänderungen bildet sich eine Temperaturgrenzschicht aus. Dann muß auch die Energiegleichung, mit der Grenzschichtnäherung vereinfacht, zur Berechnung der Strömungsgrößen herangezogen werden. Für zweidimensionale, stationäre, kompressible, laminare Strömungen lauten die Grenzschichtgleichungen

$$\begin{aligned}
\frac{\partial(\rho\, u)}{\partial x} + \frac{\partial(\rho\, v)}{\partial y} &= 0 \\
\rho\, u \frac{\partial u}{\partial x} + \rho\, v \frac{\partial u}{\partial y} &= -\frac{\partial p}{\partial x} + \frac{\partial}{\partial y}\left(\eta \frac{\partial u}{\partial y}\right) \\
\rho\, c_p\, u \frac{\partial T}{\partial x} + \rho c_p\, v \frac{\partial T}{\partial y} &= +\frac{\partial}{\partial y}\left(\lambda \frac{\partial T}{\partial y}\right) + u \frac{\partial p}{\partial x} + \eta \left(\frac{\partial u}{\partial y}\right)^2 \quad .
\end{aligned} \tag{2.184}$$

Neben den Randbedingungen für die Geschwindigkeit muß zusätzlich die Temperatur am Grenzschichtrand und an der Wand bekannt sein. Anstelle der Wandtemperatur kann auch der Wärmefluß durch die Wand vorgegeben werden.

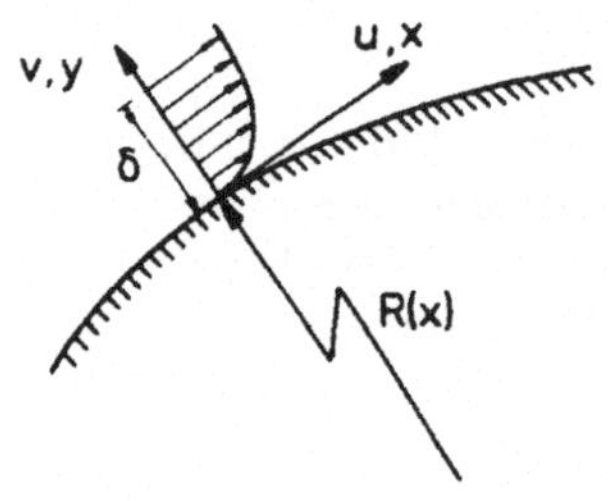

Im folgenden werden nur inkompressible Grenzschichten betrachtet. Die angegebenen Grenzschichtgleichungen gelten auch für Strömungen über gekrümmte Wände, wenn man x als Koordinate in Tangential- und y in Normalrichtung nimmt. Die Grenzschichtnäherung bleibt gültig, solange

$$\frac{\delta}{R} \ll 1 \qquad \frac{dR}{dx} \leq O(1) \quad . \tag{2.185}$$

Erst bei großen Krümmungen sind Korrekturen erforderlich.

2.7.3 Von Kármánsche Integralbeziehung

Durch die Grenzschicht wird die reibungsfreie Außenströmung von der Kontur um die Verdrängungsdicke δ_1 abgedrängt. Sie ist definiert als

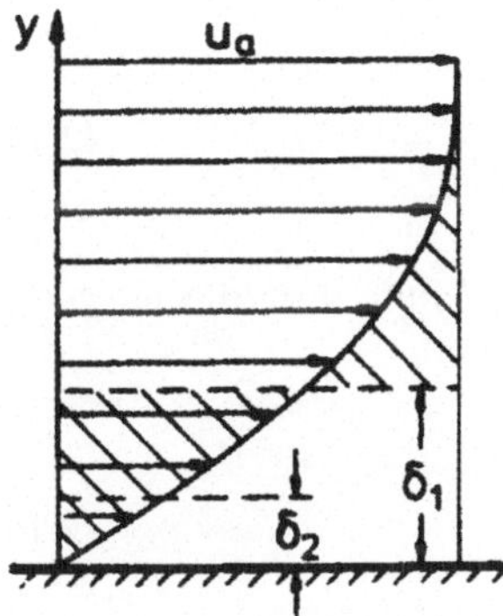

$$\delta_1 = \int_0^\infty \left(1 - \frac{u}{u_a}\right) dy \quad . \tag{2.186}$$

Durch den Einfluß der Reibung wird der Impulsstrom in der Grenzschicht verringert. Ein Maß hierfür ist die Impulsverlustdicke

$$\delta_2 = \int_0^\infty \frac{u}{u_a} \left(1 - \frac{u}{u_a}\right) dy \quad . \tag{2.187}$$

Die Integration der Grenzschichtgleichungen in y-Richtung liefert eine Beziehung zwischen δ_1, δ_2, u_a und τ_w. Ersetzt man die Normalkomponente der Geschwindigkeit in der Impulsgleichung durch das Integral der Kontinuitätsgleichung

$$v = -\int_0^y \frac{\partial u}{\partial x} dy \tag{2.188}$$

und integriert in y-Richtung, erhält man

$$\int_0^\infty (u_a - u) \frac{\partial u}{\partial x} dy + \int_0^\infty \left(u_a \frac{du_a}{dx} - u \frac{\partial u}{\partial x}\right) dy = -\frac{1}{\rho} \tau(y=0) \quad . \tag{2.189}$$

Mit

$$(u_a - u) \frac{\partial u}{\partial x} = \frac{\partial}{\partial x} [(u_a - u)\ u] - u \frac{\partial (u_a - u)}{\partial x} \tag{2.190}$$

ergibt sich

$$\frac{d}{dx} \int_0^\infty (u_a - u)\, u\, dy + \frac{du_a}{dx} \int_0^\infty (u_a - u)\, dy = -\frac{\tau(y=0)}{\rho} \quad . \tag{2.191}$$

Diese Gleichung wird mit der Verdrängungsdicke und der Impulsverlustdicke umgeformt zu

$$\frac{d\delta_2}{dx} + \frac{1}{u_a} \frac{d\,u_a}{dx} (2\,\delta_2 + \delta_1) + \frac{\tau(y=0)}{\rho\, u_a^2} = 0 \quad . \tag{2.192}$$

Hieraus kann bei bekannter Impulsverlust- und Verdrängungsdicke die Wandschubspannung berechnet werden. Eine Näherungslösung ist möglich, wenn man für das Geschwindigkeitsprofil in der Grenzschicht eine endliche Reihe

$$\frac{u}{u_a} = \sum_{n=0}^{n=N} a_n \left(\frac{y}{\delta}\right)^n \tag{2.193}$$

annimmt und deren Koeffizienten aus den Randbedingungen bestimmt. Für die längsangeströmte ebene Platte ($\frac{du_a}{dx} = 0$) ist z. B. mit $N = 3$

$$\frac{u}{u_a} = \frac{3}{2}\frac{y}{\delta} - \frac{1}{2}\left(\frac{y}{\delta}\right)^3 \quad , \tag{2.194}$$

und der dimensionslose örtliche Reibungsbeiwert ergibt sich durch Integration der von Kármánschen Integralbeziehung zu

$$c_f = \frac{\tau_w}{\frac{\varrho}{2}\, u_a^2} = -\frac{\tau(y=0)}{\frac{\varrho}{2}\, u_a^2} = \frac{0,648}{\sqrt{Re_x}} \quad . \tag{2.195}$$

2.7.4 Ähnliche Lösung für die längsangeströmte ebene Platte

Ähnliche Lösungen der Grenzschichtgleichungen sind solche, in denen die dimensionslosen Geschwindigkeitsprofile $\frac{u(x,y)}{u_a(x)}$ an beliebigen Stellen x_1 und x_2 durch Streckung der Normalkoordinate y mit einer Maßstabsfunktion $g(x)$ zur Deckung gebracht werden können (affine Geschwindigkeitsprofile).

$$\frac{u(x_1, [\frac{y}{g(x_1)}])}{u_a(x_1)} = \frac{u\left(x_2, [\frac{y}{g(x_2)}]\right)}{u_a(x_2)} \tag{2.196}$$

Das einfachste Beispiel für eine ähnliche Lösung bietet die stationäre inkompressible Strömung längs einer ebenen Platte. Da der Druckgradient verschwindet, lauten die Grenzschichtgleichungen

$$\begin{aligned} \frac{\partial u}{\partial x} + \frac{\partial v}{\partial y} &= 0 \\ u\,\frac{\partial u}{\partial x} + v\,\frac{\partial v}{\partial y} &= \nu\,\frac{\partial^2 u}{\partial\, y^2} \end{aligned} \tag{2.197}$$

und die Randbedingungen

$$\begin{aligned} y = 0, \quad & 0 < x \ : \ u = v = 0 \\ y \to \infty, \quad & 0 < x \ : \ \lim_{y\to\infty} u = u_\infty \quad . \end{aligned} \tag{2.198}$$

Führt man die Stromfunktion ein, ist die Kontinuitätsgleichung erfüllt, und die Impulsgleichung nimmt mit

$$u = \frac{\partial \Psi}{\partial y} \qquad v = -\frac{\partial \Psi}{\partial x} \tag{2.199}$$

folgende Form an

$$\frac{\partial \Psi}{\partial y} \frac{\partial^2 \Psi}{\partial x \, \partial y} - \frac{\partial \Psi}{\partial x} \frac{\partial^2 \Psi}{\partial y^2} = \nu \frac{\partial^3 \Psi}{\partial y^3} \quad . \tag{2.200}$$

Diese Gleichung kann durch eine Ähnlichkeitstransformation in eine gewöhnliche Differentialgleichung überführt werden. Setzt man die Maßstabsfunktion zu $g = \sqrt{\frac{\nu x}{u_\infty}}$, erhält man die dimensionslosen unabhängigen Variablen

$$\xi = \frac{x}{L} \qquad \eta = y \sqrt{\frac{u_\infty}{\nu x}} \quad . \tag{2.201}$$

Die Stromfunktion wird mit $u_\infty \, g$ dimensionslos gemacht.

$$f(\xi, \eta) = \frac{\Psi}{u_\infty \, g} = \frac{1}{\sqrt{\nu \, x \, u_\infty}} \Psi(x, y) \tag{2.202}$$

Die Geschwindigkeitskomponenten ergeben sich in den neuen Variablen zu

$$u = u_\infty \frac{\partial f}{\partial \eta}, \qquad v = -\frac{1}{2} \sqrt{\frac{\nu \, u_\infty}{x}} \left(f - \eta \frac{\partial f}{\partial \eta} + 2 \, \xi \frac{\partial f}{\partial \xi} \right) \quad . \tag{2.203}$$

Die Impulsgleichung lautet dann

$$2 \frac{\partial^3 f}{\partial \eta^3} + f \frac{\partial^2 f}{\partial \eta^2} = 2 \, \xi \left(\frac{\partial f}{\partial \eta} \frac{\partial^2 f}{\partial \xi \, \partial \eta} - \frac{\partial f}{\partial \xi} \frac{\partial^2 f}{\partial \eta^2} \right) \quad . \tag{2.204}$$

Soll die Strömung ähnlich sein, darf die dimensionslose Stromfunktion f nur von $\eta = \frac{y}{g}$ abhängen, und die letzte Gleichung geht in eine gewöhnliche Differentialgleichung über

$$2 \, f''' + f \, f'' = 0 \tag{2.205}$$

mit den Randbedingungen

$$\eta = 0: \quad f = 0, \quad f' = 0 \qquad \eta \to \infty: \quad \lim_{\eta \to \infty} f' = 1 \quad . \tag{2.206}$$

Die Lösung (Blasius 1908) stimmt mit experimentellen Daten sehr gut überein. Aus ihr läßt sich der dimensionslose örtliche Reibungsbeiwert bestimmen.

$$c_f = 2\sqrt{\frac{\nu}{u_\infty\, x}}\, f''(\eta = 0) \quad . \tag{2.207}$$

Der Reibungsbeiwert der Platte mit der Länge L ergibt sich durch Integration des örtlichen Reibungsbeiwertes.

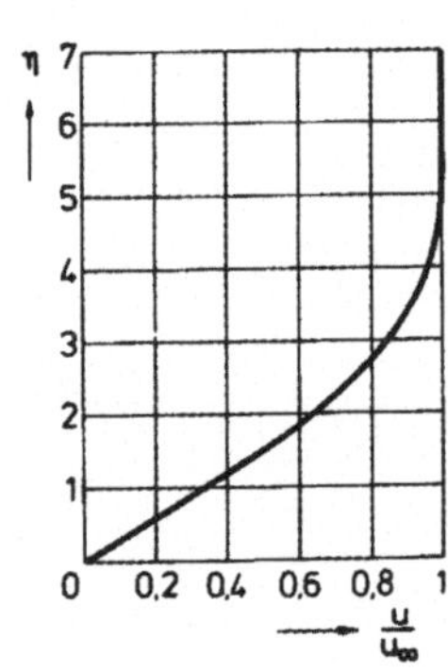

$$c_w = \frac{1}{L}\int_0^L c_f\, dx = \frac{1,328}{\sqrt{Re_L}} \tag{2.208}$$

Wegen des asymptotischen Verhaltens der Lösung der Grenzschichtgleichung wird die Geschwindigkeit der Aussenströmung im Unendlichen erreicht. Als Grenzschichtrand wird deshalb oft die Stelle definiert, an der $\frac{u}{u_\infty} = 0,99$ ist. Die Grenzschichtdicke ergibt sich damit zu

$$\frac{\delta}{x} = \frac{5,0}{\sqrt{Re_x}} \quad . \tag{2.209}$$

2.8 Turbulente Grenzschichten

Grenzschichten werden oberhalb einer bestimmten Reynolds-Zahl turbulent. Unregelmäßige Geschwindigkeitsschwankungen bewirken einen Impulsaustausch, der beträchtlich größer ist als der der laminaren Strömung. Infolgedessen ist im zeitlichen Mittel das Geschwindigkeitsprofil völliger, und die Wandschubspannung nimmt zu.

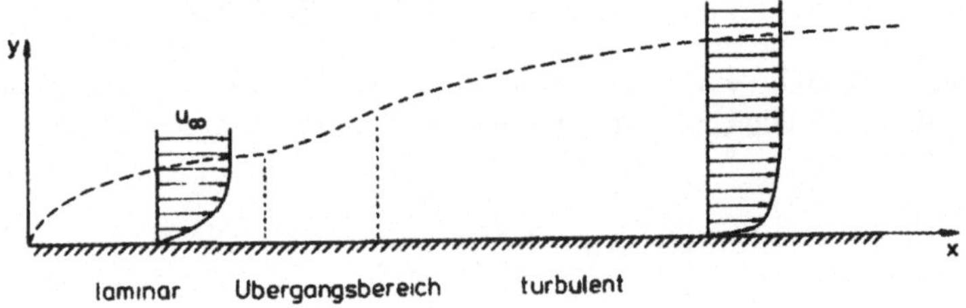

Der Übergang von laminarer zu turbulenter Strömung wird beeinflußt durch Störungen in der reibungsfreien Außenströmung und in der Grenzschicht, durch den Druckgradienten, die Wandkrümmung und -rauhigkeit, die Wandtemperatur und die Kompressibilität der Strömung.

Theoretische Untersuchungen haben gezeigt, daß kleine Störungen unterhalb einer bestimmten Reynolds-Zahl stets abklingen und oberhalb zunehmen. An der längsangeströmten ebenen Platte wird der Übergang bei einer kritischen Reynolds-Zahl von etwa $Re = 5 \cdot 10^5$ beobachtet.

2.8.1 Grenzschichtgleichungen für turbulente Strömungen

Der turbulente Impulsaustausch in der Grenzschicht läßt sich mit Hilfe des Reynoldsschen Ansatzes beschreiben, in dem die augenblicklichen Strömungsgrößen f in einen zeitlichen Mittelwert $\bar{f}$ und einen Schwankungsanteill f' aufgeteillt werden, z. B.

$$\begin{aligned} u(x,y,z,t) &= \bar{u}(x,y,z) + u'(x,y,z,t) \\ \bar{u} &= \frac{1}{T}\int_0^T u\,dt \quad . \end{aligned} \tag{2.210}$$

Bevor die Mittelwerte und Schwankungen in die Bewegungsgleichungen eingesetzt werden, bringt man diese mit der Kontinuitätsgleichung in die Divergenzform. Für inkompressible Strömungen und bei Vernachlässigung der Volumenkraft erhält man

$$\begin{aligned} \frac{\partial u}{\partial x} + \frac{\partial v}{\partial y} + \frac{\partial w}{\partial z} &= 0 \\ \frac{\partial(\rho\, u)}{\partial t} + \frac{\partial}{\partial x}(\rho\, u^2 + p) + \frac{\partial}{\partial y}(\rho\, u\, v) + \frac{\partial}{\partial z}(\rho\, u\, w) &= \eta\, \nabla^2 u \\ \frac{\partial(\rho\, v)}{\partial t} + \frac{\partial}{\partial x}(\rho\, u\, v) + \frac{\partial}{\partial y}(\rho\, v^2 + p) + \frac{\partial}{\partial z}(\rho\, v\, w) &= \eta\, \nabla^2 v \\ \frac{\partial(\rho\, w)}{\partial t} + \frac{\partial}{\partial x}(\rho\, u\, w) + \frac{\partial}{\partial y}(\rho\, v\, w) + \frac{\partial}{\partial z}(\rho\, w^2 + p) &= \eta\, \nabla^2 w \quad . \end{aligned} \tag{2.211}$$

Nach Einführung des Reynoldsschen Ansatzes werden die Gleichungen zeitlich gemittelt. Hierbei entfallen alle linearen Terme der Schwankungsgrößen, und die Bewegungsgleichungen für die zeitlichen Mittelwerte nehmen folgende Form an

$$\begin{aligned} \frac{\partial \bar{u}}{\partial x} + \frac{\partial \bar{v}}{\partial y} + \frac{\partial \bar{w}}{\partial z} &= 0 \\ \rho\, \frac{d\,\bar{u}}{dt} &= -\frac{\partial \bar{p}}{\partial x} + \eta\, \nabla^2\, \bar{u} - \rho \left(\frac{\partial\, \overline{u'^2}}{\partial\, x} + \frac{\partial\, \overline{u'\, v'}}{\partial\, y} + \frac{\partial\, \overline{u'\, w'}}{\partial\, z} \right) \\ \rho\, \frac{d\,\bar{v}}{dt} &= -\frac{\partial \bar{p}}{\partial y} + \eta\, \nabla^2\, \bar{v} - \rho \left(\frac{\partial\, \overline{u'\, v'}}{\partial\, x} + \frac{\partial\, \overline{v'^2}}{\partial\, y} + \frac{\partial\, \overline{v'\, w'}}{\partial\, z} \right) \\ \rho\, \frac{d\,\bar{w}}{dt} &= -\frac{\partial \bar{p}}{\partial z} + \eta\, \nabla^2\, \bar{w} - \rho \left(\frac{\partial\, \overline{u'\, w'}}{\partial\, x} + \frac{\partial\, \overline{v'\, w'}}{\partial\, y} + \frac{\partial\, \overline{w'^2}}{\partial\, z} \right) \quad . \end{aligned} \tag{2.212}$$

Die Quadrate und Kreuzprodukte der Geschwindigkeitsschwankungen wirken wie zusätzliche Spannungen und werden als scheinbare oder turbulente Spannungen bezeichnet. Man faßt sie im Reynoldsschen Spannungstensor

$$\rho \begin{pmatrix} \overline{u^2} & \overline{u'\,v'} & \overline{u'\,w'} \\ \overline{u'\,v'} & \overline{v'^2} & \overline{v'\,w'} \\ \overline{u'\,w'} & \overline{v'\,w'} & \overline{w'^2} \end{pmatrix} \tag{2.213}$$

zusammen.

Aus Messungen ist bekannt, daß in Grenzschichten die Änderung der turbulenten Spannungen normal zur Wand wesentlich größer ist als tangential. Mit diesem Ergebnis und der Grenzschichtapproximation erhält man die Gleichungen für zweidimensionale turbulente Grenzschichten

$$\begin{aligned} \frac{\partial \bar{u}}{\partial x} + \frac{\partial \bar{v}}{\partial y} &= 0 \\ \rho \left(\bar{u}\,\frac{\partial \bar{u}}{\partial x} + \bar{v}\,\frac{\partial \bar{v}}{\partial y} \right) &= -\frac{\partial \bar{p}}{\partial x} + \eta\,\frac{\partial^2 \bar{u}}{\partial y^2} - \rho\,\frac{\partial\,\overline{u'\,v'}}{\partial y} \quad . \end{aligned} \tag{2.214}$$

Wie bei der turbulenten Rohrströmung ist das Kreuzprodukt der Geschwindigkeitsschwankungen $\overline{u'\,v'}$ eine zusätzliche Unbekannte. Zur Berechnung von $\bar{u}$ und $\bar{v}$ muß deshalb eine Beziehung zwischen den Schwankungen und den zeitlichen Mittelwerten eingeführt werden (Schließungsannahme), so daß die Anzahl der Bestimmungsgleichungen der Anzahl der gesuchten Größen entspricht. Eine der einfachsten Schließungsannahmen ist die früher angegebene Prandtlsche-Mischungsweghypothese

$$\overline{u'\,v'} = -l^2 \left| \frac{\partial \bar{u}}{\partial y} \right| \frac{\partial \bar{u}}{\partial y} \quad . \tag{2.215}$$

Da an der Wand die Geschwindigkeitsschwankungen verschwinden, ist die Wandschubspannung allein durch das Produkt aus dynamischer Scherzähigkeit und dem Gradienten der zeitlich gemittelten Geschwindigkeiten gegeben.

2.8.2 Turbulente Plattengrenzschicht

Im Gegensatz zur laminaren Grenzschicht erhält man bei der turbulenten Plattengrenzschicht nur unter stark vereinfachenden Annahmen ähnliche Lösungen. Da in Wandnähe die Trägheitskräfte und die Stokesschen Reibungskräfte im Vergleich zu den turbulenten Reibungskräften klein sind, folgt

$$\tau_w = \rho\, l^2 \left| \frac{\partial \bar{u}}{\partial y} \right| \frac{\partial \bar{u}}{\partial y} \quad . \tag{2.216}$$

Mit dem Prandtlschen Ansatz für den Mischungsweg $l = 0,4\;y$ erhält man das universelle Wandgesetz

$$\frac{\bar{u}}{u_*} = 2,5 \ln \frac{y\, u_*}{\nu} + C \quad . \tag{2.217}$$

C ist nach experimentellen Daten gleich 5,5. Die Geschwindigkeitsverteilung in der zähen Unterschicht ist durch

$$\frac{\bar{u}}{u_*} = \frac{y\, u_*}{\nu} \tag{2.218}$$

gegeben, im äußeren Teil der Grenzschicht, der ungefähr 85% der Grenzschichtdicke ausmacht, klingen die Schwankungsbewegungen ab und die Geschwindigkeitsverteilung folgt dem von Kármánschen turbulenten Außengesetz

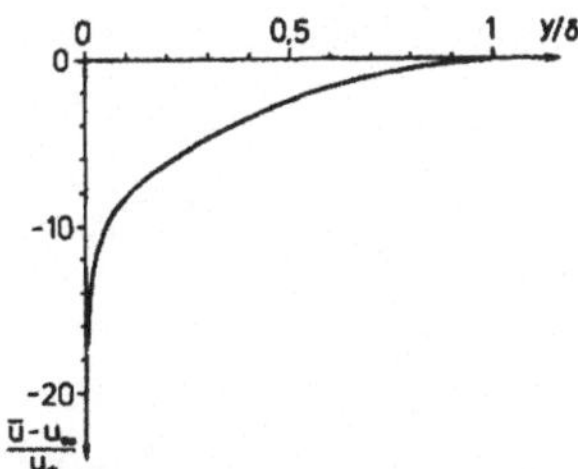

$$\frac{\bar{u} - u_\infty}{u_*} = f\left(\frac{y}{\delta}\right) \quad , \tag{2.219}$$

dessen Verlauf im nebenstehenden Diagramm dargestellt ist. Mit dem universellen Wandgesetz läßt sich aus der von Kármánschen Integralbeziehung der Widerstandsbeiwert in Abhängigkeit von der Reynolds-Zahl gewinnen.

Dieser Zusammenhang, der durch Experimente bis $Re = 5 \cdot 10^8$ bestätigt ist, wurde von Schlichting durch die einfache Formel

$$c_w = \frac{0,455}{(\log Re_L)^{2,58}} \tag{2.220}$$

angenähert.

Die Geschwindigkeitsverteilung ist nach Messungen näherungsweise auch durch das Potenzgesetz

$$\frac{\bar{u}}{u_\infty} = \left(\frac{y}{\delta}\right)^{\frac{1}{n}} \tag{2.221}$$

darstellbar. Da sich der Exponent $\frac{1}{n}$ nur wenig mit der Reynolds-Zahl ändert, sind die Geschwindigkeitsprofile angenähert ähnlich. Über einen weiten Bereich der Reynolds-Zahl ist $n = 7$. Hiermit ergeben sich Verdrängungs- und Impulsverlustdicke zu

$$\delta_1 = \frac{\delta}{8}, \qquad \delta_2 = \frac{7}{72}\,\delta \quad . \tag{2.222}$$

Da das 1/7 Gesetz in Wandnähe nicht gilt, wird die Wandschubspannung aus dem Widerstandsgesetz der Rohrströmung, das auf die Plattengrenzschicht übertragen werden kann, bestimmt.

$$\frac{\tau_w}{\rho\, u_\infty^2} = 0,023 \left(\frac{\nu}{u_\infty\, \delta} \right)^{0,25} \tag{2.223}$$

Setzt man τ_w und δ_2 in die von Kármánsche Integralbeziehung ein, erhält man

$$\frac{\delta}{x} = \frac{0,37}{\sqrt[5]{Re_x}}, \qquad c_w = \frac{0,074}{\sqrt[5]{Re_L}} \quad . \tag{2.224}$$

Die relative Grenzschichtdicke und der Reibungsbeiwert sind im Gegensatz zur laminaren Grenzschicht nicht proportional zu $Re^{-\frac{1}{2}}$, sondern zu $Re^{-\frac{1}{5}}$. Im nachfolgenden Diagramm ist der Reibungsbeiwert der ebenen Platte über der Reynolds-Zahl aufgetragen.

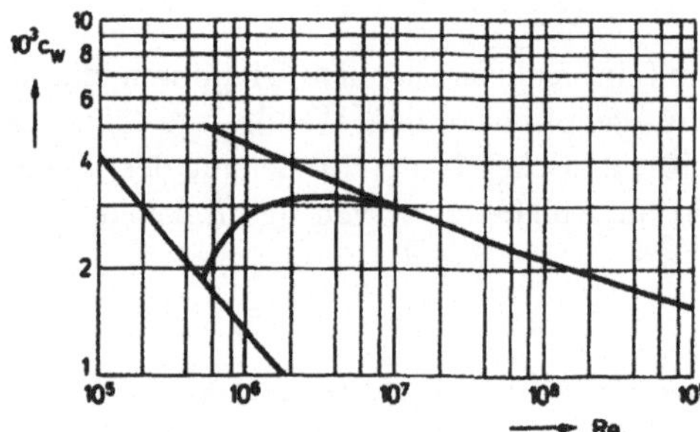

Für den Übergangsbereich gilt nach Prandtl die Interpolationsformel

$$c_w = \frac{0,074}{\sqrt[5]{Re_L}} - \frac{A}{Re_L} \quad , \tag{2.225}$$

wobei $A = 1700$ für $Re_{krit} = 5 \cdot 10^5$ ist.

2.9 Grenzschichtablösung

Druckänderungen $\frac{\partial p}{\partial x}$ der Außenströmung können die Geschwindigkeitsverteilung in der Grenzschicht empfindlich beeinflussen. Das Kräftegleichgewicht an einem Flüssigkeitselement wird durch Trägheits-, Druck- und Reibungskräfte hergestellt, wobei am äußeren Rand der Grenzschicht die Trägheits- die Reibungskräfte überwiegen und in Wandnähe umgekehrt.

Für inkompressible Grenzschichten lautet die Impulsgleichung an der Wand $y = 0$

$$\frac{\partial p}{\partial x} = \eta\, \frac{\partial^2 u}{\partial\, y^2}\bigg|_{y=0} \quad . \tag{2.226}$$

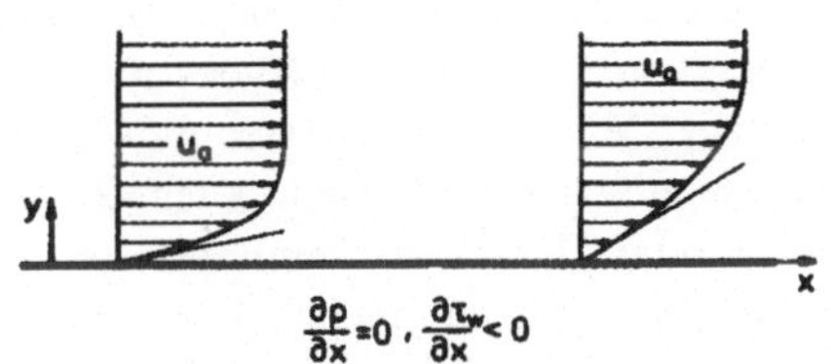

Das Geschwindigkeitsprofil der Plattengrenzschicht hat an der Wand einen Wendepunkt. Die Grenzschichtströmung wird nur durch Reibungskräfte verzögert, und die Änderung des Geschwindigkeitsprofils in x-Richtung ist mit einer Verringerung der Wandschubspannung verbunden.

Nimmt der Druck in x-Richtung ab ($\frac{\partial p}{\partial x} < 0$), wird die Strömung beschleunigt, und die Krümmung des Geschwindigkeitsprofils an der Wand ist negativ. Je nach Größe der Beschleunigung sind folgende Fälle zu unterscheiden:

1. Bei geringer Beschleunigung nimmt die Wandschubspannung in x-Richtung ab ($\frac{\partial \tau_w}{\partial x} < 0$).
2. Wird die Verzögerung der Strömung durch die Reibungskräfte gerade von den Druckkräften ausgeglichen, bleibt die Wandschubspannung konstant ($\frac{\partial \tau_w}{\partial x} = 0$).
3. Ist die Beschleunigung größer als die Verzögerung durch Reibung, nimmt die Wandschubspannung zu ($\frac{\partial \tau_w}{\partial x} > 0$).

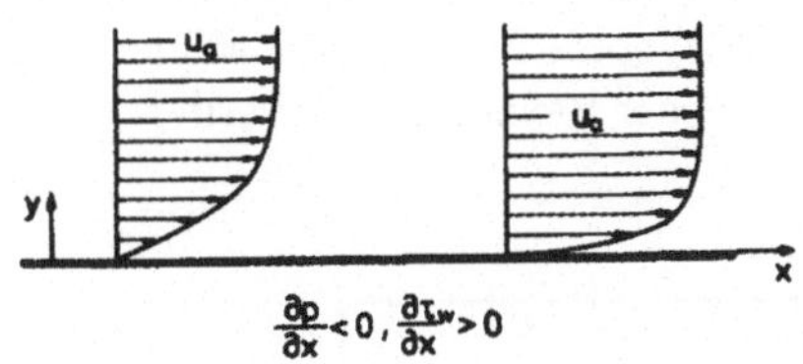

Bei positivem Druckgradienten wird die Strömung durch Reibungs- und Druckkräfte verzögert, und die Krümmung des Geschwindigkeitsprofils an der Wand ist stets positiv. Die Wandschubspannung nimmt in x-Richtung ab und kann negativ werden. Dies bedeutet eine Umkehr der Strömungsrichtung in Wandnähe (Rückströmung).

Grenzschichtablösung durch positiven Druckgradienten:

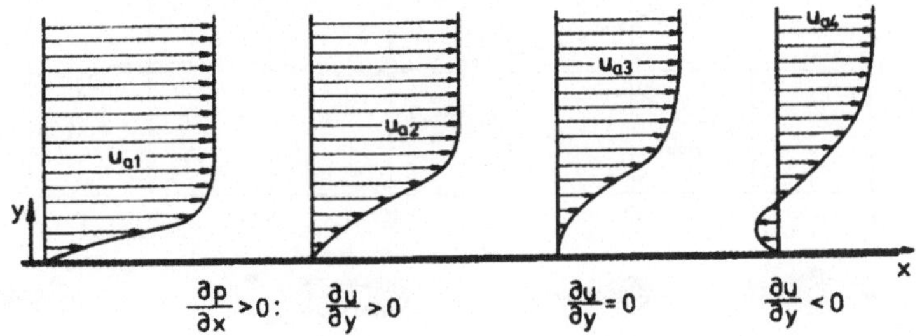

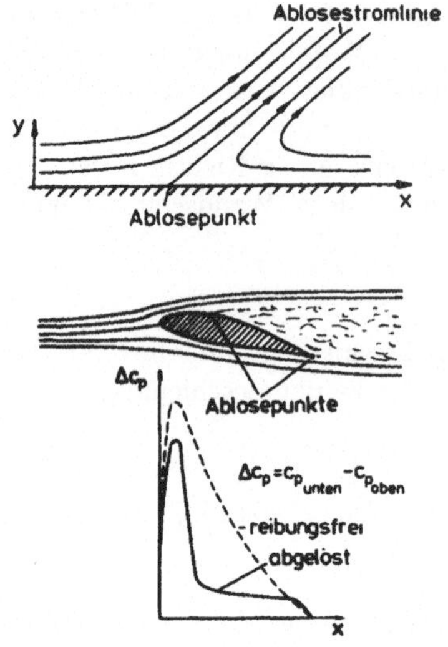

An dem Ort, wo $\tau_w = 0$ ist, löst die Strömung von der Körperkontur ab. Die Rückströmung führt häufig zur Wirbelbildung stromab vom Ablösepunkt. Im abgelösten Gebiet, auch Rezirkulationsgebiet oder Totwasser genannt, gelten die Grenzschichtgleichungen nicht. Die Wandschubspannung kann nur bis zum Ablösepunkt berechnet werden.

Bei Ablösung kann die tatsächliche Druckverteilung von der für reibungsfreie Strömungen berechneten stark abweichen. So kann sich z. B. unter dem Einfluß der Reibung die Ablösung an einem Tragflügel zu einem verwirbelten Nachlauf aufweiten, der an den Ablösepunkten beginnt.

Bei großen Anstellwinkeln löst die Strömung auf der Profiloberseite schon in der Nähe der Vorderkante ab, und der Auftrieb wird erheblich verringert.

Quer angeströmte Kreiszylinder

Strömungen um Zylinder und andere stumpfe Körper zeigen je nach Größe der Reynolds-Zahl sehr unterschiedliches Ablöseverhalten.

Bei schleichender Strömung wird der Zylinder ohne Ablösung umströmt. Für $Re < 4$ ist der Widerstandsbeiwert annähernd umgekehrt proportional zur Reynolds-Zahl und der Widerstand selbst proportional zur Anströmgeschwindigkeit. Mit zunehmender Reynolds-Zahl verliert dieses Gesetz seine Gültigkeit.

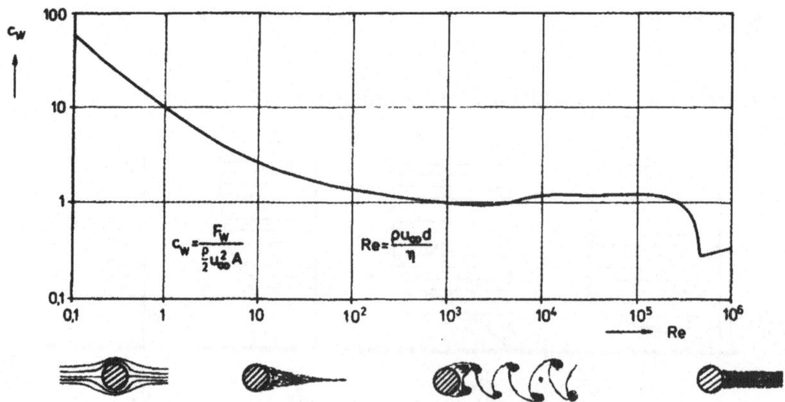

Für $200 < Re < 10^5$ (unterkritischer Bereich) ist der Widerstandsbeiwert näherungsweise konstant und der Widerstand proportional zum Quadrat der Anströmgeschwindigkeit. Die Grenzschicht am Zylinder ist laminar und löst bei einem Winkel von etwa 83° vom vorderen Staupunkt, ab. Stromab von den Ablösepunkten rollt sich die Strömung im Nachlauf zu Wirbeln auf, die in versetzter Anordnung abschwimmen (von Kármánsche Wirbelstraße). Die mit der Ablösefrequenz der Wirbel f gebildete Strouhal-Zahl $Sr = \frac{d f}{u_\infty}$ beträgt 0, 2.

Im Übergangsbereich $10^5 < Re < 5 \cdot 10^5$ wird die Grenzschicht turbulent. Dann ist die kinetische Energie in Wandnähe größer, und die Grenzschicht kann einen größeren Druckgradienten überwinden. Der Ablösepunkt wandert stromab.

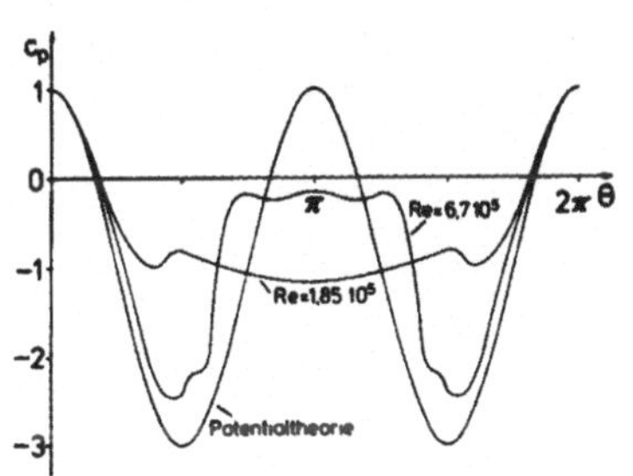

Der Nachlauf, in dem keine regelmäßige Wirbelbildung beobachtet wird, hat einen geringeren Querschnitt. Die Differenz zwischen potentialtheoretischer und tatsächlicher Druckverteilung wird geringer, und der Widerstandsbeiwert des Zylinders nimmt merklich ab. Obwohl der Reibungswiderstand zunimmt, wird insgesamt der Widerstand durch die Verschiebung des Ablösepunktes stromab geringer, weil der Druck oder Formwiderstand abnimmt.

Störungen der Anströmung und Oberflächenrauhigkeit beeinflussen den Übergang zwischen unterkritischem und überkritischem Bereich. Im überkritischen Bereich nimmt der Widerstandsbeiwert wieder mit der Reynolds-Zahl zu.

Vergleichbare Strömungszustände treten bei der Kugelumströmung auf. Eine alternierende Wirbelbildung wie am Zylinder wird nicht beobachtet.

2.10 Literaturhinweise

BECKER E.: *Technische Strömungslehre*, Teubner, Stuttgart 1977.

GERSTEN K., HERWIG H.: *Strömungsmechanik*, Vieweg-Verlag Braunschweig, Wiesbaden 1992.

LANDAU L. D., LIFSCHITZ E. M: *Lehrbuch der theoretischen Physik VI - Hydrodynamik*, Akademie-Verlag, Berlin 1974.

PRANDTL L.,OSWATITSCH K., WIEGHARDT K.: *Führer durch die Strömungslehre*, Vieweg, Braunschweig 1969.

SCHLICHTING H., GERSTEN K.: *Grenzschicht-Theorie*, Verlag Springer, Berlin/Heidelberg 1997.

TIETJENS O.: *Strömungslehre*, 2 Bde., Springer, Berlin 1960 - 1970.

TRUCKENBRODT E.: *Fluidmechanik*, 2 Bde., Springer, Berlin 1980.

WIEGHARDT K.: *Theoretische Strömungslehre*, Teubner, Stuttgart 1974.

WUEST W.: *Strömungsmeßtechnik*, Vieweg, Braunschweig 1969.

2.11 Anhang

Der Nabla-Operator

$$\nabla = \left(\frac{\partial}{\partial x}, \frac{\partial}{\partial y}, \frac{\partial}{\partial z}\right) \tag{2.227}$$

wird formal wie ein Vektor gehandhabt. Der Gradient einer skalaren Funktion ist

$$\nabla p = \left(\frac{\partial p}{\partial x}, \frac{\partial p}{\partial y}, \frac{\partial p}{\partial z}\right) \quad , \tag{2.228}$$

die Divergenz eines Vektors $\vec{a}$

$$\nabla \cdot \vec{a} = \left(\frac{\partial}{\partial x}, \frac{\partial}{\partial y}, \frac{\partial}{\partial z}\right) \begin{pmatrix} a_x \\ a_y \\ a_z \end{pmatrix} = \frac{\partial a_x}{\partial x} + \frac{\partial a_y}{\partial y} + \frac{\partial a_z}{\partial z} \tag{2.229}$$

und seine Rotation

$$\nabla \times \vec{a} = \begin{vmatrix} \vec{i} & \vec{j} & \vec{k} \\ \frac{\partial}{\partial x} & \frac{\partial}{\partial y} & \frac{\partial}{\partial z} \\ a_x & a_y & a_z \end{vmatrix} = \begin{pmatrix} \left(\frac{\partial a_z}{\partial y} - \frac{\partial a_y}{\partial z}\right) \\ \left(\frac{\partial a_x}{\partial z} - \frac{\partial a_z}{\partial x}\right) \\ \left(\frac{\partial a_y}{\partial x} - \frac{\partial a_x}{\partial y}\right) \end{pmatrix} \quad . \tag{2.230}$$

Es gelten folgende Identitäten:

$$\begin{aligned} \nabla \times \nabla p &= 0 \\ \nabla \times \nabla^2 \vec{a} &= \nabla^2 \, (\nabla \times \vec{a}) \\ (\vec{a} \cdot \nabla) \, \vec{a} &= \nabla \frac{\vec{a}^2}{2} - \vec{a} \times (\nabla \times \vec{a}) \quad . \end{aligned} \tag{2.231}$$

Die substantielle Ableitung nach der Zeit ist der Operator

$$\frac{d}{dt} = \frac{\partial}{\partial t} + (\vec{v} \cdot \nabla) = \frac{\partial}{\partial t} + u \, \frac{\partial}{\partial x} + v \, \frac{\partial}{\partial y} + w \, \frac{\partial}{\partial z} \quad . \tag{2.232}$$

Das dyadische Produkt zweier Vektoren ist ein Tensor.

$$\left(\vec{a} \, \vec{b}\right) = \begin{pmatrix} a_x \, b_x & a_x \, b_y & a_x \, b_z \\ a_y \, b_x & a_y \, b_y & a_y \, b_z \\ a_z \, b_x & a_z \, b_y & a_z \, b_z \end{pmatrix} \tag{2.233}$$

Das innere Vektorprodukt eines Vektrors mit einem Tensor ergibt einen Vektor.

$$(\vec{a} \cdot \bar{\bar{\gamma}}) = \begin{pmatrix} a_x & a_y & a_z \end{pmatrix} \begin{pmatrix} \gamma_{xx} & \gamma_{xy} & \gamma_{xz} \\ \gamma_{yx} & \gamma_{yy} & \gamma_{yz} \\ \gamma_{zx} & \gamma_{zy} & \gamma_{xz} \end{pmatrix} = \begin{pmatrix} a_x \gamma_{xx} + a_y \gamma_{yx} + a_z \gamma_{zx} \\ a_x \gamma_{xy} + a_y \gamma_{yy} + a_z \gamma_{zy} \\ a_x \gamma_{xz} + a_y \gamma_{yz} + a_z \gamma_{zz} \end{pmatrix} \tag{2.234}$$

Bei der Ableitung der Erhaltungsgleihungen wird die folgende Umformung der substantillen Ableitung eines Integrals verwendet (ρ ist die Dichte, S eine skalare Funktion von Ort und Zeit).

$$\begin{aligned} \frac{d}{dt} \int_{\tau(t)} \rho\, S\, d\tau &= \int_{\tau(t)} \left(\rho \frac{\partial S}{\partial t} + S \frac{\partial \rho}{\partial t} \right) d\tau + \int_{A(t)} \rho\, S\, (\vec{v} \cdot \vec{n})\, dA \\ &= \int_{\tau(t)} \left[S \frac{\partial \rho}{\partial t} + \rho \frac{\partial S}{\partial t} + S\, \nabla \cdot (\rho\, \vec{v}) + (\rho\, \vec{v} \cdot \nabla)\, S \right] d\tau \\ &= \int_{\tau(t)} \left[\rho \frac{\partial S}{\partial t} + (\rho\, \vec{v} \cdot \nabla)\, S \right] d\tau \\ &= \int_{\tau(t)} \rho \frac{dS}{dt}\, d\tau \end{aligned} \tag{2.235}$$

3 Übungen zur Strömungslehre

3.1 Aufgaben

3.1.1 Hydrostatik

1.1 Die Dichte ρ_f einer Flüssigkeit soll mit einem U-Rohr bestimmt werden. Hierzu wird Wasser in einen Schenkel eingefüllt.

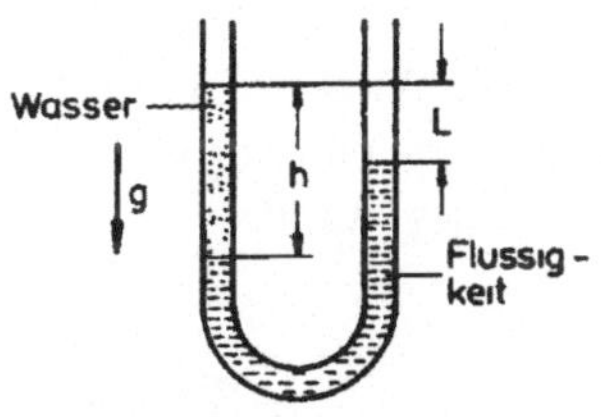

$h = 0,3\,m \quad L = 0,2\,m \quad \rho_w = 10^3\,\frac{kg}{m^3}$

1.2 In drei kommunizierenden Gefäßen werden Kolben mit den Kräften F_1, F_2 und F_3 belastet.

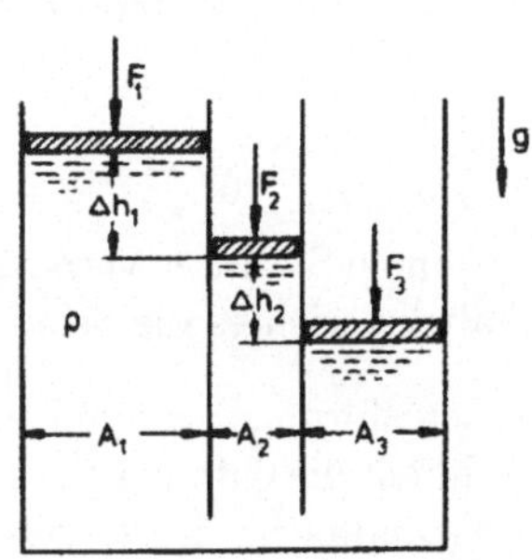

$F_1 = 1100N \quad F_2 = 600N \quad F_3 = 1000N$
$A_1 = 0,04\,m^2 \quad A_2 = 0,02\,m^2$
$A_3 = 0,03\,m^2 \quad \rho = 10^3\,\frac{kg}{m^3} \quad g = 10\,\frac{m}{s^2}$

Bestimmen Sie die Höhendifferenzen Δh_1 und Δh_2!

1.3 In zwei übereinandergeschichteten Flüssigkeiten schwebt ein Würfel.

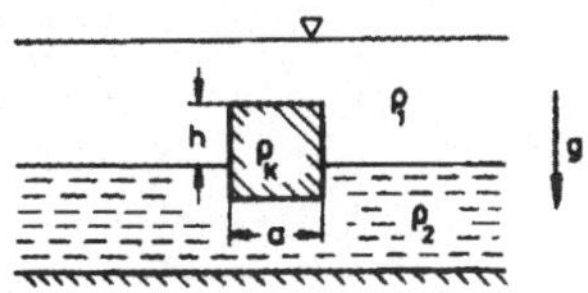

$\rho_1 = 850\,\frac{kg}{m^3} \quad \rho_2 = 1000\,\frac{kg}{m^3}$
$\rho_K = 900\,\frac{kg}{m^3} \quad a = 0,1\,m$

Bestimmen Sie die Höhe h!

1.4 Ein zylindrisches Gefäß schwimmt in einem mit Wasser gefüllten zylindrischen Behälter. Durch Zuladen einer Masse m steigt der Wasserspiegel um ΔH.

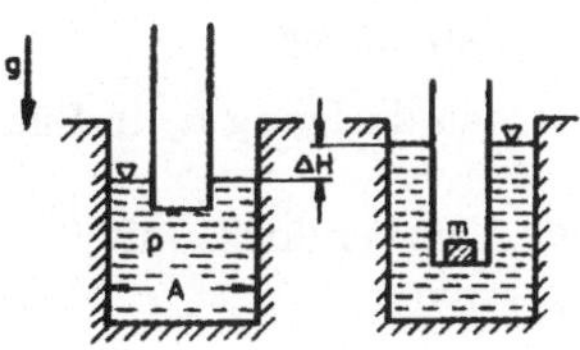

Gegeben: ρ, A, m

Berechnen Sie die Höhendifferenz ΔH!

1.5 Ein Schiff mit vertikalen Seitenwänden hat bei einem Gewicht G_0 in Meerwasser den Tiefgang h_0 und verdrängt das Volumen τ_0. Vor der Einfahrt in eine Flussmündung wird das Gewicht um ΔG vermindert, damit das Schiff nicht auf Grund läuft. Danach betragen der Tiefgang h_1 und das Volumen τ_1. Die Dichte des Meerwassers ist ρ_M, die des Flußwassers ρ_F.

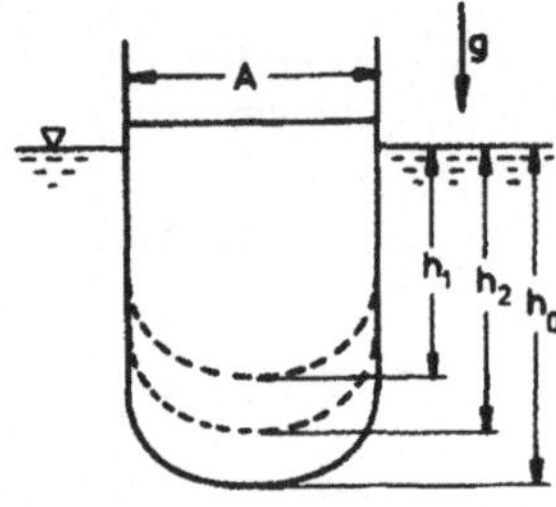

$\rho_M = 1,025 \cdot 10^3 \frac{kg}{m^3}$ $\rho_F = 10^3 \frac{kg}{m^3}$
$G_0 = 1,1 \cdot 10^9\,N$ $\Delta G = 10^8\,N$
$h_0 = 11\,m$ $h_1 = 10,5\,m$ $g = 10\,\frac{m}{s^2}$

Bestimmen Sie

(a) das Volumen τ_0,

(b) die Deckfläche A,

(c) die Differenz $\tau_2 - \tau_1$ der verdrängten Volumina in Süßwasser und in Salzwasser,

(d) den Tiefgang h_2 in Süßwasser!

1.6 Eine Taucherglocke mit Gewicht G wird abgesenkt.

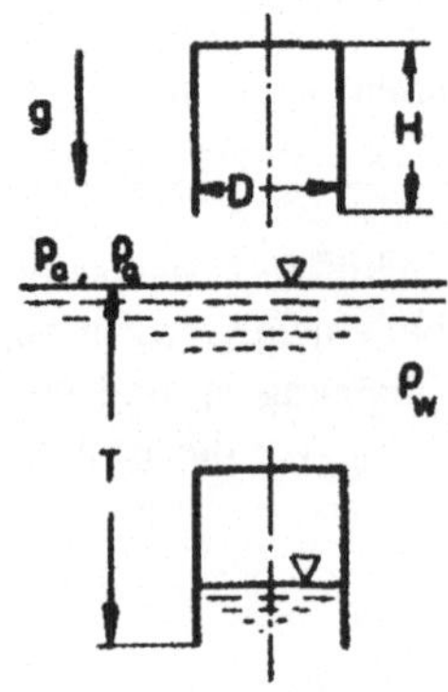

$D = 3\,m$ $H = 3\,m$ $T = 22\,m$
$\rho_a = 1,25\,\frac{kg}{m^3}$ $\rho_W = 10^3\,\frac{kg}{m^3}$
$p_a = 10^5\,\frac{N}{m^2}$ $G = 8 \cdot 10^4\,N$ $g = 10\,\frac{m}{s^2}$

(a) Wie hoch steigt das Wasser in der Glocke bei gleichbleibender Temperatur?

(b) Mit welcher Kraft (Größe und Richtung) muß die Glocke gehalten werden?

(c) Bei welcher Eintauchtiefe wird die Haltekraft Null?

1.7 Ein mit Wasser gefüllter Kessel hat oben eine kleine Öffnung und ist auf einer Platte festgeschraubt.

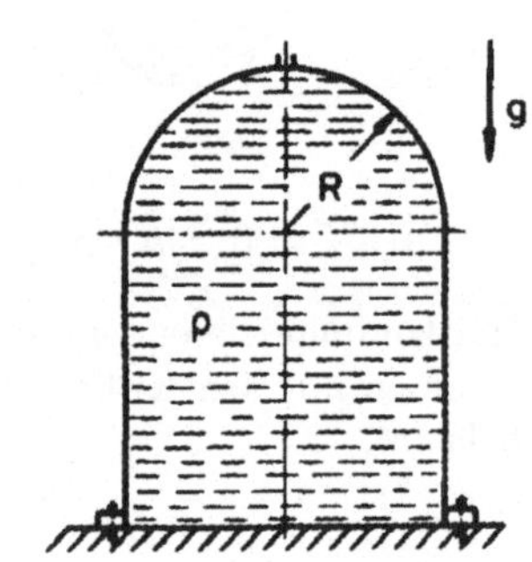

$R = 1\,m$ $\rho = 10^3\,\frac{kg}{m^3}$ $g = 10\,\frac{m}{s^2}$

Bestimmen Sie unter Vernachlässigung des Behältergewichtes die Schraubenkraft!

1.8 Ein kegelförmiger Stöpsel mit Dichte ρ_s verschließt die Öffnung eines Wasserbeckens. Die Grundfläche des Kegels liegt in der Oberfläche der Flüssigkeit.

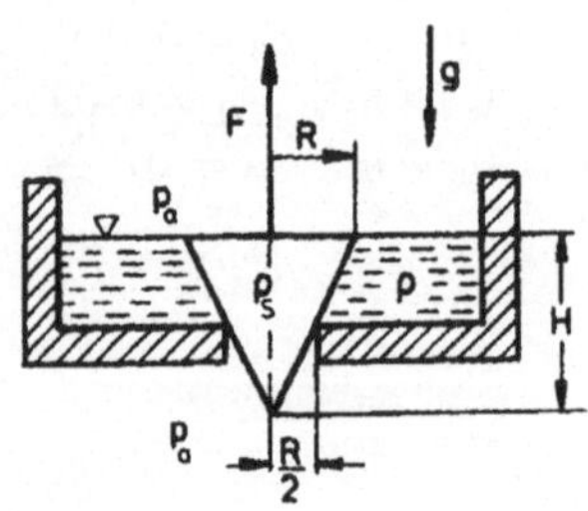

$R = 10^{-2}\,m \quad H = 10^{-2}\,m \quad g = 10\,\frac{m}{s^2}$
$\rho_s = 2 \cdot 10^3\,\frac{kg}{m^3} \quad \rho = 10^3\,\frac{kg}{m^3}$

Welche Kraft F muß zum Anheben des Stöpsels aufgebracht werden?

1.9 Ein rechteckiges Schleusentor mit der Breite B trennt zwei Becken.

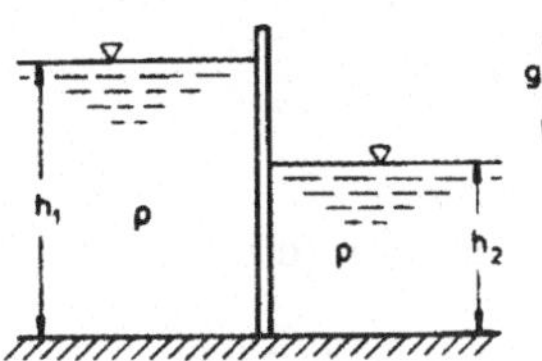

$B = 10\,m \quad h_1 = 5\,m \quad h_2 = 2\,m$
$\rho = 10^3\,\frac{kg}{m^3} \quad g = 10\,\frac{m}{s^2}$

Bestimmen Sie

(a) die Kraft auf das Schleusentor,

(b) den Kraftangriffspunkt!

1.10 Eine drehbar gelagerte Wand eines Wasserbehälters mit der Breite B ist mit einem Stab abgestützt.

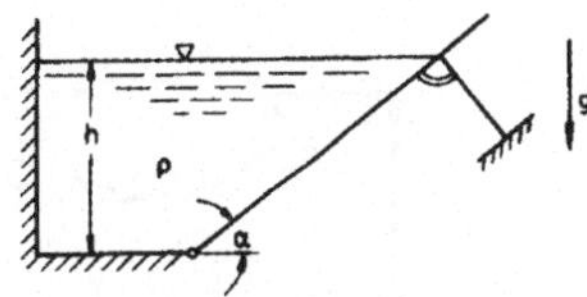

$h = 3\,m \quad B = 1\,m \quad \alpha = 30°$
$\rho = 10^3\,\frac{kg}{m^3} \quad g = 10\,\frac{m}{s^2}$

Bestimmen Sie die Stabkraft!

1.11 Die dreieckige Öffnung eines Wehres ist mit einer Platte verschlossen.

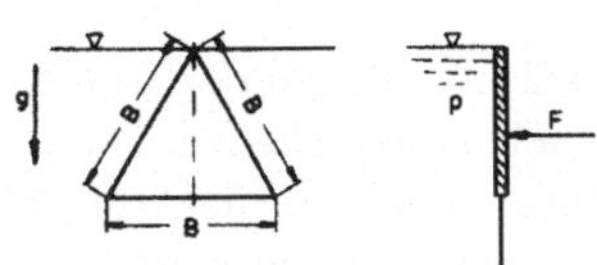

$B = 1\,m \quad \rho = 10^3\,\frac{kg}{m^3} \quad g = 10\,\frac{m}{s^2}$

Bestimmen Sie

(a) die Schließkraft F,

(b) den Kraftangriffspunkt!

1.12 Eine Flüssigkeit rotiert in einem oben offenen, kreiszylindrischen Gefäß mit konstanter Winkelgeschwindigkeit, die so groß ist, daß die Flüssigkeit gerade den Gefäßrand erreicht. Im Ruhezustand füllt die Flüssigkeit den Behälter bis zur Höhe h_0.

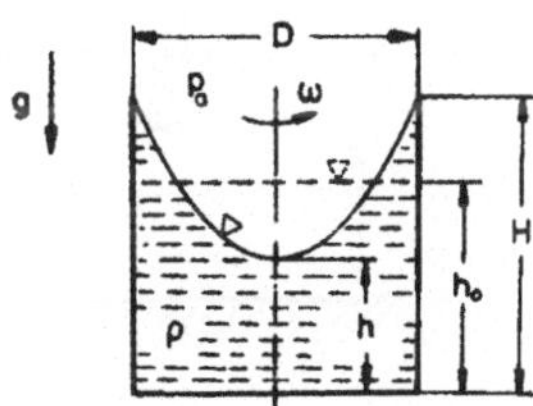

$D = 0,5\,m \quad h_0 = 0,7\,m \quad H = 1\,m$
$\rho = 10^3\,\frac{kg}{m^3} \quad p_a = 10^5\,\frac{N}{m^2} \quad g = 10\,\frac{m}{s^2}$

Bestimmen Sie

(a) die Höhe h und die Winkelgeschwindigkeit ω,

(b) den Druckverlauf an der Wand und am Boden!

Hinweis:
$\frac{\partial p}{\partial r} = \rho\,\omega^2\,r \quad \frac{\partial p}{\partial z} = -\rho\,g$
$dp = \frac{\partial p}{\partial r} dr + \frac{\partial p}{\partial z}\,dz$

1.13 Berechnen Sie den Druck in Abhängigkeit von der Höhe z

(a) für eine isotherme Atmosphäre,

(b) für eine lineare Temperaturänderung $T = T_0 - \alpha\,z$,

(c) für eine isentrope Atmosphäre,

(d) für 3000 m, 6000 m und 11000 m Höhe!

$z = 0:$
$R = 287\,\frac{Nm}{kg\,K} \quad T_0 = 287\,K \quad \kappa = 1,4$
$p_0 = 10\,\frac{N}{m^2} \quad \alpha = 6,5 \cdot 10^3\,\frac{K}{m} \quad g = 10\,\frac{m}{s^2}$

1.14 Ein Wetterballon mit Masse m und Anfangsvolumen τ_0 steigt in einer isothermen Atmosphäre auf. Bis zum Erreichen des maximalen Volumens τ_1 ist die Hülle schlaff.

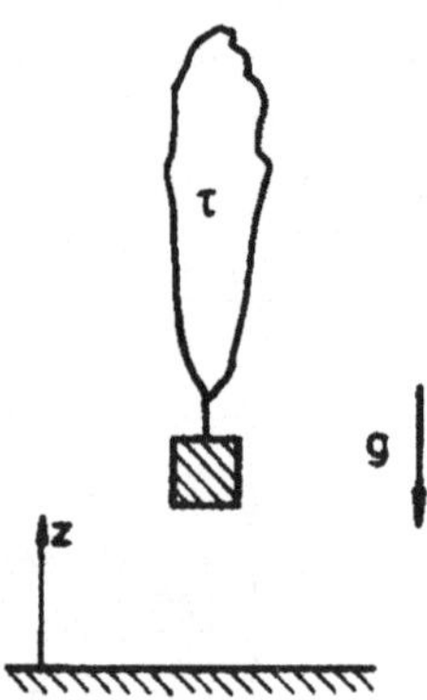

$p_0 = 10^5 \frac{N}{m^2}$ $\rho_0 = 1,27 \frac{kg}{m^3}$ $m = 2,5\,kg$
$\tau_0 = 2,8\,m^3$ $\tau_1 = 10\,m^3$ $R = 287 \frac{Nm}{kg\,K}$
$g = 10 \frac{m}{s^2}$

(a) Mit welcher Kraft muß der Ballon vor dem Start festgehalten werden?

(b) In welcher Höhe erreicht der Ballon das Volumen τ_1?

(c) Wie hoch steigt der Ballon?

1.15 Ein Ballon mit starrer Hülle hat unten eine Öffnung zum Druckausgleich mit der Umgebung. Das Gewicht des Ballons ohne Gasfüllung beträgt G. Vor dem Start wird der Ballon mit der Kraft F_s gehalten.

$G = 1000N$ $F_s = 1720N$ $R = 287 \frac{Nm}{kg\,K}$
$T = 273\,K$ $g = 10 \frac{m}{s^2}$

Ermitteln Sie die Steighöhe des Ballons in isothermer Atmosphäre!

3.1.2 Hydrodynamik

Wenn nicht anders angegeben, wird in den Aufgaben dieses Kapitels verlustfreie Strömung vorausgesetzt.

2.1 Bestimmen Sie für das Geschwindigkeitsfeld $u = u_0 \cos\omega\, t \quad v = v\, \sin\omega\, t$

mit $\frac{u_0}{w} = \frac{v_0}{w} = 1\,m$

(a) die Stromlinien für $\omega\, t = 0,\ \frac{\pi}{2},\ \frac{\pi}{4},$

(b) die Bahnlinien,

(c) die Bahnlinie des Teilchens, das sich zur Zeit $t = 0$ im Punkt $x = 0$, $y = 1m$ befindet!

2.2 Unter einem Eisberg entsteht durch Abkühlung des Wassers eine stationäre Abwärtsströmung. Berechnen Sie die Strö - mungsgeschwindigkeit v in der Tiefe h unter der Annahme, daß das kalte (Dichte ρ_k) und das warme Wasser (Dichte ρ) sich nicht vermischen.

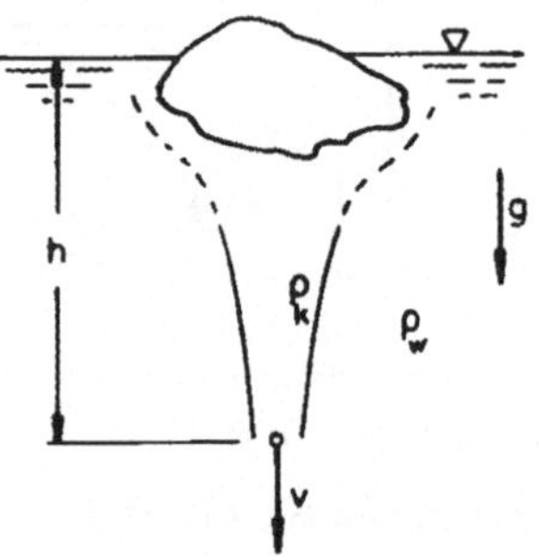

$h = 50\,m$ $\frac{\rho_k - \rho_w}{\rho_k} = 0,01$ $g = 10 \frac{m}{s^2}$

2.3 Heiße Abluft mit der Temperatur T_i strömt durch einen offenen Kamin mit großer Ansaughaube in die Atmosphäre. Die Umgebungstemperatur ist T_a.

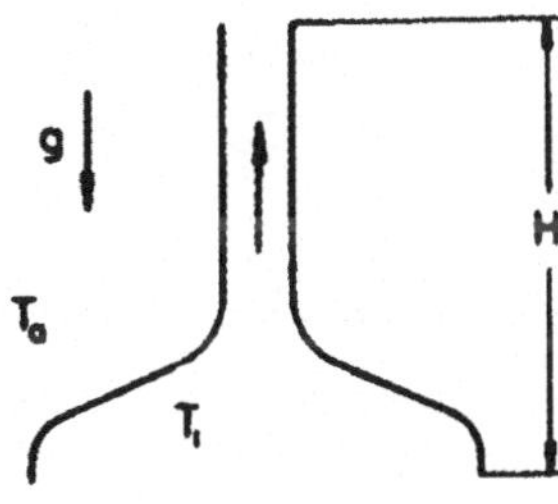

$T_i = 450\,K \quad T_a = 300\,K$
$H = 100\,m \quad g = 10\,\frac{m}{s^2}$

Bestimmen Sie die Ausströmgeschwindigkeit unter Berücksichtigung der Kompressibilität!

Hinweis: Benutzen Sie die Bernoullische Gleichung in differentieller Form :

$\frac{1}{\rho}\,dp + v\,dv + g\,dz = 0$

2.4 Bestimmen Sie unter Berücksichtigung des Zähigkeitseinflusses die Anströmgeschwindigkeit v_∞ eines Prandtlschen Staurohres für

(a) $\eta = 10^{-3}\,\frac{Ns}{m^2}$,
(b) $\eta = 10^{-2}\,\frac{Ns}{m^2}$,
(c) $\eta = 10^{-1}\,\frac{Ns}{m^2}$.

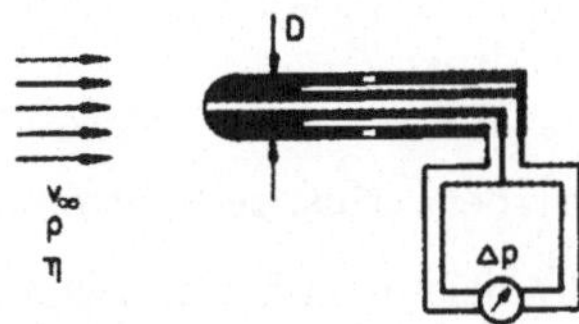

$D = 6 \cdot 10^{-3}\,m \quad \Delta p = 125\,\frac{N}{m^2}$
$\rho = 10^3\,\frac{kg}{m^3}$
$2{,}5 \le Re \le 250 : \quad \beta = 1 + \frac{6}{Re}$
$250 \le Re : \quad \beta = 1$

2.5 Zur Ermittlung der Geschwindigkeit einer Rohrströmung wird die Druckdifferenz Δp gemessen. Bei starker Versperrung weicht die Druckdifferenz vom Staudruck der ungestörten Strömung ab.

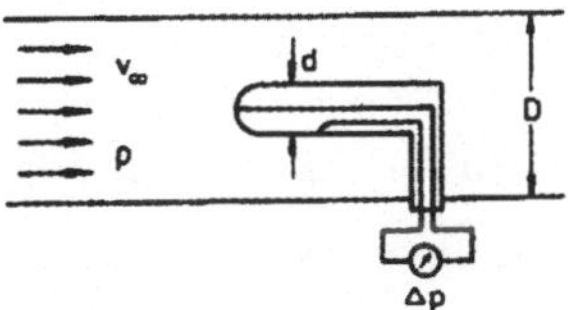

Stellen Sie den Verlauf von $\frac{v_\infty}{\sqrt{\frac{2\,\Delta p}{\rho}}}$ in Abhängigkeit von $\frac{d}{D}$ graphisch dar!

2.6 Aus einem großen Becken strömt Wasser unter dem Einfluß der Erdschwere ins Freie.

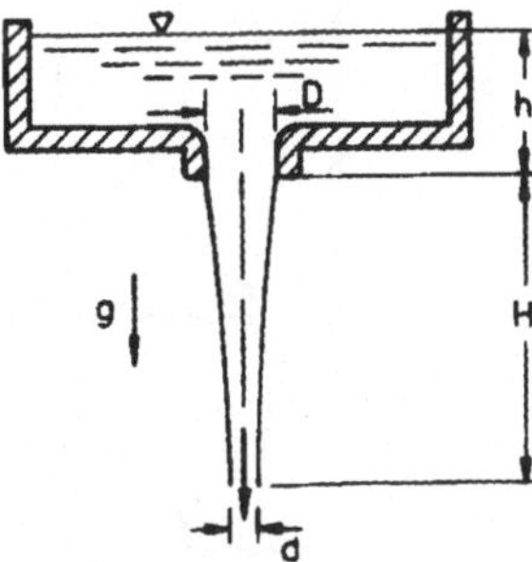

$h = 0{,}1\,m \quad H = 1{,}5\,m \quad D = 0{,}1\,m$

Welchen Durchmesser d hat der Strahl an der Stelle H unterhalb der Öffnung?

2.7 Aus einem großen Überdruckbehälter strömt Wasser ins Freie. Zwischen den Querschnitten A_1 und A_2 wird die Druckdifferenz Δp gemessen.

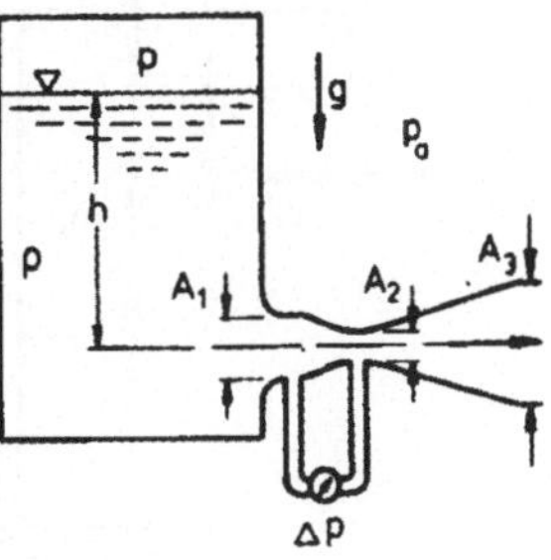

$A = 0,3 m^2 \quad A_2 = 0,1 m^2 \quad A_3 = 0,2 m^2$
$h = 1\, m \quad \rho = 10^3 \frac{kg}{m^3} \quad p_a = 10^5 \frac{N}{m^2}$
$g = 10 \frac{m}{s^2} \quad \Delta p = 0,64 \cdot 10^5 \frac{N}{m^2}$

Bestimmen Sie

(a) die Geschwindigkeiten v_1, v_2, v_3,

(b) die Drücke p_1, p_2, p_3 und den Druck p über dem Wasserspiegel!

2.8 Aus einem großen Behälter strömt Wasser durch eine Öffnung der Breite B und Höhe $2a$ ins Freie.

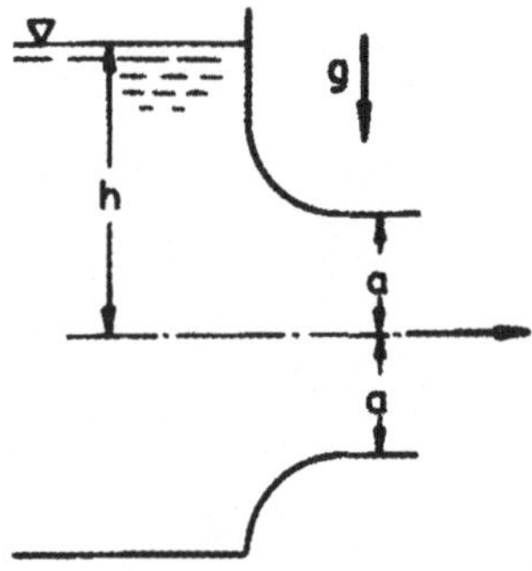

Für $\frac{a}{h} \to 0$ ist der Volumenstrom $\dot{Q}_0 = 2\, a\, B\, \sqrt{2\, g\, h}$. Bestimmen Sie den relativen Fehler $\frac{\dot{Q}_0 - \dot{Q}}{\dot{Q}}$ für $\frac{a}{h} = \frac{1}{4}, \frac{1}{2}, \frac{3}{4}$!

2.9 Zwei große übereinanderliegende Becken sind durch eine Hebeleitung miteinander verbunden. Am Ende der Leitung befindet sich eine Düse.

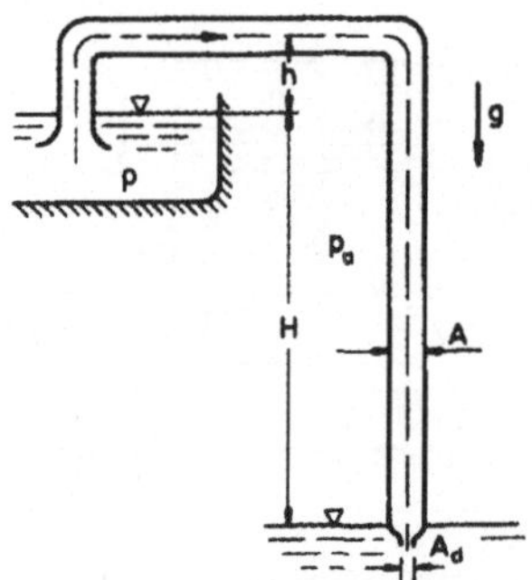

$A = 1\, m^2 \quad A_d = 0,1\, m^2 \quad h = 5\, m$
$H = 80\, m \quad p_a = 10^5 \frac{N}{m^2} \quad \rho = 10^3 \frac{kg}{m^3}$
$g = 10 \frac{m}{s^2}$

(a) Wie groß ist der Volumenstrom?

(b) Skizzieren Sie den Verlauf des statischen Druckes in der Leitung!

(c) Bei welchem Austrittsquerschnitt bilden sich Dampfblasen, wenn der Dampfdruck $p_D = 0,025 \cdot 10^5 \frac{N}{m^2}$ ist?

2.10 Aus einem großen Überdruckbehälter strömt Luft durch eine gut gerundete Düse mit anschließendem Diffusor in die Umgebung.

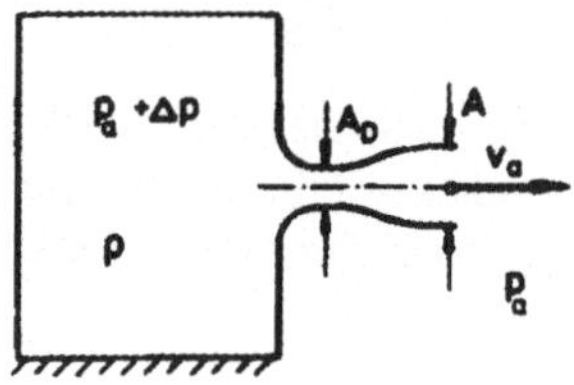

$\rho = 1,25 \frac{kg}{m^3} \quad \Delta p = 10 \frac{N}{m^2}$

Berechnen Sie die Geschwindigkeit im Düsenhals in Abhängigkeit vom Querschnittsverhältnis $\frac{A}{A_D}$

(a) bei verlustfreier Strömung,

(b) bei einem Diffusorwirkungsgrad $\eta_D = \frac{p_a - p_D}{\frac{\rho}{2}(v_D^2 - v_a^2)} = 0,84$!

(c) Welche Geschwindigkeit kann für diesen Diffusorwirkungsgrad maximal erreicht werden?

2.11 In einer Rohrleitung strömt Wasser durch eine Düse (Querschnittsverhältnis m_D, Durchflußzahl α_D) und eine Blende (m_D, α_B). An den Quecksilbermanometern werden die Höhendifferenzen h_D und h_B abgelesen.

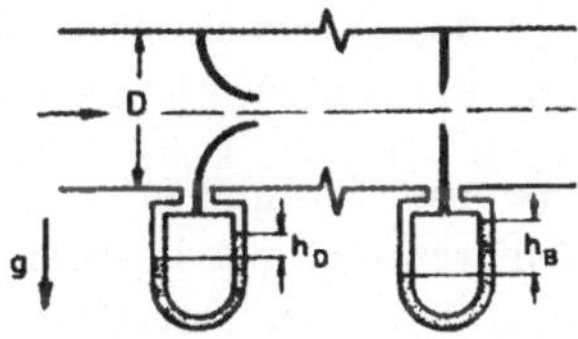

$m_D = 0,5 \quad \alpha_D = 1,08 \quad m_B = 0,6$
$h_D = 1\,m \quad h_B = 1,44\,m \quad D = 0,1\,m$
$\rho_W = 10^3\,\frac{kg}{m^3} \quad \rho_{Hg} = 13,6 \cdot 10^3\,\frac{kg}{m^3}$
$g = 10\,\frac{m}{s^2}$

Bestimmen Sie

(a) den Volumenstrom,

(b) die Durchflußzahl der Blende!

2.12 Eine Schteusenkammer wird plötzlich geöffnet.

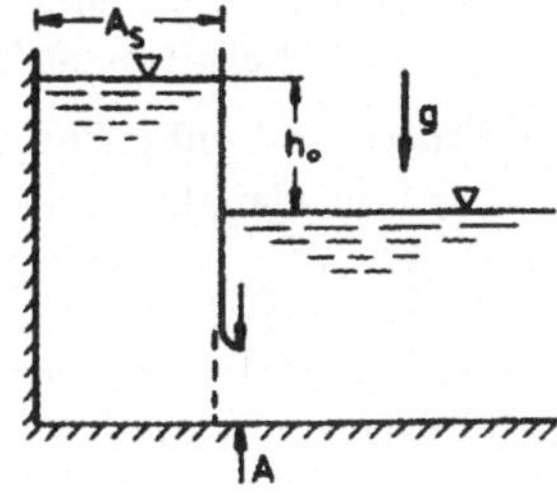

$A_s = 3000\,m^2 \quad h(t=0) = h_0 = 5\,m$
$g = 10\,\frac{m}{s^2}$

Wie groß muß der Öffnungsquerschnitt A sein, damit in 10 Minuten bei quasistationärer Strömung der Wasserstand des angrenzenden Sees erreicht wird?

2.13 Zwei gleich große Becken, von denen das eine mit Wasser gefüllt ist, sind durch eine Wand von einander getrennt.

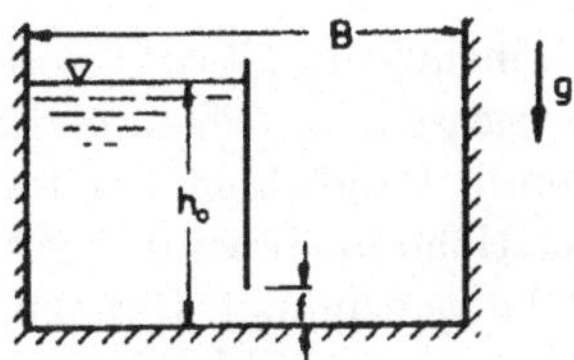

$B = 20\,m \quad h(t=0) = h_0 = 5\,m$
$f = 0,05\,m \quad g = 10\,\frac{m}{s^2}$

Bestimmen Sie die Zeit bis zum Erreichen des Spiegelausgleichs, wenn die Trennwand um $f \ll h_0$ angehoben wird! Vernachlässigen Sie die Einschnürung!

2.14 Aus einem großen Reservoir strömt Wasser in ein tiefer liegendes Becken, dessen Abflußöffnung plötzlich auf ein Drittel verkleinert wird.

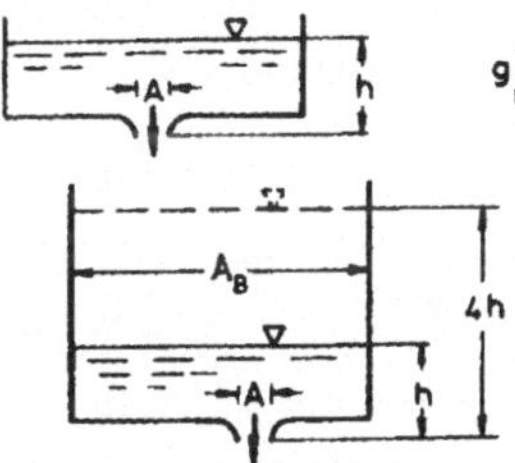

$A = 0,03\,m^2 \quad A_B = 1\,m^2$
$h = 5\,m \quad g = 10\,\frac{m}{s^2}$

Bestimmen Sie die Zeit, in der der Wasserspiegel von seiner ursprünglichen Höhe h auf das Vierfache ansteigt!

2.15 Ein mit Benzin gefülltes, oben verschlossenes Rohr wird senkrecht in Wasser gehalten. Im Deckel wird eine kleine, gut gerundete Öffnung freigegeben.

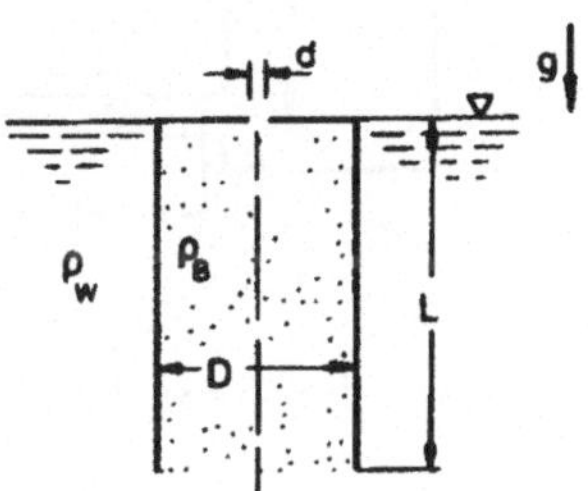

$D = 0,1\,m \quad d = 0,01\,m \quad L = 0,8\,m$
$\rho_B = 800\,\frac{kg}{m^3} \quad \rho_w = 10^3\,\frac{kg}{m^3} \quad g = 10\,\frac{m}{s^2}$

Nach welcher Zeit befindet sich kein Benzin mehr im Rohr?

2.16 Eine Flüssigkeit strömt mit der Geschwindigkeit $v_0(t)$ durch ein Rohr mit gut gerundetem Einlauf.

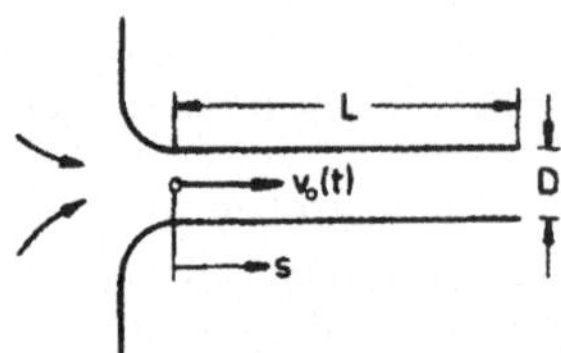

Zeigen Sie, daß für das Beschleunigungsintegral folgende Näherung gilt:

$\int_{-\infty}^{L} \frac{\partial v}{\partial t} ds = \left(\frac{D}{\sqrt{2}} + L\right) \frac{dv_0}{dt}$

Hinweis: Nehmen Sie an, daß die Flüssigkeit für $s < -\frac{D}{\sqrt{8}}$ mit der Geschwindigkeit $v = \frac{\dot{Q}}{2} \pi s^2$ radial auf den Einlauf zuströmt, und daß für $s \geq \frac{D}{\sqrt{8}}$ die Geschwindigkeit v_0 ist! Bei $s = -\frac{D}{\sqrt{8}}$ ist $v = v_0$.

2.17 Aus einem großen Behälter strömt Flüssigkeit durch einen horizontal liegenden Schlauch stationär ins Freie. Das Schlauchende wird plötzlich bis zum Flüssigkeitsspiegel angehoben.

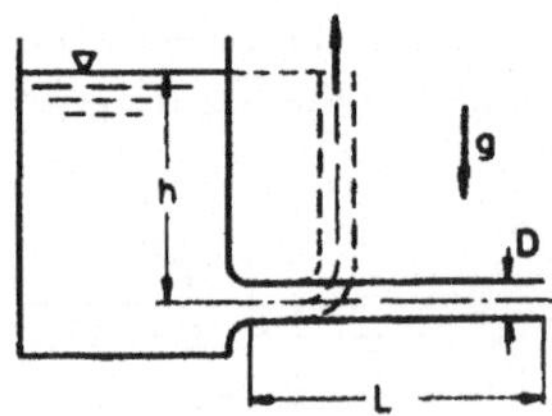

$L = 10\,m \quad h = 5\,m \quad D = 0,16\,m$
$g = 10\,\frac{m}{s^2}$

Bestimmen Sie

(a) die Geschwindigkeit v_0 unmittelbar nach Anheben des Schlauches,

(b) die Zeit, in der die Geschwindigkeit auf $\frac{v_0}{2}$ absinkt,

(c) das Volumen der in dieser Zeit ausgeströmten Flüssigkeit!

2.18 Die Abflußleitung eines großen Wasserbehälters mündet in einen See. Die Absperrklappe am Rohrende wird plötzlich geöffnet.

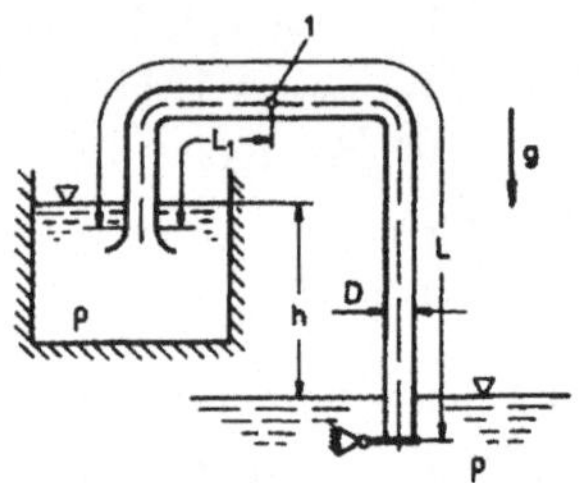

$L = 20\,m \gg D \quad h = 5\,m \quad L_1 = 5\,m$
$p = 10^3\,\frac{kg}{m^3} \quad g = 10\,\frac{m}{s^2}$

(a) Nach welcher Zeit sind 99% der Endgeschwindigkeit erreicht?

(b) Um wieviel unterscheidet sich dann der Druck an der Stelle 1 von seinem Endwert?

2.19 In einem Rohr bewegt sich ein Kolben sinusförmig $s = s_0 \sin \omega t$.

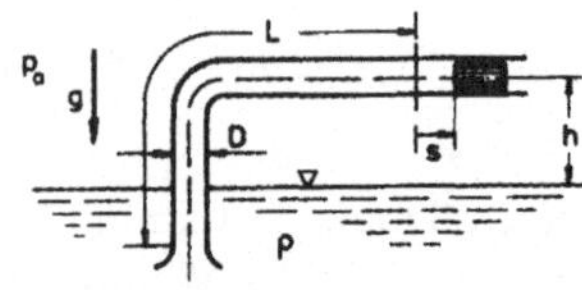

$p_a = 10^5\,\frac{N}{m^2} \quad L = 10\,m \gg D \quad h = 2\,m$
$s_0 = 0,1\,m \quad \rho = 10^3\,\frac{kg}{m^3} \quad p_D = 2500\,\frac{N}{m^2}$
$g = 10\,\frac{m}{s^2}$

Bei welcher Winkelgeschwindigkeit ω wird am Kolbenboden der Dampfdruck p_D erreicht?

2.20 In einem hydraulischen Widder wird durch abwechselndes Öffnen und Schließen der Ventile I und II ein Teil des Wassers von der Höhe h_1 durch das Ventil II auf die Höhe h_2 gepumpt. Der andere Teil fließt durch das Ventil I ab.

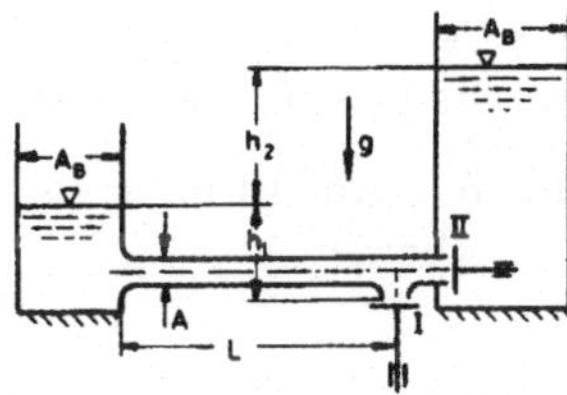

$h_1 = h_2 = 5\,m \quad L = 10\,m \gg D$
$A = 0,1\,m^2 \ll A_B \quad T_1 = 1\,s$
$g = 10\,\frac{m}{s^2}$

(a) Zuerst wird Ventil I für die Dauer T, geöffnet. Bestimmen Sie das Volumen Q_I des ausgeströmten Wassers!

(b) Nach Schließen des Ventils I wird Ventil II so lange geöffnet, bis die Geschwindigkeit im Rohr auf Null abgesunken ist. Wie groß ist das Fördervolumen Q_{II}?

2.21 Die Klappe am Ende der Ausströmleitung eines großen Behälters wird plötzlich geöffnet.

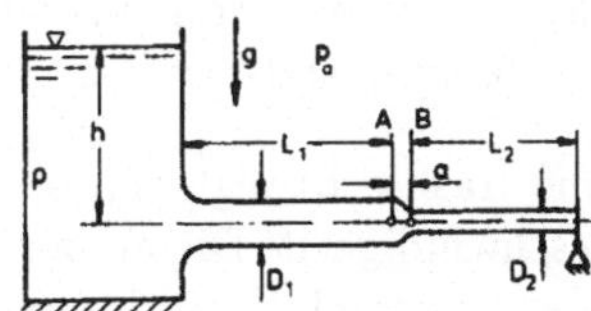

$p_a = 10^5\,\frac{N}{m^2} \quad L_1 = L_2 = 5\,m \gg a$
$D_1 = 0,1\,m \quad D_2 = 0,05\,m \quad h = 2\,m$
$\rho = 10^3\,\frac{kg}{m^3} \quad g = 10\,\frac{m}{s^2}$

Bestimmen Sie

(a) die Zeit T, in der die Geschwindigkeit 99% ihres Endwertes erreicht,

(b) das Volumen der ausgeströmten Flüssigkeit,

(c) die Drücke p_A und p_B sofort nach Öffnen der Klappe und zur Zeit T!

(d) Skizzieren Sie den Druck an den Stellen A und B in Abhängigkeit von der Zeit!

2.22 Die Druckleitung eines Speicherkraftwerks wird mit einem Ventil abgesperrt. Der Volumenstrom fällt während des Schließens (Schließzeit T_s) linear von $\dot{Q}_0$ auf Null ab.

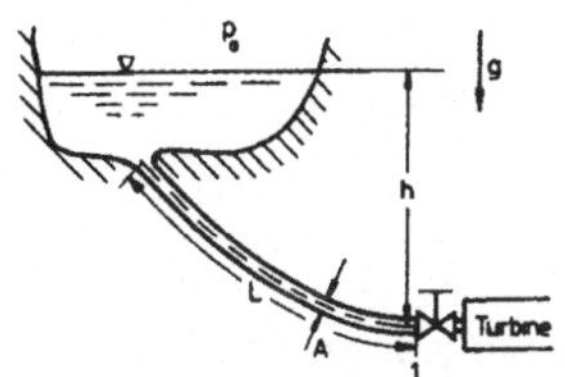

$h = 200\,m \quad L = 300\,m \quad A = 0,2\,m^2$
$\dot{Q} = 3\,\frac{m^3}{s} \quad \rho = 10^3\,\frac{kg}{m^3} \quad g = 10\,\frac{m}{s^2}$
$\Delta p_{zul} = (p_1 - p_a)_{zul} = 2 \cdot 10^7\,\frac{N}{m^2}$

Bestimmen Sie

(a) den Überdruck vor dem geöffneten Ventil bei stationärer Strömung,

(b) den Druckverlauf $p_1(t)$ während des Schließens (Skizzieren Sie das Ergebnis!),

(c) die Schließzeit des Ventils so, daß der Überdruck den zulässigen Wert Δp_{zul} nicht überschreitet!

3.1.3 Impuls- und Impulsmomentensatz

In diesem Kapitel werden die Reibungskräfte gegenüber den Volumen-, Druck- und Trägheitskräften vernachlässigt, nicht aber die aus der Verwirbelung in abgelösten Gebieten resultierenden Druckverluste.

3.1 Aus einer Verzweigung strömt Wasser stationär ins Freie. In der Zuströmleitung ist der Druck um Δp höher als in der Umgebung.

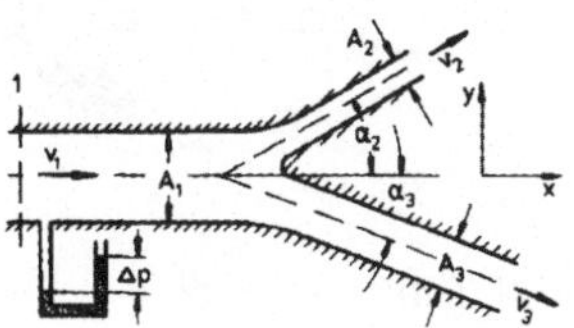

$A_1 = 0,2\,m^2 \quad A_2 = 0,03\,m^2$
$A_3 = 0,07\,m^2 \quad \alpha_2 = 30° \quad \alpha_3 = 20°$
$\Delta p = 10^4\,\frac{N}{m^2} \quad \rho = 10^3\,\frac{kg}{m^3}$

Bestimmen Sie

(a) die Geschwindigkeiten v_1, v_2, v_3,

(b) die Kraft F im Schnitt 1,

(c) den Winkel α_3, bei dem F_{sy} verschwindet!

3.2 Aus einem großen Behälter strömt Wasser stationär durch ein Rohr unter dem Einfluß der Erdschwere ins Freie. Stromab von der Düse wird der Wasserstrahl um 180° umgelenkt. Die Strömung ist eben.

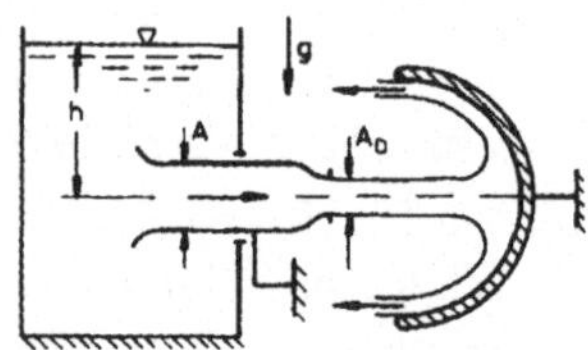

$A = 0,2\,m^2 \quad A_D = 0,1\,m^2 \quad h = 5\,m$
$\rho = 10^3\,\frac{kg}{m^3} \quad g = 10\,\frac{m}{s}$

Bestimmen Sie die Haltekräfte für Rohr und Umlenkschaufel

(a) für die skizzierte Anordnung,

(b) wenn Rohreinlauf und Düse entfernt sind!

3.3 Aus einer ebenen Düse strömt Wasser stationär mit der Geschwindigkeit v_0 gegen eine Umlenkschaufel, die sich mit der Geschwindigkeit v_r bewegt.

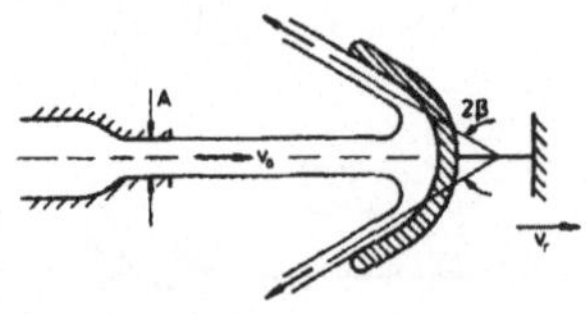

$A = 0,1\,m^2 \quad v_0 = 60\,\frac{m}{s} \quad 2\,\beta = 45°$
$\rho = 10^3\,\frac{kg}{m^3}$

(a) Bei welcher Geschwindigkeit v_r wird die Leistung der Schaufel maximal?

(b) Wie groß ist dabei die Kraft auf die Schaufel?

3.4 Zwei ebene Gitter (unendlich viele Schaufeln) mit Breite B und Teilung t lenken eine Strömung um den Winkel α um.

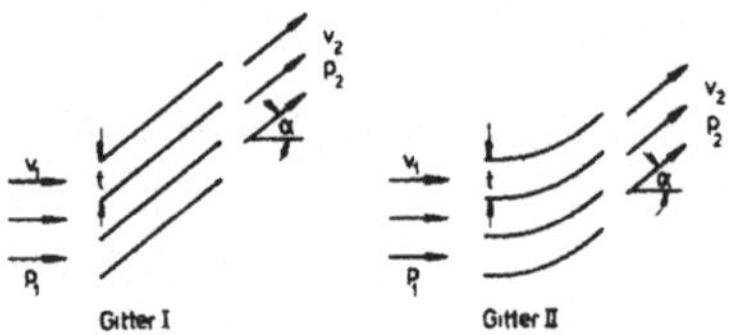

Gegeben: ρ , v_1, α, B, t

Bestimmen Sie

(a) die Geschwindigkeit v_2,

(b) die Druckdifferenz $p_1 - p_2$,

(c) den Druckverlust $p_{01} - p_{02}$,

(d) die von der Strömung auf eine Schaufel ausgeübte Kraft!

3.5 Eine Rakete bewegt sich mit konstanter Geschwindigkeit. Die an der Rakete vorbeiströmende Luft wird radial verdrängt. Im Strahl ist die Geschwindigkeit v_A daneben v_1.

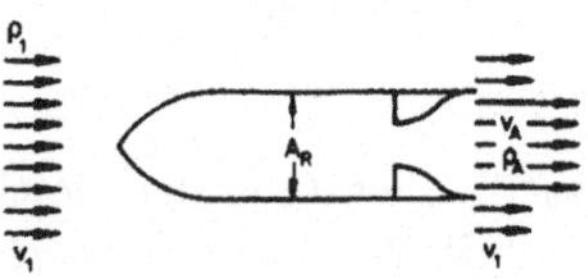

Gegeben: v_1, v_A, ρ_1, ρ_A, A_R

Bestimmen Sie

(a) die verdrängte Luftmasse,

(b) den Schub und die Nutzleistung!

3.6 Ein Propeller wird mit konstanter Geschwindigkeit v_1 angeströmt. In einiger Entfernung stromab vom Propeller ist die Geschwindigkeit im Strahl v_2, außerhalb v_1.

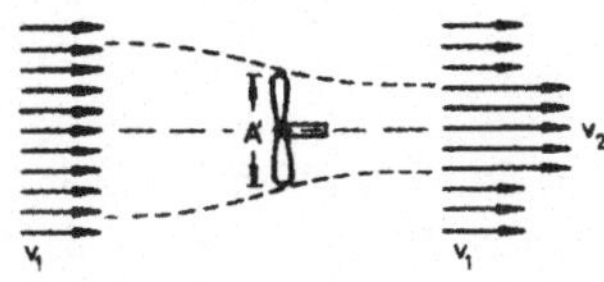

$A' = 7,06\,m \quad v_1 = 5\,\frac{m}{s} \quad v_2 = 8\,\frac{m}{s}$
$\rho = 10^3\,\frac{kg}{m^3}$

Bestimmen Sie

(a) die Geschwindigkeit v' in der Propellerebene,

(b) den Wirkungsgrad!

3.7 Ein ummantelter Propeller wird mit konstanter Geschwindigkeit angeströmt. Der Einlauf ist gut gerundet.

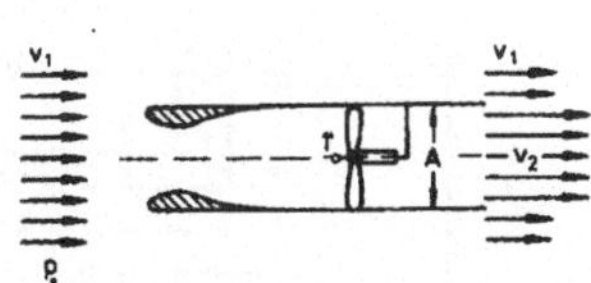

$A = 1\,m^2 \quad v_1 = 10\,\frac{m}{s} \quad p_{1'} = 10^5\,\frac{N}{m^2}$
$\rho = 10^3\,\frac{kg}{m^3} \quad p_1 = 1,345 \cdot 10^5\,\frac{N}{m^2}$

(a) Skizzieren Sie den Verlauf des statischen Druckes längs der Achse!

Bestimmen Sie

(b) den Massenstrom,

(c) den Schub,

(d) die vom Propeller an die Strömung abgegebene Leistung!

3.8 Zwei Gebläse, die Luft aus der Umgebung ansaugen, unterscheiden sich in der Form des Einlaufs.

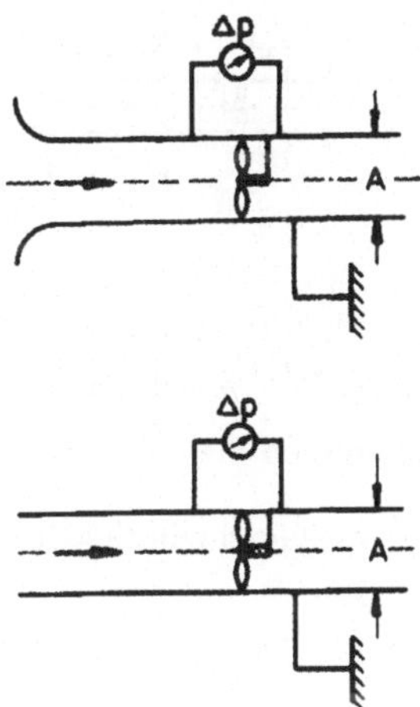

Gegeben: ρ, A, Δp

Bestimmen Sie

(a) den Volumenstrom,

(b) die Gebläseleistung,

(c) die Haltekraft!

3.9 Ein Rohr mit eingebauter Düse wird mit konstanter Geschwindigkeit angeströmt.

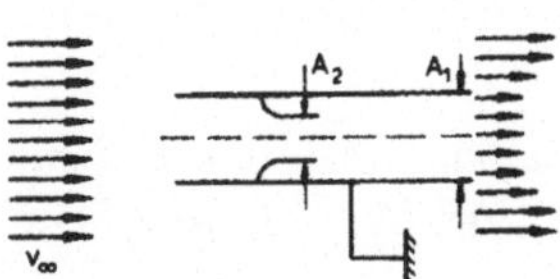

$A_1 = 0,2\,m^2 \quad A_2 = 0,1\,m^2 \quad v_\infty = 40\,\frac{m}{s}$
$\rho = 1,25\,\frac{kg}{m^3}$

Bestimmen Sie

(a) die Geschwindigkeiten in den Querschnitten A_1 und A_2,

(b) die Haltekraft!

3.10 Ein Strahlapparat, der mit einem Gebläse angetrieben wird, saugt den Volumenstrom $\dot{Q}_2$ durch einen ringförmigen Einlauf an.

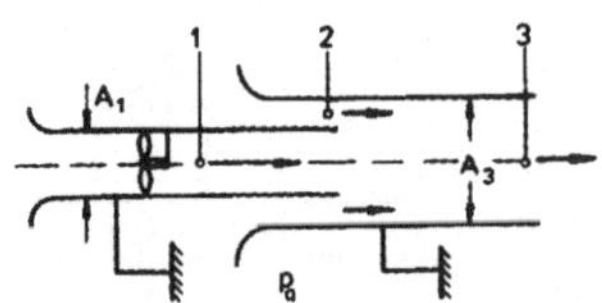

$A_1 = 0,1 m^2$ $A_3 = 0,2 m^2$ $p_a = 10^5 \frac{N}{m^2}$
$\dot{Q}_2 = 4 \frac{m^3}{s}$ $\rho = 1,25 \frac{kg}{m^3}$

Bestimmen Sie

(a) die Geschwindigkeit v_2 und den Druck $p_{2'}$,

(b) die Geschwindigkeiten v_1 und $v_{3'}$,

(c) die Gebläseleistung,

(d) die Haltekraft des Gebläsemantels (Zug- oder Druckkraft?)!

3.11 Aus einem großen, reibungsfrei gelagerten Behälter strömt Wasser durch ein Rohr mit unstetiger Querschnittserweiterung ins Freie.

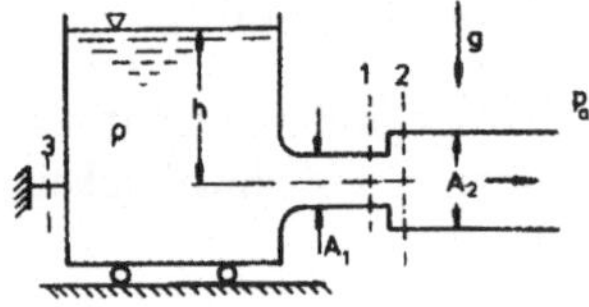

$h = 5 m$ $A = 0,1 m^2$ $p_a = 10^5 \frac{N}{m^2}$
$\rho = 10^3 \frac{kg}{m^3}$ $g = 10 \frac{m}{s^2}$

(a) Bei welchem Querschnitt A_2 ist der Volumenstrom am größten?

Bestimmen Sie mit A_2 nach Teil a)

(b) den Druck p_1,

(c) die Schnittkräfte F_{s1}, F_{s2}, F_{s3} (Zug- oder Druckkräfte?)!

3.12 Eine Pumpe fördert Wasser aus einem See in einen großen Druckbehälter. Der Volumenstrom wird mit einer Normdüse (Durchflußzahl α) gemessen.

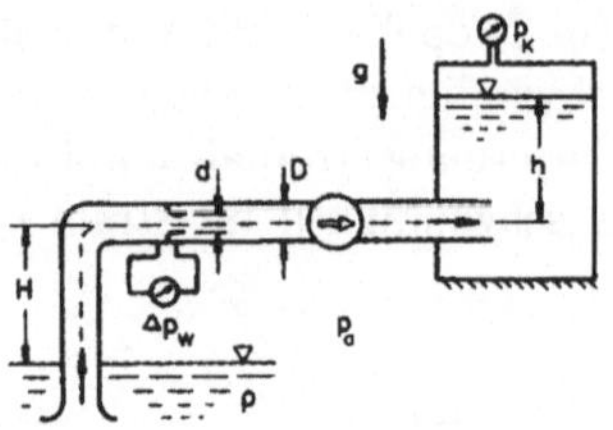

$H = 5 m$ $h = 3 m$ $d = 0,07 m$
$p_K = 2 \cdot 10^5 \frac{N}{m^2}$ $\Delta p_w = 3160 \frac{N}{m^2}$
$p_a = 10^5 \frac{N}{m^2}$ $\rho = 10^3 \frac{kg}{m^3}$ $g = 10 \frac{m}{s^2}$
$D = 0,1 m$ $\alpha = 1,08$

Bestimmen Sie

(a) die Geschwindigkeit im Rohr,

(b) die statischen Drücke vor und hinter der Pumpe,

(c) die Nutzleistung der Pumpe!

3.13 Aus einem großen Behälter strömt Wasser durch ein Rohr mit Bordamündung in einen See.

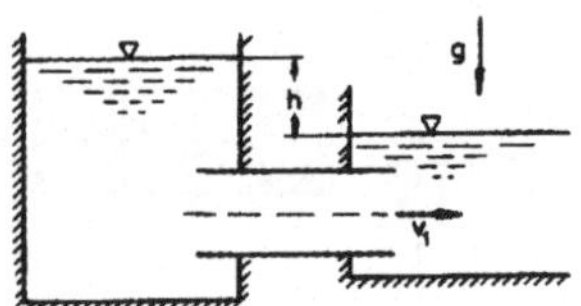

$h = 1 m$ $g = 10 \frac{m}{s^2}$

Bestimmen Sie

(a) die Kontraktion,

(b) die Austrittsgeschwindigkeit v_1

3.14 Der Volumenstrom eines Lüftungsgebläses wird mit einer Blende (Durchflußzahl α, Kontraktionsziffer Ψ) gemessen.

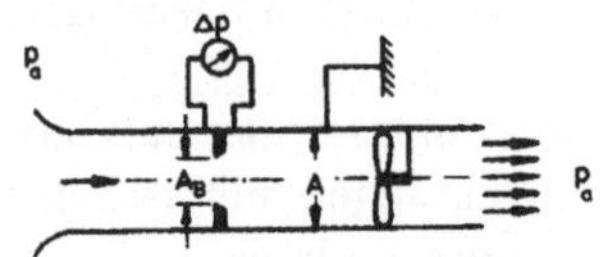

$p_a = 10^5 \frac{N}{m^2}$ $\Delta p_w = 300 \frac{N}{m^2}$ $\rho = 1,25 \frac{kg}{m^3}$
$\alpha = 0,7$ $\Psi = 0,66$ $A = 10^{-2}\,m^2$
$m = \frac{A_B}{A} = 0,5$

(a) Skizzieren Sie den Verlauf des statischen Druckes und des Gesamtdruckes längs der Rohrachse!

Bestimmen Sie

(b) den Volumenstrom,

(c) den Druck vor dem Gebläse,

(d) die Gebläseleistung!

3.15 In einem Gerinne steht ein Wassersprung.

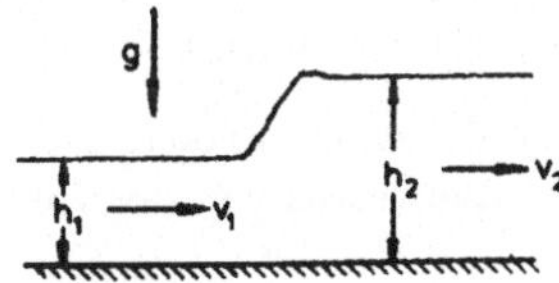

$h_1 = 0,1\,m$ $h_2 = 0,2\,m$ $g = 10\,\frac{m}{s^2}$

Bestimmen Sie

(a) die Geschwindigkeiten v_1 und v_2,

(b) die Froudschen Zahlen Fr_1 und Fr_2,

(c) den Energieverlust $H_1 - H_2$!

3.16 Die aus einem Stausee abfließende Wassermenge wird mit einem Hubschutz reguliert.

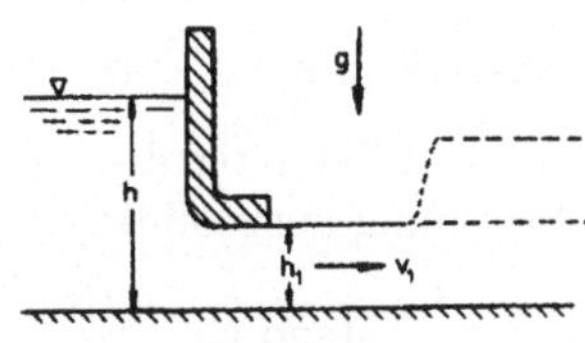

$h = 7,5\,m$ $g = 10\,\frac{m}{s^2}$

Bestimmen Sie

(a) die Ausströmgeschwindigkeit v_1 in Abhängigkeit vom Hub h_1 (Warum ist v_1 über den Querschnitt konstant?),

(b) den Hub, bei dem der Volumenstrom am größten ist,

(c) den Hub, bei dem gerade kein Wassersprung entsteht,

(d) die Wassertiefe und die Geschwindigkeit stromab vom Sprung für $h_1 = 2,5\,m$!

3.17 Die Wassertiefe h_1 eines Gerinnes mit konstantem Volumenstrom wird durch Veränderung der Höhe Z_w eines Wehres reguliert. Für $Z_w = 0$ beträgt die Wassertiefe h_0.

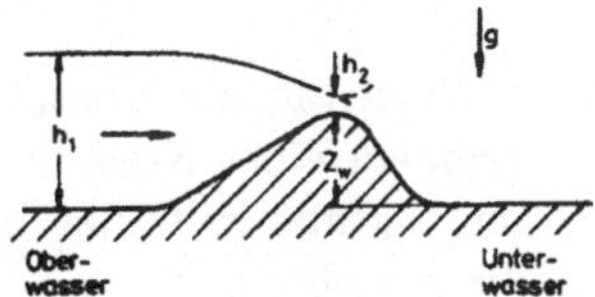

$\dot{Q} = 80\,\frac{m^3}{s}$ $B = 20\,m$ $h_0 = 2\,m$
$\rho = 3\,\frac{kg}{m^3}$

(a) Skizzieren Sie den Verlauf der Wassertiefen für $Z_w < Z_{gr}$ und $Z_w > Z_{gr}$!

Bestimmen Sie für $Z_w = 1\,m$

(b) die Grenzhöhe Z_{gr} des Wehres,

(c) die Wassertiefen h_1 und h_2,

(d) die Differenz der Energiehöhen zwischen Ober- und Unterwasser,

(e) die Kraft auf das Wehr!

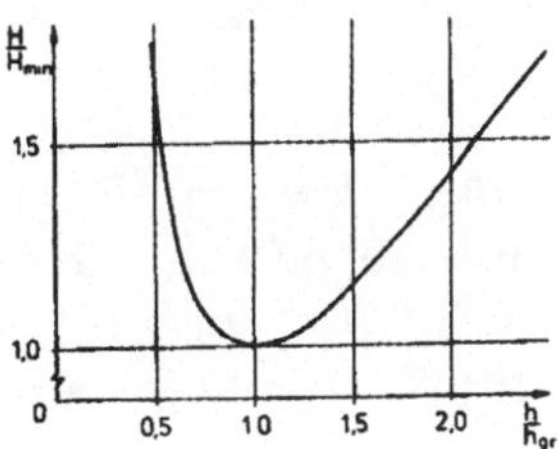

Hinweis: Falls ein Wassersprung entsteht, so stellt sich dieser am Wehrrücken ein, und die Wassertiefe im Unterwasser ist h_0.

3.18 Nehmen Sie an, daß in einer rotierenden Strömung Druck und Geschwindigkeit nur vom Radius abhängen.

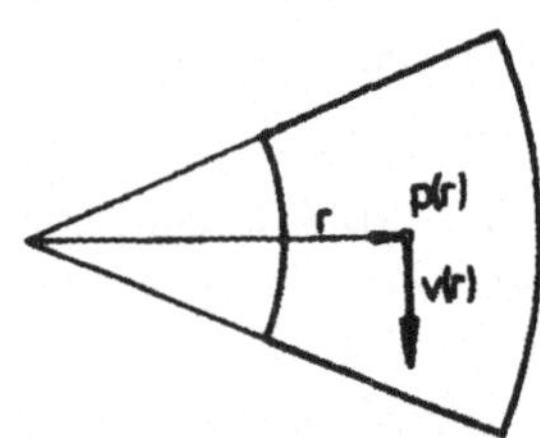

(a) Wählen Sie als Kontrollfläche das Segment eines Kreisringes, und leiten Sie mit Hilfe des Impulssatzes die Beziehung $\frac{dp}{dr} = \rho \frac{v^2}{r}$ her!

(b) Für welche Geschwindigkeitsverteilung $v(r)$ ist die Bernoullische Konstante für alle Stromlinien gleich?

3.19 Ein Rasensprenger wird aus einem großen Behälter gespeist. Die Wasserstrahlen treten unter dem Winkel α gegenüber der Umfangrichtung aus. Das Reibungsmoment des Lagers ist M_r.

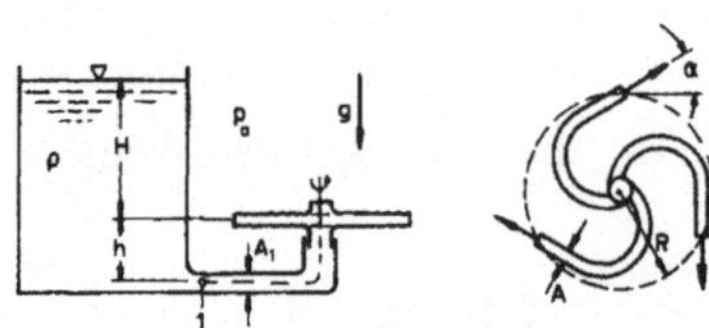

$H = 10\,m \quad h = 1\,m \quad R = 0,15\,m$
$A = 0,5 \cdot 10^4\,m^2 \quad A_1 = 1,5 \cdot 10^4\,m^2$
$|M_r| = 3,6\,Nm \quad p_a = 10^5\,\frac{N}{m^2}$
$\rho = 10^3\,\frac{kg}{m^3} \quad g = 10\,\frac{m}{s^2} \quad \alpha = 30°$

Bestimmen Sie

(a) die Drehzahl,

(b) den Volumenstrom,

(c) den Druck p_1,

(d) die maximale Winkelgeschwindigkeit, wenn das Reibungsmoment Null ist!

3.1.4 Schichtenströmungen zäher Flüssigkeiten

4.1 Bestimmen Sie für eine ausgebildete laminare Rohrströmung einer Newtonschen Flüssigkeit

(a) die Geschwindigkeitsverteilung $\frac{u(r)}{u_{max}} = f(\frac{r}{R})$,

(b) das Verhältnis $\frac{u_m}{u_{max}}$,

(c) die Abhängigkeit des Rohrreibungsbeiwertes von der Reynolds-Zahl!

4.2 Zwischen zwei parallelen, unendlich ausgedehnten Platten fließt eine Bingham-Flüssigkeit unter dem Einfluß der Erdschwere.

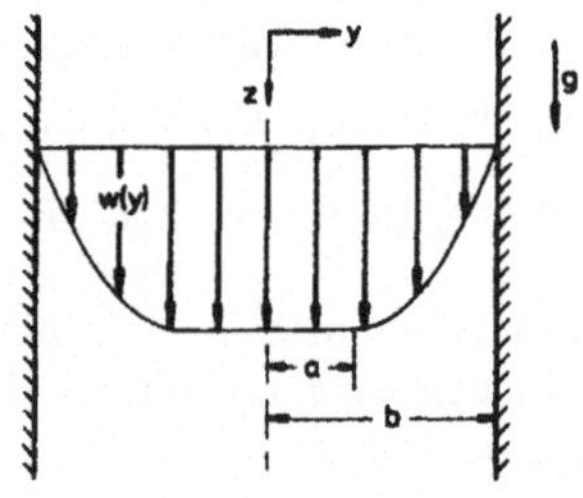

Gegeben: b, ρ, η, τ_0, g, $\frac{dp}{dz} = 0$

Bestimmen Sie unter der Annahme, daß die Strömung ausgebildet ist,

(a) den Abstand a,

(b) die Geschwindigkeitsverteilung!

4.3 Ein Ölfilm konstanter Dicke und Breite fließt eine schiefe Ebene hinunter.

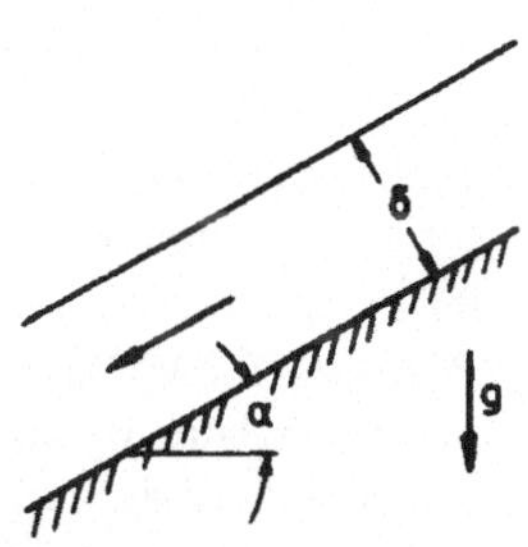

$\delta = 3 \cdot 10^3\, m \quad B = 1\, m \quad \alpha = 30°$
$\eta = 30 \cdot 10^{-3}\, \frac{Ns}{m^2} \quad \rho = 800\, \frac{kg}{m^3} \quad g = 10\, \frac{m}{s^2}$

Bestimmen Sie den Volumenstrom!

4.4 Ein Ölfilm konstanter Dicke fließt unter dem Einfluß der Erdschwere.

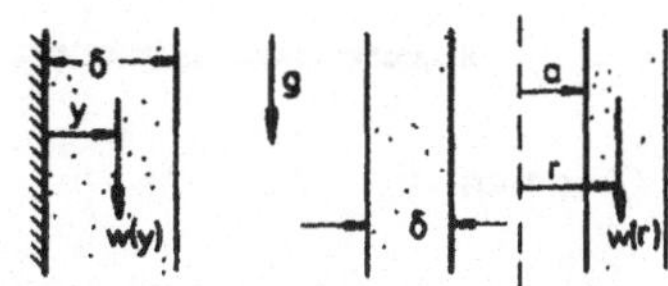

Gegeben: δ, a, ρ, η, g

Bestimmen Sie die Geschwindigkeitsverteilung im Ölfilm

(a) an einer ebenen senkrechten Wand,

(b) an einer Wand eines senkrecht stehenden Kreiszylinders!

4.5 Im Spalt zwischen zwei horizontalen Platten strömt eine Newtonsche Flüssigkeit. Die obere Platte bewegt sich mit der Geschwindigkeit u_w, die untere steht still. Der Druck nimmt in x-Richtung linear ab.

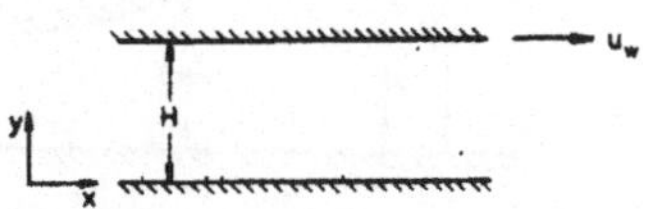

Gegeben: H, u_w, ρ, η, $\frac{dp}{dx}$

Bestimmen Sie für eine ausgebildete laminare Strömung

(a) die Geschwindigkeitsverteilung,

(b) das Verhältnis der Schubspannungen für $y = 0$ und $y = H$,

(c) den Volumenstrom für eine Plattenbreite B,

(d) die maximale Geschwindigkeit für $u_w = 0$,

(e) den Impulsstrom für $u_w = 0$,

(f) die Wandschubspannung in dimensionsloser Form für u_w

(g) Skizzieren Sie den Geschwindigkeits- und Schubspannungsverlauf für $u_w > 0, u_w = 0$ und $u_w < 0$!

4.6 Zwischen zwei koaxialen Zylindern strömt eine Newtonsche Flüssigkeit.

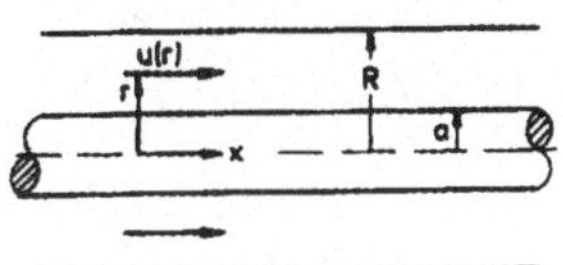

Gegeben: R, a, η, $\frac{dp}{dx}$

Bestimmen Sie für eine ausgebildete laminare Strömung

(a) die Geschwindigkeitsverteilung (Skizzieren Sie das Ergebnis!),

(b) das Verhältnis der Schubspannungen für $r = a$ und $r = R$,

(c) die mittlere Geschwindigkeit!

4.7 Ein Couette-Viskosimeter besteht aus zwei konzentrischen Zylindern der Länge L. Der Zwischenraum ist mit einer Newtonschen Flüssigkeit gefüllt. Der äußere Zylinder rotiert mit der Winkelgeschwindigkeit ω, der innere steht still. Am inneren Zylinder wird das Drehmoment M_z gemessen.

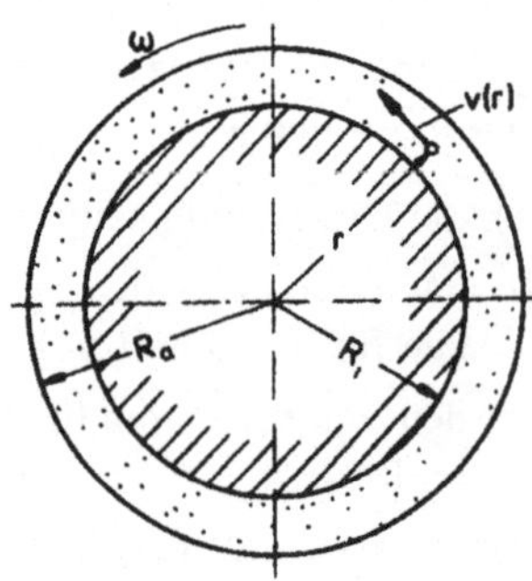

$R_a = 0,11\,m \quad R_i = 0,1\,m \quad L = 0,1\,m$
$\omega = 10\,\frac{1}{s} \quad M_z = 7,246\,10^{-3}\,Nm$

Bestimmen Sie

(a) die Geschwindigkeitsverteilung,

(b) die dynamische Zähigkeit der Flüssigkeit!

Hinweis: Die Differentialgleichungen für die Geschwindigkeits- und Schubspannungsverteilung lauten :

$\frac{d}{dr}\left[\frac{1}{r}\frac{d}{dr}(rv)\right] = 0, \quad \tau = -\eta\, r\, \frac{d}{dr}\left(\frac{v}{r}\right)$

4.8 Im Spalt zwischen zwei horizontalen Platten strömt ein Gas mit der Wärmeleitfähigkeit λ und den spezifischen Wärmen c_p und c_v. Die obere Platte bewegt sich mit der Geschwindigkeit u_w und wird auf der Temperatur T_w gehalten, die untere steht still und ist wärmeisoliert.

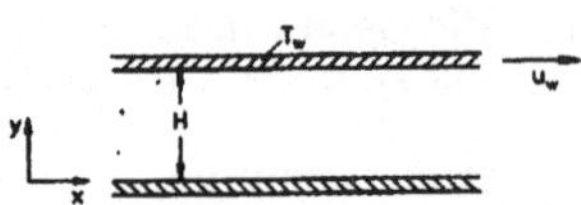

Gegeben: $u_w, \quad H, \quad T_w, \quad \frac{dp}{dx} = 0,$
$\rho, \quad \eta, \quad \lambda \quad c_p, \quad c_v$

Bestimmen Sie für eine ausgebildete laminare Strömung mit verschwindendem konvektivem Wärmestrom und für konstante Stoffwerte

(a) die Geschwindigkeits- und Temperaturverteilung,

(b) den Wärmestrom pro Fläche durch die obere Platte!

(c) Zeigen Sie, daß die Ruheenthalpie für Pr = 1 überall denselben Wert hat!

(d) Bestimmen Sie den zeitlichen Temperaturverlauf, wenn beide Platten wärmeisoliert sind und zur Zeit $t = 0$ die Temperatur im Strömungsfeld T_0 ist!

4.9 In einem Rohr strömt eine Newtonsche Flüssigkeit mit der Wärmeleitfähigkeit λ. Die Wandtemperatur wird durch Kühlung konstant gehalten.

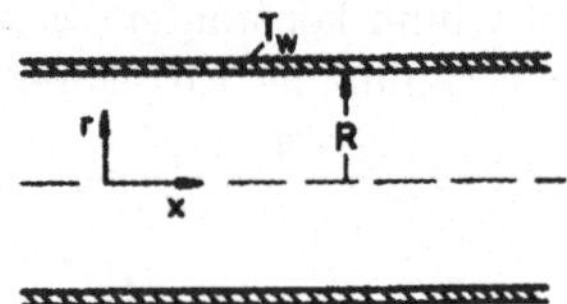

Gegeben: $R, \quad T_w, \quad \lambda, \quad \eta, \quad \frac{dp}{dx}$

(a) Leiten Sie für eine ausgebildete laminare Strömung mit verschwindendem konvektivern Wärmestrom und für konstante Stoffwerte an einem Ringelement die Differentialgleichungen für die Geschwindigkeits- und Temperaturverteilung her, und geben Sie die Randbedingungen an!

(b) Bestimmen Sie die Temperaturverteilung $\frac{T-T_w}{T_{max}-T_w}$!

4.10 Unter einem ebenen Gleitschuh bewegt sich eine Wand mit der Geschwindigkeit u_∞.

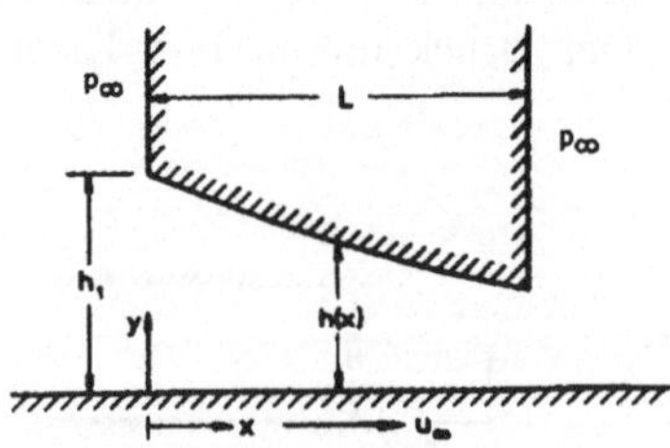

$h(x) = h_1\, e^{-\frac{x}{5L}}$ $L = 5 \cdot 10^{-2}\, m$
$h_1 = 10^{-4}\, m$ $u_\infty = 1\, \frac{m}{s}$ $\eta = 10^{-1}\, \frac{Ns}{m^2}$
$\rho = 800\, \frac{kg}{m^3}$

Bestimmen Sie

(a) die Kennzahl des Problems,

(b) den Volumenstrom pro Breite,

(c) die Druckverteilung im Spalt,

(d) die den Gleitschuh tragende Druckkraft pro Breite,

(e) den durch Lagerreibung entstehenden Leistungsverlust pro Breite t!

4.11 Leiten Sie aus dem Impulssatz

$$\frac{d\vec{I}}{dt} = \int_\tau \frac{\partial}{\partial t}(\rho\vec{v})\, d\tau + \int_A \rho\vec{v}\,(\vec{v}\vec{n})dA = \sum \vec{F}$$

für ein infinitesimal kleines Element die differentielle Form der Impulsgleichung für die x-Richtung

$$\rho\left(\frac{\partial u}{\partial t} + u\,\frac{\partial u}{\partial x} + v\,\frac{\partial u}{\partial y}\right) = -\left(\frac{\partial \sigma_{xx}}{\partial x} + \frac{\partial \tau_{xy}}{\partial y}\right)$$

her!

4.12 Die x-Komponente der an einem Volumenelement angreifenden Reibungskraft ist gegeben durch

$$\begin{aligned} F_{rx} &= \frac{\partial}{\partial x}\left[\eta\,\left(2\,\frac{\partial u}{\partial x} - \frac{2}{3}\,\nabla\cdot\vec{v}\right)\right] + \\ &+ \frac{\partial}{\partial y}\left[\eta\,\left(\frac{\partial u}{\partial y} + \frac{\partial v}{\partial x}\right)\right] + \\ &+ \frac{\partial}{\partial z}\left[\eta\,\left(\frac{\partial w}{\partial x} + \frac{\partial u}{\partial x}\right)\right.\;.\Big] \end{aligned}$$

Vereinfachen Sie diese Beziehung für ein inkompressibles Fluid konstanter Zähigkeit!

3.1.5 Rohrströmungen

5.1 Die Zähigkeit eines Öles soll mit einem Kapillarviskosimeter bestimmt werden. Dazu wird die Zeit T gemessen, in der ein kleiner Teil des Öles (Volumen τ) die Kapillare durchströmt. Nehmen Sie an, daß die Strömung bis zur Stelle I verlustfrei ist!

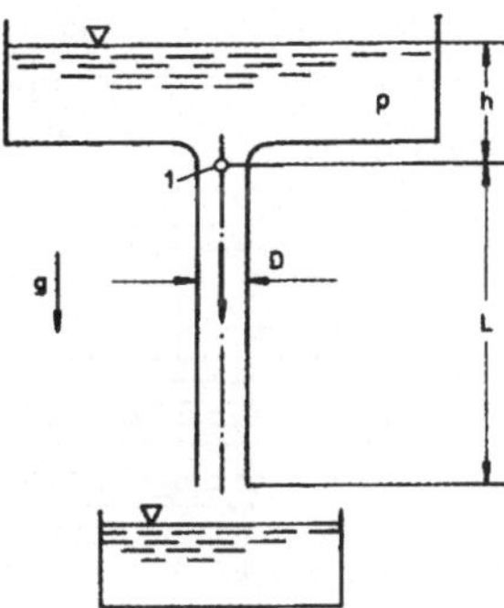

$\tau = 10\, cm^3$ $\rho = 900\, \frac{kg}{m^3}$ $L = 0,1\, m$
$h = 0,05\, m$ $D = 1\, mm$ $T = 254\, s$
$g = 10\, \frac{m}{s^2}$

5.2 Aus einem großen Behälter strömt Wasser durch ein hydraulisch glattes Rohr, an dessen Ende sich eine Düse befindet. Vor der Düse herrscht der Druck p_1. Die Reibungsverluste im Einlauf und in der Düse sind zu vernachlässigen. Nehmen Sie an, daß die Strömung im Rohr ausgebildet ist!

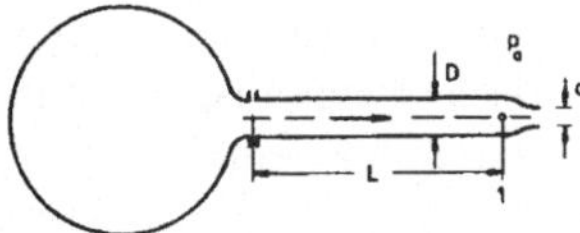

$L = 100\, m$ $D = 10^{-2}\, m$
$d = 0,5 \cdot 10^{-2}\, m$ $p_a = 10^5\, \frac{N}{m^2}$
$p_1 = 1,075 \cdot 10^5\, \frac{N}{m^2}$ $\rho = 10^3\, \frac{kg}{m^3}$
$\eta_1 = 10^{-3}\, \frac{Ns}{m^2}$

Bestimmen Sie

(a) die Geschwindigkeiten im Rohr und am Düsenaustritt,

(b) den Druck im Behälter,

(c) die Geschwindigkeit am Düsenaustritt für $L = 0$ und gleichen Behälterdruck!

5.3 Zwischen zwei Behältern, die durch 25 Rohre mit Durchmesser D_1 und 25 mit

Durchmesser D_2 verbunden sind, wird eine Druckdifferenz Δp gemessen. Der Druckverlustbeiwert eines Einlaufs ist ζ.

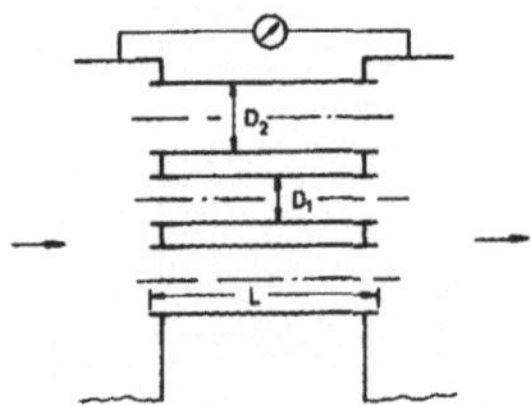

$D_1 = 0,025\,m \quad D_2 = 0,064\,m$
$L = 10\,m \quad \rho = 10^3\,\frac{kg}{m^3} \quad \lambda = 0,025$
$\Delta p = 10^5\,\frac{N}{m^2} \quad \zeta = 1$

Berechnen Sie den Volumenstrom!

5.4 In einem hydraulisch glatten Rohr, in dem eine Flüssigkeit strömt, fällt der Druck über der Länge L um Δp ab.

$L = 100\,m \quad D = 0,1\,m \quad \Delta p = 5 \cdot 10^4\,\frac{N}{m^2}$
Öl: $\eta = 10^{-1}\,\frac{Ns}{m^2} \quad \rho = 800\,\frac{kg}{m^3}$
Wasser: $\eta = 10^{-3}\,\frac{Ns}{m^2} \quad \rho = 10^3\,\frac{kg}{m^3}$

Bestimmen Sie die Durchflußgeschwindigkeiten! Hinweis: Verwenden Sie für überkritische Reynoldszahlen das Prandtlsche Widerstandsgesetz!

5.5 Durch eine hydraulisch glatte Rohrleitung wird Druckluft gefördert. Im Eintrittsquerschnitt sind der Druck p_1, die Dichte ρ_1 und die Geschwindigkeit $\bar{u}_{m1}$ bekannt.

$D = 10^{-2} m \quad p_1 = 8 \cdot 10^5\,\frac{N}{m^2} \quad \bar{u}_{m1} = 10\,\frac{m}{s}$
$\rho_1 = 10\,\frac{kg}{m^3} \quad \eta = 1,875 \cdot 10^{-5}\,\frac{Ns}{m^2}$

(a) Leiten Sie mit Hilfe des Impulssatzes folgende Beziehung her:
$\frac{dp}{dx} + \rho_1\,\bar{u}_{m1}\,\frac{d\bar{u}_m}{dx} + \frac{\lambda}{D}\,\frac{\rho}{2}\,\bar{u}_m^2 = 0$

(b) Bestimmen Sie die Länge, auf der der Druck um die Hälfte sinkt, für eine kompressible Strömung mit konstanter Temperatur und für eine inkompressible Strömung!

5.6 Die Geschwindigkeitsverteilung einer laminaren Rohrströmung wird in der Einlaufstrecke durch folgende Näherung beschrieben:

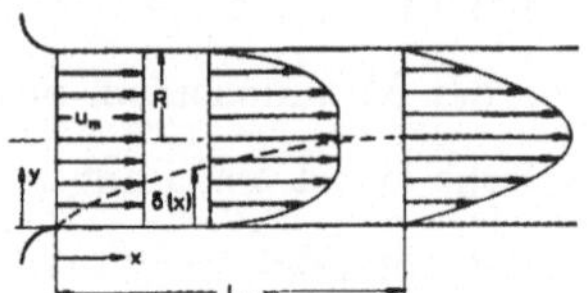

$$\frac{u}{u_m} = \frac{f\left(\frac{y}{\delta}\right)}{1 - \frac{2}{3}\frac{\delta}{R} + \frac{1}{6}\left(\frac{\delta}{R}\right)^2}$$

$$f\left(\frac{y}{\delta}\right) = \begin{cases} 2\,\frac{y}{\delta} - \left(\frac{y}{\delta}\right)^2 & 0 \le y \le \delta(x) \\ 1 & \delta(x) \le y \le R \end{cases}$$

Gegeben: u_m, R, ρ, η

Bestimmen Sie im Anfangsquerschnitt, am Ende der Einlaufstrecke und für $\frac{\delta}{R} = 0,5$

(a) den Impulsstrom,

(b) die Wandschubspannung!

5.7 Durch ein hydraulisch glattes Rohr mit einer unstetigen Erweiterung fließt Wasser ins Freie.

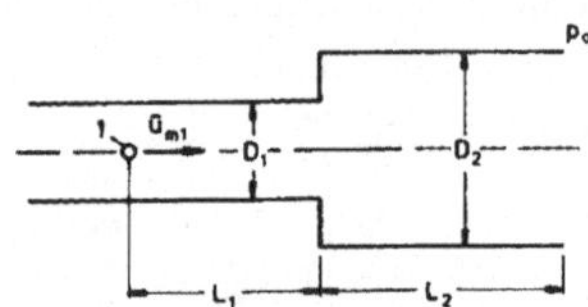

$D = 0,02\,m \quad D_2 = 0,04\,m \quad L = 0,2\,m$
$\bar{u}_{m1} = 0,5\,\frac{m}{s} \quad \rho = 10^3\,\frac{kg}{m^3} \quad \eta = 10^{-3}\,\frac{Ns}{m^2}$

(a) Bei welcher Länge L_2 verschwindet die Druckdifferenz $p_1 - p_a$?

(b) Wie groß ist der entsprechende Druckverlust?

Hinweis: Nehmen Sie an, daß die Wandschubspannung auch im erweiterten Rohr mit den Gesetzen der ausgebildeten Rohrströmung berechnet werden kann!

5.8 Die Zuleitung eines Springbrunnens besteht aus vier geraden Rohrstücken der Gesamtlänge L, zwei Krümmern (Verlustbeiwert ζ_K) und einem Ventil (ζ_V).

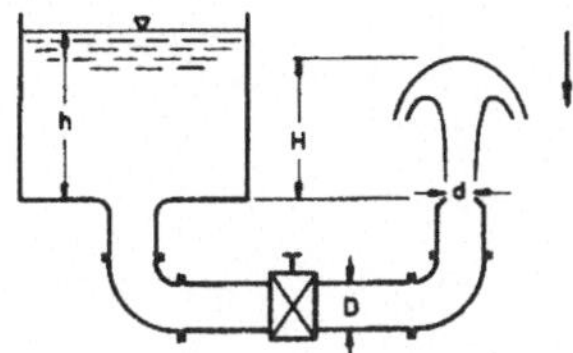

$h = 10\,m \quad D = 0,05\,m \quad L = 4\,m$
$\zeta_K = 0,25 \quad \zeta_V = 4,5 \quad \lambda = 0,025$

Bestimmen Sie für verlustbehaftete und verlustfreie Strömung den Volumenstrom und die Höhe H für

(a) $d = \frac{D}{2}$,

(b) $d = D$!

Hinweis: Nehmen Sie an, daß die Strömung in der Düse und im Einlauf verlustfrei und in den Rohrstücken ausgebildet ist!

5.9 In einem hydraulisch glatten Rohr strömt Wasser.

$D = 0,1\,m \quad Re = 10^5 \quad \rho = 10^3\,\frac{kg}{m^3}$
$\eta = 10^{-3}\,\frac{Ns}{m^2}$

Bestimmen Sie

(a) die Wandschubspannung,

(b) das Verhältnis der Geschwindigkeiten $\frac{\bar{u}_m}{\bar{u}_{max}}$,

(c) die Geschwindigkeit für $\frac{y\,u_*}{\nu} = 5$ und für $\frac{y\,u_*}{\nu} = 50$,

(d) den Mischungsweg für $\frac{y\,u_*}{\nu} = 100$!

5.10 Die Geschwindigkeitsverteilung einer turbulenten Rohrströmung wird durch den Ansatz $\frac{\bar{u}_m}{\bar{u}_{max}} = \left(\frac{y}{R}\right)^{\frac{1}{7}}$ näherungsweise dargestellt.

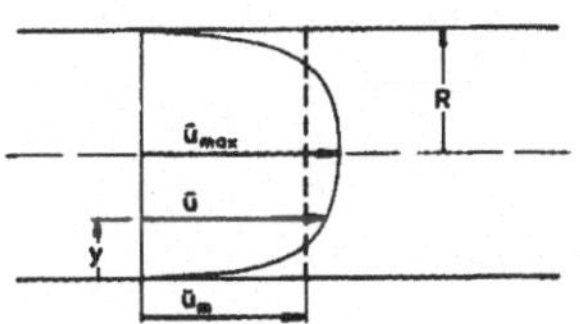

Bestimmen Sie

(a) das Verhältnis der Geschwindigkeiten $\frac{\bar{u}_m}{\bar{u}_{max}}$,

(b) das Verhältnis der Impulsströme $\frac{\dot{I}}{\rho\,\bar{u}_m^2\,\pi R^2}$!

5.11 Eine Pumpe fördert Wasser durch ein rauhes Rohr (Sandrauhigkeit k_s) von der Höhe h_1 auf die Höhe h_2.

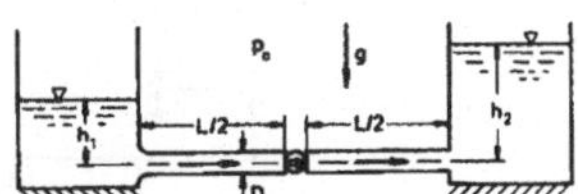

$\dot{Q} = 0,63\,\frac{m^3}{s} \quad h_1 = 10\,m \quad h_2 = 20\,m$
$L = 20\,km \quad D = 1\,m \quad k_s = 2\,mm$
$\rho = 10^3\,\frac{kg}{m^3} \quad \nu = 10^{-6}\,\frac{m^2}{s} \quad p_a = 10^5\,\frac{N}{m^2}$
$g = 10\,\frac{m}{s^2}$

(a) Skizzieren Sie den Verlauf des statischen Druckes längs der Rohrachse! Bestimmen Sie

(b) den Druck am Pumpeneintritt,

(c) den Druck am Pumpenaustritt,

(d) die Nutzleistung der Pumpe!

5.12 In einer ausgebildeten Rohrströmung mit Volumenstrom $\dot{Q}$ wird über L der Druckabfall Δp gemessen.

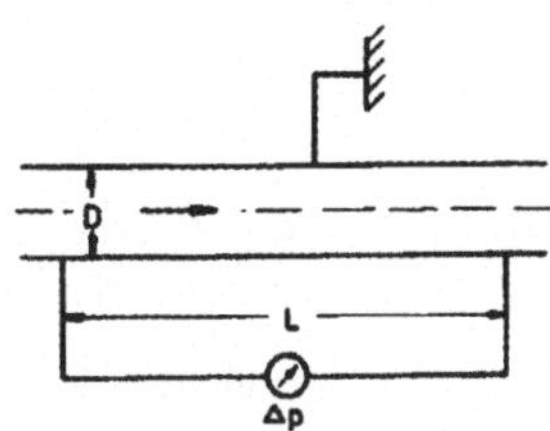

$\dot{Q} = 0,393\,\frac{m^3}{s}$ $L = 100\,m$ $D = 0,5\,m$
$\Delta p = 12820\,\frac{N}{m^2}$ $\rho = 900\,\frac{kg}{m^3}$
$\eta = 5 \cdot 10^{-3}\,\frac{Ns}{m^2}$

Bestimmen Sie

(a) den Rohrreibungsbeiwert,

(b) die äquivalente Sandrauhigkeit des Rohres,

(c) die Wandschubspannung und die Haltekraft!

(d) Wie groß wäre der Druckabfall in einem hydraulisch glatten Rohr?

5.13 Durch ein rauhes Rohr mit gut gerundetem Einlauf soll Luft mit Hilfe eines Gebläses gefördert werden.

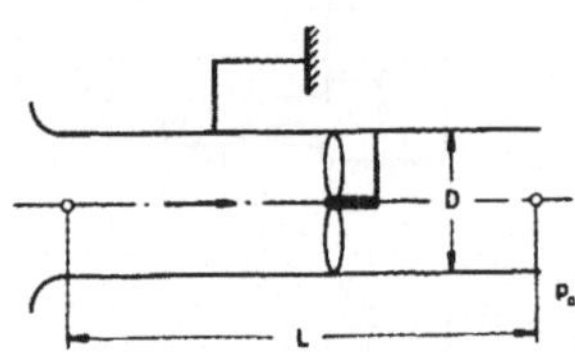

$L = 200\,m$ $k_s = 1\,mm$

Bestimmen Sie für sehr große Reynolds-Zahlen das Verhältnis der Gebläseleistungen für die Durchmesser $D = 0,1m$ und $D = 0,2m$ bei gleichem Volumenstrom!

5.14 In einem Kanal mit quadratischem Querschnitt wird Wasser durch ein Bündel von 100 Rohren geleitet.

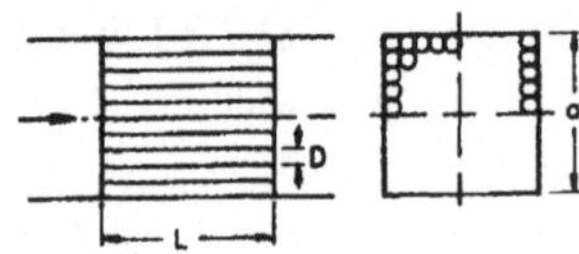

$\dot{Q} = 0,01\,\frac{m^3}{s}$ $L = 0,5\,m$ $a = 0,1\,m$
$D = 0,01\,m$ $\rho = 10^3\,\frac{kg}{m^3}$ $\eta = 10^{-3}\,\frac{Ns}{m^2}$

Auf welcher Länge des Kanals entsteht der gleiche Druckverlust wie im Rohrbündel?

5.15 Ein Gerinne mit quadratischem Querschnitt ist um den Winkel α geneigt.

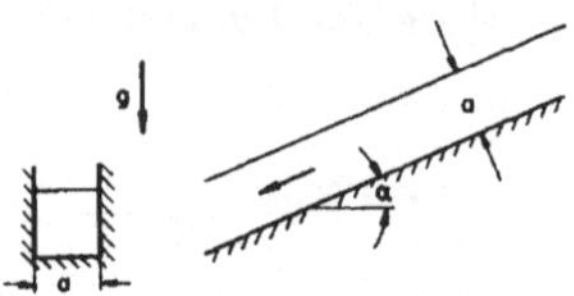

$\dot{Q} = 3 \cdot 10^{-4}\,\frac{m^3}{s}$ $a = 0,05\,m$ $\rho = 10\,\frac{kg}{m^3}$
$\eta = 10^{-3}\,\frac{Ns}{m^2}$ $g = 10\,\frac{m}{s^2}$

Bestimmen Sie den Neigungswinkel und den Druckverlust pro Länge!

3.1.6 Ähnliche Strömungen

6.1 Leiten Sie aus der Impulsgleichung für die x-Richtung

$$\rho\left(\frac{\partial u}{\partial t} + u\,\frac{\partial u}{\partial x} + v\,\frac{\partial u}{\partial y}\right) = -\frac{\partial p}{\partial x} + \eta\left(\frac{\partial^2 u}{\partial x^2} + \frac{\partial^2 u}{\partial y^2}\right)$$

dimensionslose Kennzahlen her!

6.2 In hydraulisch glatten Rohren mit unterschiedlichen Längen und Durchmessern wird der Druckverlust für verschiedene Geschwindigkeiten, Dichten und Zähigkeiten gemessen. Die Strömung ist ausgebildet, inkompressibel und stationär.

Wie lassen sich die Meßergebnisse in einer Kurve darstellen?

6.3 Ein hydraulisch glattes Rohr wird von einer Flüssigkeit stationär durchströmt. Die Strömung ist laminar und ausgebildet.

(a) Leiten Sie aus dem Ansatz $\dot{Q} = \left(\frac{\Delta p}{L}\right)^{\alpha}\,\eta^{\beta}\,D^{\gamma}$ mit der Dimensionsanalyse das Gesetz von Hagen-Poisseuille her!

(b) Zeigen Sie, daß der Rohrreibungsbeiwert umgekehrt proportional zur Reynolds-Zahl ist!

6.4 Wie verhalten sich die Widerstände zweier Kugeln verschiedenen Durchmessers bei gleichen Reynolds-Zahlen, wenn die eine mit Luft und die andere mit Wasser angeströmt wird und der Widerstandsbeiwert nur von der Reynolds Zahl abhängt?

$\frac{\rho_L}{\rho_w} = 0,125 \cdot 10^{-2} \quad \frac{\eta_L}{\eta_w} = 1,875 \cdot 10^{-2}$

6.5 In einer inkompressiblen Strömung um einen Kreiszylinder hängt die Wirbelablösefrequenz von Durchmesser, Anströmgeschwindigkeit, Dichte und Zähigkeit ab.

Bestimmen Sie mit Hilfe der Dimensionsanalyse die Kennzahlen!

6.6 In Wärmetauschern können Rohre infolge der Queranströmung zu Schwingungen angeregt werden. Es ist bekannt, daß beim quer angeströmten Zylinder die Strouhal-Zahl für $200 \leq Re \leq 10^5$ konstant ist.

$D = 0,1\,m \quad v = 1\,\frac{m}{s} \quad v' = 3\,\frac{m}{s}$
$\nu = 10^{-6}\,\frac{m^2}{s} \quad \nu' = 1,5 \cdot 10^{-5}\,\frac{m^2}{s}$

Bestimmen Sie

(a) den Mindestdurchmesser des Modellzylinders,

(b) die Anregungsfrequenz f, wenn beim kleinsten Modell $f' = 600\frac{1}{s}$ ist!

6.7 Die zur Überwindung des Luftwiderstandes erforderliche Leistung eines Kraftwagens mit quadratischer Stirnfläche A soll in einem Windkanalversuch ermittelt werden. Der Querschnitt des Modells darf aus meßtechnischen Gründen A_m nicht überschreiten.

$A = 4\,m^2 \quad A_m = 0,6\,m^2 \quad v = 30\,\frac{m}{s}$

(a) Welche Windgeschwindigkeit werden Sie bei den Modellmessungen wählen?

(b) Bestimmen Sie die erforderliche Leistung, wenn beim größten Modell der Widerstand $F' = 810\,N$ gemessen wird!

6.8 Ein Modell eines Ventils wird von Wasser (Volumenstrom $\dot{Q}'$) durchströmt. Zwischen Ein- und Austritt wird die Druckdifferenz $\Delta p'$ gemessen. Das Ventil soll in einer Luftleitung verwendet werden.

$A = 0,18\,m^2 \quad A' = 0,02\,m^2$
$\rho = 1,25\,\frac{kg}{m^3} \quad \rho' = 10^3\,\frac{kg}{m^3}$
$\eta = 1,875 \cdot 10^{-5}\,\frac{Ns}{m^2} \quad \eta' = 10^3\,\frac{Ns}{m^2}$
$\dot{Q}' = 0,2\,\frac{m^3}{s} \quad \Delta p' = 1,58 \cdot 10^5\,\frac{N}{m^2}$

(a) Bei welchem Volumenstrom sind die Strömungen durch Modell und Hauptausführung ähnlich?

(b) Welche Druckdifferenz zwischen Ein- und Austritt stellt sich im Ventil ein?

6.9 Ein Axialgebläse (Durchmesser D, Drehzahl n) soll für Luft ausgelegt werden. In einem Modellversuch mit Wasser (Verkleinerungsmaßstab 1:4) wird der Anstieg des Gesamtdruckes $\Delta p_0'$ gemessen.

$\dot{Q} = 30\,\frac{m^3}{s} \quad D = 1\,m \quad n = 12,5\,\frac{1}{s}$
$\rho = 1,25\,\frac{kg}{m^3} \quad \eta = 1,875 \cdot 10^{-5}\,\frac{Ns}{m^2}$
$\rho' = 10^3\,\frac{kg}{m^3} \quad \eta' = 10^{-3}\,\frac{Ns}{m^2}$
$\Delta p_0' = 0,3 \cdot 10^5\,\frac{N}{m^2}$

Bestimmen Sie

(a) den Volumenstrom und die Drehzahl während des Versuchs,

(b) die Gesamtdruckänderung des Gebläses,

(c) Antriebsleistung und Drehmoment für Modell und Hauptausführung!

6.10 Die Leistung eines Flugzeugpropellers soll für die Fluggeschwindigkeit v in einem Windkanalversuch (Modellmaßstab 1:4) bestimmt werden. In der Meßstrecke kann die Geschwindigkeit zwischen 0 und 300 $\frac{m}{s}$, der Druck zwischen $0,5 \cdot 10^5\,\frac{N}{m^2}$ und $5 \cdot 10^5\,\frac{N}{m^2}$ und die Temperatur zwischen 250 K und 300 K variiert werden. Die Zähigkeit der Luft wird durch die Beziehung $\frac{\eta}{\eta_{300K}} = \left(\frac{T}{300K}\right)^{0,75}$ dargestellt.

$D = 1\,m \quad n = 100\,\frac{1}{s} \quad v = 200\,\frac{m}{s}$
$T = 300\,K \quad R = 287\,\frac{Nm}{kg\,K} \quad \kappa = 1,4$
$p = 10^5\,\frac{N}{m^2}$

(a) Bestimmen Sie einen Betriebspunkt (v', p', T') so, daß die Meßergebnisse auf die Hauptausführung übertragen werden können!

(b) Welche Drehzahl muß im Versuch eingestellt werden?

(c) Bestimmen Sie die Leistung, wenn im Versuch die Leistung P' ermittelt wird!

6.11 Vor dem Bau eines Tankschiffes soll ein Modellversuch (Maßstab 1 : 100) im Schleppkanal durchgeführt werden.

(a) Wie groß müsste das Verhältnis der kinematischen Zähigkeit $\frac{\nu'}{\nu}$ sein?

(b) Wie groß muß die Schleppgeschwindigkeit in Wasser sein, wenn der Luftwiderstand vernachlässigt und nur der Wellenwiderstand oder nur der Reibungswiderstand berücksichtigt werden?

6.12 Am Ufer eines Flusses liegt ein Anlegeponton. Es soll ein Versuch mit einem Modell im Maßstab 1 : 16 durchgeführt werden.

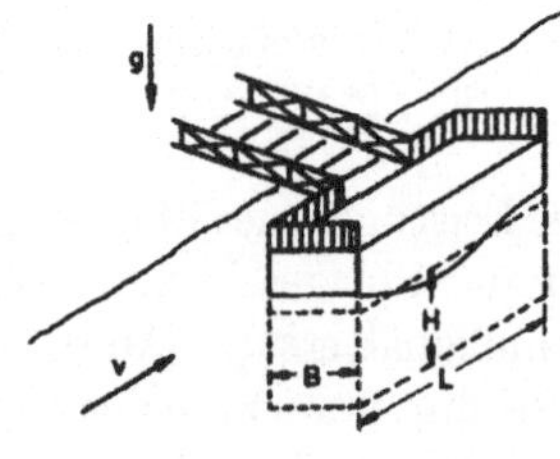

$L = 3,6\,m \quad B = 1,2\,m \quad H = 2,7\,m$
$v = 3\,\frac{m}{s} \quad F'_w = 4\,N \quad h' = 2,5\,cm$
$\rho = 10^3\,\frac{kg}{m^3}$

Bestimmen Sie

(a) die Strömungsgeschwindigkeit im Modellversuch,

(b) die Kraft auf den Ponton, wenn im Versuch die Kraft F' gemessen wird,

(c) den Widerstandsbeiwert des Pontons,

(d) die zu erwartende Wellenhöhe h an der Anströmseite des Pontons, wenn am Modell die Höhe h' gemessen wird!

6.13 In einer Raffinerie strömt Öl durch eine horizontale Leitung, an deren Anfang der Druck p_0 herrscht, in ein Reservoir mit dem Druck p_R. Am Ende der Leitung ist ein Ventil angebracht, das im Notfall die Leitung in der Zeit T absperrt. In einem Modellversuch mit Wasser (Verkleinerungsmaßstab 1 : 10) wird während des Schließvorgangs vor dem Ventil der maximale Druck p'_{max} gemessen.

$p = 1,5 \cdot 10^5\,\frac{N}{m^2} \quad p_R = p'_R = 10^5\,\frac{N}{m^2}$
$\rho = 880\,\frac{kg}{m^3} \quad \rho' = 10^3\,\frac{kg}{m^3}$
$\eta = 10^{-1}\,\frac{Ns}{m^2} \quad \eta' = 10^{-3}\,\frac{Ns}{m^2}$
$T = 0,5\,s \quad p'_{max} = 1,05 \cdot 10^5\,\frac{N}{m^2}$

Bestimmen Sie

(a) den Druck p'_0 und die Schließzeit im Modellversuch,

(b) den maximalen Druck in der Hauptausführung!

6.14 In einer Erdölleitung (Durchmesser D) soll der Volumenstrom mit einer Meßdrossel (Durchmesser d) ermittelt werden. In einem Modellversuch mit Wasser (Verkleinerungsmaßstab 1 : 10) wird an der Meßdrossel ein Wirkdruck $\Delta p'$ und ein Druckverlust $\Delta p'_v$ gemessen.

$\dot{Q} = 1\,\frac{m^3}{s} \quad D = 1\,m \quad d = 0,4\,m$
$\rho = 800\,\frac{kg}{m^3} \quad \eta = 10^{-1}\,\frac{Ns}{m^2}$
$\rho' = 10^3\,\frac{kg}{m^3} \quad \eta' = 10^{-3}\,\frac{Ns}{m^2}$
$\Delta p'_w = 500\,\frac{N}{m^2} \quad \Delta p_v = 400\,\frac{N}{m^2}$

Bestimmen Sie

(a) die Strömungsgeschwindigkeit und den Volumenstrom im Modellversuch,

(b) die Durchflußzahl und die Verlustziffer der Meßdrossel,

(c) den Wirkdruck und den Druckverlust in der Hauptausführung!

3.1.7 Potentialströmungen inkompressibler Flüssigkeiten

7.1 Ein Wirbelsturm hat folgende Geschwindigkeitsverteilung:

$$v_\theta(r) = \begin{cases} \omega\, r & r \le r_0 \\ \frac{\omega\, r_0^2}{r} & r > r_0 \end{cases} \qquad v_r = 0$$

$r_0 = 10\,m \quad \omega = 10\,\frac{1}{s}$
$H = 100\,m \quad \rho = 1,25\,\frac{kg}{m^3}$

(a) Skizzieren Sie $v_\theta(r)$!

(b) Bestimmen Sie die Zirkulation auf einem Kreis um den Ursprung für $r < r_0$, $r = r_0$ und $r > r_0$!

(c) Zeigen Sie, daß für $r > r_0$ die Strömung drehungsfrei ist!

(d) Wie groß ist die kinetische Energie innerhalb eines Zylinders mit Radius $R = 2\,r_0$ und Höhe H?

7.2 (a) Wie sind für zweidimensionale Strömungen Potential und Stromfunktion definiert? Unter welchen Voraussetzungen existieren sie?

(b) In welchem Zusammenhang stehen $\nabla \cdot \vec{v}$ und $\nabla^2\,\Phi \quad \nabla$ x $\vec{v}$ und $\nabla^2\,\Psi$?

7.3 Überprüfen Sie, ob für folgende Geschwindigkeitsfelder Stromfunktion und Potential existieren!

(a) $u = x^2\,y \quad v = y^2\,x$

(b) $u = x \quad v = y$

(c) $u = y \quad v = -x$

(d) $u = y \quad v = x$

Bestimmen Sie Stromfunktion und Potential!

7.4 Eine ebene Strömung wird durch die Stromfunktion $\Psi = \left(\frac{U}{L}\right) xy$ beschrieben. Im Punkt $x_{ref} = 0$, $y_{ref} = 1\,m$ beträgt der Druck $p_{ref} = 10^5\,\frac{N}{m^2}$

$U = 2\,\frac{m}{s} \quad L = 1\,m \quad \rho = 10^3\,\frac{kg}{m^3}$

(a) Überprüfen Sie, ob die Strömung ein Potential besitzt!

Bestimmen Sie

(b) die Staupunkte, den Druckbeiwert und die Isotachen,

(c) Geschwindigkeit und Druck für $x_1 = 2\,m, \quad y_1 = 2\,m$,

(d) die Koordinaten eines Teilchens, das zur Zeit $t = 0$ den Punkt $x_1, \quad y_1$ durchläuft, für die Zeit $t = 0,5\,s$,

(e) die Druckdifferenz zwischen diesen beiden Punkten!

(f) Skizzieren Sie die Stromlinien!

7.5 Gegeben ist das Potential $\Phi = yx^2 - \frac{y^3}{3}$.

(a) Bestimmen Sie die Geschwindigkeitskomponenten und überprüfen Sie, ob die Stromfunktion existiert!

(b) Skizzieren Sie die Stromlinien!

7.6 Bestimmen Sie für die Geschwindigkeitsfelder

$v_r = \frac{c}{r} \quad v_\theta = 0$ und $v_r = 0 \quad v_\theta = \frac{c}{r}$

(a) ∇ x $\vec{v}$ und $\nabla \cdot \vec{v}$,

(b) Potential und Stromfunktion,

(c) die Zirkulation längs einer Kurve um den Ursprung!

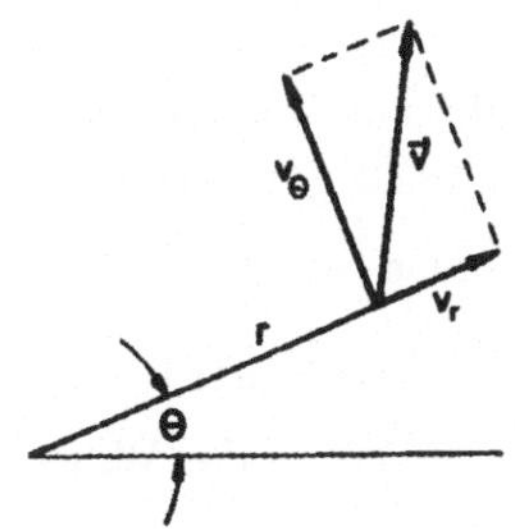

Hinweis: In ebenen Polarkoordinaten gelten folgende Beziehungen:

$$v_r = \frac{\partial\Phi}{\partial r} = \frac{1}{r}\frac{\partial\Psi}{\partial\theta} \quad v_\theta = \frac{1}{r}\frac{\partial\Phi}{\partial\theta} = -\frac{\partial\Psi}{\partial r}$$
$$\nabla\cdot\vec{v} = \frac{1}{r}\frac{\partial(r\,v_r)}{\partial r} + \frac{1}{r}\frac{\partial v_\theta}{\partial\theta}$$
$$\nabla \times \vec{v} = \left(\frac{1}{r}\frac{\partial(r\,v_\theta)}{\partial r} - \frac{1}{r}\frac{\partial v_r}{\partial\theta}\right)\vec{k}$$

7.7 Gegeben ist die Stromfunktion
$\Psi(r,0) = \frac{1}{n}\,r^n\,\sin(n\,\theta)$.

(a) Skizzieren Sie die Stromlinien für $n = 0,5$; $n = 1$ und $n = 2$!

(b) Bestimmen Sie den Druckbeiwert im Punkt $x = 0$, $y = 0$, wenn im Punkt $x_{ref} = 1$, $y_{ref} = 1$ Druck und Geschwindigkeit bekannt sind!

7.8 In einem großen Becken befindet sich ein Abfluß. Die Strömung außerhalb des Abflusses ($r > R_0$) kann durch Überlagerung einer ebenen Senke mit einem Potentialwirbel dargestellt werden. Für $r = R_0$ sind der Einströmwinkel α und die Wassertiefe h_0. Der Volumenstrom des abfließenden Wassers ist $\dot{Q}$.

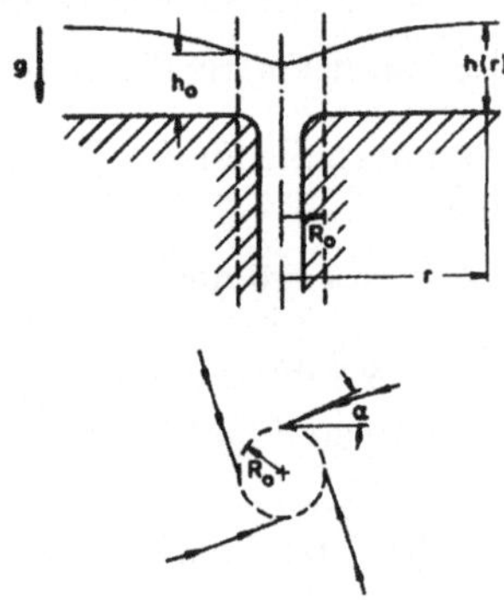

$R_0 = 0,03\,m \quad h_0 = 0,02\,m \quad g = 10\,\frac{m}{s^2}$
$\dot{Q} = 0,5\cdot 10^{-3}\,\frac{m^3}{s} \quad \alpha = 30°$

Bestimmen Sie

(a) die Zirkulation Γ

(b) den Verlauf der Wasseroberfläche $h(r)$ für $r \geq R_0$,

(c) die Wassertiefe in großer Entfernung vom Abfluß!

Hinweis: Das Schluckvermögen der Senke ist an der Stelle $r = R_0$ zu bestimmen!

7.9 Ein ebener Halbkörper mit der Breite $2h$ wird mit der Geschwindigkeit u_∞ angeströmt.

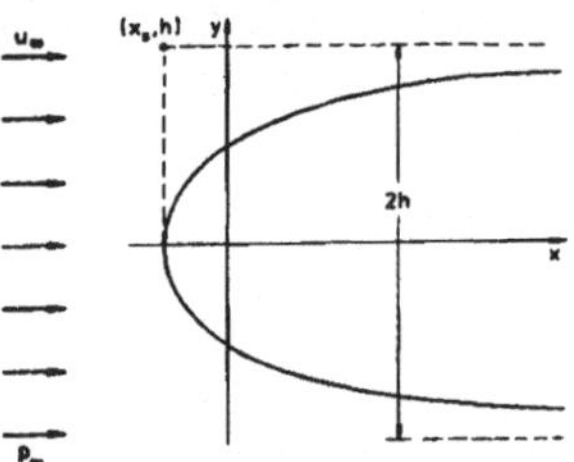

Bestimmen Sie

(a) den Staupunkt und die Geschwindigkeit im Punkt $x = x_s$, $y = h$,

(b) die Kontur des Halbkörpers,

(c) die Druckverteilung auf der Kontur,

(d) die Isobaren,

(e) die Kurve, auf der der Druck um $\frac{\varrho}{4}\,u_\infty^2$ größer ist als der Druck p_∞ in der Anströmung,

(f) die Isotachen,

(g) das Gebiet, in dem die Geschwindigkeitskomponente v größer ist als $\frac{u_\infty}{2}$,

(h) die Kurve, auf der die Stromlinien unter 45° geneigt sind,

(i) die maximale Verzögerung, die ein auf der x-Achse strömendes Teilchen zwischen $x = -\infty$ und dem Staupunkt erfährt!

7.10 Gegeben ist die Stromfunktion
$\Psi = u_\infty\,y\left(1 - \frac{R^2}{x^2+y^2}\right)$.

(a) Skizzieren Sie die Stromlinien für $x^2 + y^2 \geq R^2$!

Bestimmen Sie

(b) die Druckverteilung auf der Kontur $\Psi = 0$,

(c) die Zeit, in der ein Teilchen vom Punkt $x = -3\,R$, $y = 0$ zum Punkt $x = 2\,R$, $y = 0$ gelangt!

7.11 Ein Kreiszylinder mit Radius R wird senkrecht zu seiner Achse mit der Geschwindigkeit u_∞ angeströmt; die Achse liegt im Koordinatenursprung.

Bestimmen Sie

(a) die Kurve, auf der der Druck gleich dem Druck p_∞ in der Anströmung ist,

(b) die Druckverteilung auf einem Kreis um den Koordinatenursprung mit dem Radius $2R$!

7.12 Die Druckdifferenz Δp zwischen zwei Bohrungen auf einem quer angeströmten Kreiszylinder ist ein Maß für den Winkel ϵ zwischen Anströmrichtung und Symmetrieachse.

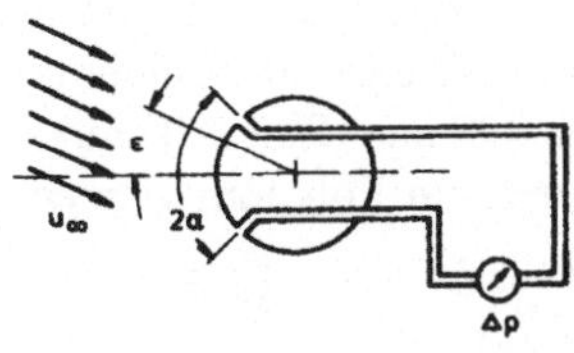

(a) Wie hängt die Druckdifferenz vom Anströmwinkel ab?

(b) Bei welchem Winkel α wird Δp für jedes ϵ am größten?

7.13 Ein Brückenpfeiler mit kreisfärmigem Querschnitt wird mit der Geschwindigkeit u_∞ angeströmt. Weit vor dem Pfeiler beträgt die Wassertiefe h_∞.

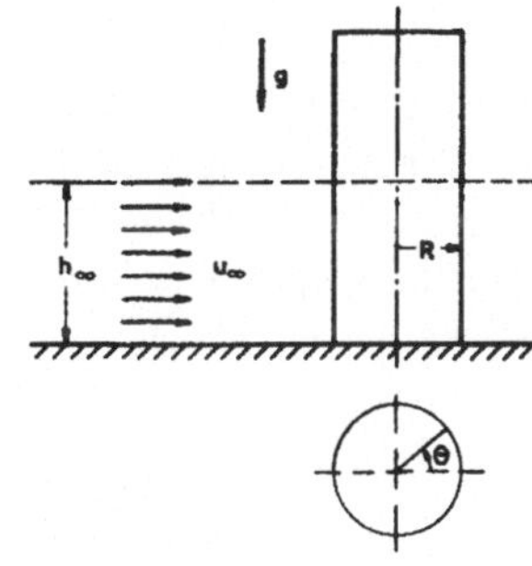

$u_\infty = 1\,\frac{m}{s}$ $\quad h_\infty = 6\,m$ $\quad R = 2\,m$
$\rho = 10^3\,\frac{kg}{m^3}$ $\quad g = 10\,\frac{m}{s^2}$

Bestimmen Sie

(a) die Höhe des Wasserspiegels an der Pfeilerwand als Funktion von θ,

(b) die Höhe des Wasserspiegels in den Staupunkten,

(c) die geringste Wassertiefe über Grund!

Hinweis: Nehmen Sie an, daß die Strömung eben ist!

7.14 Das Dach (Gewicht G) einer Halle der Länge L mit halbkreisförmigem Querschnitt liegt frei auf den Wänden auf. Bis auf eine kleine Öffnung auf der dem Wind zugewandten Seite ist die Halle geschlossen.

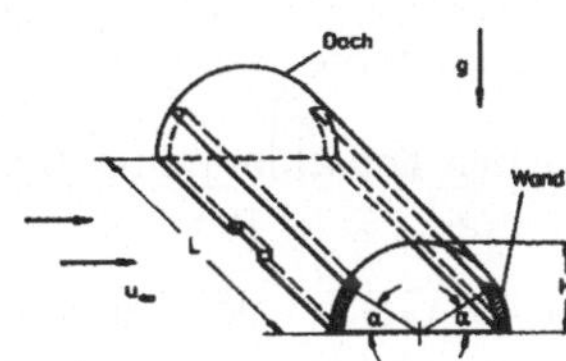

$L = 100\,m$ $\quad H = 10\,m$ $\quad G = 10^7\,N$
$\alpha = 45°$ $\quad u_\infty = 50\,\frac{m}{s}$ $\quad \rho = 1,25\,\frac{kg}{m^3}$

Untersuchen Sie, ob das Dach verankert werden muß!

Hinweis: Nehmen Sie an, daß die Strömung eben ist!

7.15 Ein rotierender Kreiszylinder der Länge L wird mit der Geschwindigkeit u_∞ senkrecht zur Achse angeströmt. An der Oberfläche ist der durch die Rotation des Zylinders hervorgerufene Anteil der Umfangsgeschwindigkeit gleich v_t.

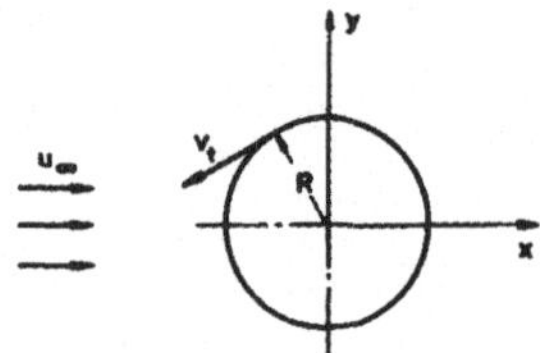

(a) Bestimmen Sie die Zirkulation!

(b) Diskutieren Sie das Strömungsfeld für $v_t = u_\infty$!

(c) Berechnen Sie die Kraft auf den Zylinder!

3.1.8 Grenzschichten

8.1 Zeigen Sie, daß der Widerstandsbeiwert der längs angeströmten ebenen Platte für eine laminare Grenzschicht proportional $\frac{1}{\sqrt{Re_L}}$ ist!

8.2 Eine ebene Platte wird parallel zur Oberfläche mit Luft angeströmt.

$u_\infty = 45\ \frac{m}{s} \quad \nu = 1,5 \cdot 10^{-5}\ \frac{m^2}{s}$

Bestimmen Sie

(a) den Umschlagpunkt für $Re_{krit} = 5 \cdot 10^5$,

(b) die Geschwindigkeit im Punkt $x = 0,1m, \quad y = 2{\cdot}10^{-4}m$ mit Hilfe der Blasius Lösung! Bei welcher Koordinate y wird für $x = 0,15\ m$ die gleiche Geschwindigkeit erreicht?

Skizzieren Sie

(c) den Verlauf der Grenzschichtdicke $\delta(x)$ und je ein Geschwindigkeitsprofil für $x < x_{krit}$ und $x > x_{krit}$,

(d) die Wandschubspannung als Funktion von x für $\frac{dp}{dx} < 0$, $\frac{dp}{dx} = 0$ und $\frac{dp}{dx} > 0$!

8.3 Eine ebene Platte wird parallel zur Oberfläche mit Wasser angeströmt.

Stellen Sie für eine laminare Grenzschicht die Impulsverlustdicke als Integral der Wandschubspannung $-\int_0^x \frac{\tau(x,y=0)}{\rho\, u_\infty^2}\, dx'$ dar!

8.4 Eine ebene Platte (Länge L, Breite B) wird parallel zur Oberfläche mit Luft angeströmt.

$u_\infty = 10\ \frac{m}{s} \quad L = 0,5\ m \quad B = 1\ m$
$\rho = 1,25\ \frac{kg}{m^3} \quad \nu = 1,5 \cdot 10^{-5}\ \frac{m^2}{s}$

(a) Skizzieren Sie Geschwindigkeitsprofile $u(y)$ für verschiedene x!

(b) Geben Sie die Randbedingungen für die Grenzschichtgleichungen an!

(c) Skizzieren Sie die Schubspannungsvertellung $\tau(y)$ an einer Stelle x!

(d) Berechnen Sie die Grenzschichtdicke am Ende der Platte und den Widerstand!

8.5 Das Geschwindigkeitsprofil in der laminaren Grenzschicht einer längs angeströmten ebenen Platte (Länge L) läßt sich durch ein Polynom vierten Grades

$\frac{u}{u_\infty} = a_0 + a_1\left(\frac{y}{\delta}\right) + a_2\left(\frac{y}{\delta}\right)^2 + a_3\left(\frac{y}{\delta}\right)^3 + a_4\left(\frac{y}{\delta}\right)^4$

annähern.

(a) Bestimmen Sie die Koeffizienten des Polynoms!

(b) Zeigen Sie die Gültigkeit folgender Beziehungen

$$\frac{\delta_1}{\delta} = \frac{3}{10},$$
$$\frac{\delta_2}{\delta} = \frac{37}{315},$$
$$\frac{\delta}{x} = \frac{5,84}{\sqrt{Re_x}},$$
$$c_w = \frac{1,371}{\sqrt{Re_L}}$$

8.6 Das Geschwindigkeitsprofil in der laminaren Grenzschicht einer längs angeströmten ebenen Platte (Länge L) wird angenähert durch

A) ein Polynom dritten Grades
$\frac{u}{u_\infty} = \frac{3}{2}\left(\frac{y}{\delta}\right) - \frac{1}{2}\left(\frac{y}{\delta}\right)^3$ und

B) einen Sinusansatz
$\frac{u}{u_\infty} = \sin\left(\frac{\pi}{2}\frac{y}{\delta}\right)$.

(a) Bestimmen Sie δ_1, δ_2, δ und c_w!

(b) Berechnen Sie für
$u_\infty = 1\,\frac{m}{s}$ $L = 0,5\,m$ $B = 1\,m$
$\rho = 10^3\,\frac{kg}{m^3}$ $\nu = 10^{-6}\,\frac{m^2}{s}$

die Grenzschichtdicke am Plattenende und den Widerstand!

3.1.9 Widerstand

9.1 Zwei hintereinander angeordnete ebene Platten werden mit der Geschwindigkeit u_∞ längs angeströmt.

$u_\infty = 1\,\frac{m}{s}$ $L = L_1 + L_2 = 0,36\,m$
$B = 1\,m$ $\rho = 10^3\,\frac{kg}{m^3}$ $\nu = 10^{-6}\,\frac{m^2}{s}$

Bestimmen Sie

(a) die Haltekräfte F_1 und F_2 für $L_1 = L_2$,

(b) die Längen L_1 und L_1 für $F_1 = F_2$!

9.2 Von zwei quadratischen Platten wird die eine parallel, die andere senkrecht zur Oberfläche angeströmt.

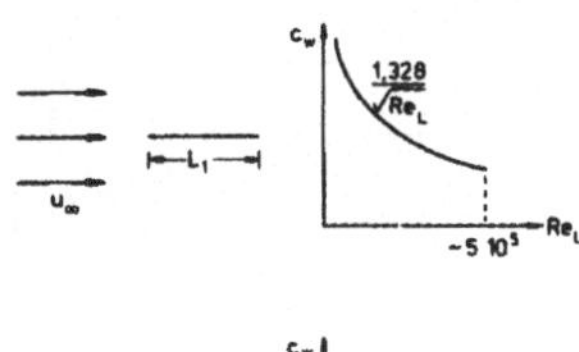

$u_\infty = 5\,\frac{m}{s}$ $L_1 = 1\,m$ $\rho = 1,25\,\frac{kg}{m^3}$
$\nu = 15 \cdot 10^{-6}\,\frac{m^2}{s}$

(a) Erläutern Sie den Unterschied zwischen Reibungs- und Druckwiderstand!

(b) Wie groß muß L_2 sein, damit die Widerstände gleich groß sind?

(c) Wie hängen die Widerstände von der Anströmgeschwindigkeit ab?

9.3 Zwei ebene rechteckige Platten haben die gleichen Seitenlängen L_1 und L_2. Die Platte 1 wird parallel zur Seite L_1 und die Platte 2 parallel zur Seite L_2 mit der Geschwindigkeit u_∞ angeströmt.

$L_1 = 1\,m$ $L_2 = 0,5\,m$ $\nu = 10^{-6}\,\frac{m^2}{s}$

(a) Bestimmen Sie das Verhältnis der Reibungskräfte für $u_\infty = 0,4\frac{m}{s}; 0,8\frac{m}{s}; 1,6\,\frac{m}{s}$!

(b) Wie groß muß die Anströmgeschwindigkeit der Platte 2 sein, wenn die Platte 1 mit $u_\infty = 0,196\,\frac{m}{s}$ angeströmt wird und die Widerstandsbeiwerte gleich groß sein sollen?

Hinweis: $c_w = \frac{0{,}074}{Re_L^{\frac{1}{5}}} - \frac{1700}{Re_L}$
für $5 \cdot 10^5 < Re_L < 10^7$

9.4 Ein Drachen (Fläche A, Gewicht G) zieht bei einem Anstellwinkel α mit der Kraft F an der Drachenschnur.

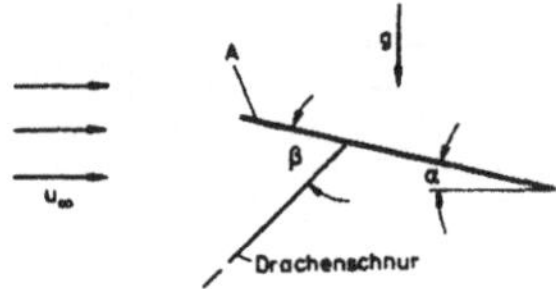

$A = 0{,}5\,m^2 \quad G = 10\,N \quad u_\infty = 10\,\frac{m}{s}$
$\alpha = 10° \quad \beta = 55° \quad F = 42{,}5\,N$
$\rho = 1{,}25\,\frac{kg}{m^3}$

Bestimmen Sie den Auftriebs- und den Widerstandsbeiwert des Drachens!

9.5 Nehmen Sie an, daß die Strömung um einen Kreiszylinder bei $\alpha = 120°$ ablöst, die Druckverteilung bis zum Ablösepunkt durch die Potentialströmung bestimmt und der Druck im Totwasser konstant ist!

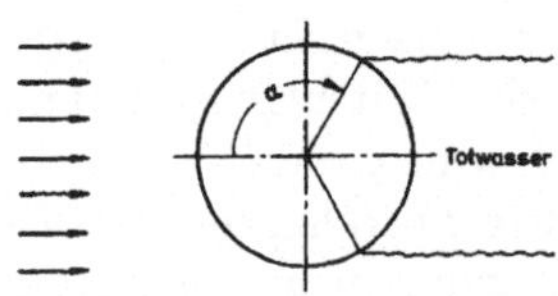

Bestimmen Sie unter Vernachlässigung des Reibungswiderstandes den Widerstandsbeiwert des Zylinders!

9.6 Ein Surfboard (Breite b) gleitet mit der Geschwindigkeit u über ruhendes Wasser. Das dreieckförmige Segel hat die Höhe h und die Breite b.

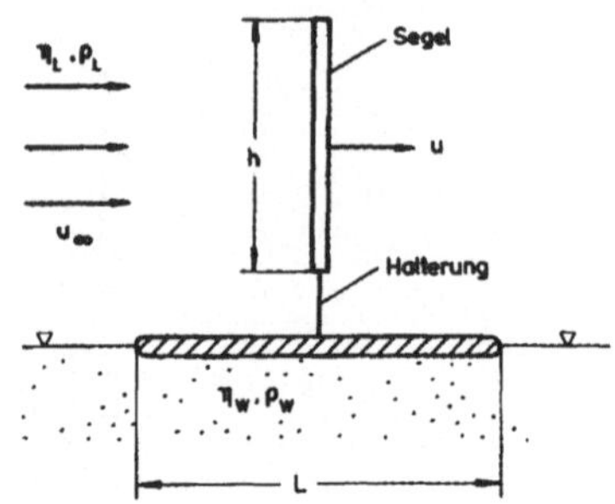

$L = 3{,}75\,m \quad B = 0{,}5\,m \quad u = 1{,}5\,\frac{m}{s}$
$\rho_w = 10^3\frac{kg}{m^3} \quad \eta_w = 10^{-3}\frac{Ns}{m^2} \quad \rho_L = 1{,}25\frac{kg}{m^3}$
$\eta_L = 1{,}875 \cdot 10^{-5}\,\frac{Ns}{m^2} \quad h = 4\,m \quad b = 2\,m$

Bestimmen Sie unter Vernachlässigung des Wellenwiderstandes, des Widerstandes der Segelhalterung und des Reibungswiderstandes der Oberseite des Boards

(a) die Windgeschwindigkeit u_∞,

(b) den Widerstand des Segels!

(c) Wie groß wäre der Reibungswiderstand der Oberseite?

Hinweise:
Board: $c_w = \frac{0{,}074}{Re_L^{\frac{1}{5}}} - \frac{1700}{Re_L}$
für: $(5 \cdot 10^5 < Re_L < 10^7)$

Segel: $c_w = 1.2$
für:$(Re > 10^3)$

9.7 Wie groß muß die Widerstandsfläche eines Fallschirmes mindestens sein, damit die Sinkgeschwindigkeit in ruhender Luft nicht größer als v wird?

$v = 4\,\frac{m}{s} \quad G = 1000\,N \quad c_w = 1{,}33$
$\rho = 1{,}25\,\frac{kg}{m^3}$

9.8 Eine Kugel und ein Kreiszylinder aus gleichem Material fallen mit konstanter Geschwindigkeit durch ruhende Luft. Die Achse des Zylinders steht senkrecht zur Fallrichtung. Für $0 < Re \leq 0{,}5$ sind der Widerstandsbeiwert einer Kugel durch $c_w = \frac{24}{Re}$ und der eines quer angeströmten

Kreiszylinders durch $c_w = \frac{8\pi}{Re(2-\ln Re)}$ gegeben.

$\rho = 800 \frac{kg}{m^3}$ $\rho_L = 1,25 \frac{kg}{m^3}$
$\nu_L = 15 \cdot 10^{-6} \frac{m^2}{s}$ $g = 10 \frac{m}{s^2}$

Bestimmen Sie

(a) die maximalen Durchmesser, für die diese Gesetze gelten,

(b) die entsprechenden Sinkgeschwindigkeiten!

9.9 Bestimmen Sie mit Hilfe des Diagramms für den Widerstandsbeiwert einer Kugel

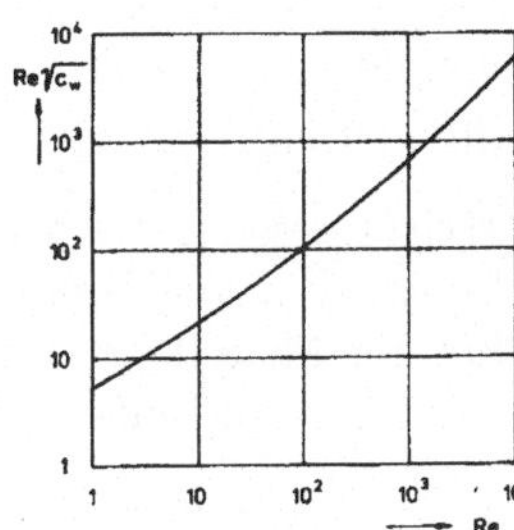

(a) die stationäre Sinkgeschwindigkeit eines kugelförmigen Regentropfens mit Durchmesser D in Luft,

(b) die stationäre Steiggeschwindigkeit einer kugelförmigen Luftblase mit Durchmesser D in Wasser!

$D = 1\,mm$ $\rho_w = 10^3 \frac{kg}{m^3}$ $\nu_w = 10^{-6} \frac{m^2}{s}$
$\rho_L = 1,25 \frac{kg}{m^3}$ $\nu_L = 15 \cdot 10^{-6} \frac{m^2}{s}$
$g = 10 \frac{m}{s}$

9.10 Kugelförmige Staubkörner (Dichte ρ_s) sollen in einem Luftstrom entgegen der Schwerkraft gefördert werden.

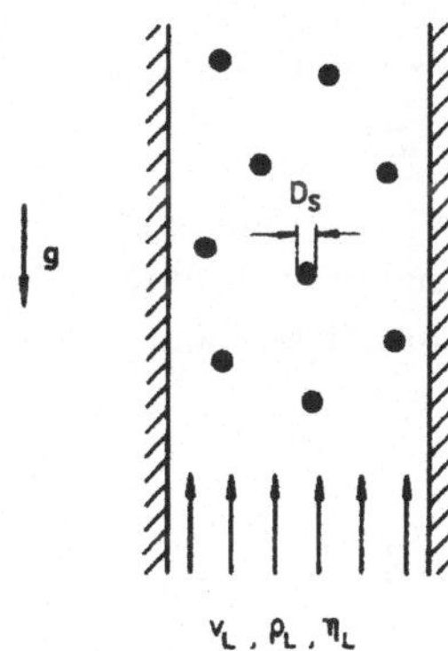

$D_s = 5 \cdot 10^{-5}\,m$ $\rho_s = 2,5 \cdot 10^3 \frac{kg}{m^3}$
$\rho_L = 1,25 \frac{kg}{m^3}$ $\eta_L = 1,875 \cdot 10^{-5} \frac{Ns}{m^2}$
$g = 10 \frac{m}{s^2}$

(a) Bei welcher Luftgeschwindigkeit v_1 schweben die Staubkörner?

(b) Wie groß ist die Geschwindigkeit der Staubkörner bei der Luftgeschwindigkeit $v_L = 3 \frac{m}{s}$?

Hinweise:
Nehmen Sie an, daß die Staubkörner sich gegenseitig nicht beeinflussen!

$c_w = \frac{24}{Re}\left(1 + \frac{3}{16} Re\right)$ für $0 < Re < 1$

9.11 Ein kugelförmiges Nebeltröpfchen (Durchmesser D) wird durch eine aufwärts gerichtete Luftströmung gerade in der Schwebe gehalten. Zur Zeit $t = 0$ hört die Luftströmung auf, und das Tröpfchen beginnt zu sinken.

$D = 6 \cdot 10^{-5}\,m$ $\rho_w = 10^3 \frac{kg}{m^3}$
$\rho_L = 1,25 \frac{kg}{m^3}$ $\eta_L = 1,875 \cdot 10^{-5} \frac{Ns}{m^2}$
$g = 10 \frac{m}{s^2}$

(a) Wie groß ist die Geschwindigkeit der Luftströmung vor Eintritt der Windstille?

(b) Nach welcher Zeit hat das Tröpfchen 99% seiner stationären Sinkgeschwindigkeit erreicht?

Hinweis: Für $Re \leq 0,5$ gilt bei stationärer und instationärer Strömung $c_w = \frac{24}{Re}$.

9.12 Eine Kugel fällt stationär mit der Geschwindigkeit v_1 durch ruhende Luft. Eine Abwindbö erhöht die Geschwindigkeit auf v_2.

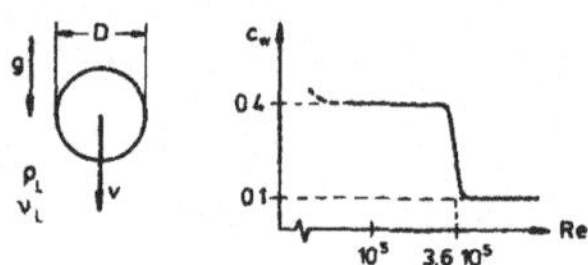

$D = 0,35\,m \quad G = 4,06\,N \quad v_1 = 13\,\frac{m}{s}$
$v_2 = 18\,\frac{m}{s} \quad \rho_L = 1,25\,\frac{kg}{m^3}$
$\nu_L = 15 \cdot 10^{-6}\,\frac{m^2}{s}$

(a) Wie groß ist der Widerstandsbeiwert vor Einsetzen der Bö?

(b) Welche stationäre Endgeschwindigkeit erreicht die Kugel nach Abklingen der Bö?

9.13 Eine kugelförmige Tiefseesonde wird aus der Tiefe H mit konstanter Geschwindigkeit in der Zeit T_1 an die Meeresoberfläche gehievt.

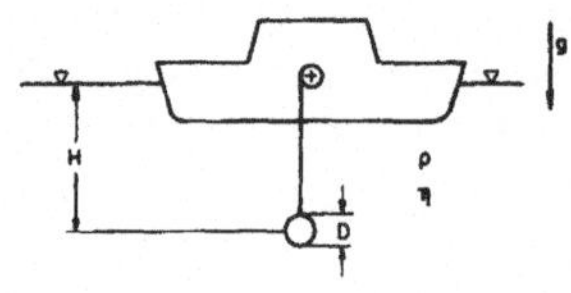

$D = 0,5\,m \quad H = 4000\,m \quad T_1 = 3\,h$
$\rho = 10^3\,\frac{kg}{m^3} \quad \eta = 10^{-3}\,\frac{Ns}{m^2} \quad g = 10\,\frac{m}{s^2}$

Bestimmen Sie unter der Annahme, daß die Dichte des Wassers konstant ist, und ohne Berücksichtigung des Seilgewichtes,

(a) die Leistung zum Anheben der Sonde, wenn die Seilkraft $F_1 = 2700\,N$ ist,

(b) das Gewicht der Sonde, die kürzeste Hebezeit, wenn das Seil mit der doppelten Kraft belastet werden darf,

(c) die dazu erforderliche Leistung!

Hinweis: Benutzen Sie das Diagramm in Aufgabe 9.12!

9.14 Eine Kugel mit Durchmesser D und Dichte ρ_K wird mit der Anfangsgeschwindigkeit v_∞ senkrecht nach oben durch ruhende Luft geschossen.

Bestimmen Sie allgemein unter Voraussetzung eines konstanten Widerstandsbeiwertes

(a) die Steighöhe,

(b) die Steigzeit,

(c) die Geschwindigkeit beim Auftreffen auf den Boden,

(d) die Fallzeit!

(e) Welche Werte haben diese Größen für eine Holzkugel der Dichte ρ_H und für eine Metallkugel der Dichte ρ_M, wenn $c_w = 0,4$ und $c_w = 0$ ist?

$D = 0,1\,m \quad v_0 = 30\,\frac{m}{s} \quad g = 10\,\frac{m}{s^2}$
$\rho_L = 1,25\,\frac{kg}{m^3} \quad \rho_H = 750\,\frac{kg}{m^3}$
$\rho_M = 7,5 \cdot 10^3\,\frac{kg}{m^3}$

3.2 Lösungen

3.2.1 Hydrostatik

1.1

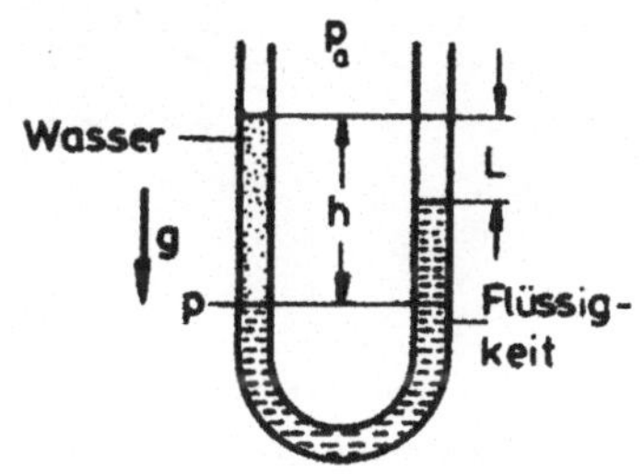

$$p = p_a + \rho_w \, g \, h = p_a + \rho_F \, g \, (h - L)$$
$$\rho_F = \rho_w \frac{h}{h - L} = 3 \cdot 10^3 \frac{kg}{m^3}$$

1.2

$$p_1 = \frac{F_1}{A_1} + p_a$$
$$p_2 = p_1 + \rho \, g \, \Delta h_1 = p_3 - \rho \, g \, \Delta h_2$$
$$\Delta h_1 = \frac{p_2 - p_1}{\rho \, g} = 0,25 \ m$$
$$\Delta h_2 = \frac{p_3 - p_2}{\rho \, g} = 0,33 \ m$$

1.3

$$F_A = G$$
$$F_A = \rho_1 \, h a^2 \, g + \rho_2 \, (a - h) \, a^2 \, g$$
$$G = \rho_K \, a^3 \, g$$
$$h = \frac{\rho_2 - \rho_K}{\rho_2 - \rho_1} a = 6,67 \cdot 10^{-2} \ m$$

1.4

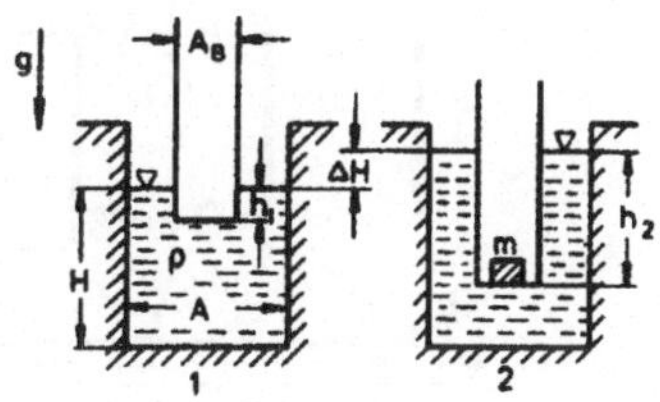

$$G_1 = F_{A1} = \rho \, A_B \, h_1 \, g$$
$$G_2 = F_{A2} = \rho \, A_B \, h_2 \, g$$
$$G_2 = G_1 + m \, g$$

Das vom Wasser eingenommene Volumen bleibt konstant.

$$AH - A_B \, h_1 = A \, (H + \Delta H) - A_B \, h_2$$
$$\Delta H = \frac{m}{\rho \, A}$$

1.5 (a)

$$\tau_0 = \frac{G_0}{\rho_m \, g} = 1,07 \cdot 10^5 \ m^3$$

(b)

$$\Delta G = \rho_M \, A \, (h_0 - h_1) \, g$$
$$A = 1,95 \cdot 10^4 \ m^2$$

(c)

$$G_0 - \Delta G = \rho_M \, \tau_1 \, g = \rho_F \, \tau_2 \, g$$
$$\tau_2 - \tau_1 = \frac{G_0 - \Delta G}{\rho_M \, g} \left(\frac{\rho_M}{\rho_F} - 1 \right)$$
$$= 2,44 \cdot 10^3 \ m^3$$

(d)

$$\tau_2 - \tau_1 = (h_2 - h_1) \, A$$
$$h_2 = 10,625 \ m$$

1.6

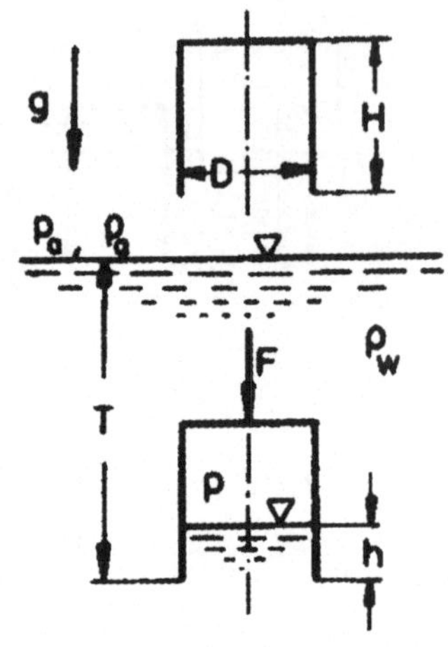

(a)

$$p_a \frac{\pi}{4} D^2 H = p \frac{\pi}{4} D^2 (H-h)$$
$$p = p_a + \rho_w\, g\, (T-h)$$

$$h = \frac{\rho_w\, g\,(T+h)+p_a}{2\,\rho_w\, g} - \sqrt{\left(\frac{\rho_w\, g\,(T+h)+p_a}{2\,\rho_w\, g}\right)^2 - T\,H} = 2\,m$$

(b)

$$F = F_A - G_{Luft} - G = \frac{\pi}{4} D^2\, g\,[(H-h)\ \rho_w - H\ \rho_a] - G = -9,58 \cdot 10^3\ N$$

(c)

$$0 = F_A - G_{Luft} - G$$
$$h_0 = H\left(1-\frac{\rho_a}{\rho_w}\right) - \frac{4\,G}{\pi\, D^2\, \rho_w\, g}$$
$$T_0 = h_0\left(1+\frac{p_a}{\rho_w\, g\,(H-h_0)}\right) = 18.3\ m$$

1.7

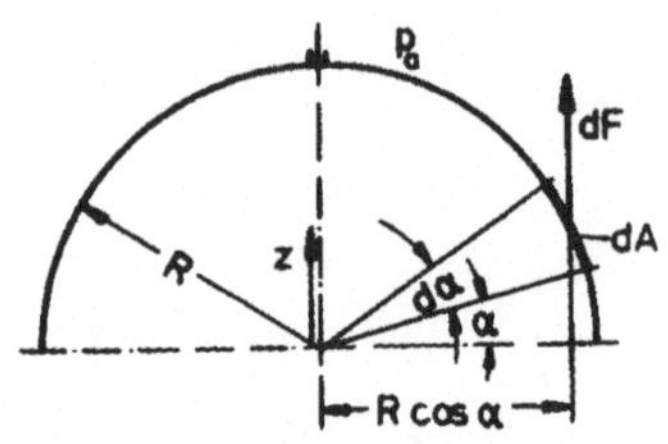

$$dF = [p_i(z) - p_a]\, dA\, \sin\alpha$$
$$dA = R\, d\alpha\, 2\,\pi\, R\,\cos\alpha$$
$$F = \frac{\pi}{3} R^3\, \rho\, g = 1,05 \cdot 10^4\ N$$

1.8

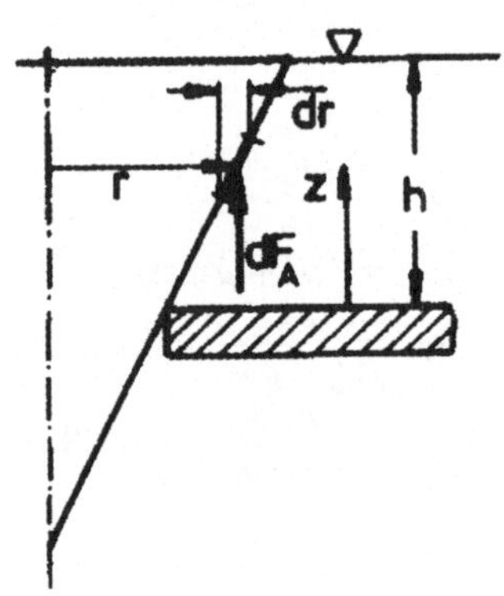

$$dF_A = \rho\, g\,(h-z)\, 2\pi\, r\, dr$$
$$\frac{r}{H-h+z} = \frac{R}{H}$$
$$F_A = \frac{\pi}{6} R^2\, H\, \rho\, g$$
$$F = G - F_A = \frac{\pi}{3} R^2\, H\,(\rho_s - \frac{\rho}{2})\, g = 1.57 \cdot 10^{-2}\ N$$

1.9

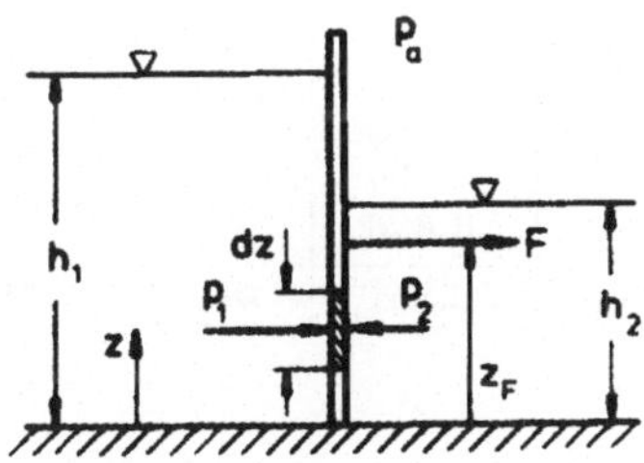

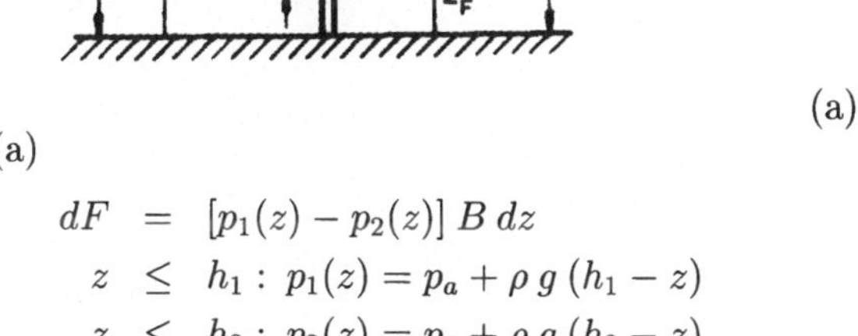

(a)

$$
\begin{aligned}
dF &= [p_1(z) - p_2(z)]\, B\, dz \\
z &\le h_1 : \; p_1(z) = p_a + \rho\, g\, (h_1 - z) \\
z &\le h_2 : \; p_2(z) = p_a + \rho\, g\, (h_2 - z) \\
h_2 &\le z \le h_1 : \; p_2 = p_a \\
F &= \frac{1}{2}\, \rho\, g\, B (h_1^2 - h_2^2) \\
&= 1.05 \cdot 10^6 \; N
\end{aligned}
$$

(b)

$$
\begin{aligned}
F\, z_F &= \int_{z=0}^{z=h_1} z\, dF \\
z_F &= \frac{1}{3}\, \frac{h_1^3 - h_2^3}{h_1^2 - h_2^2} = 1.86 \; m
\end{aligned}
$$

1.10

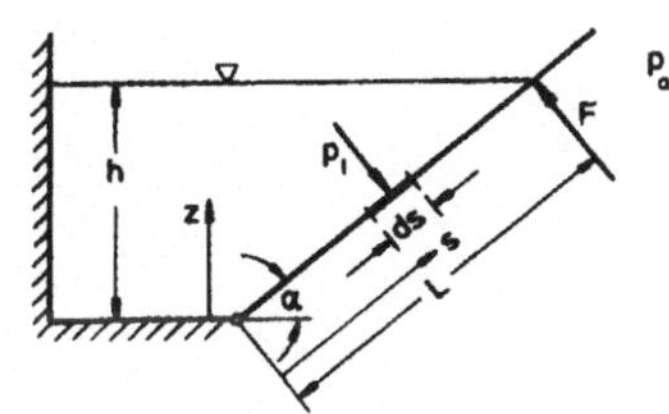

$$
\begin{aligned}
F\, L &= \int_{s=0}^{s=L} s\, dF \\
dF &= [p_i(s) - p_a]\, B\, ds \\
p_i(s) &= p_a + \rho\, g\, [L \sin\alpha - z(s)] \\
F &= \frac{\rho\, g\, B\, h^2}{6 \sin\alpha} = 3 \cdot 10^4 \; N
\end{aligned}
$$

1.11

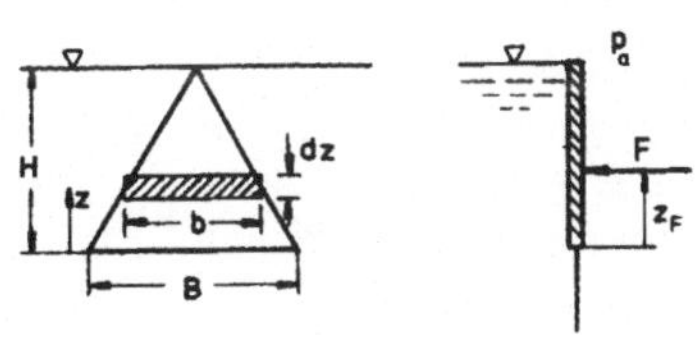

(a)

$$
\begin{aligned}
dF &= [p_i(z) - p_a]\, b(z)\, dz \\
p_i(z) &= p_a + \rho\, g\, (H - z) \\
F &= \rho\, g \frac{B^3}{4} = 2.5 \cdot 10^3 \; N
\end{aligned}
$$

(b)

$$
\begin{aligned}
F\, z_F &= \int_{z=0}^{z=H} z\, dF \\
z_F &= \frac{\sqrt{3}}{8}\, B = 0.217 \; m
\end{aligned}
$$

1.12

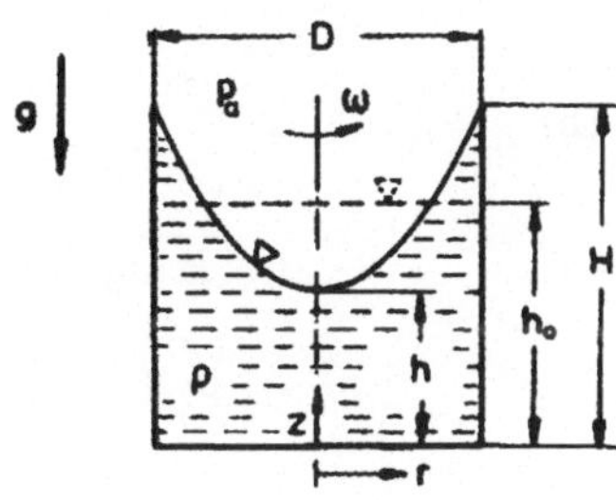

Randbedingung: $r = 0, \quad z = h : \quad p = p_a$

$$
p - p_a = \rho\, g\, (h - z) + \frac{1}{2}\, \rho\, \omega^2\, r^2
$$

(a) Oberfläche:

$$\begin{aligned} p &= p_a \\ z_0(r) &= h + \frac{\omega^2 r^2}{2g} \end{aligned}$$

$$\begin{aligned} r = R: \quad z_0 &= H \\ \omega^2 &= 2g \frac{H-h}{R^2} \\ z_0(r) &= h + (H-h)\frac{r^2}{R^2} \end{aligned}$$

Volumen des Wassers:

$$\begin{aligned} \pi R^2 h_0 &= \int_0^R z_0(r)\, 2\pi r\, dr \\ &= \pi R^2 h + \frac{1}{2}\pi R^2 (H-h) \end{aligned}$$

$$\begin{aligned} h &= 2h_0 - H = 0.4\ m \\ \omega &= \sqrt{\frac{4g}{R^2}(H-h_0)} = 13.9\ \frac{1}{s} \end{aligned}$$

(b)

$$\begin{aligned} r = R \ &: \quad p = p_a + \rho g (H - z) \\ z = 0 \ &: \quad p = p_a + \rho g h + \frac{\rho}{2}\omega^2 r^2 \end{aligned}$$

1.13

$$\frac{dp}{dz} = -\rho(z)\, g$$

(a)

$$\rho(z) = \frac{p(z)}{R\,T_0} \qquad p = p_0\, e^{-\frac{gz}{RT_0}}$$

(b)

$$\begin{aligned} \rho(z) &= \frac{p(z)}{R\,(T_0 - \alpha z)} \\ p &= p_0 \left(1 - \frac{\alpha z}{T_0}\right)^{\frac{g}{R\alpha}} \end{aligned}$$

(c)

$$\begin{aligned} \rho(z) &= \rho_0 \left(\frac{p}{p_0}\right)^{\frac{1}{\kappa}} \\ p &= p_0 \left(1 - \frac{\kappa-1}{\kappa}\frac{gz}{R\,T_0}\right)^{\frac{\kappa}{\kappa-1}} \end{aligned}$$

(d)

p/p_0	3000 m	6000 m	11000 m
a)	0.695	0.483	0.263
b)	0.686	0.457	0.215
c)	0.681	0.442	0.186

1.14 (a)

$$\begin{aligned} F &= F_A(z=0) - G \\ &= (\rho_0 \tau_0 - m)\, g \\ &= 10,6\ N \end{aligned}$$

(b) für

$$\begin{aligned} z \le z_1: \quad p_1 \tau_1 &= p_0 \tau_0 \\ \frac{p_1}{p_0} &= e^{-\frac{g z_1}{R T_0}} \\ z_1 &= \frac{p_0}{\rho_0 g} \ln\frac{\tau_1}{\tau_0} \\ &= 10.0\ km \end{aligned}$$

(c)

$$\begin{aligned} F_A(z_2) &= G \\ z_2 &= \frac{p_0}{\rho_0 g} \ln\frac{\rho_0 \tau_1}{m} \\ &= 12.8\ km \end{aligned}$$

1.15

$$\begin{aligned} F_A(z) &= G + G_{Gas}(z) \\ F_A(0) &= G + G_{Gas}(0) + F_s \\ F_A &= \rho \tau g \\ G_{Gas} &= \rho_{Gas} \tau g \\ \frac{\rho_{Gas}(z)}{\rho_{Gas}(0)} &= e^{-\frac{gz}{RT}} \\ z &= \frac{RT}{g} \ln\left(1 + \frac{F_s}{G}\right) \\ &= 7.84\ km \end{aligned}$$

3.2.2 Hydrodynamik

2.1 (a)

$$\frac{dy}{dy} = \frac{v}{u} = -\frac{v_0}{u_0}\tan(\omega\, t)$$

$$y = \left[-\frac{v_0}{u_0}\tan(\omega\, t)\right] x + c$$

Geraden mit Steigung 0,−1,−∞

(b)

$$x(t) = \int u\, dt + c_1 = \frac{u_0}{\omega}\sin(\omega\, t) + c_1$$

$$y(t) = \int v\, dt + c_2 = \frac{v_0}{\omega}\cos(\omega\, t) + c_2$$

$$\left(\frac{\omega}{u_0}\right)^2 (x-c_1)^2 + \left(\frac{\omega}{v_0}\right)^2 (y-c_2)^2 = 1$$

Kreise mit Radius 1 m

(c) Kreis um den Ursprung

2.2

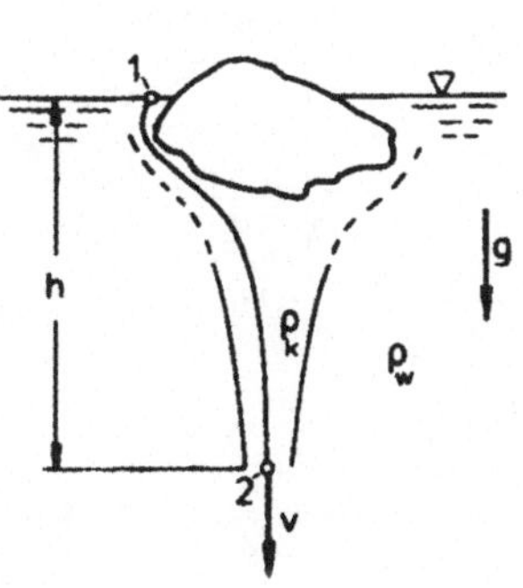

$$p_1 + \rho_K\, g\, h = p_2 + \rho_k \frac{v^2}{2}$$

$$p_2 = p_1 + \rho_w\, g\, h$$

$$v = \sqrt{2\, g\, h\, \frac{\rho_k - \rho_w}{\rho_k}} = 3,16\ \frac{m}{s}$$

2.3

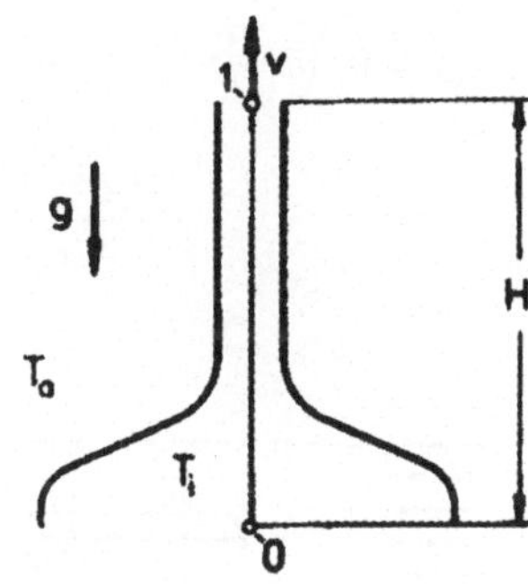

$$\frac{dp}{\rho} + \frac{1}{2} d\left(v^2\right) + g\, dz = 0$$

$$p = \rho\, RT$$

innen:

$$RT_i \ln\left(\frac{p_{1i}}{p_{0i}}\right) + \frac{v^2}{2} + g\, H = 0$$

aussen:

$$RT_a \ln\left(\frac{p_{1a}}{p_{0a}}\right) + g\, H = 0$$

$$v = \sqrt{2\, g\, H \left(\frac{T_i}{T_a} - 1\right)} = 31,6\ \frac{m}{s}$$

2.4

$$\Delta p = \beta\, \frac{\rho}{2}\, v_\infty^2$$

(a)

Annahme: $\frac{\rho\, v_\infty\, D}{\eta} > 250 \quad v_\infty = 0,5\ \frac{m}{s}$

$$\left(\frac{\rho\, v_\infty\, D}{\eta} = 3000\right)$$

(b)

Annahme: $\frac{\rho\, v_\infty\, D}{\eta} > 250 \quad v_\infty = 0,5\ \frac{m}{s}$

$$\left(\frac{\rho\, v_\infty\, D}{\eta} = 300\right)$$

(c)

$$\text{Annahme:} \quad 2,5 < \frac{\rho\, v_\infty\, D}{\eta} < 250$$

$$v_\infty = 0,45\ \frac{m}{s} \qquad \left(\frac{\rho\, v_\infty\, D}{\eta} = 27\right)$$

2.5

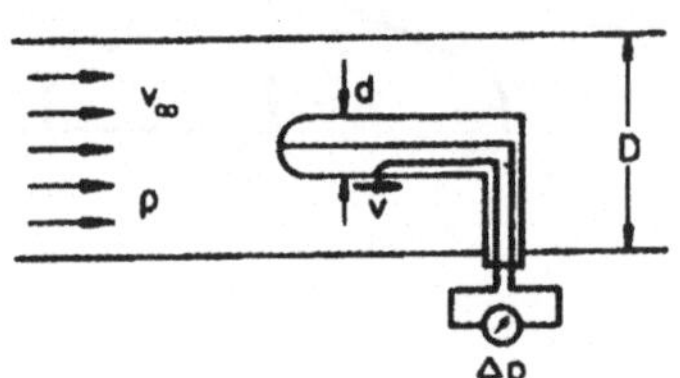

$$\begin{aligned} \Delta p &= \frac{\rho}{2}\, v^2 \\ v_\infty\, D^2 &= v\,(D^2 - d^2) \\ \frac{v_\infty}{\sqrt{\frac{2\,\Delta p}{\rho}}} &= 1 - \frac{d^2}{D^2} \end{aligned}$$

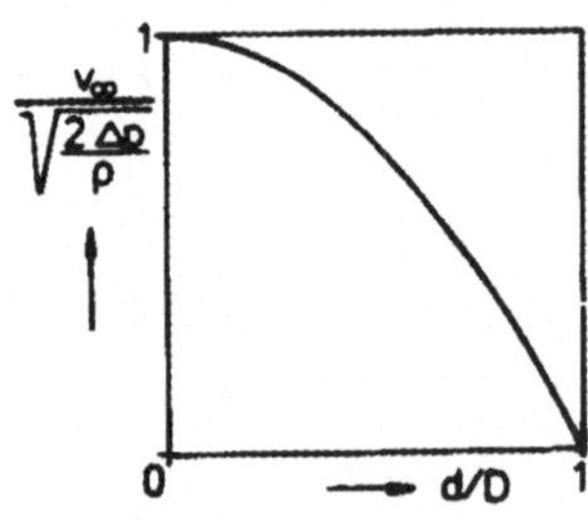

2.6

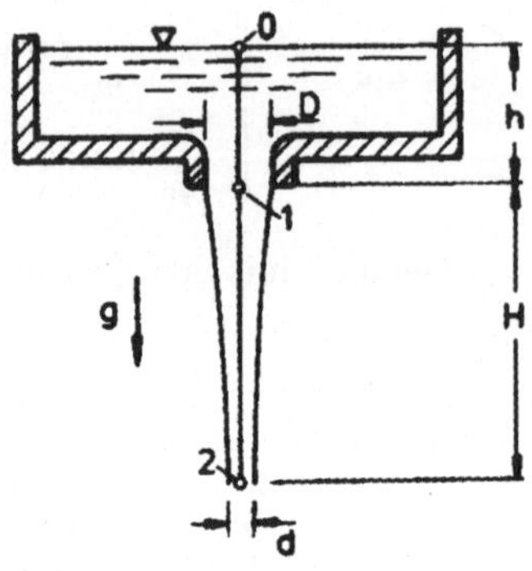

$$\begin{aligned} \rho\, g\,(h + H) &= \rho\, g\, H + \frac{\rho}{2}\, v_1^2 = \frac{\rho}{2}\, v_2^2 \\ v_1\, D^2 &= v_2\, d^2 \\ d = D\,\sqrt[4]{\frac{h}{h+H}} &= 0,05\ m \end{aligned}$$

2.7 (a)

$$\begin{aligned} p_1 + \frac{\rho}{2}\, v_1^2 &= p_2 + \frac{\rho}{2}\, v_2^2 \\ v_1\, A_1 = v_2\, A_2 &= v_3\, A_3 \\ v_2 = \sqrt{\frac{2\,\Delta p}{\rho\left[1 - \left(\frac{A_2}{A_1}\right)^2\right]}} &= 12\ \frac{m}{s} \\ v_1 = 4\ \frac{m}{s} \quad v_3 &= 6\ \frac{m}{s} \end{aligned}$$

(b)

$$\begin{aligned} p_2 + \frac{\rho}{2}\, v_2^2 &= p_3 + \frac{\rho}{2}\, v_3^2 \\ p_3 = p_a &= 10^5\,\frac{N}{m^2} \\ p_2 &= 0,46 \cdot 10^5\,\frac{N}{m^2} \\ p_1 &= 1,1 \cdot 10^5\,\frac{N}{m^2} \\ p + \rho\, g\, h &= p_a + \frac{\rho}{2}\, v_3^2 \\ p &= 1,08 \cdot 10^5\,\frac{N}{m^2} \end{aligned}$$

2.8

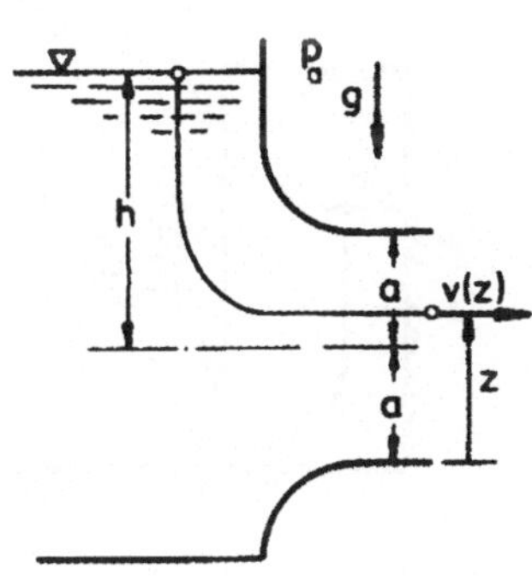

$$p_a + \rho\, g\,(a+h) \;=\; p_a + \rho\, g\, z + \frac{\rho}{2}\, v(z)^2$$

$$\dot{Q} \;=\; \int_0^{2a} v(z)\, B\, dz$$
$$\;=\; \frac{2}{3}\,\sqrt{2\,g}\, B\,\left[\sqrt{(h+a)^3} - \sqrt{(h-a)^3}\right]$$

$$\frac{\dot{Q}_0 - \dot{Q}}{\dot{Q}} \;=\; \frac{3\,\frac{a}{h}}{\sqrt{(1+\frac{a}{h})^3} - \sqrt{(1-\frac{a}{h})^3}} - 1$$

a/h	0,25	0,5	0,75	1,0
$\frac{\dot{Q}_0-\dot{Q}}{\dot{Q}}$	0,264 %	1,108 %	2,728 %	6,066 %

2.9

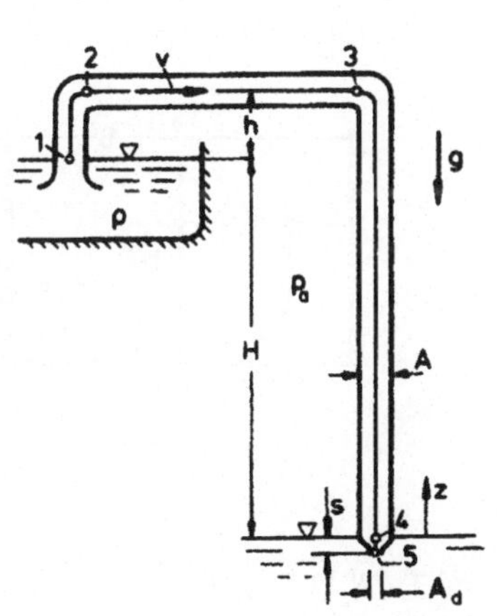

(a)

$$p_a + \rho\, g\, H \;=\; p_5 - \rho\, g\, s + \frac{\rho}{2}\, v_5^2$$
$$p_5 \;=\; p_a + \rho\, g\, s$$
$$\dot{Q} \;=\; A_d\,\sqrt{2\,g\,h} = 4\;\frac{m^3}{s}$$

(b)

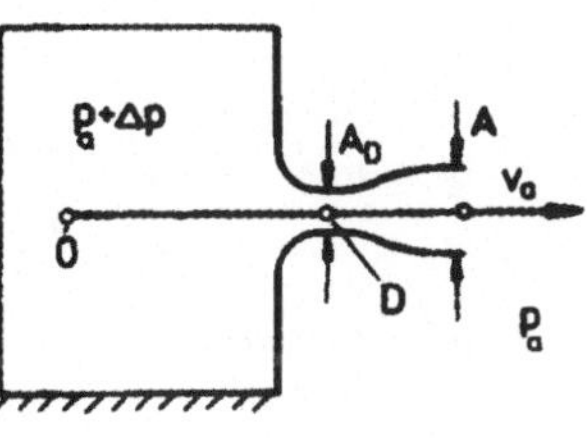

(c) Dampfblasen treten auf, wenn $p_2 = p_3 = p_D$.

$$v_5^*\, A_d^* \;=\; v^*\, A$$
$$p_a \;=\; p_D + \rho\, g\, h + \frac{\rho}{2}\, v^{*2}$$
$$A_d^* \;=\; A\,\sqrt{\frac{p_a - p_D}{\rho\, g\, H} - \frac{h}{H}}$$
$$\;=\; 0,244\; m^2$$

2.10

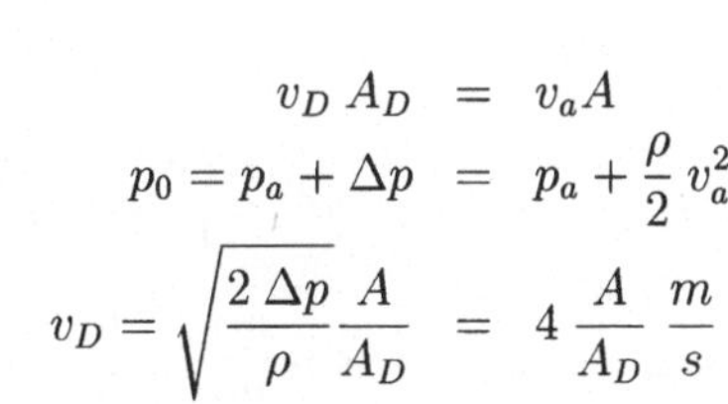

(a)

$$v_D\, A_D \;=\; v_a A$$
$$p_0 = p_a + \Delta p \;=\; p_a + \frac{\rho}{2}\, v_a^2$$
$$v_D = \sqrt{\frac{2\,\Delta p}{\rho}\,\frac{A}{A_D}} \;=\; 4\,\frac{A}{A_D}\;\frac{m}{s}$$

(b)

$$\begin{aligned} p_0 - p_a &= (p_0 - p_D) - (p_a - p_D) \\ &= \frac{\rho}{2} v_D^2 - \eta_D (\frac{\rho}{2} v_D^2 - \frac{\rho}{2} v_a^2) \end{aligned}$$

$$v_D = \sqrt{\frac{2 \Delta p}{\rho} \frac{A}{A_D}} \cdot \left[\left(\frac{A}{A_D} \right)^2 (1 - \eta_D) + \eta_D \right]^{-\frac{1}{2}}$$

$$v_D = \frac{4 \frac{A}{A_D}}{\sqrt{0,16 \left(\frac{A}{A_D} \right)^2 + 0,84}}$$

(c)

$$\frac{A}{A_D} \to \infty : \quad v_D = 10 \ \frac{m}{s}$$

2.11

(a)

$$\dot{Q} = m_D \frac{\pi D^2}{4} \alpha_D \sqrt{\frac{2 (p_1 - p_2)_D}{\rho_w}}$$

$$\begin{aligned} p_1 + \rho_w g h_1 &= p_2 + \rho_w g (h_1 - h_D) \\ &+ \rho_{Hg} g h_D \\ \dot{Q} &= 0,07 \ \frac{m^3}{s} \end{aligned}$$

(b)

$$\begin{aligned} \dot{Q} &= m_B \frac{\pi D^2}{4} \alpha_B \sqrt{\frac{2 (p_1 - p_2)_B}{\rho_w}} \\ \alpha_B &= \alpha_D \frac{m_D}{m_B} \sqrt{\frac{h_D}{h_B}} = 0,75 \end{aligned}$$

2.12

$$\begin{aligned} p_a + \rho g z_0 + \frac{\rho}{2} v_0^2 &= p_1 + \rho g z_1 + \frac{\rho}{2} v_1^2 \\ p_1 + \rho g z_1 &= p_a + \rho g z_2 \end{aligned}$$

Die Annahme quasistationärer Strömung erfordert, daß $\frac{A}{A_s} \ll 1$ sein muß: $v_0^2 \ll v_1^2$.

$$v_1 A = v_0 A_s = -\frac{dh}{dt} A_s$$

$$T = -\frac{A_s}{A} \int_{h_0}^{0} \frac{dh}{\sqrt{2 g h}} = \frac{A_s}{A} \sqrt{\frac{2 h_0}{g}}$$

$$A = A_s \frac{\sqrt{\frac{2 h_0}{g}}}{T} = 5 \ m^2$$

2.13

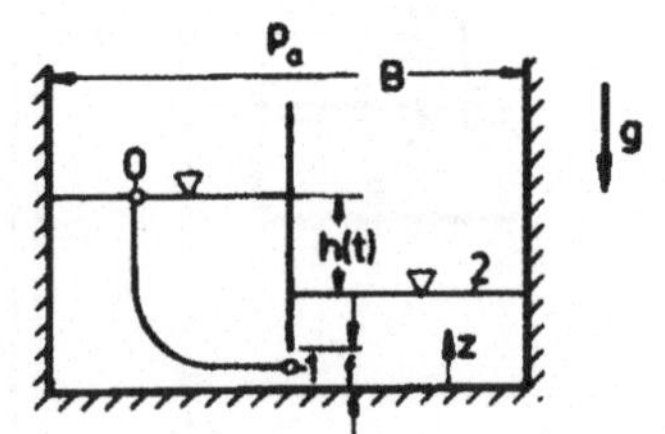

$$\begin{aligned} p_a + \rho g z_0 + \frac{\rho}{2} v_0^2 &= p_1 + \rho g z_1 + \frac{\rho}{2} v_1^2 \\ p_1 + \rho g z_1 &= p_a + \rho g z_2 \end{aligned}$$

$$
\begin{aligned}
v_0^2 &\ll v_1^2 \\
v_1\, f = v_0\, \frac{B}{2} &= -\frac{dz_0}{dt}\, \frac{B}{2} \\
\frac{dz_0}{dt} &= -\frac{dz_2}{dt} \\
\frac{dh}{dt} = \frac{d(z_0 - z_2)}{dt} &= 2\, \frac{dz_0}{dt}
\end{aligned}
$$

$$
\begin{aligned}
T &= -\frac{B}{4f} \int_{h_0}^{0} \frac{dh}{\sqrt{2\,g\,h}} \\
&= \frac{B}{2f} \sqrt{\frac{h_0}{2\,g}} = 100\ s
\end{aligned}
$$

2.14

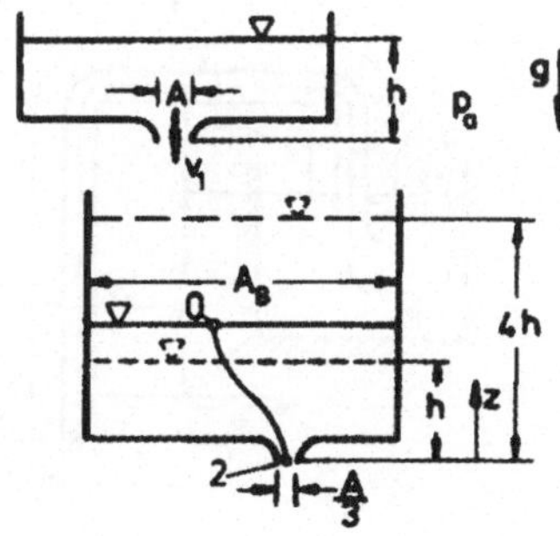

$$
p_a + \rho\, g\, z_0 + \frac{\rho}{2}\, v_0^2 = p_a + \frac{\rho}{2}\, v_2^2
$$
$$
v_0^2 \ll v_2^2
$$

Volumenstrombilanz:

$$
\begin{aligned}
\frac{dz_0}{dt}\, A_B &= v_1\, A - v_2\, \frac{A}{3} \\
v_1 &= \sqrt{2\,g\,h}
\end{aligned}
$$

$$
T = \frac{3}{\sqrt{2\,g}} \frac{A_B}{A} \cdot \int_{h}^{4h} \frac{dz_0}{3\,\sqrt{h} - \sqrt{z_0}}
$$

$$
= \frac{3}{\sqrt{2\,g}} \frac{A_B}{A} \cdot 2\, \Big[(3\,\sqrt{h} - \sqrt{z_0}) - 3\,\sqrt{h}\, \ln(3\,\sqrt{h} - \sqrt{z_0}) \Big]_h^{4h}
$$

$$
T = 6\, \frac{A_B}{A} \sqrt{\frac{h}{2\,g}}\, [3 \ln 2 - 1] = 108\ s
$$

2.15

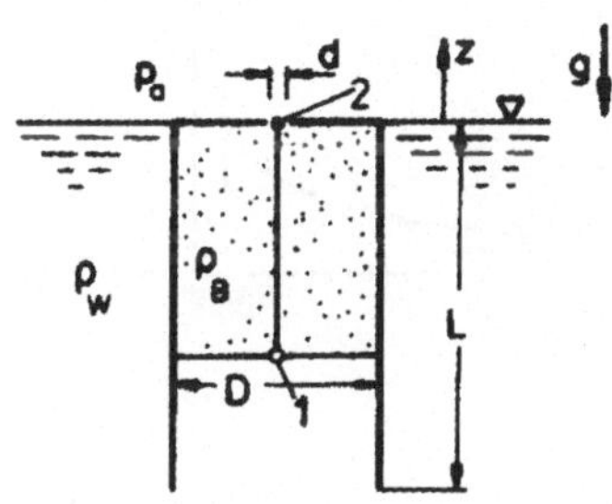

$$
\begin{aligned}
p_1 + \rho_B\, g\, z_1 + \frac{\rho_B}{2}\, v_1^2 &= p_a + \frac{\rho_B}{2}\, v_2^2 \\
p_a &= p_1 + \rho_w\, g\, z_1 \\
v_1^2 &\ll v_2^2 \\
v_2\, d^2 &= v_1\, D^2 = \frac{dz_1}{dt}\, D^2
\end{aligned}
$$

$$
\begin{aligned}
T &= \left(\frac{D}{d}\right)^2 \sqrt{\frac{\rho_B}{2\,g\,(\rho_w - \rho_B)}} \int_{-L}^{0} \frac{dz_1}{\sqrt{-z_1}} \\
&= \left(\frac{D}{d}\right)^2 \sqrt{\frac{\rho_B}{\rho_w - \rho_B}} \sqrt{\frac{2\,L}{g}} = 80\ s
\end{aligned}
$$

2.16

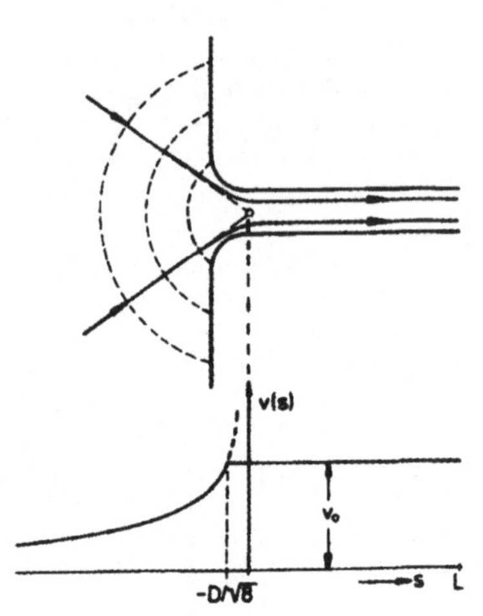

$$\int_{-\infty}^{L} \frac{\partial v}{\partial t} ds = \int_{-\infty}^{-\frac{D}{\sqrt{8}}} \frac{\partial}{\partial t} \left(\frac{\frac{v_0\, \pi\, D^2}{4}}{2\, \pi s^2} \right) ds + $$
$$+ \int_{-\frac{D}{\sqrt{8}}}^{L} \frac{\partial v_0}{\partial t}\, ds =$$
$$= \left(\frac{D}{\sqrt{2}} + L \right) \frac{dv_0}{dt}$$

2.17

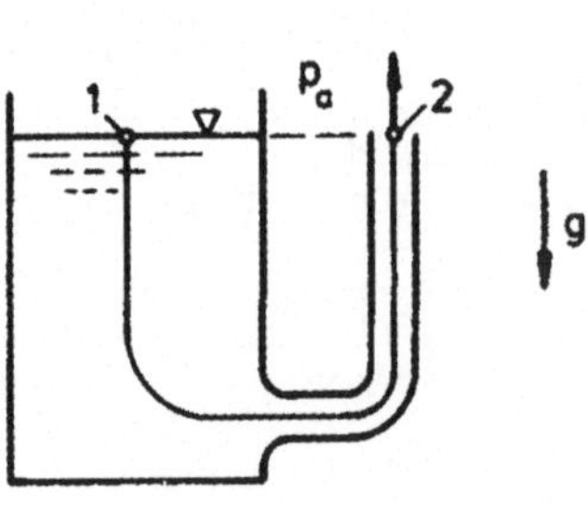

(a)

$$v_0 = \sqrt{2\, g\, h} = 10\ \frac{m}{s}$$

(b)

$$p_a + \frac{\rho}{2}\, v_1^2 = p_a + \frac{\rho}{2}\, v_2^2 + \rho \int_{s_1}^{s_1} \frac{\partial v}{\partial t}\, ds$$
$$\int_{s_1}^{s_1} \frac{\partial v}{\partial t}\, ds \approx L\, \frac{dv_2}{dt} \qquad \left(\frac{D}{L} \ll 1 \right)$$
$$T = -2\, L \int_{v_0}^{\frac{v_0}{2}} \frac{dv_2}{v_2^2} = \frac{2\, L}{\sqrt{2\, g\, h}}$$
$$= 2\, s$$

(c)

$$Q = A \int_0^T v_2\, dt = -2\, A\, L \int_{v_0}^{\frac{v_0}{2}} \frac{dv_2}{v_2} =$$
$$= \frac{\pi}{2}\, L\, D^2\, \ln 2 = 0,279\ m^3$$

2.18

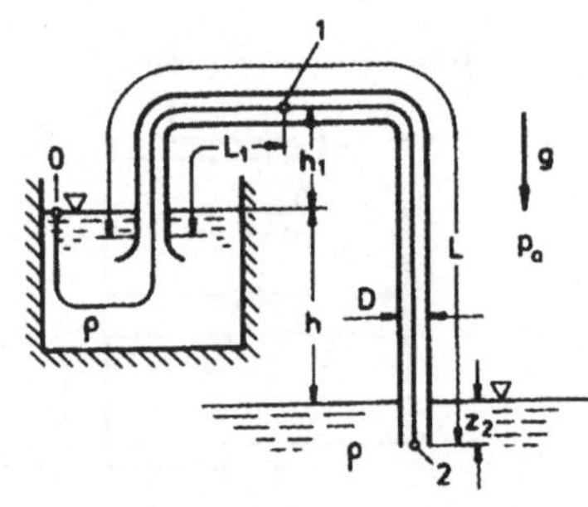

(a)

$$p_a + \rho_B\, g\, (h + z_2) = p_a + \rho\, g\, z_2$$
$$+ \frac{\rho}{2}\, v_2^2 + \rho \int_{s_0}^{s_2} \frac{\partial v}{\partial t}$$
$$\int_{s_0}^{s_2} \frac{\partial v}{\partial t}\, ds \approx L\, \frac{dv_2}{dt}$$

$$T = 2\, L \int_0^{0{,}99\, \sqrt{2\, g\, h}} \frac{dv_2}{2\, g\, h - v_2^2}$$
$$= \frac{L}{\sqrt{2\, g\, h}}\, \ln \left[\frac{\sqrt{2\, g\, h} + v_2}{\sqrt{2\, g\, h} - v_2} \right]_0^{0{,}99\, \sqrt{2\, g\, h}}$$
$$= 10,6\ s$$

(b)

$$
\begin{aligned}
p_a &= p_1 + \rho\, g\, h_1 + \frac{\rho}{2}\, v_2^2 + \rho\, L_1\, \frac{dv_2}{dt} \\
p_a &= p_{1e} = \rho\, g\, h_1 + \frac{\rho}{2}\, v_{2e}^2
\end{aligned}
$$

aus a) folgt:

$$
\begin{aligned}
\frac{dv_2}{dt} &= \frac{1}{L}\left(g\, h - \frac{v_2}{2}\right) \\
v_2 &= 0{,}99\,\sqrt{2\, g\, h} \\
p_1 - p_{1e} &= \rho\, g\, h\, \left(1 - 0{,}99^2\right) \cdot \\
&\quad \cdot \left(1 - \frac{L_1}{L}\right) \\
&= 746\, \frac{N}{m^2}
\end{aligned}
$$

2.19

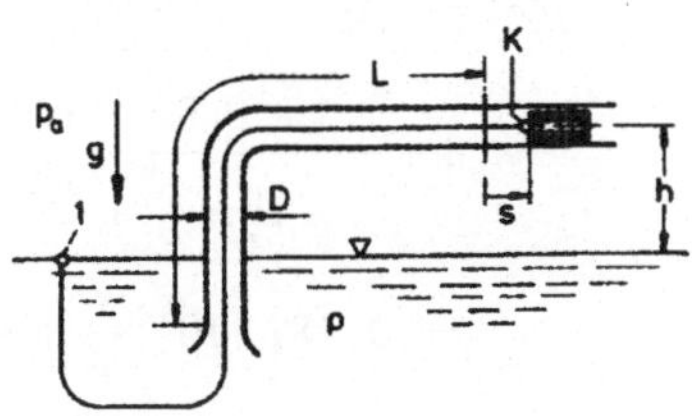

$$
\begin{aligned}
p_a &= p_K + \rho\, g\, h + \frac{\rho}{2}\, v_K^2 \\
&+ \rho \int_{s_1}^{s_K} \frac{\partial v}{\partial t}\, ds \\
\int_{s_1}^{s_K} \frac{\partial v}{\partial t} &\approx L\, \frac{dv_K}{dt} \quad \left(\frac{s_0}{L} \ll 1\right)
\end{aligned}
$$

$$
\begin{aligned}
p_K &= p_a - \rho\, g\, h \\
&+ \rho\, s_0\, \omega^2 \cdot \left[L\, \sin \omega t - \frac{s_0}{2} \cos^2 \omega t\right] \\
p_{Kmin} &= p_D \\
p_K &= p_{Kmin} \text{ bei } \cos \omega t = 0
\end{aligned}
$$

$$\text{(folgt aus } \frac{dp_K}{dt} = 0\text{)}$$

$$\omega = \sqrt{\frac{p_a - p_D - \rho\, g\, h}{\rho\, s_0\, L}} = 8{,}8\, \frac{1}{s}$$

2.20

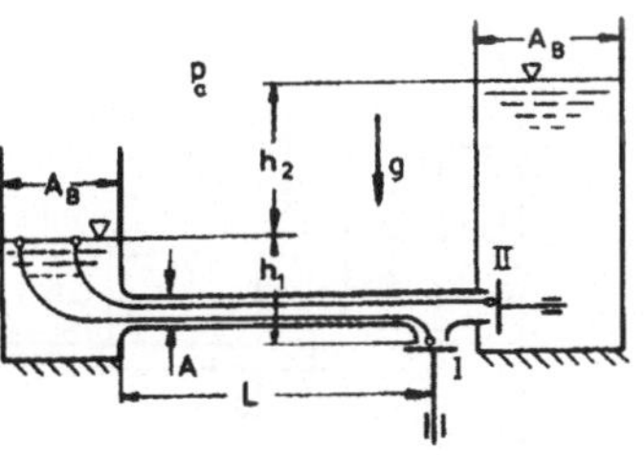

(a)

$$
\begin{aligned}
p_a + \rho\, g\, h_1 &= p_a + \frac{\rho}{2}\, v^2 + \rho\, L\, \frac{dv}{dt} \\
Q_I &= A \int_0^{T_I} v dt \\
&= 2\, AL \int_0^{v_I} \frac{v dv}{2\, g\, h_1 - v^2} \\
&= -AL \ln\left(1 - \frac{v_I^2}{2\, g\, h_1}\right)
\end{aligned}
$$

Bestimmung von v_I:

$$
\begin{aligned}
T_I &= 2\, L \int_0^{v_I} \frac{dv}{2\, g\, h_1 - v^2} \\
&= \frac{L}{\sqrt{2\, g\, h_1}} \ln \frac{\sqrt{2\, g\, h_1} + v_I}{\sqrt{2\, g\, h_1} - v_I} \\
v_I &= \sqrt{2\, g\, h_1}\, \frac{e^{\frac{T_I \sqrt{2\, g\, h_1}}{L}} - 1}{e^{\frac{T_I \sqrt{2\, g\, h_1}}{L}} + 1} \\
Q_I &= 0{,}240\, m^3
\end{aligned}
$$

(b)

$$
\begin{aligned}
p_a + \rho\, g\, h_1 &= p_a + \rho\, g\, (h_1 + h_2) \\
&+ \frac{\rho}{2}\, v^2 + \rho\, L\, \frac{dv}{dt}
\end{aligned}
$$

$$
\begin{aligned}
Q_{II} &= A \int_{T_I}^{T_{II}} v\, dt \\
&= -2\, AL \int_{v_I}^{0} \frac{v dv}{2\, g\, h_2 + v^2} \\
&= AL \ln\left(1 + \frac{v_I^2}{2\, g\, h_2}\right) \\
&= 0{,}194\, m^3
\end{aligned}
$$

2.21

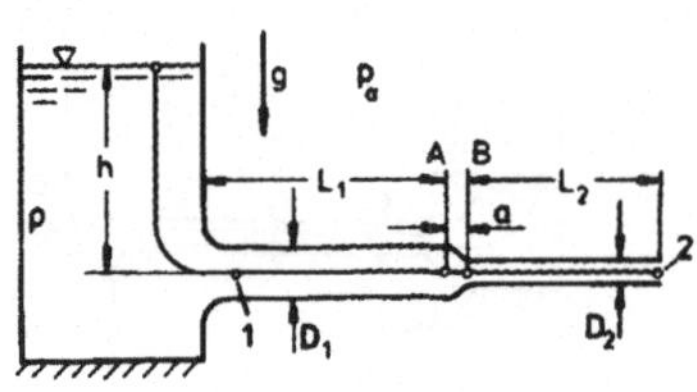

(a)

$$p_a + \rho\, g\, h = p_a + \frac{\rho}{2}\, v_2^2 + \rho \left(L_1 \frac{dv_1}{dt} + L_2 \frac{dv_2}{dt} \right)$$

$$v_1\, D_1^2 = v_2\, D_2^2$$

$$\begin{aligned} T &= 2 \left[L_1 \left(\frac{D_2}{D_1} \right)^2 + L_2 \right] \cdot \\ &\cdot \int_0^{0{,}99\, \sqrt{2\, g\, h}} \frac{dv_2}{2\, g\, h - v_2^2} \\ &= \frac{L_1 \left(\frac{D_2}{D_1} \right)^2 + L_2}{\sqrt{2\, g\, h}} \cdot \\ &\cdot \ln \left[\frac{\sqrt{2\, g\, h} + v_2}{\sqrt{2\, g\, h} - v_2} \right]_0^{0{,}99\, \sqrt{2\, g\, h}} \\ &= 5{,}231\; s \end{aligned}$$

(b)

$$\begin{aligned} Q &= \left[L_1 \left(\frac{D_2}{D_1} \right)^2 + L_2 \right] A_2 \cdot \\ &\cdot \int_0^{0{,}99\, \sqrt{2\, g\, h}} \frac{v_2\, dv_2}{2\, g\, h - v_2^2} \\ &= - \left[L_1 \left(\frac{D_2}{D_1} \right)^2 + L_2 \right] A_2 \cdot \\ &\cdot \ln \left[2\, g\, h - v_2^2 \right]_0^{0{,}99 \cdot \sqrt{2\, g\, h}} \\ &= 0{,}048\; m^3 \end{aligned}$$

(c)

$$p_A + \frac{\rho}{2}\, v_1^2 = p_a + \frac{\rho}{2}\, v_2^2 + \rho\, L_2 \frac{dv_2}{dt}$$

$$p_B + \frac{\rho}{2}\, v_2^2 = p_a + \frac{\rho}{2}\, v_2^2 + \rho\, L_2 \frac{dv_2}{dt}$$

aus *a*) folgt: $\dfrac{dv_2}{dt} = \dfrac{2\, g\, h - v_2^2}{2 \left[L_1 \left(\frac{D_2}{D_1} \right)^2 + L_2 \right]}$

t = 0:

$$\begin{aligned} p_A &= p_B = p_A + \frac{\rho\, g\, h}{1 + \frac{L_1}{L_2} \left(\frac{D_2}{D_1} \right)^2} \\ &= 1{,}16 \cdot 10^5\; \frac{N}{m^2} \end{aligned}$$

t = T:

$$\begin{aligned} p_A &= p_a + \rho\, g\, h \cdot \left[0{,}99^2 \left(1 - \frac{D_2^4}{D_1^4} \right) \right. \\ &+ \left. \frac{1 - 0{,}99^2}{1 + \frac{L_1}{L_2} \left(\frac{D_2}{D_1} \right)^2} \right] \\ &= 1{,}187 \cdot 10^5\; \frac{N}{m^2} \end{aligned}$$

$$\begin{aligned} p_B &= p_a + \frac{1 - 0{,}99^2}{1 + \frac{L_1}{L_2} \left(\frac{D_2}{D_1} \right)^2} \rho\, g\, h \\ &= 1{,}003 \cdot 10^5\; \frac{N}{m^2} \end{aligned}$$

(d)

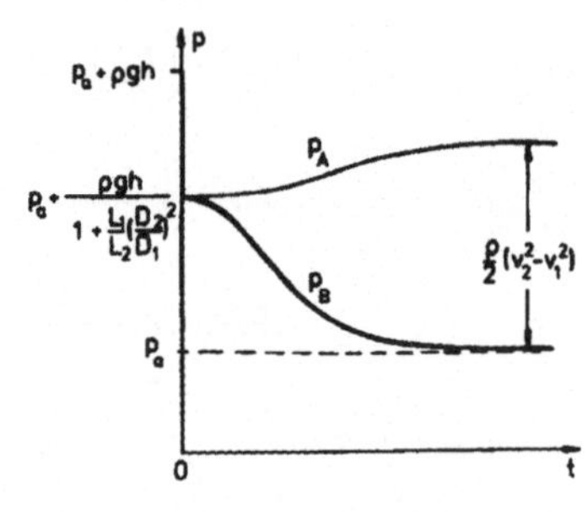

2.22

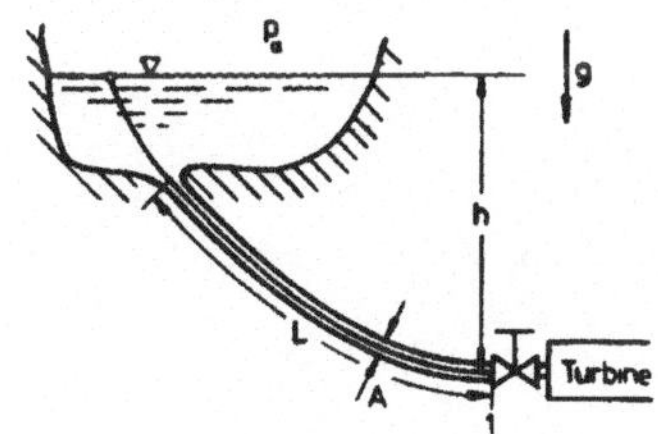

(a)

$$p_a + \rho\, g\, h = p_{1s} + \frac{\rho}{2}\, v_{1s}^2$$
$$v_{1s} = \frac{\dot{Q}_0}{A}$$
$$p_{1s} - p_a = \rho \left(g\, h - \frac{\dot{Q}_0^2}{2\, A^2} \right) = 18,875 \cdot 10^5\, \frac{N}{m^2}$$

(b)

$$p_a + \rho\, g\, h = p_1 + \frac{\rho}{2}\, v_1^2 + + \rho\, L\, \frac{Dv_1}{dt}$$
$$\dot{Q}(t) = \dot{Q}_0 \left(1 - \frac{t}{T_s} \right)$$
$$p_1(t) = p_a + \rho\, g\, h + \rho\, L \frac{\dot{Q}_0}{A\, T_S} - - \frac{\rho}{2} \left(\frac{\dot{Q}_0}{A} \right)^2 \left(1 - \frac{t}{T_S} \right)^2$$

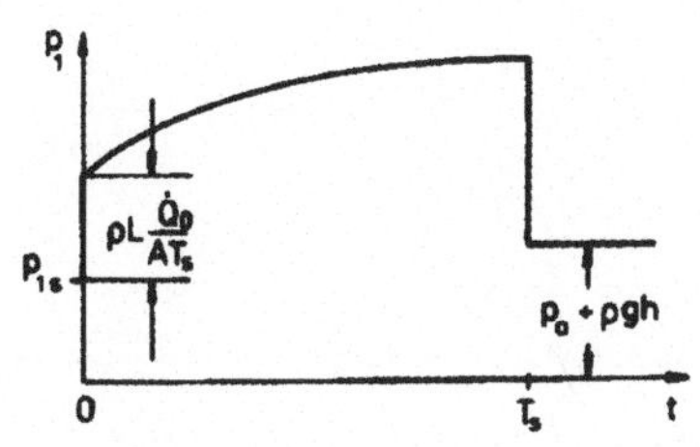

(c)

$$\Delta p_{zul} = p_{1max} - p_a = \rho\, g\, h + \rho\, L \frac{\dot{Q}_0}{A\, T_S}$$
$$T_S = 0,25\ s$$

3.2.3 Impuls- und Impulsmomentensatz

3.1

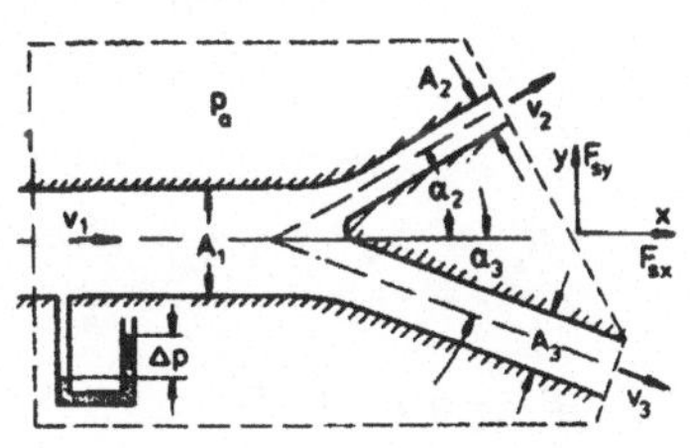

(a)

$$p_1 + \frac{\rho}{2}\, v_1^2 = p_a + \frac{\rho}{2}\, v_2^2 = p_a + \frac{\rho}{2}\, v_3^2$$
$$\Delta p = p_1 - p_a$$
$$v_1\, A_1 = v_2\, A_2 + v_3\, A_3$$
$$v_1 = \sqrt{\frac{2\, \Delta p}{\rho} \frac{1}{\left(\frac{A_1}{A_2 + A_3} \right)^2 - 1}} = 2,58\, \frac{m}{s}$$
$$v_2 = v_3 = \frac{A_1}{A_2 + A_3}\, v_1 = 5,16\, \frac{m}{s}$$

(b)

$$\rho\, v_3^2\, A_3\, \cos\alpha_3 + \rho\, v_2^2\, A_2\, \cos\alpha_2 - \rho\, v_1^2\, A_1 = (p_1 - p_a)\, A_1 + F_{sx}$$
$$F_{sx} = -866,4\ N$$

$$\rho\, v_2^2\, A_2\, \sin\alpha_2 - \rho\, v_3^2\, A_3\, \sin\alpha_3 = F_{sy}$$
$$F_{sy} = -238,4\ N$$

(c)

$$A_2\, \sin\alpha_2 - A_3\, \sin\alpha_3^* = 0$$
$$\alpha_3^* = 12,37°$$

3.2 (a)

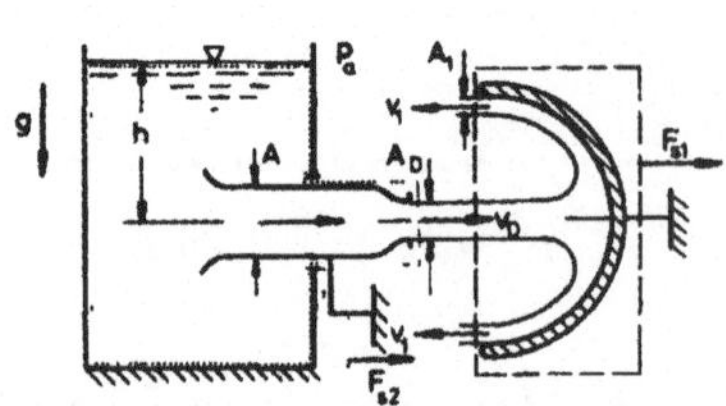

$$-\rho\, v_D^2\, A_D - 2\,\rho\, v_1^2\, A_1 = F_{s1}$$

$$\begin{aligned} v_D &= \sqrt{2\,g\,h} \\ v_D\, A_D &= 2\, v_1\, A_1 \\ p_a + \frac{\rho}{2}\, v_D^2 &= p_a + \frac{\rho}{2}\, v_1^2 \\ F_{s1} = -4\,\rho\, g\, h\, A_D &= -2 \cdot 10^4\ N \end{aligned}$$

$$\begin{aligned} \rho\, v_D^2\, A_D &= (p_a + \rho\, g\, h - p_a)\, A + \\ &+\ F_{s2} \\ F_{s2} &= \rho\, g\, h(2\, A_D - A) = 0 \end{aligned}$$

(b)

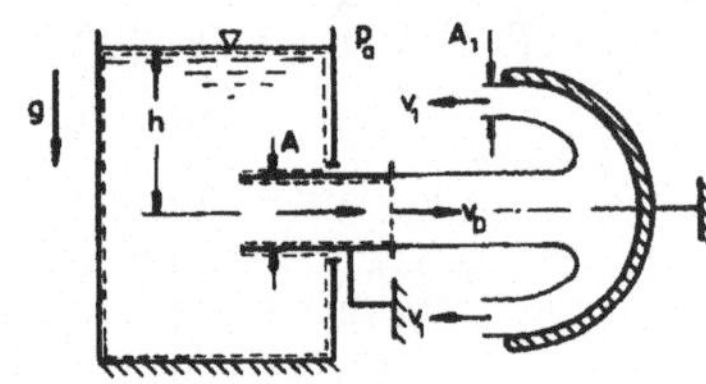

$$\begin{aligned} \rho\, v_D^2\, A_D &= (p_a + \rho\, g\, h - p_a)\, A \\ F_{s1} &= -2\,\rho\, g\, h\, A = -2 \cdot 10^4\ N \\ F_{s2} &= 0 \end{aligned}$$

3.3

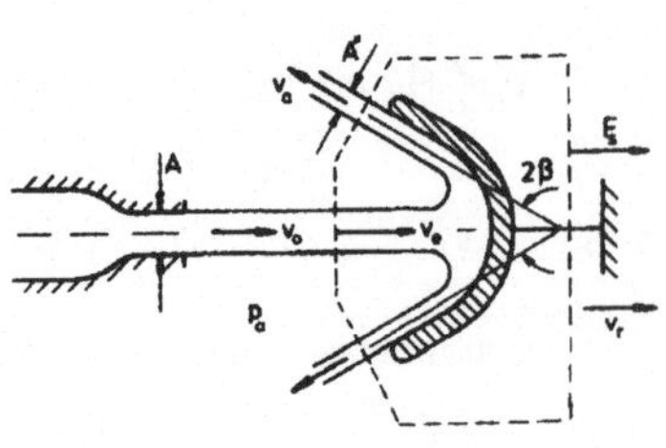

(a)

$$P = -F_S\, v_r$$

mitbewegte Kontrollfläche:

$$\begin{aligned} -\rho\, v_e^2\, A &- 2\,\rho\, v_a^2\, A^* \cos\beta = F_s \\ v_e &= v_0 - v_r \\ p_a + \frac{\rho}{2}\, v_e^2 &= p_a + \frac{\rho}{2}\, v_a^2 \\ v_e\, A &= 2\, v_a\, A^* \end{aligned}$$

$$\begin{aligned} P &= \rho\,(v_0 - v_r)^2\, v_r\, A\,(1 + \cos\beta) \\ \frac{dP}{dv_r} &= 0 \\ v_r &= \frac{v_0}{3} = 20\ \frac{m}{s} \end{aligned}$$

(b)

$$\begin{aligned} F_s &= -\frac{4}{9}\,\rho\, v_0^2\, A\,(1 + \cos\beta) \\ &= 3,08 \cdot 10^5\ N \end{aligned}$$

3.4

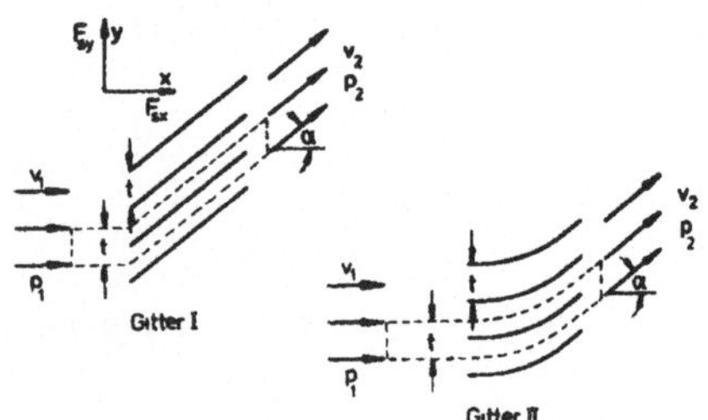

(a)

$$\begin{aligned} v_1\, B\, t &= v_2\, B\, t\, \cos\alpha \\ v_2 &= \frac{v_1}{\cos\alpha} \end{aligned}$$

Gitter I

(b)

$$-\rho\, v_1^2\, B\, t + \rho\, v_1^2\, B\, t\, \cos^2\alpha = (p_1 - p_2)\, B\, t + F_{sx}$$

$$\rho\, v_2^2\, B\, t\, \sin\alpha\, \cos\alpha = F_{sy}$$

Kraft normal zur Schaufel:

$$\tan\alpha = -\frac{F_{sx}}{F_{sy}}$$

$$p_1 - p_2 = -\rho\, v_1^2\, \tan^2\alpha$$

(c)

$$\begin{aligned} p_{01} - p_{02} &= (p_1 - p_2) + \frac{\rho}{2}\,(v_1^2 - v_2^2) \\ &= \frac{\rho}{2}\, v_1^2\, \tan^2\alpha \end{aligned}$$

(d)

$$\begin{aligned} F_x &= -F_{sx} = \rho\, v_1^2\, Bt\, \tan^2\alpha \\ F_y &= -F_{sy} = -\rho\, v_1^2\, Bt\, \tan\alpha \end{aligned}$$

Gitter II

(b)

$$\begin{aligned} p_1 + \frac{\rho}{2}\, v_1^2 &= p_2 + \frac{\rho}{2}\, v_2^2 \\ p_1 - p_2 &= \frac{\rho}{2}\, v_1^2\, \tan^2\alpha \end{aligned}$$

(c)

$$p_{01} - p_{02} = 0$$

(d) Impulssatz wie bei Gitter I

$$\begin{aligned} F_x &= \frac{\rho}{2}\, v_1^2\, Bt\, \tan^2\alpha \\ F_y &= -\rho\, v_1^2\, Bt\, \tan\alpha \end{aligned}$$

3.5

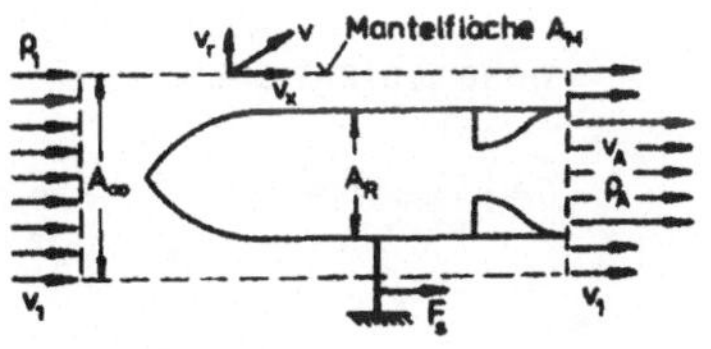

(a)

$$\begin{aligned} \rho_1\, v_1\, A_\infty &= \rho_1\, v_1\, (A_\infty - A_R) + \Delta\dot m \\ \Delta\dot m &= \rho_1\, v_1\, A_R \end{aligned}$$

(b)

$$-\rho_1\, v_1^2\, A_\infty + \rho_1\, v_1^2\, (A_\infty - A_R) + {}$$
$$+\rho_A\, v_A^2\, A_R + \int_{A_M} \rho_1\, v_x\, v_r\, dA = F_s$$

Für $\dfrac{A_\infty}{A_R} \gg 1 \quad : \qquad v_x = v_1$

$$\begin{aligned} \int_{A_M} \rho_1\, v_x\, v_r\, dA &= v_1 \int_{A_M} \rho_1\, v_r\, dA \\ &= v_1\, \Delta\, \dot m \\ F_s &= \rho_A\, v_A^2\, A_R \\ P &= F_s\, v_1 = \rho_A\, v_A^2\, v_1\, A_R \end{aligned}$$

3.6

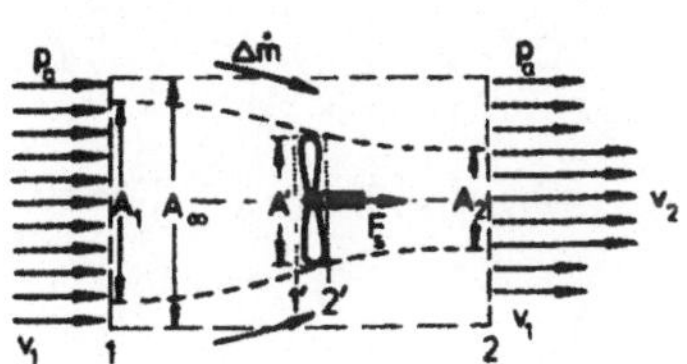

(a)

$$\begin{aligned} p_a + \frac{\rho}{2}\, v_1^2 &= p_{1'} + \frac{\rho}{2}\, v'^2 \\ p_{2'} + \frac{\rho}{2}\, v'^2 &= p_a + \frac{\rho}{2}\, v_2^2 \\ v_1\, A_1 = v'\, A' &= v_2\, A_2 \end{aligned}$$

$$\begin{aligned} 0 &= (p_{1'} - p_{2'})\, A' + F_s \\ &- \rho\, v_1^2\, A_\infty + \rho\, v_2^2\, A_2 \\ &+ \rho\, v_1^2\, (A_\infty - A_2) - \Delta\, \dot{m}\, v_1 = F_s \end{aligned}$$

siehe Aufgabe 4.5

$$\begin{aligned} \rho\, v_1^2\, A_\infty + \Delta\, \dot{m} &= \rho\, v_2^2\, A_2 \\ &+ \rho\, v_1^2\, (A_\infty - A_2) \\ v' &= \frac{v_1 - v_2}{2} = 6,5\ \frac{m}{s} \end{aligned}$$

(b)

$$\eta = \frac{F_s\, v_1}{F_s\, v'} = \frac{v_1}{v'} = 0,769$$

3.7 (a)

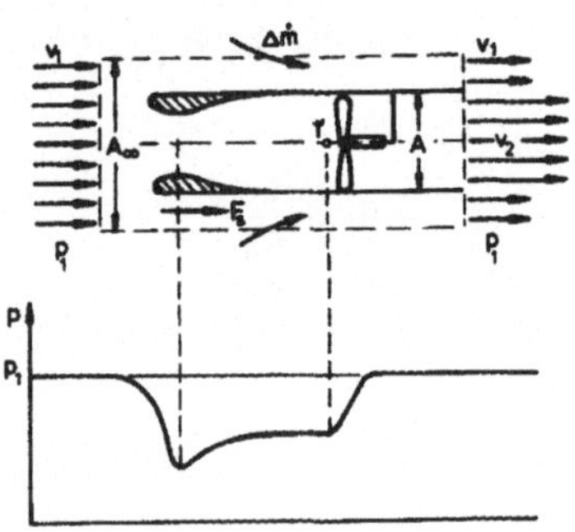

(b)

$$\begin{aligned} p_1 + \frac{\rho}{2}\, v_1^2 &= p_{1'} + \frac{\rho}{2}\, v_{1'}^2 \\ v_{1'} = v_2 &= \sqrt{\frac{2}{\rho}\, (p_1 - p_{1'}) + v_1^2} \\ \dot{m} = \rho\, A\, v_{1'} &= 13 \cdot 10^3\ \frac{kg}{s} \end{aligned}$$

(c)

$$\begin{aligned} -\rho\, v_1^2\, A_\infty - \Delta \dot{m}\, v_1 + \rho\, v_2^2\, A \\ +\rho\, v_1^2\, (A_\infty - A) = F_s \end{aligned}$$

siehe Aufgabe 4.5

$$\begin{aligned} \rho\, v_1\, A_\infty + \Delta \dot{m} = \rho\, v_1\, (A_\infty - A) + \rho\, v_2\, A \\ F_s = \rho\, v_2\, (v_2 - v_1)\, A = 0,39 \cdot 10^5\ N \end{aligned}$$

(d)

$$\begin{aligned} P &= \dot{Q}\, (p_{02} - p_{01'}) \\ &= \dot{Q}\, (p_1 - p_{1'}) = 448,5\ kW \end{aligned}$$

3.8

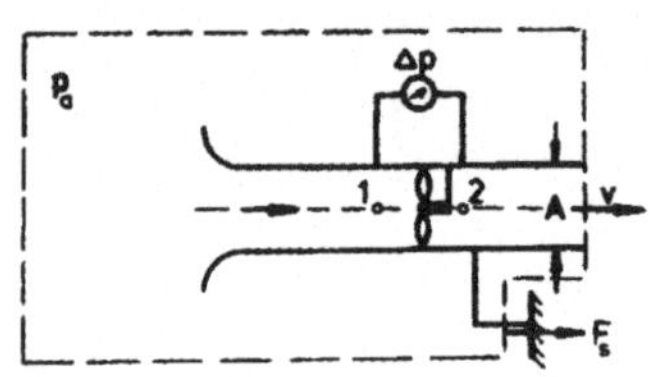

(a)

$$\begin{aligned} p_a &= p_1 + \frac{\rho}{2}\, v_1^2 \\ \Delta p &= p_2 - p_1 = p_a - p_1 \\ \dot{Q} &= v\, A = \sqrt{\frac{2\, \Delta\, p}{\rho}}\, A \end{aligned}$$

(b)

$$P = \dot{Q}\, (p_{02} - p_{01}) = \sqrt{\frac{2\, \Delta\, p}{\rho}}\, \Delta p\, A$$

(c)

$$\rho\, v^2\, A = F_s = 2\, \Delta p\, A$$

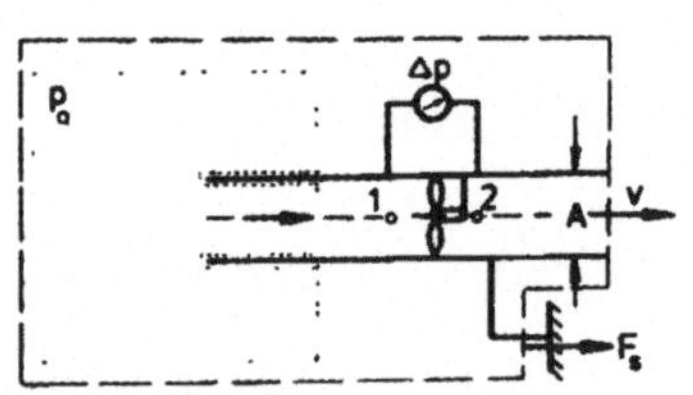

(a)

$$\begin{aligned} \rho\, v^2\, A &= (p_a - p_1)\, A \\ \Delta p = p_2 - p_1 &= p_a - p_1 \\ \dot{Q} = v\, A &= \sqrt{\frac{\Delta\, p}{\rho}}\, A \end{aligned}$$

(b)

$$P = \dot{Q}\,(p_{02} - p_{01}) = \sqrt{\frac{\Delta p}{\rho}}\,\Delta p\,A$$

(c)

$$\rho\,v^2\,A = F_s = \Delta p\,A$$

3.9

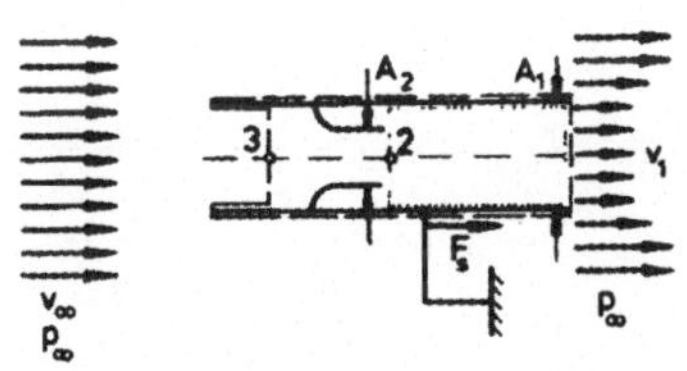

(a)

$$\begin{aligned} p_\infty + \frac{\rho}{2}\,v_\infty^2 &= p_2 + \frac{\rho}{2}\,v_2^2 \\ -\rho\,v_2^2\,A_2 + \rho\,v_1^2\,A_1 &= (p_2 - p_\infty)\,A_1 \\ v_2\,A_2 &= v_1\,A_1 \end{aligned}$$

$$\begin{aligned} v_2 &= \frac{v_\infty}{\sqrt{1 - 2\,\frac{A_2}{A_1} + 2\left(\frac{A_2}{A_1}\right)^2}} \\ &= 56,6\ \frac{m}{s} \\ v_1 &= 28,3\ \frac{m}{s} \end{aligned}$$

(b)

$$-\rho\,v_3^2\,A_1 + \rho\,v_1^2\,A_1 = (p_3 - p_\infty)\,A_1 + F_s$$

$$\begin{aligned} p_\infty + \frac{\rho}{2}\,v_\infty^2 &= p_3 + \frac{\rho}{2}\,v_3^2 \\ v_3 &= v_1 \\ F_s = \frac{\rho}{2}\,(v_1^2 - v_\infty^2)\,A_1 &= -100\ N \end{aligned}$$

3.10

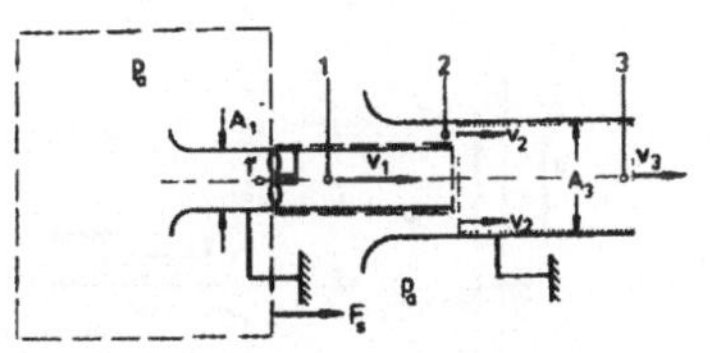

(a)

$$\begin{aligned} v_2 &= \frac{\dot{Q}_2}{A_3 - A_1} = 40\ \frac{m}{s} \\ p_a &= p_2 + \frac{\rho}{2}\,v_2^2 \\ p_2 &= 0,99 \cdot 10^5\ \frac{N}{m^2} \end{aligned}$$

(b)

$$\begin{aligned} -\rho\,v_1^2\,A_1 - \rho\,v_2^2\,A_2 + \rho\,v_3^2\,A_3 \\ = (p_2 - p_a)\,A_3 \\ v_1\,A_1 + v_2\,A_2 = v_3\,A_3 \end{aligned}$$

$$\begin{aligned} v_1 &= \left(1 + \sqrt{\frac{1}{2\,\frac{A_1}{A_3}\left(1 - \frac{A_1}{A_3}\right)}}\right) v_2 \\ &= 96,6\ \frac{m}{s} \\ v_3 &= v_1\,\frac{A_1}{A_3} + v_2\left(1 - \frac{A_1}{A_3}\right) \\ &= 68,3\ \frac{m}{s} \end{aligned}$$

(c)

$$\begin{aligned} P = \dot{Q}_1\,(p_{01} - p_{01'}) &= \dot{Q}_1\,(p_1 - p_{1'}) \\ p_1 &= p_2 \\ p_a &= p_{1'} + \frac{\rho}{2}\,v_1^2 \\ p = \frac{\rho}{2}\,(v_1^2 - v_2^2)\,v_1\,A_1 &= 46,6\ kW \end{aligned}$$

(d)

$$\begin{aligned} \rho\,v_1^2\,A_1 &= (p_a - p_2)\,A_1 + F_s \\ F_s &= \rho\left(v_1^2 - \frac{v_2^2}{2}\right) A_1 = 1066\ N \end{aligned}$$

(Zugkraft)

3.11

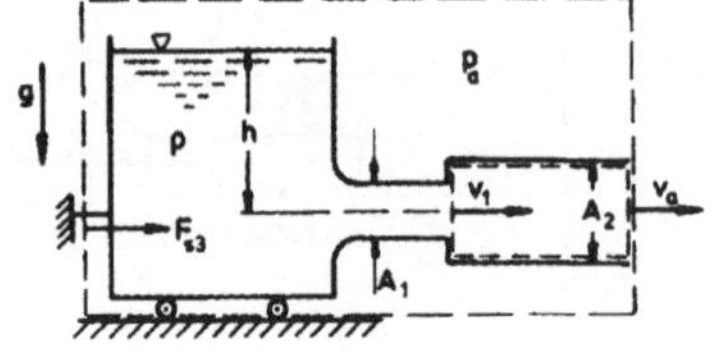

(a)

$$-\rho\, v_1^2\, A_1 + \rho\, v_a^2\, A_2 = (p_1 - p_a)\, A_2$$
$$p_a + \rho\, g\, h = p_1 + \frac{\rho}{2}\, v_1^2$$
$$v_1\, A_1 = v_a\, A_2$$

$$\dot{Q} = \frac{\sqrt{2\, g\, h}\, A}{\sqrt{2\left(\frac{A_1}{A_2}\right)^2 - 2\,\frac{A_1}{A_2} + 1}}$$

$$\frac{d\dot{Q}}{dA_2} = 0$$
$$A_2 = 2\, A_1 = 0,2\ m^2$$

(b)

$$p_1 = p_a - \rho\, g\, h = 5 \cdot 10^4\ \frac{N}{m^2}$$

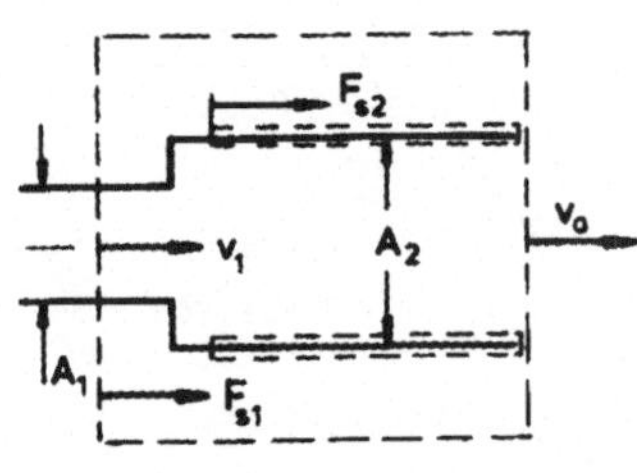

(c)

$$-\rho\, v_1^2\, A_1 + \rho\, v_a^2\, A_2 = (p_1 - p_a)\, A_1 + F_{s1}$$

$$F_{s1} = -\rho\, g\, h\, A_1 = -5 \cdot 10^3\ N \text{ (Zugkraft)}$$

$$F_{s2} = 0$$
$$\rho\, v_a^2\, A_2 = F_{s3}$$

$$F_{s3} = 2\,\rho\, g\, h\, A_1 = 10^4\ N \text{ (Druckkraft)}$$

3.12

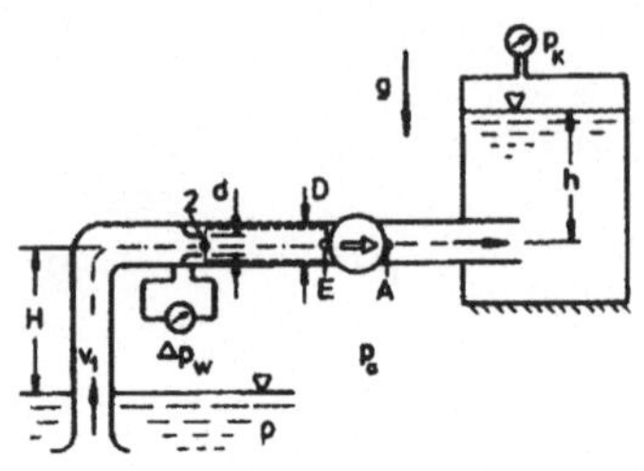

(a)

$$\dot{Q} = v_1\, \frac{\pi\, D^2}{4} = \alpha\, \frac{\pi\, D^2}{4}\, \sqrt{\frac{2\,\Delta\, p_w}{\rho}}$$

$$v_1 = \alpha\, \frac{d^2}{D^2}\, \sqrt{\frac{2\,\Delta\, p_w}{\rho}} = 1,33\ \frac{m}{s}$$

(b)

$$-\rho\, v_2^2\, A_2 + \rho\, v_1^2\, A_1 = (p_2 - p_E)\, A_1$$
$$p_a = p_2 + \rho\, g\, H + \frac{\rho}{2}\, v_2^2$$
$$v_2\, A_2 = v_1\, A_1$$
$$p_E = p_a - \frac{\rho}{2}\, v_1^2 \left[\left(\frac{D^2}{d^2} - 1\right)^2 + \right.$$
$$\left. - \rho\, g\, H = 0,482 \cdot 10^5\ \frac{N}{m^2}\right.$$
$$p_A = p_K + \rho\, g\, h = 2,3 \cdot 10^5\ \frac{N}{m^2}$$

(c)

$$P = v_1\, \frac{\pi\, D^2}{4}\, (p_{oA} - p_{oE}) = 1,9 \cdot 10^3\ kW$$

3.13

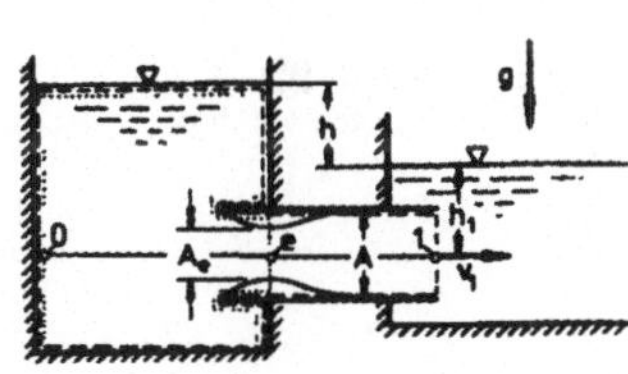

(a)

$$\rho\, v_e^2\, A_e = (p_0 - p_e)\, A$$
$$p_0 = p_e + \frac{\rho}{2}\, v_e^2$$
$$\Psi = \frac{A_e}{A} = 0,5$$

(b)

$$\rho\, v_1^2\, A = (p_0 - p_1)\, A$$
$$p_0 = p_a + \rho\, g\, (h + h_1)$$
$$p_1 = p_a + \rho\, g\, h_1$$
$$v_1 = \sqrt{g\, h} = 3,16\ \frac{m}{s}$$

3.14 (a)

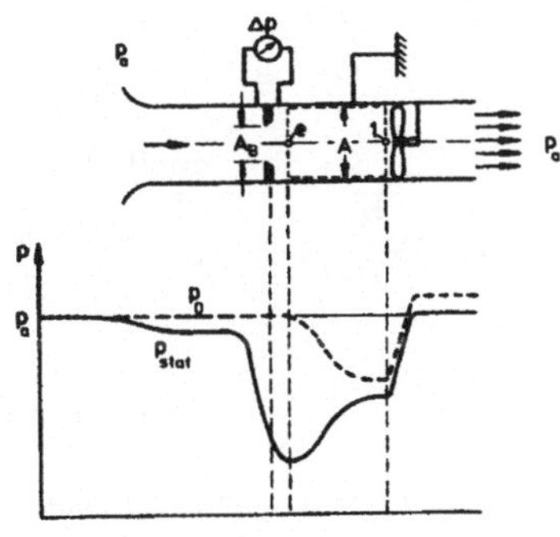

(b)

$$\dot{Q} = \alpha\, m\, A\, \sqrt{\frac{2\, \Delta\, p_w}{\rho}} = 7,67 \cdot 10^{-2}\ \frac{m^3}{s}$$

(c)

$$-\rho\, v_e^2\, A_e + \rho\, v_1^2\, A = (p_e - p_1)\, A$$
$$p_a = p_e + \frac{\rho}{2}\, v_e^2$$

$$\dot{Q} = v_1\, A_1 = v_e\, A_e = v_e\, \Psi\, m\, A$$
$$p_1 = p_a - \alpha^2\, m^2 \cdot$$
$$\cdot\ \Delta\, p_w \left[\left(1 - \frac{1}{\Psi\, m}\right)^2 + 1\right]$$
$$= 0,998 \cdot 10^5\ \frac{N}{m^2}$$

(d)

$$P = \dot{Q}\, (p_a - p_1) = 14,4\ W$$

3.15

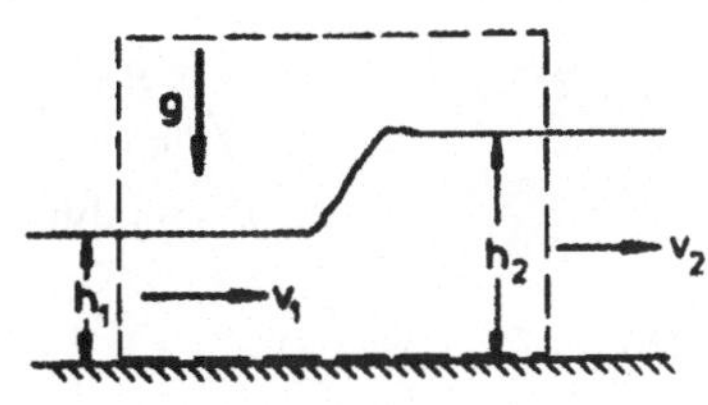

(a)

$$-\rho\, v_1^2\, B\, h_1 + \rho\, v_2^2\, B\, h_2 = \rho\, g\, B\, \frac{h_1^2}{2} - \rho\, g\, B\, \frac{h_2^2}{2}$$

$$v_1\, B\, h_1 = v_2\, B\, h_2$$
$$v_1 = \sqrt{\frac{g}{2}\, \frac{h_2}{h_1}\, (h_1 + h_2)} = 1,73\ \frac{m}{s}$$
$$v_2 = 0,87\ \frac{m}{s}$$

(b)

$$Fr_1 = \frac{v_1}{\sqrt{g\, h}} = 1,73$$
$$Fr_2 = 0,61$$

(c)

$$H_1 - H_2 = h_1 - h_2 + \frac{1}{2\,g}\,(v_1^2 - v_2^2)$$
$$= \frac{(h_2 - h_1)^3}{4\,h_1\,h_2} = 0,0125\;m$$

3.16

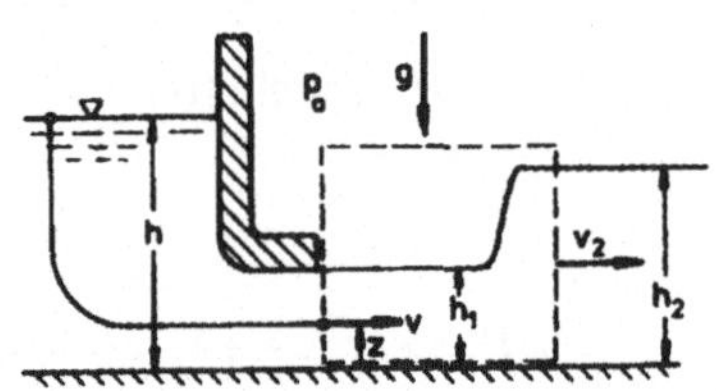

(a) Für jede Stromlinie gilt:

$$\begin{aligned} p_a + \rho\,g\,h &= p + \rho\,g\,z + \frac{\rho}{2}\,v^2 \\ p + \rho\,g\,z &= p_a + \rho\,g\,h_1 \\ v &= \sqrt{2\,g\,(h - h_1)} \\ &= v_1\;\text{(unabhängig von z)} \end{aligned}$$

(b)

$$\begin{aligned} \dot{Q} &= v_1\,B\,h_1 \\ \frac{d\dot{Q}}{dh_1} &= 0 \\ h_{1max} = \frac{2}{3}\,h &= 5\;m \end{aligned}$$

(c)

$$\begin{aligned} Fr_1 &= \frac{v_1}{\sqrt{g\,h}} = 1 \\ h_{1gr} &= \frac{2}{3}\,h = 5\;m \end{aligned}$$

(d)

$$\begin{aligned} \rho\,g\,B\left(\frac{h_1^2}{2} - \frac{h_2^2}{2}\right) &= -\;\rho\,v_1^2\,B\,h_1 + \\ &\quad + \;\rho\,v_2^2\,B\,h_2 \\ v_1\,B\,h_1 &= v_2\,B\,h_2 \end{aligned}$$

$$\begin{aligned} h_2 &= \frac{h_1}{2}\left(\sqrt{1 + 16\left(\frac{h}{h_1} - 1\right)} - 1\right) \\ &= 5,93\;m \\ v_2 &= 4,22\;\frac{m}{s} \end{aligned}$$

3.17 (a)

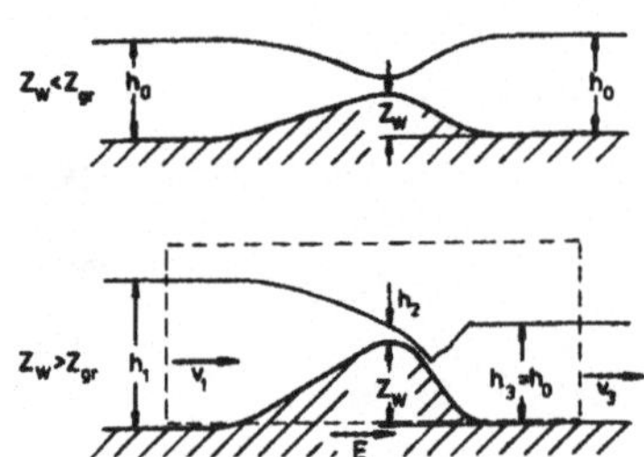

(b)

$$Z_{gr} + H_{min} = H_0$$

$$\begin{aligned} Z_{gr} &= h_0 + \frac{\dot{Q}^2}{2\,g\,B^2\,h_0^2} - \frac{3}{2}\sqrt[3]{\frac{\dot{Q}^2}{g\,B^2}} \\ &= 0,446\;m \end{aligned}$$

(c) $z_W > z_{gr}$:

$$\begin{aligned} h_2 &= h_{gr} = \sqrt[3]{\frac{\dot{Q}^2}{g\,B^2}} = 1,170\;m \\ H_1 &= Z_W + H_{min} \\ \frac{H_1}{H_{min}} &= \frac{Z_W}{H_{min}} + 1 = 1,570 \end{aligned}$$

aus Diagramm: $\frac{h_1}{h_{gr}} = 2,2$

$h_1 = 2,64\;m$ (Aufstau des Oberwassers

(d)

$$\begin{aligned} H_1 - H_3 &= H_1 - H_0 \\ &= Z_W - Z_{gr} = 0,554\;m \end{aligned}$$

(e)

$$-\rho\, v_1^2\, B\, h_1 + \rho\, v_3^2\, B\, h_3$$
$$= \rho\, g\, B \left(\frac{h_1^2}{2} - \frac{h_3^2}{2}\right) + F_s$$

$$F = -\; F_s = \frac{\rho g\, B}{2}\,(h_1 - h_0)\cdot$$
$$\cdot \left(h_1 + h_0 - \frac{2\,\dot{Q}^2}{g\, B^2\, h_1\, h_0}\right)$$
$$= 2{,}60 \cdot 10^5\ N$$

3.18

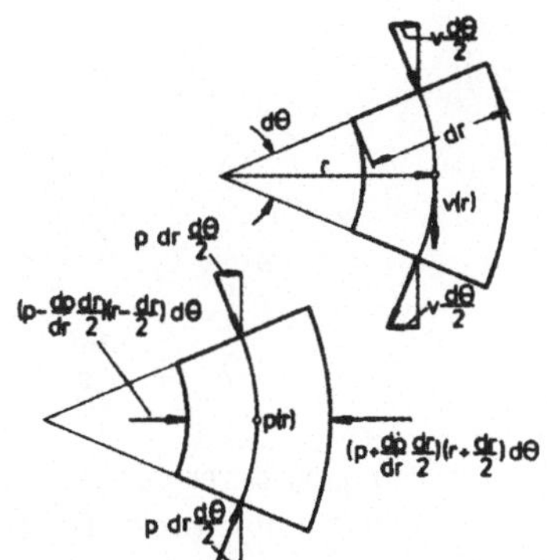

(a)

$$-\ \rho\, v^2\, dr\,\frac{d\theta}{2} - \rho\, v^2\, dr\,\frac{d\theta}{2} =$$
$$= \left(p - \frac{dp}{dr}\frac{dr}{2}\right)\left(r - \frac{dr}{2}\right) d\theta -$$
$$- \left(p + \frac{dp}{dr}\frac{dr}{2}\right)\left(r + \frac{dr}{2}\right) d\theta +$$
$$+\ 2\, p\, dr\, \frac{d\theta}{2}$$

$$\frac{dp}{dr} = \rho\,\frac{v^2}{r}$$

(b)

$$\frac{d}{dr}\left(p + \frac{\rho}{2}\, v^2\right) = 0$$
$$\frac{dp}{dr} = -\rho\, v\,\frac{dv}{dr} = \rho\,\frac{v^2}{r}$$
$$v = \frac{konst}{r}$$

3.19 (a)

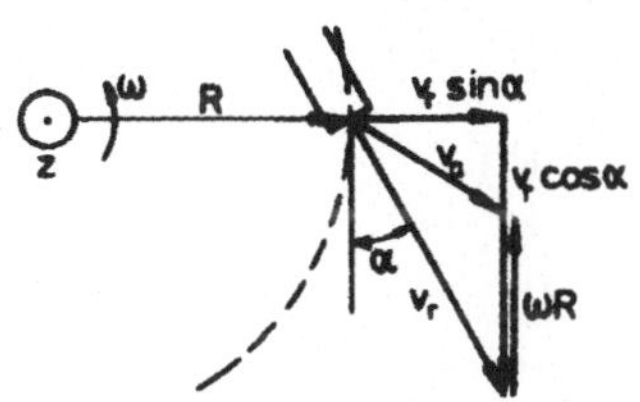

$$M_r = 3\,\rho\, v_r A\, (\vec{r} \times \vec{v}_a)_z$$
$$= 3\,\rho\, v_r A\, R(-v_r\ \cos\alpha + \omega\, R)$$

Bestimmung von v_r :

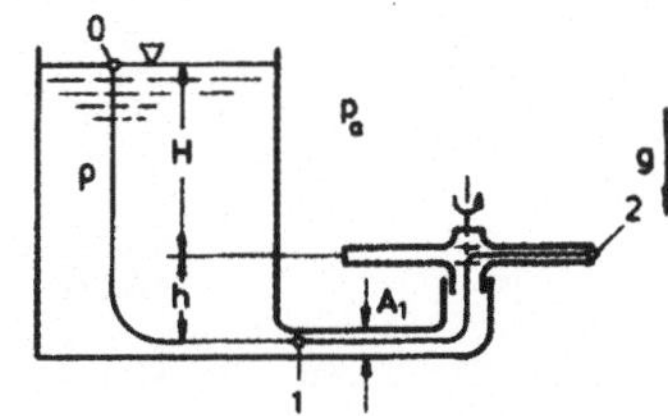

$$p_a = p_a + \frac{\rho}{2}\, v_r^2 - \int_{s_0}^{s_2} \rho\,(\vec{b} \cdot d\vec{s})$$
$$= p_a + \frac{\rho}{2}\, v_r^2 - \rho\left(gH + \frac{\omega^2 R^2}{2}\right)$$
$$v_r = \sqrt{2\, g\, H + 2\,\omega^2\, R^2}$$

mit

$$\xi = \frac{\omega\, R}{\sqrt{2\, g\, h}} \text{ und}$$
$$M_0 = -3\,\rho\, A\, R\, 2\, g\, H\ \cos\alpha \quad :$$
$$\frac{M_r}{M_0} = \sqrt{1+\xi^2}\left(\sqrt{1+\xi^2} - \frac{\xi}{\cos\alpha}\right)$$

$$\xi^2 = \frac{2\,\frac{M_r}{M_0} + \tan^2\alpha - 1}{2\tan^2\alpha} \cdot \left[\sqrt{1 + \left(\frac{\left(1 - \frac{M_r}{M_0}\right)\,2\,\tan\alpha}{2\,\frac{M_r}{M_0} + \tan^2\alpha - 1}\right)^2} - 1\right]$$

$$\begin{aligned} \xi &= 0,07 \\ n &= 1,05\,\frac{1}{s} \end{aligned}$$

(b)

$$\dot{Q} = 3\,v_r\,A = 2,13 \cdot 10^{-3}\,\frac{m^3}{s}$$

(c)

$$\begin{aligned} p_a + \rho\,g\,(h + H) &= p_1 + \frac{\rho}{2}\,v_1^2 \\ v_1 &= \frac{\dot{Q}}{A_1} \\ p_1 &= 1,095 \cdot 10^5\,\frac{N}{m^2} \end{aligned}$$

(d)

$$\begin{aligned} \xi_0 &= \frac{1}{\tan\alpha} = 1,73 \\ \omega_0 &= 163\,\frac{1}{s} \end{aligned}$$

3.2.4 Schichtenströmungen zäher Flüssigkeiten

4.1

(a)

$$\begin{aligned} (p_1 - p_2)\,\pi\,r^2 - \tau\,2\,\pi\,r\,L &= 0 \\ \tau &= -\eta\,\frac{du}{dr} \\ r = R: \quad u &= 0 \\ \frac{u(r)}{u_{max}} &= 1 - \left(\frac{r}{R}\right)^2 \end{aligned}$$

(b)

$$\begin{aligned} \frac{u(m)}{u_{max}} &= \frac{\dot{Q}}{u_{max}\,\pi\,R^2} \\ &= 2\int_0^1 \left[1 - \left(\frac{r}{R}\right)^2\right]\frac{r}{R}\,d\left(\frac{r}{R}\right) \\ &= \frac{1}{2} \end{aligned}$$

(c)

$$\begin{aligned} \lambda &= \frac{8\,\tau_w}{\rho\,u_m^2} \\ \tau_w &= \frac{4\,\eta\,u_m}{R} \\ \lambda &= \frac{64}{Re} \end{aligned}$$

4.2 Für $y \leq a$ verhält sich die Flüssigkeit wie ein starrer Körper.

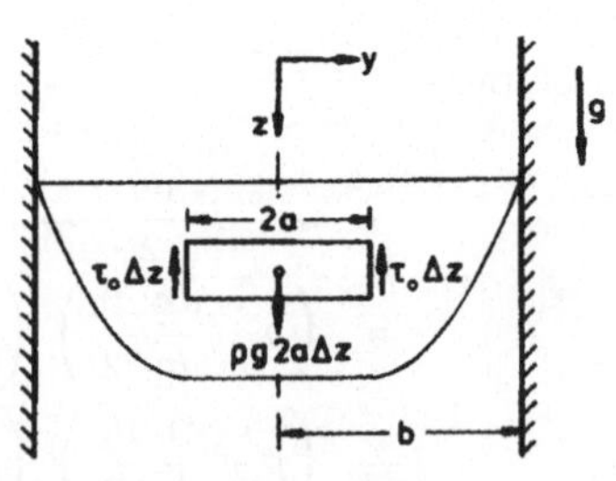

(a)

$$\begin{aligned} \rho\,g\,a\,\Delta z &= \tau_0 \Delta z \\ a &= \frac{\tau_0}{\rho\,g} \end{aligned}$$

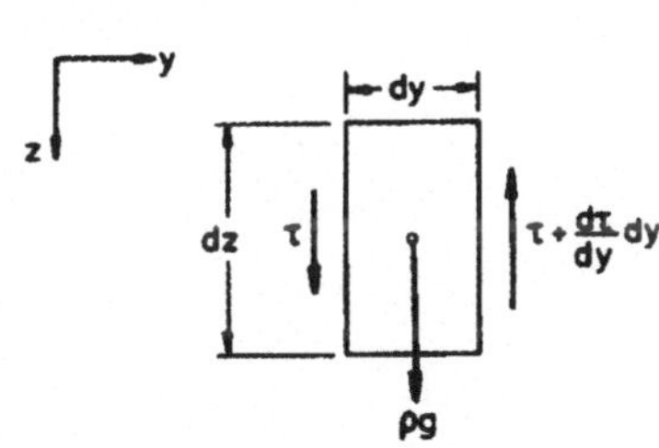

(b)

$$
\begin{aligned}
a \le y \le b: \quad \frac{d\tau}{dy} &= \rho\, g \\
\tau &= -\eta\, \frac{dw}{dy} + \tau_0 \\
y = a: \quad \tau &= \tau_0 \\
y = b: \quad w &= 0
\end{aligned}
$$

$$w(y) = \frac{\rho\, g}{2\,\eta}[(b-a)^2 - (y-a)^2]$$

$$0 \le y \le a: \quad w(y) = \frac{\rho\, g}{2\,\eta}(b-a)^2$$

4.3

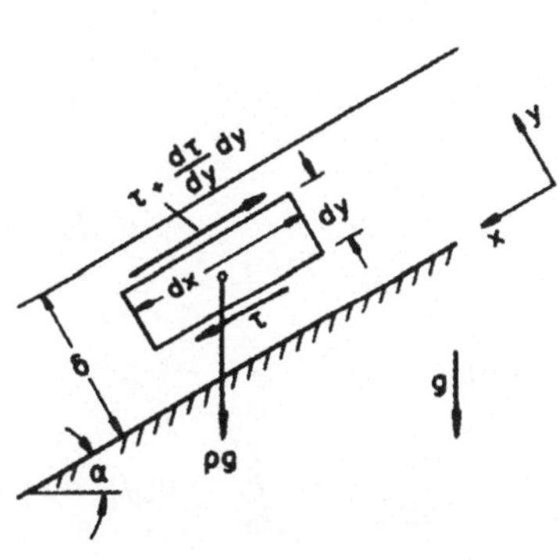

$$
\begin{aligned}
\dot{Q} &= B \int_0^\delta u(y)\, dy \\
\frac{d\tau}{dy} &= \rho\, g\, \sin\alpha \\
\tau &= -\eta\, \frac{du}{dy} \\
y = 0: \quad u &= 0 \\
y = \delta: \quad \tau &= 0
\end{aligned}
$$

$$
\begin{aligned}
u(y) &= \frac{\rho\, g\, \sin\alpha}{\eta} \left[\delta y - \frac{y^2}{2}\right] \\
\dot{Q} &= \frac{\rho\, g\, B\, \sin\alpha}{3\,\eta}\, \delta^3 = 1,2 \cdot 10^{-3}\, \frac{m^3}{s}
\end{aligned}
$$

4.4 (a)

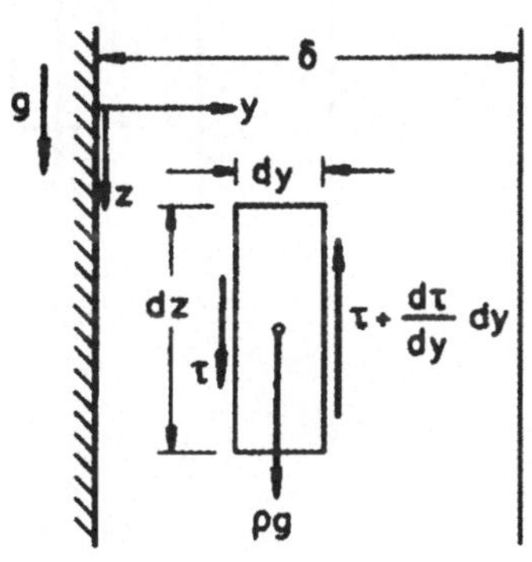

$$
\begin{aligned}
-\frac{d\tau}{dy} + \rho\, g &= 0 \\
\tau &= -\eta\, \frac{dw}{dy} \\
\frac{d^2 w}{dy^2} + \frac{\rho\, g}{\eta} &= 0 \\
y = 0: \quad w &= 0 \\
y = \delta: \quad \tau &= 0
\end{aligned}
$$

$$w(y) = \frac{\rho\, g}{\eta}\, \delta^2 \left[\frac{y}{\delta} - \frac{1}{2}\left(\frac{y}{\delta}\right)^2\right]$$

(b)

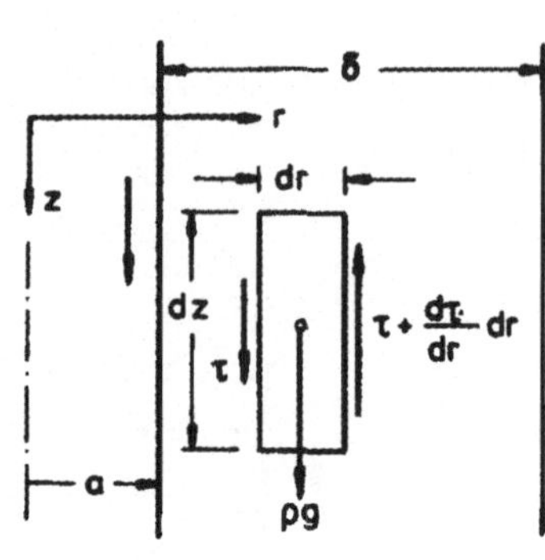

$$\tau \, 2\,\pi \, dz - \left(\tau + \frac{d\tau}{dr} \, dr \right) \, 2\,\pi \, (r + dr) \, dz + \\ + \rho \, g \, \pi \left[(r + dr)^2 - r^2 \right] \, dz = 0$$

$$\begin{aligned} -r \, \frac{d\tau}{dr} - \tau + \rho \, g \, r &= 0 \\ \tau &= -\eta \, \frac{dw}{dr} \end{aligned}$$

$$\begin{aligned} \frac{d}{dr} \left(r \, \frac{dw}{dr} \right) \quad + \quad & \frac{\rho \, g}{\eta} \, r = 0 \\ r = a \quad : \quad & w = 0 \\ r = a + \delta \quad : \quad & \tau = 0 \end{aligned}$$

$$w(r) = \frac{\rho \, g}{2\,\eta} \left[(a + \delta)^2 \ln \frac{r}{a} + \frac{a^2 - r^2}{2} \right]$$

4.5 (a)

$$\begin{aligned} \frac{dp}{dx} + \frac{d\tau}{dy} &= 0 \\ \tau &= -\eta \, \frac{du}{dy} \\ \frac{d^2u}{dy^2} &= \frac{1}{\eta} \, \frac{dp}{dx} \\ y = 0: \quad u &= 0 \\ y = H: \quad u &= u_w \end{aligned}$$

$$u(y) = \frac{1}{2\,\eta} \, \frac{dp}{dx} \, H^2 \left[\left(\frac{y}{H} \right)^2 - \frac{y}{H} \right] + u_w \, \frac{y}{H}$$

(b)

$$\frac{\tau(y = H)}{\tau(y = 0)} = \frac{u_w + \frac{1}{2\,\eta} \frac{dp}{dx} \, H^2}{u_w - \frac{1}{2\,\eta} \frac{dp}{dx} \, H^2}$$

(c)

$$\begin{aligned} \dot{Q} &= u_m \, B \, H = B \int_0^H u(y) \, dy \\ &= \left(\frac{u_w}{2} - \frac{dp}{dx} \, \frac{H^2}{12\,\eta} \right) \, BH \end{aligned}$$

(d)

$$u_{max} = -\frac{dp}{dx} \, \frac{H^2}{8\,\eta}$$

(e)

$$\frac{dI_x}{dt} = B \int_0^H \rho \, u(y)^2 \, dy = \frac{6}{5} \, \rho \, u_m^2 \, BH$$

(f)

$$\frac{\tau_w}{\frac{\varrho}{2} \, u_m^2} = \frac{12}{Re}$$

(g)

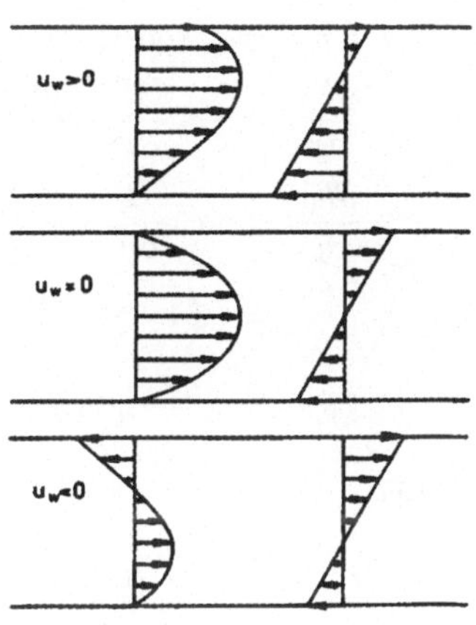

4.6

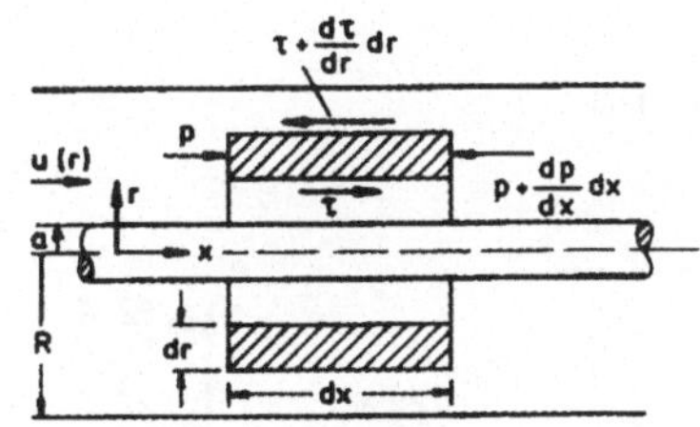

(a)

$$\frac{dp}{dx}+\frac{1}{r}\,\frac{d(\tau\,r)}{dr}=0$$

vergleiche Aufgabe 5.4b

$$\tau=-\eta\,\frac{du}{dr}$$

$$\frac{1}{r}\,\frac{d}{dr}\left(r\,\frac{du}{dr}\right)-\frac{1}{\eta}\,\frac{dp}{dx}=0$$

$$r=a:\quad u=0$$
$$r=R:\quad u=0$$

$$u(r)\;=\;-\frac{1}{4\,\eta}\frac{dp}{dx}\,(R^2-a^2)\cdot\;\cdot\left[\frac{R^2-r^2}{R^2-a^2}-\frac{\ln\left(\frac{r}{R}\right)}{\ln\left(\frac{a}{R}\right)}\right]$$

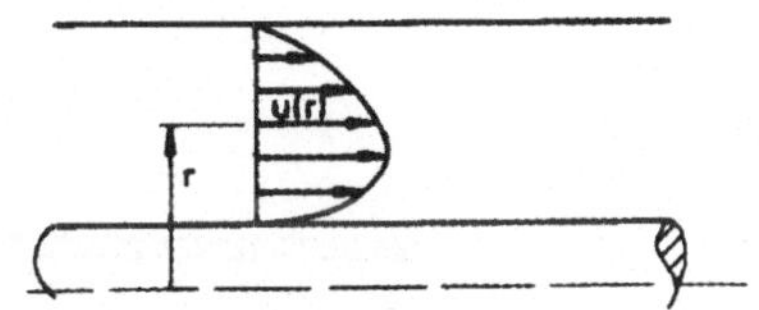

(b)

$$\frac{\tau(r=a)}{\tau(r=R)}=\frac{R}{a}\,\frac{2\,a^2\,\ln\frac{a}{R}+R^2-a^2}{2\,R^2\,\ln\frac{a}{R}+R^2-a^2}$$

(c)

$$\begin{aligned}u_m &= \frac{\dot Q}{\pi\,(R^2-a^2)}\\ &= \frac{1}{\pi\,(R^2-a^2)}\int_a^R u(r)\,2\pi r\,dr\end{aligned}$$

$$=-\frac{1}{8\eta}\,\frac{dp}{dx}\,R^2\left[1+\left(\frac{a}{R}\right)^2+\frac{1-\left(\frac{a}{R}\right)^2}{\ln\left(\frac{a}{R}\right)}\right]$$

4.7 (a)

$$\frac{d}{dr}\left[\frac{1}{r}\,\frac{d}{dr}\,(r\,v)\right]=0$$

$$r=R_i\;:\qquad v=0$$
$$r=R_a\;:\qquad v=\omega\,R_a$$

$$v(r)=\frac{\omega\,R_a^2}{r}\,\frac{r^2-R_i^2}{R_a^2-R_i^2}$$

(b)

$$\begin{aligned}\eta &= \left.\frac{\tau}{-r\,\frac{d}{dr}\,\left(\frac{v}{r}\right)}\right|_{r=R_i}\\ M_z &= -\tau(r=R_i)\,2\pi\,R_i^2\,L\\ \eta &= \frac{M_z}{4\,\pi\,\omega R_i^2\,L}\left[1-\left(\frac{R_i}{R_a}\right)^2\right]\\ &= 10^{-2}\,\frac{Ns}{m^2}\end{aligned}$$

4.8

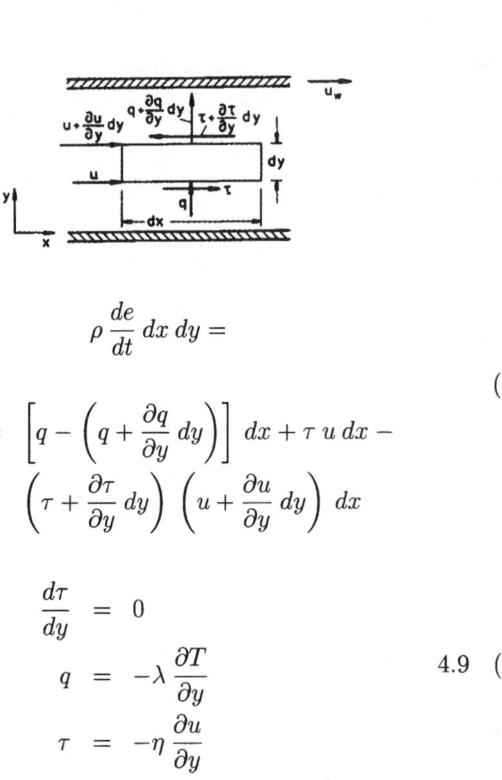

$$\rho\,\frac{de}{dt}\,dx\,dy =$$

$$\begin{aligned} &= \left[q-\left(q+\frac{\partial q}{\partial y}\,dy\right)\right]\,dx+\tau\,u\,dx-\\ &- \left(\tau+\frac{\partial \tau}{\partial y}\,dy\right)\left(u+\frac{\partial u}{\partial y}\,dy\right)\,dx \end{aligned}$$

$$\begin{aligned} \frac{d\tau}{dy} &= 0\\ q &= -\lambda\,\frac{\partial T}{\partial y}\\ \tau &= -\eta\,\frac{\partial u}{\partial y}\\ \rho\,\frac{de}{dt} &= \lambda\,\frac{\partial^2 T}{\partial y^2}+\eta\left(\frac{\partial u}{\partial y}\right)^2 \end{aligned}$$

(a) nach Aufgabe 5.5a):

$$\begin{aligned} u(y) &= u_w\,\frac{y}{H}\\ \rho\,\frac{de}{dt} &= \rho\,c_v\left(\frac{\partial T}{\partial t}+u\,\frac{\partial T}{\partial x}+v\,\frac{\partial T}{\partial y}\right)\\ &= 0\\ \frac{d^2T}{dy^2} &= -\frac{\eta}{\lambda}\left(\frac{u_w}{H}\right)^2\\ y &= H: \quad T=T_w\\ y &= 0: \quad q=0\\ T(y) &= T_w+\frac{\eta}{2\,\lambda}\left(\frac{u_w}{H}\right)^2\,(H^2-y^2) \end{aligned}$$

(b)

$$q_w = -\lambda\,\frac{dT}{dy}\bigg|_{y=H} = \frac{\eta\,u_w^2}{H}$$

(c)

$$\begin{aligned} h_0 &= c_p\,T+\frac{\vec{v}^2}{2} = c_p\,T+\frac{u^2}{2}\\ h_0 &= \text{konst:} \quad \nabla\,h_0 = 0\\ \frac{\partial h_0}{\partial x} &= c_p\,\frac{\partial T}{\partial x}+\frac{\partial(\frac{u^2}{2})}{\partial x} = 0\\ \frac{\partial h_0}{\partial y} &= c_p\,\frac{\partial T}{\partial y}+\frac{\partial(\frac{u^2}{2})}{\partial y} = c_p\,\frac{dT}{dy}+u\,\frac{d}{d}\\ &= \left(1-\frac{\eta\,c_p}{\lambda}\right)\left(\frac{u_w}{H}\right)^2\,y\\ Pr &= \frac{\eta\,c_p}{\lambda} = 1: \quad \frac{\partial h_0}{\partial y} = 0 \end{aligned}$$

(d)

$$\begin{aligned} \frac{\partial T}{\partial y} &= 0\\ \frac{dT}{dt} &= \frac{\eta}{\rho\,c_v}\left(\frac{u_w}{H}\right)^2\\ t &= 0: \quad T=T_0\\ T(t) &= T_0+\frac{\eta}{\rho\,c_v}\left(\frac{u_w}{H}\right)^2\,t \end{aligned}$$

4.9 (a)

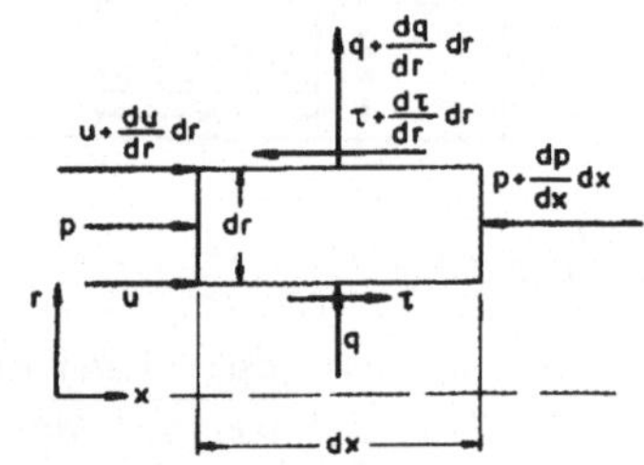

Geschwindigkeitsverteilung:

$$\begin{aligned} \tau+r\,\frac{dp}{dx}+r\,\frac{d\tau}{dr} &= 0\\ \tau &= -\eta\,\frac{du}{dr} \end{aligned}$$

$$r\,\frac{dp}{dx}-\eta\,\frac{d}{dr}\left(r\,\frac{du}{dr}\right) = 0$$

$$\begin{aligned} r=R &: \quad u=0\\ r=0 &: \quad \frac{du}{dr}=0 \end{aligned}$$

Temperaturverteilung:

$$\begin{aligned} 0 &= q\,2\,\pi\,r\,dx + \tau\,u\,2\pi\,r\,dx - \\ &- \left(q + \frac{dq}{dr}\,dr\right)\,2\pi\,(r+dr)\,dx - \\ &- \left(\tau + \frac{d\tau}{dr}\,dr\right)\left(u + \frac{du}{dr}\,dr\right)\cdot \\ &\cdot\ 2\,\pi\,(r+dr)\,dx + \\ &+ \left[p - \left(p + \frac{dp}{dx}\,dx\right)\right]\cdot \\ &\cdot\ u\,\pi\,\left[(r+dr)^2 - r^2\right] \end{aligned}$$

$$q = -\lambda\frac{dT}{dr}$$

$$\lambda\,\frac{d}{dr}\left(r\,\frac{dT}{dr}\right) + \eta\,r\left(\frac{du}{dr}\right)^2 = 0$$

$$r = R \;:\quad T = T_w$$

$$r = 0 \;:\quad \frac{dT}{dr} = 0$$

(b) nach Aufgabe 5.1a

$$\frac{u(r)}{u_{max}} = 1 - \left(\frac{r}{R}\right)^2$$

$$T - T_w = \frac{\eta\,u_{max}^2}{4\,\lambda}\left[1 - \left(\frac{r}{R}\right)^4\right]$$

$r = 0$:

$$T_{max} - T_w = \frac{\eta\,u_{max}^2}{4\,\lambda}$$

$$\frac{T - T_w}{T_{max} - T_w} = 1 - \left(\frac{r}{R}\right)^4$$

4.10 (a)

$$Re\left(\frac{h_1}{L}\right)^2 = 1,6\cdot 10^{-3}$$

(b)

$$\frac{\dot Q}{B} = \int_0^{h(x)} u(x,y)\,dy = konst.$$

$$\frac{dp}{dx} = \eta\,\frac{\partial^2 u}{\partial y^2}$$

$$y = 0 \;:\quad u = u_\infty$$

$$y = h(x) \;:\quad u = 0$$

$$\begin{aligned} u(x,y) &= u_\infty\left(1 - \frac{y}{h(x)}\right) - \\ &- \frac{h^2(x)}{2\,\eta}\,\frac{y}{h(x)}\left(1 - \frac{y}{h(x)}\right)\frac{dp}{dx} \end{aligned}$$

$$\frac{\dot Q}{B} = \frac{u_\infty\,h(x)}{2} - \frac{h^3(x)}{12\,\eta}\,\frac{dp}{dx}$$

$$x = 0 \;:\quad p = p_\infty$$

$$\begin{aligned} p(x) = p_\infty &+ 6\,\eta\,u_\infty\int_0^x \frac{dx'}{h^2(x')} - \\ &- 12\,\eta\left(\frac{\dot Q}{B}\right)\int_0^x \frac{dx'}{h^3(x')} \end{aligned}$$

Mit $p(x = L) = p_\infty$ folgt:

$$\frac{\dot Q}{B} = \frac{u_\infty}{2}\,\frac{\int_0^L \frac{dx}{h^2(x)}}{\int_0^L \frac{dx}{h^3(x)}}$$

$$\frac{\dot Q}{B} = \frac{3}{4}\,u_\infty\,h_1\frac{e^{\frac{2}{5}} - 1}{e^{\frac{3}{5}} - 1} = 4,49\cdot 10^{-5}\,\frac{m^2}{s}$$

(c)

$$\text{Mit}\quad K = \frac{e^{\frac{2}{5}} - 1}{e^{\frac{3}{5}} - 1}\;:$$

$$\begin{aligned} p(x) &= p_\infty + 15\frac{\eta\,u_\infty}{h_1}\frac{L}{h_1}\cdot \\ &\cdot\ \left[e^{\frac{2x}{5L}} - K\,e^{\frac{3x}{5L}} + K - 1\right] \end{aligned}$$

(d)

$$\begin{aligned} \frac{F_{py}}{B} &= \int_0^L (p(x) - p_\infty)\,dx \\ &= 15\,\eta\,u_\infty\left(\frac{L}{h_1}\right)^2\left[\frac{5}{6}\,(e^{\frac{2}{5}} - 1) + K - 1\right] \\ &= 3035\,\frac{N}{m} \end{aligned}$$

(e)

$$\frac{P}{B} = u_\infty \int_0^L \tau_{xy}(x, y=0)\, dx$$
$$\tau_{xy} = -\eta \frac{\partial du}{\partial dr}$$

$$= \frac{\eta\, u_\infty}{h(x)} \cdot \left[1 + 3\left(1 - \frac{3K}{2}\frac{h_1}{h(x)}\right) \cdot \cdot \left(1 - 2\frac{y}{h(x)}\right)\right]$$

$$\frac{P}{B} = 20\,\eta\, u_\infty^2 \frac{L}{h_1} \cdot \cdot \left[e^{\frac{1}{5}} - 1 - \frac{9K}{16}\left(e^{\frac{2}{5}} - 1\right)\right] = 55,9\,\frac{W}{m}$$

4.11

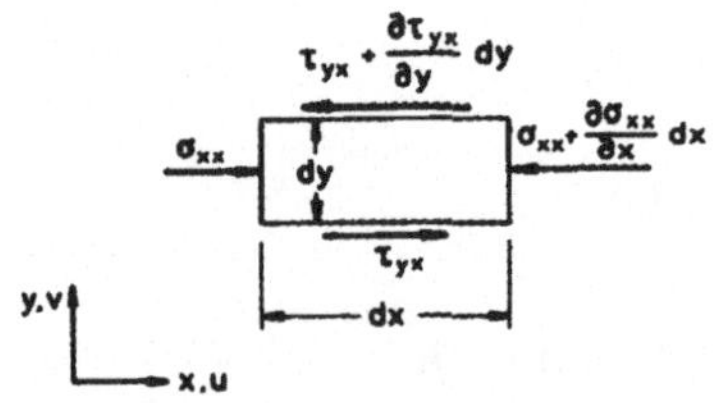

$$\frac{dI_x}{dt} = \int_\tau \frac{\partial(\rho\, u)}{\partial t}\, d\tau + \int_A \rho\, u\,(\vec{v}\cdot\vec{n})\, dA = \sum F_x$$

$$\int_\tau \frac{\partial(\rho\, u)}{\partial t}\, d\tau = \left(\rho\frac{\partial u}{\partial t} + u\frac{\partial \rho}{\partial t}\right) dx\, dy\, dz$$

$$\int_A \rho\, u\,(\vec{v}\cdot\vec{n})\, dA =$$
$$\left[-\rho\, u^2 + \left(\rho\, u^2 + \frac{\partial(\rho\, u^2)}{\partial x}\, dx\right)\right] dy\, dz -$$

$$- \left[-\rho\, uv + \left(\rho\, uv + \frac{\partial(\rho\, uv)}{\partial y}\, dy\right)\right] dx\, d$$
$$= \left[\rho\, u\frac{\partial u}{\partial x} + \rho\, v\frac{\partial u}{\partial y} + u\left(\frac{\partial(\rho\, u)}{\partial x} + \frac{\partial(\rho\, v)}{\partial y}\right)\right] \cdot dx\, dy\, d$$

$$\frac{\partial \rho}{\partial t} + \frac{\partial(\rho\, u)}{\partial x} + \frac{\partial(\rho\, v)}{\partial y} =$$

(Kontinuitätsgleichung)

$$\sum F_x = -\left(\frac{\partial \sigma_{xx}}{\partial x} + \frac{\partial \tau_{xy}}{\partial y}\right) dx\, dy\, d$$

$$(\tau_{yx} = \tau_{xy}$$

$$\rho\left(\frac{\partial u}{\partial t} + u\frac{\partial u}{\partial x} + v\frac{\partial u}{\partial y}\right) = -\left(\frac{\partial \sigma_{xx}}{\partial x} + \frac{\partial \tau_{xy}}{\partial y}\right)$$

4.12

$$\eta = konst:$$
$$F_{rx} = \eta\left(\frac{\partial^2 u}{\partial x^2} + \frac{\partial^2 u}{\partial y^2} + \frac{\partial^2 u}{\partial z^2}\right) + \frac{\eta}{3}\frac{\partial}{\partial x}(\nabla \cdot$$
$$\rho = konst:$$
$$F_{rx} = \eta\left(\frac{\partial^2 u}{\partial x^2} + \frac{\partial^2 u}{\partial y^2} + \frac{\partial^2 u}{\partial z^2}\right)$$

3.2.5 Rohrströmungen

5.1

$$\eta = \frac{\rho\, \bar{u}_m\, D}{Re}$$
$$\bar{u}_m = \frac{4\,\tau}{\pi\, D^2\, T}$$
$$\rho\, g\,(h + L) = \left(1 + \lambda\frac{L}{D} + \zeta_e\right)\frac{\rho}{2}\bar{u}_m^2$$

Annahme: laminarae Strömung

$$\zeta_e = 1,16$$
$$\lambda = 11,92$$
$$Re = \frac{64}{\lambda} = 5,37$$

Einlaufstrecke:

$$L_e = 0,029\, Re\, D = 0,16 \cdot 10^{-3}\; m \ll L$$
$$\eta = 8,40 \cdot 10^{-3}\,\frac{Ns}{m^2}$$

5.2

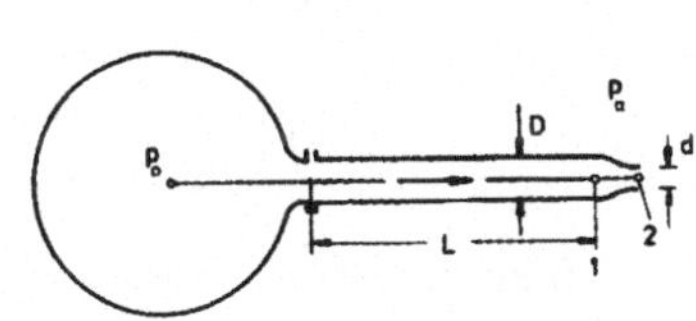

(a)

$$p_1 + \frac{\rho}{2}\,\bar{u}_{m1}^2 = p_a + \frac{\rho}{2}\,\bar{u}_{m2}^2$$

$$\bar{u}_{m1}^2\,\frac{\pi\,D^2}{4} = \bar{u}_{m2}^2\,\frac{\pi\,d^2}{4}$$

$$\bar{u}_{m1}^2 = \sqrt{\frac{2\,(p_1 - p_a)}{\rho}\,\frac{1}{\left(\frac{D}{d}\right)^4 - 1}} = 1\,\frac{m}{s}$$

$$\bar{u}_{m2} = 4\,\frac{m}{s}$$

(b)

$$p_0 = p_1 + (1 + \lambda\,\frac{L}{D})\,\frac{\rho}{2}\,\bar{u}_{m1}^2$$

$$Re_1 = \frac{\rho\,\bar{u}_{m1}\,D}{\eta} = 10^4$$

$$\lambda = \frac{0,316}{\sqrt[4]{Re}} = 0,0316$$

$$p_0 = 2,66\cdot 10^5\,\frac{N}{m^2}$$

(c)

$$\bar{u}_{m2} = \sqrt{\frac{2\,(p_0 - p_a)}{\rho}} = 18,22\,\frac{m}{s}$$

5.3

$$\dot{Q} = 25\frac{\pi}{4}\,(\bar{u}_{m1}\,D_1^2 + \bar{u}_{m2}\,D_2^2)$$

$$\Delta p = (1 + \lambda\,\frac{L}{D_1} + \zeta)\frac{\rho}{2}\,\bar{u}_{m1}^2 = (1 + \lambda\,\frac{L}{D_2} + \zeta)\frac{\rho}{2}\,\bar{u}_{m2}^2$$

$$\bar{u}_{m1} = \sqrt{\frac{2\,\Delta p}{\rho\,(1 + \lambda\,\frac{L}{D_1} + \zeta)}}$$

$$\bar{u}_{m2} = \sqrt{\frac{2\,\Delta p}{\rho\,(1 + \lambda\,\frac{L}{D_2} + \zeta)}}$$

$$\dot{Q} = 0,518\,\frac{m^3}{s}$$

5.4

$$\Delta p = \lambda\,\frac{L}{D}\,\frac{\rho}{2}\,\bar{u}_m^2$$

$$\bar{u}_m = \frac{1}{\sqrt{\lambda}}\sqrt{\frac{2\,\Delta p}{\rho}\,\frac{D}{L}}$$

$$\bar{u}_m\,\frac{\rho\,D}{\eta}\,\sqrt{\lambda} = Re\sqrt{\lambda} = \sqrt{\frac{2\,\Delta p}{\rho}\,\frac{D}{L}\,\frac{\rho\,D}{\eta}}$$

$$(Re\,\sqrt{\lambda})_{krit} = 2300\sqrt{\frac{64}{2300}} = 384$$

Öl: $Re\,\sqrt{\lambda} = 283$

$$\frac{1}{\sqrt{\lambda}} = \frac{Re\,\sqrt{\lambda}}{64}$$

$$u_m = 1,56\,\frac{m}{s}$$

Wasser: $Re\,\sqrt{\lambda} = 3,16\cdot 10^4$

$$\frac{1}{\sqrt{\lambda}} = 2,0\,\log(Re\,\sqrt{\lambda}) - 0,8$$

$$\bar{u}_m = 2,59\,\frac{m}{s}$$

5.5 (a)

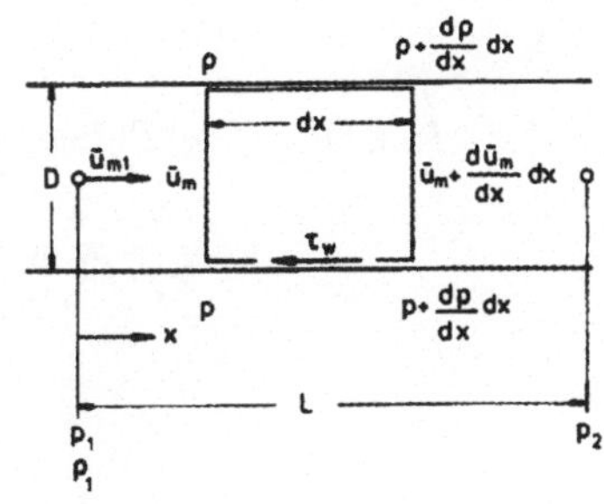

$$\rho\,\bar{u}_m = \left(\rho + \frac{d\rho}{dx}\,dx\right)\left(\bar{u}_m + \frac{d\bar{u}_m}{dx}dx\right) = \rho_1\,\bar{u}_{m1}$$

$$\left(\rho + \frac{d\rho}{dx}\,dx\right)\left(\bar{u}_m + \frac{d\bar{u}_m}{dx}dx\right)^2\,\frac{\pi D^2}{4} - \rho\,\bar{u}_m^2\,\frac{\pi D^2}{4} = -\tau_w\,\pi\,D\,dx + \left[p - \left(p + \frac{dp}{dx}\,dx\right)\right]\,\frac{\pi D^2}{4}$$

$$\lambda = \frac{8\,\tau_w}{\rho\,\bar{u}_m^2}$$

$$\frac{dp}{dx} + \rho_1\,\bar{u}_{m1}\frac{d\bar{u}_m}{dx} + \frac{\lambda}{D}\,\frac{\rho}{2}\,\bar{u}_m^2 = 0$$

(b) kompressible Strömung:

$$\rho\,\frac{d\bar{u}_m}{dx} + \bar{u}_m\frac{d\rho}{dx} = 0 \quad \text{(Kontinuität)}$$

$$\rho = \frac{\rho_1}{p_1}\,p \quad (T = konst)$$

$$\frac{d\rho}{dx} = \frac{\rho_1}{p_1}\,\frac{dp}{dx}$$

$$\frac{dp}{dx} - \frac{\rho_1\,p_1\,\bar{u}_{m1}^2}{p^2}\,\frac{dp}{dx} + \frac{\lambda}{2\,D}\frac{\rho_1\,p_1\,\bar{u}_{m1}^2}{p} = 0$$

$$Re = Re_1 = 0,533\cdot 10^5$$

$$\lambda = \frac{0,316}{\sqrt[4]{Re}} = 0,0208$$

$$\int_1^2 p\,dp - \rho_1\,p_1\,\bar{u}_{m1}^2\int_1^2\frac{dp}{p} + \frac{\lambda}{2\,D}\,\rho_1\,p_1\,\bar{u}_{m1}^2\int_1^2 dx = 0$$

$$L = \frac{D}{\lambda}\,\frac{p_1}{\rho_1\,\bar{u}_{m1}^2}\left[1 - \left(\frac{p_2}{p_1}\right)^2\right] - \frac{D}{\lambda}\,\ln\left(\frac{p_1}{p_2}\right)^2 = 287,9\;m$$

inkompressible Strömung:

$$\frac{d\bar{u}_m}{dx} = 0$$

$$\frac{dp}{dx} = -\frac{\lambda}{D}\,\frac{\rho_1}{2}\,\bar{u}_{m1}^2$$

$$L = 2\,\frac{D}{\lambda}\,\frac{p_1 - p_2}{\rho_1\,\bar{u}_{m1}^2} = 384,7\;m$$

5.6 (a)

$$r = R - y$$

$$\dot{I} = \int_0^R \rho\,u^2\,2\pi\,r\,dr = 2\,\rho\,u_m^2\,\pi\,R\int_0^1\left(\frac{u}{u_m}\right)^2\,\frac{r}{R}\,d\left(\frac{r}{R}\right)$$

$$\delta = 0: \quad \frac{u}{u_m} = 1$$

$$\dot{I} = \rho\,u_m^2\,\pi\,R^2$$

$$\delta = R:$$

$$\frac{u}{u_m} = 2\left[1 - \left(\frac{r}{R}\right)^2\right]$$

$$\dot{I} = 1,33\,\rho\,u_m^2\,\pi\,R^2$$

$$\delta = \frac{R}{2}:$$

$$\frac{u}{u_m} = \begin{cases} \frac{96}{17}\,\frac{r}{R}\,\left(1 - \frac{r}{R}\right) & \frac{R}{2} \le r \le R \\ \frac{24}{17} & 0 \le r \le \frac{R}{2} \end{cases}$$

$$\dot{I} = 2\,\rho\,u_m^2\,\pi\,R^2\left[\int_0^{0,5}\left(\frac{24}{17}\right)^2\,\frac{r}{R}\,d\left(\frac{r}{R}\right) + \int_{0,5}^1\left[\frac{96}{17}\,\frac{r}{R}\,\left(1 - \frac{r}{R}\right)\right]^2\,\frac{r}{R}\,d\left(\frac{r}{R}\right)\right] = 1,196\,\rho\,u_m^2\,\pi\,R^2$$

(b)

$$\tau_w = \eta\, u_m \frac{\frac{2}{\delta}}{1 - \frac{2}{3}\frac{\delta}{R} + \frac{1}{6}\left(\frac{\delta}{R}\right)^2}$$

$$\delta \to 0 \quad : \quad \tau_w \to \infty$$
$$\delta \to R \quad : \quad \tau_w = 4\frac{\eta\, u_m}{R}$$
$$\delta \to \frac{R}{2} \quad : \quad \tau_w = 5,65\frac{\eta\, u_m}{R}$$

5.7 (a)

$$\begin{aligned} p_1 + \frac{\rho}{2}\,\bar{u}_{m1}^2 &= p_a + \\ &+ \left(1 + \lambda_2 \frac{L_2}{D_2}\right) \frac{\rho}{2}\,\bar{u}_{m2}^2 + \\ &+ \left(\zeta + \lambda_1 \frac{L_1}{D_1}\right) \frac{\rho}{2}\,\bar{u}_{m1}^2 \\ \zeta &= \left(1 - \frac{D_1^2}{D_2^2}\right)^2 \\ \bar{u}_{m1}\, D_1^2 &= \bar{u}_{m2}\, D_2^2 \end{aligned}$$

$$\begin{aligned} Re_1 &= 10^4 \qquad \lambda_1 = 0,0316 \\ Re_2 &= 5 \cdot 10^3 \quad \lambda_1 = 0,0376 \end{aligned}$$

$$\begin{aligned} L_2 &= \frac{D_2}{\lambda_2}\left[\left(2\,\frac{D_1^2}{D_2^2} - \lambda_1\,\frac{L_1}{D_1}\right)\frac{D_2^4}{D_1^4} - \right. \\ &\left. - \; 2\right] \\ &= 1,0\, m \end{aligned}$$

(b)

$$\begin{aligned} \Delta p_v &= p_1 - p_a + \left(1 - \frac{D_1^4}{D_2^4}\right) \frac{\rho}{2}\,\bar{u}_{m1}^2 \\ &= 117,2\,\frac{N}{m^2} \end{aligned}$$

5.8

$$\begin{aligned} \rho\, g\, h &= \left(\lambda \frac{L}{D} + 2\,\zeta_K + \zeta_v\right) \frac{\rho}{2}\,\bar{u}_m^2 + \\ &+ \; \frac{\rho}{2}\,u_d^2 \\ u_d\, d^2 &= \bar{u}_m\, D^2 \\ \dot{Q} &= u_d\,\frac{\pi\, d^2}{4} \end{aligned}$$

$$= \sqrt{\frac{2\,g\,h}{1 + \left(\frac{d}{D}\right)^4 \left(\lambda\,\frac{L}{D} + 2\,\zeta_K + \zeta_V\right)}}\;\frac{\pi\, d^2}{4}$$

$$H = \frac{u_d^2}{2\,g}$$

verlustbehaftet:

(a)

$$\dot{Q} = 5,79 \cdot 10^{-3}\,\frac{m^3}{s} \qquad H = 6,96\,m$$

(b)

$$\dot{Q} = 9,82 \cdot 10^{-3}\,\frac{m^3}{s} \qquad H = 1,25\,m$$

verlustfrei:

(a)

$$\dot{Q} = 6,94 \cdot 10^{-3}\,\frac{m^3}{s} \qquad H = h$$

(b)

$$\dot{Q} = 27,77 \cdot 10^{-3}\,\frac{m^3}{s} \qquad H = h$$

5.9 (a)

$$\begin{aligned} \lambda &= \frac{0,316}{\sqrt[4]{Re}} \\ \bar{u}_m &= \frac{\eta}{\rho\, D}\,Re \\ \tau_w &= \frac{\lambda\,\rho\,\bar{u}_m^2}{8} = 2,22\,\frac{N}{m^2} \end{aligned}$$

(b)

$$\begin{aligned} \frac{\bar{u}_m}{u_*} &= \frac{\bar{u}_{max}}{u_*} - 4,07 \\ \lambda &= 8\left(\frac{u_*}{\bar{u}_m}\right)^2 \\ \frac{\bar{u}_m}{\bar{u}_{max}} &= \frac{1}{1 + 4,07\sqrt{\frac{\lambda}{8}}} = 0,84 \end{aligned}$$

(c)

$$\frac{y\,u_*}{\nu} = 5 = \frac{\bar{u}}{u_*} \quad \text{(zähe Unterschicht)}$$

$$\bar{u} = 5\sqrt{\frac{\lambda}{8}}\,\bar{u}_m = 0,236\,\frac{m}{s}$$
(für y = 0,11 mm)

$$\frac{y\,u_*}{\nu} = 50$$
(log. Geschwindigkeitsverteilung)

$$\begin{aligned} \frac{\bar{u}}{u_*} &= 2,5\,\ln\left(\frac{y\,u_*}{\nu}\right) + 5,5 \\ \bar{u} &= 0,720\,\frac{m}{s} \quad \text{(für y = 1,1 mm)} \end{aligned}$$

(d)

$$\begin{aligned} l &= 0,4\,y = 0,4\,\frac{y\,u_*}{\nu}\,\frac{\nu}{\sqrt{\frac{\lambda}{8}}\,\bar{u}_m} \\ &= 0,85\,mm \end{aligned}$$

5.10 (a)

$$\begin{aligned} r &= R - y \\ \frac{\bar{u}_m}{\bar{u}_{max}} &= \frac{\dot{Q}}{\pi\,R^2\,\bar{u}_{max}} \\ &= 2\int_0^1 \left(1-\frac{r}{R}\right)^{\frac{1}{7}}\,\frac{r}{R}\,d\left(\frac{r}{R}\right) \\ &= \frac{49}{60} \end{aligned}$$

(b)

$$\frac{\dot{I}}{\rho\,\bar{u}_m\,\pi\,R^2} = \frac{\int_0^R \rho\,\bar{u}^2\,2\,\pi\,r\,dr}{\rho\,\bar{u}_m^2\,\pi\,R^2}$$

$$\begin{aligned} &= 2\left(\frac{\bar{u}_{max}}{\bar{u}}\right)^2 \cdot \\ &\cdot \int_0^1 \left(1-\frac{r}{R}\right)^{\frac{2}{7}}\,\frac{r}{R}\,d\left(\frac{r}{R}\right) \\ &= \frac{50}{49} \end{aligned}$$

5.11 (a)

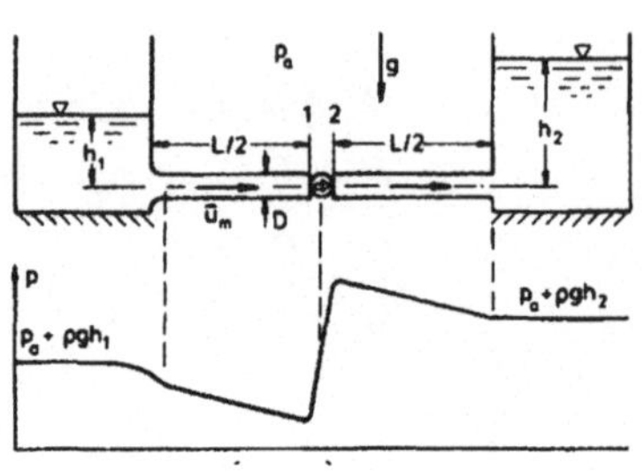

(b)

$$p_a + \rho\,g\,h_1 = p_1 + \left(1 + \lambda\,\frac{L}{2D}\right)\,\frac{\rho}{2}\,\bar{u}_m^2$$

$$\begin{aligned} \dot{Q} &= \bar{u}_m\,\frac{\pi\,D^2}{4} \\ Re &= \frac{\bar{u}_m\,D}{\nu} = 8 \cdot 10^5 \\ \frac{R}{k_s} &= 250 \end{aligned}$$

(aus Diagramm, Seite ??)

$$\begin{aligned} \lambda &= 0,024 \\ p_1 &= 1,22 \cdot 10^5\,\frac{N}{m^2} \end{aligned}$$

(c)

$$\begin{aligned} p_2 &= p_a + \rho\,g\,h_2 + \lambda\,\frac{L}{2D}\,\frac{\rho}{2}\,\bar{u}_m^2 \\ &= 3,77 \cdot 10^5\,\frac{N}{m^2} \end{aligned}$$

(d)

$$P = \dot{Q}(p_2 - p_1) = 160,5\,kW$$

5.12

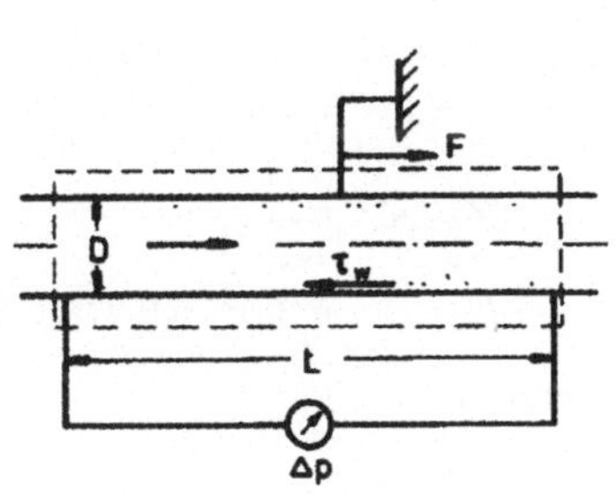

(a)

$$\Delta p = \lambda \frac{L}{D} \frac{\rho}{2} \bar{u}_m^2$$
$$\dot{Q} = \bar{u}_m \frac{\pi D^2}{4}$$
$$\lambda = \frac{\pi^2 \Delta p D^5}{8 \rho L \dot{Q}^2} = 0,0356$$

(b)

$$Re = \frac{\rho \bar{u}_m D}{\eta} = 1,8 \cdot 10^5$$

(aus Diagramm, Seite ??)

$$\frac{R}{k_s} = 60$$
$$k_s = 4,2\ mm$$

(c)

$$\Delta p \frac{\pi D^2}{4} - \tau_w \pi D L = 0$$
$$\tau_w = \Delta p \frac{D}{4L} = 16 \frac{N}{m^2}$$
$$F = -\Delta p \frac{\pi D^2}{4} = -2517\ N$$

(d)

$$\lambda = 0,016$$

(aus Diagramm Seite ??)

$$\Delta p = 5,8 \cdot 10^3 \frac{N}{m^2}$$

5.13

$$\frac{P_1}{P_2} = \frac{\left(1 + \lambda_1 \frac{L}{D_1}\right) \frac{\rho}{2} \bar{u}_{m1}^2}{\left(1 + \lambda_2 \frac{L}{D_2}\right) \frac{\rho}{2} \bar{u}_{m2}^2}$$
$$\dot{Q} = \bar{u}_m \frac{\pi D^2}{4}$$
$$\frac{1}{\sqrt{\lambda}} = 2,0 \log\left(\frac{R}{k_s}\right) + 1,74$$
$$\frac{P_1}{P_2} = \frac{1 + \lambda_1 \frac{L}{D_1}}{1 + \lambda_2 \frac{L}{D_2}} \left(\frac{D_2}{D_1}\right)^4 = 39,2$$

5.14

$$\lambda_{RB} \frac{L}{D} \frac{\rho}{2} \bar{u}_{mRB}^2 = \lambda_K \frac{L_K}{d_h} \frac{\rho}{2} \bar{u}_{mK}^2$$
$$d_h = a$$

$$Re_K = \frac{\rho a}{\eta} \frac{\dot{Q}}{a^2} = 10^5 \qquad \lambda_K = 0,018$$
$$Re_{RB} = \frac{\rho D}{\eta} \frac{\dot{Q}}{100 \frac{\pi D^2}{4}} \qquad \lambda_K = 0,030$$
$$= 1,27 \cdot 10^4$$

$$L_K = 13,57\ m$$

5.15

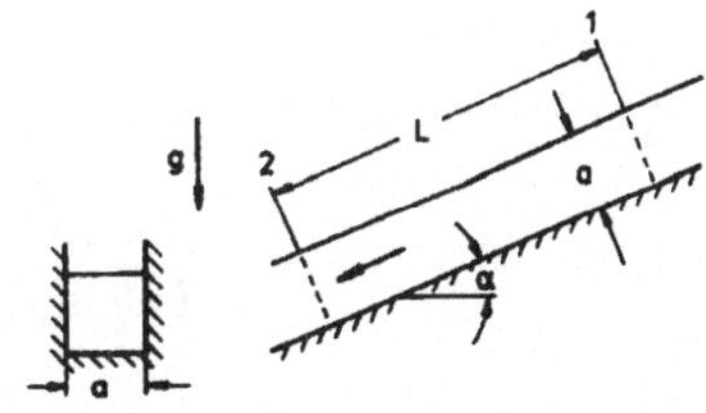

$$\rho g L \sin\alpha + \frac{\rho}{2} \bar{u}_m^2 = \left(1 + \lambda \frac{L}{d_h}\right) \frac{\rho}{2} \bar{u}_m^2$$
$$d_h = \frac{4 a^2}{3 a}$$
$$Re_h = \frac{\rho d_h}{\eta} \frac{\dot{Q}}{a^2} = 8 \cdot 10^3 \qquad \lambda = 0,03$$
$$\alpha = 0,02°$$
$$\frac{\Delta p_v}{L} = \lambda \frac{1}{d_h} \frac{\rho}{2} \left(\frac{\dot{Q}}{a^2}\right)^2 = 3,61 \frac{N}{m^3}$$

3.2.6 Ähnliche Strömungen

6.1

$$\bar{u} = \frac{u}{v_1}, \quad \bar{v} = \frac{v}{v_1}, \quad \bar{p} = \frac{p}{\Delta p_1}, \quad \bar{\rho} = \frac{\rho}{\rho_1},$$
$$\bar{\eta} = \frac{\eta}{\eta_1}, \quad \bar{x} = \frac{x}{L_1}, \quad \bar{y} = \frac{y}{L_1}, \quad \bar{t} = \frac{t}{t_1}$$

$$\bar{\rho}\left(Sr\,\frac{\partial \bar{u}}{\partial \bar{t}} + \bar{u}\,\frac{\partial \bar{u}}{\partial \bar{x}} + \bar{v}\,\frac{\partial \bar{u}}{\partial \bar{y}}\right)$$
$$= -Eu\,\frac{\partial \bar{p}}{\partial \bar{x}} + \frac{\bar{\eta}}{Re}\left(\frac{\partial^2 \bar{u}}{\partial \bar{x}^2} + \frac{\partial^2 \bar{u}}{\partial \bar{y}^2}\right)$$

$$Sr = \frac{L_1}{v_1\,t_1}, \quad Eu = \frac{\Delta p_1}{\rho_1\,v_1^2}, \quad Re = \frac{\rho_1\,v_1\,L_1}{\eta_1}$$

6.2

$$f_1(Re, Eu) = 0 : \quad Eu = f_2(Re)$$
$$\lambda = \frac{D}{L}\,\frac{\Delta p}{\frac{\varrho}{2}\,u_m^2} = 2\frac{D}{L}\,Eu = f_3(Re)$$

6.3 (a)

$$\begin{aligned} L^3\,T^{-1} &= (M\,L^{-2}\,T^{-2})^{\alpha} \\ &\cdot\ (M\,L^{-1}\,T^{-1})^{\beta}\,L^{\gamma} \\ \alpha &= 1 \quad \beta = -1 \quad \gamma = 4 \\ \dot{Q} &\sim \frac{\Delta p\,D^4}{L\,\eta} \end{aligned}$$

(b)

$$\begin{aligned} \lambda &= \frac{D}{L}\,\frac{\Delta p}{\frac{\varrho}{2}\,u_m^2} \\ \frac{\Delta p\,D}{L} &\sim \frac{\dot{Q}\,\eta}{D^3} \sim \frac{u_m\,\eta}{D} \\ \lambda &\sim \frac{1}{Re} \end{aligned}$$

6.4

$$\begin{aligned} \frac{F_{wL}}{F_{wW}} &= \frac{c_{wL}\,\frac{\pi}{4}\,D_L^2\,\frac{\rho_L}{2}\,u_{\infty L}^2}{c_{wW}\,\frac{\pi}{4}\,D_W^2\,\frac{\rho_W}{2}\,u_{\infty W}^2} \\ &= \frac{c_{wL}\,\eta_L^2\,\frac{\rho_W}{2}\,Re_L^2}{c_{wW}\,\eta_W^2\,\frac{\rho_L}{2}\,Re_W^2} \\ Re_L &= Re_W : \quad c_{wL} = c_{wW} \\ \frac{F_{wL}}{F_{wW}} &= 0,281 \end{aligned}$$

6.5

$$F(f, \eta, \rho, u_\infty, D) = 0 \quad K_1 = f^{\alpha_1}\,\rho^{\beta_1}\,u_\infty^{\gamma_1}\,D^{\delta}$$

Setze $\alpha_1 = 1$:

$$\begin{aligned} \beta_1 &= 0, \quad \gamma_1 = -1, \quad \delta_1 = 1 \\ K_1 &= \frac{f\,D}{u_\infty} = Sr \\ K_2 &= \eta^{\alpha_2}\,\rho^{\beta_2}\,u_\infty^{\gamma_2}\,D^{\delta_2} \end{aligned}$$

Setze $\alpha_2 = -1$:

$$\begin{aligned} \beta_2 &= 1, \quad \gamma_1 = 1, \quad \delta_2 = 1 \\ K_2 &= \frac{\rho\,u_\infty\,D}{\eta} = Re \end{aligned}$$

6.6 (a)

$$\begin{aligned} Sr' &= Sr : \quad Re'_{min} = 200 \\ D'_{min} &= Re'_{min}\,\frac{\nu'}{v'} = 1\ mm \end{aligned}$$

(b)

$$Sr = Sr' : \quad f = \frac{v\,D'_{min}}{v'\,D}\,f' = 2\,\frac{1}{s}$$

6.7 (a)

$$Re = Re' : \quad v' = \sqrt{\frac{A}{A'}}\,v$$

möglichst klein, damit Windkanalströmung inkompressibel:

$$A' = A_m : v' = 77,46\,\frac{m}{s}$$

(b)

$$\begin{aligned} P &= \frac{F_w}{F'_w}\,F'_w\,v = \frac{c_w\frac{\varrho}{2}\,v^2\,A}{c_{w'}\frac{\varrho}{2}\,v'^2\,A_m}\,F'_w\,v \\ Re &= Re' : \quad c_w = c'_w \\ P &= F'_w\,v = 24,3\ kW \end{aligned}$$

6.8 (a)

$$\begin{aligned} Re &= Re' : \quad \dot{Q} = \frac{v A}{v' A'}\,\dot{Q}' = \frac{\eta\,\rho'\,D' A}{\eta'\,\rho\,D A'} \\ \frac{A}{A'} &= \left(\frac{D}{D'}\right)^2 \\ \dot{Q} &= 9\,\frac{m^3}{s} \end{aligned}$$

(b)

$$\begin{aligned} Eu = Eu' : \Delta p &= \frac{\rho\, v^2}{\rho'\, v'^2}\,\Delta p' \\ &= \frac{\rho\, \dot{Q}^2\, A'^2}{\rho'\, \dot{Q}'^2\, A^2}\Delta p' \\ &= 4,94 \cdot 10^3\, \frac{N}{m^2} \end{aligned}$$

6.9 (a)

$$\begin{aligned} Re = Re' : \dot{Q}' &= \frac{v'\, D'^2}{v\, D^2}\,\dot{Q} \\ &= \frac{\eta'\, \rho\, D'}{\eta\, \rho'\, D}\,\dot{Q} \\ &= 0,5\, \frac{m^3}{s} \\ Sr = Sr' : n' &= \frac{v'\, D}{v\, D'}\, n \\ &= 13,3\, \frac{1}{s} \end{aligned}$$

(b)

$$\begin{aligned} Eu = Eu' : \Delta p_0 &= \frac{\rho\, v^2}{\rho'\, v'^2}\,\Delta p_0 \\ &= 527\, \frac{N}{m^2} \end{aligned}$$

(c)

$$\begin{aligned} P &= \dot{Q}\Delta p_0 = 15,82\; kW \\ P' &= \dot{Q}'\Delta p_0' = 15\; kW \\ M &= \frac{P}{2\,\pi\, n} = 201\; Nm \\ M' &= \frac{P'}{2\,\pi\, n'} = 179\; Nm \end{aligned}$$

6.10 (a)

$$\begin{aligned} T' = T : \quad \eta' &= \eta_{300\ K} \\ Ma = Ma' : \quad v' &= v = 200\, \frac{m}{s} \\ Re = Re' : \quad p' &= \frac{\rho'}{\rho}\, p = \frac{D}{D'}\, p \\ &= 4 \cdot 10^5\, \frac{N}{m^2} \end{aligned}$$

(b)

$$Sr = Sr' : \quad n' = \frac{v'\, D}{v\, D'}\, n = 400\, \frac{1}{s}$$

(c)

$$P = \frac{\frac{\rho}{2}\, v^3\, D^2}{\frac{\rho'}{2}\, v'^3\, D'^2}\, P' = 4\, P'$$

6.11 (a)

$$\begin{aligned} Re &= Re' : \quad \frac{\nu'}{\nu} = \frac{v'\, L'}{v\, L} \\ Fr &= Fr' : \quad \frac{v'}{v} = \sqrt{\frac{L'}{L}} \\ \frac{\nu'}{\nu} &= 10^{-3} \quad (!) \end{aligned}$$

(b)

$$\begin{aligned} Fr &= Fr' : \quad \frac{v'}{v} = \sqrt{\frac{L'}{L}} = 0,1 \text{ oder} \\ Re &= Re' : \quad \frac{v'}{v} = \frac{L}{L'} = 100 \end{aligned}$$

6.12 (a)

$$Fr_L = Fr_L' : \quad v' = v\, \sqrt{\frac{L'}{L}} = 0,75\, \frac{m}{s}$$

(b)

$$\begin{aligned} c_w &= c_w' \\ F_w &= \frac{\frac{\rho}{2}\, v^2\, B\, H}{\frac{\rho}{2}\, v'^2\, B'\, H'}\, F_w' = 1,64 \cdot 10^4\; N \end{aligned}$$

(c)

$$c_w = 1,12$$

(d)

$$\frac{v}{\sqrt{g\, h}} = \frac{v'}{\sqrt{g\, h'}} : \quad h = 16\, h' = 0,4\; m$$

6.13 (a)

$$\begin{aligned} Eu &= Eu', \quad Re = Re' : \\ \frac{p_0' - p_R}{p_0 - p_R} &= \frac{\rho' \, v'^2}{\rho \, v^2} = \frac{\rho \, D^2 \, \eta'^2}{\rho' \, D'^2 \, \eta'^2} \\ p_0' - p_R &= 440 \, \frac{N}{m^2} \\ Sr &= Sr' : \\ T' &= \frac{v \, D'}{v' \, D} \, T = 0,57 \, s \end{aligned}$$

(b) analog zu a)

$$P_{max} = 6,68 \cdot 10^5 \, \frac{N}{m^2}$$

6.14 (a)

$$\begin{aligned} Re = Re' : \quad v' &= \frac{\rho \, \eta' \, D}{\rho' \, \eta \, D'} \, \frac{\dot{Q}}{\frac{\pi}{4} \, D^2} \\ &= 0,1 \, \frac{m}{s} \\ \dot{Q} &= 8 \cdot 10^{-4} \, \frac{m^3}{s} \end{aligned}$$

(b)

$$\alpha = \frac{\frac{4 \dot{Q}}{\pi \, d^2}}{\sqrt{\frac{2 \, \Delta p_w}{\rho}}} = \frac{\left(\frac{D}{d}\right)^2}{\sqrt{2 \, Eu_w}}$$

$$\begin{aligned} Eu_w &= Eu_w' : \quad \alpha = \alpha' = 0,6366 \\ Eu_v &= Eu_v' : \quad \zeta = \zeta' = 77,1 \end{aligned}$$

(c)

$$\begin{aligned} \Delta p_w &= \frac{\rho \, v^2}{\rho' \, v'^2} \, \Delta p_w' = 0,625 \cdot 10^5 \, \frac{N}{m^2} \\ \Delta p_v &= \frac{\rho \, v^2}{\rho' \, v'^2} \, \Delta p_v' = 0,5 \cdot 10^5 \, \frac{N}{m^2} \end{aligned}$$

3.2.7 Potentialströmungen inkompressibler Flüssigkeiten

7.1 (a)

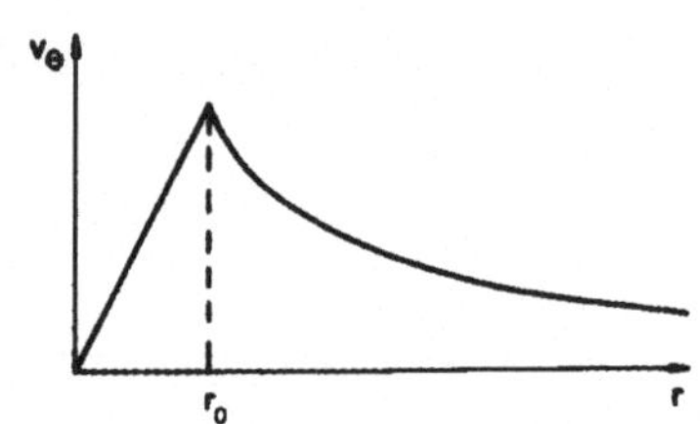

(b)

$$\begin{aligned} \Gamma &= \oint_c \vec{v} \, d\vec{s} \\ &= \int_0^{2\pi} v_\theta(r) \, r \, d\theta \\ &= \begin{cases} 2\,\pi \omega \, r^2 & r \le r_0 \\ 2\,\pi \omega \, r_0^2 & r > r_0 \end{cases} \end{aligned}$$

(c)

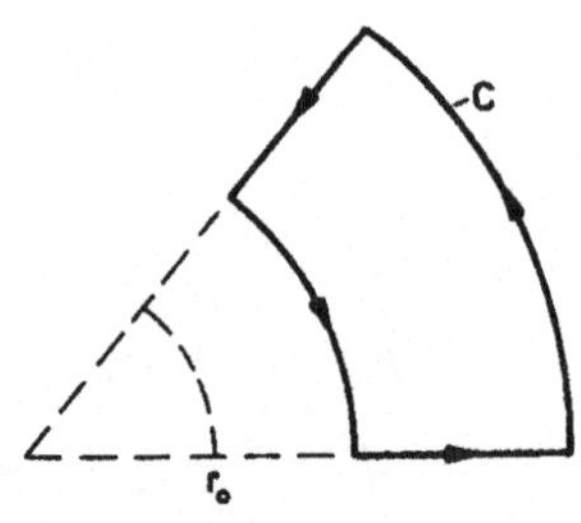

$$\begin{aligned} \Gamma &= \oint_c \vec{v} \, d\vec{s} = 0 \\ \vec{\omega} &= 0 \end{aligned}$$

(d)

$$\begin{aligned} E &= \int_0^{2 r_0} \frac{\rho}{2} \, v_\theta^2 \, H \, 2 \, \pi \, r \, dr \\ &= \pi \, \rho \, H \, \omega^2 \, r_0^2 \, (0,25 + \ln 2) \\ &= 3,7 \cdot 10^8 \, Nm \end{aligned}$$

7.2 (a)

$$u = \frac{\partial \Phi}{\partial x} \qquad v = \frac{\partial \Phi}{\partial y}$$

Potential Φ existiert, wenn

$$\nabla \times \vec{v} = 0 \text{ ist.}$$

$$u = \frac{\partial \Psi}{\partial y} \qquad v = -\frac{\partial \Psi}{\partial x}$$

Stromfunktion existiert, wenn

$$\nabla \cdot \vec{v} = 0 \text{ ist.}$$

(b)

$$\begin{aligned} \nabla \cdot \vec{v} &= \nabla^2 \Phi \\ \nabla \times \vec{v} &= -\nabla^2 \Psi \, \vec{k} \end{aligned}$$

7.3

	$\nabla \cdot \vec{v}$	$\mid \nabla \times \vec{v} \mid$
a)	4xy	$y^2 - x^2$
b)	2	0
c)	0	-2
d)	0	0

Die Stromfunktion existiert für c) und d), das Potential für b) und d).

Bestimmung der Stromfunktion:

(a)

$$\begin{aligned} \Psi &= \int u \, dy + f(x) = \frac{y^2}{2} + f(x) \\ v &= -\frac{\partial \Psi}{\partial x} = -f'(x) = -x \\ \Psi &= \frac{1}{2}(x^2 + y^2) + c \end{aligned}$$

(b)

$$\Psi = \frac{1}{2}(y^2 - x^2) + c$$

Bestimmung des Potentials:

(c)

$$\begin{aligned} \Phi &= \int u \, dx + f(y) = \frac{x^2}{2} + f(y) \\ v &= \frac{\partial \Phi}{\partial y} = f'(y) = y \\ \Phi &= \frac{1}{2}(x^2 + y^2) + c \end{aligned}$$

(d)

$$\Phi = xy + c$$

7.4 (a)

$\mid \nabla \times \vec{v} \mid = 0:$ Potential existiert.

(b)

$$u = \frac{U}{L} x \qquad v = -\frac{U}{L} y$$

Staupunkte:

$$u = v = 0: \quad x = y = 0$$

Druckbeiwert:

$$\begin{aligned} c_p &= \frac{p - p_{ref}}{\frac{\varrho}{2} \vec{v}_{ref}^2} \\ &= 1 - \frac{u^2 + v^2}{u_{ref}^2 + v_{ref}^2} \\ &= 1 - \frac{x^2 + y^2}{x_{ref}^2 + y_{ref}^2} \end{aligned}$$

Isotachen:

$$\begin{aligned} \vec{v}^2 &= u^2 + v^2 = \left(\frac{U}{L}\right)^2 (x^2 + y^2) \\ x^2 + y^2 &= \left(\frac{\vec{v} \, L}{U}\right)^2 \end{aligned}$$

Kreise um Koordinatenursprung mit Radius

$$\frac{\mid \vec{v} \mid \, L}{U}$$

(c)

$$u_1 = 4\,\frac{m}{s} \quad v_1 = -4\,\frac{m}{s} \qquad |\,\vec{v}_1\,| = 5,66\,\frac{m}{s}$$

$$p_1 = p_{ref} + c_{p1}\,\frac{\rho}{2}\,\vec{v}_{ref}^2 = 0,86 \cdot 10^5\,\frac{N}{m^2}$$

(d)

$$t = \int_{x_1}^{x_2} \frac{dx}{u} = \frac{L}{U} \ln \frac{x_2}{x_1}$$

$$x_2 = 5,44\;m$$

$$\Psi = konst: \quad x_1\,y_1 = x_2\,y_2$$

$$y_2 = 0,74\;m$$

(e)

$$\begin{aligned} p_1 - p_2 &= (c_{p1} - c_{p2})\,\frac{\rho}{2}\,\vec{v}_{ref}^2 \\ &= 0,442 \cdot 10^5\,\frac{N}{m^2} \end{aligned}$$

(f)

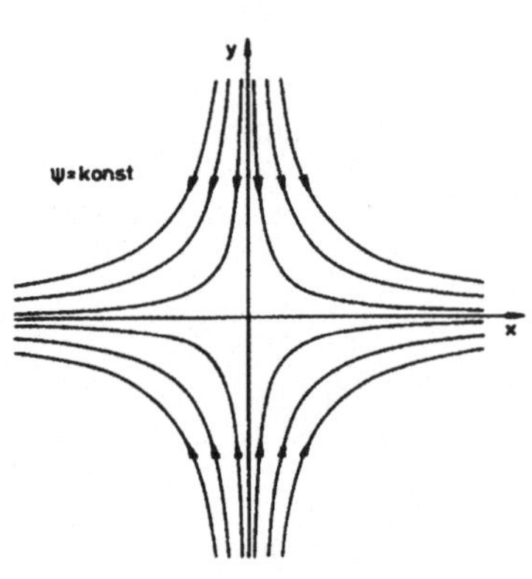

7.5 (a)

$$\begin{aligned} u &= 2\,x\,y \qquad v = x^2 - y^2 \\ \nabla \cdot \vec{v} &= 0: \text{ Stromfunktion existiert.} \end{aligned}$$

(b)

$$\Psi = x\,y^2 - \frac{x^3}{3} + c$$

$$\text{Stromlinien: } \Psi = konst$$

$$y = \pm\sqrt{\frac{x^3}{3} + \frac{k}{x}} \quad (x \neq 0)$$

$$\text{Asymptoten: } x \to \pm\infty: \quad y = \pm\frac{x}{\sqrt{3}}$$

$$x \to \pm 0: \quad y \to \pm\infty$$

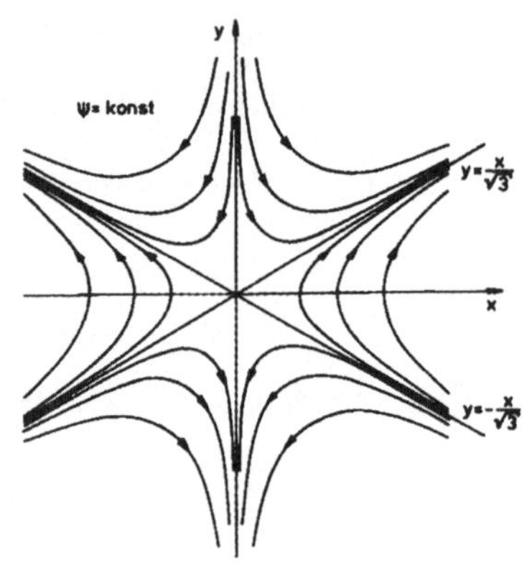

7.6

$$v_r = \frac{c}{r} \qquad v_\theta = 0$$

(a)

$$\nabla \text{ x } \vec{v} = 0$$

$$\nabla \cdot \vec{v} = 0$$

(b)

$$\begin{aligned} \Phi &= \int v_r\,dr + f_1(\theta) = c \ln r + f_1(\theta) \\ \frac{\partial \Phi}{\partial \theta} &= 0: \quad f_1(\theta) = k_1 \\ \Psi &= \int r\,v_r\,d\theta = c\theta + f_2(r) \\ \frac{\partial \Psi}{\partial r} &= 0: \quad f_2(r) = k_2 \end{aligned}$$

(c) Kreis mit Radius r:

$$\begin{aligned} \Gamma &= \int_0^{2\pi} v_\theta\,r\,d\theta = 0 \\ v_r &= 0 \qquad v_\theta = \frac{c}{r} \end{aligned}$$

(a)

$$\begin{aligned} \nabla \text{ x } \vec{v} &= 0 \\ \nabla \cdot \vec{v} &= 0 \end{aligned}$$

(b)

$$\begin{aligned} \Phi &= c\,\theta + k_3 \\ \Psi &= -c\,\ln x + k_4 \end{aligned}$$

(c)

$$\Gamma = 2\,\pi\,c$$

7.7 (a) n = 0,5:

$$\begin{aligned} \Psi &= 2\,\sqrt{r}\sin\left(\frac{\theta}{2}\right) \\ \Psi &= 0: \quad \theta = 0, 2\,\pi \\ \Psi &= c: \quad r = \left(\frac{c}{2}\right)^2 \sin^{-2}\left(\frac{\theta}{2}\right) \end{aligned}$$

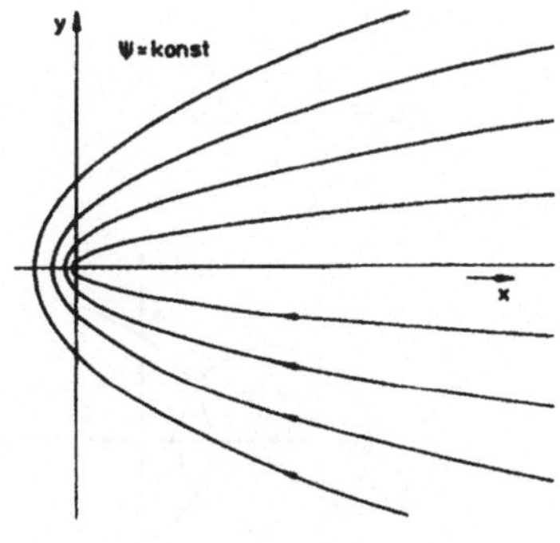

Parallelströmung:

$$\begin{aligned} n &= 1: \Psi = r\,\sin\theta = y \\ n &= 2: \Psi = \frac{1}{2} r^2\,\sin(2\,\theta) = xy \end{aligned}$$

siehe Aufgabe 8.4

(b)

$$\begin{aligned} c_p &= \frac{p - p_{ref}}{\frac{\rho}{2}\,\vec{v}_{ref}^2} = 1 - \frac{\vec{v}^2}{\vec{v}_{ref}^2} \\ v_\theta &= -r^{n-1}\,\sin(n\,\theta) \\ v_r &= r^{n-1}\,\cos(n\,\theta) \\ c_p &= 1 - \left(\frac{x^2 - y^2}{2}\right)^{n-1} \\ n &= 1: \quad c_p(0,0) = 0 \\ n &> 1: \quad c_p(0,0) = 1 \\ n &< 1: \quad c_p(0,0) = -\infty \end{aligned}$$

7.8 (a)

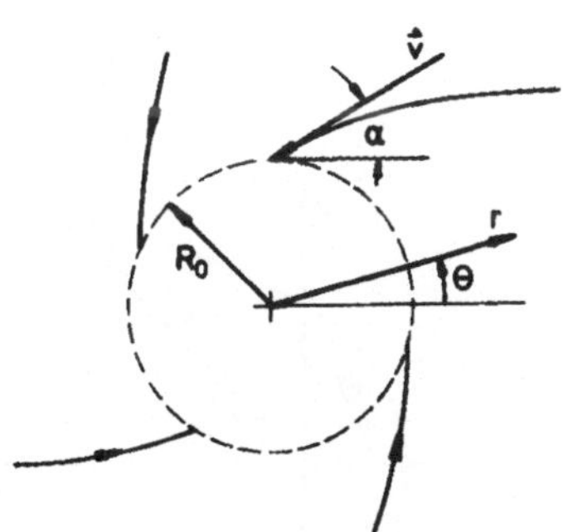

$$\begin{aligned} \Psi &= \frac{E}{2\,\pi}\,\theta - \frac{\Gamma}{2\,\pi}\,\ln\frac{r}{R} \\ v_r &= \frac{E}{2\,\pi\,r} \\ v_\theta &= \frac{\Gamma}{2\,\pi\,r} \end{aligned}$$

$$\tan\alpha = -\left.\frac{v_r}{v_\theta}\right|_{r=R_0}$$

$$\begin{aligned} E &= -\frac{\dot{Q}}{h_0} \\ \Gamma &= \frac{\dot{Q}}{h_0\,\tan\alpha} = 4,33 \cdot 10^{-2}\,\frac{m^2}{s} \end{aligned}$$

(b)

$$\begin{aligned} \rho\,g\,h + \frac{\rho}{2}\,\vec{v}^2 &= \rho\,g\,h_0 + \frac{\rho}{2}\,\vec{v}_0^2 \\ \vec{v}^2 &= v_r^2 + v_\theta^2 \\ \vec{v}_\theta^2 &= \vec{v}_{r=R_0}^2 \end{aligned}$$

$$h(r) = h_0 + \frac{1}{8g}\left(\frac{\dot{Q}}{\pi\, R_0\, h_0\, \sin\alpha}\right)^2 \cdot \left[1 - \left(\frac{R_0}{r}\right)^2\right]$$

(c)

$$\lim_{r\to\infty} h(r) = h_0 + \frac{1}{8g}\left(\frac{\dot{Q}}{\pi\, R_0\, h_0\, \sin\alpha}\right)^2 = 2,35 \cdot 10^{-2}\ m$$

7.9

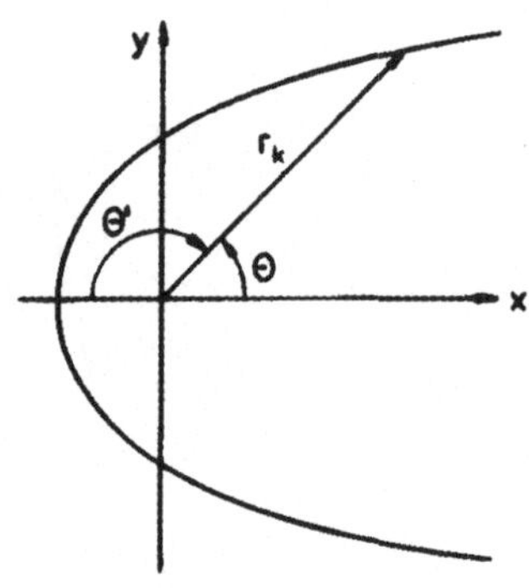

(a)

$$\begin{aligned} \Psi &= u_\infty\, y + \frac{E}{2\,\pi}\,\theta + c \\ &= u_\infty\left[y + \frac{h}{\pi}\arctan\left(\frac{y}{x}\right)\right] + c \\ u &= u_\infty\left(1 + \frac{h}{\pi}\,\frac{x}{x^2+y^2}\right) \\ v &= u_\infty \frac{h}{\pi}\frac{y}{x^2+y^2} \end{aligned}$$

Staupunkt: $u = v = 0$:

$$\begin{aligned} x_s &= -\frac{h}{\pi}, \quad y_s = 0 \\ u(x_s, h) &= u_\infty \frac{\pi^2}{1+\pi^2} \\ v(x_s, h) &= u_\infty \frac{\pi^2}{1+\pi^2} \end{aligned}$$

(b) Kontur: Stromlinie durch den Staupunkt

$$\begin{aligned} r_K &= \frac{h}{\pi}\,\frac{\pi-\theta}{\sin\theta} = \frac{h}{\pi}\,\frac{\theta'}{\sin\theta} \text{ mit} \\ \theta' &= \pi - \theta \end{aligned}$$

(c)

$$\begin{aligned} c_p &= 1 - \frac{u^2+v^2}{u_\infty^2} = -\frac{h}{\pi}\frac{2x+\frac{h}{\pi}}{x^2+y^2} \\ c_{pk} &= \frac{\sin(2\,\theta')}{\theta'} - \left(\frac{\sin\theta'}{\theta'}\right)^2 \end{aligned}$$

(d)

$$\begin{aligned} c_p &= \text{konst:} \\ \left(x + \frac{h}{\pi\, c_p}\right)^2 + y^2 &= (1-c_p)\left(\frac{h}{\pi\, c_p}\right)^2 \end{aligned}$$

Kreise um $\left(-\frac{h}{\pi\, c_p}, 0\right)$ mit Radius $\frac{h\,\sqrt{1-c_p}}{\pi\, c_p}$

(e)

$$c_p = \frac{1}{2}: \quad \left(x + \frac{2h}{\pi}\right)^2 + y^2 = 2\left(\frac{h}{\pi}\right)^2$$

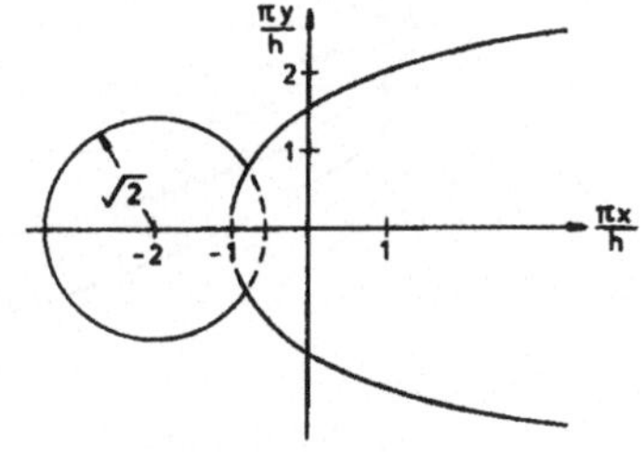

(f)

$$\begin{aligned} \frac{\sqrt{u^2+v^2}}{u_\infty} &= k \\ \left(x - \frac{\frac{h}{\pi}}{k^2-1}\right)^2 + y^2 &= \left(\frac{\frac{kh}{\pi}}{k^2-1}\right)^2 \end{aligned}$$

Kreise um $\left(\frac{h}{\pi\,(k^2-1)}, 0\right)$ mit Radius $\frac{kh}{\pi\,(k^2-1)}$

(g)

$$v = u_\infty \frac{h}{\pi} \frac{y}{x^2 + y^2} > \frac{u_\infty}{2}$$

$$x^2 + \left(y - \frac{h}{\pi}\right)^2 < \left(\frac{h}{\pi}\right)^2$$

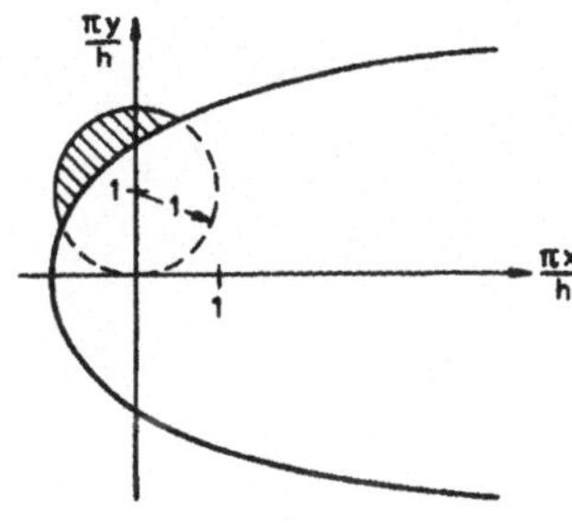

(h)

$$\tan\alpha = \frac{v}{u} = 1$$

$$\left(x + \frac{h}{2\,\pi}\right)^2 + \left(y - \frac{h}{2\,\pi}\right)^2 = \frac{1}{2}\left(\frac{h}{\pi}\right)^2$$

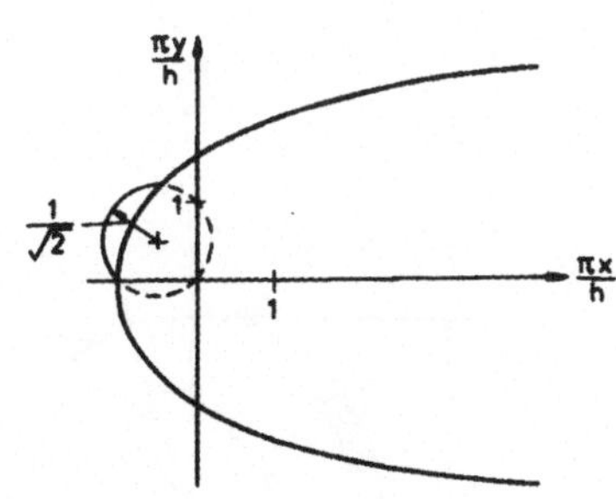

(i) Beschleunigung auf der x-Achse:

$$\begin{aligned} b &= \frac{du}{dt} = u\,\frac{\partial du}{\partial dx} \\ &= -u_\infty \frac{h}{\pi}\left(\frac{1}{x^2} + \frac{h}{\pi}\frac{1}{x^3}\right) \end{aligned}$$

$$\frac{db}{dx} = 0: \quad \begin{aligned} x_{max} &= -\frac{3}{2}\frac{h}{\pi} \\ b_{max} &= -\frac{4}{27}\frac{\pi}{h}u_\infty^2 \end{aligned}$$

7.10 (a)

$$\Psi = 0: \quad \begin{aligned} y &= 0 \\ x^2 + y^2 &= R^2 \end{aligned}$$

(Parallelströmung)

$$r = \sqrt{x^2 + y^2} \to \infty: \quad \Psi \to u_\infty\, y$$

Stromfunktion beschreibt eine Zylinderumströmung.

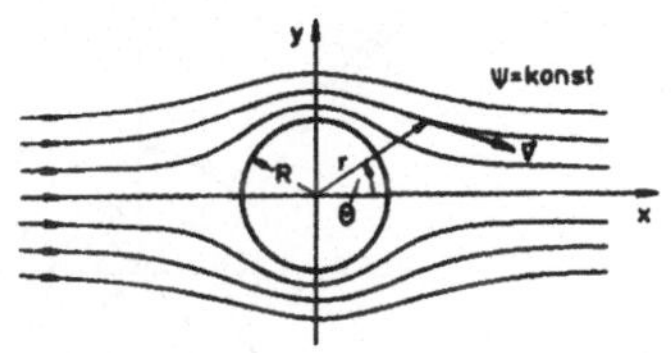

(b)

$$\begin{aligned} c_p &= 1 - \frac{v_r^2 + v_\theta^2}{u_\infty^2} \\ v_r &= u_\infty \left[1 - \left(\frac{R}{r}\right)^2\right] \cos\theta \\ v_\theta &= -u_\infty \left[1 + \left(\frac{R}{r}\right)^2\right] \sin\theta \\ r = R: \quad c_p &= 1 - 4\,\sin^2\theta \end{aligned}$$

(c)

$$\begin{aligned} \Delta t &= \int_{-3R}^{2R} \frac{dx}{u(x,0)} \\ u(x,0) &= u_\infty \left(1 - \frac{R^2}{x^2}\right) \end{aligned}$$

$$\begin{aligned} \Delta t &= \frac{1}{u_\infty}\left[x + \frac{R}{2}\,\ln\frac{x - R}{x + R}\right]_{-3R}^{-2R} \\ &= \frac{R}{u_\infty}\,(1 + 0,5\,\ln 1,5) \end{aligned}$$

7.11 Bestimmung der Geschwindigkeitskomponenten siehe Aufgabe 8.10.
$c_p = \left(\frac{R}{r}\right)^2 \left[2\,\cos(2\,\theta) - \left(\frac{R}{r}\right)^2\right]$

(a)

$$c_p = 0$$
$$r = \frac{R}{\sqrt{2\cos(2\theta)}} \quad \text{oder}$$

$$\left(\frac{\sqrt{2}\,x}{R}\right)^2 - \left(\frac{\sqrt{2}\,y}{R}\right)^2 = 1 \quad \text{Hyperbel}$$

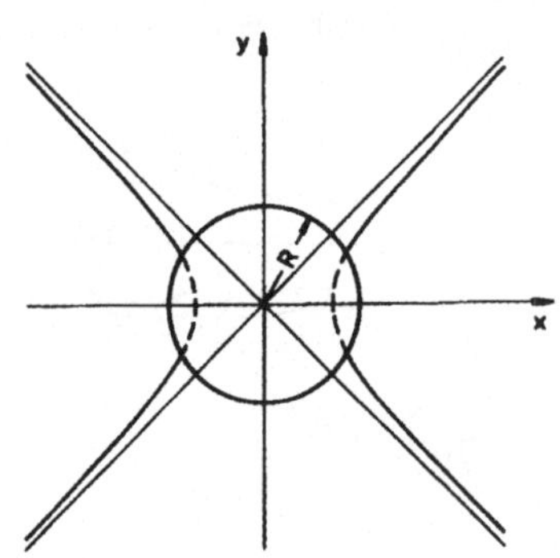

(b)

$$c_p = \frac{7}{16} - \sin\theta$$

7.12 (a)

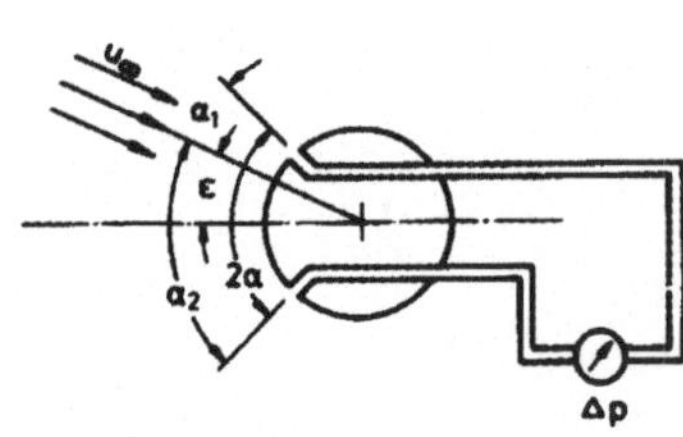

$$\Delta p = (c_{p1} - c_{p1})\,\frac{\rho}{2}\,u_\infty^2$$
$$c_p = 1 - 4\sin^2\alpha$$
$$\sin^2\alpha_2 - \sin^2\alpha_1 = \sin(\alpha_1 + \alpha_2)\cdot\sin(\alpha_2 - \alpha_1)$$

$$\Delta p = 2\,\rho\,u_\infty^2\,\sin(2\,\alpha)\,\sin(2\,\epsilon)$$

(b)

$$\alpha = \frac{\pi}{2}$$

7.13 (a)

$$\rho\,g\,h_\infty + \frac{\rho}{2}\,u_\infty^2 = \rho\,g\,h(\theta) + \frac{\rho}{2}\,\vec{v}^2$$
$$r = R: \quad \vec{v}^2 = v_\theta^2 = 4\,u_\infty^2\,\sin^2\theta$$
$$h(\theta) - h_\infty = \frac{u_\infty^2}{2\,g}\,(1 - 4\,\sin^2\theta)$$

(b)

Staupunkte: $\theta = 0$ und $\theta = \pi$

$$h = h_\infty + \frac{u_\infty^2}{2\,g} = 6,05\ m$$

(c)

$$\theta_{min} = \frac{\pi}{2},\quad \frac{3\,\pi}{2}$$
$$h_{min} = h_\infty - \frac{3\,u_\infty^2}{2\,g} = 5,85\ m$$

7.14

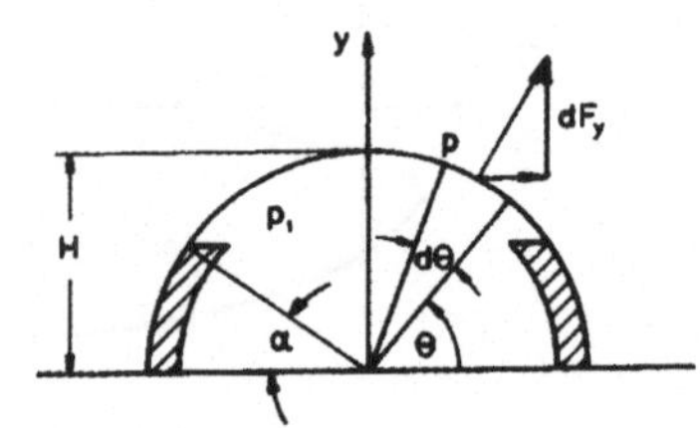

$$dF_y = (p_i - p)\,LH\,\sin\theta\,d\theta$$
$$p_i = p_\infty + \frac{\rho}{2}\,u_\infty^2$$
$$p = p_\infty + c_p\,\frac{\rho}{2}\,u_\infty^2$$
$$= p_\infty + (1 - 4\,\sin^2\theta)\,\frac{\rho}{2}\,u_\infty^2$$
$$F_y = \int_{\frac{\pi}{4}}^{\frac{3\pi}{4}} 2\,\rho\,u_\infty^2\,LH\,\sin^3\theta\,d\theta$$

$$= 2\,\rho\, u_\infty^2\, LH \left[-\frac{1}{3}\sin^2\theta\cos\theta - \frac{2}{3}\cos\theta\right]_{\frac{\pi}{4}}^{\frac{3\pi}{4}} \quad \text{(c)}$$

$$= 7{,}37 \cdot 10^6\, N < G$$

Keine Verankerung notwendig

7.15 (a)

$$\Psi = u_\infty\, r\sin\theta\left[1-\left(\frac{R}{r}\right)^2\right] - \frac{\Gamma}{2\pi}\ln\frac{r}{R}$$

$$v_r = u_\infty\left[1-\left(\frac{R}{r}\right)^2\right]\cos\theta$$

$$v_\theta = -u_\infty\left[1+\left(\frac{R}{r}\right)^2\right]\sin\theta + \frac{\Gamma}{2\pi r}$$

$$r = R: \quad v_{\theta\ Wirbel} = v_t = \frac{\Gamma}{2\pi R}$$

$$\Gamma = 2\pi R\, v_t$$

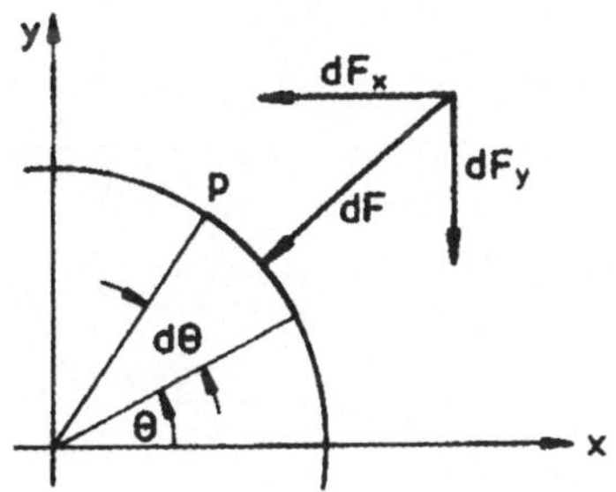

$$dF_x = -pLR\cos\theta\, d\theta$$

$$dF_y = -pLR\sin\theta\, d\theta$$

$$p = p_\infty + c_p\frac{\rho}{2}u_\infty^2$$

$$r = R: \quad c_p = 1-\left(\frac{v_t}{u_\infty} - 2\sin\theta\right)^2$$

$$F_x = -LR\int_0^{2\pi}\frac{\rho}{2}u_\infty^2 \cdot \left[1-\left(\frac{v_t}{u_\infty}-2\sin\theta\right)^2\right]\cos\theta\, d\theta - LR\int_0^{2\pi} p_\infty\cos\theta\, d\theta = 0$$

$$F_y = -LR\int_0^{2\pi}\frac{\rho}{2}u_\infty^2 \cdot \left[1-\left(\frac{v_t}{u_\infty}-2\sin\theta\right)^2\right]\sin\theta\, d\theta - LR\int_0^{2\pi} p_\infty\sin\theta\, d\theta = -2\pi\rho LR\, v_t\, u_\infty = -\rho\, u_\infty\,\Gamma\, L$$

(b) Strömungsfeld für $v_t = u_\infty$:

$$\Psi = u_\infty\, r\sin\theta\left(1-\left(\frac{R}{r}\right)^2\right) - u_\infty R\ln\frac{r}{R}$$

$$v_r = u_\infty\left[1-\left(\frac{R}{r}\right)^2\right]\cos\theta$$

$$v_\theta = u_\infty\left[\frac{R}{r} - \left[1+\frac{R^2}{r^2}\right]\sin\theta\right]$$

$$\Psi = 0:$$

Kontur: Kreis um Koordinatenursprung mit Radius R.
2 Staupunkte auf der Kontur ($r = R$):
$\theta_s = \frac{\pi}{6}, \frac{5\pi}{6}$; keine freien Staupunkte

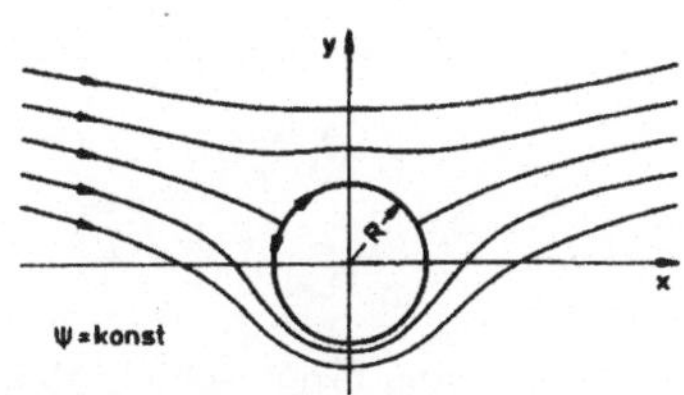

3.2.8 Grenzschichten

8.1

$$c_w \sim \frac{F_w}{\rho\, u_\infty^2\, BL} \sim \frac{\bar{\tau}_w}{\rho\, u_\infty^2} \sim \frac{\frac{\eta\, u_\infty}{\delta}}{\rho\, u_\infty^2} \sim \frac{\eta}{\rho\, u_\infty\, \delta}$$

Trägheits- und Reibungskräfte von gleicher Größenordnung:

$$\frac{\rho\, u_\infty^2}{L} \sim \frac{\bar{\tau}_w}{\delta}$$

$$c_w \sim \frac{1}{\sqrt{Re_L}}$$

8.2 (a)

$$x_{krit} = \frac{\nu\, Re_{krit}}{u_\infty} = 0,167\ m$$

(b)

$$\eta = \frac{y}{x}\sqrt{Re_x} = 1,095$$

$$\frac{u}{u_\infty} = 0,36 : u = 16,2\ \frac{m}{s}$$

aus Diagramm, Seite ??

$$x = 0,15\ m \quad : \quad Re_x = 4,5 \cdot 10^5$$

$$\frac{y}{x}\sqrt{Re_x} = 1,095 \quad : \quad y = 2,45 \cdot 10^{-4}\ m$$

(c)

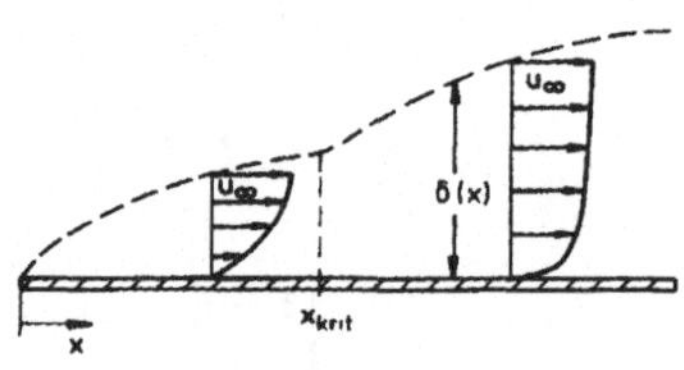

(d)

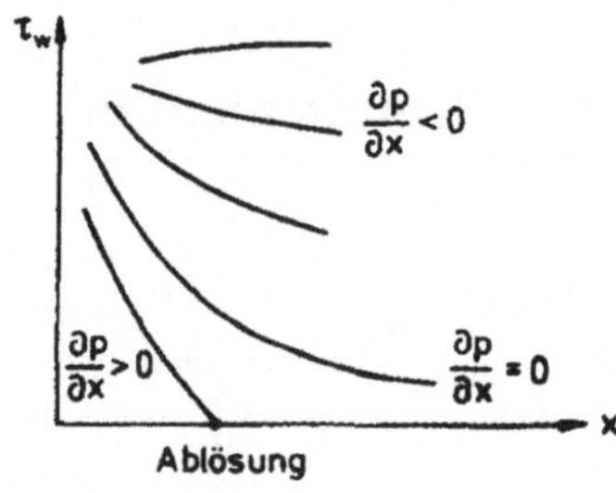

8.3

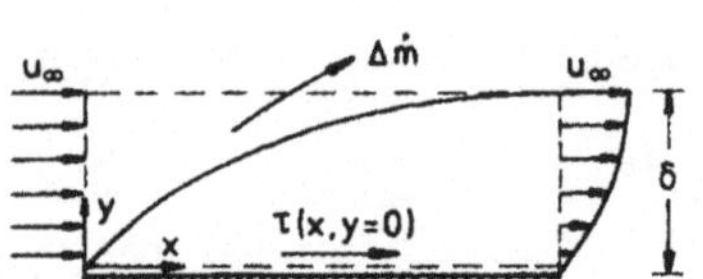

$$-\rho\, u_\infty^2\, \delta + \rho \int_0^\delta u^2\, dy + \Delta \dot{m}\, u_\infty = \int_0^x \tau(x', y=0)\, dx'$$

$$\Delta \dot{m} = \rho \int_0^\delta (u_\infty - u)\, dy$$

$$\int_0^\delta \frac{u}{u_\infty}\left(1 - \frac{u}{u_\infty}\right) =$$

$$= \delta_2 = -\int_0^x \frac{\tau(x', y=0)}{\rho\, u_\infty^2}\, dx'$$

8.4 (a)

$Re_L = 3,33 \cdot 10^5$: Grenzschicht laminar

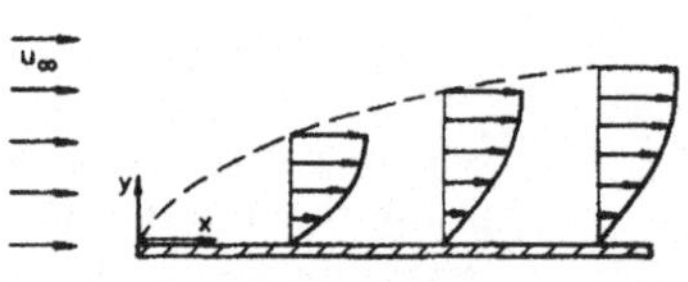

(b)

$$y = 0 \quad : \quad u = v = 0$$

$$y \to \infty \quad : \quad u \to u_\infty$$

(c)

aus Grenzschichtgleichung:

$$\frac{\partial \tau}{\partial y} = 0 \quad \text{für } y = 0 \text{ und } y = \delta$$

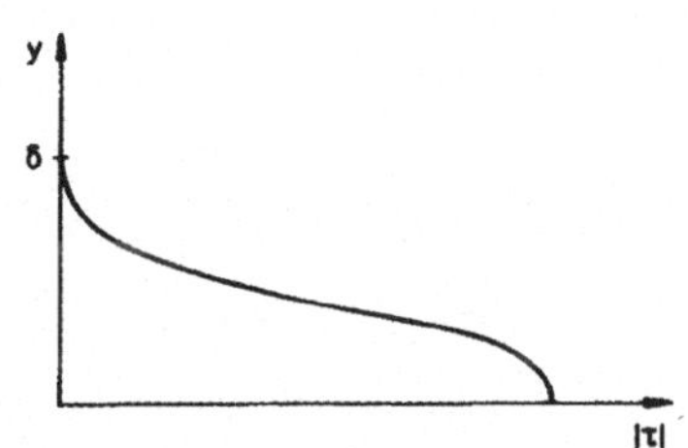

(d) aus Blasius-Lösung:

$$\delta(x=L) = \frac{5L}{\sqrt{Re_L}} \quad c_f = \frac{0,664}{\sqrt{Re_x}}$$
$$\delta(x=L) = 4,33\ mm$$
$$F_w = 2\int_0^L B\,\tau_w\,dx = \rho\,u_\infty^2\,B\int_0^L c_f\,dx = 0,144\ N$$

8.5 (a) Randbedingung

$$\frac{y}{\delta} = 0: \quad \frac{u}{u_\infty} = 0, \quad \frac{v}{u_\infty} = 0$$
$$\frac{y}{\delta} = 1: \quad \frac{u}{u_\infty} = 1$$

aus Grenzschichtgleichung

$$\rho\left(u\,\frac{\partial u}{\partial x} + v\,\frac{\partial u}{\partial y}\right) = \eta\,\frac{\partial^2 u}{\partial y^2}:$$

$$\frac{y}{\delta} = 0: \quad u = v = 0: \quad \frac{\partial^2\left(\frac{u}{u_\infty}\right)}{\partial\left(\frac{y}{\delta}\right)^2} = 0$$
$$\frac{y}{\delta} = 1: \quad \frac{\partial u}{\partial x} = \frac{\partial u}{\partial y} = 0: \quad \frac{\partial^2\left(\frac{u}{u_\infty}\right)}{\partial\left(\frac{y}{\delta}\right)^2} = 0$$

reibungsfreie Aussenströmung

$$\frac{y}{\delta} = 1: \quad \tau \sim \frac{\partial\left(\frac{u}{u_\infty}\right)}{\partial\left(\frac{y}{\delta}\right)} = 0$$
$$\frac{u}{u_\infty} = 2\left(\frac{y}{\delta}\right) - 2\left(\frac{y}{\delta}\right)^3 + \left(\frac{y}{\delta}\right)^4$$

(b)

$$\frac{\delta_1}{\delta} = \int_0^1\left(1 - \frac{u}{u_\infty}\right)d\left(\frac{y}{\delta}\right) = \frac{3}{10}$$
$$\frac{\delta_2}{\delta} = \int_0^1 \frac{u}{u_\infty}\left(1 - \frac{u}{u_\infty}\right)d\left(\frac{y}{\delta}\right) = \frac{37}{315}$$

Von Kármánsche Integralbeziehung

$$\frac{d\delta_2}{dx} + \frac{\tau(y=0)}{\rho\,u_\infty} = 0$$

$$\tau(y=0) = -\frac{\eta\,u_\infty^2}{\delta}\left.\frac{d\left(\frac{u}{u_\infty}\right)}{d\left(\frac{y}{\delta}\right)^2}\right|_{\frac{y}{\delta}=0} = -2\,\frac{\eta\,u_\infty}{\delta}$$

Integration: $$\frac{\delta}{x} = \frac{5,84}{\sqrt{Re_x}}$$
$$c_w = \frac{2}{L}\int_0^L \frac{\tau_w}{\rho\,u_\infty^2}\,dx = -\frac{2}{L}\int_0^L \frac{\tau(y=0)}{\rho\,u_\infty^2}\,dx = \frac{1,371}{\sqrt{Re_L}}$$

8.6 (a) Lösungsweg siehe Aufgabe 9.5

A) $$\frac{\delta_1}{\delta} = \frac{3}{8}, \quad \frac{\delta_2}{\delta} = \frac{39}{280}, \quad \frac{\delta}{x} = \frac{4,641}{\sqrt{Re_x}}, \quad c_w = \frac{1,293}{\sqrt{Re_L}}$$

B) $$\frac{\delta_1}{\delta} = 1 - \frac{2}{\pi} = 0,363$$
$$\frac{\delta_2}{\delta} = \frac{2}{\pi} - \frac{1}{2} = 0,137$$
$$\frac{\delta}{x} = \frac{\sqrt{\frac{2\,\pi^2}{4-\pi}}}{\sqrt{Re_x}} = \frac{4,795}{\sqrt{Re_x}}$$
$$c_w = \frac{2\sqrt{2-\frac{\pi}{2}}}{\sqrt{Re_L}} = \frac{1,310}{\sqrt{Re_L}}$$

(b)

$$\begin{aligned} \text{A)}\quad \delta(x=L) &= 3,288\, mm \\ F_w &= c_w\, \rho\, u_\infty^2\, 2\, L\, B \\ &= 0,91\, N \\ \text{B)}\quad \delta(x=L) &= 3,39\, mm \\ F_w &= 0,93\, N \end{aligned}$$

3.2.9 Widerstand

9.1 (a)

$$\begin{aligned} F_1 &= c_{w1}\, \frac{\rho}{2}\, u_\infty^2\, 2\, L_1\, B \\ Re_{L1} &= 1,8 \cdot 10^5 < Re_{krit} \\ c_{w1} &= \frac{1,328}{\sqrt{Re_{L1}}} = 3,13 \cdot 10^{-3} \\ F_1 &= 0,564\, N \\ Re_L &= 3,6 \cdot 10^5 < Re_{krit} \\ F_{ges} &= F_1 + F_2 \\ &= \frac{1,328}{\sqrt{Re_L}}\, \frac{\rho}{2}\, u_\infty^2\, 2\, L\, B \\ F_2 &= 0,233\, N \end{aligned}$$

(b)

$$\begin{aligned} F_{ges} &= 2\, F_1 \\ L_1 &= \frac{L}{4} = 0,09\, m \\ L_2 &= 0,27\, m \end{aligned}$$

9.2 (a) Der Reibungswiderstand resultiert aus den am Körper angreifenden Schubspannungen, der Druckwiderstand aus der durch die Reibungskräfte hervorgerufenen Veränderung der potentialtheoretischen Druckverteilung.

(b)

$$\begin{aligned} c_{w1}\, \frac{\rho}{2}\, u_\infty^2\, 2\, L_1^2 &= c_{w2}\, \frac{\rho}{2}\, u_\infty^2\, 2\, L_2^2 \\ Re_1 = \frac{u_\infty\, L_1}{\nu} &= 3,33 \cdot 10^5 \\ c_{w1} = \frac{1,328}{\sqrt{Re_1}} &= 2,30 \cdot 10^{-3} \end{aligned}$$

Annahme:

$$\begin{aligned} Re_2 &= \frac{u_\infty\, L_2}{\nu} > 10^3: \quad c_{w2} = 1,1 \\ L_2 &= L_1 \sqrt{\frac{2\, c_{w1}}{c_{w2}}} = 6,47 \cdot 10^{-2}\, m \\ Re_2 &= 2,16 \cdot 10^4 > 10^3 \end{aligned}$$

(c)

$$\begin{aligned} F_{w1} &= \frac{1,328}{\sqrt{Re_1}}\, \frac{\rho}{2}\, u_\infty^2\, 2\, L_1^2 \sim u_\infty^{\frac{3}{2}} \\ F_{w2} &= 1,1\, \frac{\rho}{2}\, u_\infty^2\, L_2^2 \sim u_\infty^2 \end{aligned}$$

9.3 (a)

$$\frac{F_{w1}}{F_{w2}} = \frac{c_{w1}}{c_{w2}}$$

u_∞	Re_1	$10^3\, c_{w1}$	Re_1	$10^3\, c_{w2}$	$\frac{F_{w1}}{F_{w2}}$
$0,4\, \frac{m}{s}$	$4 \cdot 10^5$	2,10	$2 \cdot 10^5$	2,97	0,707
$0,8\, \frac{m}{s}$	$8 \cdot 10^5$	2,76	$4 \cdot 10^5$	2,10	1,313
$1,6\, \frac{m}{s}$	$1,6 \cdot 10^5$	3,19	$8 \cdot 10^5$	2,76	1,156

(b)

$$\begin{aligned} Re_1 &= 1,96 \cdot 10^5 \\ c_{w1} &= c_{w2} = 3,0 \cdot 10^{-3} \\ \text{1)}\; Re_2 &= Re_1: \quad u_{\infty 2} = 0,392\, \frac{m}{s} \\ \text{2)}\; Re_2 &\approx 1,3 \cdot 10^6: \quad u_{\infty 2} = 2,6\, \frac{m}{s} \\ \text{3)}\; Re_3 &\approx 9 \cdot 10^6: \quad u_{\infty 2} = 18\, \frac{m}{s} \end{aligned}$$

(2) und 3) aus Diagramm, Seite (??))

9.4

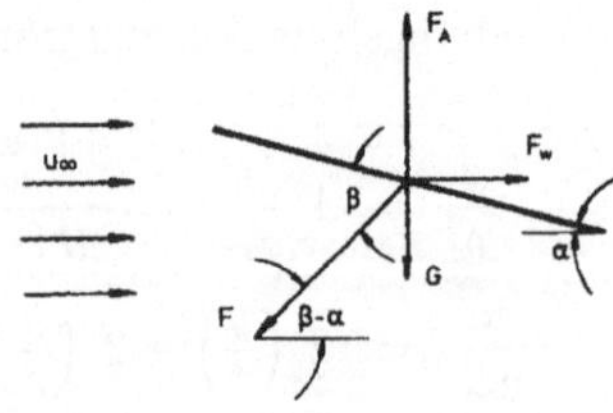

$$c_A = \frac{F_A}{\frac{\varrho}{2}\, u_\infty^2\, A}$$
$$F_A - G - F\,\sin(\beta-\alpha) = 0$$
$$c_A = \frac{G + F\,\sin(\beta-\alpha)}{\frac{\varrho}{2}\, u_\infty^2\, A} = 1,28$$
$$c_w = \frac{F_w}{\frac{\varrho}{2}\, u_\infty^2\, A}$$
$$F_w - F\,\cos(\beta-\alpha) = 0$$
$$c_w = \frac{F\,\cos(\beta-\alpha)}{\frac{\varrho}{2}\, u_\infty^2\, A} = 0,96$$

9.5

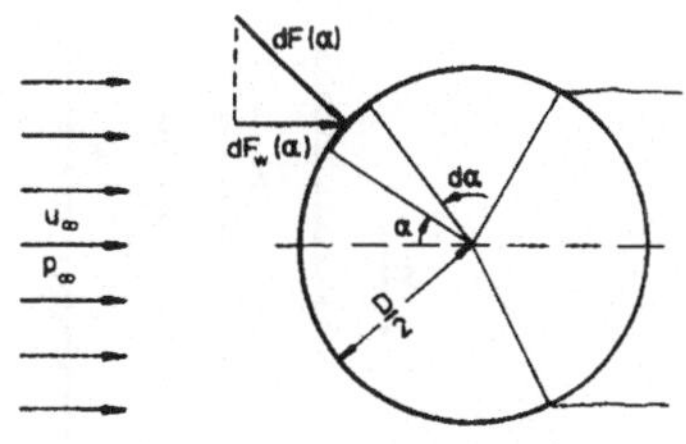

$$c_W = \frac{2\int_0^\pi dF_w(\alpha)}{\frac{\varrho}{2}\, u_\infty^2\, DL}$$
$$dF_w(\alpha) = dF(\alpha)\,\cos\alpha$$
$$= p(\alpha)\, L\,\frac{D}{2}\,\cos\alpha\, d\alpha$$
$$p(\alpha) = c_p(\alpha)\,\frac{\rho}{2}\, u_\infty^2 + p_\infty$$

$$0 \le \alpha \le \frac{2}{3}\,\pi:$$

$$p(\alpha) = (1 - 4\,\sin^2\alpha)\,\frac{\rho}{2}\, u_\infty^2 + p_\infty$$

$$\frac{2}{3} \le \alpha \le \pi:$$

$$p(\alpha) = \left[1 - 4\,\sin^2(\frac{2}{3}\,\pi)\right]\,\frac{\rho}{2}\, u_\infty^2 + p_\infty$$
$$= -2\,\frac{\rho}{2}\, u_\infty^2 + p_\infty$$
$$c_W = \sqrt{3}$$

9.6 (a)

$$F_{WS} = F_{wB}$$
$$c_{WB}\,\frac{\rho_w}{2}\, u^2\, LB = c_{WS}\,\frac{\rho_L}{2}\,(u_\infty - u)^2\frac{hb}{2}$$
$$Re_L = \frac{\rho_W\, u\, L}{\eta_W} = 5,625\cdot 10^6$$
$$c_{WB} = \frac{0,074}{Re_L^{\frac{1}{5}}} - \frac{1700}{Re_L}$$
$$= 3,0\cdot 10^{-3}$$

Annahme:

$$Re_b = \frac{\rho_L\,(u_\infty - u)\, b}{\eta_L} > 10^3$$
$$c_{WS} = 1,2$$
$$u_\infty = u\left(1 + \sqrt{\frac{c_{WB}}{c_{WS}}\,\frac{\rho_W}{\rho_L}\,\frac{2\, LB}{hb}}\right)$$
$$= 2,95\,\frac{m}{s}$$
$$Re_b = 1,94\cdot 10^5 > 10^3$$

(b)

$$F_{WS} = 6,33\; N$$

(c)

$$F_{WB}^* = c_{wB}^*\,\frac{\rho_L}{2}\,\left(u_\infty - u^2\right)\, LB$$
$$Re_L^* = \frac{\rho_L\,(u_\infty - u)\, L}{\eta_L} = 3,63\cdot 10^5$$
$$c_{WB}^* = \frac{1,328}{\sqrt{Re_L^*}} = 2,20\cdot 10^{-3}$$
$$F_{WB}^* = 5,45\cdot 10^{-3} \ll F_{WB}$$

9.7

$$c_w\,\frac{\rho}{2}\, v^2\, A = G$$
$$A = \frac{G}{c_W\,\frac{\varrho}{2}\, v^2} = 75,2\; m^2$$

9.8 (a)

$F_W = G$ (Auftrieb vernachlässigbar)

Kugel:

$$c_W \frac{\rho_L}{2} v^2 \frac{\pi D_K^2}{4} = \rho \frac{\pi D_K^3}{6} g$$

$$v = Re \frac{\nu_L}{D_K}$$

$$D_K = \sqrt[3]{18\, Re \frac{\rho_L}{\rho} \frac{\nu_L^2}{g}}$$

$$Re = 0,5 :$$
$$D_{K max} = 6,81 \cdot 10^{-2}\, mm$$

Zylinder (Länge L):

$$c_w \frac{\rho_L}{2} v^2 D_Z L = \rho \frac{\pi D^2}{4} L g$$

$$D_Z = \sqrt[3]{\frac{16\, Re}{2 - \ln Re} \frac{\rho_L}{\rho} \frac{\nu_L^2}{g}}$$

$$Re = 0,5 :$$
$$D_{Z max} = 4,71 \cdot 10^{-2}\, mm$$

(b)

$$v_K = 0,110 \frac{m}{s}$$
$$v_Z = 0,159 \frac{m}{s}$$

9.9

$$v = Re \frac{\nu}{D}$$

(a) (Auftrieb vernachlässigbar:)

$$\begin{aligned} F_W &= G = \rho_W \frac{\pi D^3}{6} g \\ F_W &= c_W \frac{\rho_L}{2} v^2 \frac{\pi D^2}{4} \\ &= c_W Re^2 \frac{\pi}{8} \rho_L v_L^2 \\ Re \sqrt{c_W} &= \sqrt{\frac{8 F_w}{\pi \rho_L} \frac{1}{\nu_L}} \\ &= \sqrt{\frac{4}{3} \frac{\rho_W}{\rho_L} D g} \frac{D}{\nu_L} \\ &= 217,7 \end{aligned}$$

$$\text{aus Diagramm: } \begin{aligned} Re &= 250 \\ v &= 3,75 \frac{m}{s} \end{aligned}$$

(b) (Gewicht vernachlässigbar)

$$\begin{aligned} F_W &= F_A = \rho_W \frac{\pi D^3}{6} g \\ F_W &= c_w \frac{\rho_W}{2} v^2 \frac{\pi D^2}{4} \\ Re \sqrt{c_w} &= \sqrt{\frac{4}{3} D g} \frac{D}{\nu_W} = 115 \\ Re &= 113 \\ v &= 0,11 \frac{m}{s} \end{aligned}$$

9.10

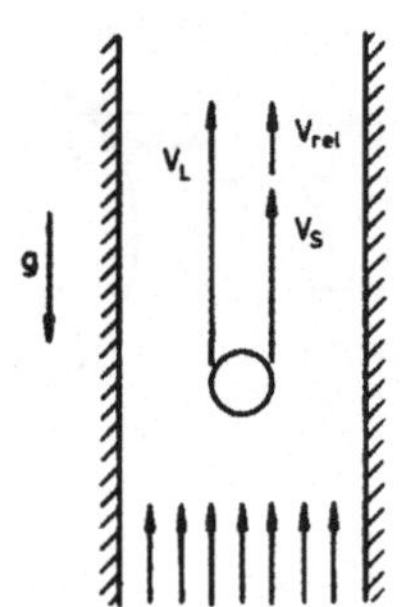

$$\begin{aligned} G &= F_W \quad \text{(Auftrieb vernachlässigbar)} \\ v_{rel} &= v_L - v_s \end{aligned}$$

(a)

$$\begin{aligned} v_s &= 0 \\ c_W \frac{\rho_L}{2} v_1^2 \frac{\pi D_S^2}{4} &= \rho_S \frac{\pi D_S^3}{6} g \\ \text{Annahme: } Re &= \frac{\rho_L v_1 D_S}{\eta_L} < 1 \\ v_1 &= -\frac{24}{9} \frac{\eta_L}{\rho_L D_S} + \\ &+ \sqrt{\left(\frac{24 \eta_L}{9 \rho_L D_S}\right)^2 + \frac{8}{27} \frac{\rho_S}{\rho_L} D_S g} \\ &= 0,168 \frac{m}{s} \\ Re &= 0,559 < 1 \end{aligned}$$

(b)

$$v_{rel} = v_1$$
$$v_s = v_L - v_1 = 2,832\ \frac{m}{s}$$

9.11 (a)

$$F_W = G$$

(Auftrieb vernachlässigbar)

$$c_w \frac{\rho_L}{2} v_L^2 \frac{\pi D^2}{4} = \rho_W \frac{\pi D^3}{6} g$$

Annahme:

$$Re = \frac{\rho_L v_L D}{\eta_L} < 0,5$$
$$v_L = \frac{\rho_W g D^2}{18 \eta_L} = 0,107\ \frac{m}{s}$$
$$Re = 0,427 < 0,5$$

(b)

$$\rho_W \frac{\pi D^3}{6} \frac{dv}{dt} = \rho_W \frac{\pi D^3}{6} g - \frac{24 \eta_L}{\rho_L v D} \frac{\rho_L}{2} v^2 \frac{\pi D^2}{4}$$

stationäre Sinkgeschwindigkeit:
$v_s = v_L$

$$\frac{1}{g} \frac{dv}{dt} = 1 - \frac{v}{v_L}$$
$$T = -\frac{v_L}{g} \ln\left(1 - \frac{v}{v_L}\right)_0^{0,99\, v_L}$$
$$= 0,049\ s$$

9.12 (a)

$$G = F_{W1}$$

(Auftrieb vernachlässigbar)

$$F_{w1} = c_{W1} \frac{\rho_L}{2} v_1^2 \frac{\pi D^2}{4}$$
$$c_{W1} = 0,4 \qquad (Re_1 = 3,03 \cdot 10^5)$$

(b)

$$Re_2 = \frac{v_2 D}{\nu_L} = 4,2 \cdot 10^5$$
aus Diagramm: $c_{W2} = 0,1$

$$F_{W2} = c_{W2} \frac{\rho_L}{2} v_2^2 \frac{\pi D^2}{4}$$
$$= 1,95\ N < G$$

Beschleunigung auf v_3, so daß

$G = F_{W3}$ ist:

$$G = c_{W3} \frac{\rho_L}{2} v_3^2 \frac{\pi D^2}{4}$$

aus Diagramm: $c_{W3} = 0,1$

$$v_3 = 26,0\ \frac{m}{s}$$

9.13 (a)

$$P_1 = F_1 v_1 = F_1 \frac{H}{T_1} = 1000\ W$$

(b)

$$G = F_1 + F_A - F_{w1}$$
$$= F_1 + \rho \frac{\pi D^3}{6} g - c_{w1} \frac{\rho}{2} \left(\frac{H}{T_1}\right)^2 \frac{\pi D^2}{4}$$
$$Re = \frac{\rho H D}{\eta T_L} = 1,85 \cdot 10^5$$

aus Diagramm: $c_{w1} = 0,4$

$$G = 3349\ N$$

(c)

$$F_{w2} = c_{w2} \frac{\rho}{2} \left(\frac{H}{T_2}\right)^2 \frac{\pi D^2}{4}$$
$$= 2 F_1 + F_A - G$$

Annahme:

$$Re_2 = \frac{\rho H D}{\eta T_2} > 3,6 \cdot 10^5$$

aus Diagramm: $c_{w2} = 0,1$

$$T_2 = HD\sqrt{\frac{\pi\,\rho\,c_{w2}}{8\,(F_1+F_{W1})}} = 241,0\ s$$

$$Re_2 = 8,3\cdot 10^6$$

(d)

$$P_2 = 2\,F_1\,\frac{H}{T_2} = 89,64\ kW$$

9.14 (a)

$$\rho_W\,\frac{\pi\,D^3}{6}\,\frac{dv}{dt} = -\rho_K\,\frac{\pi\,D^3}{6}\,g - c_{w2}\,\frac{\rho_L}{2}\,v^2\,\frac{\pi\,D^2}{4}$$

Einführen der stationären Sinkgeschwindigkeit:

$$v_s^2 = \frac{4}{3}\,\frac{\rho_K}{\rho_L}\,\frac{D\,g}{c_w} -$$

$$-\frac{1}{g}\,\frac{dv}{1+\left(\frac{v}{v_s}\right)^2} = dt = \frac{dz}{v}$$

$$H = -\frac{1}{g}\int_{v_0}^{0}\frac{v\,dv}{1+\left(\frac{v}{v_s}\right)^2} = \frac{v_s^2}{2\,g}\,\ln\left[1+\left(\frac{v}{v_s}\right)^2\right]$$

(b)

$$T_H = -\frac{1}{g}\int_{v_0}^{0}\frac{dv}{1+\left(\frac{v}{v_s}\right)^2} = \frac{v_s^2}{g}\,\arctan\frac{v_0}{v_s}$$

(c)

$$\rho_K\,\frac{\pi\,D^3}{6}\,g\,\frac{dv}{dt} = -\ c_W\,\frac{\rho_L}{2}\,v^2\,\frac{\pi\,D^2}{4} + \rho_K\,\frac{\pi\,D^3}{6}\,g$$

$$\frac{1}{g}\,\frac{dv}{1-\left(\frac{v}{v_s}\right)^2} = dt = \frac{dz}{v}$$

$$H = \frac{1}{g}\int_0^{v_B}\frac{v\,dv}{1-\left(\frac{v}{v_s}\right)^2} = -\frac{v_s^2}{2\,g}\,\ln\left[1-\left(\frac{v_B}{v_s}\right)^2\right]$$

$$v_B = \frac{v_s}{\sqrt{1+\left(\frac{v}{v_s}\right)^2}}$$

(d)

$$T_B = -\frac{1}{g}\int_0^{v_B}\frac{dv}{1-\left(\frac{v}{v_s}\right)^2} = \frac{v_s^2}{g}\,\ln\frac{v_s+v_B}{v_s-v_B}$$

(e)

	$c_w = 0,4$		$c_w = 0$
	Holzkugel	Metallkugel	
$H[m]$	37,2	44,0	45
$T_H[s]$	2,64	2,96	3
$v_B\left[\frac{m}{s}\right]$	24,9	29,3	30
$T_H[s]$	2,81	2,98	3

4 Gasdynamik

4.1 Einführung

Zur Einführung in die Gasdynamik, die an die Strömungslehre anknüpft, werden nach einer kurzen Darstellung der wichtigsten thermodynamischen Beziehungen zunächst eindimensionale, stationäre, isentrope Strömungen kompressibler Gase in Stromröhren mit veränderlichem Querschnitt beschrieben. Danach wird dann die Notwendigkeit sprungartiger Entropievermehrung durch senkrechte Verdichtungsstöße in eindimensionalen Überschallströmungen erklärt. Es wird unter anderem gezeigt, daß die Entropievermehrung durch Wärmeleitung und Dissipation verursacht wird.

Die Betrachtung senkrechter Verdichtungsstöße führt zwangsläufig auf den schrägen Verdichtungsstoß, der anschließend beschrieben wird. Mit Hilfe des Stoßpolarendiagramms werden die Eigenschaften starker und schwacher Stöße erklärt. Aus den Sprungbedingungen für schwache Stöße werden dann die Beziehungen für expandierende Strömungen hergeleitet und die Prandtl-Meyersche Eckenumströmung zur Beschreibung der Expansion und der isentropen Kompression erläutert. Schließlich wird gezeigt, wie Auftrieb und Wellenwiderstand angestellter Tragflügelprofile bei Überschallanströmung mit den Beziehungen für den Schrägstoß und die Prandtl-Meyer-Strömung berechnet werden können.

Im Anschluß daran wird eine Einführung in die Berechnung von Überschallströmungen gegeben. Ausgehend von der gasdynamischen Grundgleichung werden die Charakteristikentheorie erklärt und kompressible Potentialströmungen diskutiert. Diese Betrachtungen schließen auch die Beschreibung rotationssymmetrischer Über- und Unterschallströmungen um schlanke Körper mit ein.

Als letztes werden die Ähnlichkeitsregeln der Gasdynamik vorgestellt. Mit Hilfe der linearisierten Potentialgleichung werden zunächst die Ähnlichkeitsregeln für ebene Strömungen hergeleitet und deren Anwendungen gezeigt. Abschließend werden die Ähnlichkeitsregeln für rotationssymmetrische und schallnahe Strömungen erläutert.

4.2 Thermodynamische Beziehungen

In Strömungen kompressibler Gase muß neben der Änderung der mechanischen Energie auch die Änderung der thermischen Energie berücksichtigt werden. Deshalb ist es notwendig, den thermodynamischen Zustand des Gases durch die Zustandsvariablen festzulegen. Zu ihnen gehören der Druck p, die Dichte ρ und die Temperatur T. Ihre gegenseitige Abhängigkeit voneinander wird durch die thermische Zustandsgleichung beschrieben. Wird dazu die von Boyle, Mariotte und Gay-Lussac gefundene Gesetzmäßigkeit

$$p = \rho\, R\, T \tag{4.1}$$

benutzt, bezeichnet man das Gas als thermisch ideal. Für thermisch nicht-ideale Gase gelten andere Beziehungen, zum Beispiel die Van der Waalssche Gleichung. Die spezifische Gaskonstante R ändert sich mit dem Molekulargewicht des Gases. Für Luft ist $R = 287 \frac{J}{kgK}$.

Auch die innere Energie ist eine Zustandsvariable. Sie ist durch zwei thermodynamische Größen festgelegt. Im folgenden werden dazu die Temperatur T und das spezifische Volumen $v = \frac{1}{\rho}$ verwendet.

$$e = e(v, T) \tag{4.2}$$

Dieser Zusammenhang wird als kalorische Zustandsgleichung bezeichnet. Das totale Differential lautet

$$de = \left(\frac{\partial e}{\partial v}\right)_T dv + \left(\frac{\partial e}{\partial T}\right)_v dT \quad . \tag{4.3}$$

Für thermisch ideale Gase hängt die innere Energie nur von der Temperatur ab. Damit wird

$$de = \left(\frac{\partial e}{\partial T}\right)_T dT \quad , \quad c_v = \left(\frac{\partial e}{\partial T}\right)_v \quad . \tag{4.4}$$

Die Größe $\left(\frac{\partial e}{\partial T}\right)_v$ wird als spezifische Wärme c_v bei konstant gehaltenem Volumen bezeichnet. Ist c_v konstant, heißt das Gas kalorisch ideal, und die innere Energie ist gegeben durch

$$e = c_v\, T + e_r \quad . \tag{4.5}$$

Die Größe e_r stellt einen Referenzwert dar. Eine andere wichtige Zustandsgröße ist die Enthalpie h.

$$h = e + p\, v \tag{4.6}$$

Für thermisch ideale Gase ist die Enthalpie wie die innere Energie allein eine Funktion von der Temperatur.

$$dh = c_p \, dT \tag{4.7}$$

Die Größe c_p ist die spezifische Wärme bei konstantem Druck

$$c_p = \left(\frac{\partial h}{\partial T} \right)_p \quad . \tag{4.8}$$

Aus dem Zusammenhang zwischen den spezifischen Wärmen c_v und c_p

$$c_p = c_v + R \tag{4.9}$$

folgt für kalorisch ideale Gase, daß $c_p =$ konstant ist. Damit ist

$$h = c_p \, T + h_r \quad , \tag{4.10}$$

Die Größe h_r ist eine Referenzgröße.

Das Verhältnis der spezifischen Wärmen $\frac{c_p}{c_v} = \kappa$ ist nach der kinetischen Gastheorie durch die Anzahl der Freiheitsgrade n der Moleküle gegeben

$$\kappa = \frac{n+2}{n} \quad . \tag{4.11}$$

Für einatomige Gase ($n = 3$) ist $\kappa = 1,667$, und für zweiatomige Gase ($n = 5$) ist $\kappa = 1,4$. Bei hohen Temperaturen werden zusätzliche Freiheitsgrade angeregt, und das Verhältnis $\frac{c_p}{c_v}$ nimmt ab. Für Luft ist bei einer Temperatur von 300 K $\kappa = 1,4$, und für 3000 K ist $\kappa = 1,292$.

Mit dem zweiten Hauptsatz der Thermodynamik wird die Entropie s als Zustandsvariable eingeführt

$$T \, ds = d\, e + p \, dv \quad . \tag{4.12}$$

Für ein thermisch ideales Gas folgt

$$ds = c_v \, \frac{dp}{p} - c_p \, \frac{d\rho}{\rho} \quad . \tag{4.13}$$

Diese Beziehung kann für kalorisch ideale Gase integriert werden.

$$s = s_r + c_v \ln \left[\frac{\left(\frac{p}{p_r}\right)}{\left(\frac{\rho}{\rho_r}\right)^{\kappa}} \right] \tag{4.14}$$

Die Größen p_r, ρ_r stellen Referenzgrößen dar.

Bei konstanter Entropie $s = s_r$ folgt daraus die Isentropenbeziehung

$$\frac{p}{\rho^{\kappa}} = \frac{p_r}{{\rho_r}^{\kappa}} \quad . \tag{4.15}$$

Danach ändert sich der Druck nur mit der Dichte ρ. Die Abhängigkeit ist durch den Isentropenexponenten κ festgelegt.

4.3 Eindimensionale stationäre Gasströmungen

Die einfachste Strömung kompressibler, reibungsfreier Gase ist die eindimensionale Strömung ohne Wärmeaustausch. Das Gas sei thermisch und kalorisch ideal.

4.3.1 Erhaltungsgleichungen

Mit den genannten Annahmen lauten die Erhaltungsgleichungen für Masse, Impuls und Energie:

$$\begin{aligned} d\,[\rho\,u] &= 0 \\ d\,[\rho\,u^2 + p] &= 0 \\ d\left[\rho\,u\left(h + \frac{u^2}{2}\right)\right] &= 0 \quad . \end{aligned} \tag{4.16}$$

Die Größen in den eckigen Klammern stellen den Massen-, Impuls- und Energiefluß dar. Zur Bestimmung von Dichte, Druck, Enthalpie und Geschwindigkeit wird noch die thermische Zustandsgleichung

$$p = \rho\,RT \tag{4.17}$$

benötigt. Setzt man stetige Zustandsänderungen voraus, folgt aus dem zweiten Hauptsatz der Thermodynamik, daß keine Entropieänderungen möglich sind.

$$ds = \frac{1}{T}\left(dh - \frac{dp}{\rho}\right) = 0 \tag{4.18}$$

Eine der Erhaltungsgleichungen kann deshalb durch die Isentropenbeziehung

$$\frac{p}{\rho^{\kappa}} = \frac{p_0}{\rho_0^{\kappa}} \tag{4.19}$$

ersetzt werden.

Die Größen p_0 und ρ_0 sind die Werte des Druckes und der Dichte, die das Gas bei isentroper Kompression im Ruhezustand annimmt.

4.3.2 Die Schallgeschwindigkeit

Eine wichtige Größe zur Beschreibung kompressibler Strömungen ist die Mach-Zahl Ma, die das Verhältnis von örtlicher Strömungs- und Schallgeschwindigkeit darstellt. Man unterscheidet Unterschall-, Überschall- und schallnahe Strömungen. Da jede dieser Strömungen besondere Eigenarten aufweist, ist zu deren Beschreibung die Kenntnis der Mach-Zahl erforderlich.

In einem kompressiblen Medium breiten sich Druckstörungen mit endlicher Geschwindigkeit aus. Die Fortpflanzungsgeschwindigkeit kleiner Druckstörungen nennt man Schallgeschwindigkeit. Die mit der Schallausbreitung verbundenen Zustandsänderungen erfolgen isentrop.

Die Verdichtung eines Gases bei einer Explosion ist dagegen nicht verlustlos, und ihre Ausbreitungsgeschwindigkeit ist größer als die des Schalls. Bewegt sich eine kleine Störung mit der Geschwindigkeit u durch ein ruhendes Gas, ist der Vorgang für einen mitbewegten Beobachter stationär. Aus der Massen- und Impulsbilanz

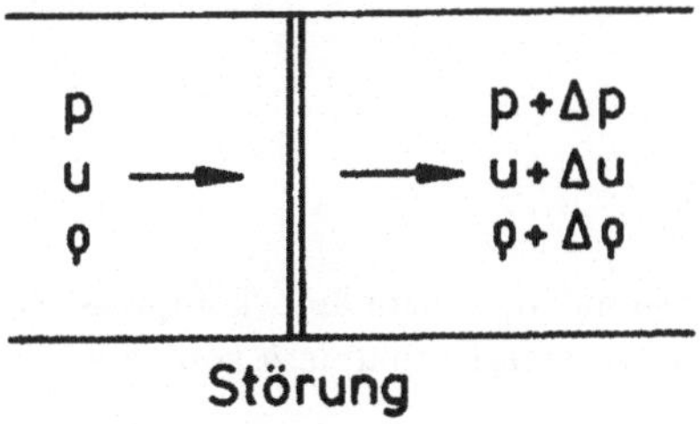

p
u
ρ
p+Δp
u+Δu
ρ+Δρ
Störung

$$\begin{aligned} \rho\, u &= (\rho + \Delta\rho)\,(u + \Delta u) \\ -\rho\, u^2 + (\rho + \Delta\, \rho)\,(u + \Delta u)^2 &= p - (p + \Delta p) \end{aligned} \tag{4.20}$$

erhält man

$$u^2 = \frac{1}{1 + \frac{\Delta u}{u}} \frac{\Delta p}{\Delta \rho} \quad . \tag{4.21}$$

Für infinitesimal kleine Änderungen folgt daraus die Schallgeschwindigkeit

$$a = \sqrt{\left(\frac{\partial p}{\partial \rho}\right)_{s=konst}} \quad , \tag{4.22}$$

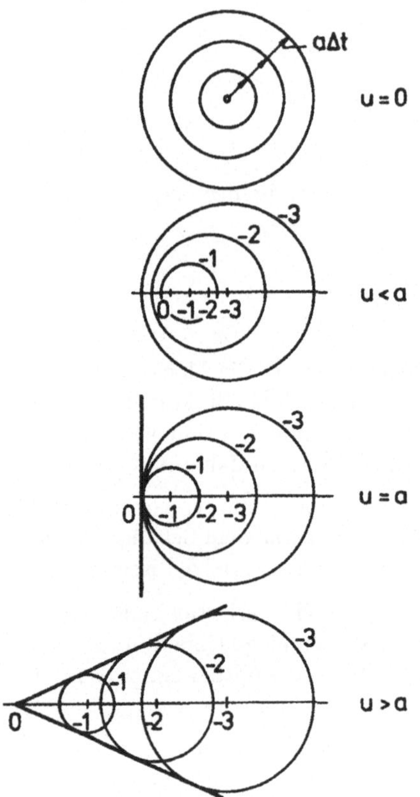

die in inkompressiblen Medien wegen $\Delta\rho \to 0$ unendlich groß wird. Für ideale Gase erhält man mit der Isentropenbeziehung $dp/p = \kappa \, d\rho/\rho$ und der thermischen Zustandsgleichung $p/\rho = R\,T$

$$a = \sqrt{\kappa \, \frac{p}{\rho}} = \sqrt{\kappa \, RT} \quad . \tag{4.23}$$

Die Schallgeschwindigkeit hängt nur von der Temperatur des Gases ab. Der Einfluß der endlichen Schallgeschwindigkeit wird deutlich am Beispiel einer bewegten punktförmigen Schallquelle. Bei ruhender bzw. mit Unterschallgeschwindigkeit bewegter Schallquelle breiten sich die Schallwellen konzentrisch bzw. exzentrisch im ganzen Raum aus. Für Schall- und Überschallgeschwindigkeiten breiten sich die Schallwellen nur in dem stromab der Quelle liegenden Machschen Kegel aus, dessen Öffnungswinkel

$$\alpha = \arcsin\left(\frac{1}{Ma}\right) \tag{4.24}$$

ist. Ein Beobachter nimmt deshalb die Schallquelle erst dann wahr, wenn sie ihn passiert hat.

4.3.3 Integral der Energiegleichung

Nach den Erhaltungsgleichungen bleibt in einer eindimensionalen, stationären kompressiblen Strömung die Summe aus kinetischer Energie $\frac{u^2}{2}$ und der statischen Enthalpie h konstant. Der Wert der Konstanten ist gleich der Ruheenthalpie

$$h_0 = h + \frac{u^2}{2} \quad . \tag{4.25}$$

Für kalorisch ideale Gase kann die Enthalpie durch $c_p\,T$ ersetzt werden.

$$c_p\,T_0 = c_p\,T + \frac{u^2}{2} \tag{4.26}$$

Mit Hilfe der thermischen Zustandsgleichung folgt daraus

$$\frac{\kappa}{\kappa-1}\frac{p_0}{\rho_0} = \frac{\kappa}{\kappa-1}\frac{p}{\rho} + \frac{u^2}{2} \tag{4.27}$$

und mit der Definition für die Schallgeschwindigkeit

$$\frac{a_0^2}{\kappa-1} = \frac{a^2}{\kappa-1} + \frac{u^2}{2} \quad . \tag{4.28}$$

Setzt man in den Ausdruck für die Schallgeschwindigkeit die Isentropenbeziehung ein

$$a^2 = a_0^2 \left(\frac{p}{p_0}\right)^{\frac{\kappa-1}{\kappa}} \quad , \tag{4.29}$$

erhält man

$$\frac{\kappa}{\kappa-1}\frac{p_0}{\rho_0} = \frac{\kappa}{\kappa-1}\left(\frac{p_0}{\rho_0}\right)\left(\frac{p}{p_0}\right)^{\frac{\kappa-1}{\kappa}} + \frac{u^2}{2} \quad . \tag{4.30}$$

Diese Beziehung wird oft als Bernoullische Gleichung für kompressible Strömungen bezeichnet. Wegen der isentropen Zustandsänderung ist die Abhängigkeit des statischen Druckes von der kinetischen Energie nicht linear wie in inkompressibler Strömung. Dividiert man die letzte Gleichung durch das Quadrat der Schallgeschwindigkeit, können Druck, Temperatur, Dichte und Schallgeschwindigkeit in einfacher Weise durch Mach-Zahl und Ruhegrößen ausgedrückt werden:

$$\begin{aligned}
\frac{p}{p_0} &= \left(1 + \frac{\kappa-1}{2} Ma^2\right)^{-\frac{\kappa}{\kappa-1}} \\
\frac{T}{T_0} &= \left(1 + \frac{\kappa-1}{2} Ma^2\right)^{-1} \\
\frac{\rho}{\rho_0} &= \left(1 + \frac{\kappa-1}{2} Ma^2\right)^{-\frac{1}{\kappa-1}} \\
\frac{a}{a_0} &= \left(1 + \frac{\kappa-1}{2} Ma^2\right)^{-\frac{1}{2}}
\end{aligned} \tag{4.31}$$

4.3.4 Der Schallzustand

Ist die örtliche Geschwindigkeit gleich der Schallgeschwindigkeit, nehmen Druck, Temperatur und Dichte bestimmte Werte an, die nur vom Ruhezustand des Gases abhängen. Der Schallzustand, oft auch als kritischer Zustand bezeichnet, wird durch einen Stern gekennzeichnet:

$$
\begin{aligned}
\frac{p^*}{p_0} &= \left(\frac{2}{\kappa+1}\right)^{\frac{\kappa}{\kappa-1}} \\
\frac{T^*}{T_0} &= \left(\frac{2}{\kappa+1}\right) \\
\frac{\rho^*}{\rho_0} &= \left(\frac{2}{\kappa+1}\right)^{\frac{1}{\kappa-1}} \\
\frac{a^*}{a_0} &= \left(\frac{2}{\kappa+1}\right)^{\frac{1}{2}}
\end{aligned} \tag{4.32}
$$

Für Luft mit $\kappa = 1,4$ ergeben sich folgende Werte:

$$
\frac{p^*}{p_0} = 0,528; \qquad \frac{T^*}{T_0} = 0,833; \qquad \frac{\rho^*}{\rho_0} = 0,634; \qquad \frac{a^*}{a_0} = 0,913 \tag{4.33}
$$

Anstelle der örtlichen Schallgeschwindigkeit a kann auch die kritische Schallgeschwindigkeit für die Definition einer Mach-Zahl verwendet werden. Diese wird kritische Mach-Zahl

$$
Ma^* = \frac{u}{a^*} \tag{4.34}
$$

genannt.

Der Zusammenhang zwischen der örtlichen Mach-Zahl $Ma = \frac{u}{a}$ und der kritischen Mach-Zahl ist durch die Energiegleichung gegeben. Ersetzt man darin a_0 durch a^* und dividiert durch u^2, erhält man

$$
Ma^{*2} = \frac{\kappa+1}{\kappa - 1 + \frac{2}{Ma^2}} \quad . \tag{4.35}
$$

Die kritische Mach-Zahl Ma^* strebt für $Ma \to \infty$ gegen den Grenzwert

$$
\lim_{Ma \to \infty} Ma^* = \sqrt{\frac{\kappa+1}{\kappa-1}} \quad . \tag{4.36}
$$

Mit diesen Beziehungen können das örtliche Druck-, Temperatur- und Dichteverhältnis wie auch das Verhältnis der Schallgeschwindigkeiten durch die kritische Mach-Zahl dargestellt werden:

$$
\begin{aligned}
\frac{p}{p_0} &= \left(1 - \frac{\kappa-1}{\kappa+1} Ma^{*2}\right)^{\frac{\kappa}{\kappa-1}} \\
\frac{T}{T_0} &= \left(1 - \frac{\kappa-1}{\kappa+1} Ma^{*2}\right)
\end{aligned}
$$

$$
\begin{aligned}
\frac{\rho}{\rho_0} &= \left(1 - \frac{\kappa - 1}{\kappa + 1} Ma^{*2}\right)^{\frac{1}{\kappa - 1}} \\
\frac{a}{a_0} &= \left(1 - \frac{\kappa - 1}{\kappa + 1} Ma^{*2}\right)^{\frac{1}{2}}
\end{aligned}
\tag{4.37}
$$

Mit $Ma^* = 1$ gehen diese Beziehungen in die für den kritischen Zustand angegebenen über.

4.3.5 Die Grenzgeschwindigkeit

Eine Strömung erreicht ihre größte Geschwindigkeit, wenn das Gas ins Vakuum expandiert. Die resultierende Grenzgeschwindigkeit u_g hängt nur von den Ruhegrößen ab. Aus der Bernoullischen Gleichung für kompressible Strömungen ergibt sich zunächst die Geschwindigkeit u zu

$$
u = \sqrt{\frac{2\,\kappa\,RT_0}{\kappa - 1}\left[1 - \left(\frac{p}{p_0}\right)^{\frac{\kappa - 1}{\kappa}}\right]} \quad . \tag{4.38}
$$

Diese Gleichung wurde zuerst von de Saint-Venant und Wantzel 1839 angegeben. Wird der Druck auf Null abgesenkt, erhält man die Grenzgeschwindigkeit

$$
u_g = \lim_{p \to 0} u = \sqrt{\frac{2\,\kappa\,R\,T_0}{\kappa - 1}} \quad . \tag{4.39}
$$

Die entsprechende Mach-Zahl Ma_g ist unendlich groß; die entsprechende kritische Mach-Zahl hat den schon angegebenen Wert

$$
Ma_g^* = \sqrt{\frac{\kappa + 1}{\kappa - 1}} \quad . \tag{4.40}
$$

Die Grenzgeschwindigkeit kann auch dazu benutzt werden, Druck, Temperatur, Dichte und Schallgeschwindigkeit in Abhängigkeit von den Ruhegrößen anzugeben; man erhält:

$$
\begin{aligned}
\frac{p}{p_0} &= \left(1 - \frac{u^2}{u_g^2}\right)^{\frac{\kappa}{\kappa - 1}} \\
\frac{T}{T_0} &= \left(1 - \frac{u^2}{u_g^2}\right) \\
\frac{\rho}{\rho_0} &= \left(1 - \frac{u^2}{u_g^2}\right)^{\frac{1}{\kappa - 1}} \\
\frac{a}{a_0} &= \left(1 - \frac{u^2}{u_g^2}\right)^{\frac{1}{2}}
\end{aligned}
\tag{4.41}
$$

Das Verhältnis von Grenzgeschwindigkeit zur Schallgeschwindigkeit im Ruhezustand ist

$$\frac{u_g}{a_0} = \sqrt{\frac{2}{\kappa - 1}} \quad . \tag{4.42}$$

Die wichtigsten Größen sind im Anhang in Abhängigkeit von der Mach-Zahl Ma zahlenmäßig angegeben. Für bekannte Ruhegrößen können damit eindimensionale isentrope Strömungen berechnet werden.

4.3.6 Stromröhre mit veränderlichem Querschnitt

Mit den Erhaltungsgleichungen für eindimensionale isentrope Strömungen kann der Kompressibilitätseinfluß auf eine Stromröhre mit wenig veränderlichem Querschnitt A untersucht werden. Die Kontinuitätsgleichung nimmt dann folgende Form an

$$\frac{d\rho}{\rho} + \frac{du}{u} + \frac{dA}{A} = 0 \quad . \tag{4.43}$$

Die Dichteänderung kann mit Hilfe der Impulsgleichung eliminiert werden:

$$-u\,du = \frac{dp}{\rho} = a^2\,\frac{d\rho}{\rho} \tag{4.44}$$

Man erhält

$$\frac{du}{u} = -\frac{1}{(1 - Ma^2)}\,\frac{dA}{A} \quad . \tag{4.45}$$

Drei Fälle sind zu unterscheiden:

1. Unterschallströmung ($Ma < 1$)
   Die Geschwindigkeit nimmt mit abnehmendem Querschnitt zu.

2. Überschallströmung ($Ma > 1$)
   Die Geschwindigkeit nimmt mit abnehmendem Querschnitt ab.

3. Schallströmung ($Ma = 1$)
   Die Strömung kann nur im engsten Querschnitt Schallgeschwindigkeit erreichen ($dA = 0$).

Nach diesen Regeln kann eine Überschallströmung in einem Kanal nur dann erzeugt werden, wenn er einen konvergent-divergenten Querschnittsverlauf aufweist (Laval-Düse). Die örtliche

Geschwindigkeit kann mit Hilfe der Bernoullischen Gleichung für kompressible Strömungen in Abhängigkeit vom Druckverhältnis angegeben werden:

$$u = \sqrt{\frac{2\,\kappa}{\kappa-1}\,\frac{p_0}{\rho_0}\left[1-\left(\frac{p}{p_0}\right)^{\frac{\kappa-1}{\kappa}}\right]} \quad . \tag{4.46}$$

Die örtliche Mach-Zahl erhält man durch Division mit der Schallgeschwindigkeit zu

$$Ma = \sqrt{\frac{2}{\kappa-1}\left[\left(\frac{p_0}{p}\right)^{\frac{\kappa-1}{\kappa}}-1\right]} \quad . \tag{4.47}$$

Der Massenfluß durch jeden Querschnitt ist konstant. Es ist zweckmäßig, als Referenzwert den Massenfluß im engsten Querschnitt bei kritischer Durchströmung zu wählen

$$\rho\,u\,A = \rho^*\,a^*\,A^* \quad . \tag{4.48}$$

Mit der letzten Beziehung läßt sich ein Zusammenhang zwischen statischem Druck, Mach-Zahl und Querschnitt finden. Löst man die Gleichung für den Massenfluß nach $\frac{A^*}{A}$ auf und führt Ruhegrößen als Referenzgrößen ein, erhält man

$$\frac{A^*}{A} = \frac{\rho}{\rho_0}\,\frac{\rho_0}{\rho^*}\,\frac{u}{a_0}\,\frac{a_0}{a^*} \quad . \tag{4.49}$$

Das kritische Flächenverhältnis $\frac{A^*}{A}$ läßt sich durch das Druckverhältnis $\frac{p}{p_0}$

$$\frac{A^*}{A} = \frac{\left(\frac{p}{p_0}\right)^{\frac{1}{\kappa}}\sqrt{1-\left(\frac{p}{p_0}\right)^{\frac{\kappa-1}{\kappa}}}}{\sqrt{\frac{\kappa-1}{2}\left(\frac{2}{\kappa+1}\right)^{\frac{\kappa+1}{\kappa-1}}}} \tag{4.50}$$

oder durch die örtliche Mach-Zahl

$$\frac{A^*}{A} = \frac{Ma}{\left[\frac{2}{\kappa+1}\left(1+\frac{\kappa-1}{2}\,Ma^2\right)\right]^{\frac{\kappa+1}{2\,(\kappa-1)}}} \tag{4.51}$$

ausdrücken. Die letzte Beziehung zeigt, daß $\frac{A^*}{A}$ für kleine Strömungsgeschwindigkeiten ($Ma \to 0$) wie auch für sehr große ($Ma \to \infty$) gegen Null strebt. Der kritische Flächenverlauf ist in der nachstehenden Skizze für $\kappa = 1,4$ in Abhängigkeit von Mach-Zahl und Druckverhältnis dargestellt. Bei einem Druckverhältnis $\frac{p^*}{p_0} = 0,528$ wird $\frac{A^*}{A} = 1$ erreicht. Die Kurvenäste entsprechen der Unterschall- bzw. der Überschallströmung.

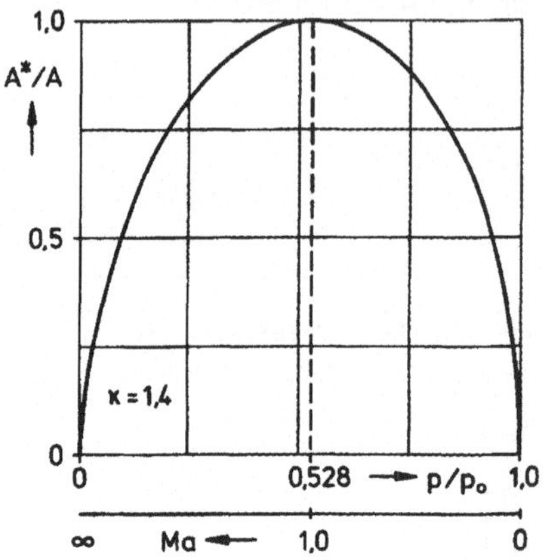

Mach-Zahl- und Druckverteilung können danach für einen Flächenverlauf ermittelt werden.

Die sich in der Düse einstellende Strömung hängt dann lediglich vom Druck im Austrittsquerschnitt ab.

Bei hinreichend kleiner Druckabsenkung im Austrittsquerschnitt $p_{e1} < p_e < p_0$ wird die Düse mit Unterschallgeschwindigkeit durchströmt.

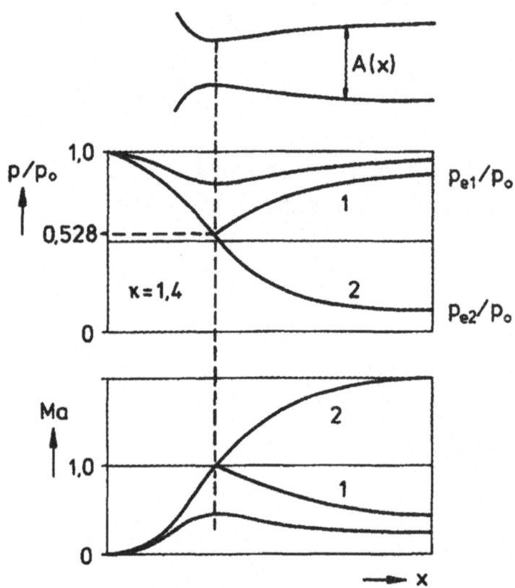

Senkt man den Druck auf p_{e1} ab, wird im engsten Querschnitt Schallgeschwindigkeit erreicht. Eine isentrope Überschallströmung in der gesamten Düse stellt sich nur ein, wenn der Druck im Austrittsquerschnitt mindestens auf p_{e2} abgesenkt wird.

Liegt der Druck im Austrittsquerschnitt zwischen p_{e1} und p_{e2}, kann sich die Strömung nicht isentrop an den Austrittszustand anpassen. Dann erfolgt in der Düse eine sprungartige Anhebung von Dichte, Druck und Temperatur, die man als Verdichtungsstoß bezeichnet; die Strömung wird auf Unterschallgeschwindigkeit abgebremst. Dieser Vorgang verursacht Strömungsverluste, die sich in einer Entropievermehrung äußern.

4.4 Der senkrechte Verdichtungsstoß

Verdichtungsstöße können als eine diskontinuierliche Änderung der Strömung aufgefaßt werden. Die entsprechenden Änderungen lassen sich aus den Integralen der Erhaltungsgleichungen bestimmen.

4.4.1 Die Sprungbedingungen

Betrachtet man eine ebene Überschallströmung mit einem Verdichtungsstoß in einem Kanal konstanten Querschnittes, so können die Integrale der Erhaltungsgleichungen in folgender Form geschrieben werden:

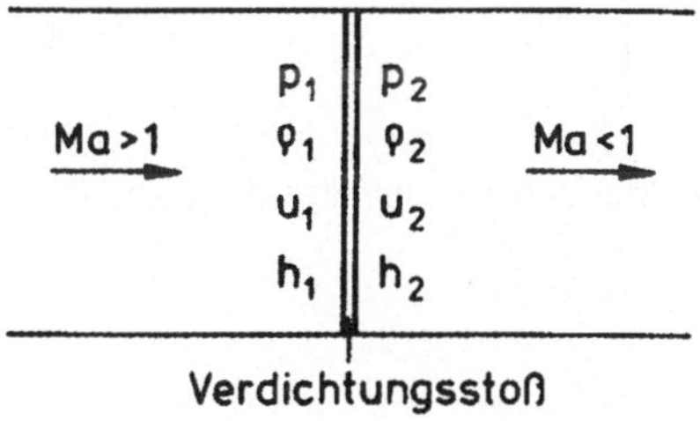

Ma>1 p_1 ρ_1 u_1 h_1 | p_2 ρ_2 u_2 h_2 Ma<1

Verdichtungsstoß

$$\begin{aligned} \rho_1\, u_1 &= \rho_2\, u_2 \\ p_1 + \rho_1\, u_1^2 &= p_2 + \rho_2\, u_2^2 \\ h_1 + \frac{u_1^2}{2} &= h_2 + \frac{u_2^2}{2} \end{aligned} \tag{4.52}$$

Zur Bestimmung des Dichteverhältnisses $\frac{\rho_2}{\rho_1}$ wird zunächst die Differenz der Geschwindigkeiten aus der Kontinuitäts- und der Impulsgleichung berechnet.

$$u_1 - u_2 = \frac{a_2^2}{\kappa\, u_2} - \frac{a_1^2}{\kappa\, u_1} \tag{4.53}$$

Die örtlichen Schallgeschwindigkeiten werden durch die kritische Schallgeschwindigkeit a^* und die Strömungsgeschwindigkeit u eliminiert. Das Integral der Energiegleichung ergibt

$$a^2 = \frac{\kappa+1}{2}\, a^{*2} - \frac{\kappa-1}{2}\, u^2 \quad . \tag{4.54}$$

Damit erhält man die Prandtl-Beziehung

$$u_1\, u_2 = a^{*2} \text{ oder } Ma_1^* = \frac{1}{Ma_2^*} \quad . \tag{4.55}$$

Der senkrechte Verdichtungsstoß führt eine Überschallströmung stets auf eine Unterschallströmung. Das Dichteverhältnis ist dann nach der Kontinuitätsgleichung

$$\frac{\rho_2}{\rho_1} = \frac{u_1}{u_2} = Ma_1^{*2} = \frac{(\kappa+1)\, Ma_1^2}{2 + (\kappa-1)\, Ma_1^2} \quad . \tag{4.56}$$

Zur Berechnung des Druckverhältnisses $\frac{p_2}{p_1}$ bestimmt man die Druckdifferenz $p_2 - p_1$ aus der Impulsgleichung und drückt $\frac{u_1}{u_2}$ durch Ma_1 aus.

$$\frac{p_2}{p_1} = 1 + \frac{2\,\kappa}{\kappa+1}(Ma_1^2 - 1) \tag{4.57}$$

Für große Mach-Zahlen Ma_1 strebt das Druckverhältnis $\frac{p_2}{p_1}$ gegen unendlich, während sich das Dichteverhältnis dem Wert $\frac{\kappa+1}{\kappa-1}$ nähert. Die Entropieänderung über den Verdichtungsstoß ist nach den vorher abgeleiteten Beziehungen

$$\frac{s_2 - s_1}{R} = \ln\left[\left(\frac{p_2}{p_1}\right)^{\frac{1}{\kappa-1}} \left(\frac{\rho_2}{\rho_1}\right)^{\frac{-\kappa}{\kappa-1}}\right] \quad . \tag{4.58}$$

Drückt man das Druck- und Dichteverhältnis durch die Mach-Zahl aus, erhält man für die Entropieänderung über den Verdichtungsstoß

$$\frac{s_2 - s_1}{R} = \ln\left\{\left[1 + \frac{2\,\kappa}{\kappa+1}\,(Ma_1^2 - 1)\right]^{\frac{1}{\kappa-1}} \left[\frac{(\kappa+1)\,Ma_1^2}{2 + (\kappa-1)\,Ma_1^2}\right]^{-\frac{\kappa}{\kappa-1}}\right\} \quad . \tag{4.59}$$

Die Bedingung $s_2 - s_1 \geq 0$ erfordert, daß Verdichtungsstöße nur in Überschallströmungen auftreten können.

Die vorher diskutierte Düsenströmung kann jetzt auch für den Fall des nicht angepaßten Druckes im Austrittsquerschnitt mit Hilfe des senkrechten Verdichtungsstoßes erklärt werden. Entspricht der Druck p_e nicht dem Wert, der für eine Überschalldurchströmung des divergenten Teils der Düse erforderlich ist, stellt sich an einer bestimmten Stelle in der Düse ein senkrechter Verdichtungsstoß ein, dessen Drucksprung gerade so groß ist, daß der im Austrittsquerschnitt herrschende Druck erreicht wird. Zwischen dem Stoß und dem Austrittsquerschnitt muß nach den Stoßbeziehungen die Strömungsgeschwindigkeit überall kleiner als die örtliche Schallgeschwindigkeit sein. Die nachfolgende Skizze zeigt die Druck- und Machzahlverteilung in der Düse.

Die daneben wiedergegebene Strömungsaufnahme zeigt den Verdichtungsstoß als dicke schwarze Linie in der Strömung, nahezu senkrecht zur Düsenachse. Sichtbar sind auch einige Machsche Linien, die die von der Düsenwand ausgehenden kleinen Störungen infolge von Wandrauhigkeiten in die Strömung hineintragen.

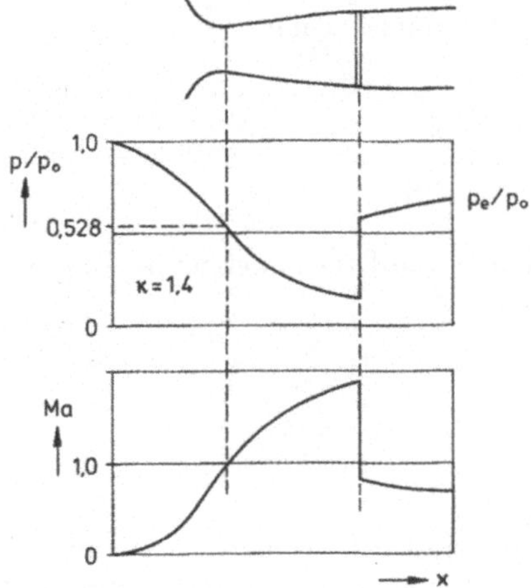

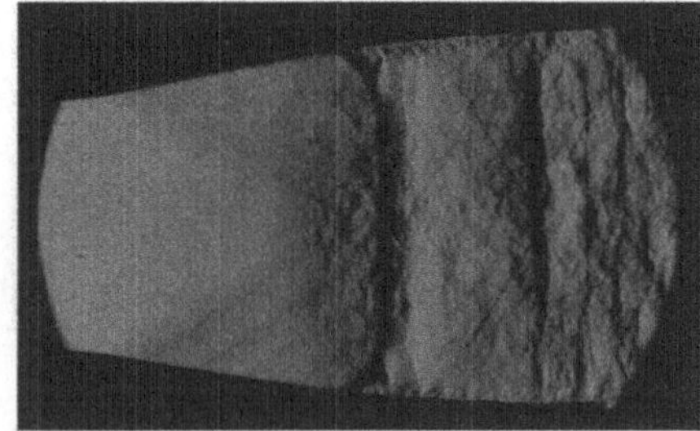

Überschallströmung mit Verdichtungsstoß in einer Lavaldüse. Vor dem Stoß sind Machsche Linien zu erkennen, die von den Düsenwänden ausgehen.

4.4.2 Ursache der Entropieerhöhung

Die Betrachtung des Verdichtungsstoßes als eine Diskontinuität stellt eine Näherung dar. In Wirklichkeit ist die Stoßdicke δ von der Größenordnung einiger mittlerer freier Weglängen.

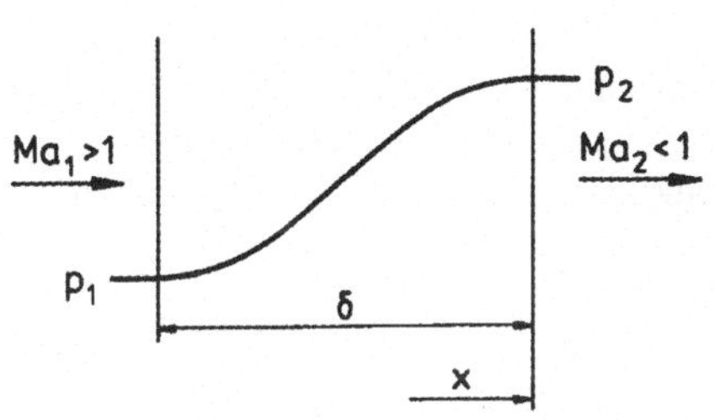

Nimmt man an, daß das den Stoß durchströmende Gas als Kontinuum angesehen werden kann, können die Navier-Stokes-Gleichungen zur Beschreibung der Strömung zwischen dem stromauf und dem stromab liegenden Stoßufer benutzt werden. Die Änderung der Strömungsgrößen erfolgt dann nicht mehr in Form eines Sprunges sondern durch einen stetigen Übergang.

Die Entropieänderungen können als eine Folge der Reibungskräfte und des Wärmeflusses im Stoß erklärt werden. Für eine eindimensionale stationäre Strömung lauten die Erhaltungsgleichungen unter Berücksichtigung der Reibung und des Wärmeflusses

$$\begin{aligned} d[\rho\, u] &= 0 \\ d[\rho\, u^2 + p - \frac{4}{3}\,\eta\,\frac{du}{dx}] &= 0 \\ d[\rho\, u\,(h + \frac{u^2}{2}) - \lambda\,\frac{dT}{dx} - \frac{4}{3}\,\eta\, u\,\frac{du}{dx}] &= 0 \quad . \end{aligned} \tag{4.60}$$

Die Ausdrücke in den eckigen Klammern stellen wieder den Massen-, Impuls- und Energiefluß dar. Diese Flüsse bleiben auch für reibungsbehaftete, wärmeleitende Strömungen konstant. Ändern sich die Strömungsvariablen stromauf und stromab vom Stoß nicht, verschwinden dort die Terme, die den Wärmefluß und die Schubspannungen beschreiben.

Mit Hilfe des zweiten Hauptsatzes der Thermodynamik in der Form

$$ds = \frac{1}{T}\,(dh - \frac{1}{\rho}\,dp) \tag{4.61}$$

läßt sich die Entropievermehrung erklären.

Löst man die Impulsgleichung nach dp und die Energiegleichung nach dh auf und setzt die resultierenden Ausdrücke in den zweiten Hauptsatz ein, erhält man

$$\rho\, u\,\frac{ds}{dx} = \frac{1}{T}\left[\frac{d}{dx}\left(\lambda\,\frac{dT}{dx}\right) + \frac{4}{3}\,\eta\left(\frac{du}{dx}\right)^2\right] \tag{4.62}$$

Da der Massenfluß konstant ist, läßt sich diese Gleichung nach Integration in folgender Form schreiben:

$$\rho_1 \, u_1 \, (s_2 - s_1) = \int_1^2 \frac{\lambda}{T^2} \left(\frac{dT}{dx} \right)^2 dx + \frac{4}{3} \int_1^2 \frac{\eta}{T} \left(\frac{du}{dx} \right)^2 dx \tag{4.63}$$

Die Integrale auf der rechten Seite dieser Gleichung stellen den Anteil der Wärmeleitung und der Dissipation dar. Sie können berechnet werden, wenn die örtlichen Gradienten $\frac{du}{dx}$ und $\frac{dT}{dx}$ bekannt sind. Diese erhält man durch wiederholte Integration der Erhaltungsgleichungen. Wird angenommen, daß die Prandtl-Zahl $Pr = \eta \, \frac{c_p}{\lambda} = 0,75$ ist, bleibt die Gesamtenthalpie h_0 konstant. Die Kontinuitätsgleichung und die Impulsgleichung lassen sich damit umformen zu

$$\frac{\kappa + 1}{2 \, \kappa} \, \rho_1 \, u_1 \, (u - u_1) \left(1 - \frac{a^{*2}}{u_1 \, u} \right) - \frac{4}{3} \, \eta \, \frac{du}{dx} = 0 \tag{4.64}$$

Die Lösung dieser Gleichung würde die Geschwindigkeitsverteilung im Stoß $u(x)$ liefern. Mit Hilfe der Energiegleichung könnten auch $T(x)$ und die Integranden in Gl.(4.63) bestimmt werden. In geschlossener Form ist die Lösung jedoch nicht möglich.

Aus der letzten Gleichung läßt sich die Dicke des Stoßes abschätzen. Für schallnahe Überschallströmungen ist sie von der Größenordnung

$$\delta \sim \frac{\eta}{\rho \, a} \, \frac{u_1}{(u_1 - u_2)} \quad . \tag{4.65}$$

4.4.3 Senkrechter Verdichtungsstoß in schallnaher Strömung

Für schallnahe Überschallströmungen lassen sich die Stoßbeziehungen wesentlich vereinfachen. Ersetzt man in der Beziehung

$$\frac{s_2 - s_1}{R} = \ln \left\{ \left[1 + \frac{2 \, \kappa}{\kappa + 1} \, \left(Ma_1^2 - 1 \right) \right]^{\frac{1}{\kappa - 1}} \left[\frac{(\kappa + 1) \, Ma_1^2}{(\kappa - 1) \, Ma_1^2 + 2} \right]^{-\frac{\kappa}{\kappa - 1}} \right\} \tag{4.66}$$

das Quadrat der Mach-Zahl Ma_1^2 durch $1 + m$, wobei m klein gegen Eins ist, kann der Ausdruck auf der rechten Seite der Gleichung entwickelt werden. Ordnet man die resultierenden Ausdrücke nach zunehmenden Potenzen von m, ergibt sich, daß die Terme erster und zweiter Ordnung verschwinden, und man erhält

$$\frac{s_2 - s_1}{R} = \frac{2 \, \kappa}{(\kappa + 1)^2} \, \frac{\left(Ma_1^2 - 1 \right)^3}{3} + ... \quad . \tag{4.67}$$

Danach ist die Entropieänderung über einen senkrechten Verdichtungsstoß in schallnaher Überschallströmung klein. Sie nimmt mit $\left(Ma_1^2 - 1 \right)^3$ zu. Alle Zustandsänderungen sind deshalb nahezu isentrop. Die Beziehung für die Druckänderung über den senkrechten Verdichtungsstoß

$$\frac{p_2 - p_1}{p_1} = \frac{2\,\kappa}{\kappa + 1}\,(Ma_1^2 - 1) \tag{4.68}$$

reduziert dann zu

$$\frac{p_2 - p_1}{p_1} = \left(\frac{12\,\kappa^2}{\kappa + 1}\right)^{\frac{1}{3}} \left(\frac{s_2 - s_1}{R}\right)^{\frac{1}{3}} \quad . \tag{4.69}$$

Die Druckänderung ist damit direkt durch die Entropieänderung darzustellen.

4.5 Der schräge Verdichtungsstoß

In Überschallströmungen können sich außer senkrechten Verdichtungsstößen auch schräge einstellen. Sie sind unter einem bestimmten Winkel, dem Stoßwinkel σ, gegenüber der Anströmung geneigt.

4.5.1 Sprungbedingungen und Strömungsumlenkung

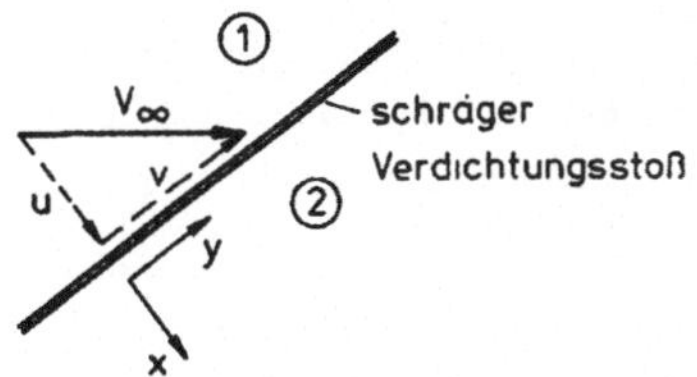

Die Sprungbedingungen lassen sich wie für den senkrechten Verdichtungsstoß aus den Euler-Gleichungen für zweidimensionale Strömungen herleiten. Dafür ist es zweckmäßig, Koordinaten einzuführen, die senkrecht und tangential zum Stoß verlaufen.

Bei uniformer Anströmung und konstanter Neigung des Stoßes folgen aus der Kontinuitätsgleichung, den beiden Impulsgleichungen und der Energiegleichung die Sprungbedingungen:

$$\begin{aligned} \rho_1\,u_1 &= \rho_2\,u_2 \\ \rho_1\,u_1\,v_1 &= \rho_2\,u_2\,v_2 \\ \rho_1\,u_1^2 + p_1 &= \rho_2\,u_2^2 + p_2 \\ \rho_1\,u_1\left[h_1 + \frac{1}{2}\,\left(u_1^2 + v_1^2\right)\right] &= \rho_2\,u_2\left[h_2 + \frac{1}{2}\,\left(u_2^2 + v_2^2\right)\right] \end{aligned} \tag{4.70}$$

Die Sprungbedingungen für den schrägen Verdichtungsstoß entsprechen denen des senkrechten Verdichtungsstoßes. Massen-, Impuls- und Energiefluß senkrecht zum Stoß bleiben beim Durchgang der Strömung durch den Stoß konstant. Die Tangentialkomponente der Geschwindigkeit bleibt unverändert.

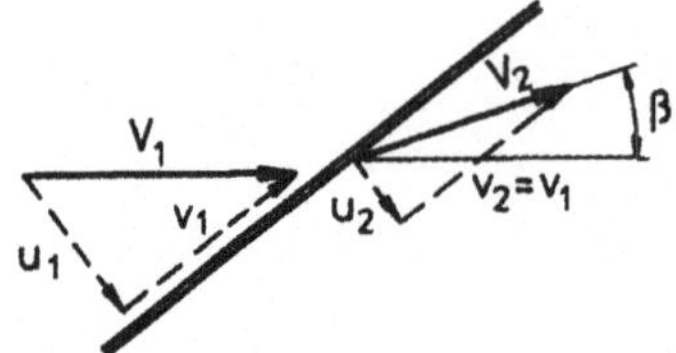

Dies bedeutet eine Umlenkung der Strömung um den Winkel β. Aus den Sprungbedingungen lassen sich wieder Beziehungen für Dichte-, Druck-, Temperatur- und Geschwindigkeitsänderungen über den Stoß herleiten.

Mit der Stoßintensität $\frac{u_1}{a_1} = Ma_1 \sin\sigma$ erhält man für das Dichteverhältnis

$$\frac{\rho_2}{\rho_1} = \frac{(\kappa+1)\, Ma_1^2 \sin^2\sigma}{(\kappa-1)\, Ma_1^2 \sin^2\sigma + 2} \quad , \tag{4.71}$$

die Druckänderung

$$\frac{p_2 - p_1}{p_1} = \frac{2\,\kappa}{(\kappa+1)} \left(Ma_1^2 \sin^2\sigma - 1\right) \quad , \tag{4.72}$$

das Temperaturverhältnis

$$\frac{T_2}{T_1} = \frac{a_2^2}{a_1^2} = 1 + 2\,\frac{(\kappa-1)}{(\kappa+1)^2} \left(\frac{\kappa\, Ma_1^2 \sin^2\sigma + 1}{Ma_1^2 \sin^2\sigma}\right) \left(Ma_1^2 \sin^2\sigma - 1\right) \quad , \tag{4.73}$$

die Entropieerhöhung

$$\frac{s_2 - s_1}{R} = \ln\left\{\left[1 + 2\,\frac{\kappa}{\kappa+1}\,\left(Ma_1^2 \sin^2\sigma - 1\right)\right]^{\frac{1}{\kappa-1}} \left[\frac{(\kappa+1)\, Ma_1^2 \sin^2\sigma}{(\kappa-1)\, Ma_1^2 \sin^2\sigma + 2}\right]^{-\frac{\kappa}{\kappa-1}}\right\} \tag{4.74}$$

und die Mach-Zahl stromab vom Stoß

$$Ma_2^2 \sin^2(\sigma - \beta) = \frac{2 + (\kappa-1)\, Ma_1^2 \sin^2\sigma}{2\,\kappa\, Ma_1^2 \sin^2\sigma - (\kappa-1)} \quad . \tag{4.75}$$

Nach der Skizze sind die Normalkomponenten der Geschwindigkeit u_1 und u_2

$$\frac{u_1}{v} = \tan\sigma \quad \text{und} \quad \frac{u_2}{v} = \tan(\sigma - \beta) \quad . \tag{4.76}$$

Bildet man das Verhältnis dieser beiden Ausdrücke, folgt mit der Kontinuitätsgleichung

$$\frac{\tan(\sigma-\beta)}{\tan\sigma} = \frac{(\kappa-1)\, Ma_1^2\, \sin\sigma^2 + 2}{(\kappa+1)\, Ma_1^2\, \sin\sigma^2} \quad . \tag{4.77}$$

Daraus ergibt sich der Umlenkwinkel β zu

$$\beta = \arctan\left[\frac{2\,\cot\sigma\,(Ma_1^2\,\sin^2\sigma - 1)}{Ma_1^2\,(\kappa + \cos(2\,\sigma)) + 2}\right] \quad . \tag{4.78}$$

Aus der Entropiebedingung $\Delta s \geq 0$ folgt für die Stoßintensität

$$Ma_1\,\sin\sigma \geq 1 \quad . \tag{4.79}$$

Der Stoßwinkel σ ist durch den Machschen Winkel

$$\alpha = \arcsin\frac{1}{Ma_1} \tag{4.80}$$

nach unten begrenzt.

$$\alpha \leq \sigma \leq \frac{\pi}{2} \tag{4.81}$$

Der Umlenkwinkel β verschwindet für die beiden Schranken $\sigma = \frac{\pi}{2}$ und $\sigma = \alpha$ und nimmt dazwischen einen Extremalwert an. Für $Ma_1 \to \infty$ reduziert der Ausdruck für β zu

$$\tan\beta \to \frac{\sin 2\sigma}{\kappa + \cos(2\sigma)} \quad , \tag{4.82}$$

woraus man mit $\kappa = 1,4$ den maximalen Umlenkwinkel zu $\beta_{max} \approx 45°$ und den dazugehörigen Stoßwinkel zu $\sigma = 67,5°$ erhält. In ähnlicher Weise läßt sich zeigen, daß ein maximaler Umlenkwinkel für jede endliche Mach-Zahl exisiert.

Im Diagramm ist σ in Abhängigkeit von β für verschiedene Mach-Zahlen dargestellt.

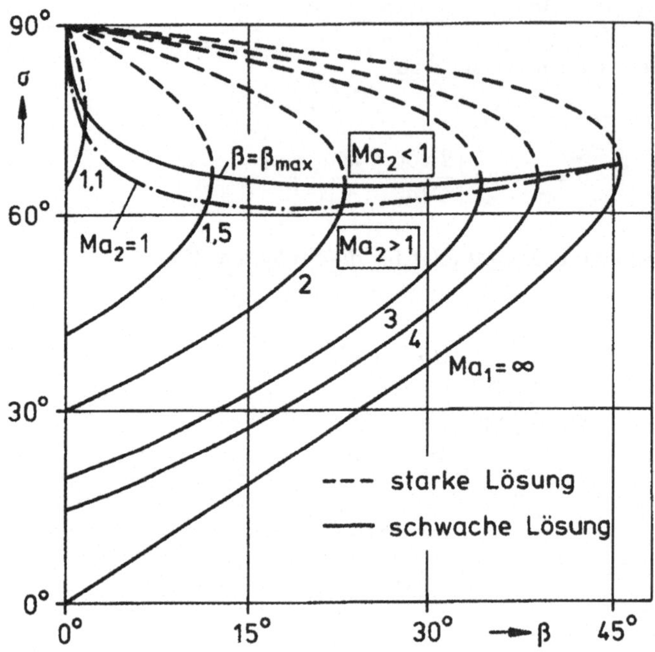

Die Sprungbedingungen liefern also zwei Lösungen, die durch unterschiedliche Stoßwinkel und Stoßintensitäten gekennzeichnet sind. Sie werden schwache und starke Lösung genannt. Nach der starken Lösung ist die Strömung stromab vom Stoß subsonisch, nach der schwachen stellt sich mit Ausnahme von $\beta \sim \beta_{max}$ immer eine supersonische Strömung ein. Dieser Bereich ist durch die Linie $Ma_2 = 1$ abgegrenzt.

4.5.2 Schwache und starke Lösung

Die Überschallströmung an einem Keil wird für $\beta < \beta_{max}$ durch die schwache Lösung beschrieben.

Der Umlenkwinkel β ist identisch mit dem Keilöffnungswinkel. Alle Größen stromab vom schrägen Stoß können mit den Sprungbedingungen ermittelt werden. Die schwache Lösung gilt auch für das Doppelkeilprofil.

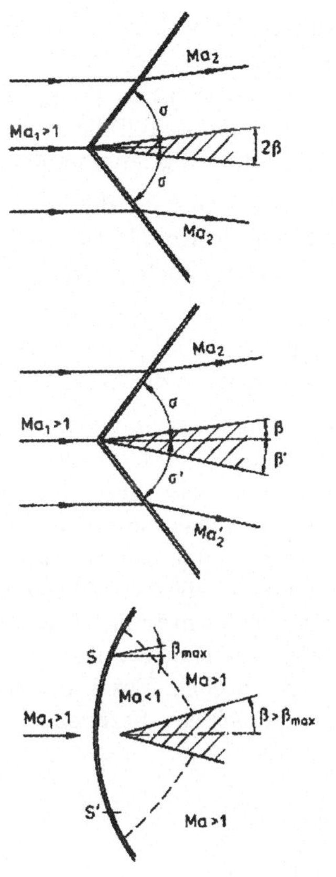

Auch bei einem angestellten Keil können alle Größen nach den angegebenen Beziehungen ermittelt werden. Mit verschwindendem Umlenk- oder Keilwinkel strebt die Stoßintensität $Ma_1 \sin\sigma$ gegen Eins, und der Stoß entartet zu einer Machschen Linie.

Für Keilöffnungswinkel $\beta > \beta_{max}$ löst der Stoß von der Kontur ab und stellt sich als gekrümmter Stoß vor den Keil.

Für das Strömungsfeld zwischen Stoß und Körper kann keine geschlossene Lösung der Erhaltungsgleichungen angegeben werden. In einem bestimmten Punkt bildet die Tangente an den Stoß einen rechten Winkel zur Richtung der Anströmgeschwindigkeit.

Der Stoßwinkel σ durchläuft dann alle Werte von $\sigma = \frac{\pi}{2}$, über den Wert, der dem maximalen Umlenkwinkel und der dem Schallzustand entspricht, bis er in großer Entfernung auf den Machschen Winkel α der Anströmung absinkt. Für den Teil des Stoßes, der durch die Punkte S und S' abgegrenzt ist, gilt die starke Lösung.

4.5.3 Herzkurve und Hodographenebene

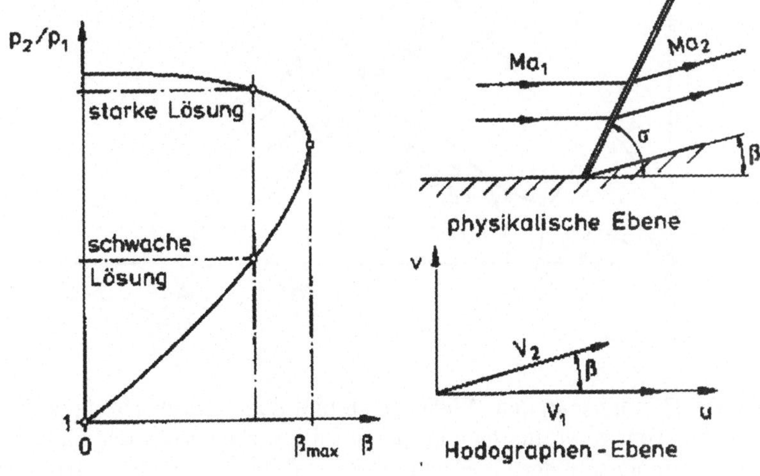

Wegen der Nichtlinearität der Sprungbeziehungen kann das Druckverhältnis nicht explizit in Abhängigkeit vom Umlenkwinkel angegeben werden. Jedoch lassen sich $\frac{p_2}{p_1}$ und β für alle Werte der Stoßintensität berechnen, so daß $\frac{p_2}{p_1} = f(\beta)$ graphisch dargestellt werden kann. Es ergibt sich eine herzförmige Kurve, deren unterer Teil die schwache und deren oberer Teil die starke Lösung wiedergibt. Damit kann für jeden Umlenkwinkel das Druckverhältnis abgelesen werden.

Zur Ergänzung der Darstellung der Strömung in der physikalischen Ebene wird die Hodographenebene benutzt. In ihr bilden die Geschwindigkeitskomponenten die Koordinaten. Die Hodographenebene ermöglicht ein einfaches Bild der Lösung der Sprungbedingungen für den schrägen Verdichtungsstoß.

Die Geschwindigkeitsvektoren werden in der Hodographenebene für alle Werte eingetragen. Die entstehende Kurve ist die Stoßpolare. Gebräuchlich ist die Darstellung der mit der kritischen Schallgeschwindigkeit a^* dimensionslos gemachten Geschwindigkeitskomponenten. Die Hodographenebene wird durch einen Kreis mit Radius $R = [\frac{\kappa+1}{\kappa-1}]^{\frac{1}{2}}$ begrenzt. Die Schallinie stellt sich als ein Kreis mit Radius Eins dar. Die schwache Lösung ist durch den Punkt B, die starke Lösung durch den Punkt B' und die Geschwindigkeit beim Durchgang der Strömung durch den senkrechten Stoß durch den Punkt A' gegeben. Für jede Anströmmachzahl Ma_1 ergibt sich eine Stoßpolare.

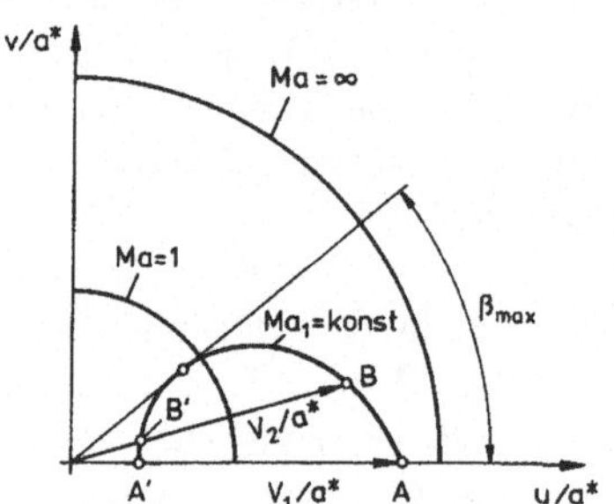

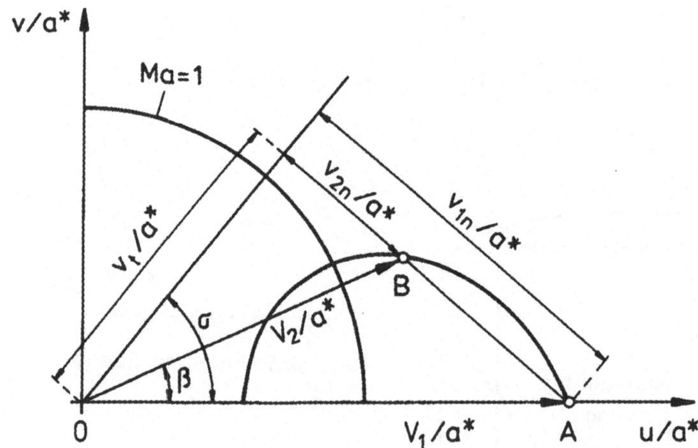

Zur Ermittlung von $\frac{v_2}{a^*}$ trägt man den Winkel β ein und findet auf der Stoßpolaren den Punkt B. Fällt man das Lot vom Koordinatenursprung auf die Verlängerung der Linie $A - B$, erhält man die Tangentialkomponente der Geschwindigkeit und die beiden Normalkomponenten.

4.5.4 Schwache Verdichtungsstöße

Man spricht von schwachen Verdichtungsstößen, wenn die Stoßintensität $Ma_1 \sin\sigma$ gegen Eins strebt. Unter dieser Voraussetzung lassen sich die Sprungbedingungen vereinfachen. Dazu löst man die Beziehung für den Umlenkwinkel β nach $Ma_1^2 \sin^2\sigma$ auf:

$$Ma_1^2 \sin^2\sigma = \frac{2\,\tan\sigma}{(\kappa+1)\tan(\sigma-\beta)-(\kappa-1)\,\tan\sigma} \tag{4.83}$$

Für schwache Stöße nähert sich der Stoßwinkel dem Machschen Winkel, und der Umlenkwinkel strebt gegen Null. Für kleine Winkel β erhält man

$$Ma_1^2 \sin^2\sigma \approx 1+\frac{\kappa+1}{2}\,\frac{Ma_1^2}{\sqrt{Ma_1^2-1}}\,\beta \quad . \tag{4.84}$$

Die Druckänderung ist näherungsweise

$$\frac{p_2-p_1}{p_1} = \frac{\kappa\, Ma_1^2}{\sqrt{Ma_1^2-1}}\,\beta \quad . \tag{4.85}$$

Auch die Entropieerhöhung kann approximiert werden:

$$\frac{s_2-s_1}{R} \approx \frac{\kappa+1}{12\,\kappa^2}\left(\frac{\kappa\, Ma_1^2}{\sqrt{Ma_1^2-1}}\right)^3 \beta^3 \tag{4.86}$$

Das Quadrat des Geschwindigkeitsverhältnisses $\frac{v_2}{v_1}$ ist

$$\left(\frac{v_2}{v_1}\right)^2 = \frac{\left(\frac{u_2}{v}\right)^2+1}{\left(\frac{u_1}{v}\right)^2+1} = \frac{\tan^2(\sigma-\beta)+1}{\tan^2\sigma+1} = \frac{\cos^2\sigma}{\cos^2(\sigma-\beta)} \quad . \tag{4.87}$$

Mit der Näherung $\sigma \to \alpha$, $\beta \to 0$ erhält man daraus durch Näherung

$$\left(\frac{v_2}{v_1}\right)^2 \approx (1-2\,\tan\alpha\beta) \approx \left[1-\frac{\beta}{\sqrt{Ma_1^2-1}}\right]^2 \tag{4.88}$$

und schließlich

$$\frac{v_2-v_1}{v_1} = \frac{\Delta v}{v_1} = -\frac{\beta}{\sqrt{Ma_1^2}} \quad . \tag{4.89}$$

Wird der Umlenkwinkel β vergrößert, verkleinert sich die Geschwindigkeit. Mit der Geschwindigkeitsabnahme ist gleichzeitig eine Druckerhöhung und Verdichtung verbunden. Die Verdichtung kann entweder durch einen oder durch mehrere schwache Verdichtungsstöße vorgenommen werden.

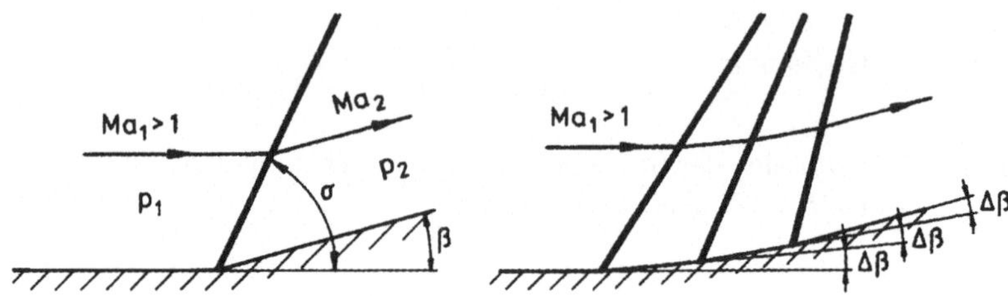

Wird die Verdichtung so ausgelegt, daß die Umlenkung in beiden Fällen gleich ist, d. h. $\beta = n \,\Delta\, \beta$, so ist der Druck nach der n-ten Umlenkung

$$p_n = p_1 + \mathrm{O}(n \,\Delta\, \beta) \quad . \tag{4.90}$$

Die Entropiezunahme

$$s_n = s_1 + O(n \,\Delta\, \beta^3) = O\left(\frac{\beta^3}{n^2}\right) \tag{4.91}$$

kann stark verringert werden, wenn die Anzahl der Segmente erhöht wird und im Grenzfall gegen unendlich geht. Sehr schwache Stöße gehen dann asymptotisch in sogenannte Machsche Wellen über. Die Breite eines jeden Verdichtungselements wird infinitesimal klein. Die Kontur ist dann kontinuierlich gekrümmt. Längs der Machschen Linien sind Mach-Zahl und Umlenkwinkel konstant. Die Strömung kann nicht gegen die Strömungsrichtung beeinflußt werden, und Störungen können sich nicht stromauf fortpflanzen. In größerem Abstand von der Wand steilen sich die Machschen Wellen zu einem Verdichtungsstoß auf.

4.6 Die Prandtl-Meyer-Strömung

Wie schon gezeigt, bleibt bei kontinuierlicher Umlenkung einer reibungsfreien Überschallströmung durch unendlich viele infinitesimal schwache Schrägstöße die Entropie konstant. Eine Vergrößerung des Umlenkwinkels hat eine Abnahme der Geschwindigkeit und eine Zunahme des Druckes zur Folge. Umgekehrt kann der Umlenkwinkel auch kontinuierlich verkleinert, die Geschwindigkeit vergrößert und der Druck abgesenkt werden. Das Gas expandiert.

Eine stetig gekrümmte Kontur erzeugt somit in einer Überschallströmung eine isentrope Kompression, wenn der Umlenkwinkel zunimmt und eine Expansion, wenn der Umlenkwinkel abnimmt.

Ma > 1
isentrope Expansion
isentrope Kompression

Würde man eine diskontinuierliche Expansion annehmen, wie in der Skizze gezeigt, müßte die Normalkomponente der Geschwindigkeit zunehmen und Druck, Dichte und Temperatur müßten abnehmen. Aus den Stoßbeziehungen würde dann eine Entropieabnahme folgen. Dies steht jedoch im Widerspruch zum zweiten Hauptsatz der Thermodynamik; deshalb kann eine Expansion nur isentrop und somit nur stetig verlaufen.

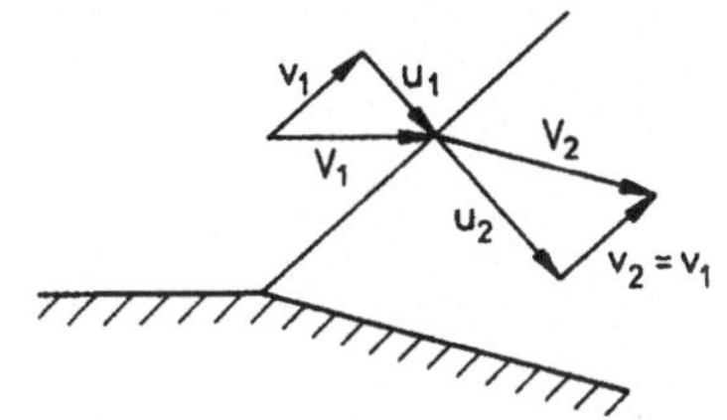

4.6.1 Geschwindigkeitsänderung

Für isentrope Strömungen reduziert sich die Gleichung für die Geschwindigkeitsänderung über einen schwachen Verdichtungsstoß zu einer Differentialgleichung der Form

$$\sqrt{Ma^2 - 1}\,\frac{dv}{v} = \cot\alpha\,\frac{dv}{v} = -d\beta \quad . \tag{4.92}$$

Das Integral dieser Gleichung wurde zuerst von Prandtl und Meyer 1908 angegeben. Zur Integration wird zunächst das Quadrat der Geschwindigkeit mit Hilfe der Energiegleichung durch den Machschen Winkel ausgedrückt

$$v^2 = \frac{a^{*2}}{\sin^2\alpha + b^2\cos^2\alpha} \quad . \tag{4.93}$$

Die Größe b^2 steht zur Abkürzung von $\frac{\kappa-1}{\kappa+1}$. Durch Differentiation dieses Ausdruckes kann die Differentialgleichung für die Geschwindigkeitsänderung in folgende Form gebracht werden:

$$\frac{b^2 - 1}{b^2 + \tan^2 \alpha} \, d\alpha = -d\beta \tag{4.94}$$

Nach der Integration der linken Seite der Gleichung erhält man einen Winkel $\nu(Ma)$, der als Prandtl-Meyer-Winkel bezeichnet wird.

$$\nu(Ma) = \alpha - \frac{1}{b} \left[\frac{\pi}{2} - \arctan(b \cot \alpha) \right] + C \tag{4.95}$$

Die Integrationskonstante C wird so gewählt, daß der Prandtl-Meyer-Winkel für $Ma = 1$ Null ist.

$$\nu(Ma) = \sqrt{\frac{\kappa + 1}{\kappa - 1}} \arctan \left[\sqrt{\frac{\kappa - 1}{\kappa + 1} (Ma^2 - 1)} \right] - \arctan \left[\sqrt{Ma^2 - 1} \right] \tag{4.96}$$

Für $Ma \geq 1$ existiert immer ein eindeutig definierter Wert für ν, der mit zunehmender Mach-Zahl monoton gegen

$$\lim_{Ma \to \infty} \nu = \nu_{max} = \frac{\pi}{2} \left(\sqrt{\frac{\kappa + 1}{\kappa - 1}} - 1 \right) \tag{4.97}$$

strebt. So ist zum Beispiel für $\kappa = 1,4 \quad \nu_{max} = 130,5°$.

Nach Integration der rechten Seite der Differentialgleichung für die Geschwindigkeitsänderung erhält man den Zusammenhang zwischen Prandtl-Meyer-Winkel $\nu(Ma)$ und dem Umlenkwinkel zu

$$\nu - \nu_1 = \beta_1 - \beta \tag{4.98}$$

Somit lassen sich Expansion und Kompression der Prandtl-Meyer-Strömung in einfacher Weise ausrechnen:

$$\begin{aligned} \text{Expansion:} \quad & \beta < \beta_1, \quad \nu > \nu_1 \\ & \nu = \nu_1 + \mid \beta - \beta_1 \mid \\ \text{Kompression:} \quad & \beta > \beta_1, \quad \nu < \nu_1 \\ & \nu = \nu_1 - \mid \beta - \beta_1 \mid \end{aligned} \tag{4.99}$$

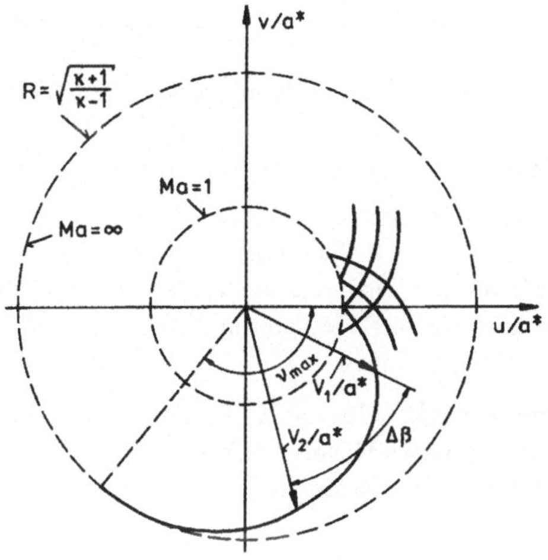

Der Prandtl-Meyer-Winkel $\nu(Ma)$ ist im Anhang in Abhängigkeit von der Mach-Zahl zahlenmäßig wiedergegegben. Die Lösung läßt sich leicht in der Hodographenebene darstellen. Das Prandtl-Meyer-Integral ist durch eine Epizykloide gegeben, die sich vom Schallkreis ($Ma = 1$) bis zum Kreis ($Ma \to \infty$) erstreckt. Expansion oder Kompression, die durch eine bestimmte Umlenkung $\Delta\beta$ gegeben sind, können einfach eingetragen und die entsprechende Geschwindigkeitsänderung abgelesen werden.

4.6.2 Die Eckenumströmung

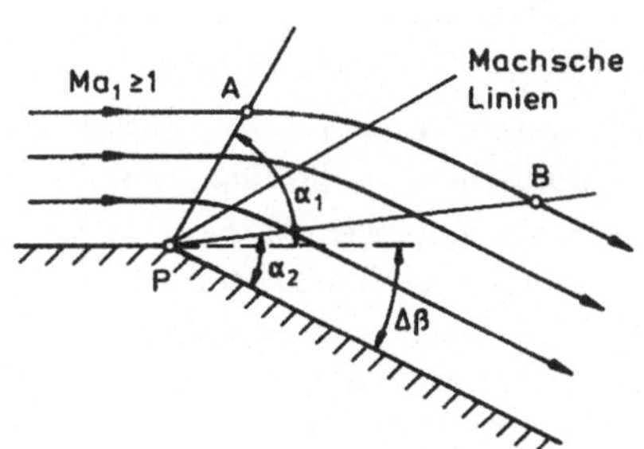

Eine uniforme Überschallströmung, die parallel zu einer Wand mit einer Mach-Zahl $Ma_1 \geq 1$ strömt, kann durch Abknicken der Wand in einem beliebigen Punkt P um den Betrag $\Delta\beta$ umgelenkt werden. Danach strömt das Gas mit der Mach-Zahl Ma_2 parallel zum abgewinkelten Teil der Wand weiter. Die Abströmung kann mit Hilfe des Prandtl-Meyer-Integrals berechnet werden.

In dem von den Machschen Linien PA und PB eingegrenzten Gebiet sind die Zustände längs jeder Machschen Linie konstant, ändern sich aber von Linie zu Linie. In diesem Gebiet expandiert die Strömung von Ma_1 auf Ma_2. Die Lösung ist im Punkt P singulär, da dort alle Strömungzustände entsprechend $Ma_1 \leq Ma \leq Ma_2$ anzutreffen sind.

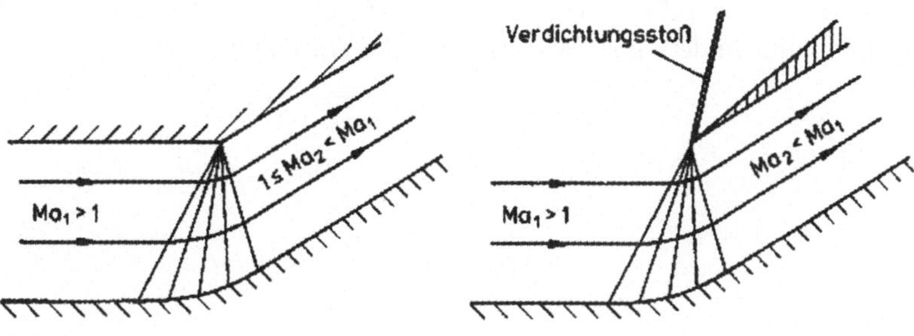

Die Strömung kann auch in umgekehrter Richtung verlaufen. In dieser Form bildet die Prandtl-Meyer-Strömung das Prinzip eines isentropen Einlaufdiffusors, wie er in Überschallflugzeugen verwendet wird. Die obige Skizze stellt eine Umkehr der Strömung (Kompression mit Verfestigung einer Stromlinie) dar. Die daneben stehende Skizze deutet an, wie aus einer Prandtl-Meyerschen Eckenumströmung ein Überschall-Einlaufdiffusor konstruiert werden kann.

Expansion und Kompression werden mit zwei Beispielen zahlenmäßig erläutert: Gegeben sei eine ebene Überschallströmung mit einer Mach-Zahl $Ma_1 = 3$. Der entsprechende Prandtl-Meyer Winkel ν beträgt $\nu = 49,76°$. Der Umlenkwinkel der Anströmung sei $\beta_1 = 0°$. Soll die Strömung auf Schallgeschwindigkeit abgebremst werden, ist eine Umlenkung von $\beta_{Ma=1} = 49,76°$ erforderlich.

Eine ebene Überschallströmung mit einer Anströmmachzahl $Ma_1 = 2$ ($\nu_1 = 26,38°$) wird um 10° umgelenkt. Bei der Expansion ergibt sich der Prandtl-Meyer-Winkel zu $\nu_2 = 36,38°$, entsprechend einer Mach-Zahl $Ma_2 = 2,386$ und bei der Kompression zu $\nu_2 = 16,38°$ und einer Mach-Zahl von $Ma_2 = 1,652$.

4.6.3 Wechselwirkung zwischen Verdichtungsstößen und Expansionen

Prandtl-Meyer-Strömungen und schräge Verdichtungsstöße können miteinander in Wechselwirkung treten. Man unterscheidet Stoß-Stoß- und Stoß-Expansions-Wechselwirkungen.

Die Reflexion eines schrägen Verdichtungsstoßes an einer festen Wand ist in nachstehender Skizze dargestellt. Trifft der Stoß eine Wand, wird er dort reflektiert, da die Wand auf die ankommende Strömung wie ein Keil wirkt. Es bildet sich ein reflektierter Stoß unter dem Winkel σ_2, der nicht gleich σ_1 ist, obwohl β_1 und β_2 gleich groß sind. Die Strömung kann nur dann parallel zur Wand CD abfließen, wenn die Wand AB parallel zu CD ist. Das Druckverhältnis $\frac{p_3}{p_1}$ ist gegeben durch die Stoßintensitäten $Ma_1 \sin\sigma_1$ und $Ma_2 \sin\sigma_2$.

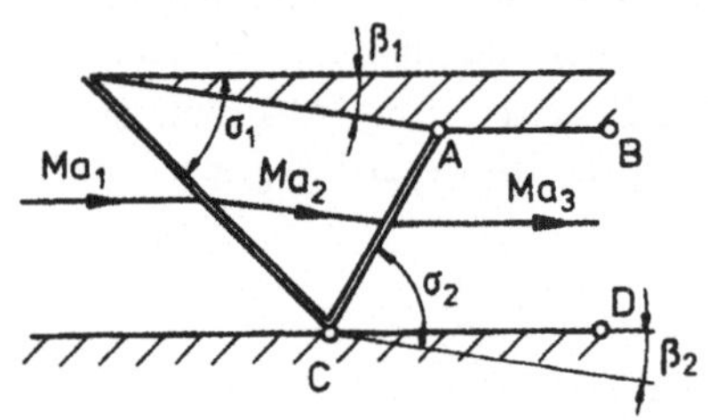

Spiegelt man die Strömung an der Wand CD und ersetzt die Wand durch eine Stromlinie, erhält man die Kreuzung zweier schräger Verdichtungsstöße gleicher Intensität. Die Stöße werden bei der Durchdringung geknickt. Für die skizzierte Geometrie strömt das Gas parallel zur Anströmung ab. Die Durchdringung zweier Schrägstöße ist auch bei ungleicher Intensität möglich. Die Abströmung kann dann jedoch nicht mehr parallel zur Anströmung erfolgen. Die Stromlinie durch den Schnittpunkt bildet einen Winkel δ mit der Anströmung.

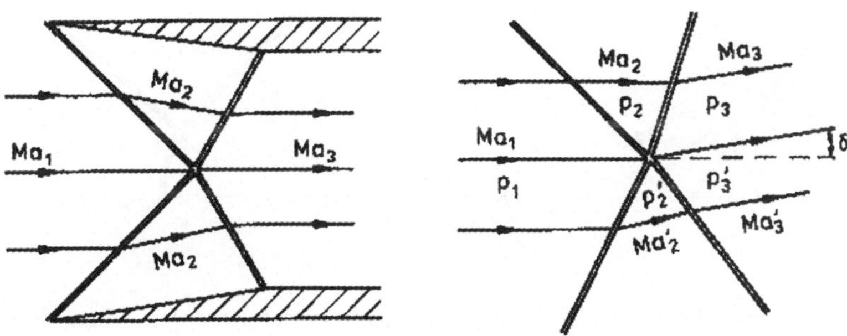

Der Winkel δ ergibt sich aus der Bedingung, daß der statische Druck zu beiden Seiten der durch den Schnittpunkt gehenden Stromlinie gleich ist.

$$\frac{p_3}{p_1} = \frac{p_3'}{p_1} = \frac{p_3\,p_2}{p_2\,p_1} = \frac{p_3'\,p_2'}{p_2'\,p_1} \tag{4.100}$$

Wegen der unterschiedlichen Stoßintensitäten ist der Entropiesprung $s_3' - s_1$ nicht gleich dem Entropiesprung $s_3 - s_1$. Die vom Durchkreuzungspunkt abgehende Stromlinie stellt eine Diskontinuitätslinie der Entropie, der Dichte, der Geschwindigkeit und der Temperatur dar.

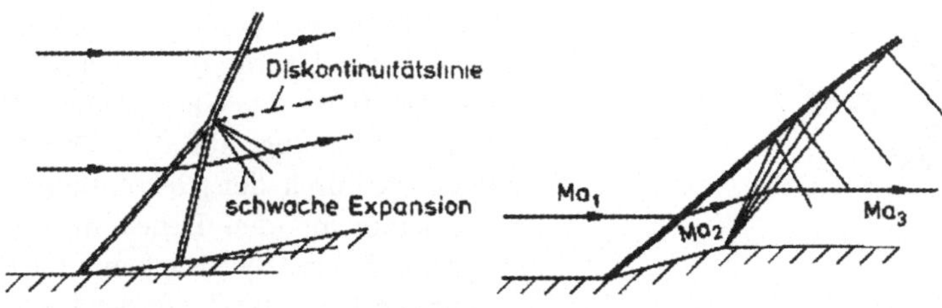

Werden zwei Schrägstöße durch zwei hintereinander liegende Keile erzeugt (siehe Skizze), vereinigen sie sich zu einem Stoß, der annähernd den gleichen statischen Druck erzeugt wie die beiden Schrägstöße. Eine gegenseitige Durchdringung dieser Stöße ist nicht möglich. Zum Druckausgleich kann sich eine schwache Kompression oder Expansion einstellen.

Bei der gegenseitigen Beeinflussung eines schrägen Verdichtungsstoßes mit einer Prandtl-Meyer-Expansion wird der Stoß gekrümmt. Die Machschen Wellen werden am Stoß reflektiert und interferieren miteinander.

Trifft ein schräger Verdichtungsstoß eine Wand unter einem Winkel α, für den bei Ma_2 $\beta > \beta_{max}$ ist, kann der reflektierte Stoß nicht mehr an der Wand anliegen. Es stellt sich die nach Mach benannte Reflexion ein. In unmittelbarer Wandnähe bildet sich ein nahezu senkrechter Verdichtungsstoß aus. Im Tripelpunkt vereinigt sich dieser mit dem einfallenden und dem

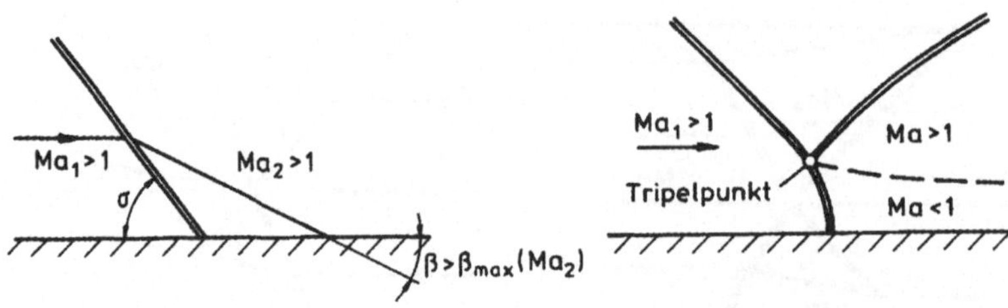

reflektierten Stoß. Dort beginnt eine Diskontinuitätslinie der Entropie, längs derer der Druck zu beiden Seiten gleich ist, aber alle anderen Größen unterschiedliche Werte haben.

4.7 Auftrieb und Wellenwiderstand im Überschall

Mit den Sprungbedingungen für schräge Verdichtungsstöße und der Prandtl-Meyer-Lösung lassen sich Druckverteilungen an Tragflügelprofilen für Überschallanströmung ermitteln.

4.7.1 Der Wellenwiderstand

Bei reibungsfreier Überschallanströmung von Tragflügelprofilen erhält man einen Widerstand, der durch Verdichtungsstöße hervorgerufen wird.

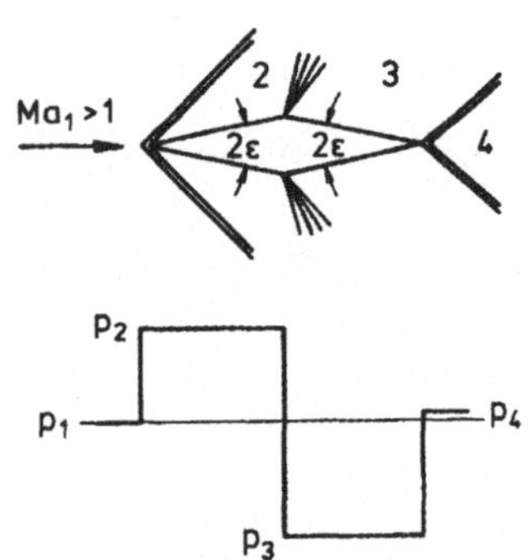

Zum Beispiel wird auf der Vorderseite eines Doppelkeilprofils die Strömung durch den an der Vorderkante anliegenden schrägen Verdichtungsstoß auf den Druck p_2 verdichtet. An der Schulter expandiert das Gas in einer Prandtl-Meyer-Eckenumströmung auf den Druck p_3 und wird schließlich durch den Rekompressionsstoß an der Hinterkante auf den Druck p_4 komprimiert. Bedingt durch den Überdruck auf der Profilvorderseite und den Unterdruck auf der Hinterseite entsteht ein Widerstand pro Längeneinheit von der Größe

$$F_w = (p_2 - p_3)d \quad , \tag{4.101}$$

wobei d die maximale Dicke des Profils ist. Er wird Wellenwiderstand der Überschallströmung genannt. Druckwiderstand infolge Strömungsablösung und Reibungswiderstand müssen zusätzlich ermittelt werden.

4.7.2 Auftrieb einer angestellten ebenen Platte

Eine ebene Platte, die unter dem Anstellwinkel β in einer reibungsfreien Überschallströmung angestellt ist, erzeugt neben dem Wellenwiderstand einen Auftrieb. Beide lassen sich mit Hilfe der Sprungbedingungen und der Prandtl-Meyer-Lösung ermitteln:

$$\begin{aligned} F_A &= (p_2' - p_2)\, t\, \cos\beta \\ F_W &= (p_2' - p_2)\, t\, \sin\beta \end{aligned} \tag{4.102}$$

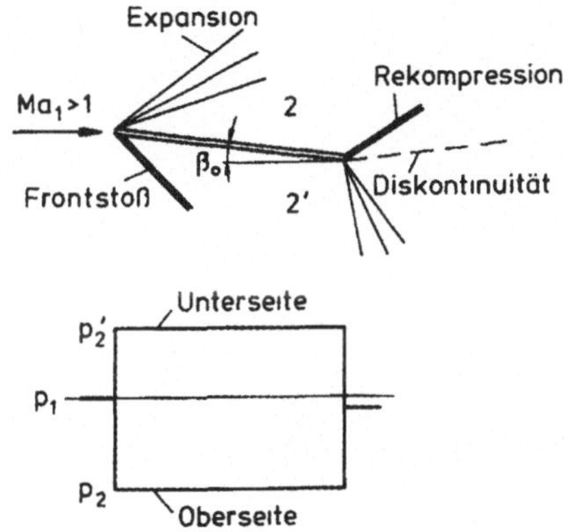

Die Größe t stellt die Profiltiefe dar. Da Tragflügelprofile im allgemeinen eine geringe Dicke haben und ihre Anstellwinkel klein sind, können Näherungsformeln zur Berechnung von Auftrieb und Widerstand entwickelt werden. Wegen unterschiedlicher Stoßintensitäten des schrägen Frontstoßes und des Rekompressionsstoßes entsteht an der Plattenhinterkante eine leicht geneigte Diskontinuitätsfläche der Entropie.

4.7.3 Angestellte dünne Profile

Mit der Näherungsformel für den Drucksprung für schwache schräge Verdichtungsstöße

$$\frac{\Delta p}{p_1} \approx \frac{\kappa Ma_1^2}{\sqrt{Ma_1^2 - 1}}\, \Delta\beta \tag{4.103}$$

kann der Druckbeiwert in Abhängigkeit von der Anströmmachzahl bei kleinen Anstellwinkeln ermittelt werden.

$$c_p = \frac{p - p_1}{\frac{\rho_1}{2}\, v_1^2} = \frac{2}{\kappa\, Ma_1^2}\, \frac{\Delta p}{p_1} \approx \frac{2\,\beta}{\sqrt{Ma_1^2 - 1}} \tag{4.104}$$

Auftrieb und Widerstand der ebenen Platte ergeben sich aus der Druckdifferenz zwischen Unterseite und Oberseite.

$$c_{pu} - c_{po} = \frac{4\,\beta}{\sqrt{Ma_1^2 - 1}} \tag{4.105}$$

Der Auftriebsbeiwert ist

$$c_A = (c_{pu} - c_{po}) \cos \beta = \frac{4\,\beta}{\sqrt{Ma_1^2 - 1}} \qquad (4.106)$$

und der Widerstandsbeiwert

$$c_w = (c_{pu} - c_{po}) \sin \beta = \frac{4\,\beta^2}{\sqrt{Ma_1^2 - 1}} \quad . \qquad (4.107)$$

Das Verhältnis

$$\frac{c_w}{c_A^2} = \frac{1}{4} \sqrt{Ma_1^2 - 1} \qquad (4.108)$$

ist unabhängig vom Anstellwinkel β.

Für das Doppelkeilprofil mit Öffnungswinkel $2\,\epsilon$ und Nullanstellung ergibt die Näherung für Vorder- und Hinterseite

$$c_p = \pm \frac{2\,\epsilon}{\sqrt{Ma_1^2 - 1}} \quad . \qquad (4.109)$$

Der Widerstandsbeiwert beträgt

$$c_w = \frac{4}{\sqrt{Ma_1^2 - 1}} \left(\frac{d}{l}\right)^2 \qquad (4.110)$$

Nach der Näherung für dünne Profile lassen sich Auftrieb und Wellenwiderstand mit Anstellung, Dickenverteilung und Wölbung berechnen.

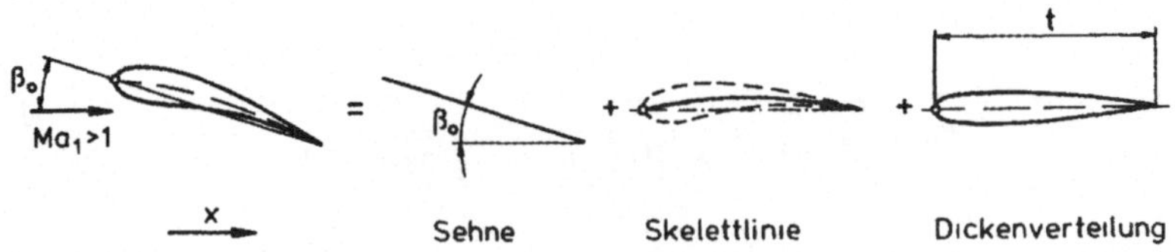

β_0 $Ma_1 > 1$ = β_0 + + t

x Sehne Skelettlinie Dickenverteilung

Der örtliche Anstellwinkel setzt sich aus drei Anteilen zusammen: Dem Anstellwinkel der Profilsehne β_0, dem Anstellwinkel der Skelettlinie $\Delta\beta_s(x)$ gegenüber β_0 und dem Anstellwinkel der Dickenverteilung $\Delta\beta_d(x)$ gegenüber der Skelettlinie

$$\beta = \beta_0 + \Delta\beta_s + \Delta\beta_d \quad . \qquad (4.111)$$

Der Auftrieb des Profils ist

$$F_A = \frac{\rho_1}{2} v_1^2 \int_0^t (c_{pu} - c_{po})\, dx \quad . \tag{4.112}$$

Mit $\Delta\beta_s(x) \approx \frac{dy_s}{dx}$ und $\Delta\beta_d(x) \approx \frac{dy_d}{dx}$ verschwinden die entsprechenden Integrale, und man erhält den Auftriebsbeiwert zu

$$c_A = \frac{4\,\beta_0}{\sqrt{Ma_1^2 - 1}} \quad . \tag{4.113}$$

Der Wellenwiderstand des Profils beträgt

$$F_w = \frac{\rho_1\, v_1^2}{2} \int_0^t \left[\left(\frac{dy_0}{dx} \right)^2 + \left(\frac{dy_u}{dx} \right)^2 \right] dx \, \frac{2}{\sqrt{Ma_1^2 - 1}} \quad , \tag{4.114}$$

und der Widerstandsbeiwert kann in folgender Form dargestellt werden

$$c_w = \frac{4}{\sqrt{Ma_1^2 - 1}} \left(\beta_0^2 + \overline{\Delta\beta_s^2} + \overline{\Delta\beta_d^2} \right) \tag{4.115}$$

Dabei sind die Größen $\overline{\Delta\beta_s^2}$ und $\overline{\Delta\beta_d^2}$ die über die Profiltiefe gemittelten Quadrate der Winkeländerungen. Der Wellenwiderstand hat also im allgemeinen drei Anteile, die auf Anstellwinkel, Wölbung und Dickenverteilung zurückzuführen sind.

4.8 Charakteristikentheorie

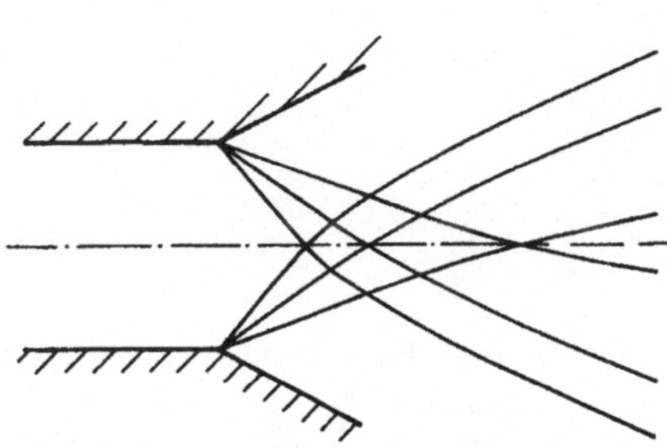

Beeinflussen sich zwei Prandtl-Meyer-Strömungen gegenseitig, kann die Strömung nicht durch einfache Überlagerung von Prandtl-Meyer-Lösungen beschrieben werden, da durch sie nur einfache Wellen nicht aber deren Durchkreuzung erfasst werden. Eine entsprechende Lösung für solche nichteinfachen Gebiete muß aus den Erhaltungsgleichungen für zweidimensionale Strömungen konstruiert werden.

Nichteinfache Gebiete treten auch stromab von gekrümmten Verdichtungsstößen auf. Dann müssen die Entropieänderungen bei der Berechnung des Druckes, der Dichte, der Temperatur und der Geschwindigkeit berücksichtigt werden. Der Zusammenhang zwischen der Entropieverteilung und dem Geschwindigkeitsfeld ist durch den Croccoschen Wirbelsatz gegeben.

4.8.1 Der Croccosche Wirbelsatz

Mit Hilfe des zweiten Hauptsatzes der Thermodynamik

$$Tds = dh - \frac{dp}{\rho} \tag{4.116}$$

und der Energiegleichung kann das Differential der Entropie durch Geschwindigkeits- und Druckänderungen ausgedrückt werden. Wird angenommen, daß die Ruhetemperatur im gesamten Strömungsfeld konstant ist, folgt

$$Tds = -(u\,du + v\,dv + \frac{dp}{\rho}) \quad . \tag{4.117}$$

Für eine zweidimensionale, stationäre Strömung sind

$$du = \frac{\partial u}{\partial x}dx + \frac{\partial u}{\partial y}dy \quad \text{und} \quad dv = \frac{\partial v}{\partial x}dx + \frac{\partial v}{\partial y}dy \quad . \tag{4.118}$$

Führt man noch die Impulsgleichungen ein, erhält man für Tds

$$Tds = -\left[\left(\frac{v}{u} - \frac{dy}{dx}\right)\left(\frac{\partial v}{\partial x} - \frac{\partial u}{\partial y}\right)\right] udx \quad . \tag{4.119}$$

Das Verhältnis $\frac{dy}{dx}$ kann als Steigung beliebiger, unbekannter Kurvenscharen aufgefaßt werden. Wählt man sie identisch mit den Stromlinien

$$\frac{dy}{dx} = \frac{v}{u} \quad , \tag{4.120}$$

folgt, daß längs der Stromlinien die Entropie konstant bleibt.

$$ds = \frac{\partial s}{\partial x}dx + \frac{\partial s}{\partial y}dy = 0 \qquad u\,\frac{\partial s}{\partial x} + v\,\frac{\partial s}{\partial y} = 0 \tag{4.121}$$

Die Stromlinien werden als charakteristische Linien der Entropie bezeichnet. Die Entropie bleibt im gesamten Strömungsfeld konstant, wenn der zweite Klammerausdruck $\frac{\partial v}{\partial x} - \frac{\partial u}{\partial y}$, der eine Komponente des Drehungsvektors darstellt, verschwindet. Dies ist der Inhalt des Croccoschen Wirbelsatzes, der allgemein auch für räumliche Strömungen gilt: Ersetzt man im zweiten Hauptsatz in der Form

$$T\,\nabla\,s = \nabla h - \frac{\nabla p}{\rho} \tag{4.122}$$

den Gradienten der statischen Enthalpie durch die Energiegleichung

$$\nabla h = -\nabla \frac{v^2}{2} + \nabla h_0 \quad , \tag{4.123}$$

erhält man mit der Impulsgleichung

$$\frac{\partial v}{\partial t} + (\vec{v} \cdot \nabla) \vec{v} = -\frac{\nabla p}{\rho} \tag{4.124}$$

den Croccoschen Wirbelsatz

$$T \nabla s + \vec{v} \text{ x } (\nabla \text{ x } \vec{v}) = \frac{\partial \vec{v}}{\partial t} + \nabla h_0 \quad . \tag{4.125}$$

Danach bleibt auch in räumlichen, stationären Strömungen mit konstanter Ruheenthalpie die Entropie längs Stromlinien konstant. Wird nämlich die letzte Gleichung skalar mit $\vec{v}$ multipliziert, verschwindet der zweite Term auf der linken Seite. Für wirbelfreie Strömungen ist unter sonst gleichen Bedingungen die Entropie im Strömungsfeld konstant.

4.8.2 Die gasdynamische Grundgleichung

Aus den Erhaltungssätzen für Masse, Impuls und Energie werden Dichte-, Druck- und Temperaturableitungen eliminiert, so daß nur noch Geschwindigkeitskomponenten und deren Ableitungen in der resultierenden Beziehung enthalten sind. Diese Gleichung wird gasdynamische Grundgleichung genannt. Sie wird zunächst für zweidimensionale stationäre Strömungen hergeleitet, dann aber auf räumliche Strömungen erweitert. Die Kontinuitätsgleichung und die Impulsgleichungen lauten

$$\begin{aligned}
\frac{\partial u}{\partial x} + \frac{\partial v}{\partial y} + \frac{1}{\rho}\left(u \frac{\partial \rho}{\partial x} + v \frac{\partial \rho}{\partial y}\right) &= 0 \\
u \frac{\partial u}{\partial x} + v \frac{\partial u}{\partial y} + \frac{1}{\rho} \frac{\partial p}{\partial x} &= 0 \\
u \frac{\partial v}{\partial x} + v \frac{\partial v}{\partial y} + \frac{1}{\rho} \frac{\partial p}{\partial y} &= 0 \quad .
\end{aligned} \tag{4.126}$$

Aus der Energiegleichung $h_0 = konst.$ und der Differentialform der thermischen Zustandsgleichung

$$dp = \frac{p}{\rho} d\rho + \frac{p}{T} dT \tag{4.127}$$

ergibt sich folgende Beziehung:

$$u\,\frac{\partial p}{\partial x} + v\,\frac{\partial p}{\partial y} = -\frac{u\,p}{c_p\,T}\left(u\,\frac{\partial u}{\partial x} + v\,\frac{\partial v}{\partial x}\right) - \frac{v\,p}{c_p\,T}\left(u\,\frac{\partial u}{\partial x} + v\,\frac{\partial v}{\partial x}\right) - p\left(\frac{\partial u}{\partial x} + \frac{\partial v}{\partial y}\right) \quad .(4.128)$$

Multipliziert man die erste Impulsgleichung mit u und die zweite mit v und addiert beide Gleichungen, erhält man

$$u\,\frac{\partial p}{\partial x} + v\,\frac{\partial p}{\partial y} = -\left[\rho\,u^2\,\frac{\partial u}{\partial x} + \rho\,u\,v\left(\frac{\partial u}{\partial y} + \frac{\partial v}{\partial x}\right) + \rho\,v^2\,\frac{\partial v}{\partial y}\right] \quad . \tag{4.129}$$

Subtrahiert man die letzte Gleichung von der vorletzten, ergibt sich die gasdynamische Grundgleichung für zweidimensionale stationäre Strömungen

$$(u^2 - a^2)\,\frac{\partial u}{\partial x} + v\,u\left(\frac{\partial u}{\partial y} + \frac{\partial v}{\partial x}\right) + (v^2 - a^2)\,\frac{\partial v}{\partial y} = 0 \quad , \tag{4.130}$$

wobei a wieder die örtliche Schallgeschwindigkeit bedeutet. Für räumliche Strömungen erhält man mit Hilfe der Energiegleichung, der thermischen Zustandsgleichung und der Kontinuitätsgleichung für $\vec{v}\cdot\nabla\,p$ die Beziehung

$$\vec{v}\cdot\nabla\,p = -\frac{p}{c_p\,T}\,\vec{v}\cdot\nabla\left(\frac{\vec{v}^2}{2}\right) - p\,(\nabla\cdot\vec{v}) \quad , \tag{4.131}$$

die in die Gleichung für die mechanische Energie

$$\vec{v}\cdot\nabla\left(\frac{\vec{v}^2}{2}\right) = -\frac{\vec{v}}{\rho}\cdot\nabla\,p \tag{4.132}$$

eingesetzt wird.

Nach Ordnen und Zusammenfassen der einzelnen Terme folgt für kartesische Koordinaten:

$$\begin{aligned}(u^2 - a^2)\,\frac{\partial u}{\partial x} + (v^2 - a^2)\,\frac{\partial v}{\partial y} + (w^2 - a^2)\,\frac{\partial w}{\partial z} +\\ +vw\left(\frac{\partial v}{\partial z} + \frac{\partial w}{\partial y}\right) + uv\left(\frac{\partial u}{\partial y} + \frac{\partial v}{\partial x}\right) + uw\left(\frac{\partial u}{\partial z} + \frac{\partial w}{\partial x}\right) = 0\end{aligned} \tag{4.133}$$

Im Vergleich zu der vorher abgeleiteten Beziehung enthält die gasdynamische Grundgleichung für räumliche Strömungen drei zusätzliche Terme.

4.8.3 Kompatibilitätsbedingungen für zweidimensionale Strömungen

Nach dem Croccoschen Wirbelsatz bleibt in einer reibungsfreien, stationären Strömung die Entropie längs der Stromlinien konstant. Es ist deshalb zweckmäßig, Stromlinienkoordinaten ξ und η einzuführen, die in Richtung der Stromlinie und senkrecht dazu angesetzt werden. Da $\frac{\partial s}{\partial \xi} = 0$ ist, kann die Ableitung der Entropie senkrecht zur Stromlinie als totales Differential

$$\frac{ds}{d\eta} = \frac{1}{v}\left(u\,\frac{\partial s}{\partial y} - v\,\frac{\partial s}{\partial x}\right) \tag{4.134}$$

geschrieben werden. Die partiellen Ableitungen $\frac{\partial s}{\partial x}$ und $\frac{\partial s}{\partial y}$ werden mit Hilfe des Croccoschen Wirbelsatzes substituiert

$$\frac{\partial s}{\partial x} = -\frac{v}{T}\left(\frac{\partial v}{\partial x} - \frac{\partial u}{\partial y}\right) \quad , \qquad \frac{\partial s}{\partial y} = \frac{u}{T}\left(\frac{\partial v}{\partial x} - \frac{\partial u}{\partial y}\right) \quad , \tag{4.135}$$

so daß die Ableitung $\frac{\partial v}{\partial x}$ durch $\frac{\partial u}{\partial y}$ und den Entropiegradienten $\frac{ds}{d\eta}$ ausgedrückt werden kann

$$\frac{\partial v}{\partial x} = \frac{\partial u}{\partial y} + \frac{T}{v}\,\frac{ds}{d\eta} \quad . \tag{4.136}$$

Dieser Ausdruck wird in die gasdynamische Grundgleichung eingesetzt, und man erhält

$$(u^2 - a^2)\,\frac{\partial u}{\partial x} + (v^2 - a^2)\,\frac{\partial v}{\partial y} + 2vu\,\frac{\partial u}{\partial y} + \frac{vuT}{v}\,\frac{ds}{d\eta} = 0 \quad . \tag{4.137}$$

Der letzte Schritt besteht in der Elimination der partiellen Ableitungen der Geschwindigkeitskomponenten. Dazu werden die totalen Differentiale

$$du = \frac{\partial u}{\partial x}dx + \frac{\partial u}{\partial y}dy \quad \text{und} \quad dv = \frac{\partial v}{\partial x}dx + \frac{\partial v}{\partial y}dy \tag{4.138}$$

eingeführt, die nach $\frac{\partial u}{\partial x}$ und $\frac{\partial v}{\partial y}$ aufgelöst werden:

$$\frac{\partial u}{\partial x} = \frac{du}{dx} - y'\,\frac{\partial u}{\partial y} \quad ; \quad \frac{\partial v}{\partial y} = \frac{1}{y'}\left(\frac{dv}{dx} - \frac{\partial v}{\partial x}\right) \tag{4.139}$$

Die Größe y', die zur Abkürzung für $\frac{dy}{dx}$ steht, kann wie bei der Herleitung des Croccoschen Wirbelsatzes als die lokale unbekannte Steigung von Kurvenscharen aufgefaßt werden. Mit den letzten beiden Beziehungen geht die gasdynamische Grundgleichung über in die Form

$$(u^2 - a^2)\frac{du}{dx} + (v^2 - a^2)\,\frac{1}{y'}\,\frac{dv}{dx} \quad - \quad \left[y'\,(u^2 - a^2) + \frac{1}{y'}\,(v^2 - a^2) - 2\,u\,v\right]\frac{\partial u}{\partial y}$$
$$- \quad \left[\frac{1}{y'}\,(v^2 - a^2) - u\,v\right]\frac{T}{v}\,\frac{ds}{d\eta} = 0 \quad . \qquad (4.140)$$

Die Steigung y' wird so gewählt, daß der Koeffizient des Terms $\frac{\partial u}{\partial y}$ verschwindet:

$$y' = \frac{uv \pm a\,\sqrt{u^2 + v^2 - a^2}}{u^2 - a^2} \qquad (4.141)$$

Für Überschallströmungen $Ma > 1$ reduziert die gasdynamische Grundgleichung zu einem System nichtlinearer gewöhnlicher Differentialgleichungen mit reellen Koeffizienten. Führt man in den Ausdruck für y' den Strömungswinkel β und den Machschen Winkel α ein, zeigt sich, daß y' identisch mit der Steigung der Machschen Linien ist.

$$\frac{dy}{dx} = \tan(\beta \pm \alpha) \quad . \qquad (4.142)$$

Die Machschen Linien werden charakteristische Kurven der gasdynamischen Grundgleichung genannt, da man längs der Machschen Linien die Geschwindigkeitsänderungen als totales Differential ausdrücken kann. Setzt man die für y' ermittelten Ausdrücke in die gasdynamische Grundgleichung ein, erhält man mit $u = v\,\cos\beta$ und $v = v\,\sin\beta$ die Kompatibilitätsbedingungen für die Geschwindigkeit

$$\cot\alpha\frac{dv}{v} \mp d\beta + \sin\alpha\,\cos\alpha\frac{ds}{\kappa\,R} = 0 \qquad (4.143)$$

längs der Machschen Linien

$$\frac{dy}{dx} = \tan(\beta \pm \alpha) \quad . \qquad (4.144)$$

Das Differential ds muß aus der schon angegebenen Kompatibilitätsbedingung für die Entropie ermittelt werden.

$$ds = 0 \qquad \text{längs der Stromlinien} \qquad \frac{dy}{dx} = \tan\beta \quad . \qquad (4.145)$$

Die Lösung der Kompatibilitätsbedingungen längs der Charakteristiken ist im allgemeinen nur numerisch möglich. Für isentrope Strömungen können diese Bedingungen jedoch integriert werden. Der Term $\cot\alpha\frac{dv}{v}$ stellt das Differential des Prandtl-Meyer-Winkels ν dar.

Die Kompatibilitätsbedingungen lauten dann

$$d(\nu \mp \beta) = 0 \tag{4.146}$$

oder

$$\nu \mp \beta = \text{konst.} \qquad \text{(Riemannsche Invarianten)} \tag{4.147}$$

für

$$\frac{dy}{dx} = \tan(\beta \pm \alpha) \quad . \tag{4.148}$$

Summe beziehungsweise Differenz von Prandtl-Meyer-Winkel und örtlichem Strömungswinkel sind längs der entsprechenden Machschen Linien konstant.

4.8.4 Berechnung von Überschallströmungen

Mit den Riemannschen Invarianten und den Gleichungen für die Charakteristiken können isentrope Überschallströmungen berechnet werden. Dies wird an einem Beispiel erläutert. Gegeben sind die Strömungszustände an zwei benachbarten Punkten P_1 und P_2, welche nicht auf einer Machschen Linie liegen dürfen. Der Prandtl-Meyer-Winkel ν und der Strömungswinkel β im Schnittpunkt P_3 der Charakteristiken können aus dem Integral der Kompatibilitätsbedingungen ermittelt werden.

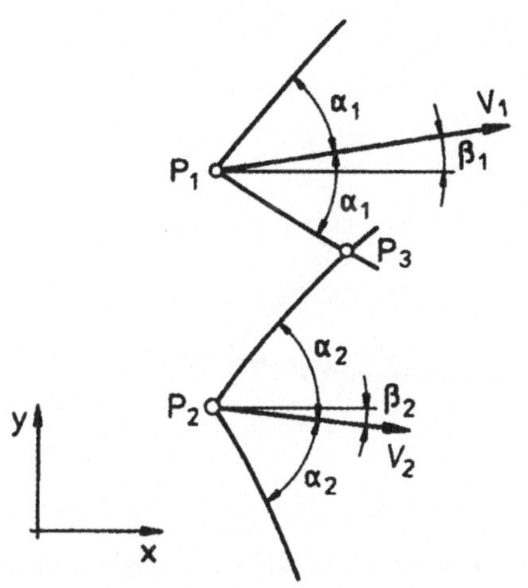

$$\begin{aligned} \nu_2 - \beta_2 &= \nu_3 - \beta_3 \\ \nu_1 + \beta_1 &= \nu_3 + \beta_3 \end{aligned} \tag{4.149}$$

Mit diesen Beziehungen erhält man

$$\begin{aligned} \nu_3 &= \frac{1}{2}\,[(\nu_1 + \nu_2) + (\beta_1 - \beta_2)] \\ \beta_3 &= \frac{1}{2}\,[(\nu_1 - \nu_2) + (\beta_1 + \beta_2)] \end{aligned} \tag{4.150}$$

Mit dem Prandtl-Meyer-Winkel ν_3 können die Machzahl Ma_3 und die anderen Strömungsgrößen berechnet werden. Die Lage des Punktes p_3 wird mit Hilfe der Charakteristikengleichungen ermittelt.

Zur Berechnung eines Überschallfeldes seien n benachbarte Punkte (nicht auf einer Machschen Linie) in einer Überschallströmung gegeben, in denen die Strömungszustände, d. h. ν_1, ν_2, ..., ν_i, ... ,ν_n und β_1, β_2, ..., β_i, ... , β_n bekannt sind. Mit ν_i, ν_{i+1} und β_i, β_{i+1} zweier benachbarter Punkte können ν_j und β_j eines in der Nähe der beiden Punkte P_i und P_{i+1} liegenden Punktes P_j berechnet werden. Durch Umwandlung der Charakteristikengleichungen in Differenzengleichungen und deren Auflösung ergibt sich die Lage des Punktes P_j bei hinreichend kleinem Abstand der Punkte P_i und P_{i+1} voneinander zu:

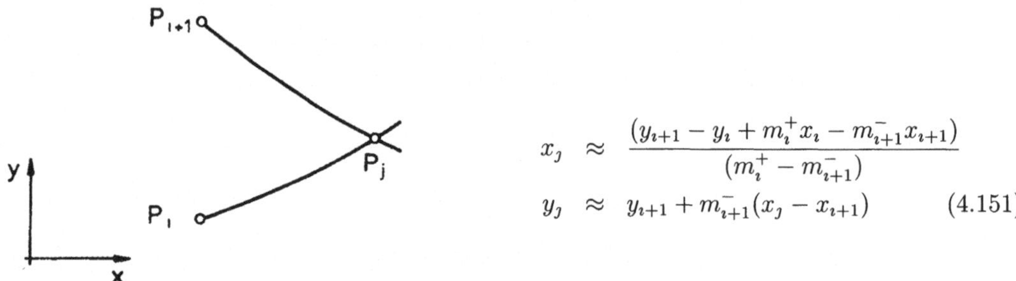

$$x_j \approx \frac{(y_{i+1} - y_i + m_i^+ x_i - m_{i+1}^- x_{i+1})}{(m_i^+ - m_{i+1}^-)}$$
$$y_j \approx y_{i+1} + m_{i+1}^-(x_j - x_{i+1}) \qquad (4.151)$$

Die Größen m^+ und m^- stehen zur Abkürzung für die Steigungen der Charakteristiken. Zur Bestimmung der Koordinaten des Punktes P_j können Mittelwerte der Steigungen verwendet werden

$$m_i^+ = \frac{1}{2}\,[\tan(\beta + \alpha)_i + \tan(\beta + \alpha)_j]$$
$$m_{i+1}^- = \frac{1}{2}\,[\tan(\beta - \alpha)_{i+1} + \tan(\beta - \alpha)_j] \quad . \qquad (4.152)$$

Von den vorgegebenen Anfangsdaten hängt nur ein bestimmter Teil des Strömungsfeldes, das Abhängigkeitsgebiet, ab, das in nachfolgender Skizze angedeutet ist. Die Strömung außerhalb des Abhängigkeitsgebietes kann ohne zusätzliche Information nicht ermittelt werden.

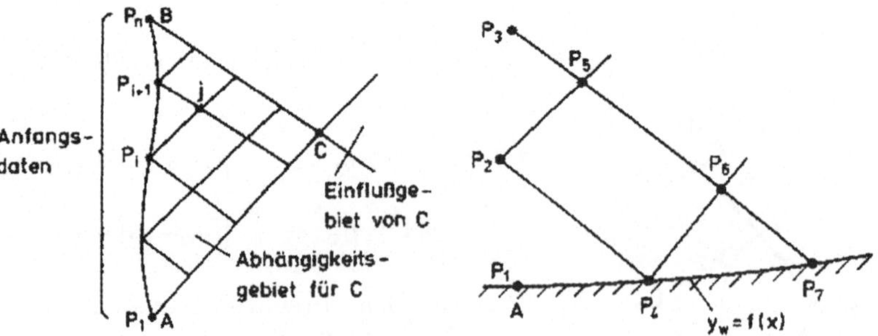

Weitere Teile des Strömungsfeldes können berechnet werden, wenn Randbedingungen vorgegeben sind. Man unterscheidet zwei Arten, die feste Wand und den freien Strahlrand, welche

Stromlinien des Strömungsfeldes darstellen. Für eine feste Wand wird der Verlauf der Kontur $y_w = f(x)$ vorgeschrieben. Ist der Punkt P_1 ein Punkt auf der Kontur, können alle anderen Wandpunkte durch den Schnitt einer Charakteristik mit der Kurve $y_w = f(x)$ ermittelt werden. Für die Punkte P_4 und P_7 ist in obiger Skizze der örtliche Umlenkwinkel aus

$$\frac{dy_w}{dx} = f'(x) = \tan\beta_w \tag{4.153}$$

bekannt. Der Prandtl-Meyer-Winkel ergibt sich aus den Kompatibilitätsbedingungen zu

$$\nu_4 = \nu_2 + \beta_2 - \beta_4 \quad . \tag{4.154}$$

Nach Ermittlung des Punktes P_4 können die Punkte P_6 und P_7 und alle anderen Konturpunkte zwischen den Punkten A und D berechnet werden.

$$\nu_7 = \nu_6 + \beta_6 - \beta_7 \tag{4.155}$$

Auf einem freien Strahlrand ist der statische Druck p_s, nicht aber der Strömungswinkel β_s, bekannt. Da der Ruhedruck p_0 bei isentroper Strömung im gesamten Strömungsfeld konstant ist, können das Druckverhältnis $\frac{p_s}{p_0}$ für den Strahlrand und damit auch die Machzahl Ma_s und der Prandtl-Meyer-Winkel ν_s berechnet werden. Die Kompatibilitätsbedingung ergibt dann den Strömungswinkel β_s. Ist der Punkt B ein Punkt auf dem Strahlrand, folgt

$$\beta_s = \beta_{n-1} + \nu_s - \nu_{n-1} \quad . \tag{4.156}$$

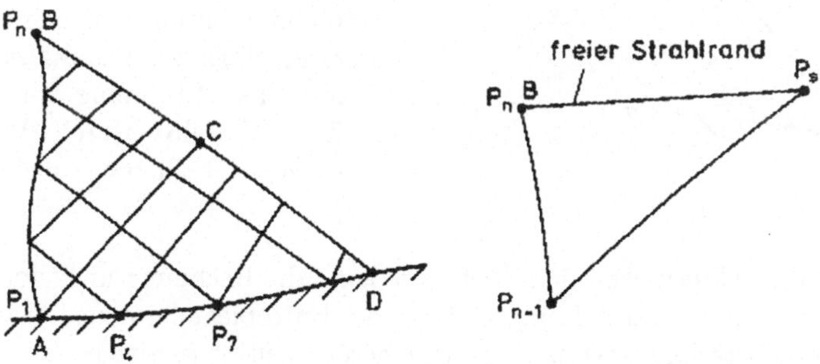

Bei der Bestimmung der Lage des Punktes P_s wird in gleicher Weise vorgegangen wie bei einem Konturpunkt.

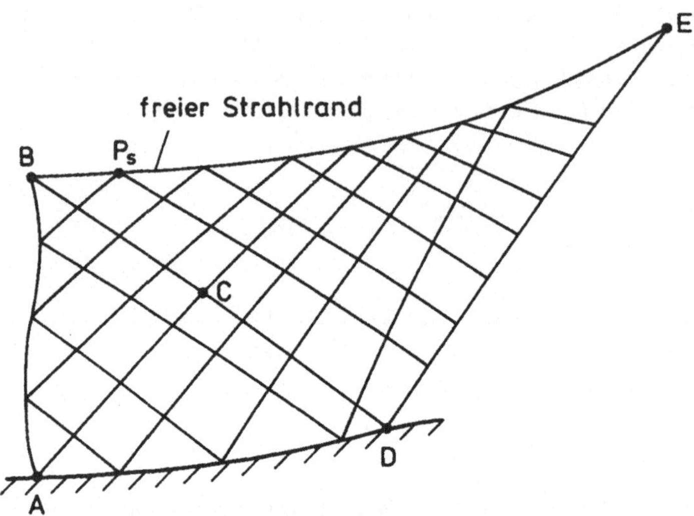

Damit kann auch die Strömung im Gebiet $B - D - E$ berechnet werden, dessen eine Seite durch den Strahlrand und dessen andere von der vom Punkt D ausgehenden Machschen Linie begrenzt wird. Sind die Randbedingungen stromab von D und E bekannt, kann die Rechnung fortgesetzt werden.

Oft ist es erforderlich, wie z. B. bei einer Düsenströmung, konstante Strömungszustände auf der von D ausgehenden Charakteristik vorzugeben.

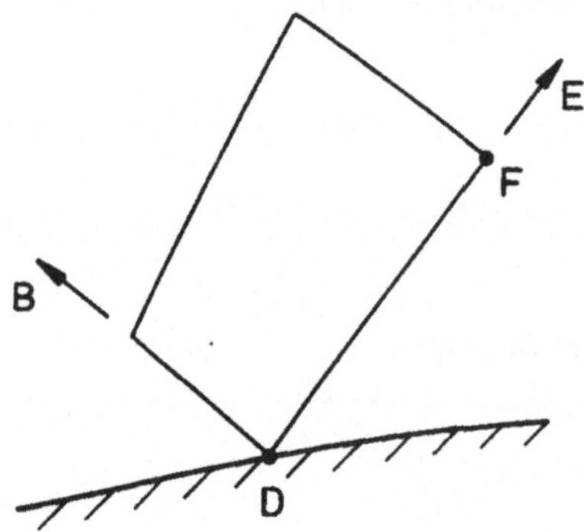

Die Rechnung beginnt dann im Punkt F, der auf der von D ausgehenden Charakteristik in der Nähe des Punktes D angenommen wird, und schreitet in Richtung auf den freien Strahlrand längs der Charakteristik $D - B$ fort. Die Strömung im Gebiet $A - B - D$ wird durch Vorgabe einer solchen Bedingung nicht beeinflußt.

Schneiden sich zwei Charakteristiken derselben Art, kann die Rechnung nicht fortgesetzt werden. Im Schnittpunkt setzt ein Verdichtungsstoß an, der Entropieänderungen hervorruft, die in dem hier geschilderten Berechnungsverfahren nicht berücksichtigt werden.

4.9 Kompressible Potentialströmungen

Die Bedingung der Rotationsfreiheit ermöglicht auch für kompressible Strömungen die Einführung eines Potentials Φ. Jedoch erhält man im Gegensatz zu inkompressiblen Strömungen für die Bestimmungsgleichung von Φ keine lineare Beziehung.

4.9.1 Vereinfachung der Potentialgleichung

Zur Bestimmung des unbekannten Potentials Φ wird die gasdynamische Grundgleichung benutzt, in der nur Geschwindigkeitsableitungen auftreten.

Setzt man das Potential, definiert durch

$$u = \frac{\partial \Phi}{\partial x} \qquad v = \frac{\partial \Phi}{\partial y} \qquad w = \frac{\partial \Phi}{\partial z} \quad , \tag{4.157}$$

in die gasdynamische Grundgleichung ein, erhält man die exakte Potentialgleichung für kompressible stationäre Strömungen zu

$$\begin{aligned}(u^2 - a^2)\,\frac{\partial^2 \Phi}{\partial x^2} + (v^2 - a^2)\,\frac{\partial^2 \Phi}{\partial y^2} + (w^2 - a^2)\,\frac{\partial^2 \Phi}{\partial z^2} \quad + \\ +2\,u\,v\frac{\partial^2 \Phi}{\partial x \partial y} + 2\,u\,w\frac{\partial^2 \Phi}{\partial x \partial z} + 2\,v\,w\frac{\partial^2 \Phi}{\partial y \partial z} \quad = \quad 0 \quad .\end{aligned} \tag{4.158}$$

Die Nichtlinearität dieser Gleichung wird deutlich, wenn man auch in den Koeffizienten die Geschwindigkeitskomponenten durch das Potential ersetzt. Eine geschlossene Lösung ist deshalb nicht möglich.

Da für Strömungen um schlanke Körper die Geschwindigkeitskomponenten v und w klein sind und u nur wenig von der Anströmgeschwindigkeit abweicht, ist eine Vereinfachung der exakten Potentialgleichung möglich. Mit Hilfe der Störgeschwindigkeiten

$$u' = u - u_\infty \qquad v' = v \qquad w' = w \tag{4.159}$$

kann ein Störpotential definiert werden :

$$u' = \frac{\partial \Phi}{\partial x} \qquad v' = \frac{\partial \Phi}{\partial y} \qquad w' = \frac{\partial \Phi}{\partial z} \quad . \tag{4.160}$$

Zunächst wird die Schallgeschwindigkeit mit der Energiegleichung eliminiert

$$\frac{a^2}{a_\infty^2} = 1 - \frac{\kappa - 1}{2}\, Ma_\infty^2 \left[\frac{2u'}{u_\infty} + \left(\frac{u'}{u_\infty}\right)^2 + \left(\frac{v'}{u_\infty}\right)^2 + \left(\frac{w'}{u_\infty}\right)^2\right] \quad . \tag{4.161}$$

Setzt man diese Beziehung und das Störpotential in die Potentialgleichung ein und vernachlässigt Terme der Ordnung

$$O(Ma_\infty^2 \frac{u'^2}{u_\infty^2}) \qquad O(Ma_\infty^2 \frac{v'^2}{u_\infty^2}) \qquad O(Ma_\infty^2 \frac{w'^2}{u_\infty^2}) \quad , \tag{4.162}$$

erhält man

$$\begin{aligned}(1 - Ma_\infty^2)\frac{\partial^2\Phi}{\partial x^2} + \frac{\partial^2\Phi}{\partial y^2} + \frac{\partial^2\Phi}{\partial z^2} &= (\kappa + 1)\, Ma_\infty^2 \frac{u'}{u_\infty}\frac{\partial^2\Phi}{\partial x^2} + \\ &+ (\kappa - 1)\, Ma_\infty^2 \frac{u'}{u_\infty}\left(\frac{\partial^2\Phi}{\partial y^2} + \frac{\partial^2\Phi}{\partial z^2}\right) + \\ &+ 2\, Ma_\infty^2 \left[\frac{v'}{u_\infty}\frac{\partial^2\Phi}{\partial x\partial y} + \frac{w'}{u_\infty}\frac{\partial^2\Phi}{\partial x\partial z}\right] \quad .\end{aligned} \tag{4.163}$$

Auch diese Gleichung enthält noch nichtlineare Terme, und erst die Vernachlässigung von Termen der Ordnung

$$O(Ma_\infty^2 \frac{u'}{u_\infty}) \qquad O(Ma_\infty^2 \frac{v'}{u_\infty}) \qquad O(Ma_\infty^2 \frac{w'}{u_\infty}) \tag{4.164}$$

ergibt die linearisierte Potentialgleichung

$$(1 - Ma_\infty^2)\frac{\partial^2\Phi}{\partial x^2} + \frac{\partial^2\Phi}{\partial y^2} + \frac{\partial^2\Phi}{\partial z^2} = 0 \quad . \tag{4.165}$$

Die Linearisierung ist nicht möglich für schallnahe Strömungen.

Für $Ma_\infty \to 1$ strebt der Term

$$(1 - Ma_\infty^2)\frac{\partial^2\Phi}{\partial x^2}$$

schneller gegen Null als der Term

$$(\kappa + 1)\, Ma_\infty^2 \frac{u'}{u_\infty}\frac{\partial^2\Phi}{\partial x^2} \quad .$$

Letzterer darf deshalb für schallnahe Strömungen nicht fallengelassen werden, da

$$\lim_{Ma_\infty \to 1}\left[1 - Ma_\infty^2 - (\kappa + 1)\, Ma_\infty^2 \frac{u'}{u_\infty}\right]\frac{\partial^2\Phi}{\partial x^2} = -(\kappa + 1)\frac{u'}{u_\infty}\frac{\partial^2\Phi}{\partial x^2} \quad . \tag{4.166}$$

Für $Ma_\infty \to 1$ lautet deshalb die vereinfachte Potentialgleichung

$$(1 - Ma_\infty^2)\,\frac{\partial^2 \Phi}{\partial x^2} + \frac{\partial^2 \Phi}{\partial y^2} + \frac{\partial^2 \Phi}{\partial z^2} = (\kappa + 1)\, Ma_\infty^2\, \frac{u'}{u_\infty}\, \frac{\partial^2 \Phi}{\partial x^2} \quad . \tag{4.167}$$

Für schallnahe Strömungen muß die letzte Gleichung benutzt werden, für Unter- und Überschallströmungen kann die linearisierte Potentialgleichung verwendet werden.

4.9.2 Ermittlung des Druckbeiwertes

Für die angegebene Linearisierung wie auch für die schallnahe Näherung läßt sich die Beziehung für den Druckbeiwert

$$c_p = \frac{2}{\kappa\, Ma_\infty^2} \left(\frac{p}{p_\infty} - 1 \right) \tag{4.168}$$

vereinfachen.

Für isentrope Strömungen kann diese Gleichung mit Hilfe des Energiesatzes umgeformt werden:

$$c_p = \frac{2}{\kappa\, Ma_\infty^2} \left\{ \left[1 + \frac{\kappa - 1}{2}\, Ma_\infty^2 \left(1 - \frac{u^2 + v^2 + w^2}{u_\infty^2} \right) \right]^{\frac{\kappa}{\kappa - 1}} - 1 \right\} \quad . \tag{4.169}$$

Eine Entwicklung dieses Ausdrucks ergibt für die Terme erster und zweiter Ordnung

$$c_p = - \left[\frac{2\, u'}{u_\infty} + (1 - Ma_\infty^2) \left(\frac{u'}{u_\infty} \right)^2 + \left(\frac{v'}{u_\infty} \right)^2 + \left(\frac{w'}{u_\infty} \right)^2 \right] \quad . \tag{4.170}$$

Vernachlässigt man die Terme zweiter Ordnung wie bei der Herleitung der Störpotentialgleichung, erhält man für den Druckbeiwert

$$c_p = -2 \frac{u'}{u_\infty} = - \frac{2}{u_\infty}\, \frac{\partial \Phi}{\partial x} \quad . \tag{4.171}$$

Diese Beziehung gilt auch für die schallnahe Näherung.

Ist das Störpotential durch Lösung der Potentialgleichung bekannt, kann die Druckverteilung (z.B. an einem Körper) nach der letzten Gleichung ermittelt werden.

4.9.3 Ebene Überschallströmungen um schlanke Körper

Die linearisierte Potentialgleichung für Überschallströmungen mit dem Störpotential Φ in der Form

$$\frac{\partial^2\Phi}{\partial x^2} - \frac{1}{Ma_\infty^2 - 1}\frac{\partial^2\Phi}{\partial y^2} = 0 \tag{4.172}$$

kann mit dem d'Alembertschen Ansatz für Wellengleichungen

$$\Phi(x,y) = f(\xi) + g(\eta) \tag{4.173}$$

gelöst werden. Die Funktionen $f(\xi)$ und $g(\eta)$ müssen zweimal stetig differenzierbar sein. Ihre Argumente sind wie folgt definiert:

$$\xi = x - \lambda y \qquad \eta = x + \lambda y \tag{4.174}$$

Für die Lösung der linearisierten Potentialgleichung hat λ den Wert

$$\lambda = \sqrt{Ma_\infty^2 - 1} \quad . \tag{4.175}$$

Für $\xi =$ konst. erhält man

$$y = \frac{x}{\lambda} - \text{konst} \quad . \tag{4.176}$$

Die durch diese Beziehung dargestellten Geraden haben die Steigung

$$\frac{dy}{dx} = \frac{1}{\sqrt{Ma_\infty^2 - 1}} \tag{4.177}$$

Sie sind identisch mit den Machschen Linien der Anströmung mit positiver Steigung.
Für $\eta =$ konst. ist

$$y = -\frac{x}{\lambda} + \text{konst.} \tag{4.178}$$

und

$$\frac{dy}{dx} = -\frac{1}{\sqrt{Ma_\infty^2 - 1}} \quad . \tag{4.179}$$

Die Linien $\eta =$ konst. stellen die Machschen Linien der Anströmung mit negativer Steigung dar.

Die Krümmung der Machschen Linien infolge gegenseitiger Beeinflussung von Störungen wird von der linearisierten Theorie nicht erfaßt.

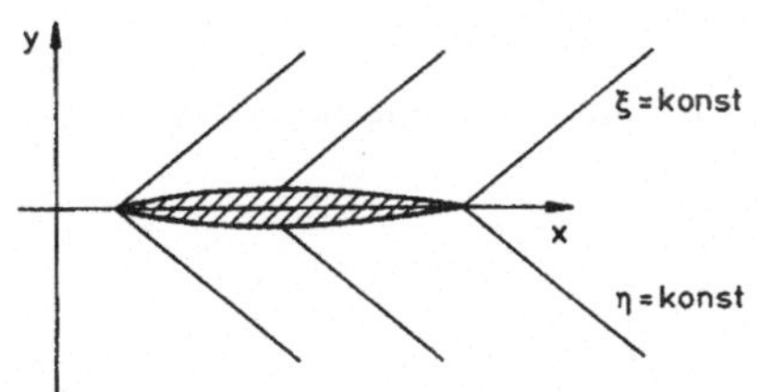

Die von einem schlanken Körper hervorgerufenen Störungen pflanzen sich auf seiner Oberseite längs der Linien $\xi = x - \lambda\, y = konst.$ fort und auf seiner Unterseite längs der Linien $\eta = x + \lambda y = konst.$

Die Lösung wird deshalb aufgeteilt:

$$\begin{array}{lll} 0 \leq y & \Phi(x,y) = f(x - \lambda y) \\ 0 \geq y & \Phi(x,y) = g(x + \lambda y) \end{array} \tag{4.180}$$

Die noch unbekannten Funktionen $f(\xi)$ und $g(\eta)$ werden aus den Randbedingungen bestimmt. Die kinematische Strömungsbedingung fordert, daß an der Oberfläche des Körpers die Richtung des Geschwindigkeitsvektors senkrecht zur Oberflächennormalen steht. Ist die Oberfläche durch die Gleichung $F(x,y) = 0$ gegeben, lautet die kinematische Strömungsbedingung

$$v \cdot \nabla\, F(x,y) = 0 \tag{4.181}$$

oder

$$(u_\infty + u')\frac{\partial F}{\partial x} + v'\frac{\partial F}{\partial y} = 0 \quad . \tag{4.182}$$

Mit $u' \ll u_\infty$ folgt für die Steigung der Körperkontur

$$\left.\frac{dy}{dx}\right|_k = \tan\beta_k \approx \frac{v'}{u_\infty} = -\frac{\frac{\partial F}{\partial x}}{\frac{\partial F}{\partial y}} \quad . \tag{4.183}$$

Da der Körper schlank ist, kann um $y = 0$ entwickelt werden:

$$v'(x,y) = v'(x,o) + \frac{\partial v'}{\partial y}(x,o)y + \; ... \tag{4.184}$$

Man erhält

$$u_\infty \left.\frac{dy}{dx}\right|_k \approx v'(x,o) = \frac{\partial \Phi}{\partial y}(x,o) \quad . \tag{4.185}$$

Für eine vorgegebene Kontur der Oberseite $F_o(x,y) = 0$ ist die Ableitung der Funktion $f(\xi)$ bestimmt durch:

$$u_\infty \left.\frac{dy}{dx}\right|_o = -\lambda \, \frac{df}{d\xi}(x,o) \tag{4.186}$$

Daraus kann die Funktion $f(\xi)$ durch Integration ermittelt werden. Der Druckbeiwert für die Oberseite ergibt sich zu

$$c_{po} = -\frac{2\,\frac{\partial \Phi}{\partial x}(x,o)}{u_\infty} = -\frac{2}{u_\infty}\,\frac{df}{d\xi}(x,o) \quad , \tag{4.187}$$

und somit zu

$$c_{po} = \frac{2}{\sqrt{Ma_\infty^2}}\,\left.\frac{dy}{dx}\right|_o \quad . \tag{4.188}$$

In analoger Weise erhält man den Druckbeiwert auf der Unterseite:

$$c_{pu} = -\frac{2}{\sqrt{Ma_\infty^2}}\,\left.\frac{dy}{dx}\right|_u \tag{4.189}$$

Mit den Druckbeiwerten für Ober- und Unterseite können Wellenwiderstand und Auftrieb berechnet werden.

4.9.4 Ebene Unterschallströmungen um schlanke Körper

Auch für kompressible Unterschallströmungen können Lösungen der linearisierten Potentialgleichung erhalten werden. Da sich die Differentialgleichung für das Störpotential

$$(1 - Ma_\infty^2)\,\frac{\partial^2 \Phi}{\partial x^2} + \frac{\partial^2 \Phi}{\partial y^2} = 0 \tag{4.190}$$

nur durch einen konstanten Faktor von der exakten Potentialgleichung für inkompressible Strömungen unterscheidet, können vorhandene Lösungsansätze der inkompressiblen Strömung übernommen werden. Die Anpassung einer solchen Lösung soll hier für ein nichtangestelltes symmetrisches Tragflügelprofil gezeigt werden. Zur Darstellung von Dickenverteilungen sind Anordnungen von Quellen und Senken auf der Symmetrielinie geeignet. Diese sind für inkompressible Strömungen durch folgende Beziehung gegeben:

$$\Phi(x,y) = \frac{E}{2\,\pi} \ln \sqrt{(x-\xi)^2 + y^2} \tag{4.191}$$

Darin ist der Ort der Quelle oder der Senke durch den Punkt $(x = \xi, \quad y = 0)$ gegeben. Die Konstante E ist positiv, wenn es sich um eine Quelle handelt, und negativ für Senken. Die letzte Gleichung erfüllt auch die linearisierte Potentialgleichung für kompressible Strömung, wenn die Koordinate y durch $y\,\sqrt{1 - Ma_\infty^2}$ ersetzt wird. Wegen der Linearität der Differentialgleichung kann das Superpositionsprinzip angewendet werden. Danach läßt sich mit einer Quell- Senkenverteilung auf der Symmetrielinie eine Kontur erzeugen. Das Potential hat dann die Form

$$\Phi(x,y) = \sum_{\imath=1}^{n} \frac{E_\imath}{2\,\pi} \ln \sqrt{(x-\xi_\imath)^2 + m^2\,y^2} \tag{4.192}$$

mit $m^2 = 1 - M_\infty^2$.

Auch eine kontinuierliche Quell- Senkenverteilung ist denkbar. Die Summe geht dann in ein Integral über:

$$\Phi(x,y) = \frac{1}{\pi\,m} \int_0^t f(\xi)\, \ln \sqrt{(x-\xi)^2 + m^2\,y^2}\, d\xi \tag{4.193}$$

Die Quellfunktion muß so bestimmt werden, daß die Profilkontur eine Stromlinie bildet. Aus der Randbedingung folgt

$$\frac{v'(x,o)}{u_\infty} = \left.\frac{dy}{dx}\right|_k = \frac{1}{u_\infty}\frac{\partial\Phi(x,o)}{\partial y} = \lim_{y\to 0} \frac{1}{\pi\,u_\infty} \int_0^t f(\xi) \frac{m\,y\,d\xi}{(k-\xi)^2 + m^2\,y^2} \quad . \tag{4.194}$$

Die Grenzwertbetrachtung ergibt die einfache Beziehung $f(x) = u_\infty \frac{dy_k}{dx}$. Damit erhält man für das Potential

$$\Phi(x,y) = \frac{u_\infty}{\pi\,m} \int_0^t \left(\frac{dy_k}{dx}\right) \ln \sqrt{(x-\xi)^2 + m^2\,y^2}\, d\xi \tag{4.195}$$

und für den Druckbeiwert

$$c_p(x,o) = -2\,\frac{u'}{u_\infty}(x,0) = -\frac{2}{\pi\,m} \int_0^t \left(\frac{dy_k}{dx}\right)_{x=\xi} \frac{d\xi}{x-\xi} \quad . \tag{4.196}$$

Die Anwendung der Lösung wird am Beispiel der Umströmung eines Parabelzweiecks

$$y_k = 4d\left(\frac{x}{t} - \left(\frac{x}{t}\right)^2\right) \qquad (4.197)$$

erläutert. Aus der Körperkontur wird zunächst die Quellfunktion $f(x)$ bestimmt.

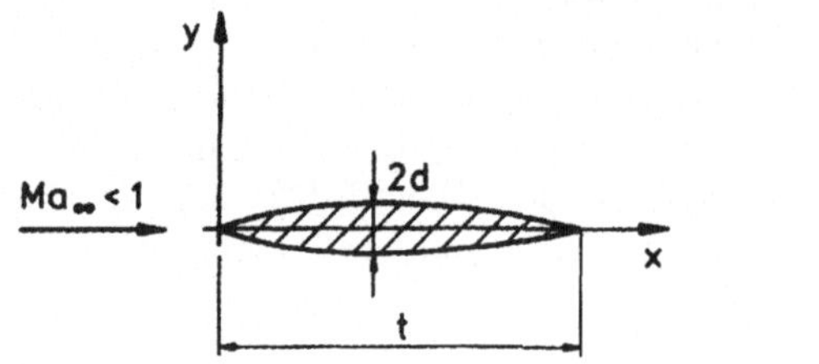

$$f(x) = u_\infty \frac{dy_k}{dx} = 4\frac{d}{t}\,u_\infty\,(1 - 2\,\frac{x}{t}) \qquad (4.198)$$

Die Störgeschwindigkeit für $y = 0$ ist

$$u'(x,0) = 4\,\frac{d}{t}\,\frac{u_\infty}{\pi\,m}\int_0^t (1 - 2\frac{\xi}{t})\,\frac{1}{(x-\xi)}d\xi \quad , \qquad (4.199)$$

und der Ausdruck für den Druckbeiwert lautet

$$c_p(x,0) = -8\,\frac{d}{t}\,\frac{1}{\pi\,m}\left(2 - \left(1 - 2\,\frac{x}{t}\right)\ln\left|\frac{1-\frac{x}{t}}{\frac{x}{t}}\right|\right) . \qquad (4.200)$$

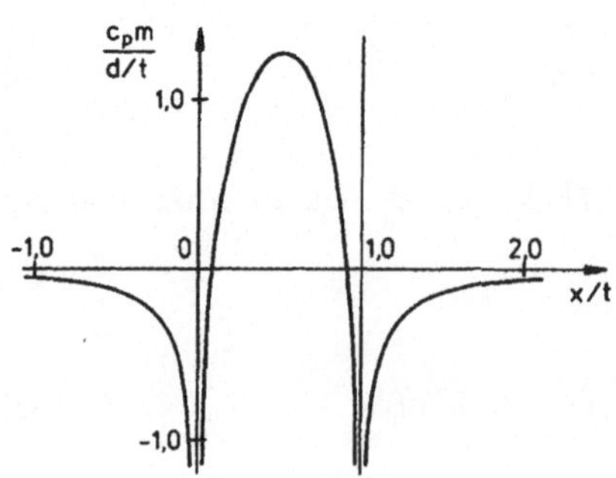

Die graphische Darstellung zeigt das singuläre Verhalten der Lösung an der Vorder- und Hinterkante. Das Versagen der Lösung an diesen Stellen ist auf die durch die Linearisierung eingeführten Vereinfachungen zurückzuführen. Ferner wird deutlich, daß die Lösung für gleiche Werte des Dickenverhältnisses $\frac{d}{t}$ gleiche Werte für das Produkt $c_p\,m$ liefert. Daraus geht hervor, daß ähnliche Profile auch ähnliche Druckverteilungen ergeben.

4.9.5 Umströmung schlanker Rotationskörper

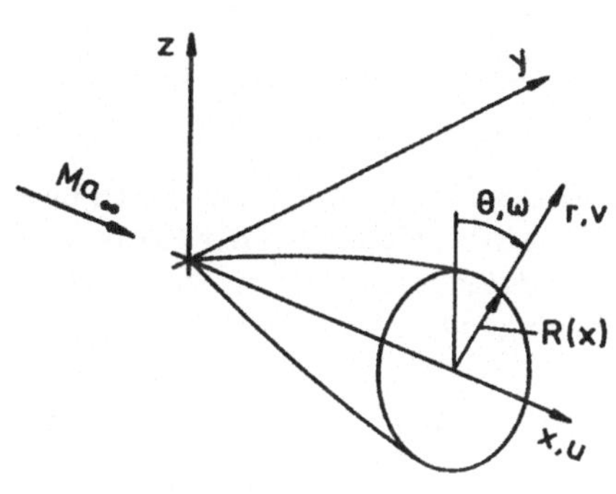

Unter einem schlanken Rotationskörper versteht man einen axialsymmetrischen Körper, dessen örtlicher Radius $R(x)$ stets wesentlich kleiner ist als seine Länge L. Für vorn zugespitzte Körper können Lösungen der vereinfachten Potentialgleichung in ähnlicher Weise konstruiert werden wie für ebene Strömungen. Die Geschwindigkeitskomponenten in axialer, radialer und azimutaler Richtung werden wieder durch ein Störpotential ausgedrückt:

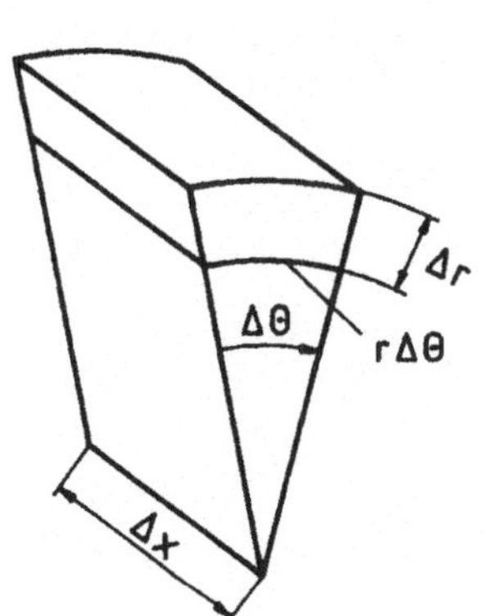

$$u' = \frac{\partial \Phi}{\partial x} \qquad v' = \frac{\partial \Phi}{\partial r} \qquad w' = \frac{1}{r}\,\frac{\partial \Phi}{\partial \theta} \tag{4.201}$$

Die linearisierte Potentialgleichung für Rotationskörper weist im Vergleich zur ebenen Strömung einen zusätzlichen Term auf, der aus der Form der Kontinuitätsgleichung in Zylinderkoordinaten resultiert. Betrachtet man ein Volumenelement der Strömung in Zylinderkoordinaten und bildet die Massenbilanz für eine stationäre Strömung, erhält man für die Kontinuitätsgleichung

$$\frac{1}{r}\,\frac{\partial}{\partial r}(\rho\, v\, r) + \frac{\partial}{\partial x}(\rho\, u) + \frac{1}{r}\,\frac{\partial}{\partial \theta}(\rho\, w) = 0 \quad . \tag{4.202}$$

Der Term, der die Radialkomponente enthält, weicht in seiner Form von dem entsprechenden Term für ebene Strömungen ab. Damit ändert sich auch die linearisierte Potentialgleichung:

$$(1 - Ma_\infty^2)\,\frac{\partial^2 \Phi}{\partial x^2} + \frac{\partial^2 \Phi}{\partial r^2} + \frac{1}{r}\,\frac{\partial \Phi}{\partial r} + \frac{1}{r^2}\,\frac{\partial^2 \Phi}{\partial \theta^2} = 0 \tag{4.203}$$

Der letzte Term verschwindet für rotationssymmetrische Strömungen; der vorletzte Term hat für $r \to 0$ den Grenzwert

$$\lim_{r\to 0} \frac{1}{r}\,\frac{\partial \Phi}{\partial r} = \left.\frac{\partial^2 \Phi}{\partial r^2}\right|_{r=0} = 0 \quad . \tag{4.204}$$

Auch in der Formulierung der Randbedingung für die Körperkontur ergeben sich Abweichungen von der ebenen Strömung.

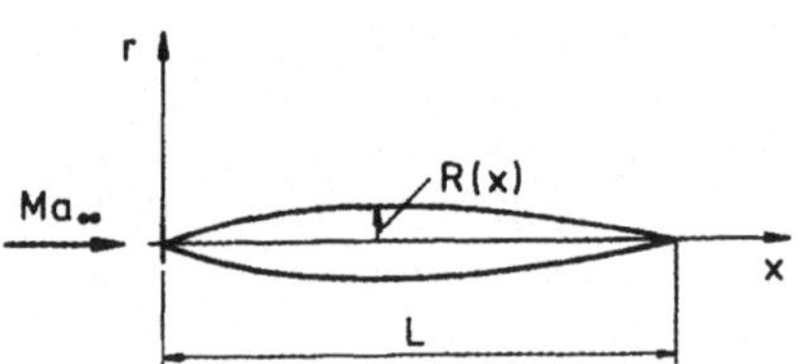

Ist die Kontur mit einer bestimmten Radiusverteilung über der Körperlänge L vorgegeben, lautet die exakte Randbedingung

$$\frac{dR}{dx} = \left(\frac{v'}{u_\infty + u'}\right)_R \quad . \tag{4.205}$$

Soll diese Randbedingung wieder wie bei der Betrachtung ebener Strömungen approximativ auf der Achse vorgegeben werden, muß die Reihenentwicklung für $v(r,x)$ um $r = 0$ das durch die Kontinuitätsgleichung bedingte andersartige Verhalten der Radialkomponente der Geschwindigkeit berücksichtigen. Schreibt man die Kontinuitätsgleichung in der Form

$$\frac{\partial}{\partial r}\,(\rho\, v\, r) = -r\,\frac{\partial}{\partial x}(\rho\, u) \quad , \tag{4.206}$$

erkennt man, daß, wenn $\frac{\partial}{\partial x}\,(\rho\, u)$ in der Nähe der Achse endlich bleibt, für $r \to 0$

$$\lim_{r\to 0} \frac{\partial}{\partial r}\,(\rho\, v\, r) \to 0 \quad . \tag{4.207}$$

Damit ist das Produkt $\rho\, v\, r$ in Achsnähe eine Funktion der axialen Koordinate x, und die Entwicklung der Radialkomponente lautet:

$$v\, r = a_0(x) + a_1(x) r + a_2(x) r^2 + \ldots \tag{4.208}$$

Die Approximation der exakten Randbedingung nimmt damit die folgende Form an:

$$R\,\frac{dR}{dx} = \left(\frac{v' R}{u_\infty + u'}\right)_R \approx \frac{a_0(x)}{u_\infty} \tag{4.209}$$

Auch für den Druckbeiwert ergibt sich eine Änderung im Vergleich zur ebenen Strömung. Da v' und u' für $r \to 0$ von unterschiedlicher Ordnung sind, lautet die Beziehung für rotationssymmetrische Strömungen in Achsennähe

$$c_p = -2\frac{u'}{u_\infty} - \frac{v'^2}{u_\infty^2} \quad . \tag{4.210}$$

Die Lösung der linearisierten Potentialgleichung für rotationssymmetrische, kompressible Strömungen um schlanke Körper wird wieder durch Superposition von Fundamentallösungen der inkompressiblen Strömung konstruiert. Die Dickenverteilung von schlanken Rotationskörpern kann wieder mit auf der Achse angeordneten Quellen erzeugt werden. Diese sind durch folgende Beziehung

$$\Phi(x,r) = \sum_{i=1}^{n} \frac{E_i}{\sqrt{(x-\xi_i)^2 + r^2}} \tag{4.211}$$

für die inkompressible Strömung gegeben, wobei E_i positive (Quellen) und negative (Senken) Konstanten darstellen. Bei kontinuierlicher Quell- Senkenverteilung auf der Achse geht die Summe wieder in ein Integral über, so daß

$$\Phi(x,r) = \int_0^L \frac{f(\xi)\, d\xi}{\sqrt{(x-\xi)^2 + r^2}} \quad . \tag{4.212}$$

Die Quellfunktion $f(\xi)$ muß aus den Randbedingungen - wie schon vorher geschildert - bestimmt werden. Die Lösung für die kompressible Strömung wird wieder mit Hilfe einer Streckung der radialen Koordinate durch den Faktor $\sqrt{(1 - Ma_\infty^2)}$ angepaßt. Das Potential hat die Form

$$\Phi(x,r) = \int_0^L \frac{f(\xi)\, d\xi}{\sqrt{(x-\xi)^2 + (mr)^2}} \quad . \tag{4.213}$$

Formal läßt sich die Lösung auch auf Überschallströmungen ausdehnen. Mit $\lambda^2 = Ma_\infty^2 - 1 \to 0$ geht die linearisierte Potentialgleichung

$$\frac{\partial^2 \Phi}{\partial r^2} + \frac{1}{r}\frac{\partial \Phi}{\partial r} - \lambda^2 \frac{\partial^2 \Phi}{\partial x^2} = 0 \tag{4.214}$$

in die Form einer Wellengleichung über, deren Lösung durch Superposition von Fundamentallösungen für Quell- Senkenverteilungen auf der Achse

$$\Phi(x,r) = \frac{E_i}{\sqrt{(x-\xi_i)^2 - (\lambda\, r)^2}} \tag{4.215}$$

erhalten werden kann. Das Potential wird imaginär, wenn $\lambda^2\, r^2 \to (x - \xi_i)^2$ wird. Da ein imaginäres Potential keine physikalisch sinnvolle Lösung darstellt, darf bei der kontinuierlichen Quell- Senkenverteilung die Integration nur bis zur oberen Grenze

$$\xi \leq x - \lambda\, r \tag{4.216}$$

durchgeführt werden. Die Integraldarstellung des Potentials lautet dann

$$\Phi(x,r) = \int_0^{x-\lambda r} \frac{f(\xi)\, d\xi}{\sqrt{(x-\xi)^2 - (\lambda\, r)^2}} \quad . \tag{4.217}$$

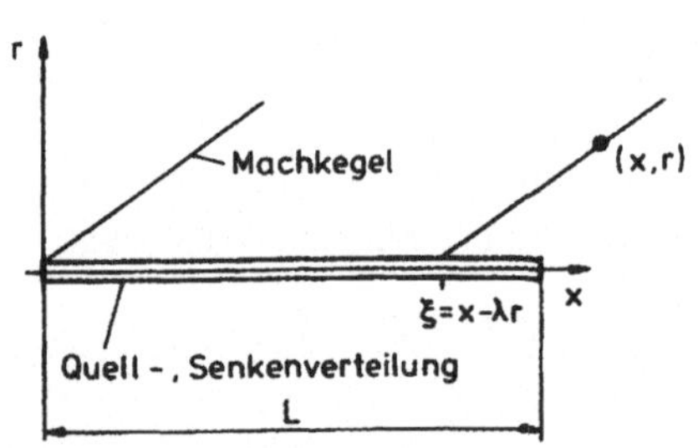

Die Änderung der oberen Integrationsgrenze ist bedingt durch den Einflußbereich der Überschallströmung. Ein Punkt $P(x,r)$, der auf dem durch $\xi = x - \lambda\, r$ gegebenen Machkegel liegt, kann nicht durch die weiter stromab angeordneten Quellen und Senken beeinflußt werden.

4.10 Ähnlichkeitsregeln

Unter ähnlichen Strömungen werden solche Strömungen verstanden, die unter geometrisch ähnlichen Bedingungen physikalisch ähnlich ablaufen. Verhältnisse zweier oder mehrerer Kräfte oder Energien müssen an entsprechenden Punkten in zwei zu vergleichenden Strömungen gleich sein. Die Übertragungsgesetze sind zum Beispiel durch die Ähnlichkeitsgesetze nach Euler, Strouhal, Reynolds und Mach gegeben. Bekanntlich können nicht immer alle von ihnen gleichzeitig eingehalten werden, wenn Meßdaten auf Großausführungen übertragen werden sollen.

In der Gasdynamik werden für stationäre, reibungsfreie Strömungen das Machsche und das Eulersche Ähnlichkeitsgesetz mit geometrischen Parametern im Rahmen der vereinfachten Potentialtheorie zu Ähnlichkeitsregeln erweitert. In den folgenden Abschnitten werden diese kurz diskutiert.

4.10.1 Ähnlichkeitsregeln für ebene Strömungen nach der linearisierten Theorie

Gegeben sei eine kompressible Unterschallströmung, die der linearisierten Potentialgleichung genügt:

$$\frac{\partial^2 \Phi_1}{\partial x_1^2} + \frac{1}{1 - Ma_1^2}\, \frac{\partial^2 \Phi_1}{\partial y^2} = 0 \tag{4.218}$$

Die Anströmmachzahl sei Ma_1 und das Störpotential sei $\Phi_1(x_1, y_1)$. Das Störpotential erfüllt die Randbedingung

$$\frac{\partial \Phi_1}{\partial y_1}(x_1, 0) = u_1 \left.\frac{dy_1}{dx_1}\right|_k = u_1 \frac{d_1}{t_1} f_1'(\frac{x_1}{t_1}) \quad . \tag{4.219}$$

Die Größen d_1 und t_1 stellen die maximale Dicke und Länge des Körpers, u_1 die Anströmgeschwindigkeit und $f_1(\frac{x_1}{t_1})$ die Kontur des Körpers, der als schlank vorausgesetzt werden muß, dar. Der Druckbeiwert ist

$$c_{p1} = -\frac{2}{u_1} \left(\frac{\partial \Phi_1}{\partial x_1}\right) \quad . \tag{4.220}$$

Eine zweite Strömung mit Potential $\Phi_2(x_2, y_2)$ erfüllt die linearisierte Potentialgleichung bei einer anderen Anströmmachzahl Ma_2:

$$\frac{\partial^2 \Phi_2}{\partial x_2^2} + \frac{1}{1 - Ma_2^2} \frac{\partial^2 \Phi_2}{\partial y_2^2} = 0 \tag{4.221}$$

Die entsprechende Randbedingung lautet

$$\frac{\partial^2 \Phi_2}{\partial y_2^2}(x_2, 0) = u_2 \left.\frac{dy_2}{dx_2}\right|_k = u_2 \frac{d_2}{t_2} f_2' \left(\frac{x_2}{t_2}\right) \quad , \tag{4.222}$$

und der Druckbeiwert ist

$$c_{p2} = -\frac{2}{u_2} \frac{\partial \Phi_2}{\partial x_2} \quad . \tag{4.223}$$

Das Potential Φ_1 und damit auch der Druckbeiwert c_{p1} seien bekannt. Es soll nun gezeigt werden, daß c_{p2} durch c_{p1} ausgedrückt werden kann. Zuerst wird die Differentialgleichung für das Potential Φ_1 in die für das Potential Φ_2 überführt. Dafür ist es erforderlich, die Abhängigkeiten $x_2 = x_2(x_1)$ und $y_2 = y_2(y_1)$ zu bestimmen. Der Differentialoperator $\frac{\partial^2}{\partial x_1^2}$ wird dazu durch x_2 ausgedrückt:

$$\frac{\partial^2}{\partial x_1^2} = \left(\frac{\partial x_2}{\partial x_1}\right)^2 \frac{\partial^2}{\partial x_2^2} + \frac{\partial^2 x_2}{\partial x_1^2} \frac{\partial}{\partial x_2} \tag{4.224}$$

Da die erste Ableitung des Potentials in der Differentialgleichung nicht auftritt, muß der Term $\frac{\partial^2 x_2}{\partial x_1^2}$ verschwinden. Zwischen x_2 und x_1 besteht somit ein linearer Zusammenhang $x_2 = a\, x_1$, wobei a eine Konstante ist. Gleiches gilt für y_2 und y_1, so daß $y_2 = b\,y_1$ ist. Damit geht die Differentialgleichung für Φ_1 in folgende Form über

$$a^2\,\frac{\partial^2\Phi_1}{\partial x_2^2} + \frac{b^2}{1-Ma_2^2}\,\frac{\partial^2\Phi_1}{\partial y_2^2} = 0 \quad , \tag{4.225}$$

und die Randbedingung lautet

$$b\,\frac{\partial\Phi_1}{\partial y_2} = u_1\,\left(\frac{d_1}{t_1}\right)\,f_1'\,\left(\frac{x_1}{t_1}\right) \quad . \tag{4.226}$$

Für den Druckbeiwert erhält man

$$c_{p1} = -\frac{2}{u_1}\,a\,\left(\frac{\partial\Phi_1}{\partial x_2}\right) \quad . \tag{4.227}$$

Da die vereinfachte Potentialgleichung linear und homogen ist, kann jede Lösung mit einer beliebigen Konstanten multipliziert werden. Um Φ_1, durch Φ_2 auszudrücken, kann deshalb eine lineare Beziehung zwischen beiden Lösungen angesetzt werden:

$$\Phi_1(x_1,y_1) = A\Phi_2(x_2,y_2) \tag{4.228}$$

Die Größe A ist eine unbekannte Konstante. Substituiert man Φ_1 mit dieser Beziehung in der Differentialgleichung, wird deutlich, daß die Gleichung für Φ_1 in die für Φ_2 übergeht, wenn das Verhältnis $\frac{b}{a}$ den Wert

$$\frac{b}{a} = \sqrt{\frac{1-Ma_1^2}{1-Ma_2^2}} \tag{4.229}$$

hat. Die Randbedingung für Φ_1 lautet dann

$$\frac{\partial\Phi_2}{\partial y_2}(x_2,0) = \frac{u_2}{b\,A}\,\left(\frac{d_1}{t_1}\right)\,f_1'\,\left(\frac{x_1}{t_1}\right) \quad . \tag{4.230}$$

Die Randbedingung für Φ_2 mit einem beliebig angenommenen Dickenverhältnis $\frac{d_2}{t_2}$ lautet

$$\frac{\partial\Phi_2}{\partial y_2}(x_2,0) = u_2\,\left(\frac{d_2}{t_2}\right)\,f_2'\,\left(\frac{x_2}{t_2}\right) \quad . \tag{4.231}$$

Für Körper gleicher Familie $f_1\left(\frac{x_1}{t_1}\right) = f_2\left(\frac{x_2}{t_2}\right)$ ergibt sich die Konstante A zu

$$A = \frac{1}{b}\frac{u_1}{u_2}\frac{d_1}{t_1}\frac{t_2}{d_2} \quad . \tag{4.232}$$

Umgekehrt kann auch die Konstante A frei gewählt und das Dickenverhältnis $\frac{d_2}{t_2}$ damit festgelegt werden. Für die Druckbeiwerte gilt

$$c_{p1} = -\frac{2\,a\,A}{u_1}\left(\frac{\partial \Phi_2}{\partial x_2}\right) = \frac{u_2}{u_1}\,A\,a\,c_{p2} \quad . \tag{4.233}$$

Zusammengefaßt ergibt sich

$$c_{p1}\,\frac{\sqrt{1-Ma_1^2}}{\frac{d_1}{t_1}} = c_{p2}\,\frac{\sqrt{1-Ma_2^2}}{\frac{d_2}{t_2}} \quad . \tag{4.234}$$

Da die linke Seite der letzten Gleichung als bekannt vorausgesetzt ist, kann der Index auf der rechten Seite fallen gelassen werden:

$$c_p\,\frac{\sqrt{1-Ma_1^2}}{\frac{d_1}{t_1}} = \text{konst} \quad . \tag{4.235}$$

Aus dieser Beziehung ergeben sich vier Regeln für Körper, die durch die Kontur $f(\frac{x}{t})$ gegeben sind:

1. Der Druckbeiwert c_p bleibt konstant, solange das Verhältnis $\frac{(1-M_\infty^2)^{\frac{1}{2}}}{(\frac{d}{t})}$ konstant bleibt.
2. Der Druckbeiwert c_p nimmt mit $(1-Ma_\infty^2)^{-\frac{1}{2}}$ zu, wenn das Dickenverhältnis $\frac{d}{t}$ konstant gehalten wird (Prandtl-Glauert-Regel).
3. Der Druckbeiwert c_p nimmt mit $\frac{d}{t}$ zu, wenn die Anströmmachzahl konstant gehalten wird.
4. Der Druckbeiwert c_p nimmt mit $(1-Ma_\infty^2)^{-1}$ zu, wenn das Dickenverhältnis $\frac{d}{t}$ mit $(1-Ma_\infty^2)^{-\frac{1}{2}}$ zunimmt (Göthert-Regel).

Die Regeln gelten entsprechend auch für Überschallströmungen.

4.10.2 Anwendung der Ähnlichkeitsregeln für ebene Strömungen

Ist die Druckverteilung an einem Tragflügelprofil für eine bestimmte Anströmmachzahl gemessen, kann man die Meßergebnisse mit Hilfe der Prandtl-Glauert-Regel auf andere Anströmmachzahlen umrechnen. Danach bleibt das Produkt aus Druckbeiwert und $(1-Ma_\infty^2)^{\frac{1}{2}}$ konstant:

$$c_{p2} = c_{p1} \sqrt{\frac{1 - Ma_1^2}{1 - Ma_2^2}} \quad . \tag{4.236}$$

Für $Ma_1 = 0.4$ erhält man zum Beispiel für $Ma_2 = 0.7$ c_{p2} zu $1.283\ c_{p1}$. Eine andere Anwendung der Prandtl-Glauert-Regel wird am Beispiel der Ermittlung der kritischen Anström-Mach-Zahl eines Tragflügelprofils gezeigt.

Bei Unterschallanströmung eines Tragflügelprofils wird der Druck in der Regel auf der Oberseite abgesenkt, so daß die Strömung örtlich Schallgeschwindigkeit oder gar Überschallgeschwindigkeit erreichen kann. Diejenige Anström-Mach-Zahl, bei der zuerst örtlich Schallgeschwindigkeit erreicht wird, heißt kritische Anström-Mach-Zahl. Aus der Beziehung für den Druckbeiwert

$$c_p = \frac{2}{\kappa\, Ma_\infty^2} \left\{ \left[\frac{2 + (\kappa - 1)\, Ma_\infty^2}{2 + (\kappa - 1)\, Ma^2} \right]^{\frac{\kappa}{\kappa - 1}} - 1 \right\} \tag{4.237}$$

ergibt sich der kritische Druckbeiwert daraus mit $Ma = 1$ zu

$$c_{pkrit} = \frac{2}{\kappa\, Ma_\infty^2} \left\{ \left[\frac{2 + (\kappa - 1)\, Ma_\infty^2}{\kappa + 1} \right]^{\frac{\kappa}{\kappa - 1}} - 1 \right\} \quad . \tag{4.238}$$

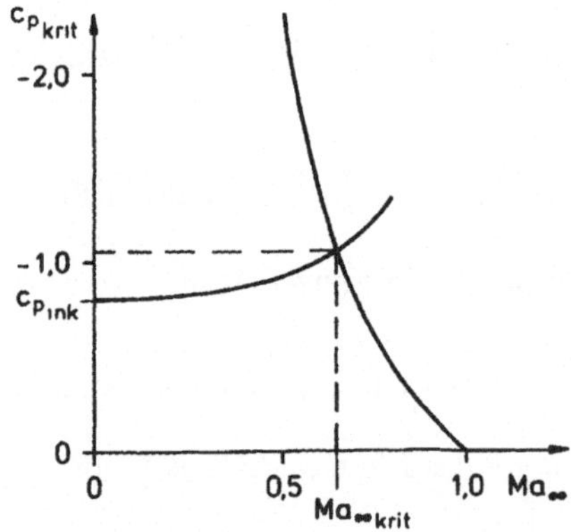

Diese Beziehung ist unabhängig vom betrachteten Tragflügelprofil. Die kritische Anström-Mach-Zahl eines Tragflügelprofils läßt sich mit Hilfe der Prandtl-Glauert-Regel bestimmen, wenn die Druckverteilung bei einer anderen Anström-Mach-Zahl, zum Beispiel $Ma_\infty = 0$, bestimmt worden ist. Dann gilt

$$c_p = \frac{c_{pink}}{\sqrt{1 - Ma_\infty^2}} \quad . \tag{4.239}$$

Mit dieser Beziehung kann in dem nebenstehenden Diagramm die kritische Anströmmachzahl durch den Schnitt beider Kurven ermittelt werden.

Als drittes Beispiel wird die Anwendung der Göthert-Regel gezeigt. Nach dieser Regel bleibt das Produkt aus Dickenverhältnis $\frac{d}{t}$ und $(1 - Ma_\infty^2)^{\frac{1}{2}}$ konstant.

Soll ein Tragflügel, dessen Druckverteilung bei einem bestimmten Anstellwinkel in inkompressibler Anströmung bekannt ist, auf eine kompressible Unterschallströmung umgerechnet werden, ergibt sich bei gleichbleibender maximaler Dicke für die Flügeltiefe t

$$t = t_{ink}\,\sqrt{1 - Ma_\infty^2} \quad . \tag{4.240}$$

Der entsprechende Anstellwinkel ist dann

$$\alpha = \frac{\alpha_{ink}}{\sqrt{1 - Ma_\infty^2}} \quad . \tag{4.241}$$

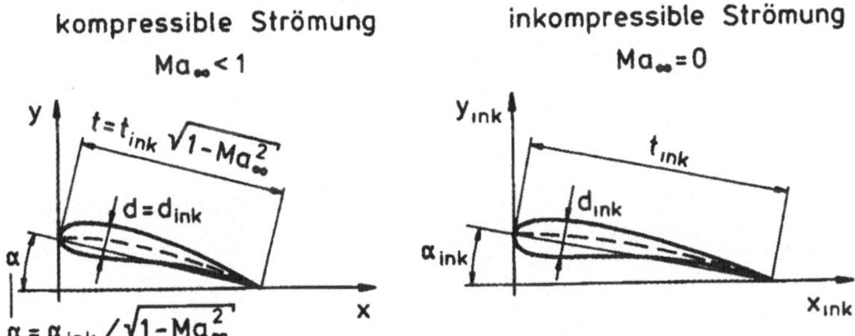

Bei Pfeilflügeln muß auch die Grundrißform geändert werden.

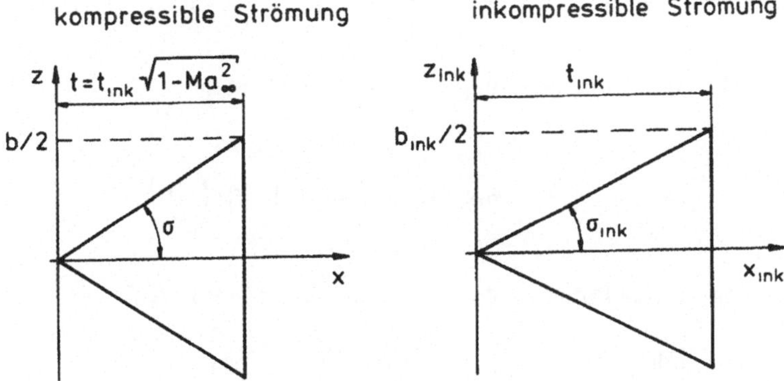

Der entsprechende Pfeilwinkel σ für kompressible Strömungen ist

$$\sigma = \arctan\left(\tan\frac{\sigma_{ink}}{\sqrt{1 - Ma_\infty^2}}\right) \quad . \tag{4.242}$$

Die Ähnlichkeitsregeln gelten nicht in der Nähe der Staupunkte, da dort die linearisierte Theorie ihre Gültigkeit verliert.

4.10.3 Ähnlichkeitsregeln für rotationssymmetrische Strömungen

Sind $\Phi_1(x_1, r_1)$ und $\Phi_2(x_2, r_2)$ Lösungen der linearisierten Potentialgleichung für rotationssymmetrische Strömungen

$$\frac{\partial^2 \Phi}{\partial x^2} + \left(\frac{1}{1 - Ma_\infty^2}\right) \left(\frac{\partial^2 \Phi}{\partial r^2} + \frac{1}{r}\frac{\partial \Phi}{\partial r}\right) = 0 \quad , \tag{4.243}$$

bestehen wie bei ebenen Problemen die Zusammenhänge $x_2 = a\,x_r$, $\quad r_2 = b\,r_1$ mit

$$\frac{b}{a} = \sqrt{\frac{1 - Ma_1^2}{1 - Ma_2^2}} \text{ und } \Phi_1(x_1, r_1) = A\,\Phi_2(x_2, r_2) \quad . \tag{4.244}$$

Unterschiede ergeben sich bei der Übertragung der Randbedingungen. Die Randbedingung für das Potential $\Phi_1(x_1, r_1)$ lautet mit

$$R_1 = \left(\frac{R_{max}}{l}\right)_1 l_1\, f_1\left(\frac{x_1}{l_1}\right)$$

$$\frac{\partial \Phi_1}{\partial r_1}(x_1, r_1 = R_1) = u_1 \left(\frac{R_{max}}{l}\right)_1 f_1'\left(\frac{x_1}{l_1}\right) \quad . \tag{4.245}$$

Substituiert man Φ_1 und r_2 mit dem obigen Ansatz, erhält man

$$bA\,\frac{\partial \Phi_2}{\partial r_2}(x_2, r_2 = bR_1) = u_1 \left(\frac{R_{max}}{l}\right)_1 f_1'\left(\frac{x_1}{l_1}\right) \tag{4.246}$$

Die Randbedingung für das Potential Φ_2 lautet mit $R_2 = \left(\frac{R_{max}}{l}\right)_2 l_2\, f_2\left(\frac{x_2}{l_2}\right)$

$$\frac{\partial \Phi_2}{\partial r_2}(x_2, r_2 = R_2) = u_2 \left(\frac{R_{max}}{l}\right)_2 f_2'\left(\frac{x_2}{l_2}\right) \quad . \tag{4.247}$$

Aus dem Vergleich der letzten drei Gleichungen folgt, daß für Körper einer Familie $f_1\left(\frac{x_1}{l_1}\right) = f_2\left(\frac{x_2}{l_2}\right)$ die Dickenverhältnisse die Bedingung

$$\left(\frac{R_{max}}{l}\right)_2 = \sqrt{\frac{1 - Ma_1^2}{1 - Ma_2^2}} \left(\frac{R_{max}}{l}\right)_1 \tag{4.248}$$

erfüllen müssen. Damit ist A durch die Randbedingungen festgelegt:

$$A = \frac{u_1}{u_2} \frac{\left(\frac{R_{max}}{l}\right)_1}{\left(\frac{R_{max}}{l}\right)_2} \frac{1}{b} \tag{4.249}$$

Der Druckbeiwert c_{p1}

$$c_{p1} = -\frac{2}{u_1} \frac{\partial \Phi_1}{\partial x} - \frac{1}{u_1^2} \left(\frac{\partial \Phi_1}{\partial r_1}\right)^2 \tag{4.250}$$

nimmt nach Ersetzen von Φ_1 durch Φ_2 und r_1 durch r_2 folgende Form an:

$$c_{p1} = \frac{1 - Ma_1^2}{1 - Ma_2^2} \left[-\frac{2}{u_2} \frac{\partial \Phi_2}{\partial x} - \frac{1}{u_2^2} \left(\frac{\partial \Phi_2}{\partial r_2}\right)^2 \right] \tag{4.251}$$

Der Inhalt der eckigen Klammer stellt den Druckbeiwert c_{p2} dar. Das daraus resultierende Ähnlichkeitsgesetz hat die Form

$$c_p = \frac{\text{konst.}}{1 - Ma_\infty^2} \quad . \tag{4.252}$$

Es kann auch mit der Bedingung für die maximalen Radien in folgender Form geschrieben werden

$$c_p = \frac{\text{konst.} \left(\frac{R_{max}}{l}\right)}{\sqrt{1 - Ma_\infty^2}} \quad , \tag{4.253}$$

die der für ebene Strömungen gleicht.

4.10.4 Ähnlichkeitsregeln für ebene schallnahe Strömungen

Anstelle der linearisierten Potentialgleichung tritt die nichtlineare Näherung für schallnahe Strömungen

$$\frac{\partial^2 \Phi}{\partial x^2} + \frac{1}{1 - Ma_\infty^2} \frac{\partial^2 \Phi}{\partial y^2} = \frac{(\kappa + 1)\, Ma_\infty^2}{(1 - Ma_\infty^2)} \frac{1}{u_\infty} \frac{\partial \Phi}{\partial x} \frac{\partial^2 \Phi}{\partial x^2} \quad . \tag{4.254}$$

Mit den gleichen Ansätzen wie zuvor liegt jetzt die Konstante A schon durch die rechte Seite der Diffrentialgleichung fest

$$A = \frac{(\kappa_2 + 1)\, Ma_2^2\, (1 - Ma_1^2)}{(\kappa_1 + 1)\, Ma_1^2\, (1 - Ma_2^2)} \quad , \tag{4.255}$$

und die Beziehung für die Druckbeiwerte lautet:

$$\frac{c_{p1}\, (\kappa_1 + 1)\, Ma_1^2}{1 - Ma_1^2} = \frac{c_{p2}\, (\kappa_2 + 1)\, Ma_2^2}{1 - Ma_2^2} \tag{4.256}$$

Da die Konstante A schon festliegt, können diese Betrachtungen nicht auf rotationssymmetrische Strömungen ausgedehnt werden.

4.11 Literaturhinweise

BECKER, E.: *Gasddynamik* Leitfäden der angewandten Mathematik und Mechanik, Bd.6, 1966. (Vertrieb wurde eingestellt.)

GANZER, U.: *Gasdynamik* Springer Verlag, 1988.

LIEPMANN, H.W., ROSHKO, A.: *Elements of Gasdynamics* John Wiley Verlag, 1957.

OSWATITSCH K.: *Grundlagen der Gasdynamik* Springer Verlag, 1976.

SAUER, R.: *Einführung in die theoretische Gasdynamik*, Springer Verlag, 1960.

SHAPIRO, A.H.: *The Dynamics and Thermodynamics of* Compressible Fluid Flow, Vol.1 John Wiley Verlag, 1953.

ZIEREP, J.: *Theoretische Gasdynamik, Band 1* Braun Verlang, 3. Auflage, 1976.

Übungen zur Gasdynamik

5.1 Aufgaben

5.1.1 Eindimensionale stationäre Gasströmung

1.1 Eine Stromröhre wird reibungsfrei ohne Austausch von Wärme und technischer Arbeit durchströmt.

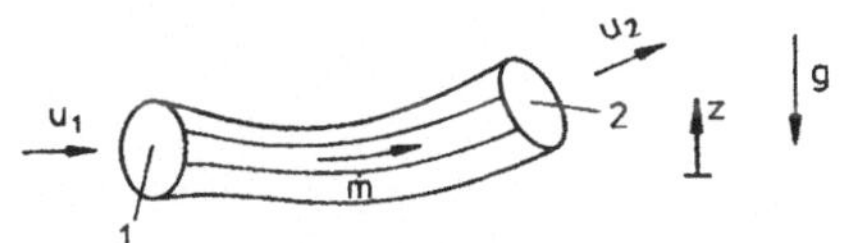

(a) Formulieren Sie für dieses System den ersten Hauptsatz der Thermodynamik!

(b) Welche Energieformen treten
1. für kompressible Fluide
2. für inkompressibie Fluide in Wechselwirkung?

1.2 Ein Flugzeug überfliegt im Horizontalflug einen Beobachter.

$$H = 577\,m \quad v = 680\,\frac{m}{s} \quad T = 287\,K$$
$$R = 287\,\frac{Nm}{kg\,K} \quad \kappa = 1,4$$

(a) Wie groß ist die Mach-Zahl?

(b) Welche Strecke legt das Flugzeug zurück, ehe es vom Beobachter gehört wird?

(c) Wann wurde das wahrgenommene Geräusch erzeugt?

1.3 Bestimmen Sie für eine isentrope Strömung ($\kappa = 1,4$)

(a) das kritische Temperaturverhältnis,

(b) das kritische Druckverhältnis,

(c) den Grenzwert der kritischen Mach-Zahl $Ma^* = \frac{u}{a^*}$ für $Ma \to \infty$!

Wie groß ist die Temperaturänderung der Luft über den senkrechten Verdichtungsstoß?

1.4 Eine schwache Druckstörung durchläuft ein ruhendes Gas. Leiten Sie den Ausdruck für die Ausbreitungsgeschwindigkeit ab!

$$a^2 = \left(\frac{\partial p}{\partial \rho}\right)_s$$

stationäre Wellenfront

p, ρ, u, h — p + Δp, ρ + Δρ, u + Δu, h + Δh

1.5 Ein Düsenflugzeug überholt ein zweites im Abstand b.

$$v_A = 510\,\frac{m}{s} \quad v_B = 680\,\frac{m}{s} \quad b = 170\,m$$

$$T = 287\,K \quad R = 287\,\frac{Nm}{kg\,K} \quad \kappa = 1,4$$

Nach welcher Zeit kann der Pilot des überholten Flugzeugs das vom schneller fliegenden verursachte Geräusch wahrnehmen?

1.6 Gas strömt entgegen der Gravitationsrichtung stationär und isentrop durch ein vertikales zylindrisches Rohr.

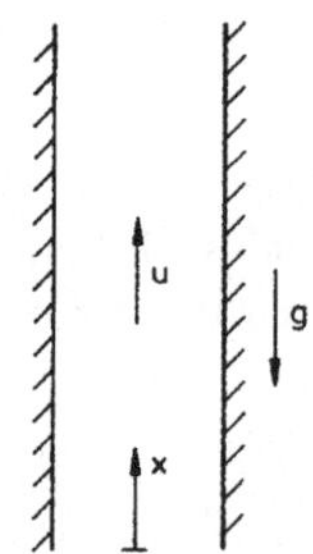

Leiten Sie den Ausdruck für die konvektive Beschleunigung her, und geben Sie an, wie sich die Geschwindigkeit in Strömungsrichtung für

(a) $Ma(x = 0) < 1$
(b) $Ma(x = 0) > 1$

ändert!

1.7 Leiten Sie für eine eindimensionale, isoenergetische Strömung mit Hilfe des Energiesatzes den Zusammenhang zwischen Ma^* und Ma her und zeigen Sie, daß für $\kappa = konst.$

$$\lim_{Ma\to\infty} Ma^* = \sqrt{\frac{\kappa+1}{\kappa-1}}$$

ist!

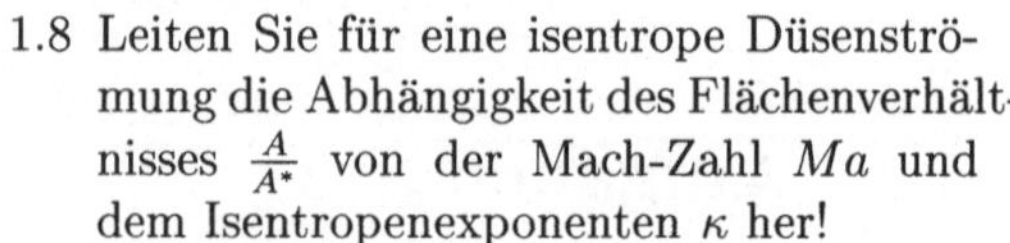

1.8 Leiten Sie für eine isentrope Düsenströmung die Abhängigkeit des Flächenverhältnisses $\frac{A}{A^*}$ von der Mach-Zahl Ma und dem Isentropenexponenten κ her!

1.9 Im untenstehenden Diagramm ist der Zusammenhang zwischen der Massenstromdichte Θ und der auf die Ruheschallgeschwindigkeit a_0 bezogenen lokalen Geschwindigkeit v für eine eindimensionale, isentrope und isoenergetische Strömung dargestellt.

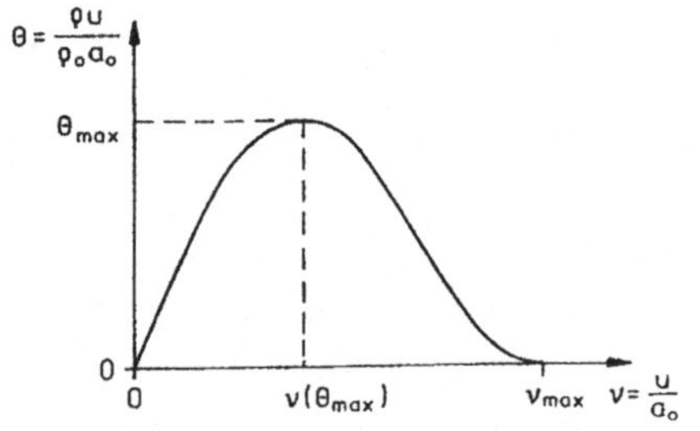

Bestimmen Sie:

(a) die maximale Massenstromdichte,

(b) den zu dieser Massenstromdichte gehörenden Wert der Geschwindigkeit,

(c) die maximale, auf die Ruheschallgeschwindigkeit bezogene Geschwindigkeit.

1.10 Luft strömt reibungsbehaftet mit Unterschallgeschwindigkeit durch ein zylindrisches wärmeisoliertes Rohr.

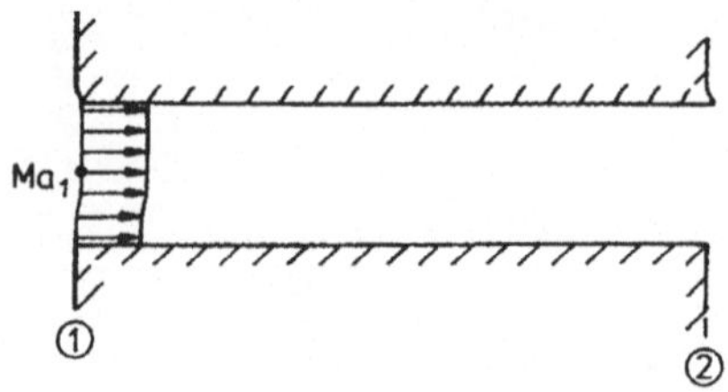

$$Ma_1 < 1; \quad \frac{p_{01}}{p_{02}} = 2; \quad \kappa = 1,4$$

(a) Bestimmen Sie das Verhältnis der kritischen Querschnitte $\frac{A_2^*}{A_1^*}$

(b) Wie ändert sich die Mach-Zahl in Strömungsrichtung?

(c) Wie groß kann Ma_{1max} werden?

1.11 Aus einem großen Kessel strömt Luft durch eine Düse ins Freie. Die Strömung in der Düse ist stationär und isentrop. Die Mach-Zahl im engsten Querschnitt ist kleiner als Eins.

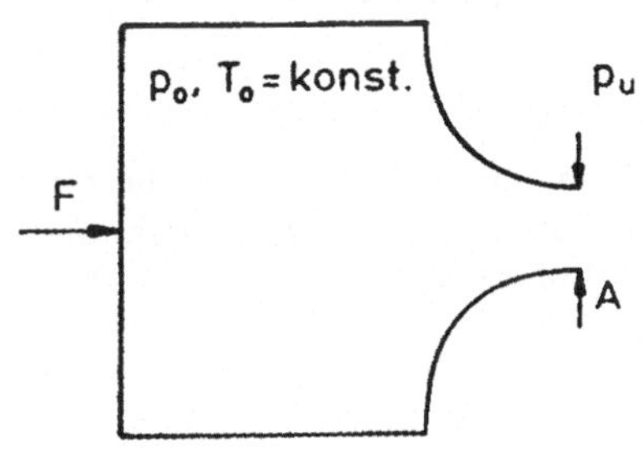

(a) Ermitteln Sie für die Haltekraft F den funktionalen Zusammenhang

$$\frac{F}{A\,p_0} = f\left(\kappa, \frac{p_u}{p_0}\right) \quad .$$

(b) Entwickeln Sie diese Funktion in eine Potenzreihe für den Fall $p_u \approx p_0$, und vergleichen Sie das Ergebnis mit der entsprechenden Beziehung bei inkompressibler Strömung!

1.12 Eine Düse wird von einem idealen Gas konstanter spezifischer Wärme reibungsfrei durchströmt.

Berechnen Sie für eine adiabate Strömung $\frac{T}{T_0}$, $\frac{p}{p_0}$ und $\frac{\rho}{\rho_0}$ in Abhängigkeit von der Mach-Zahl!

1.13 In der skizzierten Düse wird die Strömung auf $Ma = 2$ beschleunigt.

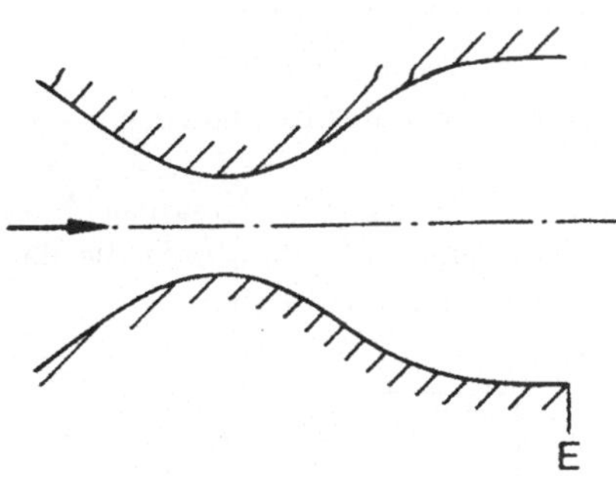

(a) Skizzieren Sie den Druckverlauf $\frac{p}{p_0}$, den Verlauf der Mach-Zahl Ma und das Verhältnis der Massenstromdichten $\frac{\rho\,u}{\rho^*\,u^*}$ auf der Düsenachse.

(b) Bestimmen Sie für den Endquerschnitt:
1. das Querschnittsverhältnis $\frac{A^*}{A_E}$
2. das Druckverhältnis $\frac{p_E}{p_0}$,
3. das Temperaturverhältnis $\frac{T_E}{T_0}$,
4. das Verhältnis der Massenstromdichten $\frac{\rho_E\,u_E}{\rho^*\,u^*}$

1.14 Durch eine konvergente Düse strömt Luft aus der Umgebung in einen großen Kessel.

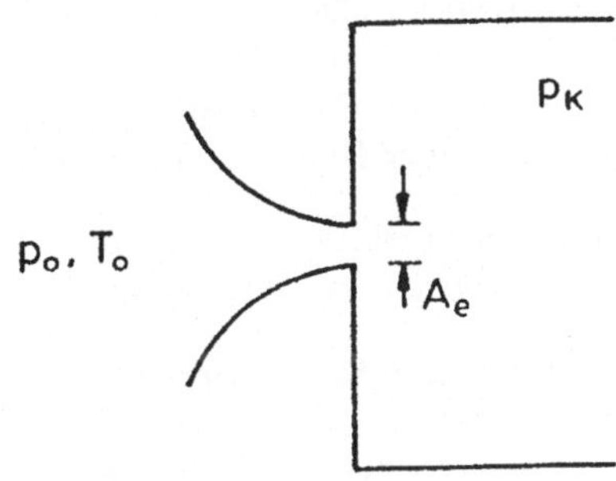

$$p_0 = 10^5\,Pa; \quad T_0 = 300\,K; \quad \kappa = 1,4;$$
$$R = 287\,\frac{Nm}{kg\,K}; \quad A_e = 0,02\,m^2$$

Bestimmen Sie den Massenstrom für

(a) $p_K = 7 \cdot 10^4\, Pa$,

(b) $p_K = 2 \cdot 10^4\, Pa$!

(c) Skizzieren Sie den Verlauf des Massenstromverhältnisses $\frac{\dot{m}}{\rho_0\, a_0\, A_e}$, als Funktion des Kesseldruckes $\frac{p_k}{p_0}$!

1.15 In einem großen Überdruckkessel befindet sich Luft, die durch die dargestellte Düse ins Freie strömt.

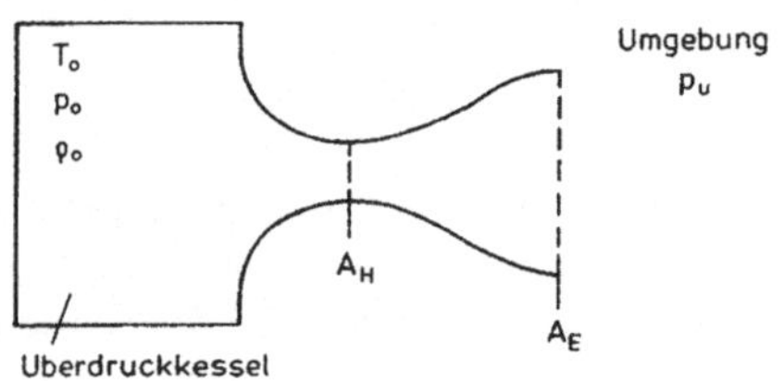

$$p_u = 10^5\, Pa; \quad T_0 = 288\, K; \quad \kappa = 1,4;$$
$$R = 287\, \frac{Nm}{kg\, K}; \quad A_H = 1\, cm^2$$

Ermitteln Sie für $p_{0Ausl.} = 7.824 \cdot 10^5\, Pa$ und $p_0 = 1.086 \cdot 10^5\, Pa$

(a) die Ruhedichte ρ_0,

(b) die Größen Ma, Ma^*, p, ρ, T, u und $\dot{m}$ im Halsquerschnitt A_H sowie im Endquerschnitt A_E bei isentroper Durchströmung der Düse!

1.16 In einem wärmeisolierten Rohr mit konstantem Querschnitt strömt Gas.

(a) Leiten Sie die Beziehung

$$h + \frac{C_1}{2\,\rho^2} = C_2; \quad C_1, C_2 = \text{konst.} \qquad (*)$$

her!

(b) Mit der Nebenbedingung $(*)$ ergibt sich im h-s-Diagramm die Fanno-Kurve. (s. Skizze)

1. Beweisen Sie, daß im Punkt P die Mach-Zahl Eins ist!

2. Durch Wandreibung nimmt in Strömungsrichtung der Ruhedruck ab.

Tragen Sie für Überschall- und Unterschallströmungen die Richtung der Zustandsänderungen in die Fanno-Kurve ein!

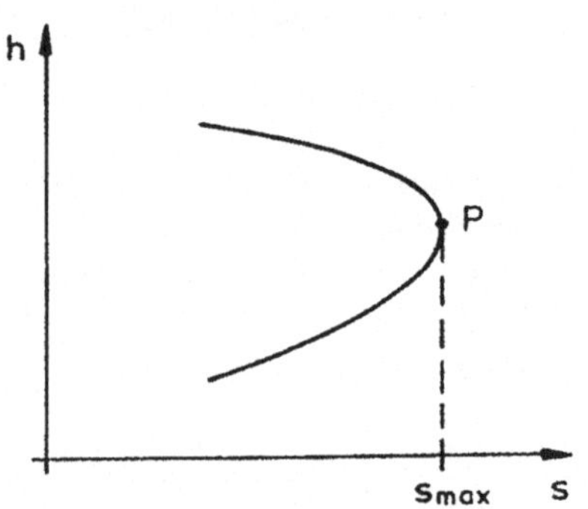

1.17 In einem nicht wärmeisolierten Rohr mit konstantem Querschnitt strömt Gas reibungsfrei.

(a) Leiten Sie für diese Strömung die folgendeBeziehung her!

$$P = \frac{C_1}{\rho} + C_2; \quad C_1, C_2 = konst.(*)$$

(b) Mit der Nebenbedingung $(*)$ ergibt sich im h-s-Diagramm die Rayleigh-Kurve.

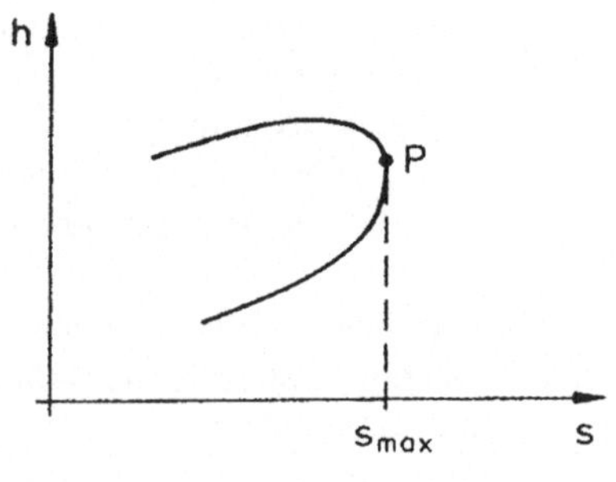

1. Bestimmen Sie die Mach-Zahl im Punkt P!

2. Markieren Sie die Kurvenabschnitte für Über- und Unterschallströmung!
3. Kennzeichnen Sie auf den Kurvenästen die Richtung der Zustandsänderung, wenn die Rohrstrecke beheizt wird!

5.1.2 Der senkrechte Verdichtungsstoß

2.1 Wie groß kann das Dichteverhältnis $\frac{\rho_2}{\rho_1} = f(K)$ bei einem senkrechten Verdichtungsstoß maximal werden?
κ =konst.

2.2 Vor einem senkrechten Verdichtungsstoß beträgt die Strömungsgeschwindigkeit $u_1 = 300\frac{m}{s}$ und die kritsche Mach-Zahl $Ma_1^* = 1,25$.
Berechnen Sie die Geschwindigkeit u_2 hinter dem Stoß. (Ohne Diagramm)

2.3 Ein senkrechter Stoß läuft in einem wärmeisolierten Rohr mit der Geschwindigkeit u in ruhende Luft mit dem Druck p_1 und der Temperatur T_1.

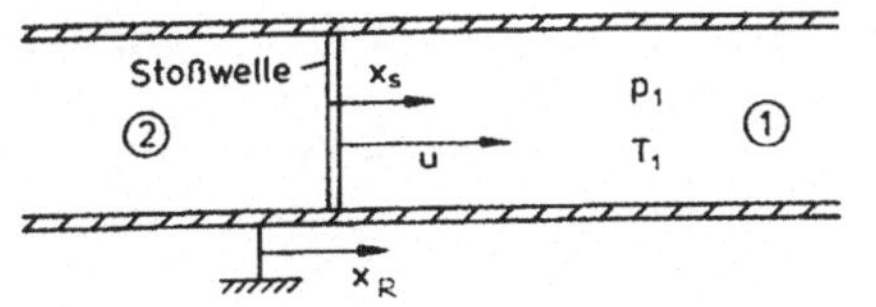

$$p_1 = 10^5\,Pa; \quad T_1 = 293\,K; \quad \kappa = 1,4;$$
$$R = 287\,\frac{Nm}{kg\,K}; \quad u = 515\,\frac{m}{s}$$

Im relativ zum Rohr ruhenden System x_R ist die Strömung instationär; für einen mit dem Stoß bewegten Beobachter (x_s) ist die Strömung stationär. Bestimmen Sie die Größen p, p_0, T, T_0, Ma sowie u vor (Index "1") und hinter (Index "2") dem Stoß für:

(a) das mit dem Stoß bewegte Koordinatensystem x_s,

(b) das ruhende Koordinatensystem x_R.

2.4 In einem wärmeisolierten Stoßwellenrohr läuft eine senkrechte Stoßwelle mit der Geschwindigkeit u in ruhende Luft mit der Temperatur T_1 und dem Druck p_1. Der statische Druck hinter der Stoßwelle ist p_2.

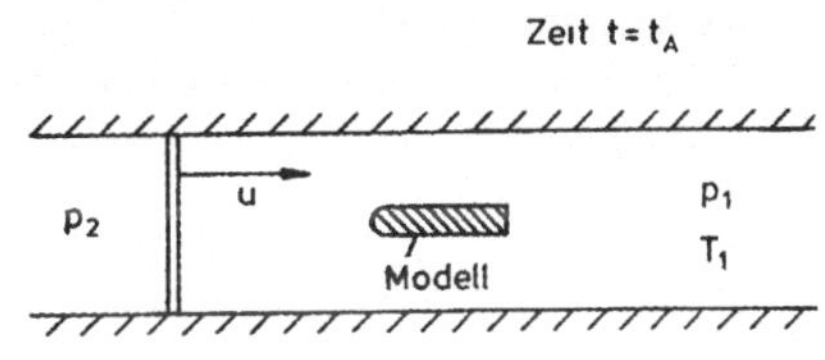

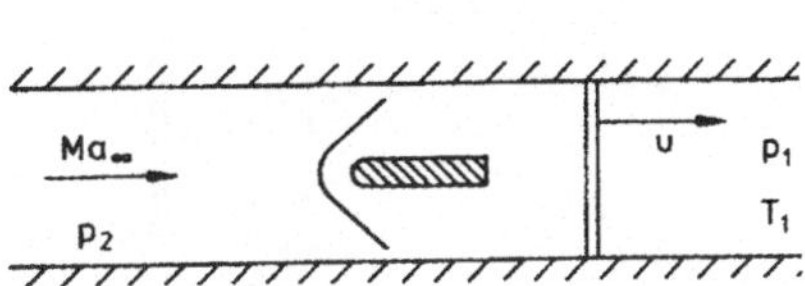

$$p_1 = 10^5\,Pa; \quad T_1 = 300\,K; \quad \kappa = 1,4;$$
$$p_0 = 10^5\,Pa; \quad R = 287\,\frac{Nm}{kg\,K}$$

1.) Bestimmen Sie die Stoßwellengeschwindigkeit u (für t = t_A).
2.) Bestimmen Sie für $t = t_B$,

(a) die Mach-Zahl Ma_∞,

(b) die Ruhetemperatur $T_{0\infty}$,

(c) den Ruhedruck $p_{0\infty}$.

2.5 Ein Flugzeug fliegt mit Oberschallgeschwindigkeit. Es bildet sich ein Verdichtungsstoß, der vor der Nase des Flugzeugs senkrecht ist.

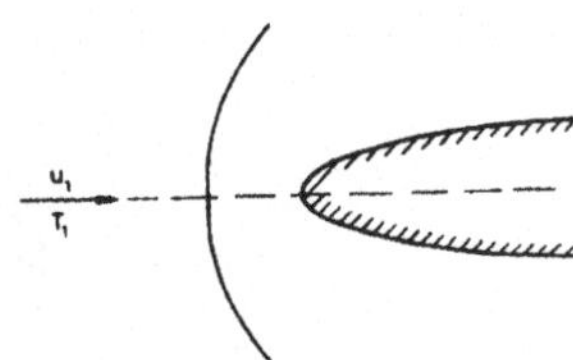

$$\kappa = 1.4 \quad R = 287 \frac{Nm}{kg\,K} \quad T = 287\,K$$
$$u_1 = 680 \frac{m}{s}$$

Wie groß ist die Temperaturänderung der Luft über den Stoß?

2.6 Im divergenten Teil einer ebenen Laval-Düse befindet sich zwischen den Querschnitten A_A und A_B, in denen die Mach-Zahlen Ma_A und Ma_B bekannt sind, ein senkrechter Verdichtungsstoß.

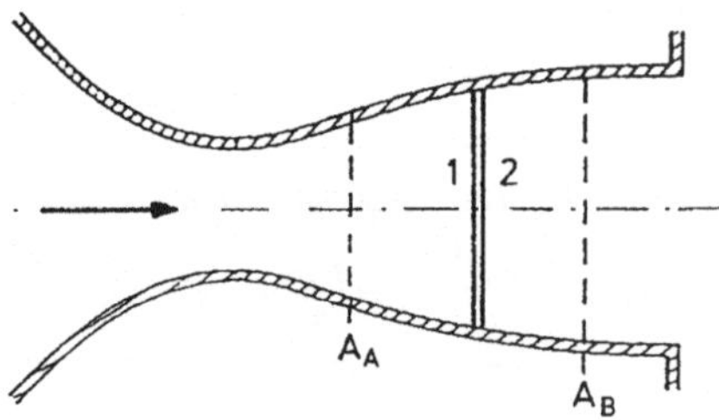

$$Ma_A = 2.2; \quad Ma_B = 0.6;$$
$$\frac{A_B}{A_A} = 1.8; \quad \kappa = 1.4$$

Bestimmen Sie:

(a) das Verhältnis der Ruhedrücke $\frac{p_{01}}{p_{02}}$,

(b) das Verhältnis der Drücke $\frac{p_2}{p_1}$ unmittelbar vor und hinter dem Stoß,

(c) das Druckverhältnis $\frac{p_B}{p_A}$.

2.7 Ein Turbotriebwerk saugt Luft aus der Atmosphäre an. Unmittelbar vor dem Kompressor ist der Druck p_1.

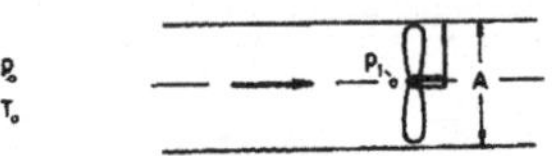

$$\kappa = 1,4 \quad R = 287 \frac{Nm}{kg\,K} \quad T = 287\,K$$
$$p_0 = 10^5 \frac{N}{m^2} \quad p_1 = 0,74 \cdot 10^5 \frac{N}{m^2}$$
$$A = 9 \cdot 10^{-3}\,m^2$$

Bestimmen Sie den Massenstrom durch das Triebwerk!

2.8 Ein Triebwerk mit Laval-Düse wird auf dem skizzierten Prüfstand erprobt. Das Triebwerk ist für die Mach-Zahl $Ma_{E\,Ausl.}$ ausgelegt. Der Kesseldruck p_K kann verändert werden.

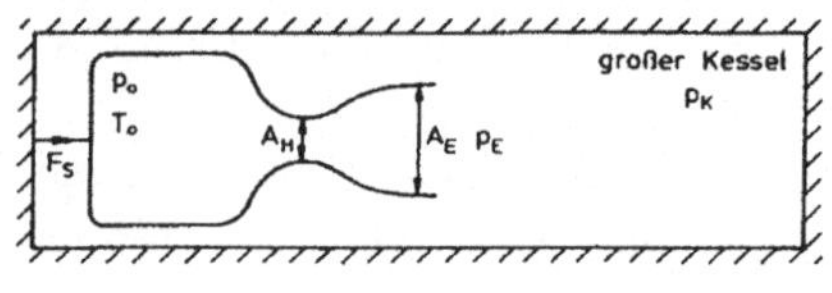

$$Ma_{E\,Ausl.} = 2.3; \quad p_0 = 10^5\,Pa;$$
$$\kappa = 1,4; \quad R = 287 \frac{Nm}{kg\,K};$$
$$T_0 = 280\,K; \quad A_H = 1\,cm^2$$

Bestimmen Sie für isentrope Strömung in der Düse:

(a) $p_{E\,Ausl.}$ und $\frac{A_H}{A_E}$,

(b) den kleinsten Druck p_{K1}, bei dem in der Düse an keiner Stelle Überschallströmung auftritt sowie Ma_{E1},

(c) den Kesseldurck p_{K2}, bei dem im Austrittsquerschnitt A_E ein senkrechter Verdichtungsstoß steht,

(d) die Schubkraft F_s, für $p_K = p_{E\,Ausl.}$ und $p_K = p_{K2}$.

(e) Skizzieren Sie den Verlauf von p und Ma längs der Düsenachse für $p_K = p_{K1}$ und $p_K = p_{E\,Ausl.}$.

2.9 Zur Erprobung eines Triebwerkes mit Laval-Düse wird mit dem Kesseldruck p_K der Druck p_E am Düsenende variiert (siehe Skizze). Der Ruhedruck am Düsenende p_{0E} wird mit einem Pitot-Rohr gemessen.

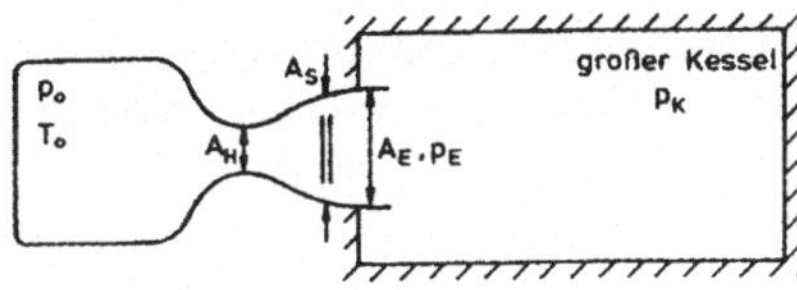

$$p_0 = 10^5\,Pa; \quad T_0 = 280\,K;$$
$$A_H = 1\,cm^2; \quad Ma_{EAusl} = 2.3$$
$$R = 287\,\frac{Nm}{kg\,K}; \quad \kappa = 1,4;$$

Bestimmen Sie die Lage des senkrechten Verdichtungsstoßes $\frac{A^*}{A_s}$, den Massenstrom $\dot{m}$ und die Mach-Zahl am Düsenende Ma_E für:

(a) $p_{Ka} = 0,645 \cdot 10^5\,Pa$; $p_{0Ea} = 0,721 \cdot 10^5\,Pa$,

(b) $p_{Kb} = 0.816 \cdot 10^5\,Pa$; $p_{0Eb} = 0.876 \cdot 10^5\,Pa$.

(c) Berechnen Sie das Verhältnis $\frac{\Delta s_a}{\Delta s_b}$.

(d) Skizzieren Sie die Verläufe von p, p_0, und Ma entlang der Düsenachse.

(e) Bei dem Druck p_{Ke} beobachtet man einen senkrechten Verdichtungsstoß bei $\frac{A_*}{A_E} = 0.9$. Bestimmen Sie Ma_1^*, vor dem Stoß, Ma_2^* hinter dem Stoß, Ma_E und den Druck p_{Ke}.

2.10 Durch einen Überschallwindkanal (Laval-Düse und variabler Diffusor) strömt Luft aus der Umgebung in einen großen Kessel (Volumen V_K) mit konstanter Temperatur T_K. Im Auslegungszustand beträgt die Mach-Zahl in der Meßstrecke $Ma_M = 2,3$.

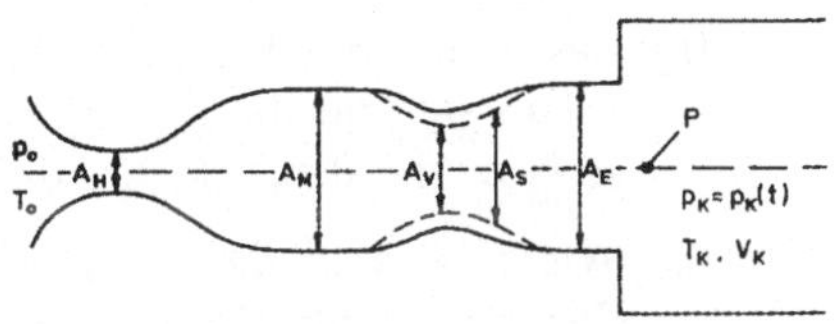

$$p_0 = 10^5\,Pa; \quad T_0 = T_K = 280\,K;$$
$$R = 287\,\frac{Nm}{kg\,K}; \quad V_K = 1000\,m^3$$
$$A_E = A_M; \quad A_H = 0.1\,m^2;$$
$$\kappa = 1,4; \quad Ma_{EAusl.} = 2.3$$

(a) Im Austrittsquerschnitt des Diffusors steht ein senkrechter Verdichtungsstoß. Ermitteln Sie den Kesseldurck p_{K1}!

(b) Bei $A_s = 0,57\,A_E$ steht ein senkrechter Verdichtungsstoß.
Bestimmen Sie:
1. die Mach-Zahl Ma_s^* und den statischen Druck p_s hinter dem Stoß,
2. den Kesseldurck p_{K2}!

(c) Skizzieren Sie den Verlauf der Mach-Zahl Ma auf der Düsenachse bis zum Punkt P für beide Fälle!

(d) 1. Wie muß der engste Querschnitt A_v, des Diffusors eingestellt werden, um die Blaszeit ($Ma_M = 2,3$ in der Meßstrecke) zu maximieren?
2. Berechnen Sie für diesen Fall den Meßzeitgewinn gegenüber dem Betrieb des Kanals ohne Diffusor!

2.11 Aus einem großen, reibungsfrei gelagerten Behälter strömt Luft ($\kappa = 1,4$) isentrop durch eine gerundete Düse ins Freie.

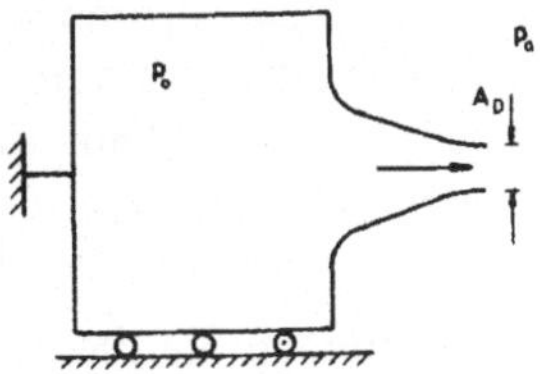

(a) Bestimmen Sie den dimensionslosen Schub $\frac{F_s}{p\,A_D}$ für die Druckverhältnisse $\frac{p_a}{p_0} = 1; \quad 0,6; \quad 0,2; \quad 0$!

(b) Wie groß sind die entsprechenden Werte einer inkompressiblen Flüssigkeit?

2.12 Ein adiabater Windkanal saugt Luft aus der Umgebung in einen adiabaten Kessel (Volumen V_K) an. Die Mach-Zahl Ma_M, in der Meßkammer wird durch Verstellen des engsten Querschnittes A_L der Laval-Düse reguliert.

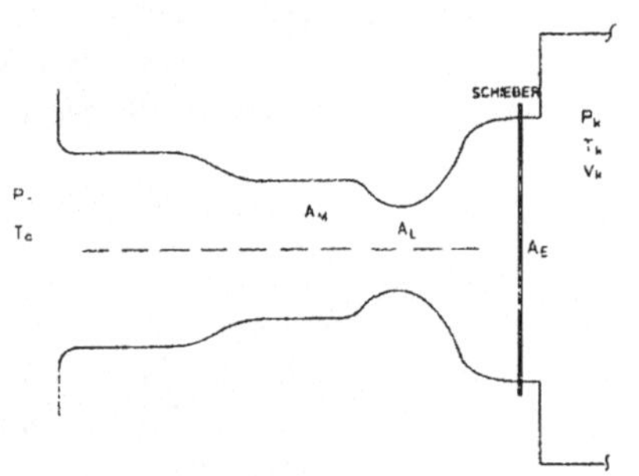

$$p_a = 10^5\,Pa; \quad T_a = 300\,K; \quad \kappa = 1,4;$$
$$R = 287\,\frac{Nm}{kg\,K}; \quad V_K = 400\,m^3$$
$$A_E = 0.508\,m^2; \quad A_M = 0.2\,m^2;$$

(a) der Kanal wird durch Öffnen des Schiebers gestartet und zur Zeit $t = t_0$ hat sich eine stationäre Strömung in der Meßkammer eingestellt. Im Austrittsquerschnitt A_E der Laval-Düse ist die Mach-Zahl Ma_E zu diesem Zeitpunkt gleich der Mach-Zahl des Auslegungszustandes. Bestimmen Sie den engsten Querschnitt A_L der Laval-Düse so, daß die Mach-Zahl Ma_M in der Meßkammer 0,8 beträgt. Wie groß ist dann die Mach-Zahl Ma_E und der statische Druck p_E im Austrittsquerschnitt A_E?

(b) Bestimmen Sie die maximale Meßzeit t_{max} bei der in der Meßkammer die Mach-Zahl $Ma_M = 0,8$ konstant ist.

(c) In der Meßkammer tritt aufgrund von Einbauten ein Ruhedruckverlust von $\Delta p_0 = 0,020\,p_a$ auf. Wie groß ist jetzt bei gleichem engsten Querschnitt A_L der Laval-Düse die Mach-Zahl Ma'_M in der Meßkammer? Auf welchen engsten Querschnitt A'_L, muß die Laval-Düse korrigiert werden, damit in der Meßkammer die Mach-Zahl wieder $Ma_M = 0,8$ ist?

5.1.3 Der schräge Verdichtungsstoß

3.1 Eine Überschallströmung wird durch die skizzierte Kontur um den Winkel β umgelenkt.

Physikalische Ebene:

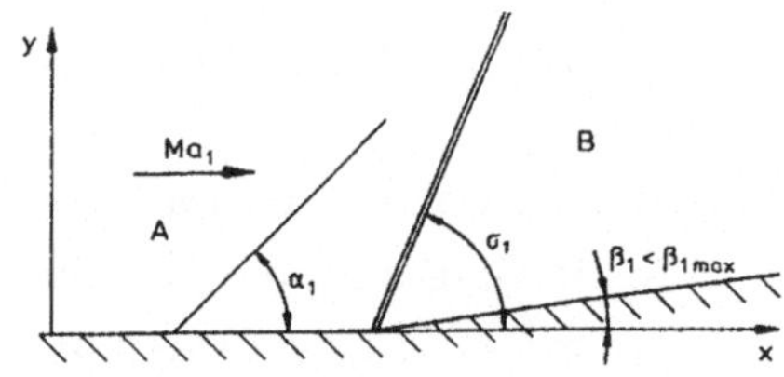

Skizzieren Sie:

(a) den Verlauf des Umlenkwinkels β in Abhängigkeit vom Stoßwinkel σ, und tragen Sie den Zustand B in die Skizze ein,

(b) die Konstruktion zur Bestimmung des Zustandspunktes B in der Hodographenebene (u, v Geschwindigkeitskomponenten in x, y Richtung),

(c) das Strömungsfeld für $\beta_1 > \beta_{max}$!

3.2 Die Geschwindigkeit V_1 stromauf eines geraden Verdichtungsstoßes ist gegeben durch die Normalkomponente $u_{n1} = 400\frac{m}{s}$ und die Tangentialkomponente $u_{t1} = 300\ \frac{m}{s}$. Über den Stoß erhöht sich die statische Temperatur auf $T_2 = 1,2\,T_1$

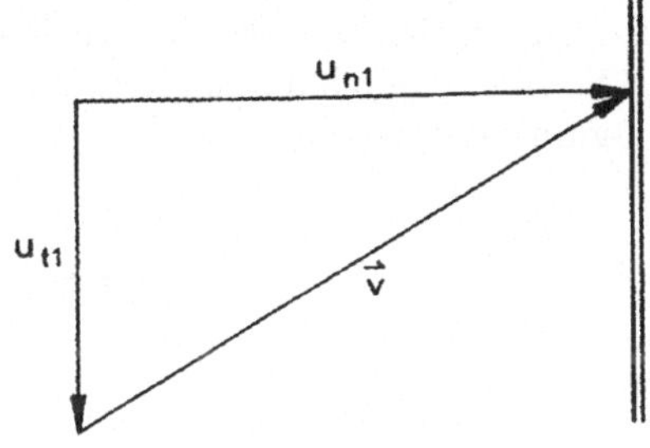

Bestimmen Sie mit $\kappa = 1,4$ und $R = 287\,Nm/kgK$:

(a) die Mach-Zahl Ma_1 und die statische Temperatur T_1 vor dem Stoß,

(b) die Geschwindigkeitskomponenten u_{n2} und u_{t2}, die Mach-Zahl Ma_2 sowie den Umlenkwinkel β hinter dem Stoß,

(c) für Ma_1 = konst. die Geschwindigkeitskomponenten u_{n1} und u_{t1}, so, daß $Ma_2 = 1$ ist. Wie groß ist jetzt der Umlenkwinkel β?

3.3 Luft aus der Atmosphäre wird durch den Überschallwindkanal in den evakuierten Kessel gesaugt (s. Skizze). Die Laval-Düse ist für die Mach-Zahl Ma_E, in der Meßstrecke ausgelegt.

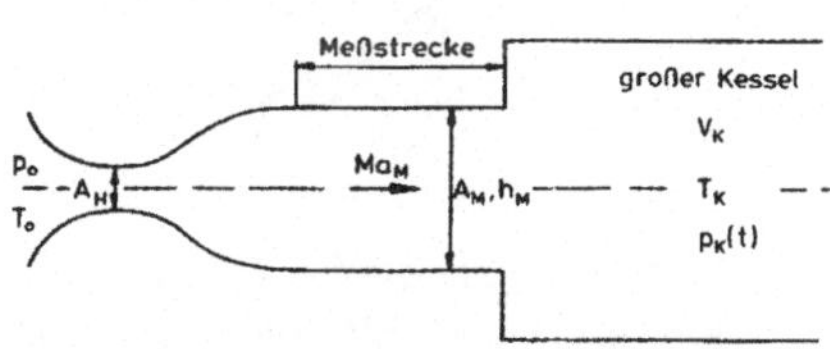

$$p = 10^5\,Pa; \quad T = 280\,K; \quad \kappa = 1,4;$$
$$R = 287\,\frac{Nm}{kg\,K}; \quad A_H = 0,1\,m^2;$$
$$V_K = 1000\,m^3; \quad Ma_E = 2,3$$

Während des Blasens sei die Kesseltemperatur $T_K = 280\ K = konst.$ Zur Zeit $t = 0$ beträgt der Druck im Kessel $p_K(t = 0) = 0,08 \cdot 10^5\ Pa$.

(a) Bestimmen Sie die zur Verfügung stehende Meßzeit $\Delta\, t$ (ungestörte Strömung in der Meßstrecke, $Ma_E = 2,3$).

(b) Bestimmen Sie für den Kesseldurck $p_K = 0,16 \cdot 10^5\,Pa$ folgende Größen: Stoßwinkel σ, Umlenkwinkel β, p_{02}, Ma_2, T_2, T_{02} sowie die Geschwindigkeit V_2 hinter dem Stoß.

(c) In die Meßstrecke wird ein Keil mit $2\,\beta_K = 40°$ eingebaut.

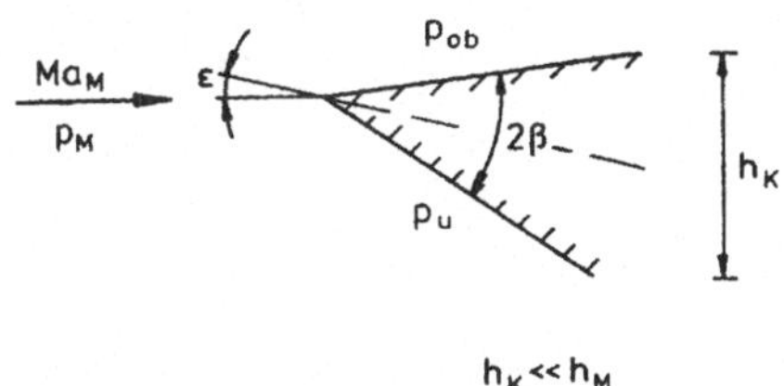

Wie groß kann der Anstellwinkel ϵ werden, ohne daß der Verdichtungsstoß ablöst? Wie groß sind in diesem Fall die Druckdifferenz $p_u - p_{0b}$ und die Mach-Zahlen Ma_{0b} und Ma_u?

3.4 Bestimmen Sie für das skizzierte Strömungsfeld ($Ma_\infty, h_0 = konst.$):

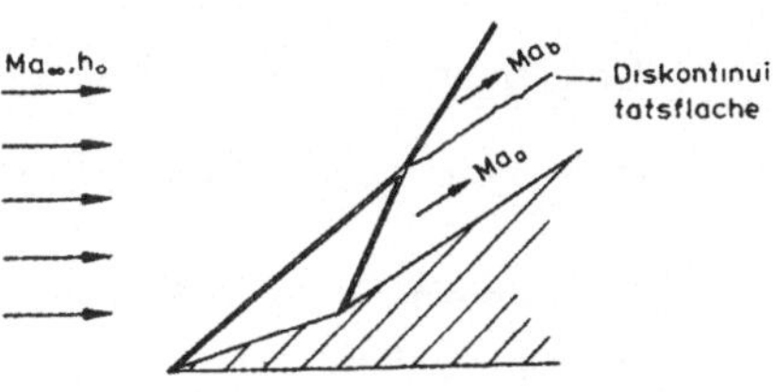

$$Ma_a = 2; \quad Ma_b = 1,8;$$
$$\kappa = 1,4; \quad R = 287\,\frac{Nm}{kg\,K}$$

(a) Entropiedifferenz $\Delta s = s_b - s_a$,

(b) Verhältnis der Geschwindigkeiten $|V_a| / |V_b|$,

(c) das Dichteverhältnis ρ_a/ρ_b.

3.5 In der Brennkammer einer schlanken Rakete stellt sich unmittelbar nach dem Zünden des Triebwerks ein stationärer Zustand mit dem Ruhedruck p_0 ein.

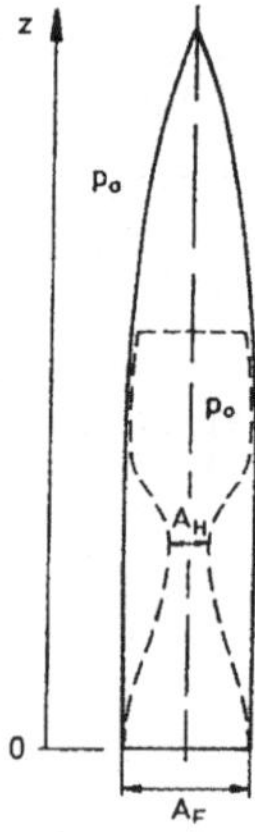

Die Strömung sei ferner reibungsfrei und eben. In der Atmosphäre gelte für den Druck:

$$\frac{p_a(z)}{p_a(0)} = \left(1 - \frac{\kappa - 1}{\kappa}\, a\, z\right)^{\frac{\kappa}{\kappa-1}}$$

Rakete: $p_0 = 15 \cdot 10^5\, Pa$; $A_E = 1\, m^2$;

$A_H = 0,15\, m^2$; $\kappa = 1,4$

Umgebung: $p_a(0) = 10^5\, Pa$; $\kappa = 1,4$

$a = 1,1 \cdot 10^{-4}\, \frac{1}{m}$;

1. Bestimmen Sie beim Abheben der Rakete vom Boden:

(a) Mach-Zahl Ma_E, und den Druck p_E, im Endquerschnitt A_E,

(b) die Stoßwinkel σ aller auftretenden Stöße und die Mach-Zahlen hinter den Stößen!

(c) Skizzieren Sie sorgfältig das Strömungsfeld hinter dem Austrittsquerschnitt! Zu zeichnen sind Stöße, Stromlinien und Machsche Linien!

2. In welcher Höhe arbeitet das Triebwerk im Auslegungszustand?

3.6 In einem ebenen Überschallkanal wird die Strömung durch die skizzierte Stoßkonfiguration verdichtet.

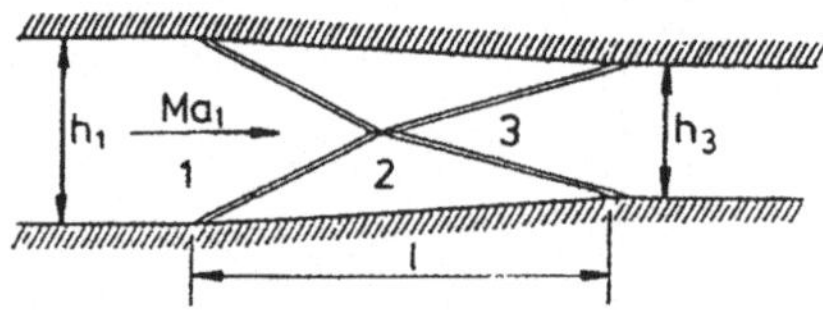

$Ma_1 = 3$; $\rho_2/\rho_1 = 1,85$; $\kappa = 1,4$

Bestimmen Sie das Verhältnis der Kanalhöhen h_3/h_1 sowie das Verhältnis h_1/l.

3.7 Gegeben ist der abgelöste Stoß vor einem stumpfen, symmetrischen Körper nach Skizze.

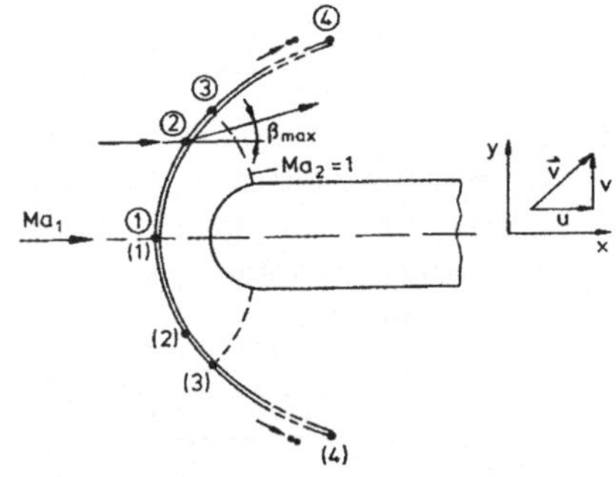

Skizzieren Sie die Stoßpolare und die Herzkurve. Tragen Sie die Punkte 1 bis 4 in die Diagramme ein.

3.8 Gegeben ist ein ebener, gekrümmter Verdichtungsstoß (siehe Skizze). In den Punkten A und B, deren vertikaler Abstand Δy beträgt, sind die Stoßwinkel σ_A und

σ_B bekannt. Bestimmen Sie näherungsweise die Rotation der Strömung hinter dem Stoß auf der mittleren Stromlinie zwischen den Punkten A und B.

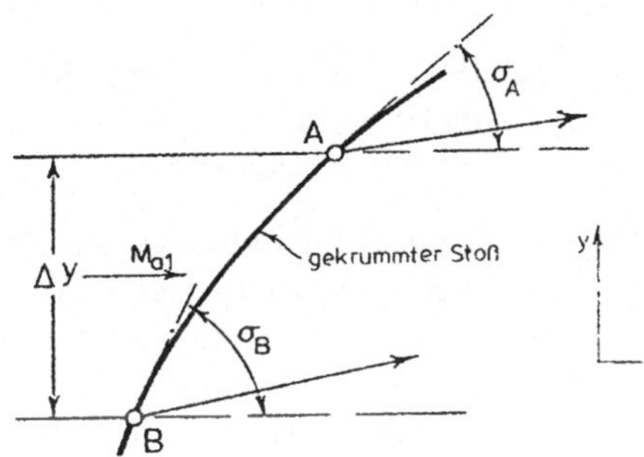

$$Ma_1 = 2; \quad \Delta y = 3\,cm; \quad T_0 = 300\,K;$$
$$\sigma_A = 35°; \quad \sigma_B = 55°;$$
$$\kappa = 1,4; \quad R = 287\,\frac{Nm}{kg\,K}$$

Hinweis: Rotation in der x-y-Ebene:

$$\nabla \times \vec{v} = \left(\frac{\partial v}{\partial x} - \frac{\partial u}{\partial y}\right)\vec{k} \approx \left(\frac{\Delta v}{\Delta x} - \frac{\Delta u}{\Delta y}\right)\vec{k}$$

Betrachten Sie für die Ermittlung von Δx den Stoß als Gerade mit einer zwischen A und B gemittelten Steigung.

5.1.4 Expansionen und Verdichtungsstöße

4.1 In Punkt P innerhalb einer Prandtl-Meyer-Expansion sind die Radialkomponente u_r und die Tangentialkomponente u_t der Geschwindigkeit gegeben.

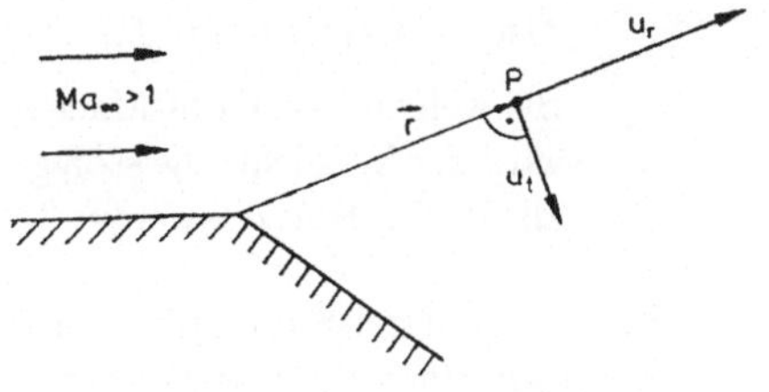

$$u_r = 500\,\frac{m}{s}; \quad u_t = 250\,\frac{m}{s};$$
$$\kappa = 1,4; \quad R = 287\,\frac{Nm}{kg\,K}$$

Ermitteln Sie:

(a) die Mach-Zahl Ma_p im Punkt P,

(b) und die Temperatur T_p!

4.2 Leiten Sie für die skizzierte Prandtl-Meyer-Expansion $\frac{\partial v_r}{\partial \Phi} = f(a)$ her. a = Schallgeschwindigkeit

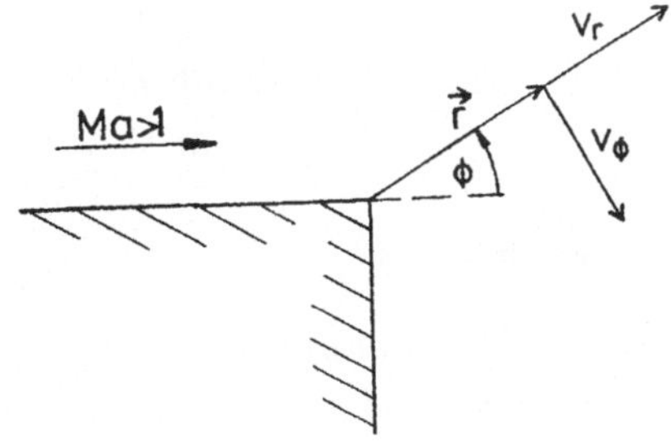

Hinweis:

$$\nabla \times \vec{v} = \frac{1}{r}\frac{\partial}{\partial r}(r\,v_\Phi) - \frac{1}{r}\frac{\partial v_r}{\partial \Phi}$$

4.3 Im skizzierten ebenen Überschallkanal wird die Strömung von Ma_1 durch zwei Prandtl-Meyer-Expansionen, deren erste und letzte Charakteristik eingezeichnet sind, auf Ma_3, beschleunigt.

Die Strömung soll den Kanal parallel zur Anströmung verlassen. Bestimmen Sie die Längen der Strecken AB' und AC' sowie deren Neigung zur Horizontalen.

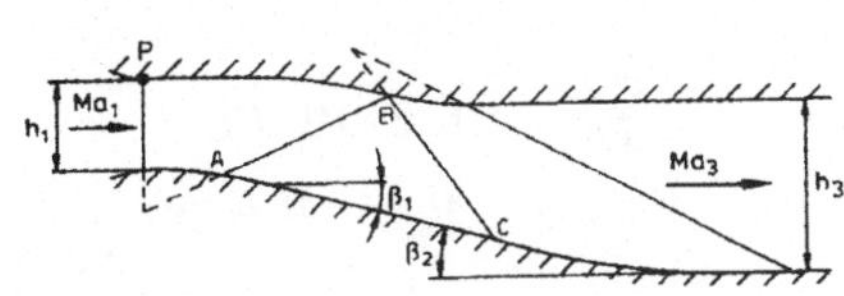

$$Ma_1 = 1; \quad Ma_3 = 2,06;$$
$$h_1 = 0,1\,m; \quad \kappa = 1,4$$

4.4 Gegeben ist die dargestellte ebene Überschallströmung.

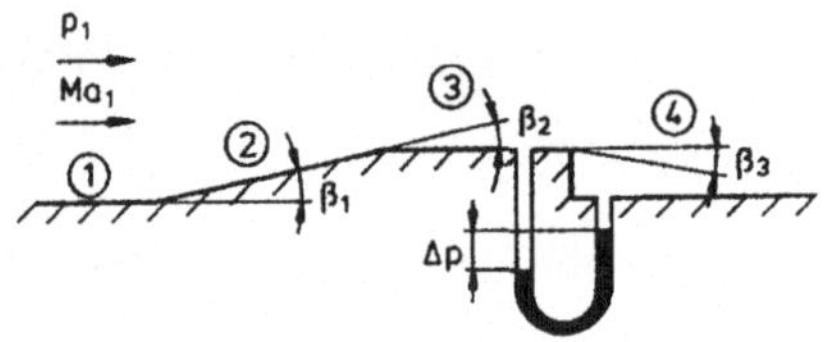

$$Ma_1 = 2,5; \quad \beta_1 = \beta_2 = 12°;$$
$$p_1 = 0,541 \cdot 10^5\,Pa;$$
$$\Delta p = 0,304 \cdot 10^5\,Pa;$$
$$\kappa = 1,4; \quad R = 287\,\frac{Nm}{kg\,K}$$

Bestimmen Sie:

(a) Ma_2, σ, p_{02} und p_2,

(b) Ma_3 und p_3,

(c) Ma_4, β_3.

(d) Skizzieren Sie das Strömungsfeld (Stromlinien, Stöße und Expansionen).

4.5 Am Austritt einer ebenen Laval-Düse steht bei dem Umgebungsdruck p_u ein schräger Verdichtungsstoß. Der Stoßwinkel σ_1 beträgt 40° und der Umlenkwinkel $\beta_1 = 10°$.

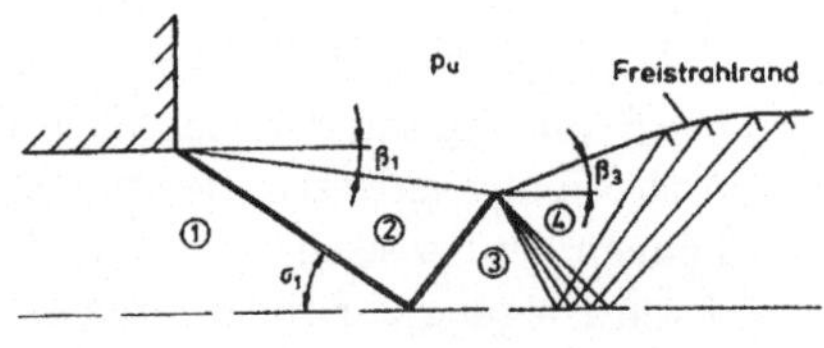

$$p_u = 0,2 \cdot 10^5\,Pa;$$
$$\kappa = 1,4; \quad R = 287\,\frac{Nm}{kg\,K}$$

Bestimmen Sie:

(a) Mach-Zahlen Ma_1 und Ma_3, sowie den statischen Druck p_2,

(b) den Winkel β_3!

(c) Skizzieren Sie das Strömungsfeld für $p_u = 0,28 \cdot 10^5\,Pa$!

(d) Bei welchem Umgebungsdruck steht im Düsenendquerschnitt ein senkrechter Verdichtungsstoß?

4.6 Ein ebener Einlaufdiffusor eines Strahltriebwerkes ist so ausgelegt, daß der Frontstoß bei einer Anströmung mit $Ma_1 = 3$ an der Schneide anliegt. Der Zentralkörper hat den Keilwinkel β_1. Im Innenteil des Diffusors wird die Strömung mit Hilfe einer Prandtl-Meyer-Kompression auf Schallgeschwindigkeit abgebremst.

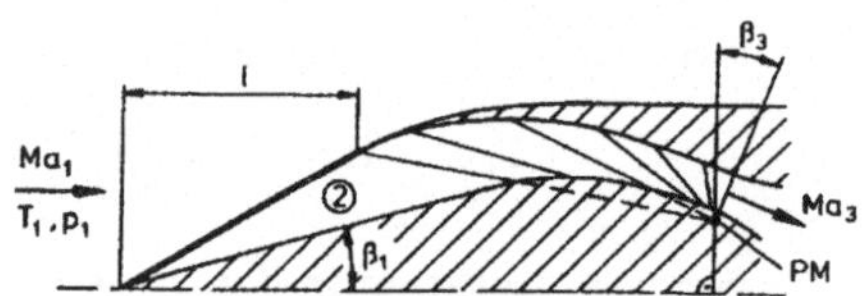

$$Ma_1 = 3; \quad T_1 = 250\,K; \quad \kappa = 1,4;$$
$$Ma_3 = 1; \quad R = 287\,\frac{Nm}{kg\,K};$$
$$\beta_1 = 15°; \quad \text{Breite } b = 0,5\,m;$$
$$l = 1\,m; \quad p_1 = 0,54 \cdot 10^5\,Pa$$

(a) Bestimmen Sie für den Auslegungszustand:
1. Ma_2; p_2; T_2; T_{02}; p_{02} und $\frac{\Delta s}{R}$,
2. β_3, p_3 und den Massenstrom $\dot{m}$.

(b) Wie groß wäre der statische Druck p_{3is} bei isentroper Kompression von $Ma_1 = 3$ auf $Ma_3 = 1$?

(c) Bei welcher Anström-Mach-Zahl Ma_{1c}, wird der Verdichtungsstoß gerade noch an der Keilspitze anliegen?

4.7 Ein ebener Drei-Stoß-Diffusor ist für die Anström-Mach-Zahl Ma_1 ausgelegt. Die

Kompression der Luft von "3" nach "4" erfolgt über einen senkrechten Verdichtungsstoß.

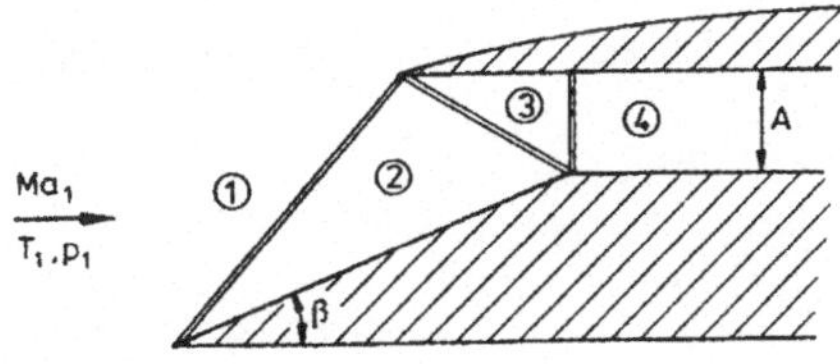

$$Ma_1 = 3; \quad T_1 = 300\,K; \quad \kappa = 1,4;$$
$$A = 0,1\,m^2; \quad p_1 = 0,5 \cdot 10^5\,Pa;$$
$$R = 287\,\frac{Nm}{kg\,K}; \quad \beta = 16°$$

Bestimmen Sie:

(a) den statischen Druck p_4 und die Mach-Zahl Ma_4

(b) und den Massenstrom $\dot{m}$ durch den Diffusor.

(c) Wie groß wäre der Massenstrom $\dot{m}$ und der statische Druck p_{4is} bei isentroper Kompression von Ma_1 auf Ma_4?

4.8 Die angegebene Kontur verringert die Mach-Zahl $Ma_1 > 1$ der Anströmung durch eine Prandtl-Meyer-Kompression auf $Ma = 1$

(a) Skizzieren Sie das Strömungsfeld für Ma_1 sowie für eine Mach-Zahl Ma_2, wobei $1 < Ma_2 < Ma_1$

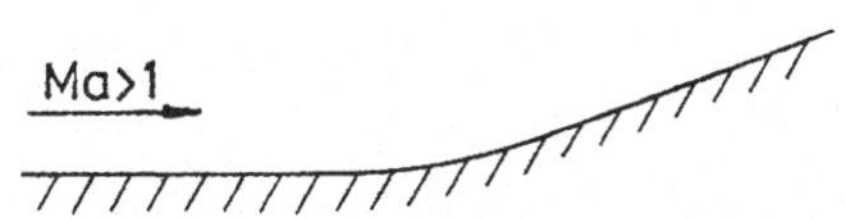

(b) Skizzieren Sie sorgfältig das Strömungsbild der mit Überschallgeschwindigkeit angeströmten ebenen Platte. Zu zeichnen sind Stöße, Expansionen und Stromlinien.

(c) Skizzieren Sie das Strömungsfeld längs der vorgebenen Wandkontur. Zu zeichnen sind Stöße, Expansionen und Stromlinien. ($\beta > \beta_{max}$)

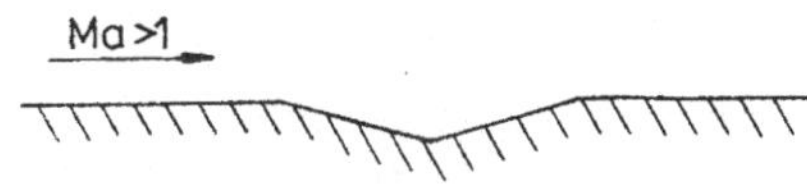

4.9 Ein ebener Überschallfreistrahl wird von einer Prallplatte umgelenkt. Zeichnen Sie das Strömungsfeld (Stromlinien, Stöße, Expansionen).

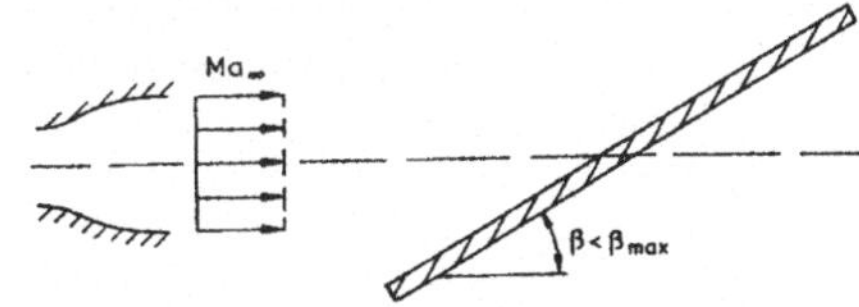

4.10 (a) Skizzieren Sie das Strömungsbild des mit Überschallgeschwindigkeit angeströmten ebenen Körpers. Zu zeichnen sind Stöße, Expansionen und Stromlinien.

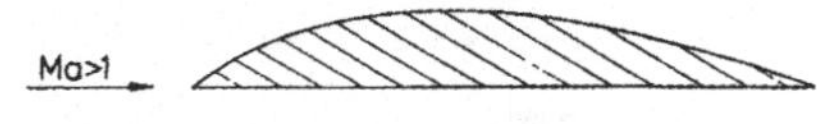

(b) Skizzieren Sie das Strömungsbild des mit Überschallgeschwindigkeit angeströmten ebenen Körpers. Zu zeichnen sind Stöße, Expansionen und Stromlinien.

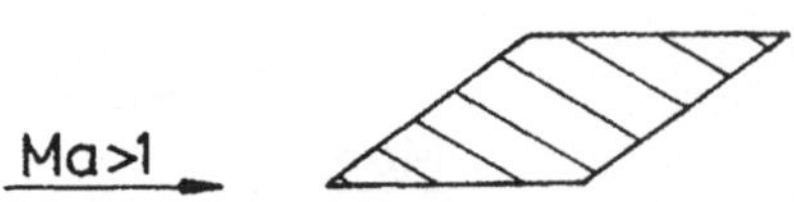

4.11 (a) Skizzieren Sie das Strömungsfeld über der mit Überschall überströmten Kontur! Zu zeichnen sind Stöße, Machsche Linien und Stromlinien!

(b) Skizzieren Sie das Strömungsfeld einer mit Überschallgeschwindigkeit angeströmten gewölbten Platte. Zu zeichnen sind Stöße, Machsche Linien und Stromlinien.

5.1.5 Auftrieb und Wellenwiderstand - Theorie kleiner Störungen

5.1 Ein Doppelkeilprofil und ein Profilpaar mit gleichem Dickenverhältnis d/l werden in reibungsfreier ebener Überschallströmung mit Ma_∞ angeströmt.

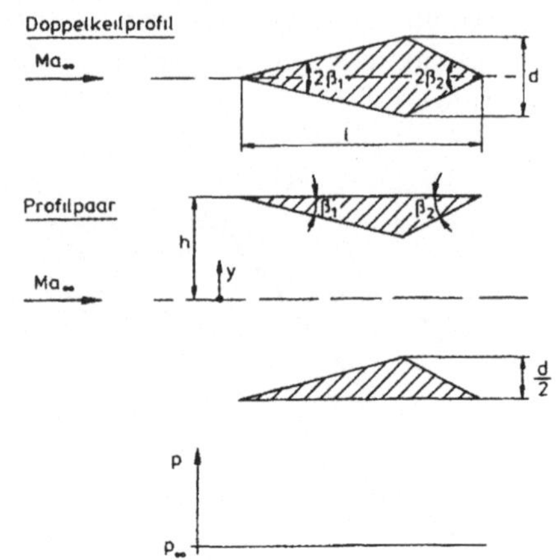

$$
\begin{aligned}
Ma_\infty &= 2,5; \quad \beta_1 = 12°; \quad \beta_2 = 15°; \\
l &= 1\,m; \quad d = 0,24\,m; \\
\kappa &= 1,4; \quad R = 287\,\frac{Nm}{kg\,K}
\end{aligned}
$$

(a) Zeichnen Sie für das Profilpaar eine Stromlinie für $0 < y < h$ und skizzieren Sie für diese Stromlinie den Verlauf des statischen Druckes.

(b) Skizzieren Sie das Strömungsbild um das Doppelkeilprofil. Zu zeichnen sind Stöße, Expansionen und Stromlinien.

(c) Skizzieren Sie für das Doppelkeilprofil den Verlauf des statischen Druckes auf der Kontur.

(d) Bestimmen Sie für das Doppelkeilprofil und das Profilpaar jeweils den Widerstandsbeiwert c_w ohne Näherung.

$$
\begin{aligned}
c_w &= \frac{F_w}{\frac{\varrho}{2}\,u_\infty^2\,b\,l} \\
b &= \text{Flügelbreite}
\end{aligned}
$$

5.2 In einem ebenen Kanal strömt Luft mit doppelter Schallgeschwindigkeit. Aus bautechnischen Gründen muß der Kanal wie in der Skizze angedeutet erweitert und die Strömung umgelenkt werden. Berechnen Sie unter Anwendung der linearisierten Theorie den Umlenkwinkel β_2 sowie die Mach-Zahl Ma_2

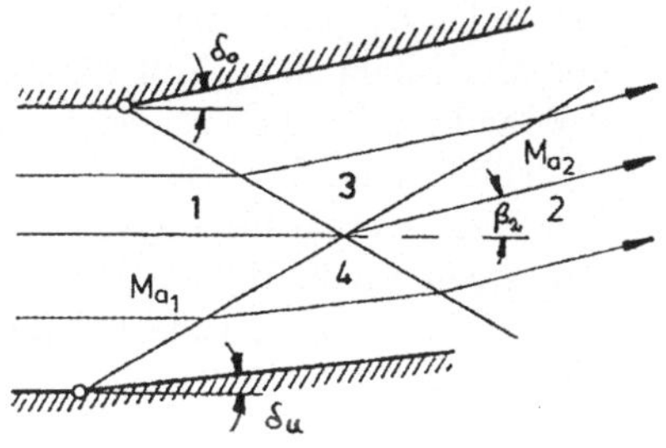

$$Ma_1 = 2; \quad \delta_u = 5°; \quad \delta_o = 10°;$$
$$\kappa = 1,4; \quad R = 287 \, \frac{Nm}{kg\, K}$$

Hinweis (linearisierte Theorie):

$$\frac{\Delta p}{p_1} = \frac{\kappa \, Ma_1^2}{\sqrt{Ma_1^2 - 1}} \, \Delta \beta$$

5.3 Gegeben sind die Konturen für Oberseite $y_o(x)$ und Unterseite $y_u(x)$ eines dünnen Tragflügelprofils ($h \ll t$). Leiten Sie die Formeln zur Bestimmung der Beiwerte für den Auftrieb c_a und den Widerstand c_w bei Überschallanströmung nach der linearisierten Theorie her!

Zeigen Sie, daß der Auftriebsbeiwert c_a. nur von der Anström-Mach-Zahl Ma und dem Anstellwinkel ϵ abhängt.

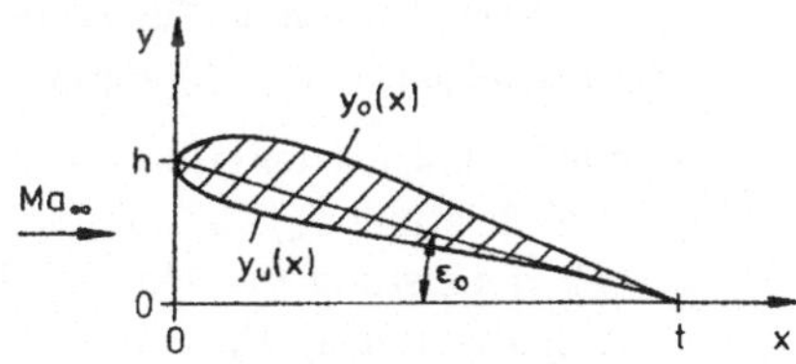

5.4 Luft strömt durch ein ebenes Schaufelgitter. Die Unterseite der Schaufeln ist gerade, und die Kontur der Oberseite ist gegeben durch $\frac{y}{t} = \frac{h}{t} \, cos(\frac{\pi}{2} \, \frac{x}{t})$.

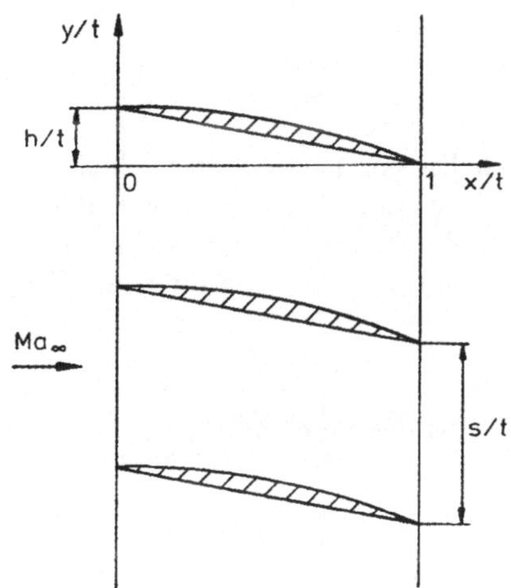

$$Ma_\infty = 3; \quad p_\infty = 10^5 \, Pa;$$
$$\kappa = 1,4; \quad h/t = 0,05$$

Breite der Schaufeln: $b = 1\, m$

Profiltiefe: $t = 1\, m$

Berechnen Sie mit der linearisierten Theorie:

(a) die Teilung s/t so, daß sich die Profile gerade nicht beeinflussen,

(b) die Druckbeiwerte $c_{po} = c_{po}(x/t)$ und $c_{pu} = c_{pu}(x/t)$ für die Ober- und Unterseite eines Profils und skizzieren Sie deren Verläufe

(c) sowie die Kräfte F_x und F_y.

5.5 Berechnen Sie mit der linearisierten Theorie das Verhältnis von Auftriebs- zu Widerstandsbeiwert c_a/c_w für ein Profil mit Anstellwinkel ϵ_o, und Dickenverteilung nach Skizze bei Überschallanströmung mit Ma_∞!

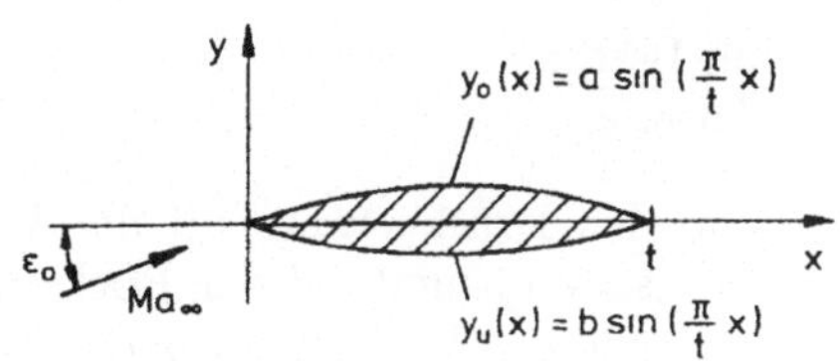

$Ma_\infty; \quad \epsilon_o; \quad a; \quad b; \quad t$

5.6 Die skizzierten dünnen, ebenen Profile werden mit Ma_∞ angeströmt. Berechnen Sie die Auftriebs- und Widerstandsbeiwerte mit der Näherung für dünne Flügel.

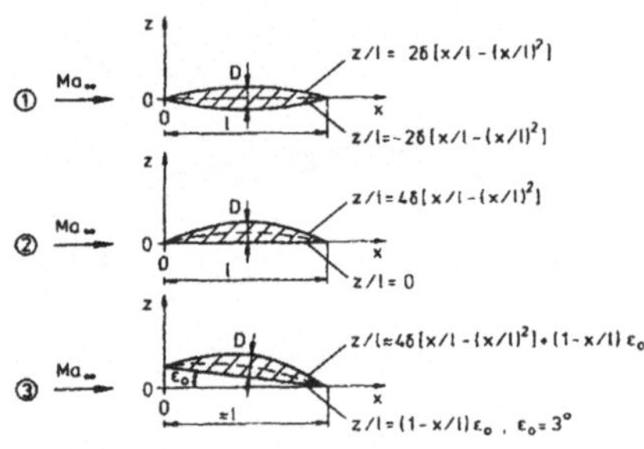

$Ma_\infty = \sqrt{2}; \quad \delta = D/l = 0,1$

5.7 1.) Ermitteln Sie den Widerstandsbeiwert c_w des skizzierten Doppelkeilprofils in reibungsfreier, ebener Überschallströmung ohne Näherung.

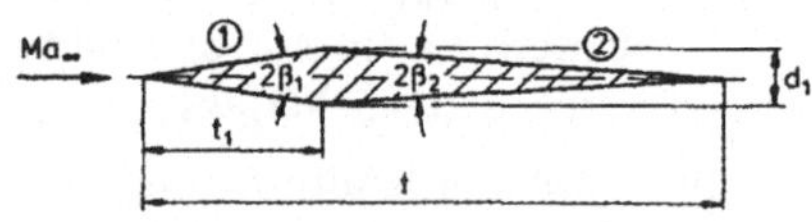

$$Ma_\infty = 3; \quad \beta_1 = 10°; \quad \beta_2 = 4°;$$
$$\frac{d}{t} = 0,10\ m; \quad \kappa = 1,4$$

2.) Bestimmen Sie mit der linearisierten Theorie:

(a) den Druckbeiwert auf der Vorderseite c_{p1} und auf der Rückseite c_{p2} und den Widerstandsbeiwert c_w für $Ma_\infty = 3$;

(b) den Auftriebsbeiwert c_a und den Widerstandsbeiwert c_w bei einem Anstellwinkel von $\epsilon = 5°$ ($Ma_\infty = 3$).

5.8 Ein Flugzeug fliegt im Horizontalflug in der Höhe H_1 (statischer Druck p_1) mit der Mach-Zahl Ma_1. Auftrieb und Widerstand werden durch einen dünnen Doppelkeilflügel mit dem Anwellwinkel ϵ_1 und dem Dickenverhältnis δ erzeugt. Das Flugzeug steigt auf die Höhe H_2, mit dem statischen Druck p_2 und fliegt dann wieder horizontal.

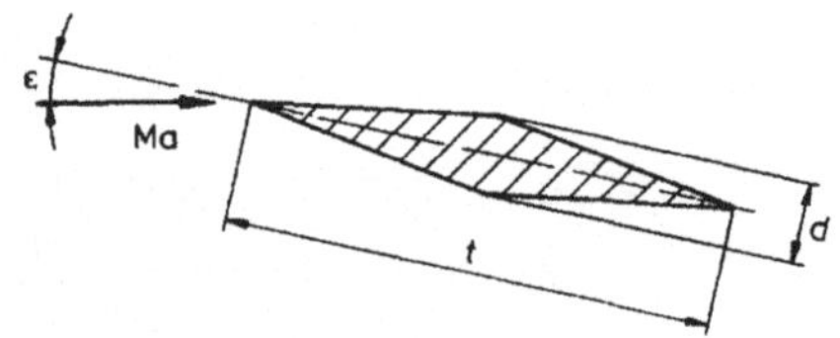

$$Ma_1 = \sqrt{2}; \quad \epsilon_1 = 2°; \quad \delta = \frac{d}{t} = 0,03;$$
$$p_2 = \frac{p_1}{\sqrt{2}}; \quad \kappa = 1,4$$

Bestimmen Sie für die Höhe H_2:

(a) den Anstellwinkel ϵ_2, wenn die Mach-Zahl konstant bleibt ($Ma_2 = Ma_1$),

(b) die Mach-Zahl Ma_2, wenn der Anstellwinkel nicht verändert wird ($\epsilon_2 = \epsilon_1$; begründen Sie Ihre Lösung),

(c) das Verhältnis von Widerstands- zu Auftriebskraft F_W/F_A für den Flügel,

(d) das Verhältnis der erforderlichen Antriebsleistung P_a/P_b ($T_\infty = konst.$) (P_a = Leistung für $Ma_2 = Ma_1$, s. Aufgabenteil a, P_b = Leistung für $\epsilon_2 = \epsilon_1$, siehe Aufgabenteil b),

(e) das Verhältnis der für die gleiche Flugstrecke aufzuwendenden Energien W_a/W_b (indizierung analog Aufgabenteil d).

5.1.6 Charakteristikentheorie

6.1 (a) Unter welchem Winkel γ werden Charakteristiken an einem Freistrahlrand reflektiert?

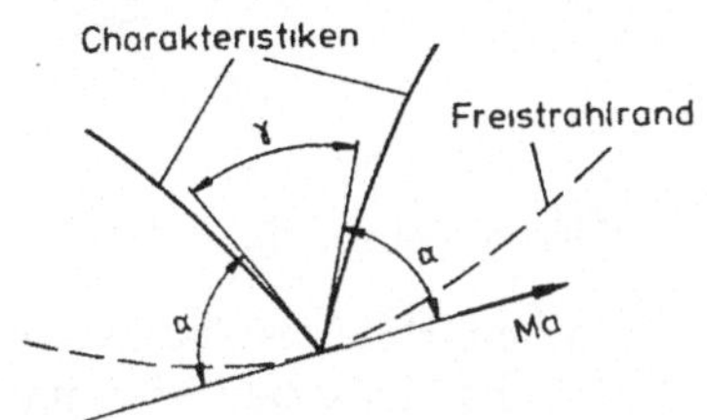

(b) Erläutern Sie, wie die Strömungsrichtung auf einem Freistrahltand und wie die Mach-Zahl an einer festen Wand ermittelt wird.

6.2 Ein ebener Freistrahl trifft auf eine konkav gekrümmte Wand (siehe Skizze).

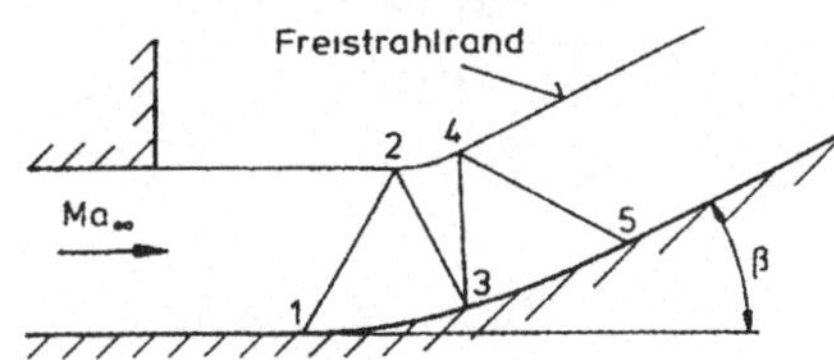

Die Strömung sei isentrop. Die Mach-Zahl stromab der Charakteristik 4-5 sei konstant.

Bestimmen Sie den Umlenkwinkel β_3 und die Mach-Zahl Ma_3 für den Punkt P_3!

6.3 In dem skizzierten Strömungsfeld ist die Linie OA die erste und die Linie OB die letzte Charakteristik des Expansionsfächers.

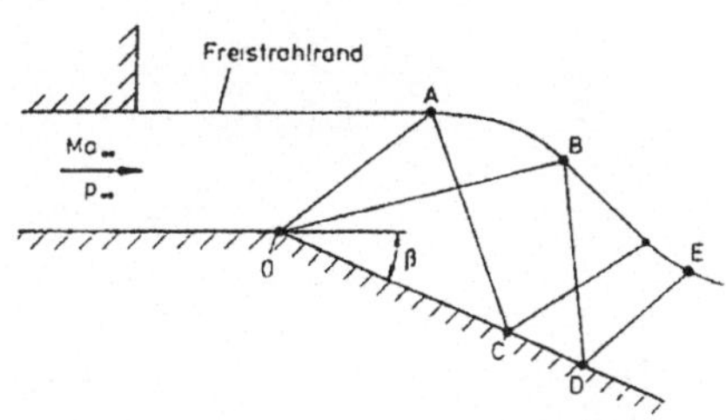

$$Ma_\infty = 2; \quad p_\infty = 10^5\,Pa; \quad |\,\beta\,| = 10^\circ$$
$$\kappa = 1,4; \quad R = 287\,\frac{Nm}{kg\,K}$$

Ermitteln Sie:

(a) den Druck und die Mach-Zahl im Punkt C,

(b) die Steigung der Stromlinie im Punkt E.

6.4 Im skizzierten Strömungsfeld ist die Linie 01 die erste und die Linie 02 die letzte Charakteristik der Expansion im Punkt 0.

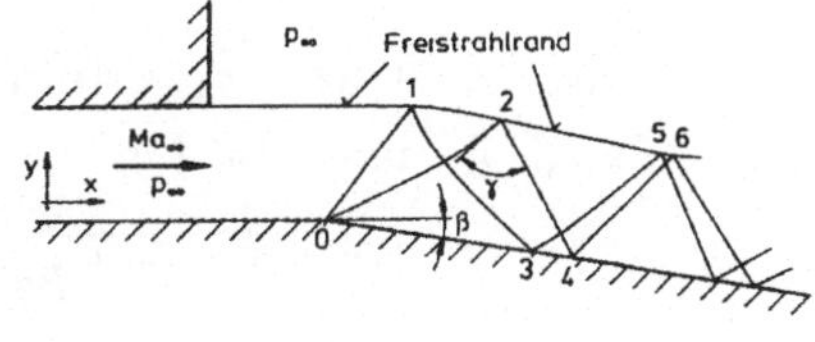

$$Ma_\infty = 1,7; \quad |\,\beta\,| = 7^\circ$$
$$\kappa = 1,4; \quad R = 287\,\frac{Nm}{kg\,K}$$

Berechnen Sie:

(a) die Strömungsrichtung in den Punkten 2 und 6,

(b) die Mach-Zahlen in den Punkten 3 und 4,

(c) den Winkel γ und das Druckverhältnis p_4/p_∞!

6.5 Aus einer ebenen, symmetrischen Düse, bestehend aus zwei Kreissektoren, strömt Luft isentrop in einen großen Kessel (siehe Skizze).

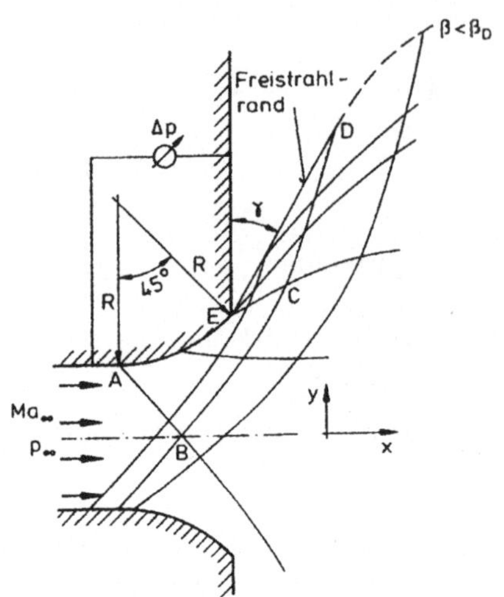

$$Ma_\infty = 1,34; \quad p_\infty = 10^5\,Pa;$$
$$\Delta\, p_\infty = 0,98 \cdot 10^5\,Pa;$$
$$\kappa = 1,4; \quad R = 287\,\frac{Nm}{kg\,K}$$

(a) Geben Sie die Differentialgleichungen der rechts- und linkslaufenden Charakteristiken in Abhängigkeit des Strömungswinkels β und des Machschen Winkels σ an.

(b) Das Gebiet $ABCEA$ ist ein einfaches Gebiet. Weisen Sie nach, daß alle rechtslaufenden Charakteristiken in diesem Gebiet Geraden sind!

(c) Bestimmen Sie die Mach-Zahl am Freistrahlrand und den Winkel γ zwischen Freistrahlrand und Wand!

(d) Zeigen Sie, daß der Strömungswinkel β stromab vom Punkt D zunächst abnehmen muß!

6.6 Luft strömt durch einen divergenten, ebenen Kanal mit geraden Wänden. Auf dem Kreissegment mit dem Radius r^* ist $Ma = 1$.

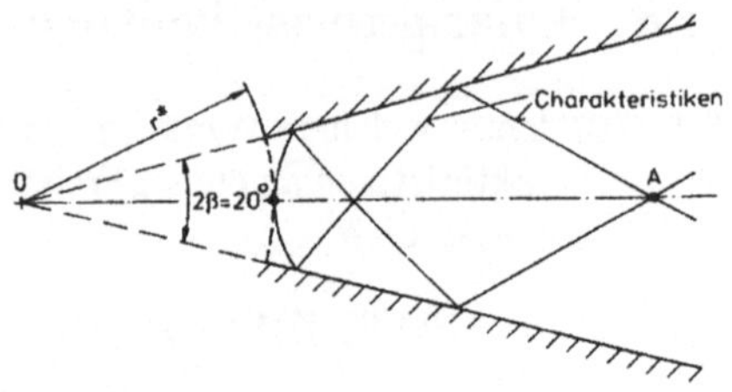

Bestimmen Sie für $\kappa = 1,4$:

(a) mit Hilfe des Charakteristiken-Verfahrens die Mach-Zahl Ma_A im Punkt A,

(b) das Verhältnis r_A/r^* (r_A = Abstand $0 - A$).

6.7 Gegeben ist das skizzierte Strömungsfeld.

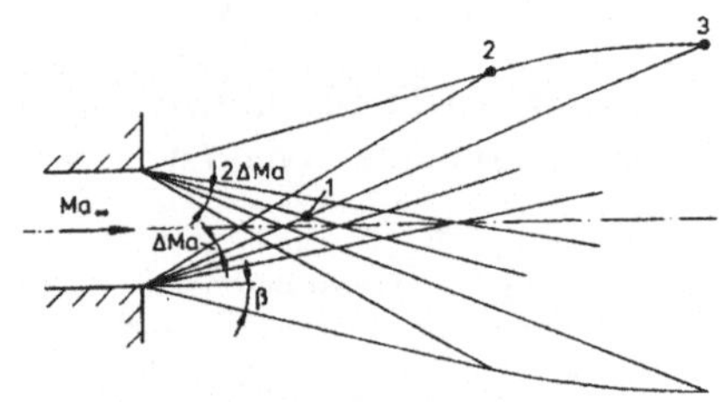

$$Ma_\infty; \quad \beta; \quad \Delta\, Ma$$

Bestimmen Sie die Prandtl-Meyer- und die Strömungswinkel in den Punkten 1 bis 3.

6.8 Ein ebener Freistrahl ($Ma_\infty = 3$) wird von einem Keil mit $2\,\beta = 28°$ symmetrisch umgelenkt (siehe Skizze).

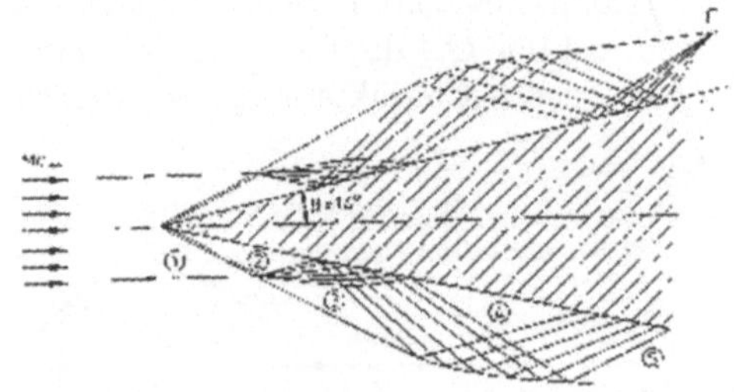

Bestimmen Sie β_3, Ma_3, β_4, Ma_4 und Ma_e!

5.1.7 Kompressible Potentialströmungen und Ähnlichkeitsregeln

7.1 Reflexion von Machschen Wellen

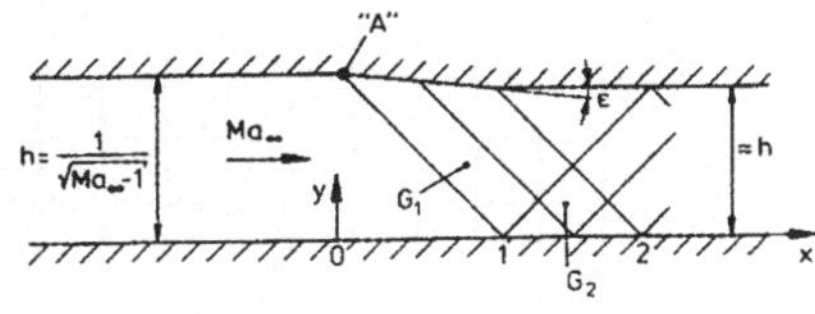

Bestimmen Sie den Druckbeiwert $c_p(x, y)$ für $0 \leq x \leq 2$ auf der unteren Wand!

7.2 Gegeben ist ein ebener Überschallkanal, der mit Überschallgeschwindigkeit durchströmt wird. Die Strömung wird im Punkt A um einen Winkel ϵ umgelenkt.

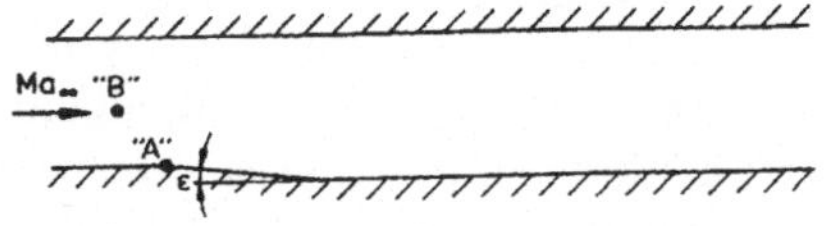

Zeichnen Sie die durch den Punkt B gehende Stromlinie unter Voraussetzung der linearisierten Theorie.

7.3 Ein periodisches Gitter aus dünnen, ebenen Platten mit kleinem Anstellwinkel ϵ_0 wird mit Überschallgeschwindigkeit durchströmt.

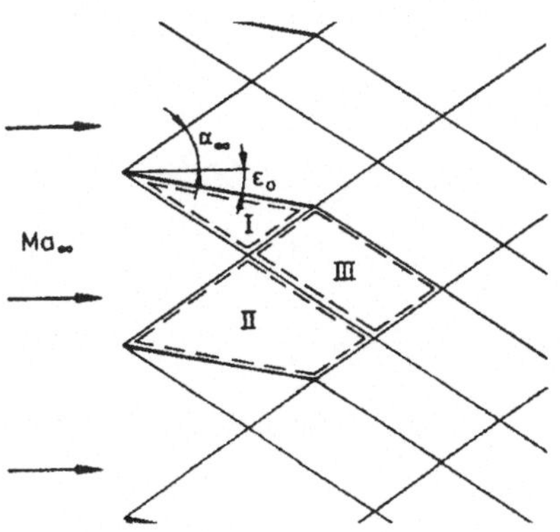

Formulieren Sie:

(a) die Lösungsansätze für die linearisierte Potentialgleichung $(Ma_\infty^2 - 1)\, \varphi_{xx} - \varphi_{yy} = 0$ für die Gebiete I, II und III,

(b) Randbedingungen für die Potentiale in den Gebieten I und II!

Bestimmen Sie:

(c) die Potentialfunktionen $\varphi(x, y)$ in den Gebieten I, II und III,

(d) die Größe der Störgeschwindigkeiten und die Richtung der Abströmung im Gebiet III!

7.4 Betrachten Sie das skizzierte Strömungsfeld.

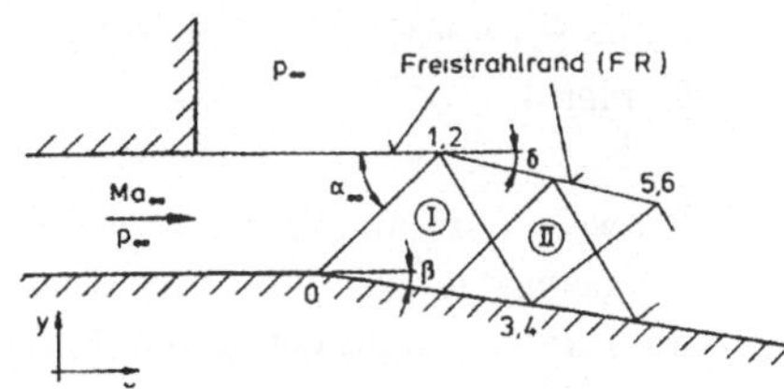

(a) Formulieren Sie die Lösungsansätze der linearisierten Potentialgleichung für die Gebiete I und II!

(b) Geben Sie den c_p-Wert und die Randbedingung am Freistrahlrand des Gebietes II an!

(c) Bestimmen Sie den Umlenkwinkel δ in Abhängigkeit von β!

7.5 Eine zweidimensionale Überschallströmung wird durch eine Körperkontur wie skizziert umgelenkt. Die eingezeichnete Diskontinuitätslinie trennt dabei zwei Strömungsbereiche gleichen Druckes und gleicher Strömungsrichtung, aber mit unterschiedlichen Geschwindigkeiten.

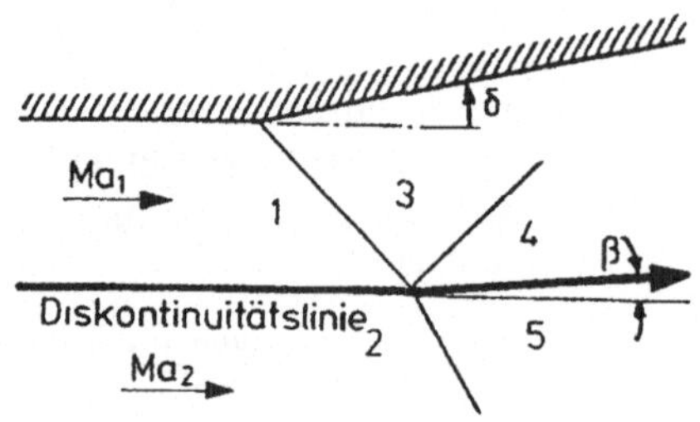

$$p_1; \quad \delta; \quad \kappa; \quad Ma_1; \quad Ma_2;$$
$$Ma_1 > 1; \quad Ma_2 > 1;$$
$$Ma_1 \neq Ma_2; \quad p_4 = p_6$$

Bestimmen Sie mit der linearisierten Potentialtheorie den Umlenkwinkel der Strömung β sowie den statischen Druck p_6 im Gebiet 5.

Hinweis: Formulieren Sie zunächst die Lösungsansätze für das Störpotential und die Randbedingungen in den Gebieten 3, 4 und 5.

7.6 Bei inkompressibler Anströmung eines Ellipsenprofiles ohne Anstellung besteht zwischen der Maximalgeschwindigkeit auf der Kontur (V_{max}), der Anströmgeschwindigkeit U_∞ und der relativen Dicke δ der folgende Zusammenhang:

$$\frac{V_{max}}{U_\infty} = 1 + \delta \quad .$$

Ermitteln Sie mit dem nachstehenden Diagramm für eine kompressible Strömung die Anström-Mach-Zahl, bei der örtlich auf einer Ellipse mit $\delta = 0,25$ Schallgeschwindigkeit erreicht wird.

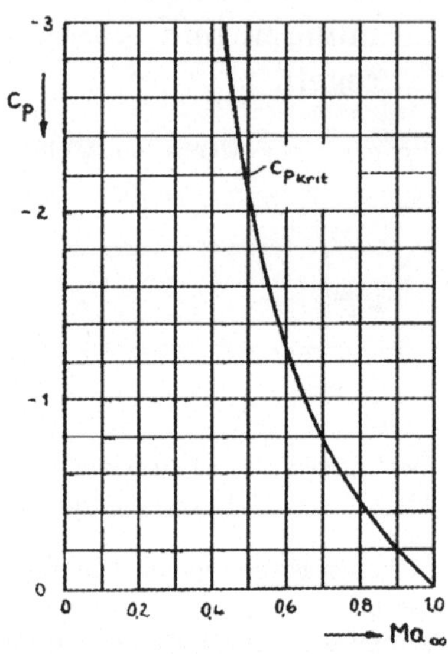

7.7 Ein Tragflügelprofil mit der relativen Dicke $\delta_1 = 0,05$ wird mit $Ma_1 = 0,95$ angeströmt. Dabei wird der minimale Druckbeiwert auf der Kontur $c_{p1min} = 0,3$ gemessen. Berechnen Sie mit Hilfe der von Kármánschen Ähnlichkeitsregel die relative Dicke δ_2 sowie den Druckbeiwert c_{p2min} eines zweiten Profils bei der Anström-Mach-Zahl $Ma_2 = 0,9$.

7.8 Die kritische Anström-Mach-Zahl eines dünnen, ebenen Tragflügelprofiles betrage $Ma_{\infty krit} = 0,7$. Der dabei vorhandene Auftriebsbeiwert sei $c_A = 0,3$.

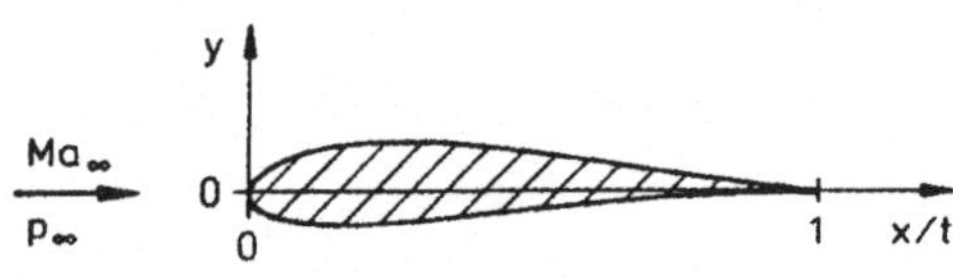

$$p_\infty = 10^5\ Pa; \quad \kappa = 1,4;$$
$$R = 287\ \frac{Nm}{kg\ K}$$

(a) Berechnen Sie den niedrigsten lokalen Druck auf der Kontur sowie den kritischen Druckbeiwert c_{pkrit}

(b) Bei welcher Anström-Mach-Zahl $Ma_{\infty\, b}$ wird die skizzierte Druckverteilung auf demselben Profil gemessen?

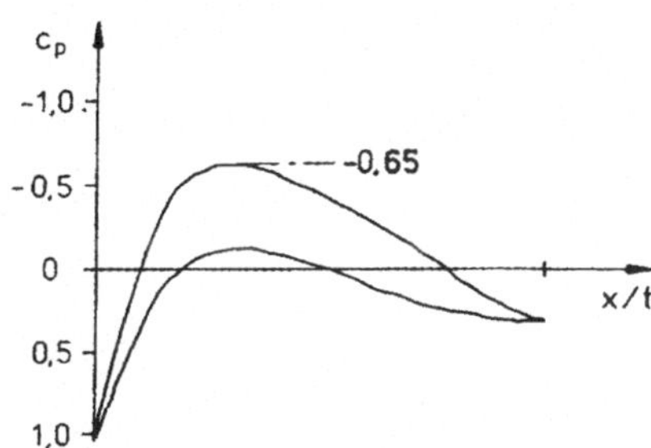

(c) Berechnen Sie die Auftriebsbeiwerte c_{Ac} bei $Ma_{\infty\, c} = 0,4$ und c_{aink} bei inkompressibler Anströmung.

7.9 Zur Bestimmung der Druckverteilung über einer gewölbten Wand soll ein Modellversuch in inkompressibler Strömung ausgeführt werden.

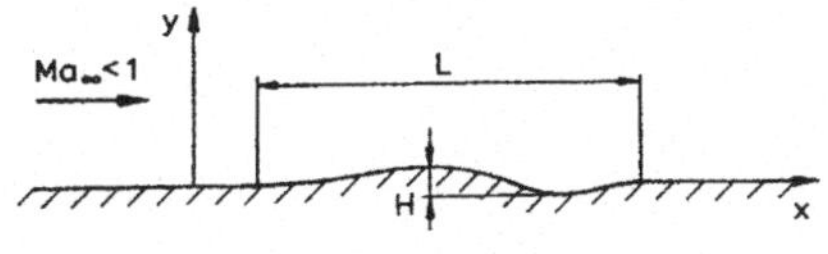

Welches Ähnlichkeitsgesetz $c_p/c_{pink} = f(Ma_\infty)$ würden Sie für die Übertragung der Versuchsergebnisse vorschlagen und welche geometrischen Abmessungen L_{ink}/L und H_{ink}/H ergeben sich für das Modell?

Benutzen Sie für Ihre Entscheidung die analytische Lösung der linearisierten, kompressiblen Potentialgleichung für eine sinusförmige Wand:

$$c_p = \frac{2\,\pi\, d/l}{\sqrt{1 - Ma_{\infty^2}}}\, e^{-2\,\pi\, y\, H\, \sqrt{1-Ma_{\infty^2}}} \,.$$
$$\cdot \; sin\left(\frac{2\,\pi\, x}{l}\right)$$

mit $d =$ max. Amplitude

7.10 1. Nach der linearisierten Theorie für ebene Strömungen gilt folgendes Ähnlichkeitsgesetz für Körper einer Familie:

$$\frac{c_p}{A} = \text{konst, falls } \frac{d/t}{A\,\sqrt{\mid Ma_\infty^2 - 1\mid}} = \text{konst.},$$

A beliebig.

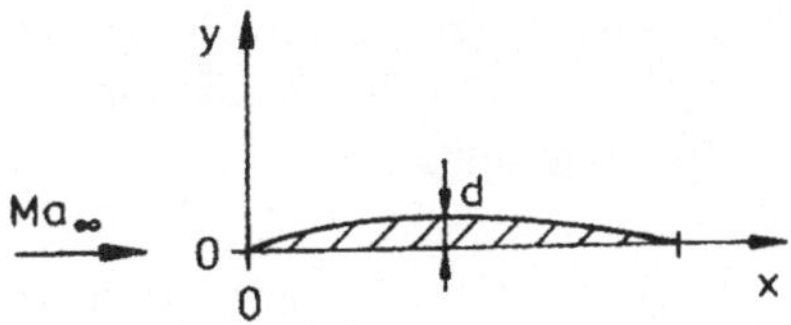

Bestimmen Sie A so, daß die Transformation der Körperkontur mit der Koordinatentransformation

$$x = \text{konst}; \; y\,\sqrt{\mid Ma_\infty^2 - 1\mid} = \text{konst}.$$

identisch ist. Welche Ähnlichkeitsregel ergibt sich?

2. Eine äquivalente Formulierung für (1) lautet

$$\frac{c_p\,\sqrt{\mid Ma_\infty^2 - 1\mid}}{d/t} = \text{konst}.$$

(a) Leiten Sie daraus das entsprechende Ähnlichkeitsgesetz für den Auftriebsbeiwert c_a ab!

(b) Zeigen Sie für Überschallströmung, daß die Beziehung

$$\frac{\epsilon}{d/t} = \text{konst}.$$

gilt, wenn ϵ den Anstellwinkel bezeichnet!

3. Nennen Sie zwei Klassen von Strömungen, für die die obigen Ähnlichkeitsgesetze nicht gelten!

7.11 (a) Ein Tragflügel mit dem Dickenverhältnis $\delta_a = 0,1$ hat bei $Ma_{\infty 1} = 0,6$ den Auftriebsbeiwert $c_{a1} = 0,325$. Bei welcher Anström-Mach-Zahl $Ma_{\infty 2}$, beträgt der Auftriebsbeiwert $c_{a2} = 0,37$?

(b) Wie groß ist das Dickenverhältnis δ_b, eines Flügels gleicher Familie in inkompressibler Strömung, dessen Auftriebsbeiwert $c_{aink} = c_{a1}$ bei $Ma_{\infty 1} = 0,6$ ist?

7.12 Ein Flugzeug, dessen Auftrieb durch einen dünnen Tragflügel mit Doppelkeilprofil erzeugt wird, befindet sich im stationären Horizontalflug.

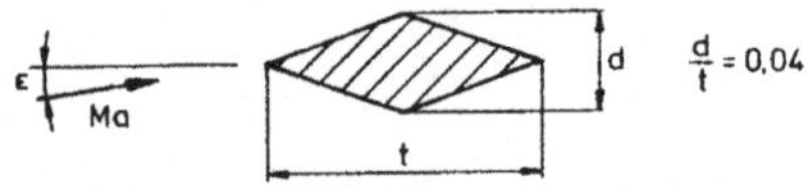

A. Linearisierte, ebene Überschallströmung ($Ma > 1$):

1. Bei der Mach-Zahl $Ma_{\infty 1} = 1,5$ beträgt der Auftriebsbeiwert $c_{a1} = 0,1$. Ermitteln Sie den Anstellwinkel ϵ_1 des Flügels!
2. Die Mach-Zahl wird auf $Ma_{\infty 2} = 3$ erhöht. Bestimmen Sie den Anstellwinkel ϵ_2, und den Widerstandsbeiwert c_{w2}!

B. Linearisierte, ebene Unterschallströmung ($Ma_\infty < 1$):

3. Wie groß muß der Auftriebsbeiwert c_{A3} bei $Ma_{\infty 3} = 0,75$ sein? Wie groß ist der Widerstandsbeiwert c_{w3} bei dieser Anström-Mach-Zahl?

4. Wie groß ist der Auftriebsbeiwert c_{A4} bei unveränderter Geometrie ($\epsilon =$ konst., $\delta =$ konst.) in inkompressibler Strömung?

5. Wie groß müssen bei inkompressibler Strömung die Verhältnisse δ_{5ink}/δ und $\epsilon_{5ink}/\epsilon_3$ sein, damit $c_{A5ink} = c_{A3}$ ist?

5.2 Lösungen

5.2.1 Eindimensionale stationäre Gasströmung

1.1 (a) 1. Hauptsatz für stationäre Prozesse

$$h_2 - h_1 + \frac{u_2^2}{2} - \frac{u_1^2}{2} + g\,(z_2 - z_1) = 0$$

mit:

$$h_2 - h_1 = e_2 - e_1 + \frac{p_2}{\rho 2} - \frac{p_1}{\rho_1}$$

(b) 1.

$$\Delta e \leftrightarrow \Delta\, g\, z + \Delta\, \frac{u_2^2}{2} + \Delta\, \frac{p}{\rho}$$

Innere Energie wird bei kompressiblen Fluiden in kinetische Energie, potentielle Energie und Volumenänderungsarbeit überführt.

2.

$$\Delta e = 0$$

In inkompressiblen Fluiden ist die innere Energie konstant. Bei thermisch idealen Gasen (e = f(T)) bedeutet dies eine konstante Temperatur. Es findet nur ein Austausch zwischen den mechanischen Energien statt.

1.2 (a)

$$Ma = \frac{v}{\sqrt{\kappa\, R\, T}} = 2,0$$

(b)

$$L = \frac{H}{\tan\alpha}$$

$$\alpha = \arctan\left(\frac{1}{Ma}\right)$$

$$L = 1001\ m$$

(c)

$$\Delta t = \frac{S}{a}$$

$$\cos\alpha = \frac{H}{S}$$

$$\Delta t = 1,96\ s \quad \text{vor Überfliegen}$$

1.3 (a)

$$c_p\, T_0 = c_p\, T^* + \frac{a^{*2}}{2}$$

$$a^{*2} = \kappa\, R\, T$$

$$c_p = \frac{\kappa\, R}{\kappa - 1}$$

$$\frac{T^*}{T_0} = \frac{2}{\kappa + 1} = 0,833$$

(b)

$$\frac{p^*}{p_0} = \left(\frac{T^*}{T_0}\right)^{\frac{\kappa}{\kappa-1}} = 0,528$$

(c)

$$Ma \to \infty \quad : \quad T \to 0$$

$$c_p\, T_0 = \frac{u_{max}^2}{2}$$

$$\lim_{Ma\to\infty} Ma^* = \sqrt{\frac{\kappa+1}{\kappa-1}} = 2.45$$

1.4

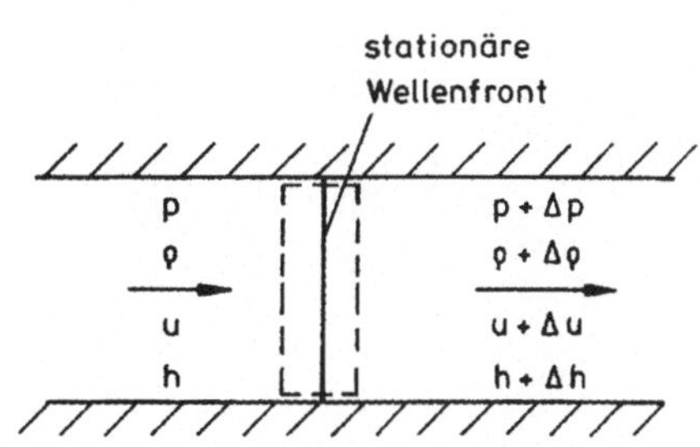

$$\begin{aligned}
\rho u &= (\rho + \Delta \rho)(u + \Delta u) \\
&\Rightarrow u\, d\rho = -\rho\, du \\
p - (p + \Delta p) &= (\rho + \Delta \rho)(u + \Delta u)^2 \\
&- \rho u^2 \\
\Rightarrow 2 \rho u\, du &+ u^2 d\rho = -dp \\
\Rightarrow u^2 &= \frac{dp}{d\rho}
\end{aligned}$$

$$\begin{aligned}
h + \frac{u_2^2}{2} = (h + \Delta h) &+ \frac{1}{2}(u + \Delta u)^2 \\
\Rightarrow dh + udu &= 0 \\
Tds &= dh - \frac{dp}{\rho} \\
\text{mit } udu &= -\frac{dp}{\rho} \\
\Rightarrow Tds &= 0 \\
\Rightarrow u^2 &= \left(\frac{\partial p}{\partial \rho}\right)_s = a^2
\end{aligned}$$

1.5

$$\begin{aligned}
\Delta t &= \frac{b}{(v_B - v_A)\tan\alpha} \\
Ma_B &= 2: \quad \alpha = 30° \\
\Delta t &= 1,73\ s
\end{aligned}$$

1.6

$$d(\rho u^2) = -dp - \rho g dx$$

$$\begin{aligned}
d(\rho u) &= 0 \\
\Rightarrow u\frac{du}{dx} &= -\frac{1}{\rho}\frac{dp}{dx} - g \\
a^2 &= \frac{dp}{d\rho} \\
\Rightarrow u\frac{du}{dx} + \frac{a^2}{\rho}\frac{d\rho}{dx} &= -g \\
\Rightarrow u\frac{du}{dx} &= -\frac{Ma^2}{Ma^2 - 1} g
\end{aligned}$$

mit $u > 0 \quad dx > 0$ folgt für

a) $Ma < 1 \quad du > 0$

b) $Ma > 1 \quad du < 0$

1.7

$$\begin{aligned}
h_0 = \frac{u^2}{2} + c_p T &= \text{konst.} \\
c_p &= \frac{\kappa}{\kappa - 1} R \\
\frac{u^2}{2} + \frac{\kappa}{\kappa - 1} RT &= \frac{a^{*2}}{2} + \frac{\kappa}{\kappa - 1} RT^* \\
\Rightarrow \frac{u^2}{2} + \frac{a^2}{\kappa - 1} &= \frac{1}{2}\frac{\kappa + 1}{\kappa - 1} a^{*2} \\
Ma^{*2} &= \frac{\frac{\kappa+1}{\kappa-1}}{1 + \frac{2}{\kappa-1}\frac{1}{Ma^2}} \\
\Rightarrow \lim_{Ma\to\infty} Ma^{*2} &= \frac{\kappa + 1}{\kappa - 1}
\end{aligned}$$

1.8

$$\begin{aligned}
\frac{A}{A^*} = \frac{\rho^* a^*}{\rho u} \quad \frac{\rho^*}{\rho} &= \left(\frac{T^*}{T}\right)^{\frac{1}{\kappa-1}} \\
\Rightarrow \frac{A}{A^*} &= \left(\frac{T^*}{T}\right)\frac{1}{Ma^*} \\
c_p T + \frac{u^2}{2} &= c_p T^* + \frac{a^{*2}}{2} \\
\Rightarrow \frac{T^*}{T} &= \frac{1 + \frac{\kappa-1}{2} Ma^2}{1 + \frac{\kappa-1}{2}}
\end{aligned}$$

Nach Aufgabe 1.7

$$\begin{aligned}
Ma^{*2} &= \frac{\kappa + 1}{\kappa - 1 + \frac{2}{Ma^2}} \\
\frac{A}{A^*} &= \left(\frac{1 + \frac{\kappa-1}{2} Ma^2}{1 + \frac{\kappa-1}{2}}\right)^{\frac{1}{\kappa-1}} \cdot \\
&\cdot \left(\frac{\kappa + 1}{\kappa - 1 + \frac{2}{Ma^2}}\right)^{-\frac{1}{2}}
\end{aligned}$$

1.9 (a)

$$\Theta_{max} = \frac{\rho^* a^*}{\rho_0 a_0} = \frac{\rho^*}{\rho}\sqrt{\frac{T^*}{T_0}} = \left(\frac{2}{\kappa+1}\right)^{\frac{1}{\kappa-1}}\left(\frac{2}{\kappa+1}\right)^{\frac{1}{2}}$$

$$\Theta_{max} = \left(\frac{2}{\kappa+1}\right)^{\frac{\kappa+1}{2(\kappa-1)}}$$

(b)

$$v(\Theta_{max}) = \frac{a^*}{a_0} = \sqrt{\frac{T^*}{T}} = \sqrt{\frac{2}{\kappa+1}}$$

(c)

$$\frac{u_{max}^2}{2} = c_p T_0 = \frac{\kappa}{\kappa-1}RT_0$$

$$v_{max} = \frac{u_{max}}{a_0} = \sqrt{\frac{2}{\kappa+1}}$$

1.10 (a)

$$\rho_1^* a_1^* A_1^* = \rho_2^* a_2^* A_2^*$$

$$T_1^* = T_2^* \Rightarrow a_1^* = a_2^*$$

$$\Rightarrow \frac{A_2^*}{A_1^*} = \frac{p_{01}}{p_{02}} = 2$$

(b)

$$\frac{A_2^*}{A} = 2\,\frac{A_1^*}{A}; \quad Ma_1 < 1$$

$$\Rightarrow Ma_2 > Ma_1$$

(c)

$$Ma_{2max} = 1$$

$$\left(\frac{A_1^*}{A}\right)_{max} = \frac{A_1^*}{A_2^*}\left(\frac{A_2^*}{A}\right)_{max} = \frac{1}{2}$$

$$\Rightarrow Ma_{1max} = 0,3$$

1.11 (a) Impuls:

$$F = \kappa p_u Ma^2 A$$

$$\Rightarrow \frac{F}{Ap_0} = \kappa\frac{p_u}{p_0}Ma^2$$

Energie:

$$\frac{T_0}{T} = 1 + \frac{\kappa-1}{2}Ma^2$$

$$\frac{T_0}{T} = \left(\frac{p_0}{p}\right)^{\frac{\kappa-1}{\kappa}}$$

$$\Rightarrow \frac{F}{Ap_0} = \frac{2\kappa}{\kappa-1}\left(\frac{p_u}{p_0}\right)\cdot \left[\left(\frac{p_u}{p_0}\right)^{-\frac{1}{\kappa-1}} - 1\right].$$

(b)

$$\frac{p_u}{p_0} = 1 - \frac{p_0 - p_u}{p_0} = 1 - \epsilon; \quad \epsilon \ll 1$$

$$(1-\epsilon)^{-\frac{\kappa-1}{\kappa}} = 1 + \frac{\kappa-1}{\kappa}\epsilon + \frac{\frac{\kappa-1}{\kappa}\left(\frac{\kappa-1}{\kappa}+1\right)}{2!}\epsilon^2 \pm \ldots$$

$$\Rightarrow \frac{F}{Ap_0} = 2\epsilon + 0(\epsilon^2) = 2\frac{p_0 - p_u}{p_0} + 0(\epsilon^2)$$

inkompressibel

$$\left(\frac{F}{Ap_0}\right)_{ink} = 2\frac{p_0 - p_u}{p_0}$$

$$\Rightarrow \frac{F}{Ap_0} - \left(\frac{F}{Ap_0}\right)_{ink} = \Delta\left(\frac{F}{Ap_0}\right) = 0(\epsilon^2)$$

Lösungstabelle im Anhang

1.12

$$c_p T_0 = c_p T + \frac{u^2}{2}$$

$$c_p = \frac{\kappa R}{\kappa - 1}$$

$$\frac{T}{T_0} = \left(\frac{\kappa-1}{2}Ma^2 + 1\right)^{-1}$$

$$\frac{\rho}{\rho_0} = \left(\frac{T}{T_0}\right)^{\frac{1}{\kappa-1}} = \left(\frac{\kappa-1}{2}Ma^2+1\right)^{\frac{1}{1-\kappa}}$$

$$\frac{p}{p_0} = \left(\frac{T}{T_0}\right)^{\frac{\kappa}{\kappa-1}} = \left(\frac{\kappa-1}{2}Ma^2+1\right)^{\frac{\kappa}{1-\kappa}}$$

1.13 (a)

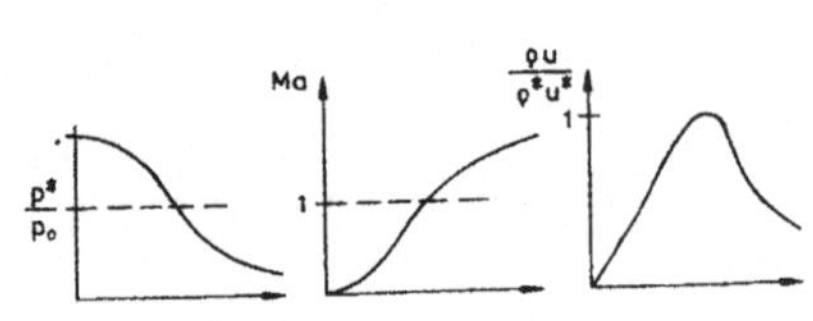

(b)

$$
\begin{aligned}
1.\ \frac{A^*}{A_E} &= 0,593; \\
2.\ \frac{p_E}{p_0} &= 0,128; \\
3.\ \frac{T_E}{T_0} &= 0,556; \\
4.\ \frac{\rho_E\, u_E}{\rho^*\, u^*} &= \frac{A^*}{A_E} = 0,593
\end{aligned}
$$

1.14

$$
\begin{aligned}
\frac{\dot m}{\rho_0\, a_0\, A} &= \frac{\rho u}{\rho_0 a_0} \\
\frac{\rho}{\rho_0} &= \left(\frac{p}{p_0}\right)^{\frac{1}{\kappa}} \\
\frac{u^2}{2} + \frac{a^2}{\kappa - 1} &= \frac{a_0^2}{\kappa - 1} \\
\Rightarrow u^2 &= \frac{2\, a_0^2}{\kappa - 1}\left[1 - \left(\frac{a}{a_0}\right)^2\right] \\
&= \frac{2\, a_0^2}{\kappa - 1}\left[1 - \left(\frac{p}{p_0}\right)^{\frac{\kappa-1}{\kappa}}\right] \\
\Rightarrow \frac{\dot m}{\rho_0\, a_0\, A} &= \left(\frac{p}{p_0}\right)^{\frac{1}{\kappa}} \sqrt{\frac{2}{\kappa - 1}} \cdot \\
&\cdot \sqrt{\left(1 - \left(\frac{p}{p_0}\right)^{\frac{\kappa-1}{\kappa}}\right)}
\end{aligned}
$$

kritischer Zustand

$Ma_e = 1$

$$
\begin{aligned}
\Rightarrow p_e &= \frac{p^*}{p_0}\, p_0 = \left(\frac{2}{\kappa - 1}\right)^{\frac{\kappa-1}{\kappa}} p_0 \\
&= 0,528 \cdot 10^5\, Pa
\end{aligned}
$$

(a)

$$
\begin{aligned}
\frac{p_k}{p_0} &= 0,7 > 0,528 \Rightarrow \text{unterkritisch} \\
\dot m &= \frac{p_0}{RT_0}\sqrt{\kappa R T_0}\, A_e \left(\frac{p_k}{p_0}\right)^{\frac{1}{\kappa}} \cdot \\
&\cdot \sqrt{\frac{2}{\kappa - 1}\left(1 - \left(\frac{p_k}{p_0}\right)^{\frac{\kappa-1}{\kappa}}\right)} \\
&= 4,35\ \frac{kg}{s}
\end{aligned}
$$

(b)

$$
\begin{aligned}
\frac{p_k}{p_0} &= 0,2 < 0,528 \Rightarrow \text{überkritisch} \\
p_e &= p^* \\
\dot m &= \frac{p_0}{RT_0}\sqrt{\kappa R T_0}\, A_e \left(\frac{2}{\kappa + 1}\right)^{\frac{1}{2}\frac{\kappa+1}{\kappa-1}} \\
&= 4,67\ \frac{kg}{s}
\end{aligned}
$$

(c)

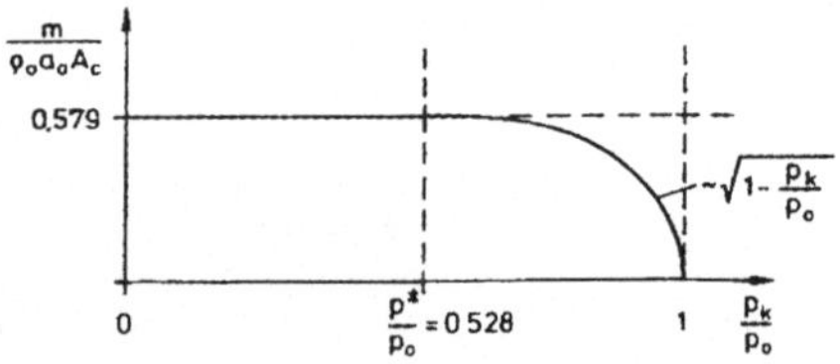

$$
\begin{aligned}
\frac{p_k}{p_0} &\le \frac{p^*}{p_0} = 0,528 \\
\Rightarrow \frac{\dot m}{\rho_0 a_0 A_e} &= \text{konst.} = 0,579 \\
\frac{p_k}{p_0} &> \frac{p^*}{p_0} \\
\Rightarrow \frac{\dot m}{\rho_0 a_0 A_e} &= \left(\frac{p_k}{p_0}\right)^{\frac{1}{\kappa}} \sqrt{\frac{2}{\kappa - 1}} \cdot \\
&\cdot \sqrt{\left(1 - \left(\frac{p_k}{p_0}\right)^{\frac{\kappa-1}{\kappa}}\right)}
\end{aligned}
$$

$$\text{mit } p_k \rightarrow p_0 : Ma \rightarrow 0; \rho \approx \rho_0$$

$$u_e \approx \sqrt{\frac{2}{\rho}(p_0 - p_k)}$$

$$\Rightarrow \frac{\dot{m}}{\rho_0\, a_0\, A_e} \sim \sqrt{1 - \frac{p_k}{p_0}}$$

1.15 (a) für: $p_0 = 7,824 \cdot 10^5\ Pa$

$$\Rightarrow \rho_0 = \frac{p_0}{RT_0} = 9,47\ \frac{kg}{m^3}$$

(b)

$$\begin{aligned}
p_0 &= 7,824 \cdot 10^5\ Pa; \quad A_H = A^*; \\
Ma &= Ma^* = 1 \\
\frac{p^*}{p_0} &= 0,528 \Rightarrow p_H = 4,13 \cdot 10^3\ Pa \\
\frac{\rho^*}{\rho_0} &= 0,634 \Rightarrow \rho_H = 6,00\ \frac{kg}{m^3} \\
\frac{T^*}{T_0} &= 0,833 \Rightarrow T_H = 240\ K
\end{aligned}$$

$$\begin{aligned}
u_H = a^* &= \sqrt{\kappa R T^*} = 310,5\ \frac{m}{s} \\
\dot{m}^* &= \rho^*\, a^*\, A^* = 0,186\ \frac{kg}{s} \\
p_E &= 10^5\ Pa \Rightarrow \frac{p_E}{p_0} = 0,1278 \\
Ma_E &= 2; \quad Ma_E^* = 1,63 \\
\frac{\rho_E}{\rho_0} &= 0,230 \Rightarrow \rho_E = 2,18\ \frac{kg}{m^3} \\
\frac{T_E}{T_0} &= 0,556 \Rightarrow T_E = 160\ K \\
u_E &= Ma_E\, a_E = 507,1\ \frac{m}{s} \\
\dot{m}_E &= \dot{m}^* = 0,186\ \frac{kg}{s}
\end{aligned}$$

(a) für: $p_0 = 1,064 \cdot 10^5\ Pa$

$$\Rightarrow \rho_0 = 1,29\ \frac{kg}{m^3}$$

(b) p_0 ist nur wenig größer als $p_a \Rightarrow$ Unterschallströmung in der gesamten Düse! Halsquerschnitt ist kein ausgezeichneter Querschnitt mehr!

$$\begin{aligned}
A_E : \frac{p_E}{p_0} &= 0,9398 \\
\Rightarrow Ma_E = 0,3;\ Ma_E^* &= 0,326
\end{aligned}$$

mit Isentropenbeziehung

$$\begin{aligned}
\frac{p}{\rho^\kappa} &= \text{konst. folgt:} \\
\frac{\rho_E}{\rho_0} &= 0,956 \Rightarrow \rho_E = 1,23\ \frac{kg}{m^3} \\
\frac{T_E}{T_0} &= 0,982 \Rightarrow T_E = 283\ K \\
u_E &= 101,2\ \frac{m}{s}; \\
\dot{m} &= 2,1 \cdot 10^{-2}\ \frac{kg}{s} \\
A_H &\neq A^* \\
\frac{A_f^*}{A_E} &= \frac{\rho_e\, u_E}{\rho_f^*\, a_f^*} = 0,492 \\
\frac{A_f^*}{A_H} &= 0,83 \\
\Rightarrow Ma_H &= 0,59; \quad Ma_H^* = 0,62 \\
\frac{p_0}{p_H} &= 1,26 \Rightarrow p_H = 0,79 \cdot 10^5\ Pa
\end{aligned}$$

Isentropie:

$$\begin{aligned}
\rho_H &= 1,09\ \frac{kg}{m^3};\ T_H = 269,2\ K \\
u_H &= 194\ \frac{m}{s};\ \dot{m}_h = 2,1 \cdot 10^{-2}\ \frac{kg}{s}
\end{aligned}$$

1.16 (a)

$$\begin{aligned}
h_0 &= \text{konst.} = h + \frac{u^2}{2} = C_2 \\
\rho u &= \text{konst.} = \sqrt{C_1} \\
&\Rightarrow h + \frac{C_1}{2\rho^2} = C_2
\end{aligned}$$

(b) 1.

$$(Tds)_P = 0 = \left(dh - a^2\frac{d\rho}{\rho}\right)_P$$

$$\begin{aligned}
dh &= u^2\,\frac{d\rho}{\rho} \\
\Rightarrow (u_p^2 - a^2)\left(\frac{d\rho}{\rho}\right)_P &= 0 \\
\Rightarrow Ma &= 1
\end{aligned}$$

2. und 3.

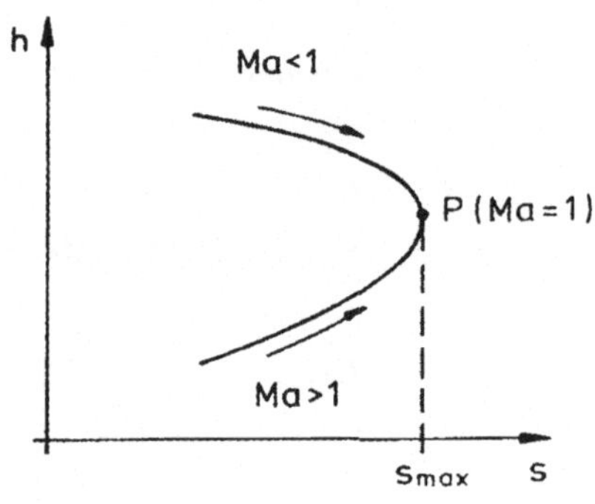

1.17 (a)

$$\rho u = \text{konst.}$$
$$\rho u^2 + p = \text{konst.}$$
$$\Rightarrow p + \frac{C_1}{\rho} = C_2; \quad C_1 = (\rho u)^2$$

(b) 1.

$$\left(\frac{dp}{d\rho}\right)_P = \left(\frac{\partial dp}{\partial d\rho}\right)_s = a_P^2$$
$$\left(\frac{dp}{d\rho}\right)_P = u_P^2$$
$$\Rightarrow Ma_P = 1$$

2. und 3.

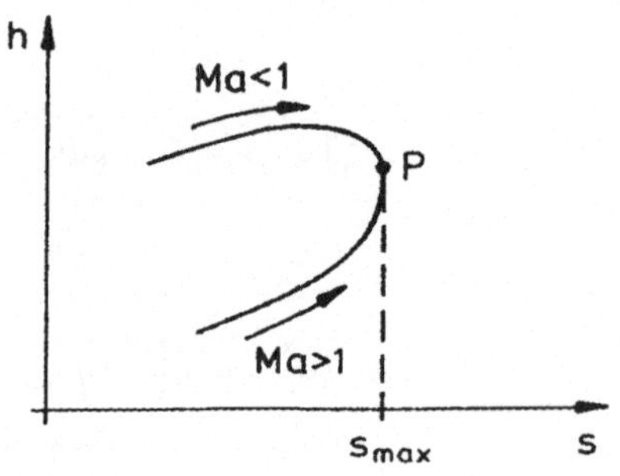

5.2.2 Der senkrechte Verdichtungsstoß

2.1 Kontinuität : $u_1\rho_1 = u_2\rho_2$
Prandtl : $u_1u_2 = a^{*2}$

$$\Rightarrow \frac{\rho_2}{\rho_1} = \frac{u_1}{u_2} = \frac{u_1^2}{a^{*2}} = Ma_1^{*2}$$
$$\Rightarrow \left(\frac{\rho_2}{\rho_1}\right)_{max} = {Ma_{1max}^*}^2 = \frac{\kappa+1}{\kappa-1}$$

2.2

$$u_1u_2 = a^{*2}$$
$$\Rightarrow u_2 = \frac{a^{*2}}{u_1^2} = \frac{u_1}{Ma_1^{*2}} = 192\ \frac{m}{s}$$

2.3 (a)

$$Ma_1 = \frac{u_1}{a_1} = \frac{u_1}{\sqrt{\kappa R T_1}} = 1,5$$
$$\frac{p_1}{p_{01s}} = 0,272$$
$$\Rightarrow p_{01s} = 3,67 \cdot 10^5\ Pa$$
$$T_{01s} = 425\ K;\ p_{2s} = 2,45 \cdot 10^5\ Pa$$
$$T_{2s} = 387\ K;\ p_{02s} = 3,4 \cdot 10^5\ Pa$$
$$T_{02s} = T_{01s}$$

$$Ma_{2s}^* = \frac{1}{Ma_{1s}^*} = 0,7328$$
$$\Rightarrow Ma_{2s} = 0,71$$
$$u_{2s} = Ma_{2s}\sqrt{\kappa R T_{2s}} = 280\ \frac{m}{s}$$

(b)

$$u_{1R} = Ma_{1R} = 0$$
$$p_{01R} = p_1; \quad T_{01R} = T_1$$
$$p_{2R} = p_{2s}; \quad T_{2R} = T_{2s}$$
$$u_{2R} = u - u_{2s} = 235\ \frac{m}{s}$$
$$\Rightarrow Ma_{2R} = 0,596$$
$$\Rightarrow \frac{p_{2R}}{p_{02R}} = 0,78$$
$$\Rightarrow p_{02R} = 3,14 \cdot 10^5\ Pa$$
$$\frac{T_{2R}}{T_{02R}} = 0,94 \Rightarrow T_{02R} = 399\ K$$

2.4 1) Mitbewegtes Koordinatensystem: Index "s"

$$\frac{p_2}{p_1} = 10,2 \Rightarrow Ma_{1s} = 3$$
$$u = Ma_{1s}\sqrt{\kappa R T_1} = 1042\ \frac{m}{s}$$

2)

(a)

$$Ma^*_{2s} = \frac{1}{Ma^*_{1s}} = 0,509$$
$$\Rightarrow Ma_{2s} = 0,47$$
$$T_2 = \frac{T_2}{T_1}T_1 = 795\ K$$

$$u_{2s} = Ma_{2s}\sqrt{\kappa R T_2} = 265,6\ \frac{m}{s}$$
$$Ma_\infty = \frac{u - u_{2s}}{\sqrt{\kappa R T_1}} = 1,37$$

(b)

$$Ma_\infty = 1,37 \Rightarrow \frac{T_2}{T_{0\infty}} = 0,72$$
$$\Rightarrow T_{0\infty} = 1104\ K$$

(c)

$$p_{0\infty} = \frac{p_{0\infty}}{p_2}p_2 = 30,9 \cdot 10^5\ Pa$$

2.5

$$c_p\,T_1 + \frac{u_1^2}{2} = c_p\,T_2 + \frac{u_2^2}{2}$$
$$\frac{u_1}{u_2} = \frac{(\kappa+1)\,Ma_1^2}{2+(\kappa-1)\,Ma_1^2}$$
$$c_p = \frac{\kappa\,R}{\kappa-1}$$
$$T_2 - T_1 = \frac{(\kappa-1)(u_1^2-u_2^2)}{2\,\kappa\,R} = 197,9\ K$$

2.6 (a)

$$\frac{p_{01}}{p_{02}} = \frac{A_2^*}{A_1^*} = \frac{A_2^*}{A_B}\,\frac{A_A}{A_1^*}\,\frac{A_B}{A_A} = 3,04$$

(b)

$$\frac{p_{01}}{p_{02}} = 3,04$$
$$\Rightarrow Ma = 3 \Rightarrow \frac{p_2}{p_1} = 10$$

(c)

$$\frac{p_B}{p_A} = \frac{p_B}{p_{02}}\,\frac{p_{01}}{p_A}\,\frac{p_{02}}{p_{01}} = 2,76$$

2.7

$$\dot m = \rho_1\,v_1\,A_1 = \sqrt{\frac{\kappa}{R\,T_1}}\,p_1\,Ma_1\,A$$

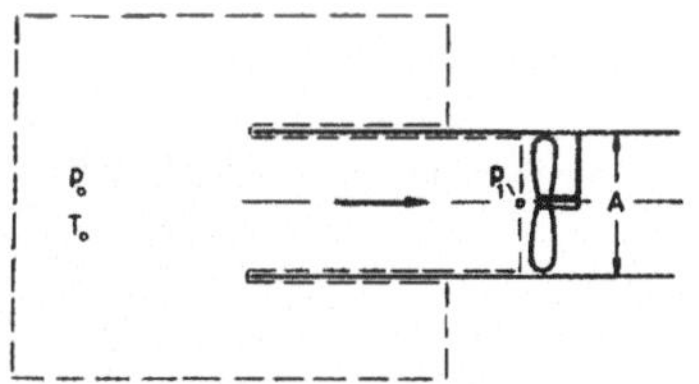

$$\rho_1\,v_1^2\,A_1 = (p_0 - p_1)\,A$$
$$Ma_1 = \sqrt{\frac{1}{\kappa}\left(\frac{p_0}{p_1} - 1\right)}$$
$$c_p\,T_0 = c_p\,T_1 + \frac{v_1^2}{2}$$
$$T_1 = \frac{T_0}{1+\frac{\kappa-1}{2}\,Ma_1^2}$$
$$\dot m = 1,41\ \frac{kg}{s}$$

2.8 (a)

$$Ma_{E Ausl.} = 2,3$$
$$\Rightarrow p_{E Ausl} = \frac{p_E}{p_0}p_0 = 0,08 \cdot 10^5\ Pa$$
$$\frac{A_H}{A_E} = \frac{A^*}{A_E} = 0,456$$

(b) Unterschallströmung in der Düse

$$\frac{A^*}{A_E} = 0,456$$
$$\Rightarrow p_{k1} = \frac{p_E}{p_0}p_0 = 0,95 \cdot 10^5\ Pa$$
$$Ma_{E1} = 0,28$$

(c)

$$p_{k2} = \frac{p_{k2}}{p_{EAusl}} p_{EAusl} = 0,48 \cdot 10^5\ Pa$$

(d)

$$\begin{aligned} A_E\, \rho_E\, u_E^2 &= (p_k - p_E)\, A_E + F_s \\ A_E\, \rho_E\, u_E^2 &= A_E\, \rho_E\, \kappa Ma_E^2 \\ p_k &= p_E \end{aligned}$$

1.

$$F_{SAusl} = A_E\, \rho_{E\ Ausl.}\, \kappa Ma^2_{E\ Ausl.} = 13\ N$$

2.

$$\begin{aligned} F_{spk2} &= A_E\, \rho_{E2}\, u_{E2} \\ &= A_E\, \frac{u_{E2}^2}{u_{E1}^2} u_{E1}^2 \frac{\rho_{E2}}{\rho_{E1}} \rho_{E2} \\ F_{spk2} &= F_{s1}\, \frac{1}{Ma_1^{*2}} = 4,2\ N \end{aligned}$$

(e) bei isentroper Strömung $p_E = p_K$

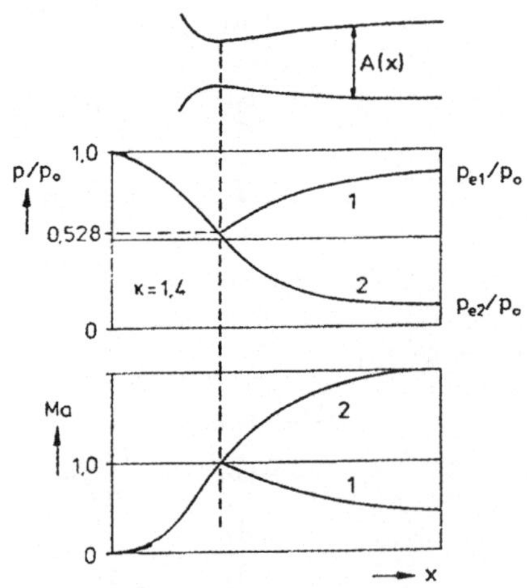

2.9 (a)

$$\begin{aligned} \frac{p_0}{p_{0Ea}} &= 1,387 \\ \Rightarrow Ma_{Ea} &= 2 \Rightarrow \frac{A^*}{A_{sa}} = 0,593 \end{aligned}$$

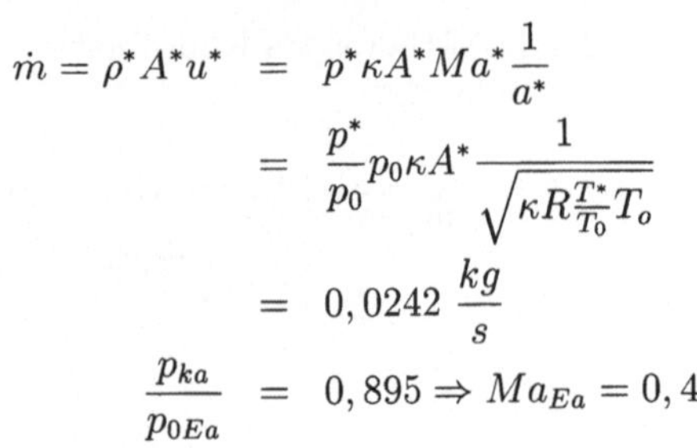

$$\begin{aligned} \dot{m} = \rho^* A^* u^* &= p^* \kappa A^* Ma^* \frac{1}{a^*} \\ &= \frac{p^*}{p_0} p_0 \kappa A^* \frac{1}{\sqrt{\kappa R \frac{T^*}{T_0} T_o}} \\ &= 0,0242\ \frac{kg}{s} \\ \frac{p_{ka}}{p_{0Ea}} &= 0,895 \Rightarrow Ma_{Ea} = 0,4 \end{aligned}$$

(b) siehe a)

$$\begin{aligned} \dot{m} &= 0,0242\ \frac{kg}{s}; \quad Ma_{Eb} = 0,32; \\ \frac{A^*}{A_{sb}} &= 0,77 \end{aligned}$$

(c)

$$\frac{\Delta s}{R} = ln \frac{p_{01}}{p_{02}} \Rightarrow \frac{\Delta s_a}{\Delta s_b} = 2,5$$

(d)

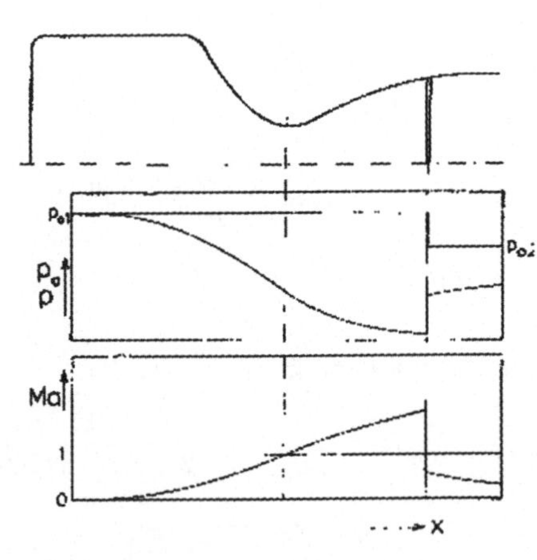

(e)

$$\begin{aligned} \frac{A_H}{A_s} &= \frac{A_E}{A_s} \frac{A_H}{A_E} = 0,507 \\ \Rightarrow Ma_{a1}^{*\ 2} &= 1,71 \Rightarrow Ma_{a2}^{*\ 2} = 0,585 \\ \frac{A_2^*}{A_H} &= \frac{p_{01}}{p_{02}} = 1,58 \end{aligned}$$

$$\frac{A_2^2}{A_E} = \frac{A_2^*}{A_H}\frac{A_H}{A_E} = 0,72$$
$$\Rightarrow Ma_E = 0,47$$
$$p_E = \frac{p_E}{p_{02}}p_{02} = 0,538 \cdot 10^5\ Pa$$

2.10 (a) 1.

$$Ma_E = Ma_M = 2,3$$
$$\Rightarrow p_{k1} = \frac{p_{k1}}{p_E}\frac{p_E}{p_0}p_0 = 0,48 \cdot 10^5\ Pa$$

(b)

$$\frac{A_H}{A_S} = \frac{A_E}{A_S}\frac{A^*}{A_E} = 0,8$$
$$\Rightarrow Ma_1^* = 1,425 \Rightarrow Ma_s^* = 0,7$$
$$p_s = \frac{p_s}{p_1}\frac{p_1}{p_0}p_0 = 0,66 \cdot 10^5\ Pa$$

2.

$$\frac{A_2^*}{A_E} = \frac{A_2^*}{A_H}\frac{A_H}{A_E} = \frac{p_{01}}{p_{02}}\frac{A_H}{A_E}$$
$$= 0,511$$
$$\Rightarrow Ma_{2E} = 0,311$$
$$p_{k2} = \frac{p_{k2}}{p_{02}}\frac{p_{02}}{p_{01}}p_{01}$$
$$= 0,82 \cdot 10^5\ Pa$$

(c)

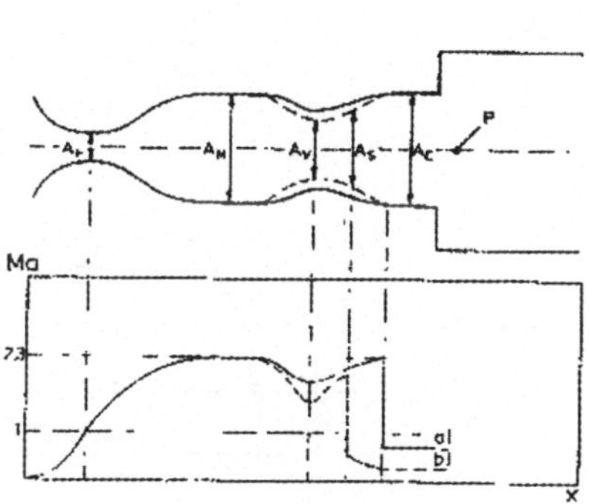

(d) 1.

$$A_v = A^* = A_H$$

2.

$$\Delta t = \frac{\Delta m}{\dot m}$$
$$\Delta m = (p_{kmax} - p_{k1})\frac{V_K}{T_K R}$$
$$\frac{p_{kmax}}{p_0} = 0,95$$
$$\Rightarrow \Delta m = 585\ kg$$
$$\dot m = \rho^* A^* u^* = \frac{A_H \kappa \frac{p^*}{p_0} p_0}{\sqrt{\kappa R \frac{T^*}{T_0} T_o}}$$
$$= 24,15\ \frac{kg}{s}$$
$$\Rightarrow \Delta t = 24,22\ s$$

2.11

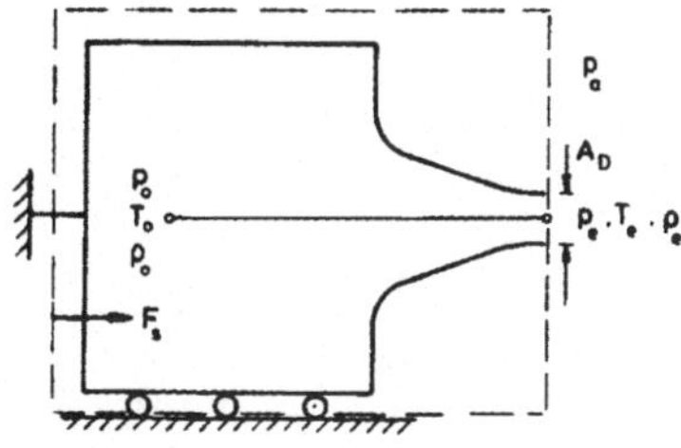

(a)

$$\rho_e\, v_e^2\, A_D = (p_a - p_e)\, A_D + F_s$$
$$v_e^2 = 2\, c_p\, (T_0 - T_e)$$
$$c_p = \frac{\kappa\, R}{\kappa - 1}$$

$$\frac{F_s}{p_0\, A_D} = \frac{2\,\kappa}{\kappa - 1}\frac{\rho_e}{\rho_0}\left(1 - \frac{T_e}{T_0}\right) - \frac{p_a}{p_0} + \frac{p_e}{p_0}$$
$$\frac{T}{T_0} = \left(\frac{\rho}{\rho_0}\right)^{\kappa-1} = \left(\frac{p}{p_0}\right)^{\frac{\kappa}{1-\kappa}}$$
$$\frac{F_s}{p_0\, A_D} = \frac{2\,\kappa}{\kappa - 1}\left(\frac{p_e}{p_0}\right)^{\frac{1}{\kappa}} - \frac{\kappa+1}{\kappa-1}\frac{p_e}{p_0} - \frac{p_a}{p_0}$$

unterkritisch : $p_e = p_a$
überkritisch : $p_e = p^* = 0,528\, p_0$

(siehe Aufgabe 1.3)

(b)

$$F_s = \rho_e\, v_e^2\, A_D$$
$$v_e^2 = \frac{2\,(p_0 - p_a)}{\rho}$$
$$\frac{F_s}{p_0\, A_D} = 2\left(1 - \frac{p_a}{p_0}\right)$$

$\frac{p_a}{p_0}$	$\frac{F_s}{p_0\, A_D}$	
	a) kompr.	b) inkompr.
1	0	0
0,6	0,66	0,8
0,2	1,07	1,6
0	1,27	2

2.12 (a)

$$\frac{A^*}{A_H} = 0,963$$
$$A^* = A_L = 0,193\; m^2$$
$$\frac{A^*}{A_E} = 0,38 \Rightarrow Ma_E = 2,5$$
$$\frac{p_E}{p_a} = \frac{p_E}{p_0} = 0,0585$$
$$\Rightarrow p_E = 0,0585 \cdot 10^5\; Pa$$

(b)

$$t_{max} = \frac{\Delta m}{\dot{m}}; \quad T_K = T_0 = T_a$$
$$= (p_{Emax} - p_E(t = t_0))\frac{V_K}{\dot{m} R T_K}$$

$$\dot{m} = A_L \rho^* u^* = 45\; \frac{kg}{s}$$
$$\frac{A_L}{A_E} = 0,3793$$
$$\Rightarrow Ma_E(t = t_{max}) = 0,23$$
$$\Rightarrow p_E(t = t_{max}) = 0,96 \cdot 10^5\; Pa$$
$$\Rightarrow t_{max} = 9,3\; s$$

(c)

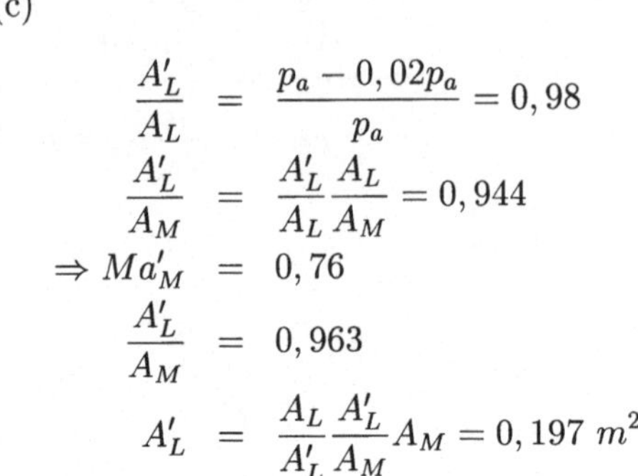

$$\frac{A_L'}{A_L} = \frac{p_a - 0,02 p_a}{p_a} = 0,98$$
$$\frac{A_L'}{A_M} = \frac{A_L'}{A_L}\frac{A_L}{A_M} = 0,944$$
$$\Rightarrow Ma_M' = 0,76$$
$$\frac{A_L'}{A_M} = 0,963$$
$$A_L' = \frac{A_L}{A_L'}\frac{A_L'}{A_M} A_M = 0,197\; m^2$$

5.2.3 Der schräge Verdichtungsstoß

3.1

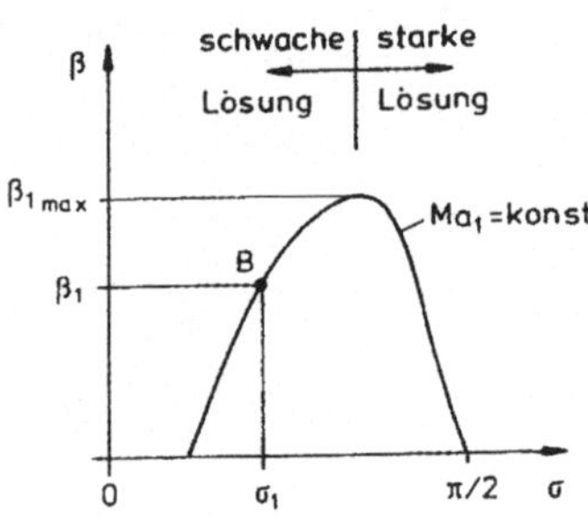

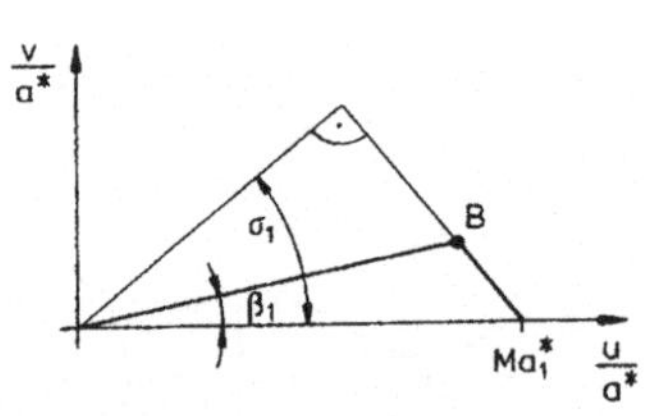

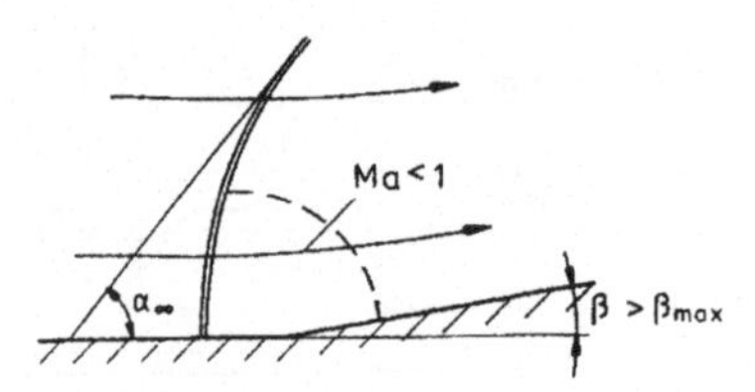

3.2 (a)

$$Ma_1 \sin\sigma = 1,32$$

$$\sigma = \arctan \frac{u_{n1}}{u_{t1}} = 53,1^\circ$$
$$Ma_1 = \frac{V_1}{a_1} = 1.65$$
$$\Rightarrow T_1 = 228,5\ K$$

(b)

$$\begin{aligned} u_{t2} &= u_{n1} \\ Ma_1 \sin\sigma &= 1,32 \Rightarrow u_{n2} = 259\ \frac{m}{s} \\ Ma_1^* &= 1,45 \Rightarrow Ma_2^* = 1,16 \\ Ma_2 &= 1,2; \quad \beta = 12^\circ \end{aligned}$$

(c) Stoßpolare

$$\begin{aligned} \frac{u_{n1}}{a^*} &= 1,28; \quad \frac{u_{t1}}{a^*} = 0,69; \\ \beta &= 15^\circ \\ a^* &= \sqrt{\kappa R \frac{T^*}{T_0}\frac{T_0}{T_1} T_1} = 344\ \frac{m}{s} \\ \Rightarrow u_{n1} &= 440\ \frac{m}{s}; \quad u_{t1} = 237,4\ \frac{m}{s} \end{aligned}$$

3.3 (a)

$$\begin{aligned} \Delta t &= \frac{\Delta m}{\dot m} \\ \dot m &= \rho^* A_H u^* = 24,15\ \frac{kg}{s} \\ \Delta m &= \frac{V_K}{RT_K}(p_{kmax} - p_k(t=0)) \\ p_{kmax} &= 0,48 \cdot 10^5\ Pa \end{aligned}$$

(senkrechter Verdichtungsstoß im Endquerschnitt)

$$\Rightarrow \Delta m = 497,6\ kg \Rightarrow \Delta t = 20,6\ s$$

(b)

$$\begin{aligned} p_E &= \frac{p_E}{p_0} p_0 = 0,08 \cdot 10^5\ Pa \\ \Rightarrow \frac{p_K}{p_E} &= 2 \Rightarrow Ma_E \sin\sigma = 1,36 \\ \Rightarrow \sigma &= 36,25^\circ; \quad \beta = 11,5^\circ \\ \frac{p_K}{p_{02}} &= 0,165 \Rightarrow Ma_2 = 1,83 \\ T_2 &= \frac{T_2}{T_1}\frac{T_1}{T_0} T_0 = 167\ K \\ V_2 &= Ma_2\, a_2 = 474\ \frac{m}{s} \end{aligned}$$

(c)

$$\begin{aligned} \beta_{max}(Ma = 2,3) &= 27,5^\circ \\ \Rightarrow \epsilon_{max} &= 7,5^\circ \\ \beta_{0b} &= 12,5^\circ \Rightarrow \sigma_{0b} = 37^\circ \\ \Rightarrow Ma_E \sin\sigma_{0b} &= 1,384 \\ \beta_u &= 27,5^\circ \Rightarrow \sigma_u = 62^\circ \\ \Rightarrow Ma_E \sin\sigma_u &= 2,03 \\ p_u - p_{0b} &= \left(\frac{p_u}{p_E} - \frac{p_{0b}}{p_E}\right) p_E \\ &= 0,22 \cdot 10^5\ Pa \\ Ma_{0b}^* = 1,55 &\Rightarrow Ma_{0b} = 1,85 \\ Ma_u^* = 0,92 &\Rightarrow Ma_{0b} = 0,94 \end{aligned}$$

3.4 (a)

$$\begin{aligned} \Delta s &= R \ln\left(\frac{p_{0a}}{p_{0b}}\right) \\ &= R\, ln \left(\frac{p_{0a}}{p_a}\frac{p_b}{p_{0b}}\right) \\ p_a = p_b; \quad \Delta s &= 88,62\ \frac{J}{kgK} \end{aligned}$$

(b)

$$\begin{aligned} |\vec V_a| / |\vec V_b| &= \frac{Ma_a}{Ma_b}\sqrt{\frac{T_a}{T_b}} \\ &= \frac{Ma_a}{Ma_b}\sqrt{\frac{T_a}{T_{0a}}\frac{T_{0b}}{T_b}} \\ &= 1,063 \\ (T_{0a} &= T_{0b}) \end{aligned}$$

(c)

$$\frac{\rho_a}{\rho_b} = \frac{T_b}{T_a} = 1,092$$

3.5 1)

(a)

$$\frac{A_H}{A_E} = 0,15 \Rightarrow Ma_{EAusl} = 3,5$$

(b)

$$\begin{aligned}
\frac{p_{a(0)}}{p_E} &= 5,13 \\
\Rightarrow Ma_E \sin\sigma_1 &= 2,12 \\
\Rightarrow \sigma &= 37,3^\circ \\
Ma_E^* &= 2,06 \\
\Rightarrow Ma_1^* &= 1,71 \quad (\beta_1 = 22^\circ) \\
\Rightarrow Ma_1 &= 2,2 \\
\beta_2 = \beta_1 &\Rightarrow \sigma_2 = 53^\circ \\
Ma_2^* = 1,2 &\Rightarrow Ma_2 = 1,25
\end{aligned}$$

(c)

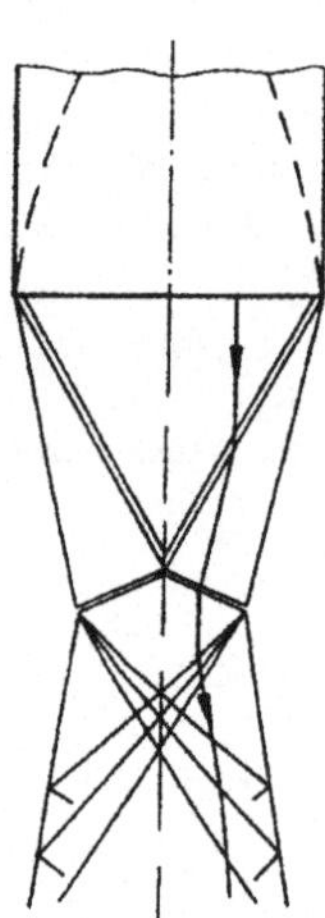

2)

(a)

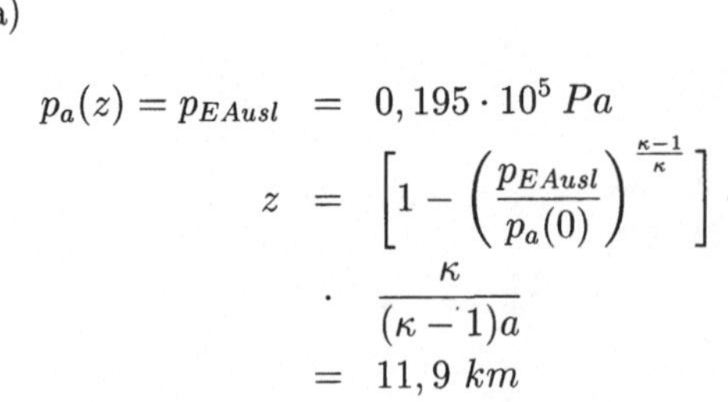

$$\begin{aligned}
p_a(z) = p_{EAusl} &= 0,195 \cdot 10^5\ Pa \\
z &= \left[1 - \left(\frac{p_{EAusl}}{p_a(0)}\right)^{\frac{\kappa-1}{\kappa}}\right] \cdot \\
&\cdot \frac{\kappa}{(\kappa-1)a} \\
&= 11,9\ km
\end{aligned}$$

3.6

$$v_1\, \rho_1\, h_1 = v_3\, \rho_3\, h_3$$

$$\begin{aligned}
\Rightarrow \frac{h_3}{h_1} &= \frac{Ma_1^*\, \rho_1}{Ma_3^*\, \rho_3} \\
\frac{\rho_2}{\rho_1} &= 1,85 \\
\Rightarrow Ma_1 \sin\sigma_1 &= 1,5 \\
\Rightarrow \sigma_1 = 30^\circ;\quad Ma_1^* &= 1,964 \\
\Rightarrow \beta = 13^\circ;\quad Ma_2^* &= 1,78; \quad Ma_2 = 2,4 \\
Ma_3^* = 1,56;\quad \sigma &= 37^\circ \\
\Rightarrow Ma_2 \sin\sigma_2 &= 1,44 \\
\frac{\rho_3}{\rho_2} &= 1,75 \\
\frac{\rho_1}{\rho_3} &= \frac{\rho_1}{\rho_2}\frac{\rho_2}{\rho_3} = 0,309 \\
\Rightarrow \frac{h_3}{h_1} &= 0,389
\end{aligned}$$

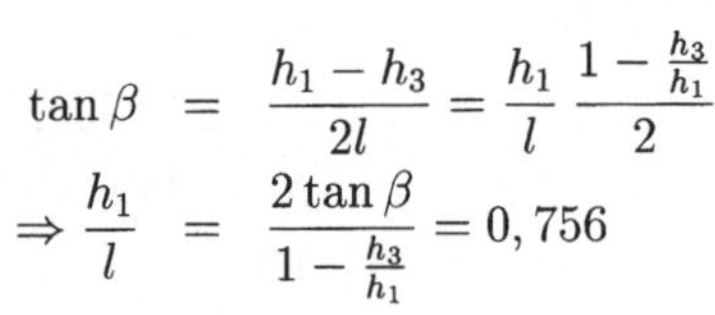

$$\begin{aligned}
\tan\beta &= \frac{h_1 - h_3}{2l} = \frac{h_1}{l}\,\frac{1 - \frac{h_3}{h_1}}{2} \\
\Rightarrow \frac{h_1}{l} &= \frac{2\tan\beta}{1 - \frac{h_3}{h_1}} = 0,756
\end{aligned}$$

3.7

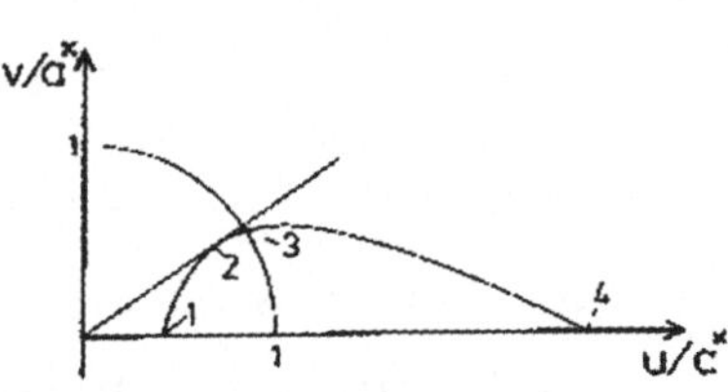

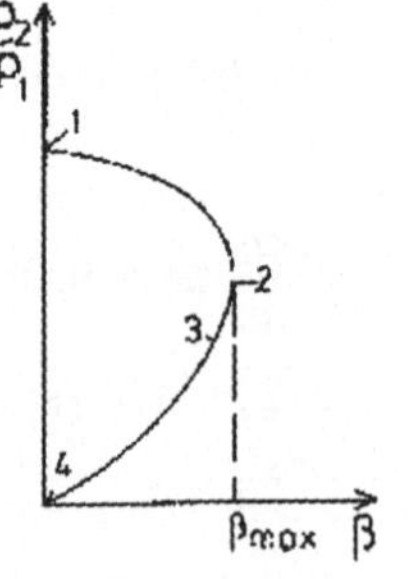

3.8

$$\Delta x = \frac{2\Delta y}{\tan\sigma_A + \tan\sigma_B} = 2,8\ cm$$

$$\begin{aligned}
Ma_1^* &= 1,63 \Rightarrow \beta_A = 5,5°;\\
\beta_B &= 21°\\
\Rightarrow Ma_{A2}^* &= 1,54; \quad Ma_{B2}^* = 1,13\\
a^* &= \sqrt{\kappa R \frac{T^*}{T_0} T_0} = 316,94 \ \frac{m}{s}\\
v_{A2} &= Ma_{A2}^* \, a^* \ \sin\beta_A = 46,78 \ \frac{m}{s}\\
u_{A2} &= Ma_{A2}^* \, a^* \ \cos\beta_A = 485,84 \ \frac{m}{s}\\
v_{B2} &= Ma_{B2}^* \, a^* \ \sin\beta_B = 128,35 \ \frac{m}{s}\\
u_{B2} &= Ma_{B2}^* \, a^* \ \cos\beta_B = 334,35 \ \frac{m}{s}\\
&\Rightarrow \ \nabla \ \mathrm{x} \ \vec{v} = -7960 \ \frac{1}{s}
\end{aligned}$$

5.2.4 Expansionen und Verdichtungsstöße

4.1 (a) $\vec{r}$ ist eine Machsche Linie

$$\begin{aligned}
\tan\alpha &= \frac{u_t}{u_r} \Rightarrow \alpha = 26.57°\\
Ma_p &= \frac{1}{\sin\alpha} = 2,24
\end{aligned}$$

(b)

$$\begin{aligned}
u_t &= a_p\\
\Rightarrow T_p &= \frac{u_t^2}{\kappa R} = 155 \ K
\end{aligned}$$

4.2 PM-Strömung = ebene, isentrope Strömung

$$\begin{aligned}
\Rightarrow rot\,\vec{V} &= 0\\
\frac{\partial v_r}{\partial \Phi} &= \frac{\partial}{\partial r}(r v_\Phi)\\
\Rightarrow v_\Phi + r\frac{\partial v_\Phi}{\partial r} - \frac{\partial v_r}{\partial \Phi} &= 0\\
\frac{\partial v_\Phi}{\partial r} = 0 \text{ und } v_\Phi &= a \Rightarrow \frac{\partial v_r}{\partial \Phi} = a
\end{aligned}$$

4.3

$$\nu_3 = \nu_1 + 2 \mid \beta \mid; \quad \nu_3 = 28°; \quad \nu_1 = 0°$$
$$\Rightarrow \beta = 14°$$
$$\nu_2 = \nu_1 + \mid \beta \mid = 14°$$
$$\Rightarrow Ma_2 = 1,57; \quad \alpha_2 = 39.5°$$

$$\text{Konti: } a^* \, h \, \rho^* = \overline{AB} \, u_2 \, \rho_2 \, \sin\alpha_2$$
$$\frac{A^*}{A} = \frac{h}{\overline{AB}\sin\alpha_2} = 0,82$$
$$\Rightarrow \overline{AB} = 0,192 \ m$$
$$\overline{AC} = 2\,\overline{AB}\cos\alpha_2 = 0,296 \ m$$
$$\delta_{AB} = \alpha_2 - \beta = 25,5°$$
$$\delta_{AC} = \beta = 14°$$

4.4 (a)

$$Ma_1 = 2,5; \quad \beta_1 = 12°$$
$$\Rightarrow \sigma = 34°; \quad Ma_2 = 2; \quad \frac{p_{02}}{p_{01}} = 0,96$$
$$p_{02} = \frac{p_{02}}{p_{01}}\frac{p_{01}}{p_1} p_1 = 8,87 \cdot 10^5 \ Pa$$
$$p_2 = \frac{p_2}{p_{02}} p_{02} = 1,13 \cdot 10^5 \ Pa$$

(b) PM-Strömung = isentrope Strömung

$$\Rightarrow p_{02} = p_{03} = p_{04}$$
$$\nu_3 = \nu_2 + \mid \beta_2 \mid$$
$$\nu_2 = 26,4° \Rightarrow \nu_3 = 38,4°$$
$$\Rightarrow Ma_3 = 2,47$$
$$p_3 = \frac{p_3}{p_{03}} p_{03} = 0,546 \cdot 10^5 \ Pa$$

(c)

$$\frac{p_4}{p_{03}} = \frac{p_3 - \Delta p}{p_{04}} = 0,0273$$
$$\Rightarrow Ma_4 = 3; \quad \nu_4 = 49,8°$$
$$\Rightarrow \mid \beta \mid = \nu_4 - \nu_3 = 11,4°$$

(d)

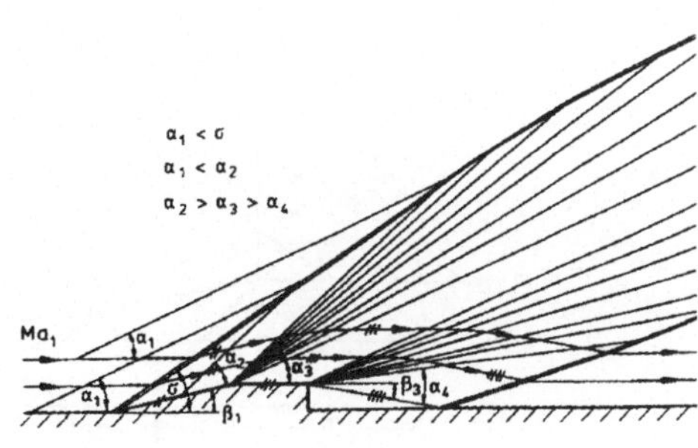

4.5 (a)

$$\beta_1 = 10°; \quad \sigma_1 = 40° \Rightarrow Ma_1 = 2$$
$$Ma^{*2} = 1,44; \quad \beta_2 = \beta_1$$
$$\Rightarrow Ma_3^* = 1,2; \quad Ma_3 = 1,26$$
$$p_1 = \frac{p_1}{p_u} p_u = 0,11 \cdot 10^6\ Pa$$

(b)

$$\begin{aligned}
\beta_3 &= \nu_4 - \nu_3 \\
\frac{p_4}{p_{04}} &= \frac{p_4}{p_3}\frac{p_3}{p_{03}}; \\
p_{03} &= p_{04}; \quad p_4 = p_2 = p_u \\
Ma_2 &= 1,62; \quad \sigma_2 = 51° \\
\Rightarrow \frac{p_3}{p_2} &= 1,69 \\
\Rightarrow p_3 &= 0,388 \cdot 10^5\ Pa \\
Ma_3 &= 1,26 \\
\Rightarrow \frac{p_3}{p_{03}} &= 0,38; \quad \nu_3 = 5,1° \\
\Rightarrow \frac{p_4}{p_{04}} &= 0,225 \\
\Rightarrow Ma_4 &= 1,63; \quad \nu_4 = 15,7° \\
\Rightarrow \beta_3 &= 10,6°
\end{aligned}$$

(c)

$$\begin{aligned}
\frac{p_{uc}}{p_1} &= 2,5 \\
\Rightarrow Ma_1 \sin\sigma_1 &= 1,51 \\
\Rightarrow \sigma = 49°; \quad \beta_1 &= 17.5°; \\
Ma_2 &= 1,32 \\
\Rightarrow \beta_1 > \beta_{max}(Ma_2) &= 7°
\end{aligned}$$

$\Rightarrow$ Mach-Reflexion

(d)

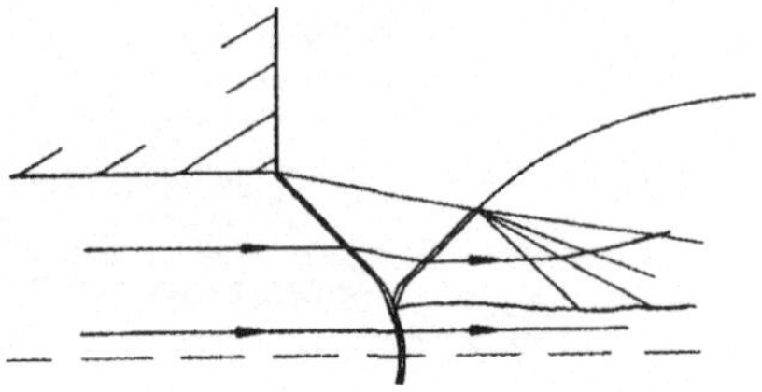

(e)

$$Ma_1 \sin\sigma = 2$$
$$p_{ud} = \frac{p_{ud}}{p_1} p_1 = 0,5 \cdot 10^5\ Pa$$

4.6 (a) 1.

$$\begin{aligned}
Ma_1^* &= 1,96; \quad \beta_1 = 15° \\
\Rightarrow Ma_2^* &= 1,73; \quad \sigma = 33° \\
\Rightarrow Ma_2 &= 2,25; \quad Ma_1 \sin\sigma = 1,634 \\
p_2 &= \frac{p_2}{p_1} p_1 = 1,57 \cdot 10^5\ Pa \\
T_2 &= \frac{T_2}{T_1} T_1 = 350\ K
\end{aligned}$$

$$\begin{aligned}
T_{02} &= T_{01} = \frac{T_{01}}{T_1} T_1 = 700\ K \\
p_{02} &= \frac{p_{02}}{p_{01}}\frac{p_{01}}{p_1} p_1 = 17,71 \cdot 10^5\ Pa \\
p_{01} &= \frac{p_{01}}{p_1} p_1 = 19,84 \cdot 10^5\ Pa \\
\frac{\Delta s}{R} &= ln\left(\frac{p_{01}}{p_{02}}\right) = 0,1134
\end{aligned}$$

2.

$$\begin{aligned}
\nu_3 = 0 &= \nu_2 - \mid \beta_2 \mid \\
\Rightarrow \beta_2 &= 33,02° \\
\beta_3 = \beta_2 - \beta_1 &= 18,02° \\
p_3 = \frac{p_3}{p_{03}} p_{02} &= 9,36 \cdot 10^5\ Pa \\
\dot{m} = u_1\,\rho_1\,b\,l\,\tan\sigma_1 &= 232,4\ \frac{kg}{s}
\end{aligned}$$

(b)

$$p_{3is} = \frac{p_{3is}}{p_{01}} p_{01} = 10,48 \cdot 10^5\ Pa$$

(c)

$$Ma_{1min}(\beta_1 = 15°) = 1,62$$

4.7 (a) aus Stoßpolaren

$$p_4 = \frac{p_4}{p_3}\frac{p_3}{p_2}\frac{p_2}{p_1} p_1 = 10,03 \cdot 10^5\ Pa$$

	Ma	Ma^*	β	σ	$Ma \sin\sigma$	$\frac{\hat{p}}{p}$
1	3	1,96	16°	33,3°	1,65	3
2	2,21	1,72	16°	42,4°	1,49	2,41
3	1,59	1,42	0°	90°	1,59	2,77
4	0,67	0,71				

(b)

$$\begin{aligned} \dot{m} &= \rho_4\, u_4\, A = \frac{p_4}{RT_4}\, Ma_4\, \sqrt{\kappa\, RT_4}\, A \\ &= p_4\, Ma_4 \sqrt{\frac{\kappa}{RT_1}\frac{T_1}{T_0}\frac{T_0}{T_4}} A \\ &= 169,9\ \frac{kg}{s} \end{aligned}$$

(c)

$$\begin{aligned} p_{4is} &= \frac{p_4}{p_0}\frac{p_0}{p_1} p_1 = 13,56 \cdot 10^5\ Pa \\ \dot{m}_{is} &= \dot{m}\frac{p_{4is}}{p_4} = 229,7\ \frac{kg}{s} \end{aligned}$$

4.8 (a)

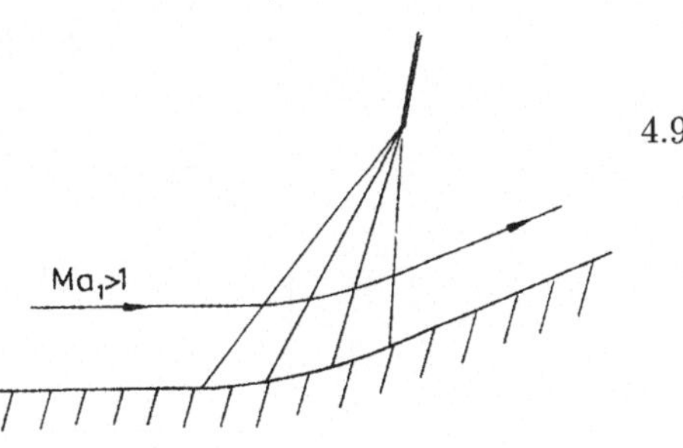

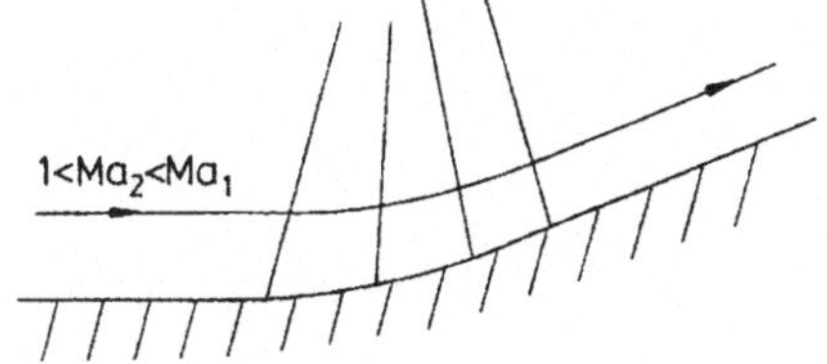

(b)

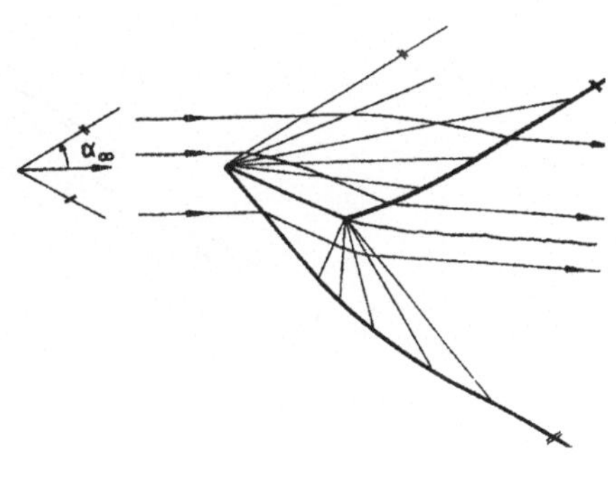

(c)

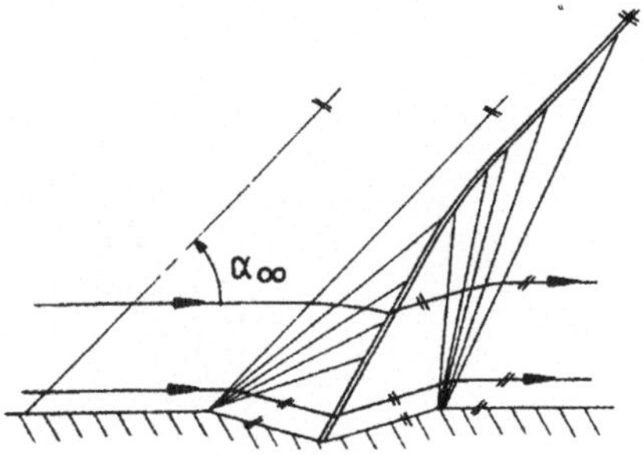

4.9

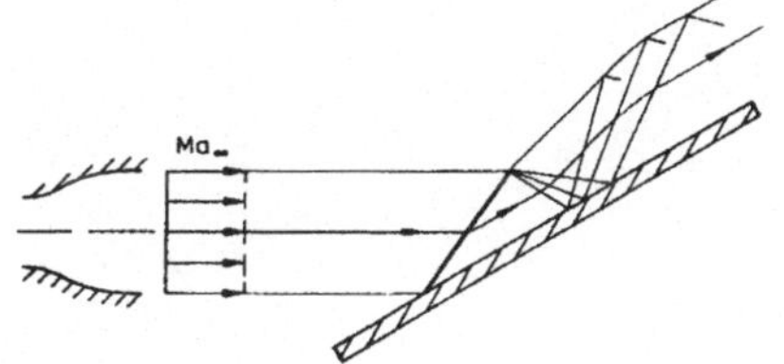

4.10 (a)

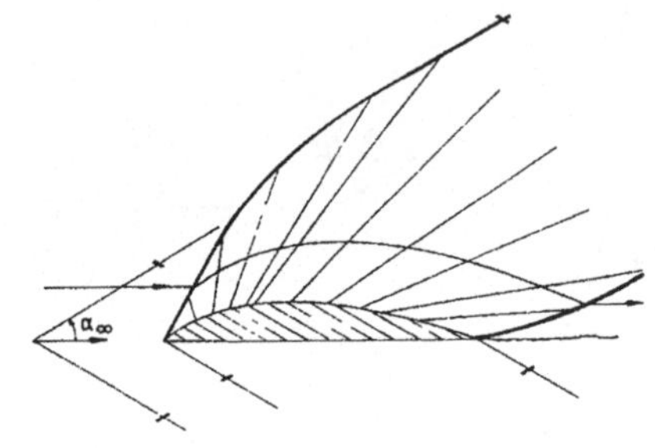

(b)

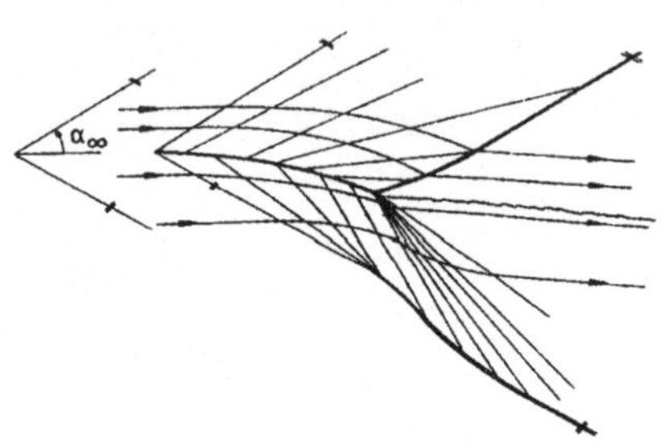

(b)

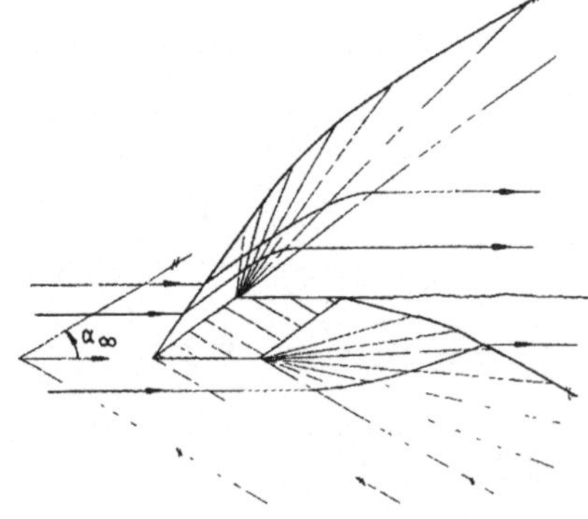

4.11 (a)

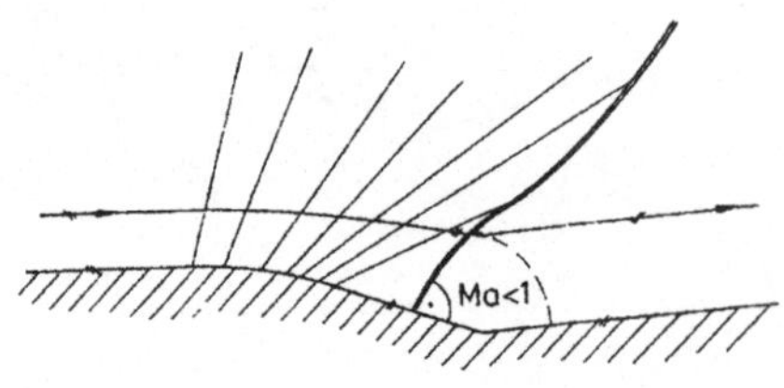

5.2.5 Auftrieb und Wellenwiderstand - Theorie kleiner Störungen

5.1 (a)

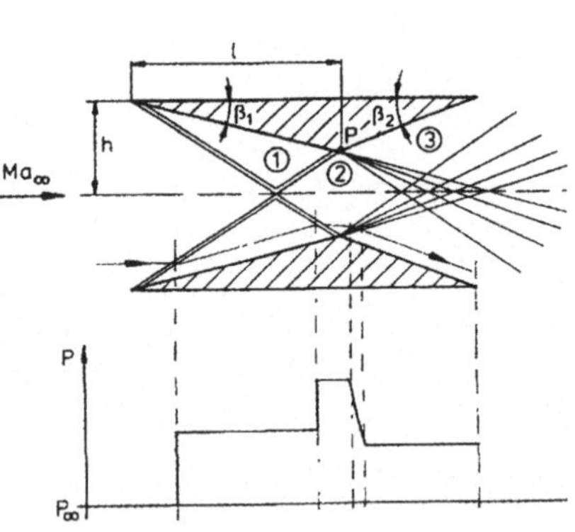

(b)(c)

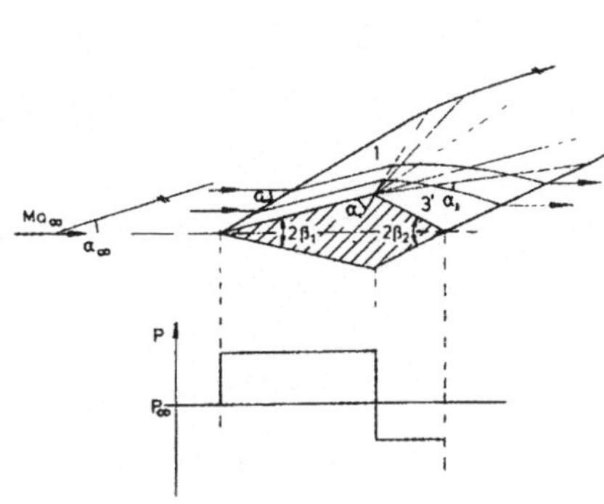

(d) Lösungstabelle im Anhang

Profilpaar

$$\begin{aligned}
c_w &= \frac{2F_w}{\kappa p_\infty Ma_\infty^2 lb}\\
F_w &= (p_1 - p_3)db\\
\Rightarrow c_w &= \frac{2}{\kappa Ma_{infty}^2}\left(\frac{p_1}{p_\infty} - \frac{p_3}{p_\infty}\right)\frac{d}{l}\\
&= 0,016\\
\frac{p_1}{p_\infty} &= 2,1\\
p_{03} &= p_{02};\\
\frac{p_3}{p_\infty} &= \frac{p_3}{p_{03}}\frac{p_{02}}{p_2}\frac{p_2}{p_1}\frac{p_1}{p_\infty}\\
&= 1,8
\end{aligned}$$

Doppelkeil

$$\begin{aligned}
F_w &= (p_1 - p_{3'})db\\
\Rightarrow c_w &= \frac{2}{\kappa Ma_\infty^2}\left(\frac{p_1}{p_\infty} - \frac{p_{3'}}{p_\infty}\right)\frac{d}{l}\\
&= 0,096\\
\frac{p_1}{p_\infty} &= 2,1\\
p_{03'} &= p_{02};\\
\frac{p_{3'}}{p_\infty} &= \frac{p_{3'}}{p_{03'}}\frac{p_{01}}{p_1}\frac{p_1}{p_\infty}\\
&= 0,345
\end{aligned}$$

5.2

$$\begin{aligned}
\frac{p_3 - p_1}{p_1} &= K(-\delta_o);\\
K &= \frac{\kappa Ma_1^2}{\sqrt{Ma_1^2 - 1}}\\
\frac{p_2 - p_3}{p_1} &= K(-(\delta_o - \beta))\\
\Rightarrow \frac{p_2 - p_1}{p_1} &= K(\beta - 2\delta_o)\\
\frac{p_4 - p_1}{p_1} &= K\delta_u\\
\frac{p_2 - p_4}{p_1} &= K(-(\beta - \delta_u))\\
\Rightarrow \frac{p_2 - p_1}{p_1} &= K(2\delta_u - \beta)\\
\Rightarrow 2\delta_u - \beta &= \beta - 2\delta_o\\
\Rightarrow \beta &= \delta_o + \delta_u = 15°
\end{aligned}$$

$$\frac{p_2}{p_0} = \frac{p_1}{p_0}\left[1 + \frac{\kappa Ma_1^2}{\sqrt{Ma_1^2 - 1}}(\delta_u - \delta_o)\right]$$

$$\begin{aligned}
&= 0,0918\\
\Rightarrow Ma_2 &= 2,22
\end{aligned}$$

5.3

$$\begin{aligned}
c_{po} &= \frac{2}{\sqrt{Ma_\infty^2 - 1}}\left(\frac{dy}{dx}\right)_o\\
c_{pu} &= -\frac{2}{\sqrt{Ma_\infty^2 - 1}}\left(\frac{dy}{dx}\right)_u\\
c_A &= \frac{1}{t}\int_0^t (c_{pu} - c_{po})dx\\
&= \frac{4\epsilon}{\sqrt{Ma_\infty^2 - 1}}
\end{aligned}$$

$$\begin{aligned}
c_w &= \frac{1}{t}\int_0^t \left[c_{po}\left(\frac{dy}{dx}\right)_o + c_{pu}\left(-\frac{dy}{dx}\right)_u\right]dx\\
&= \frac{2}{\sqrt{Ma_\infty^2 - 1}}\frac{1}{t}\int_0^t \left[\left(\frac{dy}{dx}\right)_o^2 + \left(\frac{dy}{dx}\right)_u^2\right]dx
\end{aligned}$$

5.4 (a)

$$\frac{s}{t} = \frac{h}{t} + \tan\left(\arcsin\frac{1}{Ma_1}\right) = 0,4$$

(b)

$$c_{po}\left(\frac{x}{t}\right) = \frac{2}{\sqrt{Ma_1^2-1}}\left(\frac{dy}{dx}\right)_o = \frac{\pi}{\sqrt{Ma_1^2-1}}\frac{h}{t}\sin\left(\frac{\pi}{2}\frac{x}{t}\right)$$

$$c_{pu}\left(\frac{x}{t}\right) = \frac{2}{\sqrt{Ma_1^2-1}}\left(\frac{h}{t}\right)$$

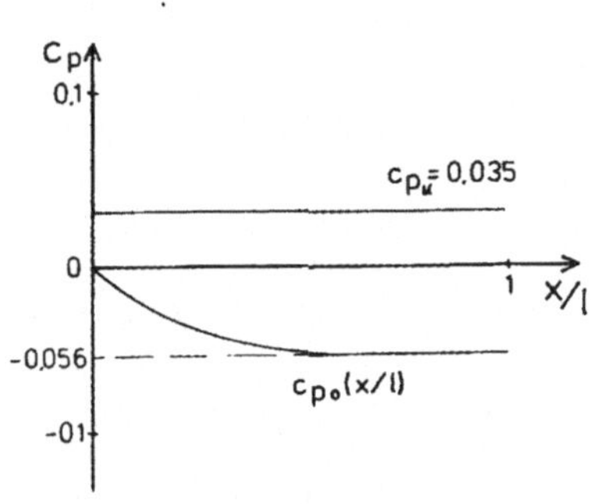

(c)

$$F_y = c_A\, b\, t\, \frac{\rho_\infty}{2}\, u_\infty^2 = \frac{1}{2} c_A\, b\, t\, \kappa\, Ma_1^2\, p_\infty$$

$$c_A = \frac{4\frac{h}{t}}{\sqrt{Ma_1^2-1}} = 0,0707$$

$$\Rightarrow F_y = 44,55\ kN$$

$$F_x = \frac{1}{2} c_w\, b\, t\, \kappa\, Ma_1^2\, p_\infty$$

$$c_w = \frac{2}{\sqrt{Ma_\infty^2-1}} \cdot \int_0^t \left[\left(\frac{dy}{dx}\right)_o^2 + \left(\frac{dy}{dx}\right)_u^2\right] d\left(\frac{x}{t}\right) = 0,004 \Rightarrow F_x = 2,52\ kN$$

5.5

$$c_A = \frac{4\,\epsilon_0}{\sqrt{Ma_\infty^2-1}}$$

$$c_w = \frac{2}{\sqrt{Ma_\infty^2-1}} \cdot \left[2\epsilon^2 + \frac{1}{t}\int_0^t \left[\left(\frac{dy}{dx}\right)_o^2 + \left(\frac{dy}{dx}\right)_u^2\right] dx\right] = \frac{4\,\epsilon_0^2}{\sqrt{Ma_\infty^2-1}} + \frac{a^2+b^2}{\sqrt{Ma_\infty^2-1}}\left(\frac{\pi}{t}\right)^2$$

$$\Rightarrow \frac{c_A}{c_w} = \frac{4\epsilon_o}{4\epsilon_0^2 + (a^2+b^2)\left(\frac{\pi}{t}\right)^2}$$

5.6

$$c_A = \frac{4\,\epsilon_0}{\sqrt{Ma_\infty^2-1}}$$

$$c_w = \frac{4}{\sqrt{Ma_\infty^2-1}} \cdot \left[\epsilon_0^2 + \overline{\epsilon_s^2(x)} + \overline{\left(\frac{d\,d(x)}{dx}\right)^2}\right]$$

$$c_{A1} = 0;$$

$$c_{w1} = \frac{16}{3}\delta^2 \frac{1}{\sqrt{Ma_\infty^2-1}} = 0,05$$

$$c_{A2} = 0;$$

$$c_{w2} = 0,11 = 2c_{w1}$$

$$c_{A3} = 0,21;$$

$$c_{w3} = \frac{4}{\sqrt{Ma_\infty^2-1}}\left(\frac{8}{3}\delta^2 + \epsilon_0^2\right) = 0,12$$

5.7 (a) 1:

$$c_w = \left(1 - \frac{p_2}{p_1}\right)\frac{p_1}{p_\infty}\frac{2}{\kappa\, Ma_\infty^2}\frac{d}{t}$$

$$\frac{p_1}{p_\infty} = 2,08; \quad \frac{p_2}{p_1} = \frac{p_2}{p_{02}}\frac{p_{01}}{p_1}$$

$$Ma_1 = 2,45$$

$$\nu_2 = \nu_1 + \mid \beta_1 + \beta_2 \mid = 52,9°$$

$$\Rightarrow Ma_2 = 3,18$$

$$\frac{p_2}{p_{02}} = 0,024; \quad \frac{p_1}{p_{01}} = 0,0603$$

$$\Rightarrow \frac{p_2}{p_1} = 0,38 \Rightarrow c_w = 0,0204$$

2:

$$c_{p1} = \frac{2\tan\beta_1}{\sqrt{Ma_\infty^2-1}} = 0,125$$

$$c_{p2} = \frac{2\tan\beta_2}{\sqrt{Ma_\infty^2 - 1}} = -0,0494$$
$$c_w = (c_{p1} - c_{p2})\frac{d}{t} = 0,0174$$

(b)

$$c_A = \frac{4\,\epsilon}{\sqrt{Ma_\infty^2 - 1}} = 0,1237$$
$$c_w = c_{w\,a)} + \frac{4\,\epsilon^2}{\sqrt{Ma_\infty^2 - 1}} = 0,0282$$

5.8 (a)

$$F_A = \rho_\infty\,\kappa\,Ma_\infty^2\,A_F\,\frac{4\,\epsilon}{\sqrt{Ma_\infty^2 - 1}} = \text{konst.}$$
$$\Rightarrow p_\infty\,\epsilon\,\frac{Ma_\infty^2}{\sqrt{Ma_\infty^2 - 1}} = \text{konst.}$$
$$\Rightarrow p_1\,\epsilon_1 = p_2\,\epsilon_2$$
$$\Rightarrow \epsilon_2 = \epsilon_1\sqrt{2} = 2,8^\circ$$

(b)

$$\epsilon_2 = \epsilon_1$$
$$\Rightarrow \frac{Ma_2^2}{\sqrt{Ma_2^2 - 1}}p_2 = \frac{Ma_1^2}{\sqrt{Ma_1^2 - 1}}p_1$$
$$\Rightarrow Ma_2^4 - 8\,Ma_2^2 + 8 = 0$$
$$\Rightarrow Ma_{2_{1,2}} = \sqrt{4 \pm \sqrt{8}}$$
$$\Rightarrow Ma_{2_1} = 2,61 \wedge Ma_{2_2} = 1,08$$

(transonischer Bereich, für den nicht

$$c_A\frac{\sqrt{Ma^2 - 1}}{\epsilon} = \text{konst. gilt!)}$$

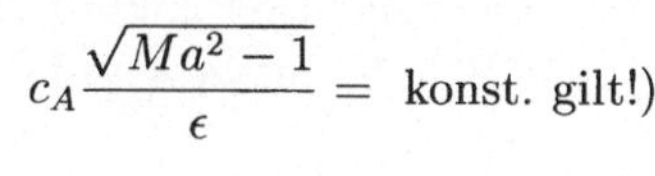

(c)

$$\frac{F_w}{F_A} = \frac{c_w}{c_A} = \frac{\delta^2 + \epsilon^2}{\epsilon}$$

(d)

$$P = u_\infty\,F_w; \quad F_A = \text{konst.}$$
$$\frac{P_a}{P_b} = \frac{\delta^2 + \epsilon_a^2}{\delta^2 + \epsilon_b^2}\frac{\sqrt{Ma_b^2 - 1}}{\sqrt{Ma_a^2 - 1}}\frac{Ma_a^3}{Ma_b^3} = 0,6$$

(e)

$$W = P\,t; \quad s = u\,t$$
$$\Rightarrow \frac{W_a}{W_b} = \frac{P_a}{Ma_a}\frac{Ma_b}{P_b} = 1,11$$

5.2.6 Charakteristikentheorie

6.1 (a)

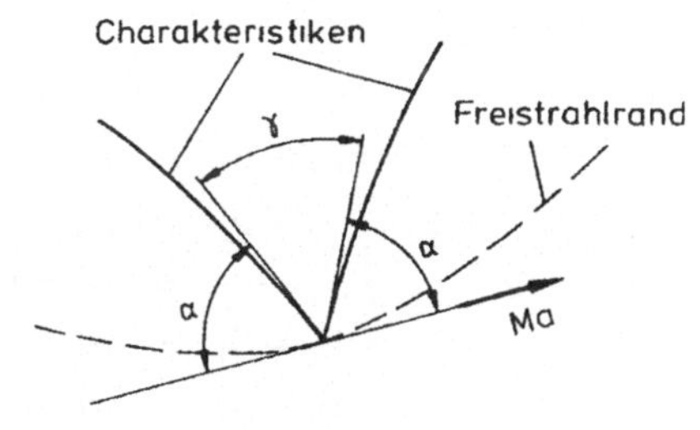

$$\gamma = 180^\circ - 2\alpha$$
$$\alpha = \arcsin\frac{1}{Ma}$$

(b) Freistrahlrand:

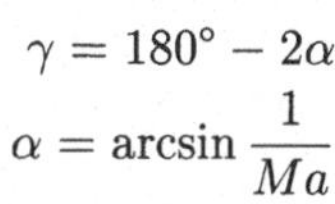

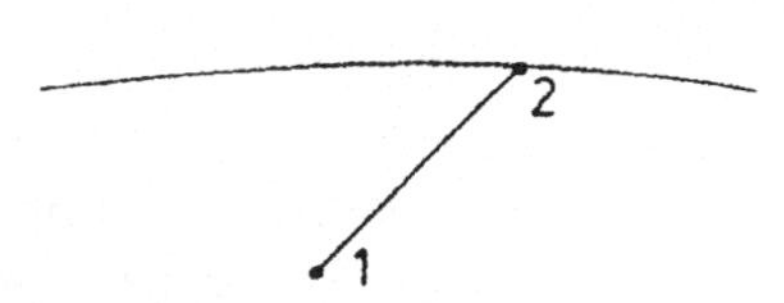

$$\nu_1 - \beta_1 = \nu_2 - \beta_2$$
$$\frac{p_u}{p_o} \Rightarrow \nu_2$$
$$\Rightarrow \beta_2 = \nu_2 - \beta_1 - \nu_1$$

Feste Wand:

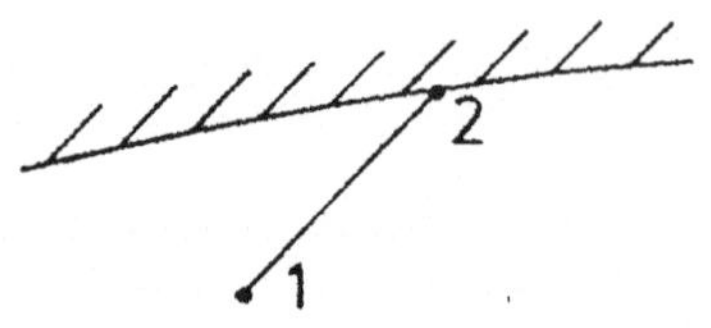

β_2 bekannt

$$\nu_2 = \nu_1 - \beta_1 + \beta_2$$

6.2

$$\begin{aligned} \nu_2 + \beta_2 &= \nu_3 + \beta_3 \\ \nu_2 &= \nu_\infty \\ \beta_2 &= \beta_1 = 0 \\ \Rightarrow \nu_3 + \beta_3 &= \nu_\infty \\ \nu_3 - \beta_3 &= \nu_4 - \beta_4 \\ \nu_4 &= \nu_\infty \\ \beta_4 = \beta_5 &= \beta \\ \Rightarrow \nu_3 - \beta_3 &= \nu_\infty - \beta \\ \Rightarrow \nu_3 &= \nu_\infty - \frac{\beta}{2} \\ \beta_3 &= \frac{\beta}{2} \end{aligned}$$

6.3 (a)

$$\nu_\infty + \beta_A = \nu_c + \beta_c$$
$$\nu_\infty = 26,38°; \quad \beta_c = 10°; \quad \beta_A = 0$$
$$\Rightarrow \nu_c = 36,38°; \quad Ma_c = 2,4$$
$$p_c = \frac{p_3}{p_0}\frac{p_0}{p_\infty}p_\infty = 0,535 \cdot 10^5\ Pa$$

(b)

$$\nu_D - \beta_D = \nu_\infty - \beta_E$$
$$\nu_D + \beta_D = \nu_\infty + \beta_E$$
$$\nu_\infty + \mid \beta \mid - \beta = \nu_\infty - \beta_B$$
$$\Rightarrow \beta_B = 2\,\beta = -20°$$
$$\Rightarrow \nu_D = 16,38°; \quad \beta_E = 0$$
$$\Rightarrow \left[\frac{dy}{dx}\right]_E = 0$$

6.4 (a)

$$\nu_2 - \beta_2 = \nu_\infty + \mid \beta \mid - \beta$$
$$\nu_2 = \nu_\infty \rightarrow \beta_2 = -14°$$
$$\nu_6 - \beta_6 = \nu_4 - \beta_4; \quad \beta_4 = \beta$$
$$\nu_4 + \beta = \nu_\infty + \beta_2$$
$$\Rightarrow \nu_4 = 10,81°; \quad \beta_6 = 0$$

(b)

$$\nu_3 + \beta_3 = \nu_1 + \beta_1$$
$$\beta_1 = 0 \quad \nu_1 = \nu_\infty, \quad \beta_3 = \beta$$
$$\Rightarrow \nu_3 = 24,81° \Rightarrow Ma_3 = 1,94$$
$$\nu_4 + \beta_4 = \nu_2 + \beta_2$$
$$\Rightarrow \nu_4 = 10,81 \Rightarrow Ma_4 = 1,46$$

(c)

$$\gamma = 180° - 2\,\alpha_2 = 107,94°$$
$$\frac{p_4}{p_\infty} = \frac{p_4}{p_0 4}\frac{p_{0\infty}}{p_\infty} = 1,43$$

6.5 (a)

$$\left[\frac{dy}{dx}\right]_{Ch.} = \tan(\beta \pm \alpha)$$

+: linkslaufende Charakteristik
-: rechtslaufende Charakteristik

(b)

$$\nu_1 + \beta_1 = \nu_2 + \beta_2$$
$$\nu_\infty = \nu_1 - \beta_1$$
$$\nu_\infty = \nu_2 - \beta_2$$
$$\Rightarrow \nu_1 = \nu_2; \quad \beta_1 = \beta_2$$

Für beliebige Punkte 1, 2 im Gebiet ABCEA: aus $\nu_1 = \nu_2$ folgt $\alpha_1 = \alpha_2$.

$$\Rightarrow \left[\frac{dy}{dx}\right]_{1-2} = \tan(\beta_1 - \alpha_1)$$
$$= \tan(\beta_2 - \alpha_2) = \text{ konst.}$$

(c)

$$\frac{p_{Fr.}}{p_0} = \frac{p_\infty}{p_0}\frac{p_\infty - \Delta p}{p_\infty} = 0,0066$$
$$\Rightarrow Ma_{Fr.} = 4; \quad \nu_{Fr.} = 65,78°$$
$$\nu_{Fr.} = \nu_\infty + 90° - \gamma$$
$$\Rightarrow \gamma = 31,5°$$

(d)

$$\nu_\infty = \nu_F - \beta_D$$
$$\nu_2 - \beta_2 = \nu_F - \beta_{D2}$$
$$\nu_2 = \nu_\infty + \mid \beta_2 \mid = \nu_\infty - \beta_2$$
$$-2\,\beta_2 = -\beta_{D2} + \beta_D$$
$$\Rightarrow \beta_{D2} = \beta_D + 2\,\beta_2 < \beta_D$$

6.6 (a)

$$\nu_2 + (-10°) = 0$$
$$\Rightarrow \nu_2 = 10°$$
$$\nu_3 - 10° = \nu_2 - (-10°)$$
$$\Rightarrow \nu_3 = 30°$$
$$\nu_4 = \nu_3 + 10° = 40°$$
$$\Rightarrow Ma_4 = 2,54$$

(b) Kontinuität:

$$A^*\,u^*\,\rho^* = A_A\,u_A\,\rho_A$$
$$\frac{A^*}{A}(Ma_A = 2,54) = 0,36$$
$$\Rightarrow r_A = 2,8r^*$$

6.7

$$\nu_2 = \nu_3 = \nu_\infty + \mid \beta \mid$$
$$\nu_2 - \beta_2 = \nu_\infty$$
$$\Rightarrow \beta_2 = \nu_3 - \nu_\infty = \mid \beta \mid$$
$$\nu_0 = \nu\,(Ma_\infty + 2\Delta Ma)$$
$$\nu_u = \nu\,(Ma_\infty + \Delta Ma)$$
$$\nu_u - \beta_u = \nu_1 - \beta_1; \quad \beta_u = \nu_\infty - \nu_u$$
$$\nu_o + \beta_o = \nu_1 + \beta_1; \quad \beta_o = \nu_o - \nu_\infty$$
$$\Rightarrow \nu_1 = \nu_o + \nu_u - \nu_\infty$$
$$\beta_1 = \nu_o - \nu_u$$
$$\nu_1 - \beta_1 = \nu_3 - \beta_3$$
$$\Rightarrow \beta_3 = \mid \beta \mid + 2\,(\nu_\infty - \nu_u)$$

6.8

$$Ma_1 = 3; \quad \mid \beta \mid = 14° \Rightarrow \sigma = 31,5°$$
$$\Rightarrow Ma_1 \sin\sigma = 1,57$$
$$\Rightarrow \frac{p_{01}}{p_{02}} = 1,09$$
$$Ma_2^* = 1,75; \quad \nu_2 = 34°$$
$$p_3 = p_1; \quad p_{03} = p_{02}$$
$$\frac{p_3}{p_{03}} = \frac{p_1}{p_{01}}\frac{p_{01}}{p_{02}} = 0,0299$$
$$\Rightarrow Ma_3 = 2,94; \quad \nu_3 = 48,5°$$
$$\nu_3 + \beta_3 = \nu_2 + \beta_2$$
$$\Rightarrow \beta_3 = -28,5°$$
$$\nu_4 - \beta_4 = \nu_3 - \beta_3$$
$$\beta_4 = -14° \to \nu_4 = 63°; \quad Ma_4 = 3,8$$
$$\nu_5 + \beta_5 = \nu_4 + \beta_4$$
$$\nu_5 = \nu_3 \to \beta_5 = 0,5°$$
$$\nu_e - \beta_e = \nu_5 - \beta_5$$
$$\Rightarrow \nu_e = 34°; \quad Ma_e = 2,29 = Ma_2$$

5.2.7 Kompressible Potentialströmungen und Ähnlichkeitsregeln

7.1

$$c_p = -2\frac{u'}{u_\infty}$$
$$0 \le x \le 1; \quad u' = 0$$
$$\Rightarrow c_p(0 \le x \le 1, y = 0) = 0$$

G_1:

$$\varphi_1 = g(x) + \lambda y) = g(\eta)$$
$$\text{mit } \lambda = \sqrt{Ma_\infty^2 - 1}$$

R.B.:

$$\frac{v'}{u_\infty} = \left(\frac{dy}{dx}\right)_k = -\epsilon$$
$$v' = \frac{\partial g}{\partial y} = \lambda\frac{dg}{d\eta} = -\epsilon u_\infty$$
$$\Rightarrow \frac{dg}{d\eta} = -\frac{\epsilon u_\infty}{\lambda}$$

G_2:

$$\varphi_2 = g(\eta) + f(\xi); \quad \xi = (x - \lambda y)$$

R.B.:

$$v' = 0 = \frac{\partial \varphi_2}{\partial y} = \lambda\frac{dg}{d\eta} - \lambda\frac{df}{d\xi}$$

$$\Rightarrow \quad \frac{df}{d\xi} = \frac{dg}{d\eta} = -\frac{\epsilon u_\infty}{\lambda}$$

$$\Rightarrow \quad c_{p2} = \frac{4\epsilon}{\lambda}$$

$$c_p(1 \;\leq\; x \leq 2; \quad y = 0) = \frac{4\epsilon}{\lambda}$$

7.2

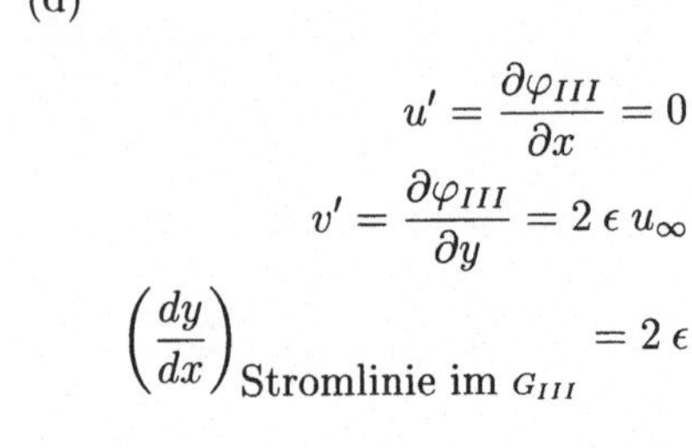

7.3 (a)

$$\varphi_I = g(x + \lambda y)$$
$$\varphi_{II} = f(x - \lambda y)$$
$$\varphi_{II} = f(x - \lambda y) + g(x + \lambda y)$$

(b)

$$\begin{aligned} \frac{v}{u_\infty} &= \left(\frac{dy}{dx}\right)_k = \\ &= \epsilon = \frac{1}{u_\infty}\frac{\partial \varphi_I}{\partial y} = \frac{1}{u_\infty}\frac{\partial \varphi_{II}}{\partial y} \end{aligned}$$

(c)

$$\begin{aligned} \epsilon &= \frac{g'\lambda}{u_\infty} \\ \Rightarrow g &= \frac{\epsilon u_\infty}{\lambda}(x + \lambda y) + c_I \\ \epsilon &= -\frac{1}{u_\infty} f' \lambda \\ \Rightarrow f &= -\frac{\epsilon u_\infty}{\lambda}(x - \lambda y) + c_{II} \\ \Rightarrow \varphi_I &= \frac{\epsilon u_\infty}{\lambda}(x + \lambda y) + c_I \\ \varphi_{II} &= -\frac{\epsilon u_\infty}{\lambda}(x - \lambda y) + c_{II} \\ \varphi_{III} &= 2\,\epsilon\, u_\infty\, y + c_{III} \end{aligned}$$

(d)

$$u' = \frac{\partial \varphi_{III}}{\partial x} = 0$$
$$v' = \frac{\partial \varphi_{III}}{\partial y} = 2\,\epsilon\, u_\infty$$
$$\left(\frac{dy}{dx}\right)_{\text{Stromlinie im } G_{III}} = 2\,\epsilon$$

7.4 (a)

$$\varphi_I = f_I(x - \lambda y)$$
$$\varphi_{II} = f_{II}(x - \lambda y) + g_{II}(x + \lambda y)$$

(b)

$$p_{Fr.} = p_\infty \Rightarrow c_{pFr.} = 0$$
$$\Rightarrow u'_{Fr} = \left(\frac{\partial \varphi_{II}}{\partial x}\right)_{Fr.} = 0$$

(c)

$$\begin{aligned} \frac{df_I}{d\xi} &= \frac{df_{II}}{d\xi} \\ v'_K = u_\infty\,\beta &= -\lambda\left(\frac{df_{II}}{d\xi}\right)_k \\ v'_{Fr.} = u_\infty\,\delta &= -\lambda\left(\frac{df_{II}}{d\xi} - \frac{dg_{II}}{d\eta}\right)_{Fr} \end{aligned}$$

$$\begin{aligned} \left(\frac{\partial \varphi_{II}}{\partial x_{Fr.}}\right) &= 0 \\ \Rightarrow \left(\frac{df_{II}}{d\xi} + \frac{dg_{II}}{d\eta}\right)_{Fr} &= 0 \\ \Rightarrow v'_{Fr.} &= -2\,\lambda\,\frac{df_{II}}{d\xi} \\ \Rightarrow \delta &= 2\,\beta \end{aligned}$$

7.5

$$\begin{aligned} \varphi_3 &= g_3(\eta_3); \quad \eta_3 = x + \lambda_1 y; \\ \lambda_1 &= \sqrt{Ma_1^2 - 1} \\ \frac{\partial \varphi_3}{\partial y} &= v'_3 = \frac{dy}{dx}\, u_1 = \delta u_1 = \left(\frac{dg_3}{d\eta_3}\right)\lambda_1 \\ \frac{\partial \varphi_5}{\partial y} &= \beta_5 u_2 = \left(\frac{dg_5}{d\eta_5}\right)\lambda_2 \end{aligned}$$

$$\varphi_4 = f_4(\xi_4) + g_4(\eta_4)$$
$$\frac{\partial \varphi_4}{\partial y} = v_4' = \beta_4 u_1$$
$$= \frac{dg_4}{d\eta_4}\lambda_1 + \frac{df_4}{d\xi_4}(-\lambda_1)$$
$$\frac{g_4}{\eta_4} = \frac{dg_3}{d\eta_3} = \frac{\delta u_1}{\lambda_1}$$
$$\Rightarrow \frac{df_4}{d\xi_4} = \frac{u_1}{\lambda_1}(\delta - \beta_4)$$

$$c_{p4} = -\frac{2}{u_1}\frac{\partial \varphi_4}{\partial x}$$
$$= -\frac{2}{u_1}\left(\frac{dg_4}{d\eta_4} + \frac{df_4}{d\xi_4}\right)$$
$$= -\frac{2}{u_1}\left(\frac{\delta u_1}{\lambda_1} + \frac{u_1}{\lambda_1}(\delta - \beta_4)\right)$$
$$= -\frac{2}{\lambda_1}(2\,\delta - \beta_4)$$
$$c_{p5} = -\frac{2}{u_2}\frac{\partial \varphi_5}{\partial x} = -\frac{2}{\lambda_2}\beta_5$$
$$c_{p4} = \frac{2}{\kappa Ma_1^2}\left(\frac{p_4}{p_1} - 1\right)$$
$$c_{p5} = \frac{2}{\kappa Ma_2^2}\left(\frac{p_5}{p_1} - 1\right)$$
$$p_4 = p_5 \Rightarrow c_{p4}\, Ma_1^2 = c_{p5}\, Ma_2^2$$
$$c_{p4}Ma_1^2 = -\frac{2Ma_1^2}{\lambda_1}(2\,\delta - \beta_4)$$
$$= -\frac{2Ma_2^2}{\lambda_2}\beta_5$$
$$\beta_4 = \beta_5 = \beta$$
$$\Rightarrow \beta = \frac{2\,\delta Ma_1^2}{Ma_1^2 + Ma_2^2\frac{\lambda_1}{\lambda_2}}$$
$$\frac{p_5}{p_1} = c_{p5}\frac{\kappa Ma_2^2}{2} + 1$$

$$Ma_1^2 = 1 - \frac{2\,\delta\,\kappa\, Ma_2^2 Ma_1^2}{Ma_1^2\sqrt{Ma_2^2 - 1} + Ma_2^2\sqrt{Ma_2^2 - 1}}$$

7.6

$$c_p = \frac{p - p_\infty}{\frac{\varrho}{2}u_\infty^2}; \quad V_{max} = u_\infty(1 + \delta)$$

inkomp.: $\frac{\rho_\infty}{2}u_\infty^2 + p_\infty = \frac{\rho_\infty}{2}V_{max}^2 + p_{min}$

$$\Rightarrow \frac{\rho_\infty}{2}u_\infty^2 + p_\infty = \frac{\rho_\infty}{2}u_\infty^2(1 + \delta)^2 + p_{min}$$
$$\Rightarrow c_{pmin,\ ink} = 1 - (1 + \delta)^2 = -0,5626$$
$$c_{pmin,komp} = \frac{c_{pmin,ink.}}{\sqrt{1 - Ma_\infty^2}}$$

→ in Diagramm

→ Schnittpunkt mit Kurve für c_{pkrit}

⇒ $Ma_{\infty,krit} = 0,7$

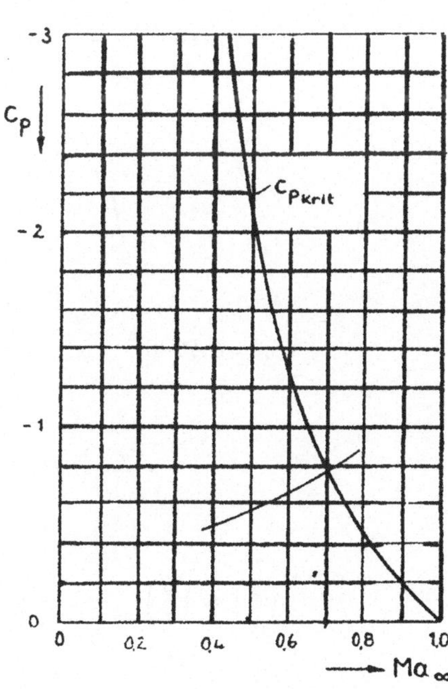

7.7

$$\delta_1\frac{Ma_1^2}{(1 - Ma_1^2)^{\frac{3}{2}}} = \delta_2\frac{Ma_2^2}{(1 - Ma_2^2)^{\frac{3}{2}}}$$
$$\Rightarrow \delta_2 = 0,15$$
$$\frac{Ma_1^2}{1 - Ma_1^2}c_{p1} = \frac{Ma_2^2}{1 - Ma_2^2}c_{p2}$$
$$\Rightarrow c_{p2} = 0,651$$

7.8 (a)

$$p_{min} = p^* = \frac{p^*}{p_0}\frac{p_0}{p_\infty}p_\infty$$

$$= 0,733 \cdot 10^5\ Pa$$

$$c_{pkrit} = \frac{2}{\kappa\, Ma_{\infty krit}}\left(\frac{p^*}{p_\infty} - 1\right)$$

$$= -0,778$$

(b)

$$c_{pbmin} = -0,65$$

aus Diagramm

$$c_{pbmin}\sqrt{1 - Ma_{\infty b}^2}$$

$$= c_{pamin}\sqrt{1 - Ma_{\infty a}^2}$$

$$\Rightarrow Ma_{\infty b} = 0,519$$

(c)

$$c_A = \frac{1}{t}\int_0^t (c_{pu} - c_{po})dx$$

$$\Rightarrow c_{Ac}\sqrt{1 - Ma_{\infty c}^2}$$

$$= c_{Aa}\sqrt{1 - Ma_{\infty a}^2}$$

$$\Rightarrow c_{Ac} = 0,2246; \quad c_{Aink.} = 0,214$$

7.9

$$\frac{c_p}{c_{pink.}} = f(Ma_\infty)$$

$$\left(\frac{x}{l}\right) = \left(\frac{x}{l}\right)_{ink}$$

$$\left(\frac{y}{l}\right) = \left(\frac{y}{l}\right)_{ink}\frac{1}{\sqrt{1 - Ma_\infty^2}}$$

$$\Rightarrow \frac{L}{L_{ink.}} = 1; \quad \frac{H}{H_{ink}} = \frac{1}{\sqrt{1 - Ma_\infty^2}}$$

$$\frac{c_p}{c_{pink.}} = \frac{1}{1 - Ma_\infty^2}$$

7.10 1.

$$x = \text{konst.} \Rightarrow t = \text{konst.}$$

$$y\sqrt{|\,Ma_\infty^2 - 1\,|} = \text{konst.}$$

$$\rightarrow d\,\sqrt{|\,Ma_\infty^2 - 1\,|} = \text{konst.}$$

$$\Rightarrow A = \frac{1}{|\,Ma_\infty^2 - 1\,|}$$

$$\Rightarrow c_p\,|\,Ma_\infty^2 - 1\,| = \text{konst.};$$

Goethert-Regel

2.

(a)

$$c_a = \frac{1}{t}\int_0^t (c_{pu} - c_{po})dt$$

$$\Rightarrow \frac{c_a\sqrt{|\,Ma_\infty^2 - 1\,|}}{d/t} = \text{konst.}$$

(b)

$$c_a = \frac{4\,\epsilon}{\sqrt{|\,Ma_\infty^2 - 1\,|}}$$

$$\Rightarrow \frac{\epsilon}{d/t} = \text{konst.}$$

(c) transonische Strömungen
hypersonische Strömungen

7.11 (a)

$$c_a\sqrt{|\,Ma_\infty^2 - 1\,|} = \text{konst.}$$

$$\Rightarrow Ma_{\infty 2} = 0,711$$

(b)

$$c_a\frac{\sqrt{|\,1 - Ma_\infty^2\,|}}{\delta} = \text{konst.}$$

$$c_{a1} = c_{aink.}$$

$$\Rightarrow \delta_{ink} = \frac{\delta_1}{\sqrt{|\,Ma_\infty^2 - 1\,|}} = 0,125$$

7.12 (a) 1.

$$c_A = \frac{4\,\epsilon}{\sqrt{Ma_\infty^2 - 1}}$$

$$\rightarrow \epsilon = 0,028 \widehat{=} 1,6^\circ$$

2.

$$F_A = \text{konst.}\ (T_\infty, p_\infty = \text{konst.})$$

$$\Rightarrow c_{A1}\,Ma_{\infty 1}^2 = c_{A2}\,Ma_{\infty 2}^2$$

$$\Rightarrow c_{A2} = 0,025$$

$$\rightarrow \epsilon_2 = 0,0177 \widehat{=} 1,013^\circ$$

$$c_w = \frac{4}{\sqrt{Ma_\infty^2 - 1}}\left[\left(\frac{d}{l}\right)^2 + \epsilon^2\right]$$

$$= 0,0027$$

(b) 3.

$$\begin{aligned} c_{A3} Ma_{\infty 3}^2 &= c_{A1} Ma_{\infty 1}^2 \\ \Rightarrow c_{A3} &= 0,4; \quad c_{w3} = 0! \end{aligned}$$

4.

$$c_{A4} = c_{A3}\sqrt{1 - Ma_{\infty 3}^2} = 0,265$$

5.

$$\begin{aligned} \frac{c_{A5}}{\delta_5} &= c_{A3}\frac{\sqrt{1 - Ma_{\infty 3}^2}}{\delta} \\ \Rightarrow \frac{\delta_5}{\delta} &= \frac{1}{\sqrt{1 - Ma_{\infty 3}^2}} = 1,512 \\ \Rightarrow \delta_5 &= 0,06 \\ \epsilon &= \frac{\epsilon_3}{\sqrt{1 - Ma_{\infty 3}^2}} \\ &= 0,042 \mathrel{\hat{=}} 2,4^\circ \end{aligned}$$

5.3 Anhang

Tabellen und Diagramme

Lösungstabelle Aufgabe 1.8

Ma	ϵ	ϵ^2	$\frac{F}{Ap_0}$	$\left(\frac{F}{Ap_0}\right)_{ink}$	$\Delta\left(\frac{F}{Ap_0}\right)$	$\frac{\Delta\left(\frac{F}{Ap_0}\right)}{\frac{F}{Ap_0}}$ [%]
0	0	0	0	0	0	-
0,05	$1,8 \cdot 10^{-3}$	$3,1 \cdot 10^{-6}$	$3,496 \cdot 10^{-3}$	$3,496 \cdot 10^{-3}$	$-2,2 \cdot 10^{-6}$	-0,06
0,10	$7,0 \cdot 10^{-3}$	$4,9 \cdot 10^{-5}$	$1,390 \cdot 10^{-2}$	$1,394 \cdot 10^{-2}$	$-3,5 \cdot 10^{-5}$	-0,25
0,15	$1,6 \cdot 10^{-2}$	$2,4 \cdot 10^{-4}$	$3,101 \cdot 10^{-2}$	$3,118 \cdot 10^{-2}$	$-1,7 \cdot 10^{-4}$	-0,56
0.20	$2,8 \cdot 10^{-2}$	$7,6 \cdot 10^{-4}$	$5,446 \cdot 10^{-2}$	$5,501 \cdot 10^{-2}$	$-5,5 \cdot 10^{-4}$	-1,00
0,30	$6,1 \cdot 10^{-2}$	$3,7 \cdot 10^{-3}$	$1,184 \cdot 10^{-1}$	$1,211 \cdot 10^{-1}$	$-2,7 \cdot 10^{-3}$	-2,30
0,40	$1,0 \cdot 10^{-1}$	$1,1 \cdot 10^{-2}$	$2,006 \cdot 10^{-1}$	$2,088 \cdot 10^{-1}$	$-8,2 \cdot 10^{-3}$	-4,10
0,60	$2,2 \cdot 10^{-1}$	$4,7 \cdot 10^{-2}$	$3,951 \cdot 10^{-1}$	$4,320 \cdot 10^{-1}$	$-3,7 \cdot 10^{-2}$	-9,30
0,80	$3,4 \cdot 10^{-1}$	$1,2 \cdot 10^{-1}$	$5,878 \cdot 10^{-1}$	$6,879 \cdot 10^{-1}$	$-1,0 \cdot 10^{-1}$	-22,00
1,00	$4,7 \cdot 10^{-1}$	$2,2 \cdot 10^{-1}$	$7,396 \cdot 10^{-1}$	$9,434 \cdot 10^{-1}$	$-2,0 \cdot 10^{-1}$	-28,00

Lösungstabelle Aufgabe 5.1 (d)

Profilpaar

	Ma	Ma^*	β	σ	ν	$Ma \sin\sigma$	$\frac{p_i}{p_{0i}}$	$\frac{p_i}{p_{i-1}}$	$\frac{p_{0i}}{p_{0i-1}}$
∞	2,5	1,83	12°	34°		1,39	0,059		
1	2,0	1,63	12°	42°		1,33	0,128	2,1	0,96
2	1,56	1,40	15°		13°		0,250	1,9	0,97
3	2,1	1,68			28°		0,113	0,452	1

Lösungstabelle Aufgabe 5.1 (d)

Doppelkeil

	Ma	Ma^*	β	ν	$\frac{p_i}{p_{0i}}$	$\frac{p_i}{p_{i-1}}$	$\frac{p_{0i}}{p_{0i-1}}$
1	2,0	1,63	12°	26°	0,128	2,1	0,96
3	3,2	2,01		53°	0,021	0,164	1

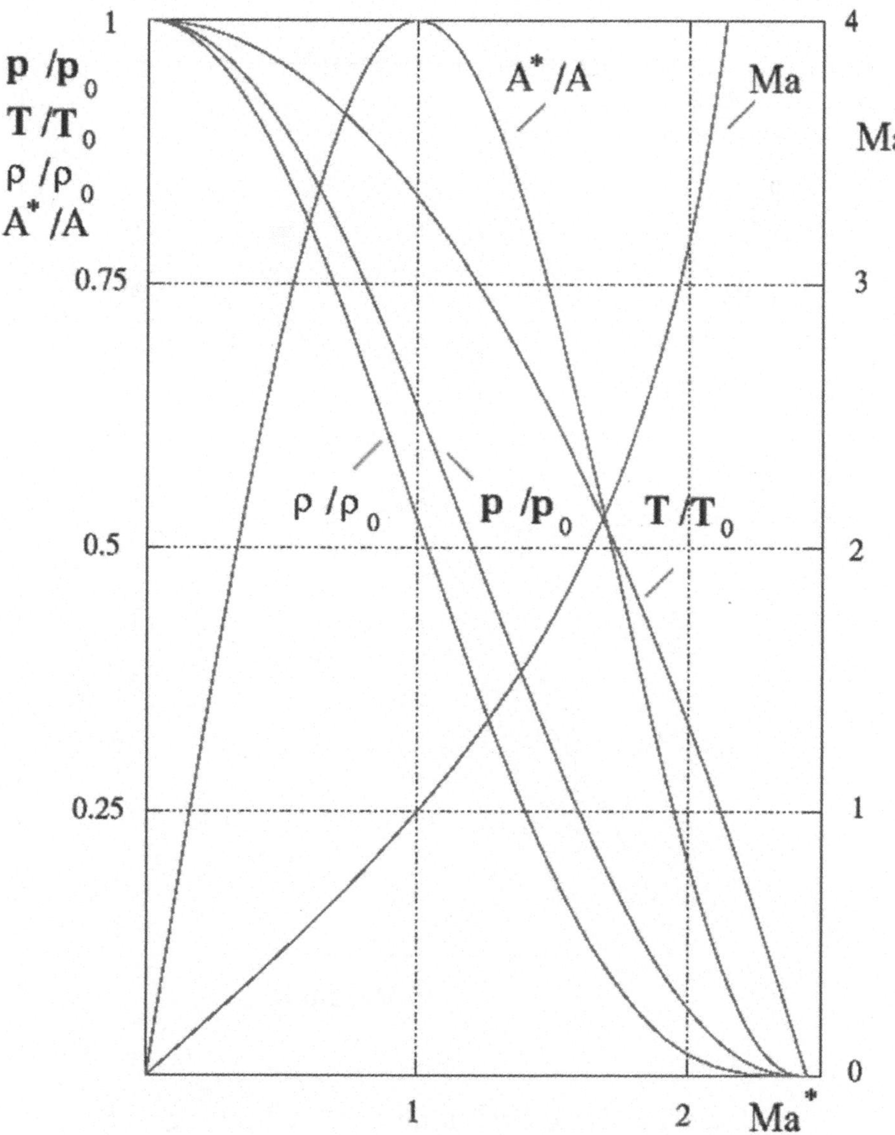

Gasdynamische Größen der Düsenströmung ($\kappa = 1.4$)

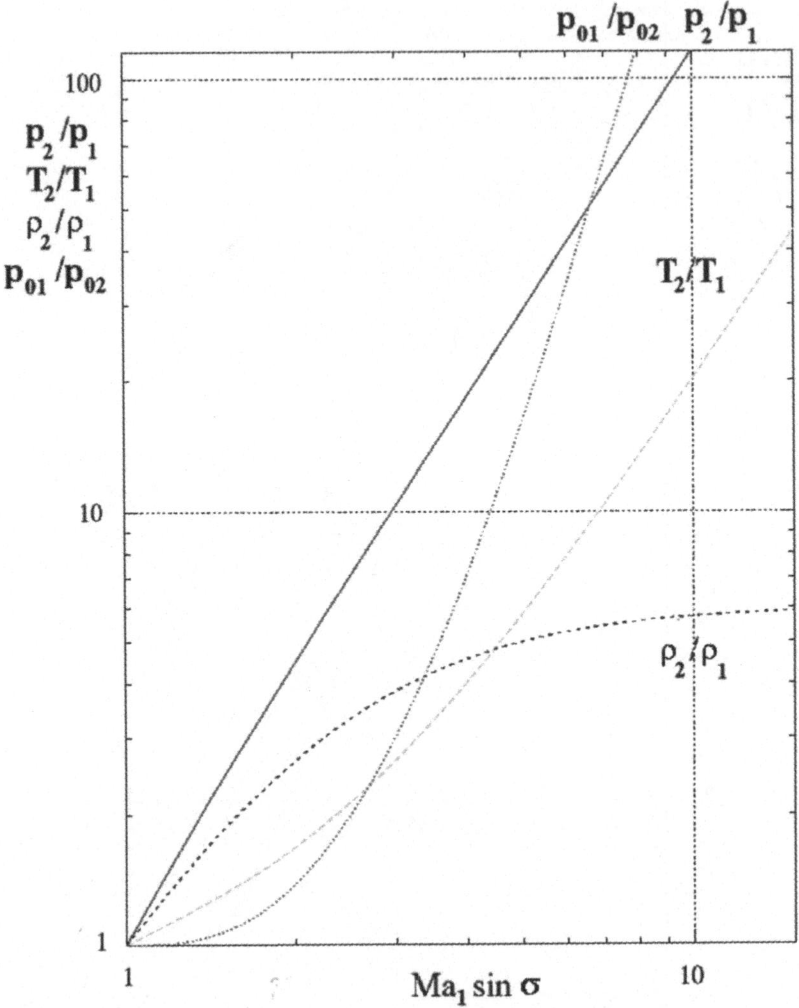

Gasdynamische Größen für den Verdichtungsstoß

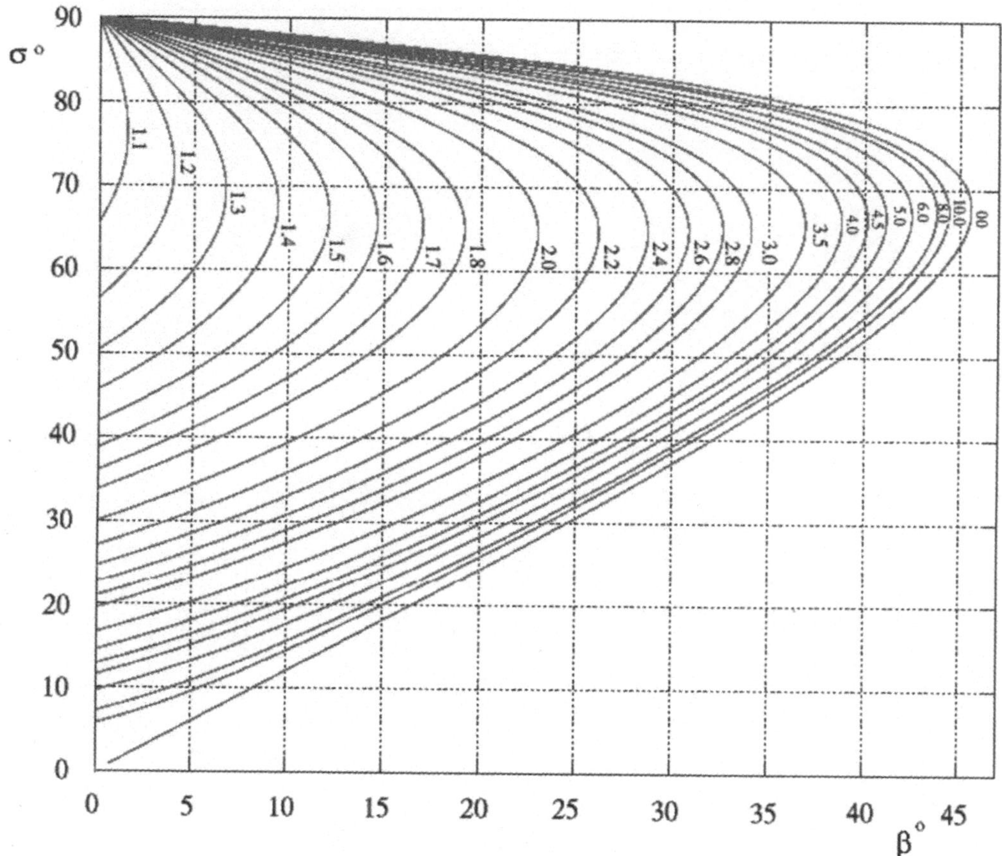

Schräger Verdichtungsstoß

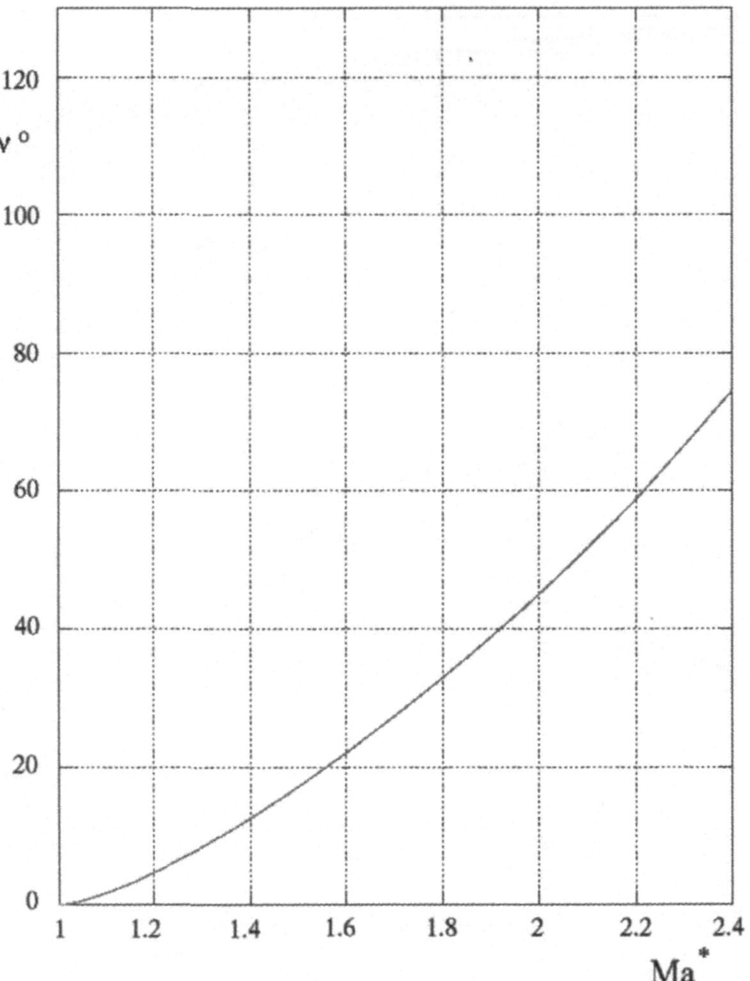

Prandtl-Meyer-Funktion $\nu(Ma^*)$

$$\begin{aligned}
\nu(Ma^*) &= \sqrt{\frac{\kappa+1}{\kappa-1}} \cdot \arctan\sqrt{\frac{\frac{\kappa-1}{2}(Ma^{*2}-1)}{1-\frac{\kappa-1}{2}(Ma^{*2}-1)}} \\
&- \arctan\sqrt{\frac{\frac{\kappa+1}{2}(Ma^{*2}-1)}{1-\frac{\kappa-1}{2}(Ma^{*2}-1)}} \\
\nu(Ma) &= \sqrt{\frac{\kappa+1}{\kappa-1}} \cdot \arctan\sqrt{\frac{\kappa-1}{\kappa+1}(Ma^2-1)} \\
&- \arctan\sqrt{Ma^2-1}
\end{aligned}$$

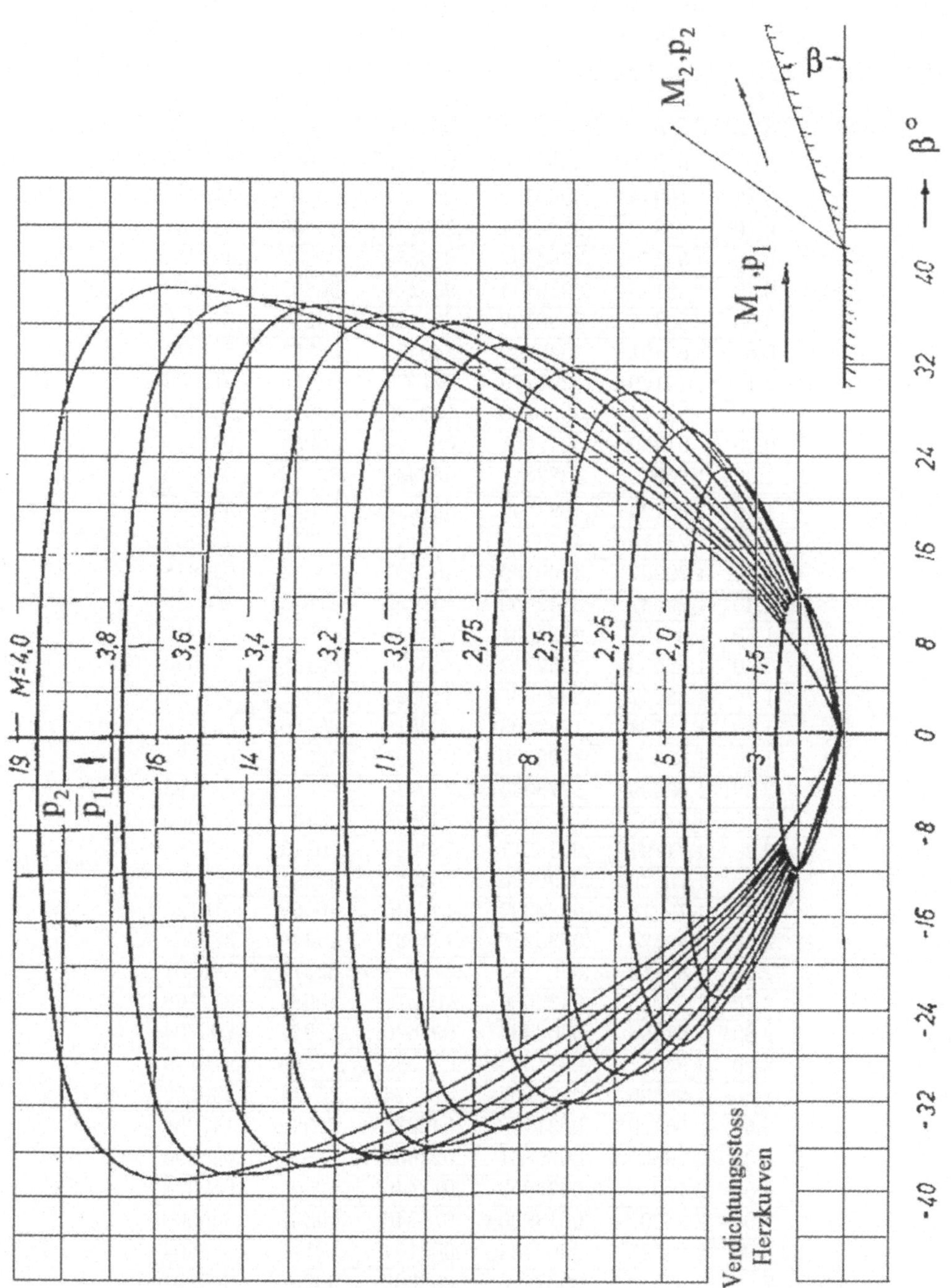

Schräger Verdichtungsstoß: Herzkurven

Eindimensionale Düsenströmung ohne Energiezufuhr
Ideales Gas konst. spez. Wärme, $\kappa = 1,4$

Ma	Ma^*	$\frac{p}{p_0}$	$\frac{\rho}{\rho_0}$	$\frac{T}{T_0}$	$\frac{A^*}{A}$
0,00	0,00000	1,0000000	1,000000	1,00000	0,000000
0,01	,01095	,9999300	,999950	,99998	,017279
0,10	,10944	,9930314	,995017	,99800	,171767
0,20	,21822	,9724967	,980277	,99206	,337437
0,30	,32572	,9394697	,956380	,98232	,491385
0,40	,43133	,8956144	,924274	,96899	,628875
0,50	,53452	,8430192	,885170	,95238	,746356
0,60	,63481	,7840040	,840452	,93284	,841610
0,70	,73179	,7209279	,791579	,91075	,913766
0,80	,82514	,6560216	,739992	,88652	,963178
0,90	,91460	,5912601	,687044	,86059	,991215
1,00	1,00000	,5282818	,633939	,83333	1,000000
1,10	1,08124	,4683542	,581696	,80515	,992137
1,20	1,23114	,4123770	,531142	,77640	,910459
1,30	1,29987	,3609139	,482903	,74738	,937818
1,40	1,29987	,3142409	,437423	,71839	,896921
1,50	1,36458	,2724031	,394984	,68966	,850219
1,60	1,42539	,2352712	,355730	,66138	,799850
1,70	1,48247	,2025935	,319693	,63371	,747604
1,80	1,53598	,1740403	,286818	,60680	,694936
1,90	1,58609	,1490396	,256991	,58072	,642981
2,00	1,63299	,1278045	,230048	,55556	,592593
2,10	1,67687	,1093532	,205803	,53135	,544383
2,20	1,71791	,0935217	,184051	,50813	,498759
2,30	1,75629	,0799726	,164584	,48591	,455969
2,40	1,79218	,0683997	,147195	,46468	,416129
2,50	1,82574	,0585277	,131687	,44444	,379259
2,60	1,85714	,0501152	,117871	,42517	,345307
2,70	1,88653	,0429500	,105571	,40683	,314168
2,80	1,91404	,0368483	,097626	,38941	,285704
2,90	1,93981	,0316515	,084889	,37286	,416129
3,00	1,96396	,0272237	,076226	,35714	,236152
3,50	2,06419	,0131109	,045233	,28986	,147284
4,00	2,13809	,0065861	,027662	,23810	,093294
4,50	2,19360	,0034553	,017446	,19802	,060378
5,00	2,23607	,0018900	,011340	,16667	,040000
6,00	2,29528	,0006334	,005194	,12195	,018804
7,00	2,33333	,0002416	,002609	,09259	,009602
8,00	2,35907	,0001024	,001414	,07246	,005260
9,00	2,37722	,0000474	,000815	,05814	,003056
10,00	2,39046	,0000236	,00495	,04762	,001866

Prandtl-Meyer-Winkel (ν in °, $\kappa = 1,4$)

Ma	ν	Ma	ν	Ma	ν	Ma	ν	Ma	ν
1,00	0,00	1,60	14,48	2,55	40,28	4,10	67,08	7,10	91,49
1,02	0,13	1,62	15,45	2,60	41,41	4,20	68,33	7,20	92,00
1,04	0,35	1,64	16,04	2,65	42,53	4,30	69,54	7,30	92,49
1,06	0,64	1,66	16,64	2,70	43,62	4,40	70,70	7,40	92,97
1,08	0,97	1,68	17,22	2,75	44,69	4,50	71,83	7,50	93,44
1,10	1,34	1,70	17,81	2,80	45,74	4,60	72,92	7,60	93,90
1,12	1,73	1,72	18,40	2,85	49,78	4,70	73,97	7,70	94,34
1,14	2,16	1,74	18,98	2,90	47,79	4,80	74,98	7,80	94,76
1,16	2,61	1,78	19,56	2,95	48,78	4,90	75,97	7,90	95,21
1,18	3,07	1,80	20,15	3,00	49,76	5,00	76,92	8,00	95,62
1,20	3,56	1,82	20,72	3,05	50,71	5,10	77,84	8,50	97,57
1,22	4,03	1,84	21,30	3,10	51,65	5,20	78,73	9,00	99,32
1,24	4,57	1,86	22,45	3,15	52,57	5.30	79.59	9,50	100,98
1,26	5,09	1,88	23,02	3,20	53,47	5,40	80,43	10,00	102,31
1,28	5,63	1,90	23,59	3,25	54,35	5,50	81,24	11,00	104,79
1,30	6,17	1,92	24,15	3,30	55,22	5,60	82,03	12,00	106,88
1,32	6,76	1,94	24,71	3,35	56,07	5,70	82,79	13,00	108,65
1,34	7,28	1,96	25,27	3,40	56,91	5,80	83,54	14,00	110,18
1,36	7,84	1,98	25,83	3,45	57,72	5,90	84,26	15,00	111,51
1,38	8,41	2,00	26,38	3,50	58,53	6,00	84,95	16,00	112,64
1,40	8,99	2,05	27,75	3,55	59,32	6,10	85,63	17,00	113,71
1,42	9,56	2,10	29,10	3,60	30,09	6,20	86,29	18,00	114,63
1,44	10,15	2,15	30,42	3,65	60,85	6,30	86,94	19,00	115,43
1,46	10,73	2,20	31,73	3,70	61,59	6,40	87,56	20,00	116,19
1,48	11,32	2,25	33,02	3,75	62,35	6,50	88,17	21,00	116,87
1,50	11,90	2,30	34,28	3,80	63,04	6,60	88,76	22,00	117,48
1,52	12,49	2,35	35,52	3,85	63,75	6,70	89,33	23,00	118,04
1,54	13,09	2,40	36,75	3,90	64,44	6,80	89,89	24,00	118,55
1,56	13,68	2,45	37,94	3,95	65,12	6,90	90,44	25,00	119,03
1,58	14,27	2,50	39,15	4,00	65,78	7,00	90,97	∞	130,45

6 Aerodynamisches Laboratorium

6.1 Windkanal für kleine Geschwindigkeiten (Göttinger Bauart)

Zusammenfassung

Der Windkanal für kleine Geschwindigkeiten des Aerodynamischen Instituts der RWTH Aachen ist als Göttinger Standardtyp gebaut. Es handelt sich um einen stationär betriebenen Umlaufwindkanal, bei dem immer die gleiche Luft im geschlossenen Kreislauf mit Hilfe eines einstufigen Axialgebläses mit einer maximalen Antriebsleistung von 100 kW umgewälzt wird. Die Meßstrecke ist offen und hat einen Durchmesser von 1,2 m. Die maximal erreichbare Windgeschwindigkeit beträgt 60 m/s (216 km/h).

Ein Windkanal muß derart gebaut sein, daß:

1. in der Meßstrecke der Luftstrom mit zeitlich und räumlich konstanter Geschwindigkeitsverteilung erzeugt wird,

2. die Verluste durch die geschlossene Rückführung möglichst klein werden.

Das Ziel des Versuchs ist, die Qualität dieses Windkanals zu überprüfen. Dafür wird die Geschwindigkeitsverteilung in der Meßstrecke mit einem Prandtlschen Staurohr gemessen. Um die Meßgenauigkeit in Abhängigkeit von der Anströmrichtung zu ermitteln, wird das Prandtlsche Staurohr gegen die Anblasrichtung gedreht. Es wird auch der Gütegrad des Windkanals (Verhältnis von Strahlleistung zu Gebläseleistung) abhängig von der Strömungsgeschwindigkeit bestimmt.

6.1.1 Vorbemerkungen

Voraussetzungen für die Verwendbarkeit von Windkanälen für strömungstechnische Untersuchungen sind:

1. Die Ähnlichkeitsgesetze sind anwendbar, so daß die Ergebnisse an Modellen im Windkanal auf umströmte Körper in Originalgröße, insbesondere auch auf Flugzeuge im freien Flug, übertragbar sind.

2. Die Randbedingungen für Modelle im Windkanal und umströmte Körper in Originalgröße, insbesondere auch für freifliegende, sind ähnlich zu halten.

Vollständige Ähnlichkeit kann in der Regel nicht gleichzeitig in einem Versuch eingehalten werden kann. Man beschränkt sich daher darauf, die für das zu untersuchende Problem entscheidende Kennzahl zu ermitteln und im Versuch einzuhalten.

Für stationäre und kleine Geschwindigkeiten genügt es

$$Re = \frac{v \cdot l \cdot \rho}{\eta} = \frac{\text{Trägheitskraft}}{\text{Zähigkeitskraft}} \tag{6.1}$$

konstant zu erhalten.

Zur Einhaltung der Ähnlichkeit gehört die Gleichheit der Rand- und Anfangsbedingungen; z. B.:

1. der Bedingung des Freistrahlrandes für ein Flugmodell im Windkanal im Vergleich zum Original in freier Luft,
2. die Rauhigkeit der Modelloberfläche,
3. der Turbulenzgrad der Windkanalanströmung etc.

Im Göttinger Kanal des Aerodynamischen Instituts ist die Strömungsgeschwindigkeit klein gegenüber der Schallgeschwindigkeit. Kompressibilitätseinflüsse können deshalb nicht untersucht werden.

6.1.2 Windkanäle für niedrige Geschwindigkeiten

Windkanäle für kleine Geschwindigkeiten (bei Luft mit Außentemperatur als Arbeitsmedium: $v \leq 80\ m/s$) werden kontinuierlich betrieben, d. h. ein Gebläse erzeugt für eine beliebige Versuchsdauer eine Strömung. Man kennt zwei Grundtypen:

1. Göttinger (auch Prandtlsche) Bauart: Umlaufkanal mit offener oder geschlossener Meßstrecke.
2. Eiffelsche Bauart: Kanal ohne Rückführung mit offener (Unterdruckkammer) oder geschlossener Meßstrecke.

Zuerst wird der Eiffelkanal kurz beschrieben.

Eiffel - Windkanal

Der einfachste Eiffelkanal besteht aus einer Röhre mit Gebläse. Luft wird aus der Umgebung angesaugt; Eiffelkanäle werden für die Bauwerksaerodynamik verwendet (geringe Baukosten bei großen Abmessungen; Geschwindigkeit ist niedrig - bis 40 m/s -). die meisten vorhandenen Windkanäle sind jedoch aufwendiger gebaut.

Um ein gleichförmiges und turbulenzarmes Geschwindigkeitsprofil in der Meßstrecke zu erhalten, braucht man eine Düse mit einem Kontraktionsverhältnis von $A_K/A_D = 5 \div 20$. Eine weitere

Verbesserung der Geschwindigkeitsverteilung erreicht man durch Einbauten von Gleichrichtern und Sieben vor der Meßstrecke: Große Kontraktion bedeutet relativ kleine Geschwindigkeit in der Vorkammer und damit geringe Verluste durch Einbauten.

Um die Betriebskosten gering zu halten (bei einem einfachen Windkanal tritt der gesamte Staudruck der Meßkammer $\rho \cdot v^2/2$ als Verlust auf), verwendet man Diffusoren zur Druckrückgewinnung.

Im Meßquerschnitt herrscht Unterdruck. Bei offener Meßstrecke wird eine Unterdruckkammer benötigt, der Luftaustritt erfolgt durch einen Diffusor ins Freie. Die Rückführung ist auch innerhalb einer Halle möglich, was Unabhängigkeit von der Witterung bedeutet. Das Gebläse wird meist am Ende des Windkanals installiert. Ein langer Diffusor bedeutet hohen Druck-Rückgewinn, aber auch höhere Baukosten; bei sehr langem Diffusor nehmen jedoch die Verluste durch Wandreibung zu.

Vorteile des Eiffelkanals sind einfache Bauweise und damit niedrige Baukosten. Der Gütegrad ist nur hoch bei entsprechend aufwendigem Diffusor mit großem Öffnungswinkel - bis zu 35° - und inneren Leitflächen, zur Vermeidung von Ablösung. Sind keine Umlenkvorrichtungen eingebaut, wird die Selbstverschmutzung vermieden.

Die Nachteile bestehen darin, daß bei offener Meßstrecke der Meßstrahl durch eine Unterdruckkammer umbaut werden muß. Die Abhängigkeit von Ansaugezuständen bei geringen Baukosten wird z. T. durch schlechten Gütegrad und hohe Betriebskosten aufgehoben.

Göttinger oder Prandtl - Windkanal

Bei einem Windkanal dieser Bauart wird das Strömungsmedium vom Meßquerschnitt durch Diffusoren und Umlenkecken zur Vorkammer zurückgeführt. Die optimale Erweiterung der Diffusoren ($\alpha_{opt}/2 = 3 \div 4°$) führt bei gegebenem Meßquerschnitt und Kontraktionsverhältnis zu Mindestbaulängen. Das Gebläse soll möglichst weit vor der Meßstrecke angeordnet sein, damit Störungen durch Drall und Ungleichförmigkeit durch die Nabe abklingen können.

Als Vorteile sind zu nennen: Bei offener Meßstrecke herrscht im Meßstrahl Umgebungsdruck und die Meßstrecke ist leicht zugänglich. Der Gütegrad kann - insbesondere bei geschlossener Meßstrecke - Höchstwerte erreichen. Man ist unabhängig von Ansaugbedingungen wie Temperatur und Feuchtigkeit. Die Nachteile sind: Hohe Baukosten (Platzbedarf); Selbstverschmutzung bei Zugabe von Fremdstoffen, z. B. Rauch für die Sichtbarmachung der Strömung).

6.1.3 Charakteristische Daten eines Windkanals

Die für einen kontinuierlich arbeitenden Windkanal aufzubringende Gebläseleistung P_{eff} ist proportional der Strahlleistung P_{Str} des Luftstroms in der Meßstrecke.

Es ist $P_{Str} = \dot{m} \cdot v_\infty^2/2 = \rho \cdot A_{Str} \cdot v_\infty^3/2$ (Index $''\infty''$ bezieht sich auf die Meßstrecke).
Den Proportionalitätsfaktor nennt man Gütegrad und definiert ihn als

$$\xi = \frac{P_{Str}}{P_{eff}} \quad . \tag{6.2}$$

Der Gütegrad ist kein Wirkungsgrad. Er ist in der Regel größer als 1 und um so höher, je geringer die mechanischen Verluste des Windkanals sind. Die aufzubringende Leistung ist also in der Regel kleiner als die Strahlleistung.

$$P_{eff} = \frac{1}{\xi}\frac{\rho}{2} \cdot A_{Str} \cdot v_\infty^3 \tag{6.3}$$

Da die Strahlleistung proportional zur dritten Potenz von v_∞ ist, steigt die erforderliche Gebläseleistung u. U. rasch auf große Werte an. Der erforderliche Leistungsbedarf ist in der folgenden Tabelle angegeben. Vorausgesetzt sei ein Windkanal mit einem Meßstreckenquerschnitt $A_{Str} = 1m^2$, in dem atmosphärische Zustandsgrößen (Druck, Dichte, Temperatur) herrschen.

$v_\infty[m/s]$	$Ma[-]$	$P_{Str}[kW]$
80	0,24	314
340	1,0	$2{,}5 \cdot 10^4$
680	2,0	$2{,}0 \cdot 10^6$

Man kann hieraus abschätzen, daß ein Windkanal dieser Bauart für den Geschwindigkeitsbereich des hohen Unterschalls und des Überschalls ein eigenes Kraftwerk zur Deckung des Energiebedarfs braucht.

Die Strahlleistung ist auch proportional dem Meßquerschnitt A_{Str}. In guter Näherung ist der Meßstreckendurchmesser etwa gleich der möglichen Modellänge, wie aus folgender Betrachtung hervorgeht. Bei Einhaltung des Reynoldsschen Ähnlichkeitsgesetzes ergeben sich folgende Modellängen:

Original z. B.	PKW	$l = 5\ m$;	$v = 100\ km/h$;	$Re \approx 10^7$
	Flugzeug	$l = 20\ m$;	$v = 300\ km/h; H = 3\ km$;	$Re \approx 10^8$
Modell z. B.	PKW	$l = Re\ \eta/\rho \cdot v = 1{,}85\ m$		
	Flugzeug	$l = 18{,}5\ m$		

Dabei wird für den Modellversuch vorausgesetzt, daß diese Re-Zahlen bei Atmosphärenzuständen und $v_\infty = 80\ m/s$ erreicht werden.

Windkanäle für kleine Geschwindigkeiten müssen deshalb recht groß sein, damit die Ähnlichkeitsgesetze exakt erfüllt werden können. Ausnahmen sind dann gegeben, wenn z. B. Kraftbeiwerte in gewissen Bereichen unabhängig von der Re-Zahl sind.

Leistungsbilanz eines Windkanals Göttinger Bauart

Die vom Gebläse des Windkanals aufzubringende Leistung ist:

$$P_{eff} = \dot{Q} \cdot \Delta p_{ges} = A_{Str} \cdot v_\infty \cdot \Delta p_{ges} \tag{6.4}$$

$\dot{Q}$ = Durchflußvolumen je Zeiteinheit
Δp_{ges} = Differenz der Gesamtdrücke hinter und vor dem Gebläse

$$\Delta p_{ges} = \Delta p_{Verlust} = \sum \zeta_i \frac{\rho}{2} v_i^2 \quad . \tag{6.5}$$

Der Index "$\imath$" ist bezogen auf die betreffenden Verluststellen, z. B. Diffusor, Umlenkecke, etc.. Zum Vergleich werden alle Verlustbeiwerte auf den Staudruck $\rho \cdot v_\infty^2/2$ in der Meßstrecke bezogen.

$$\Delta p_{Verlust} = \sum \zeta_{\imath\infty} \cdot \frac{\rho}{2} w_\infty^2 \tag{6.6}$$

Der Gütegrad ist

$$\xi = \frac{1}{\sum \zeta_{\imath\infty}} \tag{6.7}$$

Verluste an mechanischer Energie in einem Windkanal Göttinger Bauart

Die Verluste an mechanischer Energie in einem Göttinger Kanal sind mit typischen Größenordnungen in der folgenden Tabelle aufgeführt und anschließend erläutert:

Nr. vgl. Seite 296	Bauteil bzw. Art	$\zeta_\imath$	$\zeta_{\imath\infty}$	Anteil %
9	Meßstrecke offen (Meßstrecke geschlossen)	0,11 (0,016)	0,11	33
10	Auffangteil (Reibung)	s.u.		
11	1. Diffusor	0,06	0,06	18
12	1. Umlenkecke	0,15	0,03	9
1	Gebläse	0,05	0,007	2
2	2. Umlenkecke	0,15	0,03	9
3	2. Diffusor	0,06	0,025	7,5
4	3. Umlenkecke	0,15	0,006	1,75
5	4. Umlenkecke	0,15	0,006	1,75
6	Siebe und Gleichrichter	3,0+0,2	0,04	12
7	Düse (Reibung)	s. u.		
8	Düsenvorderkante Reibung ($\lambda = 0,01$)		0,02	6
			$\sum = 0,334$	$\sum = 100\%$

[9] Meßstrecke: Der Freistrahl hat wegen der Mischzone am Rand einen weit höheren Verlust als eine geschlossene Meßstrecke mit nur Wandreibung.

[10] Auffangteil: Variable Geometrie oder Schlitze gewährleisten die Kontinuität bei verschiedenem Luftdurchsatz.

[11, 3] Diffusor: Um Ablösung zu vermeiden, muß ein Öffnungswinkel von $\alpha/2 = 3 \div 4°$ eingehalten werden; dabei ergeben sich u. U. große Baulängen. Man baut auch Kurzdiffusoren mit großem Öffnungswinkel, in denen die Ablösung durch Leitflächen verhindert wird.

[12, 2, 4, 5] Umlenkecken: Sie werden aus Festigkeitsgründen meist als Profilgitter ausgebildet; gekrümmte Flächen als Profilskelettlinie bringen schon erhebliche Verbesserungen.

[1] Gebläse: Die Nabengröße, die auch den Motoreneinbau ermöglicht, hängt u. a. von Festigkeits- und Lärmfragen (Schaufellänge) ab; Drallstörungen werden durch Leiträder vermindert. Anstelle eines großen Gebläses sind auch mehrere kleine möglich (Regelbarkeit). Häufig sind verstellbare Schaufeln erwünscht, um auch bei Teillast optimalen Wirkungsgrad zu erzielen.

[6] Siebe und Gleichrichter: Mehrere Siebe mit unterschiedlicher Maschenweite bringen ein günstigeres Verhältnis von Turbulenzdämpfung zu Widerstand als ein vergleichbares Einzelsieb. Gleichrichter bestehen oft aus einem Honigwabenprofilgitter. Für das Verhältnis Gitterweite zu Kanaldurchmesser zu Gitterlänge gibt es empirische Richtwerte.

[7] Düse: Das Kontraktionsverhältnis und die Kontur bestimmen weitgehend die Gleichförmigkeit der Strömung in der Meßstrecke.

Zur Vermeidung von Ringwirbeln und damit von Schwankungen im Meßstrahl werden kleine Störkörper oder Seiferth-Flügel in der Nähe der Düsenvorderkante angebracht.

Reibung: Die Innenwände sollen möglichst glatt sein; bei Übergängen der einzelnen Bauteile müssen Stufen vermieden werden.

Für das in der Tabelle aufgeführte Beispiel ergibt sich

$$\xi = \frac{1}{\sum \zeta_{\imath\infty}} = \frac{1}{0,334} = 3$$

Die aufzubringende elektrische Leistung für diesen Kanal wäre bei $A_{Str} = 1\ m^2$ und Atmosphärenzustand der Luft im Meßstrahl

$$P_{el} = \frac{P_{Str}}{\xi \cdot \eta_{el} \cdot \eta_{Gebl}} = \frac{314\ kW}{3 \cdot 0,94 \cdot 0,8} = 140\ kW$$

6.1.4 Versuchsdurchführung und Meßtechnik

Zur Ermittlung der charakteristischen Daten des Kanals werden im Versuch folgende Messungen durchgeführt:

1. Messung der Geschwindigkeitsverteilung im Meßquerschnitt für eine feste Entfernung von der Düsenvorderkante.
2. Untersuchung der Richtungsempfindlichkeit eines Staurohrs.
3. Ermittlung des Gütegrades des Windkanals für verschiedene Windgeschwindigkeiten.

Geschwindigkeitsmessung mit Prandtl - Staurohr

Man mißt den Unterschied zwischen Gesamtdruck im Staupunkt und statischem Druck an einer strömungsparallelen Wand (Skizze siehe Seite 297)

$$p_{ges} - p_\infty = \frac{\rho}{2} v_\infty^2 = q_\infty \quad . \tag{6.8}$$

Die Druckdifferenz q_∞ wird im Versuch mit einem Flüssigkeitsmanometer gemessen. Zur Ermittlung von v_∞ muß man ρ bestimmen

$$\rho = \frac{p}{R \cdot T} = \frac{Ba \cdot g \cdot 13,6}{R \cdot T} \frac{Ns^2}{mm\ Hg\ m^3} \quad . \tag{6.9}$$

Der Barometerstand Ba $[mmHg]$ und die Temperatur T $[K]$ werden gemessen. Die Gaskonstante der Luft beträgt bei 1 bar und 273 K

$$R = 287 \frac{m^2}{s^2 K} \quad .$$

Flüssigkeitsmanometer (U - Rohr - Prinzip)

Betzmanometer Das Betzmanometer (siehe Skizze Seite (298) hat im Vergleich zum einfachen U-Rohr einen schmalen Schenkel (Meßrohr) und einen breiten Schenkel (Topf).

Prinzip:

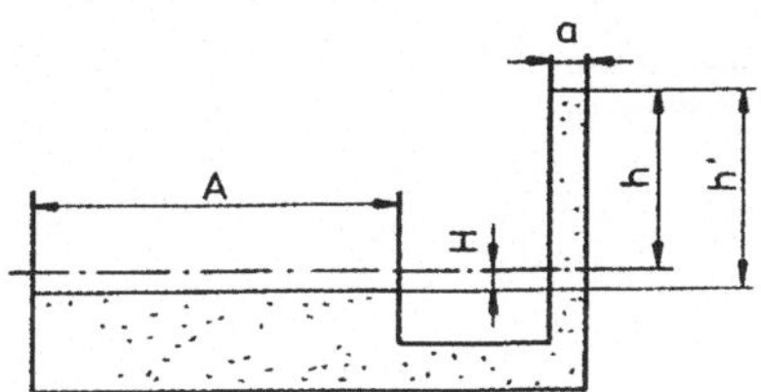

$$h \cdot a = H \cdot A \tag{6.10}$$

$$h + H = h' \tag{6.11}$$

$$h/h' = \frac{1}{1 + a/A} \tag{6.12}$$

Die Ablesung erfolgt auf der Skala, die sich an einem Schwimmer hängend mit der Flüssigkeitssäule im Steigrohr bewegt. Die Skalenteilung h ist gegenüber der wahren Flüssigkeitshöhe h' verzerrt. Dadurch gibt es nur eine Ablesestelle.

Schrägrohrmanometer Um die Empfindlichkeit der Anzeige zu vergrößern, wird beim Schrägrohrmanometer der Ableseschenkel geneigt (Skizze siehe Seite 299).

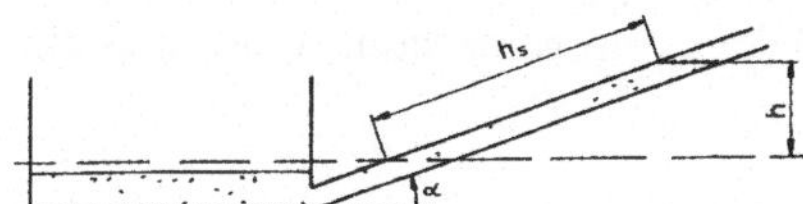

$$h_s = \frac{h}{\sin\alpha}\ ; \quad \text{bei kleinem } \alpha \text{ großes } h_s$$

Staurohr - Venturirohr

Die Empfindlichkeit eines Staurohrs ist begrenzt:
In Luft: 4 m/s bedeutet 1 $mm\ WS$
1 m/s bedeutet $0,0625$ $mm\ WS$ bei Normalzustand der Luft

Im Vergleich zum Staurohr kann man die Anzeigeempfindlichkeit bei einem Venturirohr durch Wahl des Flächenverhältnisses an den beiden Meßstellen vergrößern (s. nachfolgende Skizze).

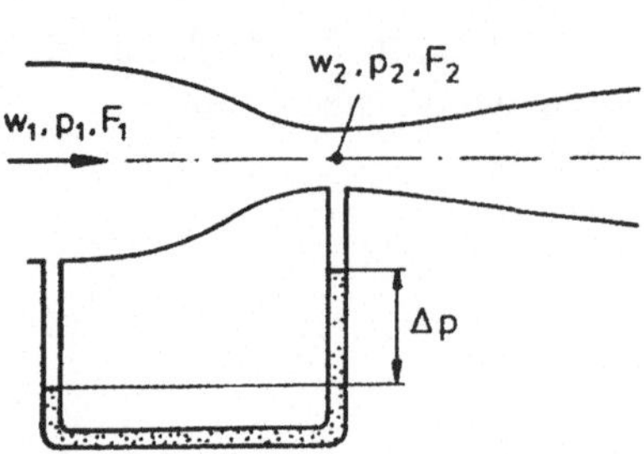

$$p_1 - p_2 = \frac{\rho}{2} v_1^2 \left[\left(\frac{A_1}{A_2} \right)^2 - 1 \right] \tag{6.13}$$

$$\text{Theor.: } p_1 = p_\infty (v_1 = v_\infty) \tag{6.14}$$

$$\Rightarrow \underbrace{\Delta p = \frac{\rho}{2} v_\infty^2}_{fur Staurohr} \left[\left(\frac{A_1}{A_2} \right)^2 - 1 \right] \tag{6.15}$$

Düseneichfaktor

Der Düseneichfaktor ist definiert als

$$\vartheta = \frac{q_\infty}{\Delta p_{DV}} \quad . \tag{6.16}$$

Die Größe Δp_{DV} ist proportional dem Staudruck q_∞. Diese Meßgröße ist wichtig bei Modelleinbauten im Windkanal, da man daraus die Geschwindigkeit ermitteln kann, ohne daß eine Meßsonde im Kanal mit den Einbauten interferiert.

$$\Delta p_{DV} = p_{DV} - p_a \qquad q_\infty = p_g - p_\infty \tag{6.17}$$

Der Vorkammerdruck p_{DV} (vgl. Meßanordnung Seite 299)) ist in guter Näherung gleich dem Gesamtdruck $p_g(v = 0)$. Häufig wird der statische Druck eines Freistrahls dem statischen Druck der Umgebung gleichgesetzt. Dies trifft nur näherungsweise zu. In Wirklichkeit wird ruhende Luft vom Freistrahl mitgerissen. Das führt zu einer Krümmung der Randstromlinie. Es folgt daraus:

$$p_\infty > p_a; \qquad p_\infty - p_a > 0 \tag{6.18}$$

$$\Delta p_{DV} = q_\infty + p_\infty - p_a \tag{6.19}$$

$$\Delta p_{DV} > q_\infty \tag{6.20}$$

Messung des Gütegrades

$$\text{Gütegrad} = \frac{\text{Strahlleistung}}{\text{Gebläseleistung}} = \frac{P_{Str}}{P_{eff}} = \xi \tag{6.21}$$

$$\text{Strahlleistung} = P_{Str} = \frac{\rho}{2} \cdot A_{Str} v_\infty^3 \tag{6.22}$$

Aus der Messung der Geschwindigkeit, des Barometerstandes und der Temperatur kann die Strahlleistung ermittelt werden. Die Gebläseleistung: $P_{eff} \cdot \eta_{el} \cdot \eta_G$. Sie wird bestimmt aus der Messung von Spannung und Strom für den Anker und das Erregerfeld des Gleichstrommotors für den Windkanalantrieb. Aus dem Verhältnis beider Leistungen ergibt sich der Gütegrad.

Weitere Methoden der Geschwindigkeitsmessung

Bei Prandtl- und Venturi-Rohr führt eine Differenzdruckmessung zur Ermittlung der Geschwindigkeit. Verfahren, die auf einem anderen Prinzip beruhen, sind:

1. Kraftmessung: Der Widerstand eines Körpers - seine Abhängigkeit von der Anströmgeschwindigkeit sei bekannt - wird gemessen (Beispiel: Schalenkreuzanemometer).

2. Wärmeübergangsmessung: Je größer die Geschwindigkeit der Umströmung eines beheizten Körpers in einem Medium ist, desto höher wird der Wärmeübergang vom Körper zum kälteren Medium (Beispiel: Hitzdraht, Heißfilm).

3. Optischer Dopplereffekt: Man kann die Frequenzverschiebung eines einfallenden Lichtstrahls infolge seiner Reflexion an Teilchen, die sich mit der Strömungsgeschwindigkeit eines Mediums bewegen, messen (Beispiel: Laser-Doppler-Anemometer).

Literaturhinweise:

PRANDTL, L.: *Führer durch die Strömungslehre, 6. Aufl.*, Vieweg-Verlag, 1965, S.301 ff.

WUEST, W.: *Strömungsmeßtechnik,* Vieweg-Verlag, 1969.

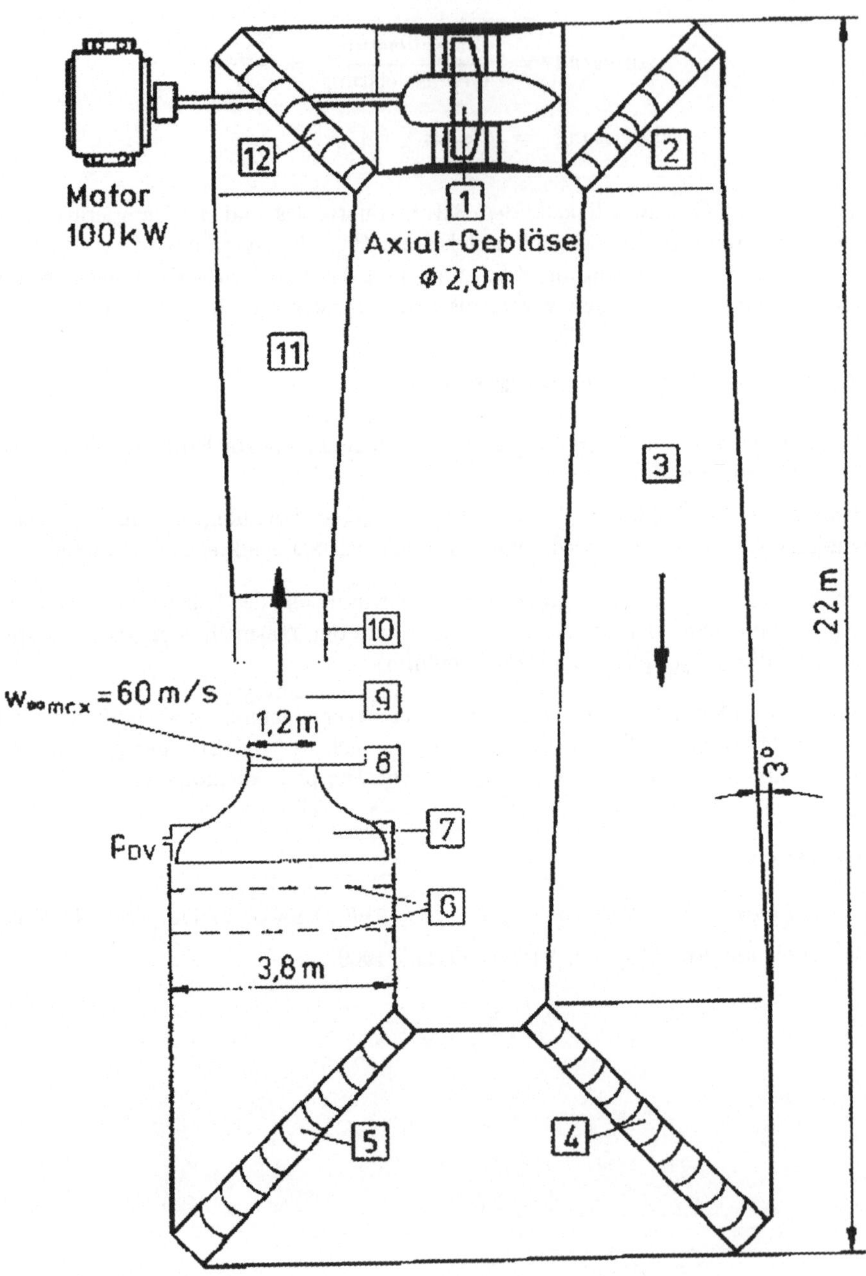

Windkanal des Aerodynamischen Instituts

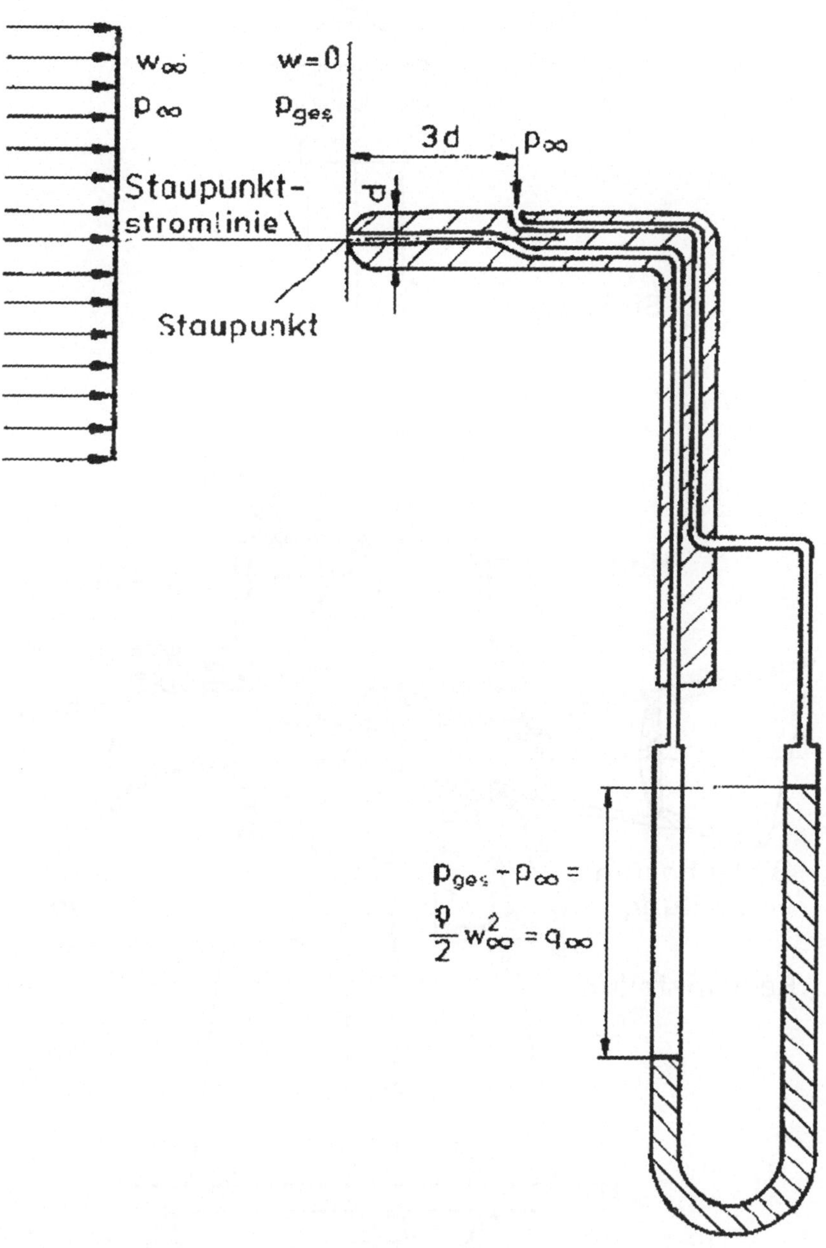

Prandtl - Staurohr

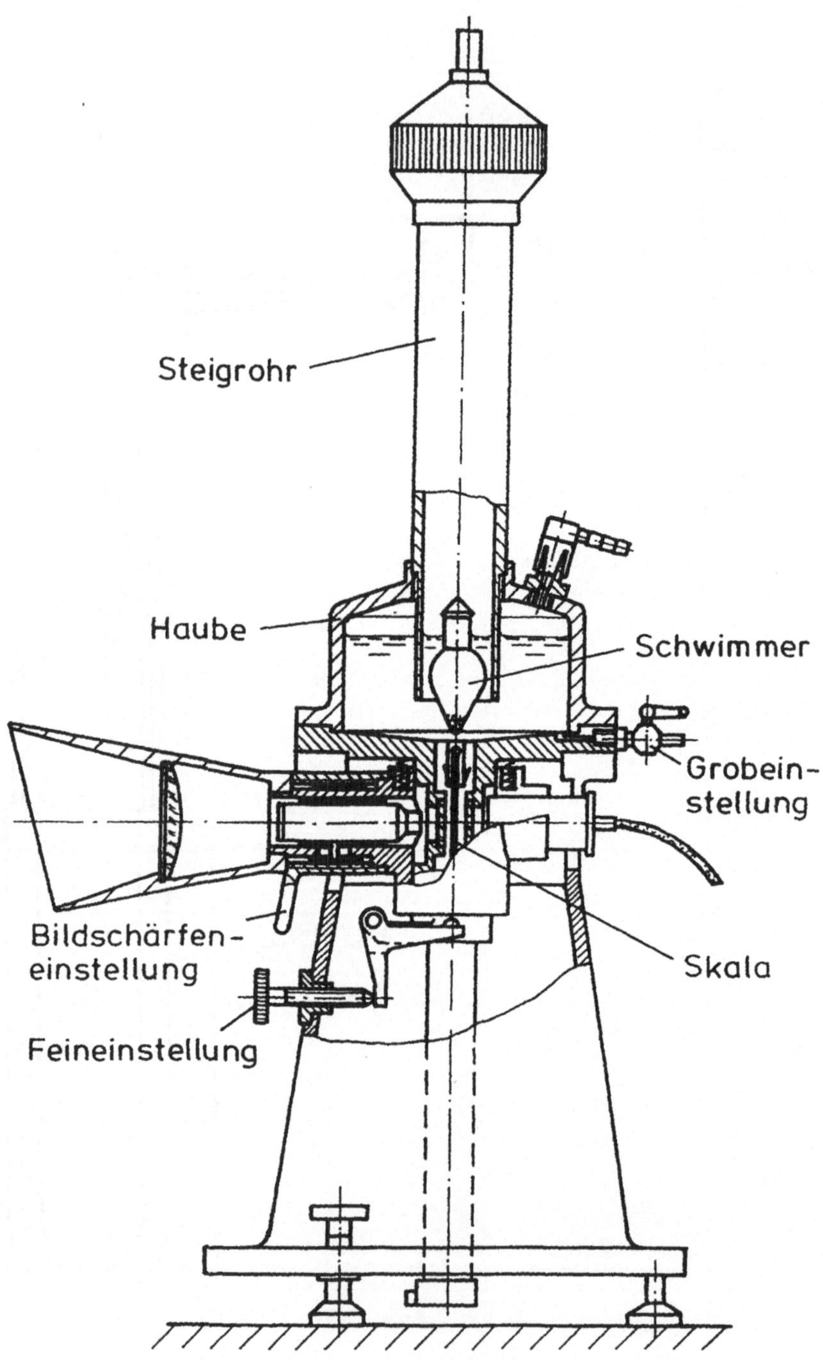

Projektionsmanometer nach Betz

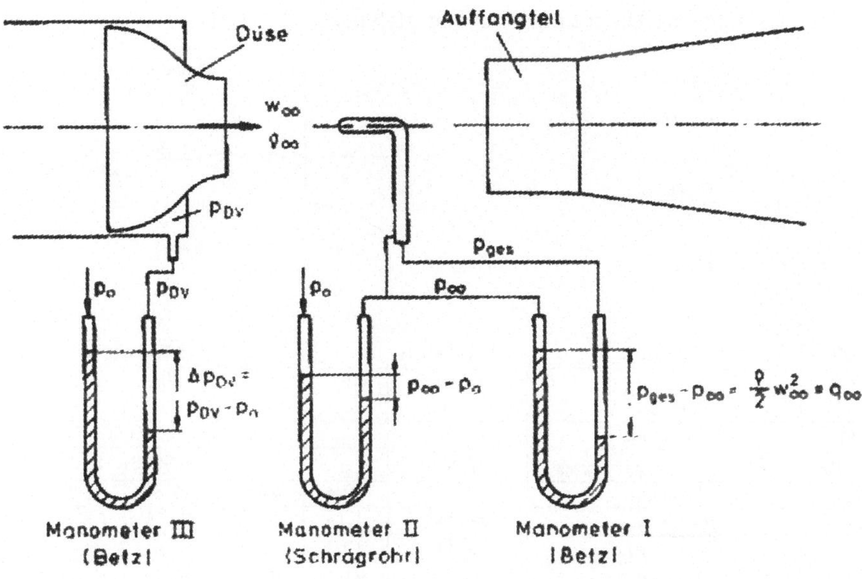

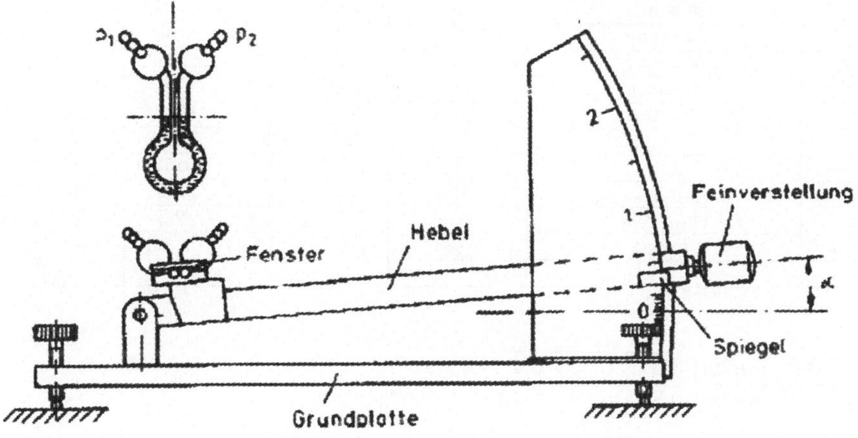

Meßanordnung (oben)
Hebelmikromanometer nach Betz (unten)

6.1.5 Auswertung

1. Zeichnen Sie folgende Diagramme aus den Meßdaten:

$$q_\infty = f(z)_{\beta=0°,\ x=const}$$

$$q_\infty = f(\beta)_{z=0,\ x=const}$$

$$\xi = f(v_\infty)$$

Prandtl'sches Staurohr

z

x

β

Duse

Meßstrecke

Auffangteil

Größe	Formel	Dimension	Meßwerte					
Δp_{DV}	Messung	$mmWS$	20	40	60	80	120	160
q_∞	Messung	$mmWS$	s.u					
Ba	Messung	$mmHg$	749.44					
$p_a \approx p_\infty$	$Ba \cdot 13,6 \cdot g \cdot \frac{N\ s^2}{mm\ Hg\ m^3}$	N/m^2	$0.99987 \cdot 10^5$					
t_∞	Messung	$°C$	22.4	22.5	22.8	23.1	23.4	24.2
ρ_∞	$p_\infty/R \cdot T_\infty$	kg/m^3	1.18	1.179	1.178	1.178	1.176	1.172
v_∞	$\sqrt{2 \cdot q_\infty \cdot g/\rho_\infty}$	m/s	18.2	25.8	31.6	36.5	44.7	51.75
$\dot{Q}_\infty$	$A_{Str.} \cdot v_\infty$	m^3/s	21.7	30.8	37.7	43.6	53.4	61.8
n	Messung	min^{-1}	239.5	335.6	409.1	469.7	567.9	659.2
u	$\pi n D_p/60$	m/s	25.1	35.14	42.8	49.2	59.5	69.0
λ	$\frac{\dot{Q}_\infty}{u \cdot D_p^2 \cdot \pi/4[1-(d_N/D_p)^2]}$	$--$	0.37	0.37	0.37	0.38	0.38	0.38
$\eta_G(\lambda)$	aus Diagramm	$--$	0.8	0.8	0.8	0.77	0.77	0.77
I_A	Messung	A	55	90	128	165	240	330
U_A	Messung	V	63	89	108	124	150	167
I_E	Messung	A	3	3	3	3	3	3
U_E	Messung	V	204	205	204	206	205	206
P_A	$I_A \cdot U_A$	W	3465	8010	13824	20460	36000	55110
P_{We}	$P_A \cdot \eta_{el}$	W	3181	7353	12690	18782	33048	50591
P_{eff}	$P_{We} \cdot \eta_G$	W	2544.8	5882.4	10152.0	11462	25447	38955
P_{Str}	$A_{Str} \cdot \rho_\infty/2 \cdot v_\infty^3$	W	4247	12088	22191	34169	62705	96969
ξ	P_{Str}/P_{eff}	$--$	1.67	2.1	2.2	2.36	2.5	2.5
Δp_{DV}	$\approx q_\infty$	$\frac{N}{m^2}$	196.2	394.4	588.6	784.8	1177.2	1569.6

λ	0,2	0,25	0,3	0,35	0,4
η_G	0,83	0,89	0,89	0,85	0,72

$A_{Str} = A_{Düse} = 1,194\ m^2$; $D_p = 2\ m$; $d_N/D_p = 0,5$;

$\eta_{el} = 0,918$; $\lambda = \text{Fortschrittsgrad} = \frac{\text{Anblasgeschwindigkeit}}{\text{Umfangsgeschwindigkeit}}$

$1\ mm\ Hg = 13,6\ mm\ WS$; $1\ mm\ WS = 1\ kp/m^2$; $1\ kp = 9,81\ N$;
$1\ Nm = 1\ WS = 1\ J$; $R = 287 \frac{Nm}{kg\ K} = 287 \frac{m^2}{s^2\ K}$ für Luft bei 1 bar und 273 K

$q_\infty = f(z)$

$z[m]$	$q_\infty[mmWS]$	$q_\infty[N/m^2]$
0	116.6	1143.85
0,1	116.9	1146.79
0,2	117.2	1149.73
0,3	117.4	1151.69
0,4	117.4	1151.69
0,5	117.6	1153.66
0,55	117.4	1151.69
0,575	114.7	1125.21
0,6	48.5	475.79
0,625	1.0	9.81
0.65	0	0

$$1mmWs = 1\frac{kp}{m^2} = 9,81\frac{kg}{sec^2\, m} = 9,81\frac{N}{m^2}$$

$q_\infty = f(\beta)$

$\beta[<°]$	$q_\infty[mmWS]$	$q_\infty[N/m^2]$
0	116.5	1142.87
5	116.9	1146.79
10	115.1	1129.13
15	109.6	1075.18
20	100.6	986.89
25	92.3	905.46
30	79.3	777.93

a)

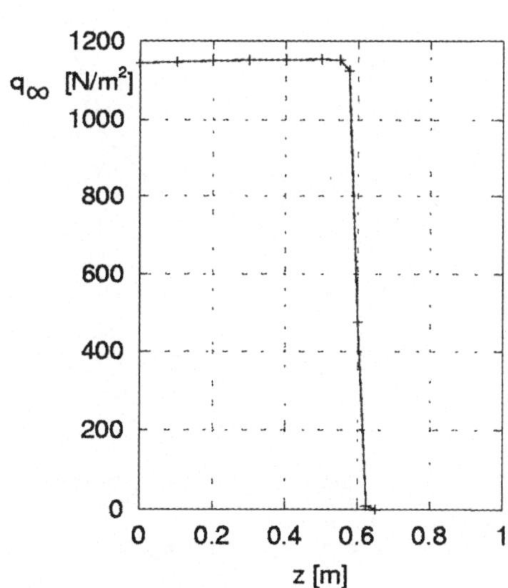

b)

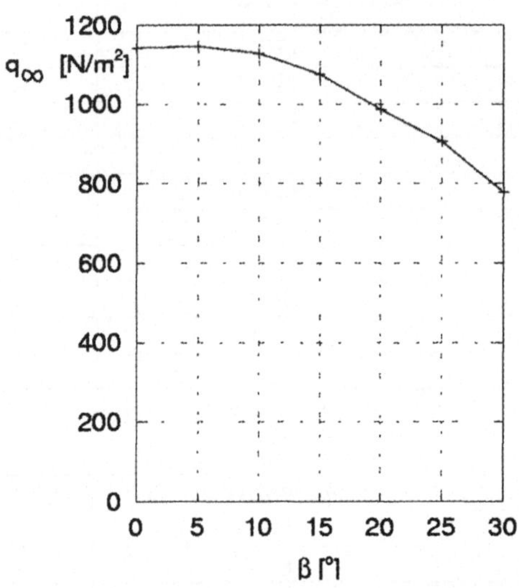

c)

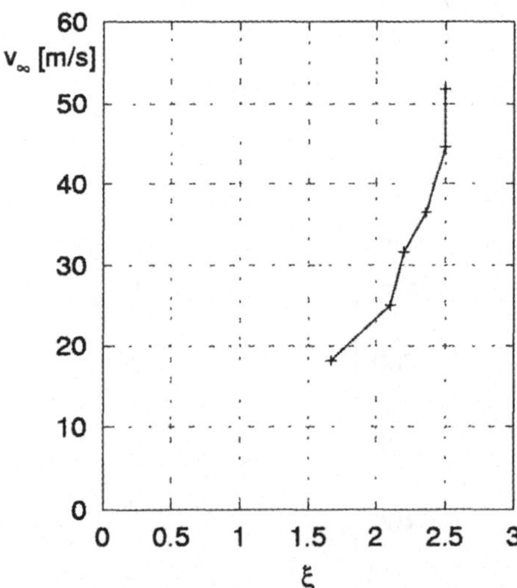

Der Staudruck q_∞ ist für diese Meßreihe nicht mitgemessen worden, da

$$q_\infty = p_g - p_\infty \text{ und } p_\infty \approx p_a.$$

Mit

$$p_g \approx p_{DV} \text{ und } \Delta p_{DV} = p_{DV} - p_a$$

ist

$$\Delta p_{DV} = q_\infty + p_\infty - p_a$$
$$\Rightarrow q_\infty = \Delta p_{DV} \quad .$$

2. Wie groß ist der Düseneichfaktor ϑ?

$$\nu = \frac{q_\infty}{\Delta p_{DV}} q_\infty = 1143.85 \,\frac{N}{m^2}$$

(aus Meßreihe für Diagramm 1.a)

$$\Delta p_{DV} = 120 mmH_2O = 1177,2 \frac{N}{m^2}$$
$$\Rightarrow \nu = 0,972 \quad .$$

3. Die erforderliche Leistung eines Göttinger-Umlaufkanals betrage für eine Geschwindigkeit von 80 m/s bei einem Meßquerschnitt (Strahl) von $1,2\ m^2$ einschließlich aller Verluste ca. 180 kW.

a) Welche Leistung wäre für einen Eiffelkanal ($80\ m/s; 1,2\ m^2$) aufzubringen, der die Luft in einer geraden Röhre aus der Atmosphäre ansaugt und wieder in diese ohne Druckrückgewinn ausbläst? Die Reibungsverluste seien vernachlässigt! ($\rho = 1,25\ kg/m^3$)

$$w_\infty = 80\,\frac{m}{s}; \quad A_{Str} = 1,2\,m$$
$$\Rightarrow N_{Str} = \frac{9}{2} A_{Str}.w_\infty^3 = 384\,kW$$
$$N_{eff} = 180\,kW \text{ Göttinger-Kanal}$$

$$Ma = 0,24 \Rightarrow \text{Luft} \approx \text{inkompressibel}$$

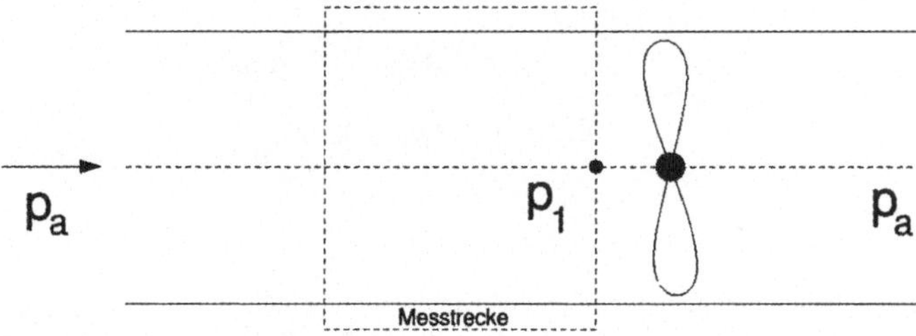

Impulssatz:

$$\rho\, w^2 A = (p_a - p_1)\, A$$
$$\Delta p = p_2 - p_1 = p_a - p_1$$

$$P = \dot{Q}\,(p_{02} - p_{01})$$
$$\dot{Q} = w\,A_{Str.}$$

$$p_{02} - p_{01} = p_2 + \frac{\rho}{2}\,w^2 - p_1 - \frac{\rho}{2}\,w^2 = \Delta p$$

$$P = w\,A_{Str}\,\Delta p$$
$$P = \rho\,w^2\,A_{Str}$$
$$P = 770\,kW$$

b) Mit welcher Leistung ist derselbe Eiffelkanal auszulegen, wenn hinter der Meßstrecke ein Kurzdiffusor angebracht wird? Die Länge des Kurzdiffusors betrage 2 m, seine Neigung $\alpha/2 = 3°$. Ablösung im Diffusor erfolge nicht (Leitbleche); die Wandreibung werde vernachlässigt.

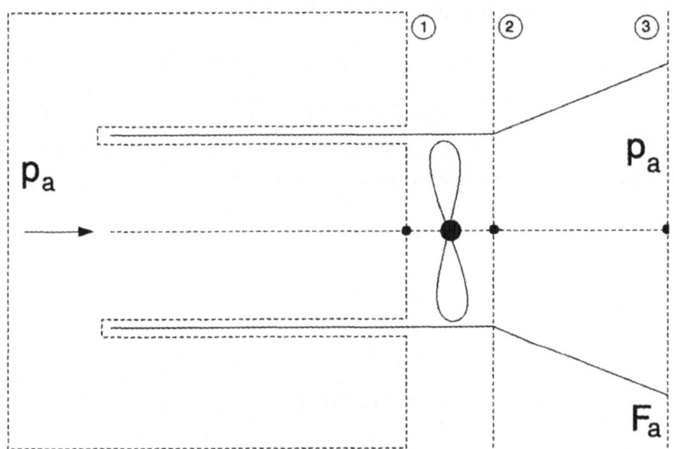

Impulssatz:

$$\rho\,w_1^2\,A_{Str.} = \Delta\,A_{Str.}$$
$$\Delta p = p_a - p_1 = 8000\,\frac{N}{m^2}$$

Bernouli 2 → 3:

$$p_2 + \frac{\rho}{2}\,w_2^2 = p_a + \frac{\rho}{2}\,w_3^2; \quad w_1 = w_2 \quad w_3 = w_1\frac{A_{Str.}}{F_D}$$
$$p_2 - p_1 = p_a + \frac{\rho}{2}\,w_1^2\left(\frac{A_{Str.}}{A_D}\right)^2 - \frac{\rho}{2}\,w_1^2 - p_a + \Delta p$$
$$p_2 - p_1 = \Delta p + \frac{\rho}{2}\,w_1^2\left[\left(\frac{A_{Str.}}{A_D}\right)^2 - 1\right]$$

$$\begin{aligned} N_{eff} &= \dot{Q}\,(p_2 - p_1) = w_1\,F_D\left[\Delta p + \frac{\rho}{2}\,w_1^2\left[\left(\frac{A_{Str.}}{F_d}\right)^2 - 1\right]\right] \\ N_{eff} &= 485\,kW \end{aligned}$$

4. Wenn ein Unterschall-Windkanal Göttinger Bauart druckdicht gebaut wird (Überdruckkanal), kann durch Erhöhung der Dichte ρ die erreichbare Reynolds-Zahl vergrößert werden. Um welchen Betrag erhöht sich die Reynolds-Zahl, wenn bei gleicher Gebläseleistung die Dichte auf den dreifachen Wert erhöht wird? Die Temperatur des Strömungsmediums sei in beiden Fällen gleich; die Verlustbeiwerte $\sum \zeta_\imath$ des Kanals seien in diesem Bereich unabhängig von der Reynolds-Zahl.

$$N_{eff} = A_{Str}\;w_\infty^3 \sum \xi_{\imath 1}\,\frac{\rho}{2} = konst. \Rightarrow w_1^3\,\rho_1 = w_2^3\,\rho_2$$

$$\begin{aligned} \text{Index 1} &: \;\rho_1 \\ \text{Index 2} &: \;\rho_2 = 3\,\rho_1 \end{aligned}$$

$$\begin{aligned} \frac{Re_1}{Re_2} &= \frac{w_1\,l_1\,\rho_1}{\eta_1}\,\frac{\eta_2}{w_2\,l_2\,\rho_2} = \frac{w_1}{w_2}\,\frac{\rho_1}{\rho_2} = \sqrt[3]{\frac{\rho_2}{\rho_1}}\,\frac{\rho_1}{\rho_2} = \sqrt[3]{3}\,\frac{1}{3} = 0,48 \\ \left(\frac{w_1}{w_2}\right)^3 &= \frac{\rho_2}{\rho_1} \Rightarrow Re_2 = 2,08\,Re_1 \end{aligned}$$

6.2 Druckverteilung am Halbkörper

Zusammenfassung

In diesem Versuch wird die Verteilung des statischen Druckes auf der Oberfläche eines räumlichen Halbkörpers in einer inkompressiblen Strömung gemessen. Für die Kontur wird nach der Potentialtheorie durch Überlagerung einer räumlichen Quelle und einer Parallelströmung ein analytischer Ausdruck hergeleitet. Die theoretische Druckverteilung wird mit der experimentellen verglichen. Im Versuch werden Betz-Projektions-, Vielfach-, Schrägrohr- und Mikromanometer verwendet. Schließlich wird die Hele-Shaw Strömung zum Sichtbarmachen ebener Potentialströmungen erläutert.

6.2.1 Bestimmung der Kontur und der Druckverteilung

Herleitung der Konturgleichung nach der Potentialtheorie

Im Versuch wird die Druckverteilung an der abgerundeten Seite eines Halbkörpers, d. h. eines halb unendlich langen, zylindrischen Körpers, gemessen. Potentialtheoretisch kann ein solcher Körper durch Überlagerung einer räumlichen Quelle auf der z-Achse und einer Parallelströmung in Richtung z dargestellt werden.

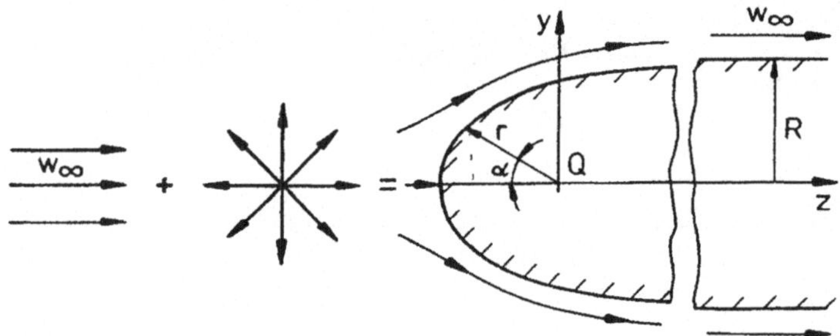

$$\phi_{gesamt} = w_\infty \cdot z - \frac{Q}{4\pi r} \tag{6.23}$$

Daraus folgen die Ausdrücke für die Geschwindigkeitskomponenten:

$$u_x = \frac{\partial \phi}{\partial x} = \frac{Q}{4\pi} \cdot \frac{x}{r^3} \tag{6.24}$$

$$u_y = \frac{\partial \phi}{\partial y} = \frac{Q}{4\pi} \cdot \frac{y}{r^3} \tag{6.25}$$

$$u_z = \frac{\partial \phi}{\partial z} = \frac{Q}{4\pi} \cdot \frac{z}{r^3} + w_\infty \tag{6.26}$$

Nach der Schließbedingung kann die Quelle nur innerhalb des Halbkörpers fließen.
Es ergibt sich

$$Q = \pi \cdot w_\infty \cdot R^2 \quad . \tag{6.27}$$

Das Volumen der Parallelströmung, das in einem Zylinder mit dem Radius y um die z-Achse strömt, ist gleich der Teilmenge der Quellströmung, die auf den von dem Zylinder ausgeschnittenen Teil der Oberfläche des Halbkörpers zuströmt.

$$\pi \cdot y^2 \cdot w_\infty = \frac{Q \cdot (1 - \cos \alpha)}{2} \tag{6.28}$$

Die Strömung ist in bezug auf die z-Achse axialsymmetrisch. Um den Rotationskörper zu bestimmen, reicht die Kenntnis der Kontur in der $y - z$ Ebene. Nach der Skizze und nach Gl. (6.28) läßt sich die Gleichung für die Meridiankontur in der folgenden Form schreiben:

$$\frac{r}{R} = \frac{\sin \alpha/2}{\sin \alpha} = \frac{1}{2 \cdot \cos \alpha/2} \quad , \tag{6.29}$$

wobei der Winkel α zwischen der negativen z-Achse und der Koordinate r liegt.

Herleitung der Gleichung für die Druckverteilung

Da in einer Potentialströmung die Bernoulli-Gleichung im gesamten Strömungsfeld und auf seiner Berandung gültig ist, kann danach der Druck selbst oder der dimensionslose Druckbeiwert auf der Kontur ermittelt werden:

$$c_p = \frac{p - p_\infty}{\rho/2 \cdot w_\infty^2} = 1 - \left(\frac{w}{w_\infty}\right)^2 \tag{6.30}$$

mit

$$w^2 = w_x^2 + w_y^2 + w_z^2 \quad .$$

Die Komponenten der örtlichen Geschwindigkeit w ergeben sich wieder durch Überlagerung der Parallel- und Quellenströmung. Die Gleichungen (6.29) eingesetzt in (6.30) ergibt für den Druckbeiwert

$$c_p = 1 - 4 \cdot \sin^2 \frac{\alpha}{2} + 3 \sin^4 \frac{\alpha}{2} \quad . \tag{6.31}$$

6.2.2 Druckmessung

An dem beschriebenen Halbkörper wird der statische Druck im Versuch an 12 Meßstellen gemessen. Die Druckmessung erfolgt durch kleine Bohrungen in der Oberfläche, die mit Manometern verbunden sind. Vier Manometer verschiedener Genauigkeit werden verwendet:

	Meßbereich [$mm\ WS$]	Meßgenauigkeit
Vielfachmanometer	800	5/10
Betz Projektionsmanometer	400	1/10
Schrägrohrmanometer	80	1/10
Betz Hebelmikromanometer	2,5	1/100

Fehlermöglichkeiten

1. Winkel zwischen Oberflächennormalen und Achse der Druckbohrung ist nicht genau 0°.

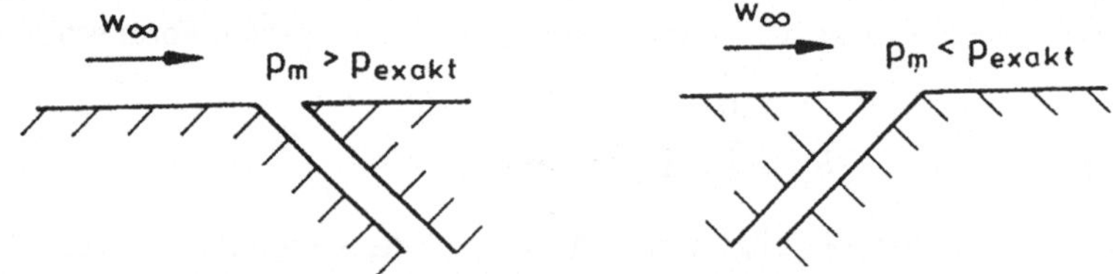

2. Rauhigkeit oder Gratbildung sowie Fasen oder Radien am Bohrlochrand stören die Strömung in Bohrlochnähe und verfälschen die Messung.

3. Bohrlochabmessungen:
   Einige Einflüsse der Bohrlochabmessungen auf die Meßfelder sind in [Wuest 1969] dargestellt. Danach steigen die Meßfehler annähernd linear mit dem Bohrlochdurchmesser d an (Meßwerte zu groß), und folgende Abhängigkeit für den Meßfehler Δp wird häufig benutzt:

$$\frac{\Delta p}{\tau_0} = f\left(Re_\tau, \frac{l}{d}\right) \qquad \text{mit} \qquad Re_\tau = \frac{d}{\nu}\sqrt{\frac{\tau_0}{\rho}} \tag{6.32}$$

(τ_0 = Wandschubspannung)

Auch die Bohrungstiefe l spielt eine Rolle. In den folgenden zwei Diagrammen aus [Wüst 1969] ist der Einfluß des Verhältnisses l/d und der Gratbildung mit Bohrgradhöhe ε auf den Meßfehler zu erkennen:

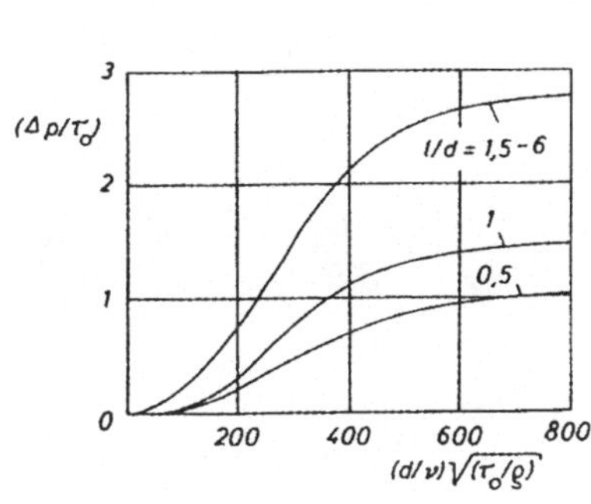

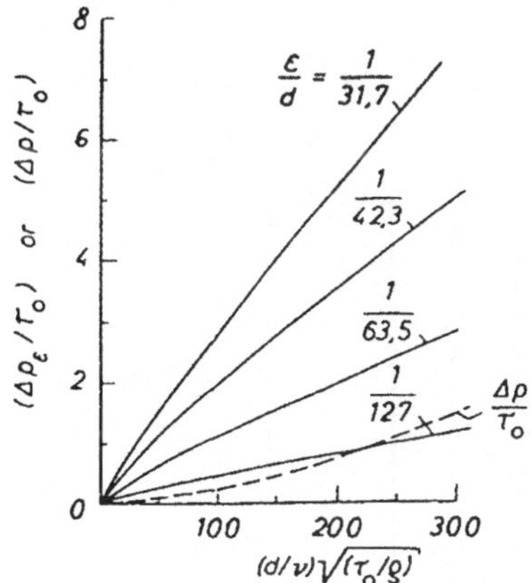

Nach [Liepmann 1967] soll der Durchmesser d kleiner als ein Fünftel der Grenzschichtdicke sein. Dies ist notwendig, damit sich die lokale Wirkung der Bohrlochausführung nicht zu Störungen der Außenströmung ausweiten kann.

Die Leitungslänge zwischen Meßbohrung und Manometer ist möglichst klein zu halten, damit die Ansprechzeit des Druckmeßsystems kurz ist. Der Strömungswiderstand in den Meßleitungen und die Elastizität des Leitungsvolumens führen zu endlichen Meßzeiten: Der exakte Druck wird vom Meßgerät nur asymptotisch angezeigt [Wuest 1969].

Bemerkungen zum Vergleich der Ergebnisse

Unterschiede zwischen der potentialtheoretischen und der experimentell ermittelten Druckverteilung sind auf die Nichtberücksichtigung der Grenzschicht in der Potentialtheorie zurückzuführen. In der Grenzschicht wächst die Geschwindigkeit asymptotisch vom Wert Null (Stokessche Haftbedingung) an der Wand auf den Wert in der Außenströmung an. Die Außenströmung kann als reibungsfrei betrachtet und als Potentialströmung berechnet werden. In der Grenzschicht ist der Druck normal zur Körperoberfläche konstant, und der Verlauf des statischen Druckes an der Wand wird daher von der Außenströmung aufgeprägt. Die Außenströmung wird durch die Grenzschicht vom Körper abgedrängt.

6.2.3 Die Hele-Shaw-Strömung

Die Hele-Shaw-Strömung [Schlichting und Gersten 1997] ist eine schleichende Strömung mit Potentialcharakter zwischen zwei eng benachbarten Platten. Unter den Voraussetzungen einer kleinen Reynoldsschen Zahl und eines kleinen Verhältnisses von Plattenabstand zu Plattenlänge $h/L << 1$ können die Bewegungsgleichungen vereinfacht werden.

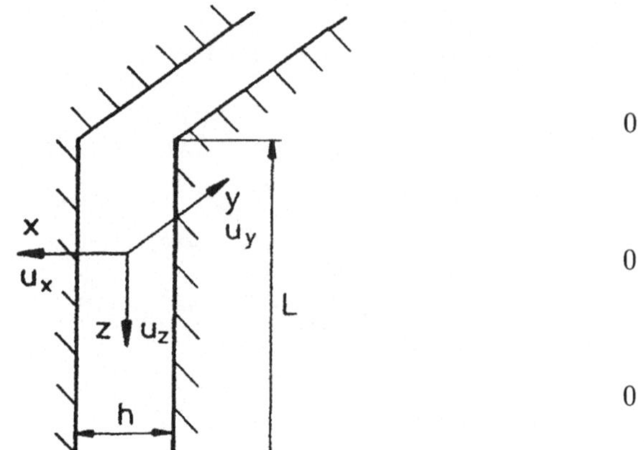

$$0 = -\frac{\partial p}{\partial x}$$

$$0 = -\frac{\partial p}{\partial y} + \eta \frac{\partial^2 w_y}{\partial x^2} \tag{6.33}$$

$$0 = -\frac{\partial p}{\partial z} + \eta \frac{\partial^2 w_z}{\partial x^2} + \rho g \tag{6.34}$$

Da nach Gl. (6.34) der Druck von x unabhängig ist, kann man durch Integration der beiden anderen Gleichungen bezüglich x unter Beachtung der Randbedingungen, der Haftung an den Platten, das Geschwindigkeitsfeld berechnen.

$$\begin{aligned} u_y &= \frac{1}{2\eta}\frac{\partial p}{\partial y}\left(x^2 - \frac{h^2}{4}\right) \\ u_z &= \frac{1}{2\eta}\left(\frac{\partial p}{\partial z} - \rho g\right)\left(x^2 - \frac{h^2}{4}\right) \end{aligned} \tag{6.35}$$

Man sieht daraus folgende Eigenschaften der Hele-Shaw-Strömung:

1. Die Stromlinien haben in allen Ebenen $x =$ konst. denselben Verlauf.
2. Das Geschwindigkeitsfeld läßt sich in jeder Ebene $x =$ konst. als Gradient einer skalaren Funktion darstellen, d. h.

$$\begin{aligned} u_y &= \frac{\partial \varphi}{\partial y} \\ u_z &= \frac{\partial \varphi}{\partial z} \\ \text{mit} \quad \varphi &= \frac{1}{2\eta}(p - \rho g z)\left(x^2 - \frac{h^2}{4}\right) \quad . \end{aligned} \tag{6.36}$$

Literaturhinweise

SCHLICHTING, H., TRUCKENBRODT, E.: *Aerodynamik des Flugzeugs 1. Band,* 2. Aufl., Springer-Verlag, 1967, S. 62 ff.

TRUCKENBRODT, E. *Strömungsmechnanik*, Springer Verlag. 1968, S. 104.

WIEGHARDT, K. *Theoretische Strömungslehre*, Teubner Studienbücher, 1969.

WUEST, W. *Strömungsmesstechnik,* Uni-Tex, Vieweg-Verlag, 1969.

LIEPMANN, H.W, ROSHKO, A.: *Elements of gasdynamics,* 8th printing, Wiley, Galcit Aeronautical Series, 1967.

SCHLICHTING H., GERSTEN K.: *Grenzschicht-Theorie*, Verlag-Springer, Berlin/Heidelberg 1997.

6.2.4 Auswertung

1. Zeichnen Sie die Kontur des Halbkörpers im Maßstab 1:1, und tragen Sie über der Körperachse z den gemessenen und den potentialtheoretischen Druckverlauf (c_p) auf.

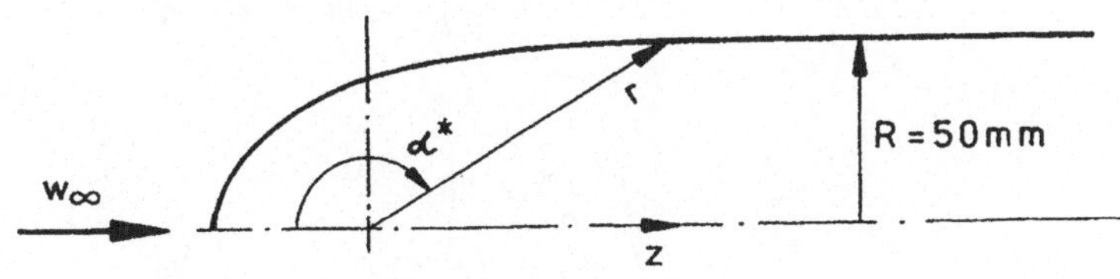

$\alpha^*[^o]$	0	20	30	45	60	90	110	120	135	150	160	180
$r[mm]$	25	25,4	25,9	27	28,9	35,3	43,6	50	65,3	96,5	144	∞
$c_{p_{Pot}}$	1	0,882	0,745	0,478	0,187	-0,25	-0,334	-0,312	-0,224	-0,12	-0,057	0

Meß-stelle	z [mm]	* Δp [$mm\ WS$]	$c_{p_{exp}}$	Meßinstrument Meßbereich / Genauigkeit [$mm\ WS$]
1	-25	80	1	Betz - Projektionsmanometer (400 / ~ 1/10)
2	-23	62	0.772	Vielfachmanometer (800 / ~ 5/10)
3	-17	26	0.324	
4	-10	-2	-0.025	
5	+ 5	-23	-0.286	
6	+20	-25	-0.311	
7	+40	-18	-0.224	
8	+75	-11	-0.137	
9	+125	-5	-0.062	
10	+195	-1.3	-0.016	Betz - Projektionsmanometer
11	+275	-1.01	-0.0126	Schrägrohrmanometer
12	+355	0.03	0.0004	Mikromanometer 2,5 / ~ 1/100

* Meßstelle 1 - 10 [$mm\ WS$]
11 - 12 [$mm\ Alk.$]

$$c_{p_{exp}}: \qquad q_\infty = \nu\ \Delta p_{DV}$$

$$c_p = \frac{p - p_\infty}{\frac{\varrho}{2} w_\infty^2} = \frac{p - p_\infty}{q_\infty}$$

$$c_{p\imath} = \frac{p_\imath - p_a}{\Delta p_{DV}} \frac{1}{\nu} + 1 - \frac{1}{\nu} \qquad \nu \approx 1$$

$$c_{p\imath} = \frac{p_\imath - p_a}{\Delta p_{DV}} \qquad \Delta p_{DV} = 80,3\ mm\ Wg = 787,74\ \frac{N}{m^2}$$

$$w_\infty = \sqrt{\frac{2\ q_\infty}{\rho}} = 36,2\ \frac{m}{s}$$

$$\rho = \frac{Ba[mm\ Hg]\ 13,6\ g}{R\ T} = 1,2\ \frac{kg}{m^3}$$

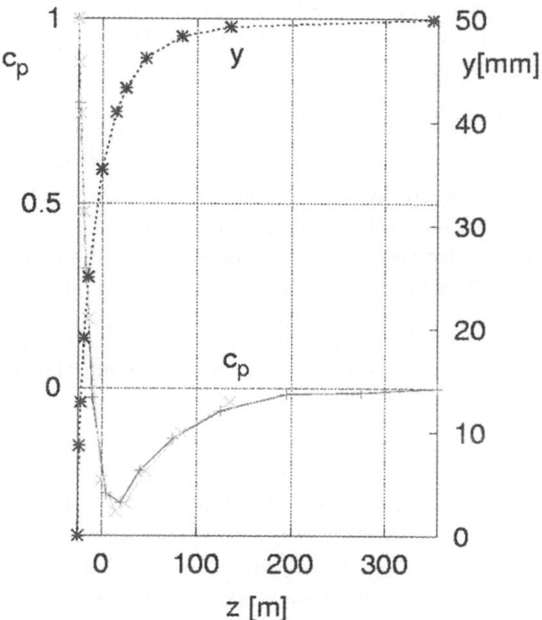

2. Skizzieren Sie das Vielfachmanometer, und begründen Sie, warum die Ablesung von Druckdifferenzen unabhängig vom Druck über der Meßflüssigkeit im Vorratsbehälter ist.

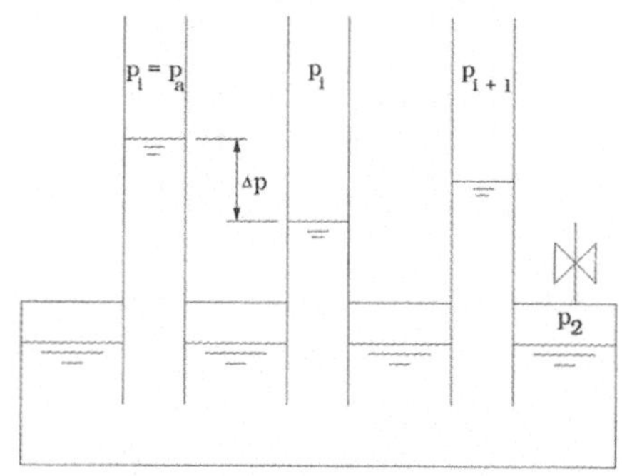

$$\Delta p = p_i - p_1 = \rho\ g\ (h_i - h_1) \neq F(p_2)$$

gemessen werden Druckdifferenzen, daher unabhängig vom konstanten Druck p_2

3. Bestimmen Sie den Ort (Winkel α) auf der Kontur des Halbkörpers, an dem p_∞ herrscht. Warum wird beim Prandtl-Rohr die Bohrung für den statischen Druck nicht an dieser Stelle angebracht?

$p = p_\infty \Rightarrow c_p = 0$
$c_{p0} = 1 - 4\ \sin^2(\frac{\alpha_0}{2}) + 3\ \sin^4(\frac{\alpha_0}{2}) = 0;$

die Nullstelle wird numerisch mit der Methode der Intervallhalbierung bestimmt für $\alpha_0 \varepsilon [69°, 70°]$ aus Diagramm bzw. Interpolation;
$\Delta\alpha = 0,1; \epsilon = 0,0001.$

$\alpha_0 = 69,54°;$ aus Zeichnung: $\alpha_0 = 69°$

Nach dem Diagramm ist $dc_p/d\alpha$ bzw. dc_p/dz an der genannten Stelle groß, so daß kleine Fehler bei der Druckmessung mit dem Prandtlschen Staurohr relativ große Ungenauigkeiten hervorrufen können.

4. Warum ist auch bei einer technisch perfekten Druckmessung nicht zu erwarten, daß die Ergebnisse mit den potentialtheoretischen Werten übereinstimmen?

   Für die Potentialtheorie um den Halbkörper wird reibungsfreie Strömung vorausgesetzt. Die vermessene Strömung ist reibungsbehaftet und bei hinreichend großer Reynoldsscher Zahl bildet sich an der Sonde eine Grenzschicht aus, die eine Verdrängungswirkung auf die reibungsfreie Außenströmung ausübt. Diese wird bei der Potentialströmung nicht berücksichtigt.

5. Kann man mit der Hele-Shaw-Strömung eine räumliche Potentialströmung darstellen? Begründen Sie Ihre Antwort!

   Die Hele-Shaw-Strömung stellt eine schleichende Strömung zwischen zwei nahe benachbarten parallelen ebenen Platten dar. Eine räumlich Potentialströmung kann mit ihr nicht dargestellt werden, da wegen der Reibungseinflüsse die Rotation des Geschwindigkeitsvektors nicht verschwindet. Es läßt sich aber zeigen, daß sich die über den Spalt gemittelten Geschwindigkeitskomponenten aus einem Potential ableiten lassen, so daß sich die zähe Flüssigkeit bezüglich ihrer über den Spalt gemittelten Geschwindigkeitskomponenten analog verhält wie eine ebene wirbelfreie Strömung.

y-z-Ebene:

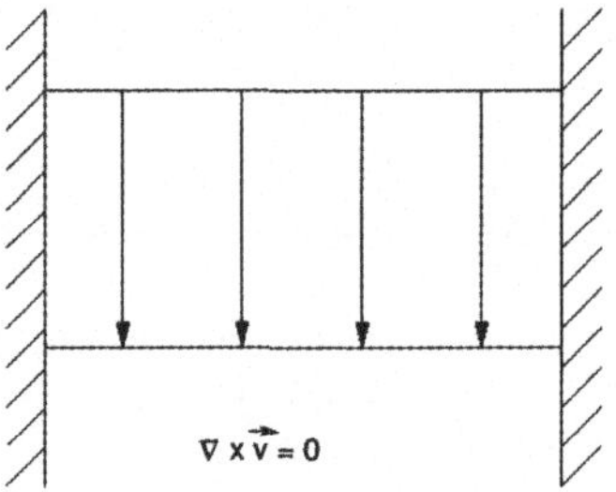

x-z-Ebene:

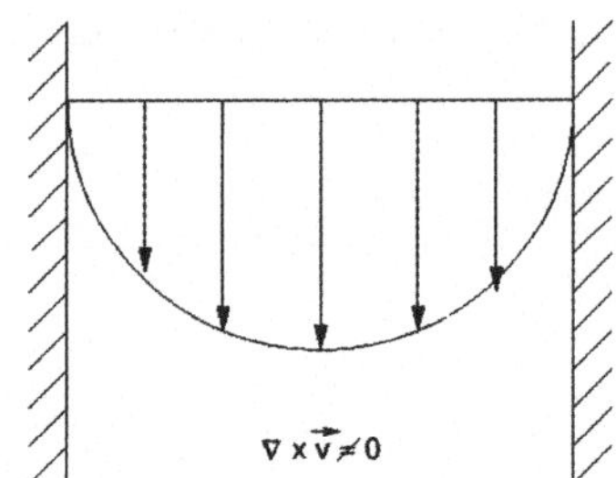

6.3 Kugel in inkompressibler Strömung

Zusammenfassung

Durch Messungen im Windkanal soll der Widerstandsbeiwert der Kugel in Abhängigkeit von der *Re*-Zahl der Anströmung bestimmt werden. Die Strömungsgeschwindigkeit der Luft liegt unter 50 m/s, so daß Kompressibilitätseinflüsse vernachlässigt werden können. Der Verlauf des Widerstandsbeiwertes über der *Re*-Zahl wird diskutiert; außerdem wird der Einfluß der Anströmungsturbulenz, der Rauhigkeit der Kugeloberfläche und der Art der Aufhängung erörtert.

6.3.1 Grundlagen

Potentialtheoretische Kugelumströmung

Die Umströmung einer Kugel läßt sich potentialtheoretisch aus der Überlagerung eines räumlichen *Dipols* mit einer *Parallelströmung* gewinnen.

$$\phi = u_\infty x + \frac{M}{4\pi r^2} \cos\Theta \tag{6.37}$$

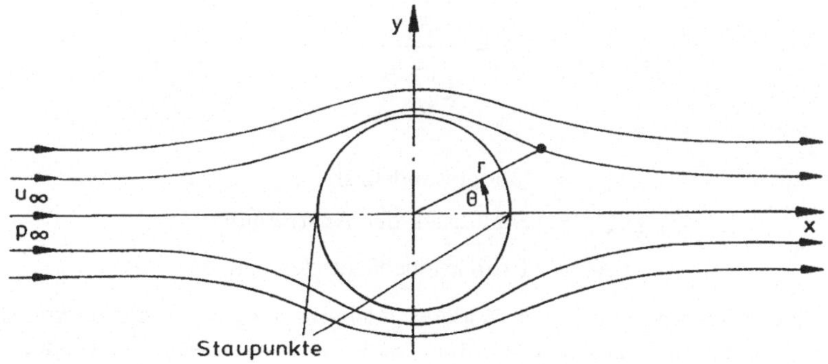

Nach diesem Ansatz ergibt sich die Druckverteilung auf der Kugel zu

$$c_p = \frac{p - p_\infty}{\frac{\rho}{2} u_\infty^2} = 1 - \frac{9}{4} \sin^2\Theta \quad . \tag{6.38}$$

Sie ist symmetrisch zur y-Achse; somit ist - im Widerspruch zu allen Erfahrungen - die resultierende Widerstandskraft = 0. (*D'Alembertsches Paradoxon*)

Zum Vergleich ist in der folgenden Abbildung die Druckverteilung nach der potential-theoretischen Rechnung und nach Messungen von O. Flachsbart [Flachsbart 1927] aufgetragen.

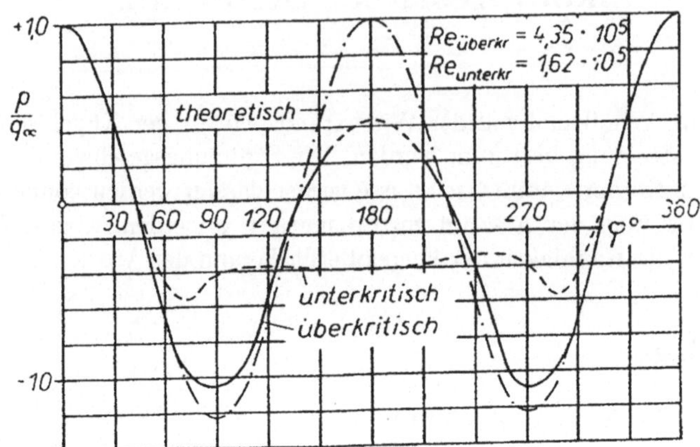

Reibungsbehaftete Kugelumströmung

Wird eine Kugel angeströmt, so übt die Strömung eine Kraft in Anströmrichtung aus (Widerstand), die im Widerstandsbeiwert erfaßt wird.

$$c_w = \frac{F_w}{\frac{\rho}{2} u_\infty^2 A} \tag{6.39}$$

mit

$$\begin{aligned} F_w &= \text{Widerstandskraft} \\ \frac{\rho}{2} u_\infty^2 &= \text{Staudruck der Anströmung} \\ A &= \text{Projektionsfläche der Kugel} \end{aligned}$$

In zahlreichen Experimenten wurde der Widerstandsbeiwert c_w als Funktion von der Re-Zahl ermittelt [Wieselsberger 1914, Bacon 1924, Reid 1924, Flachsbart 1927, Fage 1936, Möller 1937, Achenbach 1972, Bailey 1974].

c_w - Werte bei mittleren Re-Zahlen (10^3 bis 10^6) können in kleineren Windkanälen (z. B. Windkanal des Aerodynamischen Institutes) gemessen werden. Sehr kleine und sehr große Re-Zahlen erfordern andere Versuchstechniken:

Für sehr kleine Re-Zahlen werden die c_w-Werte durch Messen der Sinkgeschwindigkeit kleiner Kugeln in hochviskosen Flüssigkeiten bestimmt; Re-Zahlen $> 10^6$ erzielt man entweder in Windkanälen mit großem Meßquerschnitt, Überdruckkanälen oder bei Schleppversuchen in der freien Atmosphäre.

Für sehr kleine Re-Zahlen (schleichende Strömung) fand Stokes eine analytische Lösung, indem er die Trägheitskräfte gegenüber den Zähigkeitskräften vernachlässigte. Aus seiner Theorie erhält man das Ergebnis

$$c_w = \frac{24}{Re} \quad , \tag{6.40}$$

das für $Re < 1$ gut mit experimentellen Ergebnissen übereinstimmt. Eine Erweiterung der Stokesschen Theorie durch Oseen, bei der der Trägheitseinfluß im Fernfeld berücksichtigt wurde, ergab eine ähnliche Gleichung, die auch nur im gleichen Bereich verwendbar ist. Bei großen *Re*-Zahlen hängt der Wert des Widerstandsbeiwertes im wesentlichen von der Lage des Ablösepunktes der Grenzschicht ab.

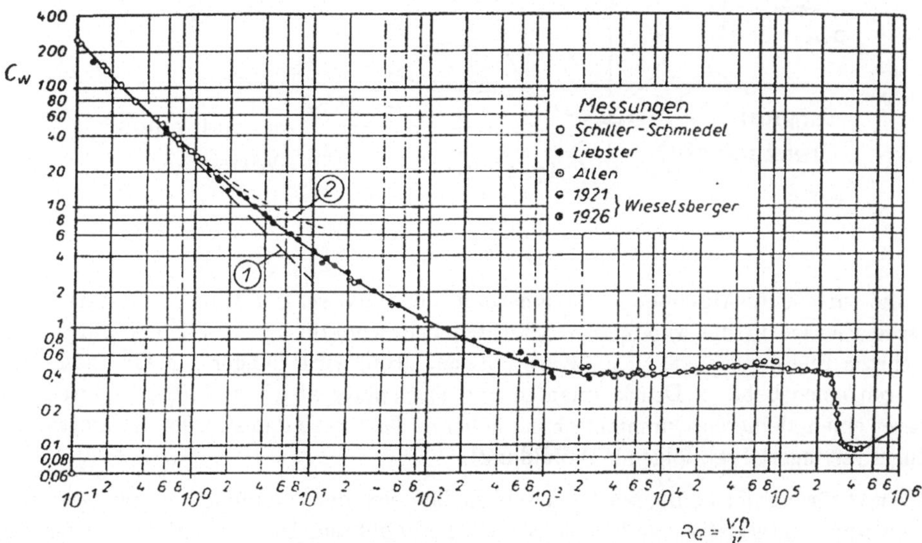

Das obige Diagramm stellt nach H. Schlichting [1982] den Widerstandsbeiwert von Kugeln in Abhängigkeit von der Reynoldsschen Zahl dar; Kurve(1): Theorie nach Stokes; Kurve(2): Theorie nach Oseen.

Für $10^3 < Re < 2 \cdot 10^5$ bleibt c_w fast konstant auf $\approx 0,4$. Man nennt diesen Bereich den *unterkritischen* Bereich, da die Grenzschicht an der Kugel laminar bleibt. Auf der Kugelvorderseite wird die Strömung beschleunigt und ein Teil der mechanischen Energie durch die Reibung in der Grenzschicht aufgezehrt. Beim Druckanstieg auf der Heckseite wird die Strömung stark verzögert; die in der Grenzschicht verbliebene kinetische Energie reicht nicht aus, um den potentialtheoretischen Gesamtdruck im hinteren Staupunkt zu erreichen. Die Strömung löst ab, es bildet sich ein großes "Totwassergebiet". Mit steigender *Re*-Zahl wandert die Ablösestelle an der Kugel bis vor den Äquator der Kugel ($\alpha \approx 80^o$).

Da im Totwasser etwa jeweils der Druck der Potentialströmung am Ablösepunkt herrscht, liegt eine unsymmetrische Druckverteilung um die Kugel vor, woraus ein hoher Druckwiderstandsanteil resultiert.

Im überkritischen Bereich $4 \cdot 10^5 < Re < 10^6$ schlägt die laminare Grenzschicht auf der Kugelvorderseite nach einer gewissen Lauflänge um in eine turbulente Grenzschicht.

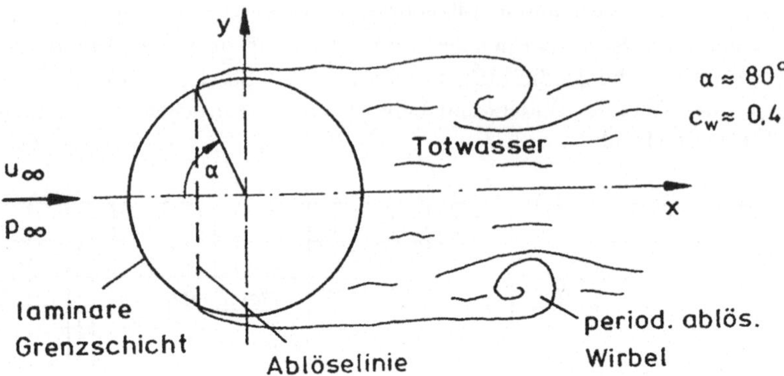

Durch die turbulente Mischbewegung innerhalb der Grenzschicht wird in verstärktem Maße kinetische Energie in die wandnahen Schichten gebracht, die einen Teil der durch Reibung aufgezehrten Energie ersetzt. Das Geschwindigkeitsprofil wird völliger. Die Grenzschicht kann jetzt gegen einen höheren Druck anlaufen und löst später ab ($\alpha \approx 120^o$). Dadurch hat das Totwasser einen kleineren Durchmesser bei höherem Druck, so daß sich der Gesamtwiderstand der Kugel verringert (vgl. folgende Abbildung).

Durch eine Störung der laminaren Grenzschicht läßt sich der Umschlag laminar $\longrightarrow$ turbulent schon im sonst unterkritischen Re-Zahlbereich herbeiführen. Dazu bringt man einen dünnen Drahtring (den sog. Stolperdraht) auf einem "Breitenkreis" kurz vor dem Kugeläquator an. Mit diesem Experiment unterstützte Prandtl seinerzeit die Hypothese, nach der die Grenzschichtströmung für den Steilabfall des c_w-Wertes verantwortlich gemacht werden muß.

Zwischen unter- und überkritischem liegt der *kritische* Bereich, in dem der Widerstandsbeiwert sehr steil abfällt. Lage und Verlauf dieses Steilabfalls können durch verschiedene Faktoren beeinflußt werden, was sich in den unterschiedlichen Ergebnissen verschiedener Experimentatoren widerspiegelt (vgl. folgendes Diagramm nach Achenbach).

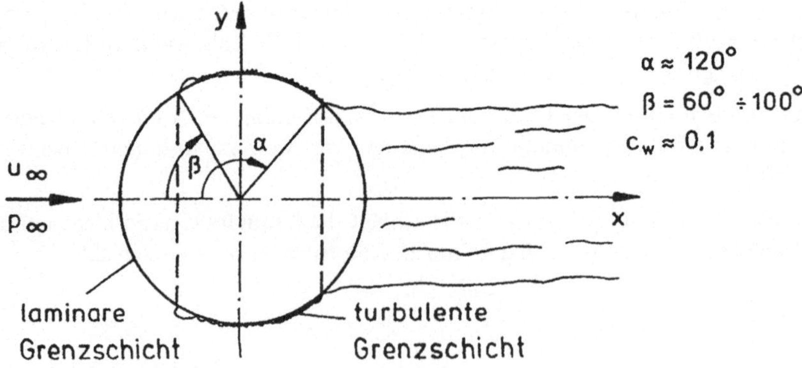

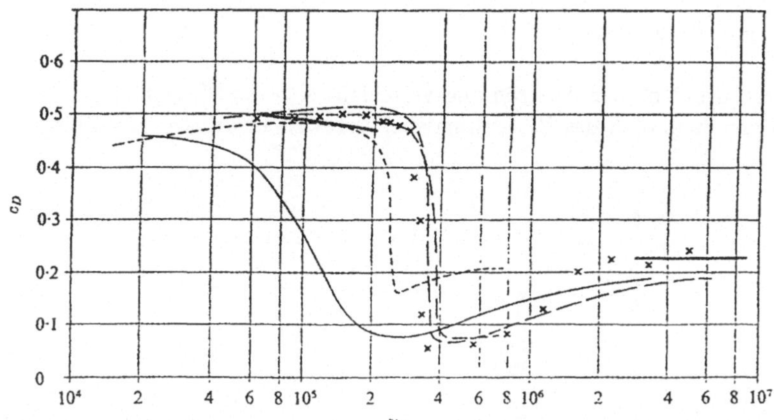

Nach E. Achenbach [1972] Widerstandsbeiwert der Kugel in Abhängigkeit von der Reynoldsschen Zahl; Vergleich von Werten aus der Literatur. - - -, Wieselsberger (1922); —,Bacon & Reid (1924); – · –, Millikan & Klein, free-flight (1933); — , Maxworthy (1969). Achenbach [1974]: – –, mit Dehnungsmeßstreifen; x, durch Integration.

Im *transkritischen* Bereich $Re > 10^6$ stellt man einen allmählichen Anstieg des c_w-Wertes von 0,1 auf $c_w \approx 0,2$ fest. Man beobachtet eine Verlagerung des Ablösepunktes stromauf und eine periodische Wirbelablösung hinter der Kugel, ähnlich derjenigen im unterkritischen Bereich. Kann man mit der vorhandenen Versuchseinrichtung $Re > 10^6$ nicht erreichen, so lassen sich die Erscheinungen der transkritischen Kugelumströmung beobachtbar machen, indem man auf dem Kugelheck einen "Ablösedraht"[1] anbringt und so für eine definierte Ablöselinie der turbulenten Grenzschicht sorgt.

Wird der Grenzschichtumschlag mit einem Stolperdraht auf der Kugelvorderseite erzwungen, so sinkt der Widerstandsbeiwert nicht auf den Wert $c_w \approx 0,1$, sondern nur auf $c_w \approx 0,22$. Es muß daher vermutet werden, daß ein Stolperdraht nicht nur den Umschlag laminar-turbulent, sondern auch den Ablösepunkt der turbulenten Grenzschicht beeinflußt. Diese Erscheinungen können z. Zt. noch nicht befriedigend erklärt werden und sind Gegenstand heutiger Forschung.

6.3.2 Verschiebung der kritischen Reynolds-Zahl durch verschiedene Einflußfaktoren

Da sich der Steilabfall von c_w über einen gewissen *Re*-Zahlbereich erstreckt, definiert man als *kritische Re-Zahl* (Re_{krit}) z. B. die Zahl, bei der der Widerstandsbeiwert c_w = 0,3 beträgt. Die ersten Messungen im Bereich der kritischen *Re*-Zahl erfolgten in den Jahren 1912 und 1914. *Eiffel* ermittelte 1912 einen Widerstandsbeiwert von c_w = 0,176. *Prandtl* wiederholte die Messungen 1914 und fand im gleichen *Re*-Zahlbereich einen Widerstandsbeiwert von c_w = 0,44.

[1] Dieser ist zu unterscheiden vom Stolperdraht, der bei Anbringung im laminaren Teil der Grenzschicht auf der Kugelvorderseite diese turbulent macht.

Erst spätere genauere Untersuchungen dieses Bereiche klärten den scheinbaren Widerspruch auf. Es zeigte sich, daß der Widerstandsbeiwert von folgenden Einflußgrößen abhängt: Re-Zahl, Turbulenz der Anströmung, Oberflächenrauhigkeit, Aufhängung der Kugel, Wärmeübergang.

Turbulenz der Anströmung

Mit erhöhter Turbulenz der Anströmung verschiebt sich der Umschlag der Grenzschicht und damit auch der Steilabfall des Widerstandsbeiwertes zu niedrigeren Re-Zahlen (vgl. folgende Abbildung).

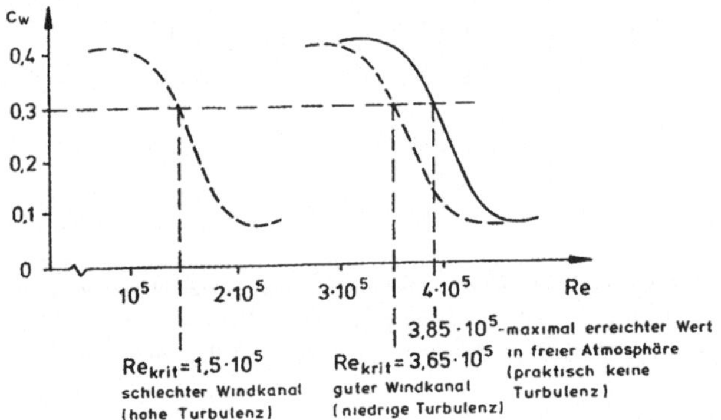

Die höchste kritische Re-Zahl erhält man bei Messungen in der freien Atmosphäre, sie beträgt:

$$Re_{krit} = 3,85 \cdot 10^5$$

Allgemein haben atmosphärische Turbulenzen keinen Einfluß auf Re_{krit}, da die charakteristischen Längenabmessungen der Turbulenzballen um Größenordnungen höher liegen als die Grenzschichtdicke der Kugel.

In einem Windkanal testet man im allgemeinen Modelle von Flugkörpern, die in der freien Atmosphäre eingesetzt werden sollen. Da vielfach gerade das Ablöseverhalten der Grenzschicht von Interesse ist, leuchtet es ein, daß man sich bemüht, die Turbulenz des Kanals ähnlich der der freien Atmosphäre einzustellen.

Die große Empfindlichkeit der kritischen Re-Zahl der Kugelumströmung gegenüber der Turbulenz in der Anströmung wird ausgenutzt, um die Güte von Windkanälen bezüglich der Turbulenz zu bestimmen.
Man definiert als Turbulenzfaktor TF:

$$TF = \frac{Re_{krit}(\text{freie Atmosphäre})}{Re_{krit}(\text{im Kanal})} > 1 \tag{6.41}$$

Oberflächenrauhigkeit

Eine Zunahme der Oberflächenrauhigkeit der Kugel wirkt ähnlich wie die Erhöhung der Turbulenz oder die Anbringung eines Stolperdrahtes (s. Diagramm).

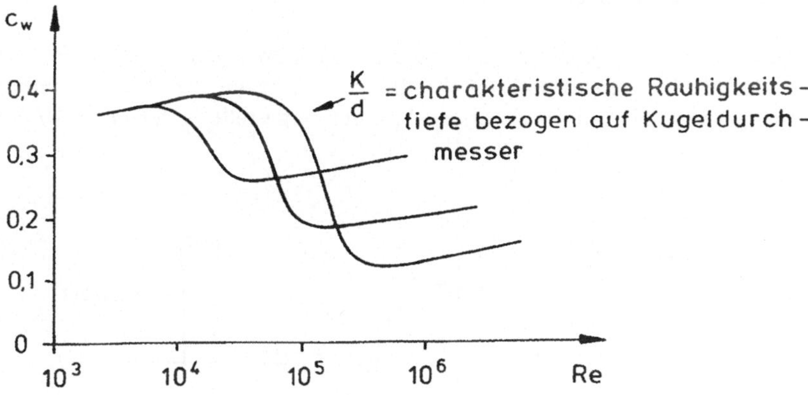

Kugelaufhängung

Nach Möglichkeit sollte die Aufhängung der Kugel immer im Totwasser an die Kugel herangeführt werden, da sonst mit einer Störung der Kugelgrenzschicht gerechnet werden muß (s. folgende Abbildung).

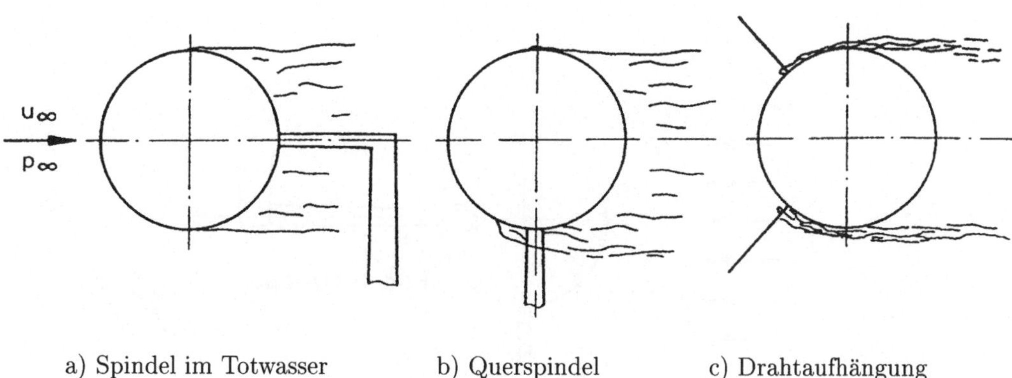

a) Spindel im Totwasser b) Querspindel c) Drahtaufhängung

Bacon und Reid [1924] fanden, daß der Widerstand bei Verwendung einer Querspindel bis zu 2,5 mal so hoch wie bei Verwendung einer Spindel im Totwasser werden kann.

Bei Drahtaufhängung lösen sich von den Drähten Turbulenzkeile ab, die die Messung beeinflussen. Besondere Aufmerksamkeit muß man mechanischen Schwingungen in der Aufhängung schenken, da sie in hohem Maße die Messungen verfälschen können.

6.3.3 Versuchsdurchführung

Gemessen wird der Kugelwiderstand im *Re*-Zahlbereich zwischen $2 \cdot 10^5 < Re < 5 \cdot 10^5$. Die Widerstandskraft der Kugel wird mit der Windkanalwaage gemessen. Die Verbindung zwischen Waage und Kugel wird über ein Schwert mit Spindel hergestellt (s. folgende Abbildung).

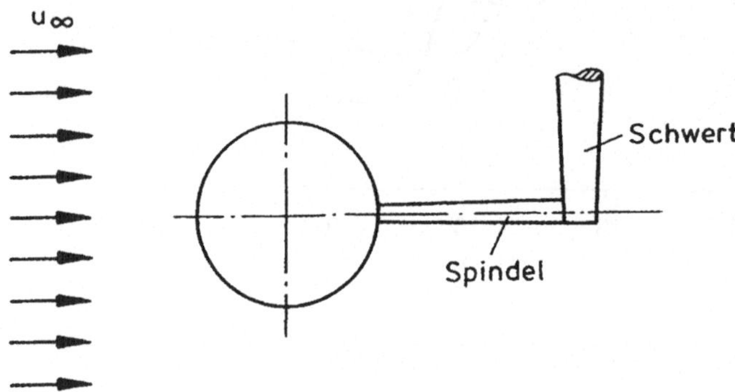

Da bei der Kraftmessung auch die Widerstandskraft des Schwertes mitgemessen wird, muß in einem zweiten Experiment der Anteil des Schwertes am Gesamtwiderstand ermittelt werden. Dazu wird eine Kugelattrappe so vor der Spindel angebracht, daß zwar das gleiche Strömungsfeld im Bereich des Schwertes erzeugt wird, aber keine Verbindung zwischen Kugel und Spindel besteht (s. folgende Abbildung).

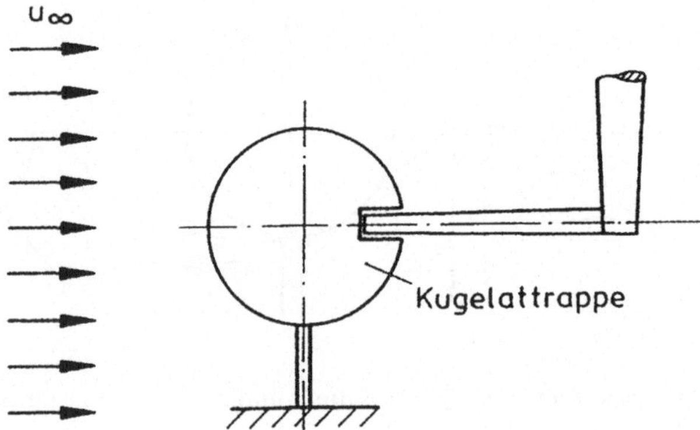

In einem weiteren Versuch wird auf der vorderen Kugelhälfte ein Stolperdraht befestigt und die Kugel mit unterkritischen *Re*-Zahlen angeströmt. Man kann dann die Absenkung des c_w-Wertes beobachten.

Literaturhinweis

ACHENBACH, E.: *Experiments on the flow past spheres at very high Reynoldsnumbers*, J. Fluid Mech., Vol. 54, 1972, Part 3, S. 565-575.

ACHENBACH, E.: *Vortex shedding from spheres*, J.F.M., 62, 1974, S.209-221.

BACON, D.L., REID , E.G.: *The resistance of spheres in wind tunnels and in air*, NACA Rep. 185, 1924.

BAILEY, A.B.: *Spehere drag coefficient for subsonic speeds in continuum and free molecular flows*, J.F.M., 65, 1974, S.401-410

ECK, B.: *Technische Strömungslehre, 5. Aufl*, Springer-Verlag, 1957, S. 69, 205, 243, 255.

FAGE, A.: *Experiments on a sphere at critical Reynolds numbers*, Aero. Res. Counc. R&M, no. 1766, 1936.

FLACHSBART,O.: *Neuere Untersuchungen über den Luftwiderstand von Kugeln*, Phys. Z., 28, 1927, S. 461.

MÖLLER, W.: *Experimentelle Untersuchungen zur Hydrodynamik der Kugel*, Dissertation, Leipzig, 1937, oder Phys. Z., 39, 1938, S. 57-80.

PRANDTL, L.: *Über den Luftwiderstand von Kugeln*, Göttinger Nachrichten, 177, 1914.

SCHLICHTING, H. *Grenzschichttheorie, 1. Aufl*, Verlag Braun, Karlsruhe, 1951, S.15-19,33,81.

TIETJENS, O.: *Strömungslehre, 1. Band*, Springer-Verlag, 1960, S. 171, 174.

TRUCKENBRODT, E.: *Strömungsmechanik*, Springer-Verlag, 1968, S. 103, 353, 500-501

WIESELSBERGER, C.: *Der Luftwiderstand von Kugeln*, Z. f. Flugwissenschaft und Motorluftschiffahrt (ZFM), 5, 1914, S. 142.

6.3.4 Auswertung

1. Die Widerstandskraft soll als Funktion des Staudruckes q_∞ der Anströmung aufgetragen werden: $F_{w_K} = f(q_\infty)$

   Den Staudruck ermittelt man aus dem Düsenvorkammerdruck Δp_{DV} des Windkanals:

$$q_\infty \left[\frac{N}{m^2}\right] = \Delta p_{DV}[mm\ WS] \cdot g \left[\frac{N}{m^2}/mm\ WS\right] \cdot \vartheta \tag{6.42}$$

$$g = \text{Erdbeschleunigung}$$
$$\vartheta = \text{Düseneichfaktor} = 0,98[--]$$

   Die Widerstandskraft ermittelt man aus der an der Waage aufgelegten Masse M nach der Formel:

$$F_w[N] = M[kg] \cdot g \left[\frac{m}{s^2}\right] \cdot K_v \tag{6.43}$$

$$K_v = \text{Eichfaktor der Waage} = 1$$
$$g = \text{Erdbeschleunigung} = 9,81 \left[\frac{m}{s^2}\right]$$

   Um den Widerstand der Kugel allein zu erhalten, muß der Gesamtwiderstand, den Kugel und Aufhängung haben, um den Widerstand der Aufhängung reduziert werden (vgl. Abschnitt 4).

$$F_{w_K} = F_{w_{ges}} - F_{w_{Auf}} \tag{6.44}$$

   Der Steilabfall des Widerstandsbeiwertes c_w, der durch den laminar-turbulenten Umschlag verursacht wird, hängt von mehreren Einflußfaktoren ab. Zu nennen sind: Turbulenzgrad der Anströmung; Art der Modellaufhängung; Meßmethode, (wobei zwischen direkter und integrierter Messung zu unterscheiden ist; die Meßsonden oder Druckbohrungen können die Strömung beeinflussen.); Oberflächenbeschaffenheit der Kugel und möglicher Wärmeübergang von der Kugel auf die Strömung oder umgekehrt.

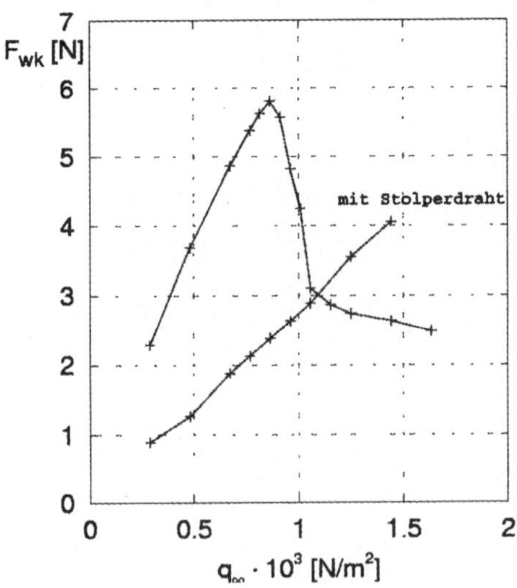

2. Der Widerstandsbeiwert c_w soll als Funktion der Re-Zahl aufgetragen werden: Nach Definition ist

$$c_w = \frac{F_{w_K}}{q_\infty A_K} \tag{6.45}$$

mit A_K = Projektionsfläche der Kugel = 0,0163 m^2

$$Re = \frac{u_\infty\, D_K}{\nu} \tag{6.46}$$

mit
$$u_\infty = \sqrt{\frac{2q_\infty}{\rho}} \tag{6.47}$$

und
$$\rho\left[\frac{kg}{m^3}\right] = \frac{Ba[mm\ Hg]\cdot 13,6\left[\frac{mm\ WS}{mm\ Hg}\right]\cdot g\left[\frac{N}{m^2}/mm\ WS\right]}{R\left[\frac{Nm}{kg\ K}\right]\cdot T[K]} \tag{6.48}$$

ρ = spezifische Dichte
Ba = Barometerstand
Dichteverhältnis Hg zu H_2O = $13,6\left[\frac{mm\ WS}{mm\ Hg}\right]$
g = Erdbeschleunigung
R = Gaskonstante der Luft = $287,14\left[\frac{Nm}{kg}\cdot K\right]$
T = Temperatur
D_K = Kugeldurchmesser = $0,144\ [m]$
ν = kinematische Zähigkeit $\left[\frac{m^2}{s}\right]$ (aus Tabelle im Windkanal)

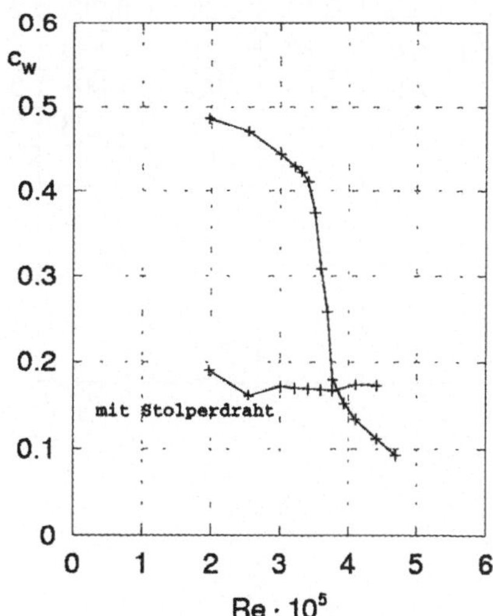

Beim Vergleich von Messungen, die in verschiedenen Windkanälen durchgeführt wurden, muß deshalb auf die Versuchsbedingungen geachtet werden. Zum Beispiel kann der Turbulentgrad der Anströmung, der vom benutzten Windkanal abhängt, das Ergebnis entscheidend beeinflussen. In frühen Untersuchungen wurde dieser Einfluß nicht berücksichtigt, da der Turbulenzgrad nicht bekannt war.

3. Aus der Kurve $c_w = f(Re)$ soll die kritische Re-Zahl bei $c_w = 0{,}3$ ermittelt werden.

   $Re_{krit} = 3,6 \cdot 10^5$ aus Diagramm

Mit zunehmender Strömungsgeschwindigkeit macht sich der Einfluß der Kompressibilität bemerkbar. Ein Maß dafür ist die Mach-Zahl, so daß der Widerstandsbeiwert nicht nur von der Reynoldsschen Zahl sondern auch von der Mach-Zahl der Anströmung abhängt, i. e. $c_w = f(Ma, Re_\infty$. Dieser Einfluß wird spürbar für $Ma_\infty > 0,3$.

4. Der Turbulenzfaktor des Windkanals ist zu bestimmen $TF = \frac{3{,}85\ 10^5}{Re_{krit}\ (c_w=0{,}3)} > 1$

   $TF = \frac{3{,}85\ 10^5}{Re_{krit}} = 1,07$

$Bez.$	Δp_{DV}	q_∞	$M_{ges.}$	$F_{w_{ges}}$	M_{Auf}	$F_{w_{Auf}}$	F_{w_K}	c_w	u_∞	Re
$Dim.$	$mm\ WS$	N/m^2	g	N	g	N	N	–	m/s	10^5
1	30	288.4	245	2.403	12	0.118	2.285	0.486	22.75	1.97
2	50	480.7	400	3.924	24	0.235	3.689	0.471	29.37	2.54
3	70	673	531	5.21	35	0.343	4.867	0.444	34.75	3.01
4	80	769.1	585	5.74	37	0.363	5.377	0.429	37.15	3.01
5	85	817.2	613	6.014	39	0.383	5.631	0.423	38.3	3.32
6	90	865.2	636	6.24	44	0.432	5.808	0.412	39.4	3.41
7	95	913.3	620	6.082	52	0.51	5.572	0.374	40.5	3.51
8	100	961.4	550	5.396	58	0.569	4.827	0.308	41.5	3.6
9	105	1009.4	500	4.905	67	0.657	4.248	0.258	42.5	3.69
10	110	1057.5	385	3.777	69	0.677	3.1	0.18	43.56	3.77
11	120	1153.6	370	3.63	78	0.765	2.865	0.152	45.5	3.94
12	130	1249.8	370	3.63	91	0.893	2.737	0.134	47.35	4.10
13	150	1442	370	3.63	102	1.001	2.629	0.112	50.86	4.41
14	170	1634.3	368	3.61	115	1.128	2.482	0.093	54.15	4.69
15										
16										
17										
18										
19										
20										

Mit Stolperdraht

Bez.	Δp_{DV}	q_∞	M_{ges}	$F_{w_{ges}}$	$M_{Auf.}$	$F_{w_{Auf}}$	F_{w_K}	c_w	u_∞	*Re*
Dim.	*mm WS*	N/m^2	*g*	*N*	*g*	*N*	*N*	–	*m/s*	10^5
1	30	288.4	110	1.079	19	0.183	0.893	0.19	22.75	1.97
2	50	480.7	160	1.569	31	0.304	1.265	0.161	29.37	2.54
3	70	673	230	2.256	38	0.373	1.883	0.172	34.75	3.01
4	80	769.1	265	2.59	47	0.461	1.129	0.17	37.15	3.22
5	90	865.2	295	2.894	52	0.51	2.384	0.169	39.4	3.41
6	100	961.4	325	3.188	57	0.559	2.629	0.168	41.5	3.6
7	110	1057.5	355	3.482	61	0.598	2.884	0.167	43.56	3.77
8	130	1249.8	430	4.218	68	0.667	3.551	0.197	47.35	4.10
9	150	1442	490	4.807	76	0.746	4.061	0.173	50.86	4.41
10										
11										
12										
13										
14										
15										
16										
17										
18										
19										
20										

6.4 Plattengrenzschicht

Zusammenfassung

Untersucht wird die laminare und turbulente Grenzschicht an der längsangeströmten ebenen Platte in stationärer Luftströmung mit konstanten Stoffwerten ρ und η. Die beim Umschlag laminar-turbulent auftretende Änderung der Strömungsform wird beobachtet und die kritische Reynolds-Zahl bestimmt. Die Geschwindigkeitsverteilungen im laminaren und turbulenten Teil der Grenzschicht werden experimentell bestimmt und mit berechneten verglichen, die aus Lösungen bzw. Näherungslösungen der Grenzschichtgleichungen folgen.

6.4.1 Einleitung

Bei hinreichend großen Reynolds-Zahlen, d. h. Reibungskräfte sind klein im Verhältnis zu den Trägheitskräften, ist die Strömung bis in Wandnähe näherungsweise als Potentialströmung zu betrachten. Nur in einer als Grenzschicht bezeichneten dünnen Schicht von der Dicke δ an der Wand, in der die Geschwindigkeit vom Wert Null bis auf den Wert u_δ der als Potentialströmung zu behandelnden Außenströmung anwächst, sind die Reibungskräfte von der Größenordnung der Trägheitskräfte.

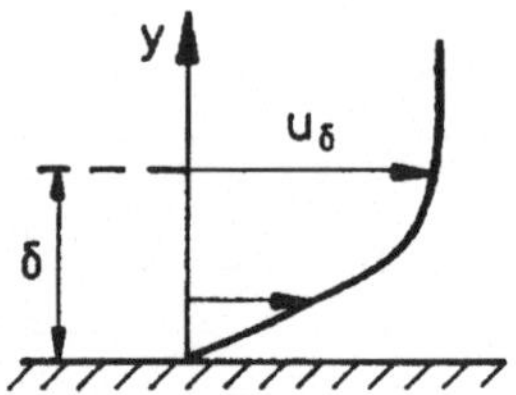

Charakteristische Abmessung der Grenzschicht

Die Grenzschichtdicke δ ist der Wandabstand, bei dem die Geschwindigkeit u sich nicht mehr merklich von der Geschwindigkeit u_δ der Außenströmung unterscheidet. Dies sieht man im allgemeinen als gegeben an für den Wandabstand, bei dem die Geschwindigkeit 99% von u_δ erreicht. Die Verdrängungsdicke δ_1 ist ein Maß für den Abstand, um den die Außenströmung von der Wand abgedrängt ist; für $\rho = konst$ ist.

$$\delta_1 = \int_0^\infty \left(1 - \frac{u}{u_\delta}\right) dy \qquad (6.49)$$

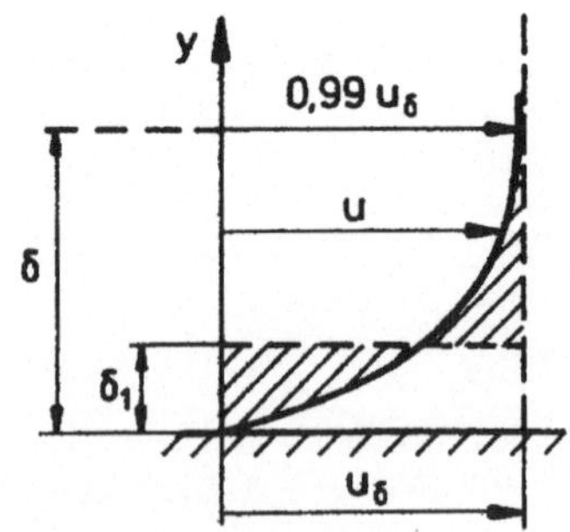

Die Impulsverlustdicke δ_2 ist ein Maß für den Impulsverlust, den die Strömung durch die Reibungskräfte erfährt; für $\rho = const.$ ergibt sich

$$\delta_2 = \int_0^\infty \frac{u}{u_\delta}\left(1 - \frac{u}{u_\delta}\right) dy \quad . \qquad (6.50)$$

Der Umschlag laminar-turbulent an der Platte

Bei kleinen Reynolds-Zahlen strömt das Medium laminar, bei größeren Reynolds-Zahlen wird die Grenzschicht nach einer bestimmten Lauflänge turbulent. Der Umschlag laminar-turbulent beginnt an einer x_{krit} genannten Stelle. Ob die Strömung in der Grenzschicht laminar oder turbulent ist, läßt sich nach Reynolds mit einem in die Grenzschicht eingeführten Farbfaden zeigen, vgl. Skizze.

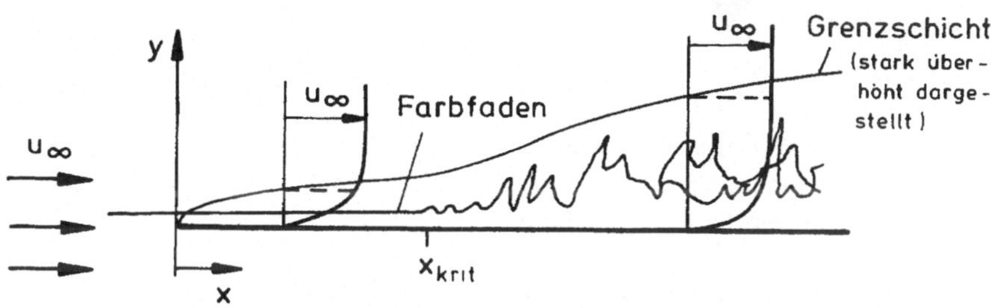

Während für $x < x_{krit}$ der Faden von der Strömung nicht gestört wird (laminare Grenzschicht), beginnt er sich bei $x = x_{krit}$ zu wellen (Umschlagspunkt); für $x > x_{krit}$ läßt er sich infolge unregelmäßiger Geschwindigkeitsschwankungen auf (turbulente Grenzschicht).

Laminare und turbulente Grenzschichten sind durch eine unterschiedliche Grenzschichtdicke und Geschwindigkeitsverteilung gekennzeichnet. Die Wandschubspannung der turbulenten Grenzschicht ist wesentlich größer als die der laminaren. Neben anderen Parametern bestimmt im wesentlichen die Reysnolds-Zahl $Re_x = u_\infty x/\nu$, ob die laminare Grenzschicht umschlägt. Die den Umschlag kennzeichnende Reynolds-Zahl wird mit Re_{Krit} bezeichnet. Sie liegt zwischen 10^5 und $3 \cdot 10^6$. Der jeweilige Zahlenwert hängt ab von:

1) Ausbildung der Plattenvorderkante,
2) Ausrichtung der Platte relativ zum Luftstrom,
3) Oberflächenbeschaffenheit der Platte (Rauhigkeit, Welligkeit)
4) Turbulenz der Anströmung.

6.4.2 Versuchsdurchführung

Bestimmung der kritischen Reynolds-Zahl an der Platte

Zunächst wird der Umschlag mit Hilfe eines Hitzdrahtsignales festgestellt. Für diese Messung ist der Hitzdraht besonders geeignet, da er den momentanen Wert der Geschwindigkeit und damit auch die turbulenten Schwankungen der Geschwindigkeit anzeigt.

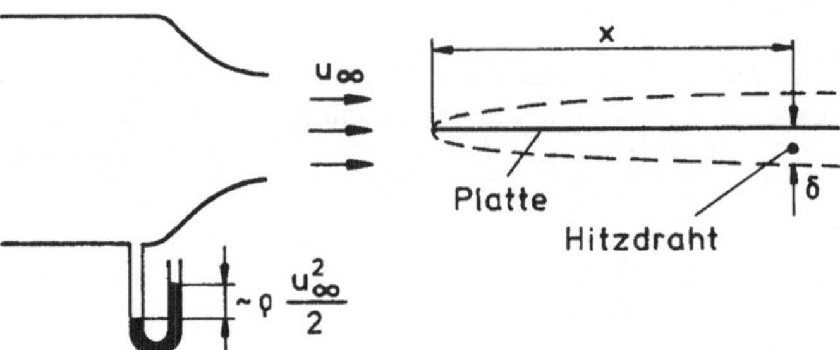

Bei der Messung wird der Hitzdraht kurz vor dem Plattenende in die Grenzschicht gehalten. Sein Signal wird auf einem Oszillographen sichtbar gemacht. Wird die Geschwindigkeit u_∞ langsam gesteigert, so werden folgende Signale beobachtet:

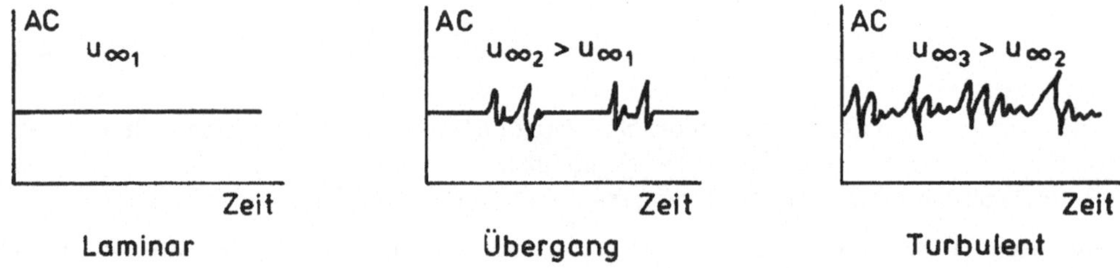

Bei einer bestimmten Geschwindigkeit $u_{\infty\ krit}$ treten deutlich sichtbar erste Fluktuationen auf (siehe mittleres Diagramm). Mit dieser Geschwindigkeit wird die kritische Reynolds-Zahl gebildet.

Der Umschlag läßt sich auch durch "Abhorchen" der Grenzschicht bestimmen. Ein Pitot-Rohr, das an ein Stethoskop angeschlossen ist, wird in die Grenzschicht gehalten. Die Druckschwankungen, die durch die turbulenten Geschwindigkeitsschwankungen hervorgerufen werden, hört man als hochfrequentes Knistern.

Der Versuch wird durchgeführt, in dem bei konstanter Geschwindigkeit u_∞ das Pitot-Rohr in konstantem Wandabstand stromab geführt wird. Aus dem Wert x, bei dem ein deutliches hochfrequentes Knistern auftritt, wird die kritische Reynolds-Zahl errechnet.

Messung der Geschwindigkeitsverteilungen

Die Geschwindigkeitsverteilungen werden mit einer Pitot-Rohr von $0,2\ \mu m$ Durchmesser gemessen, das mit einer Differenzdruckmanometer verbunden ist. Gemessen wird die Differenz:

$$\left(p + \rho\frac{u^2}{2}\right) - p_u \quad ,$$

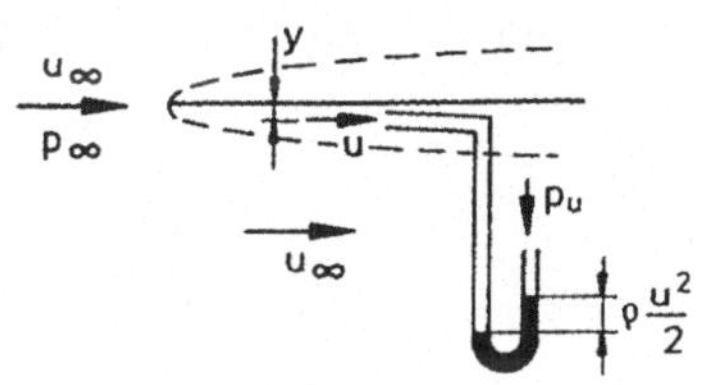

wobei p_u der statische Druck ausserhalb des Luftstromes ist. Diese Differenz ist ungefähr gleich

$$\rho\frac{u^2}{2} \quad ,$$

da mit hinreichender Genauigkeit

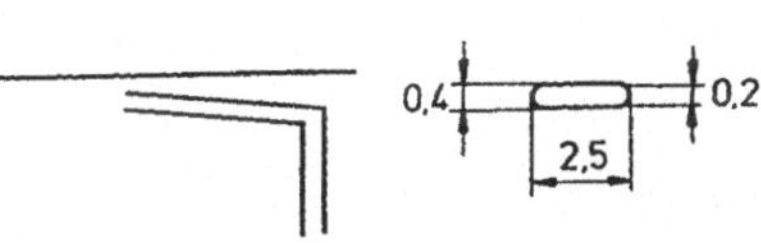

$$p_\infty = p = p_u$$

ist.

Das Pitot-Rohr ist an einem Support befestigt, sein Abstand y von der Plattenoberfläche wird mit einer Gewindespindel eingestellt und auf einer Skala abgelesen. Das Pitot-Rohr muß, um nicht stark verfälschte Meßergebnisse zu erhalten, erheblich kleiner als die Grenzschichtdicke sein. Nebenstehende Skizze zeigt die Abmessungen.

6.4.3 Berechnungsgrundlagen

Die Grenzschichtgleichungen, die die Strömung in der Grenzschicht beschreiben, lassen sich durch eine Abschätzung der Größenordnung aus den Navier-Stokes-Gleichungen und aus der Kontinuitätsgleichung herleiten [Schlichting 1982]. Sie lauten für die stationäre Strömung an der längs angeströmten ebenen Platte bei konstanten Stoffwerten

$$\frac{\partial\overline{u}}{\partial x} + \frac{\partial\overline{v}}{\partial y} = 0$$

$$\overline{u}\frac{\partial\overline{u}}{\partial x} + \overline{v}\frac{\partial\overline{u}}{\partial y} = \frac{\eta}{\rho}\frac{\partial^2\overline{u}}{\partial y^2} - \frac{\partial}{\partial y}\overline{u'v'} \tag{6.51}$$

Mit u und v sind die zeitlichen Mittelwerte der Geschwindigkeitskomponenten in x- und y-Richtung bezeichnet. $\rho\overline{u'v'}$ ist der infolge der Grenzschichtannahmen verbliebene Teil des Reynoldsschen Spannungstensors der turbulenten Schwankungsbewegung. Die Randbedingungen sind:

a) für $y = 0$: $\overline{u} = 0$ (Stokes'sche Haftbedingung)
$\overline{v} = 0$ (undurchlässige Wand)

b) für $y \to \infty$: $u = u_\infty$

Exakte Lösung für die laminare Grenzschicht

Für die laminare Grenzschicht lassen sich u und v bei Hinzunahme eines experimentell bestätigten Affinitätsansatzes aus den Gln. (6.51) errechnen [Schlichting 1982]. Die Lösung liegt in Tabellenform vor und ist in [Walz 1956] dargestellt. Für die charakteristischen Größen ergibt sich:

$$\begin{aligned} \frac{\delta}{x} &= \frac{5}{\sqrt{Re_x}} \qquad \left(\text{für } \frac{y}{x}\sqrt{Re_x} = 5 \quad \text{ist} \quad \frac{u}{u_\infty} = 0,99\right) \\ \frac{\delta_1}{x} &= \frac{1,72}{\sqrt{Re_x}} \\ \frac{\tau_o(x)}{\rho u_\infty^2} &= \frac{0,332}{\sqrt{Re_x}} \\ \frac{\delta_2}{x} &= \frac{0,664}{\sqrt{Re_x}} \end{aligned} \tag{6.52}$$

Lösungsansatz für turbulente Grenzschicht

Für die turbulente Grenzschicht kann man in Gl. (6.51) nach Prandtl

$$\overline{u'v'} = -l^2 \frac{\partial \overline{u}}{\partial y} \cdot \left| \frac{\partial \overline{u}}{\partial y} \right| \tag{6.53}$$

setzen; l ist der Prandtl'sche Mischungsweg. Er kann in Wandnähe proportional zu y und im äußeren Teil der Grenzschicht konstant gesetzt werden. Diese Werte sind experimentell für die Rohrströmung bestimmt worden. Mit diesen lassen sich Gln. (6.51) integrieren. Die Lösungen sind nicht mehr affin, sondern enthalten als Parameter die Reynolds-Zahl. Eine Möglichkeit zur näherungsweisen Bestimmung der Grenzschichtgrößen bietet das Integralverfahren von von Kármán und Pohlhausen.

Näherungsverfahren

Das einfache Näherungsverfahren von von Kármán und Pohlhausen basiert auf den nach y integrierten Gln. (6.51). Für die stationäre, inkompressible Strömung an der längs angeströmten ebenen Platte ergibt sich die "Integralbedingung" für den Impuls (s. z. B. [Schlichting 1982])

$$\frac{\tau_o}{\rho u_\infty^2} = \frac{d}{dx} \int_0^\infty \frac{u}{u_\infty}(1 - \frac{u}{u_\infty})dy \tag{6.54}$$

Zur Lösung von (6.54) muß die unbekannte Geschwindigkeitsverteilung $u(x,y)/u_\infty = f(y/\delta(x))$ angenommen werden, wobei Pohlhausen die Funktion f durch einen Polynomansatz 4. Ordnung in $\frac{y}{\delta}$ darstellt.

Beispiel: Laminare Grenzschicht mit einfachem Ansatz

u/u_∞ sei grob angenähert durch $u/u_\infty = y/\delta$. Hiermit findet man

$$\tau_o = \eta \cdot \left(\frac{du}{dy}\right)_{y=0} = \eta \frac{u_\infty}{\delta} \qquad \text{und} \qquad \int_0^1 \frac{u}{u_\infty}\left(1 - \frac{u}{u_\infty}\right) d\frac{y}{\delta} = \frac{1}{6}$$

Nach Einsetzen in (6.54) und Integration ergibt sich $\delta/x = 2\sqrt{3}/\sqrt{Re_x}$. δ_1 erhält man wie folgt:

$$\delta_1 = \int_0^\delta \left(1 - \frac{u}{u_\infty}\right) dy = \delta \int_0^1 \left(1 - \frac{u}{u_\infty}\right) d\frac{y}{\delta} = \frac{\delta}{2}, \qquad \text{somit} \qquad \frac{\delta_1}{x} = \frac{\sqrt{3}}{\sqrt{Re_x}}.$$

Trotz der groben Näherung für u/u_∞ wird δ_1 verglichen mit der exakten Lösung recht genau bestimmt ($\sqrt{3} \approx 1,73$ gegenüber 1,72 im Abschnitt "Exakte Lösung für die laminare Grenzschicht").

Beispiel: Turbulente Grenzschicht mit einfachem Potenzansatz

Prandtl machte Gebrauch von den experimentellen Ergebnissen der Rohrströmung und Übertrug diese auf die Plattenströmung.

Mit der näherungsweisen Geschwindigkeitsverteilung

$$\frac{\overline{u}}{\overline{U}} = \left(\frac{y}{R}\right)^{1/7} \qquad \text{nach Nikuradse}$$

und dem Widerstandsgesetz

$$\frac{8\tau_o}{\rho \overline{u}^2} = \lambda = \frac{0,316}{\sqrt[4]{\dfrac{\overline{u} D \rho}{\eta}}} \qquad \text{nach Blasius}$$

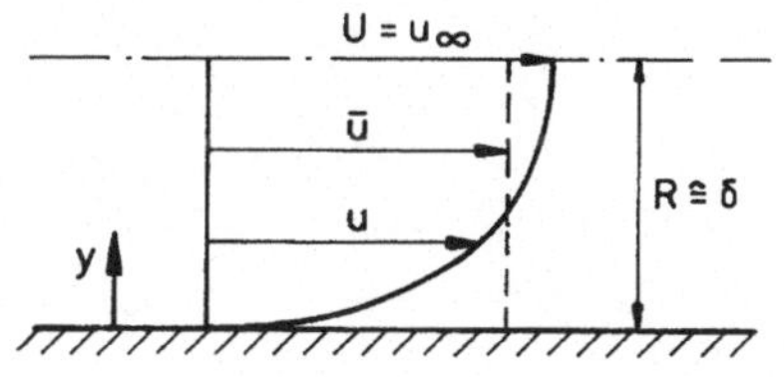

Rohr	Platte
U	u_∞
R	δ
$\frac{\bar{u}}{\bar{U}} = \left(\frac{y}{R}\right)^{\frac{1}{7}}$	$\frac{u}{u_\infty} = \left(\frac{y}{\delta}\right)^{\frac{1}{7}}$
$\frac{\tau_0}{\rho U^2}$	$\frac{\tau_0}{\rho u_\infty^2}$

ergeben sich für die Plattengrenzschicht

$$\frac{\tau_o}{\rho \overline{u}_\infty^2} = \frac{0,023}{\sqrt[4]{\dfrac{u_\infty \delta \rho}{\eta}}} \qquad \text{und} \qquad \frac{\delta_2}{\delta} = \int_0^1 \frac{u}{u_\infty}\left(1 - \frac{u}{u_\infty}\right) d\frac{y}{\delta} = \frac{7}{72}$$

$$\frac{\delta_1}{\delta} = \int_0^1 \left(1 - \frac{u}{u_\infty}\right) d\frac{y}{\delta} = \frac{1}{8}$$

Dies liefert mit Gl. (6.54)

$$\frac{\delta}{x} = \frac{0,37}{\sqrt[5]{\frac{u_\infty x \rho}{\eta}}} \quad \text{und} \quad \frac{\delta_1}{x} = \frac{0,0462}{\sqrt[5]{\frac{u_\infty x \rho}{\eta}}} \quad .$$

Die Ergebnisse setzen voraus, daß die Strömung von der Plattenvorderkante an turbulent ist, was im allgemeinen nicht zutrifft.

Literaturhinweise

KAUFMANN, W.: *Technische Hydro- und Aeromechanik, 3. Aufl.*, Springer-Verlag,1963, S. 232.

SCHLICHTING, H.: *Grenzschichttheorie, 5. Auflage*, Verlag Braun, Karlsruhe, 1965.

TRUCKENBRODT, E.: *Springer-Verlag*, Berlin, Heidelberg, New-York, 1968, S. 450.

WALZ, A.: *Strömungs- und Temperaturgrenzschichten*, Verlag Braun, Karlsruhe, 1966.

6.4.4 Auswertung

Barometerstand	Ba	$= 735.9\ mm\ Hg$	$= 93849.3\ N/m^2$
Temperatur	θ	$= 21.6^o\ C$	$= 294.6K$
Gaskonstante	R	$= 287\ Nm/kg\ K$	
Dichte	ρ	$= p/RT$	$= 1.11\ kg/m^3$
kinem. Zähigkeit	ν	$= 15.8 \cdot 10^{-6}\ m^2/s$	

Bestimmung der kritischen Reynolds-Zahl:

– aus dem Hitzdrahtsignal

$x = 1.31\ [m]$, $q_{\infty_{krit}} = 41.65\ [mm\ WS]$, $u_{\infty_{krit}} = 27.13\ [m/s]$, $Re_{krit} = 2.25 \cdot 10^6$

– aus dem "Abhorchen" der Grenzschicht

$q_\infty = 83.3\ [mm\ WS]$, $u_\infty = 38.37\ [m/s]$, $x_{krit} = 0.83\ [m]$, $Re_{krit} = 2.02 \cdot 10^6$

Geschwindigkeitsverteilung

Laminare Grenzschicht:

$x = 1.19\ [m], q_\infty = 27.54\ [mm\ WS] = 270.15\ [N/m^2], u_\infty = 22.06\ [m/s]$

$u/u_\infty = \sqrt{q/q_\infty}$. Diagramm: $u/u_\infty = f\left(\frac{y}{x}\sqrt{Re_x}\right)$

Turbulente Grenzschicht:

$x = 1.19\ [m], q_\infty = 117.11\ [mm\ WS] = 1148.85\ [N/m^2], u_\infty = 45.45\ [m/s]$

$u = \sqrt{2q/\rho}$. Diagramm: $u = f(y)$ doppelt-logarithmisch mit Bestimmung des Exponenten n nach $u \sim y^{1/n}$.

Plattengrenzschicht							
laminar					turbulent		
$x = 1,19\ m$, $u_\infty = 22,06\ \frac{m}{s}$, $\nu = 15,8 \cdot 10^{-6}\ \frac{m^2}{s}$, $Re_x = 1,16 \cdot 10^6$					$x = 1,19\ m$, $u_\infty = 45,45\ \frac{m}{s}$, $\nu = 16 \cdot 10^{-6}\ \frac{m^2}{s}$, $Re_x = 3,38 \cdot 10^6$		
Bez.	y	q	$\frac{u}{u_\infty}$	$\frac{y}{x}\sqrt{Re_x}$	y	q	u
Dim.	mm	$mm\ WS$	-	-	mm	$mm\ WS$	m/s
1	0,2	1	0,191	0,22	0,2	33,0	24,15
2	0,4	1,4	0,225	0,43	0,7	51,8	30,26
3	0,7	2,5	0,301	0,76	1,2	63,4	33,48
4	1,2	6,3	0,478	1,3	1,7	71,7	35,60
5	1,7	10,8	0,626	1,84	2,2	78,8	37,32
6	2,2	15,1	0,740	2,38	2,7	84,8	38,72
7	2,7	20,1	0,854	2,92	3,7	94,9	40,96
8	3,2	22,6	0,906	3,47	4,7	102,4	42,54
9	3,7	25,2	0,957	4,01	5,7	107,9	43,67
10	4,2	26,6	0,983	4,55	6,7	111,9	44,47
11	4,7	27,2	0,994	5,09	7,7	114,4	44,97
12	5,2	27,5	0,999	5,63	8,7	115,9	45,29
13	5,7	27,7	1,003	6,17	9,7	117,2	45,51
14	6,2	27,8	1,005	6,72	10,7	117,5	45,57
15	6,7	27,8	1,005	7,26	11,7	117,7	45,61
16					12,7	117,8	45,63
17							
18							
19							
20							

$$\left(\frac{\delta}{x}\sqrt{Re_x}\right)_{th.} = 5$$
$$\left(\frac{\delta}{x}\sqrt{Re_x}\right)_{exp.} = 4,89$$
$$\left(\frac{\delta_1}{x}\sqrt{Re_x}\right)_{th} = 1,72$$
$$\left(\frac{\delta_1}{x}\sqrt{Re_x}\right)_{exp.} = 1,36$$

6.4.5 Fragen

1. Nennen Sie die Voraussetzungen für die Gültigkeit der Grenzschichttheorie.

   Die charakteristische Reynoldssche Zahl muß groß sein, $Re_\infty \gg 1$. Diese Forderung beinhaltet, daß die Länge des umströmten Körpers und der Radius der Wandkrümmung wesentlich größer sein müssen als die Grenzschichtdicke.

2. Geben Sie Ursachen für die Abweichung des gemessenen Geschwindigkeitsprofils vom theoretischen Verlauf an und diskutieren Sie eine davon ausführlich.

   Aus dem gemessenem Geschwindigkeitsverlauf ist zu erkennen, daß dieser bei etwa $\frac{y}{x}\sqrt{Re_x} \approx 0,2$ unter der Kurve der theoretisch ermittelten Werte liegt, was etwa $\frac{u}{u_\infty} < 0,25$ entspricht. Es handelt sich hier um einen systematischen Meßfehler. Der Wandabstand $\Delta y \approx 0.2\, x\sqrt{Re_x}\; mm$ ist von der Größenordnung des Durchmessers des Pitot-Rohres. In Wandnähe beeinflußt das Pitot-Rohr die Strömung, so daß ist eine genaue Messung der Tangentialkomponente der Geschwindigkeit hier nicht möglich ist.

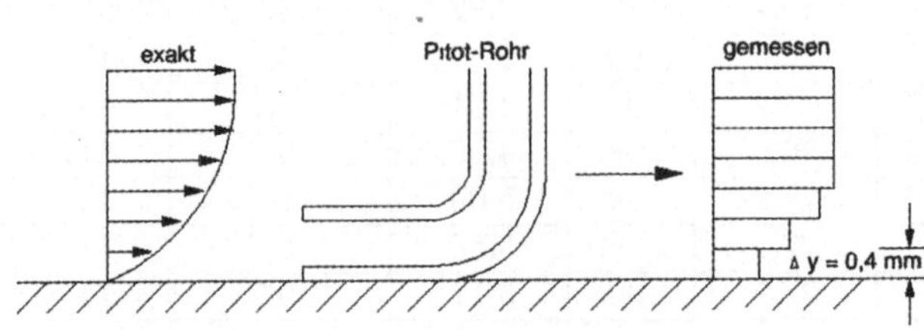

3. Skizzieren Sie ein laminares und ein turbulentes Geschwindigkeitsprofil und erläutern Sie die Unterschiede

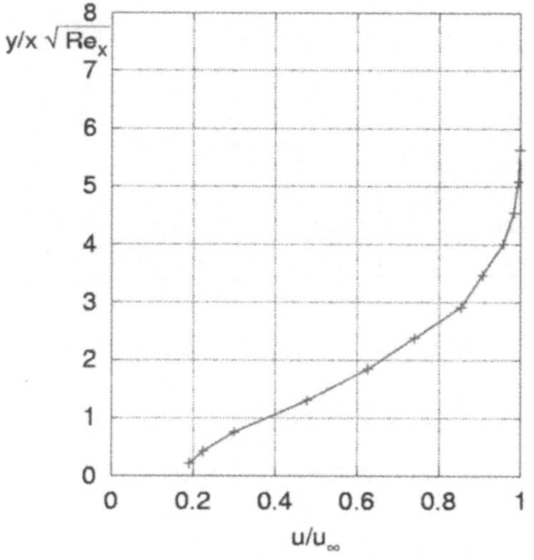

laminare Plattengrenzschicht

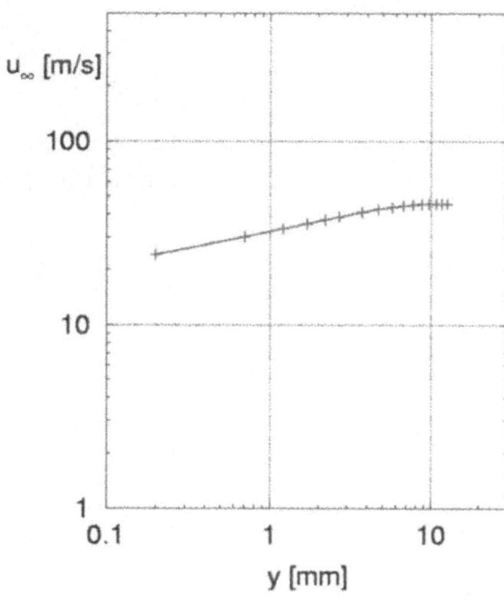

turbulente Plattengrenzschicht

4. Ermitteln Sie für die turbulente Grenzschichtströmung näherungsweise die Kraft, die von der Platte auf Aufhängung ausgeübt wird, unter der Annahme, daß die turbulente Strömung an der Plattenvorderkante beginnt.

   (Abmessungen der Platte: Länge $= 1,5\ m$, Breite $= 0,55\ m$; Anströmgeschwindigkeit: wie im Experiment)

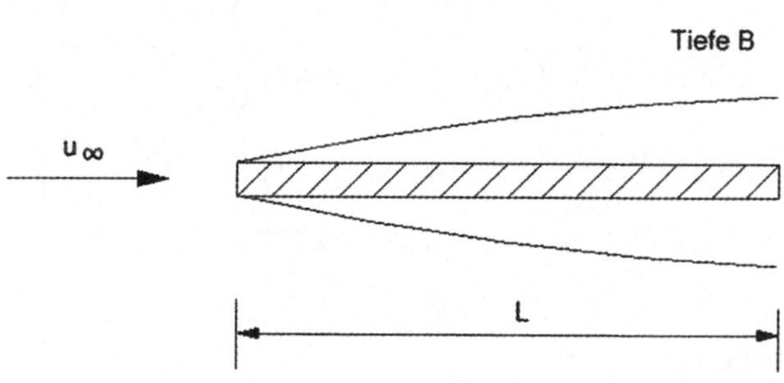

$$F = 2\ c_w \frac{\rho}{2}\ u_\infty^2\ L\ B \quad c_w = \frac{\tau_w}{\frac{\rho}{2}\ u_\infty^2}$$

Experiment:

$$\begin{aligned} q_\infty &= 117,11\ mm\ WS = 1148,85\ Nm^{-2} \\ u_\infty &= 45.45\ ms^{-1}; \quad \rho = 1,11\ kgm^{-3} \\ L &= 1,5\ m; \qquad B = 0,55\ m \\ \nu &= 1,6 \cdot 10^{-6}\ \frac{m^2}{s} \end{aligned}$$

Die von Kármán-Pohlhausen-Integralbedingung:

$$\frac{d\delta_2}{dx} + \frac{1}{u_\infty}(2\delta_2 + \delta_1) + \frac{\tau_{(y=0)}}{\rho\, u_\infty^2} = 0 \qquad \Big| \frac{du_\infty}{dx} = 0$$

ergibt:

$$\begin{aligned} \frac{\tau_0}{\rho\, u_\infty^2} &= \frac{d}{dx}\int_0^\infty \frac{u}{u_\infty}\left(1 - \frac{u}{u_\infty}\right) dy \approx \frac{d\delta_2}{dx} \\ \frac{\delta_2}{\delta} &= \int_0^1 \frac{u}{u_\infty}\left(1 - \frac{u}{u_\infty}\right) d\left(\frac{y}{\delta}\right) \quad . \end{aligned}$$

Mit

$$\frac{\bar{u}}{u_\infty} = \left(\frac{y}{\delta}\right)^{\frac{1}{7}}$$

folgt:

$$\frac{\delta_2}{\delta} = \frac{7}{72}$$

Blasius-Näherung:

$$\begin{aligned} \frac{\tau_0}{\rho\, u_\infty^2} &= 0,023\left(\frac{\nu}{u_\infty\, \delta}\right)^{0,25} \\ \Rightarrow \frac{7}{72}\frac{d\delta}{dx} &= 0,023\left(\frac{u}{u_\infty}\right)^{0,25} \delta^{-0,25} \\ \frac{7}{72}\int_0^\delta \delta^{0,25} d\delta &= 0,023\left(\frac{\nu}{u_\infty}\right)^{0,25} \int_0^x dx \\ \frac{7}{72}\frac{1}{1,25}\delta^{1,25} d\delta &= 0,023\left(\frac{\nu}{u_\infty}\right)^{0,25} \frac{x^{1,25}}{x^{0,25}} \\ \Rightarrow \frac{\delta}{x} &= \frac{0,377}{\sqrt[5]{Re_x}} \end{aligned}$$

Örtlicher Reibungsbeiwert:

$$\begin{aligned} c_f &= -\frac{\tau_{(y=0)}}{\frac{\varrho}{2}u_\infty^2} \\ -\frac{\tau_{(y=0)}}{\frac{\varrho}{2}u_\infty^2} &= 2\frac{d\delta_2}{dx} = \frac{14}{72} = \frac{d\delta}{dx} \end{aligned}$$

$$\Rightarrow \delta = 0,377\, x \left(\frac{\nu}{u_\infty x}\right)^{0,2} \Rightarrow \frac{d\delta}{dx} = 0.377\, 0,8 \left(\frac{\nu}{u_\infty}\right)^{0,2} x^{-0,2} = \frac{0,3016}{\sqrt[5]{Re_x}}$$

$$\begin{aligned} \Rightarrow c_f &= \frac{14}{72}\frac{0,3016}{\sqrt[5]{Re_x}} = \frac{14}{72}\frac{0,05864}{\sqrt[5]{Re_x}} \\ c_w &= \frac{1}{L}\int_0^L c_f dx = \frac{1}{L} \in_0^L 0,05864 \left(\frac{\nu}{u_\infty}\right)^{0,2} x^{-0,2} dx \\ &= \frac{0,05864}{0,8}\frac{1}{L}\left(\frac{\nu}{u_\infty L}\right)^{0,2} L \end{aligned}$$

$$c_w = \frac{0,0733}{\sqrt[5]{Re_L}} \qquad \left(\text{vgl. Schlichting:} \quad c_w = \frac{0,455}{(log\, Re_L)^{2,58}} = 3,45 \cdot 10^{-3}\right)$$

$$\begin{aligned} Re_L &= \frac{u_\infty L}{\nu} = 4,26 \cdot 10^6 \Rightarrow c_w = 3,46 \cdot 10^{-3} \\ \Rightarrow F &= 2\, c_w\, q_\infty\, L\, B = 6,55\, N \end{aligned}$$

(für turbulente Strömung und unendlich dünne Platte!)

5. Durch welche experimentellen Maßnahmen läßt sich die Größe der kritischen Reynoldszahl bei der Plattengrenzschicht beeinflussen?

   Die kritische Reynolds-Zahl Re_{krit} läßt sich durch unterschiedliche Ausbildung der Plattenvorderkante, Veränderung der Oberflächenbeschaffenheit der Platte, Ausrichten der Platte zur Luftströmung und den Turbulenzgrad der Anströmung beeinflussen.

6.5 Druckverteilung am Tragflügel

Zusammenfassung

An einem Flügel endlicher Streckung werden in fünf Profilschnitten Druckverteilungen gemessen. Der Versuch, der im Windkanal für kleine Geschwindigkeiten durchgeführt wird, soll zeigen, wie aus den gemessenen Drücken Auftrieb und Kippmoment des Flügels ermittelt werden können. Dabei wird auch auf die Abhängigkeit der Druckverteilungen vom Anstellwinkel eingegangen und das Abreißen der Strömung demonstriert. Die Druckverteilungen werden durch jeweils 25 Bohrungen in den einzelnen Meßquerschnitten mit Vielfachmanometern aufgenommen.

6.5.1 Unendlich gestreckter Flügel

An einem Flügel unendlicher Streckung ändert sich die Geschwindigkeit in Spannweitenrichtung nicht. Die Druckverteilungen sind deshalb in allen Flügelschnitten gleich (ebenes Problem). Zur Bestimmung des Auftriebs zerlegt man die an einem Oberflächenelement $ds \cdot \Delta y$ des Profils wirkende Druckkraft $(p - p_\infty)ds \cdot \Delta y$ in Komponenten tangential (dT) und normal (dN) zur Profilsehne und integriert anschließend über die gesamte Oberfläche.

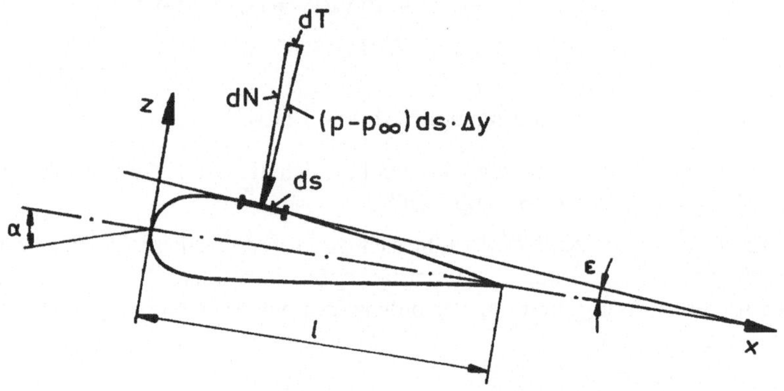

Als Länge Δy in Spannweitenrichtung wählt man z.B. 1 m. Dann ist die Normalkomponente:

$$\Delta N = (p - p_\infty)\, ds \cos\varepsilon\, \Delta y$$

wobei $ds \cdot \cos\varepsilon = dx$ ist. Die am Profil wirkende Resultierende N_{res} ergibt sich, indem man dN auf der Ober- (Index o) und Unterseite (Index u) über die Flügeltiefe integriert und die Differenz bildet:

$$N_{res} \;=\; \Delta y \cdot \int_0^l [(p_u - p_\infty) - (p_o - p_\infty)]\, dx$$

$$N_{res} = \Delta y \cdot \int_0^l [\Delta p_u - \Delta p_o]\, dx \tag{6.55}$$

In ähnlicher Weise kann die resultierende Tangentialkraft angegeben werden. Jedoch ist für kleine Winkel ε, d. h. für schlanke Profile, T_{res} im Vergleich zu N_{res} vernachlässigbar klein. Der dimensionslose Normalkraftbeiwert C_N

$$C_N = \frac{N_{res}}{\frac{\rho_\infty}{2} U_\infty^2 l \Delta y} \tag{6.56}$$

ist dann mit dem Druckbeiwert

$$c_{p_{o,u}} = \frac{\Delta p_{o,u}}{\frac{\rho_\infty}{2} U_\infty^2}$$

$$C_N = \frac{1}{l} \int_0^l (c_{p_u} - c_{p_o}) \cdot dx,$$

wobei die Indices u und o wieder die Unter- und Oberseite des Profils bezeichnen. Trägt man den resultierenden Druckbeiwert

$$c_{pres} = (c_{p_u} - c_{p_o})$$

über der Flügeltiefe auf (siehe folgende Abbildung), läßt sich durch Integration der Normalkraftbeiwert C_N ermitteln.

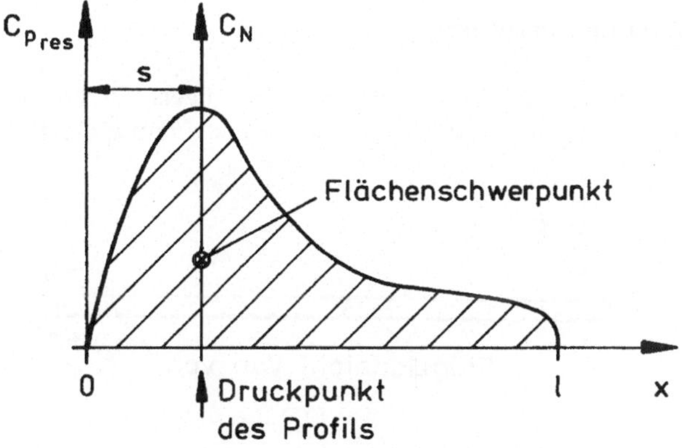

Der Flächenschwerpunkt gibt die Lage des Druckpunktes des Profils an, d. h. des Punktes, an dem die resultierende Druckkraft angreift. Aus dem Abstand des Druckpunktes von der Profilvorderkante s und der Normalkraft N kann das Kippmoment M um die Profilvorderkante bestimmt werden.

$$M = N \cdot s = C_N \frac{\rho_\infty}{2} U_\infty^2 \, l \, \Delta y \, s \tag{6.57}$$

Mit dem dimensionslosen Momentenbeiwert C_M

$$C_M = \frac{M}{\frac{\rho_\infty}{2} U_\infty^2 \, l^2 \, \Delta y} \tag{6.58}$$

erhält man für C_M

$$C_M = C_N \frac{s}{l} \quad .$$

Der Auftriebsbeiwert des Profils

$$C_a = \frac{A}{\frac{\rho_\infty}{2} U_\infty^2 \, l \, \Delta y} \tag{6.59}$$

kann für kleine Anstellwinkel α nach der exakten Beziehung

$$C_a = C_N \cos\alpha - C_T \sin\alpha$$

näherungsweise gleich C_N gesetzt werden.

6.5.2 Tragflügel endlicher Spannweite

Bestimmung der Abwindverteilung

Im allgemeinen stellt sich auf der Unterseite des Tragflügels ein höherer Druck als auf der Oberseite ein, so daß infolge der Druckdifferenz eine Umströmung der Flügelenden stattfindet.

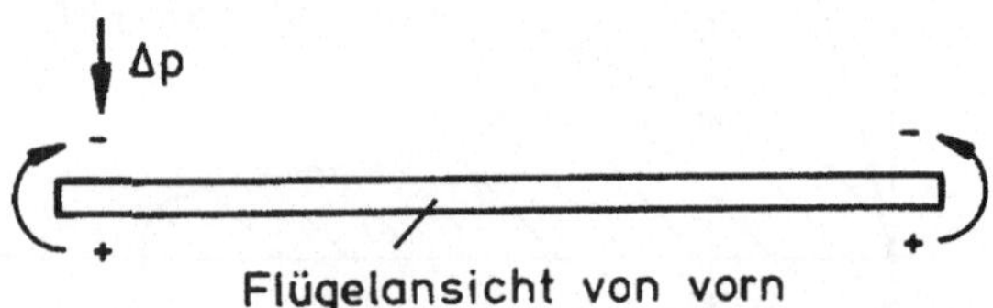

Da der Auftrieb am Flügelende verschwindet, muß für die Zirkulation $\Gamma(y = \pm b/2) = 0$ erfüllt sein. Für die Wirbelverteilung am Ort des Flügels wird eine Treppenstufenkurve mit kleinem $\Delta\Gamma$ angenommen; diese Wirbelelemente, die in der folgenden Skizze dargestellt sind, mit der Stärke $\Delta\Gamma$ gehen nach hinten als freie Wirbel ab und bilden eine Trennungsfläche, die sich stromab vom Flügel aufrollt und zwei freie Randwirbel bildet.

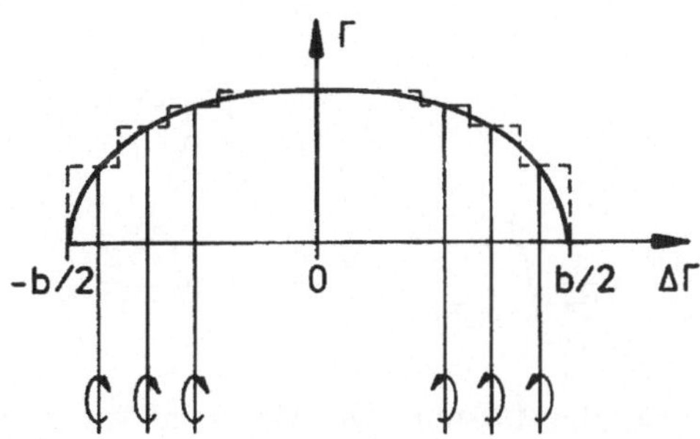
Γ
-b/2
0
b/2
ΔΓ

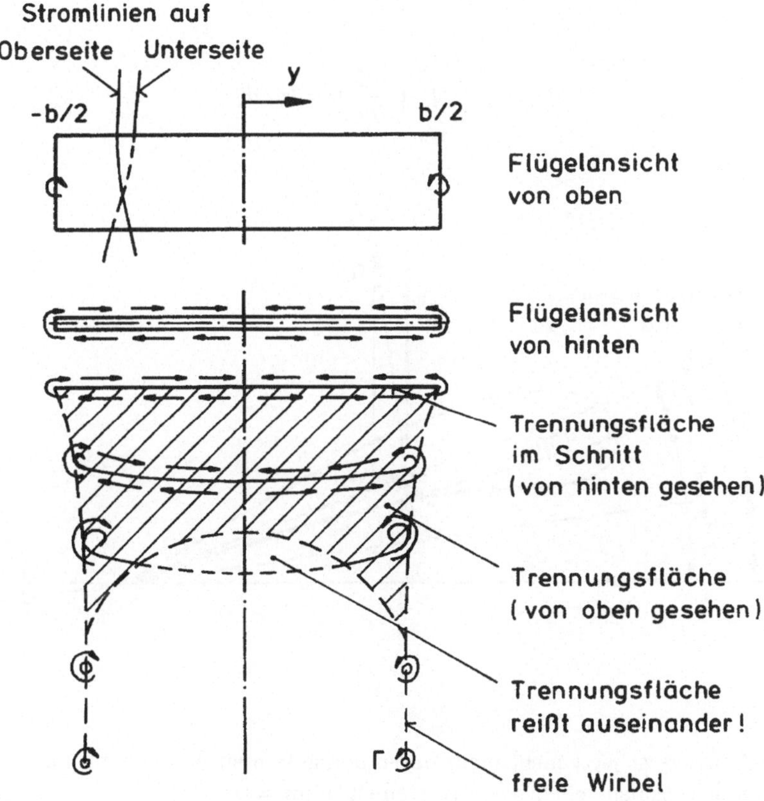
Stromlinien auf
Oberseite
Unterseite
y
-b/2
b/2
Flügelansicht
von oben
Flügelansicht
von hinten
Trennungsfläche
im Schnitt
(von hinten gesehen)
Trennungsfläche
(von oben gesehen)
Trennungsfläche
reißt auseinander!
Γ
freie Wirbel

Am Ort y des Flügels werden nach dem Biot-Savartschen Gesetz durch die abgehenden Wirbel Abwärtsgeschwindigkeiten vom Betrage

$$w_\imath(y) = \frac{1}{4\pi} \cdot \int\limits_{-b/2}^{b/2} \left(\frac{\partial \Gamma(y')}{\partial y'}\right) \frac{dy'}{(y-y')}$$

$$\alpha_\imath(y) = \frac{w_\imath(y)}{U_\infty} = \frac{1}{2\pi} \int\limits_{-1}^{+1} \left(\frac{\partial \gamma}{\partial \eta'}\right) \frac{d\eta'}{\eta - \eta'} \quad ; \quad \eta = \frac{2y}{b}, \gamma = \frac{\Gamma}{b \cdot U_\infty} \tag{6.60}$$

induziert, wobei y' die Laufvariable darstellt. Die Abwindgeschwindigkeit wird der Anströmgeschwindigkeit überlagert, wodurch der Anstellwinkel vermindert wird. Ist $w_\imath \ll u_\infty$, kann man näherungsweise schreiben $w_\imath / u_\infty = \tan \alpha_\imath \approx \alpha_\imath$.

Dadurch steht die resultierende Luftkraft des Tragflügels nicht mehr senkrecht zur Anströmung (siehe folgende Abbildung), und die abgehenden Wirbel erzeugen somit einen "induzierten Widerstand" von der Größe

$$W_\imath = \frac{1}{U_\infty} \int\limits_{-b/2}^{b/2} \left(\frac{\partial A}{\partial y}\right) w_\imath(y)\, dy \tag{6.61}$$

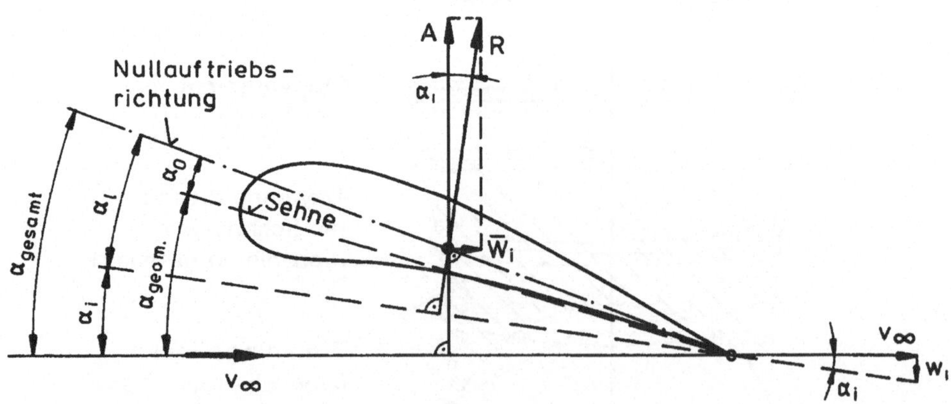

Der örtliche Auftrieb ist jetzt nicht mehr durch den gesamten Anstellwinkel α_{gesamt} bestimmt, sondern durch den lokalen "effektiven" Anstellwinkel $\alpha_l = \alpha_e$.

Der Auftrieb dA ergibt sich dann zu:

$$dA(y) = c_a(y)\, \frac{\rho_\infty}{2} U_\infty^2 l(y) dy \tag{6.62}$$

wobei

$$c_a(y) = \left(\frac{dc_a}{d\alpha}\right)_\infty \alpha_e(y) = c'_{a\infty}\,\alpha_e(y) \tag{6.63}$$

ist. Nimmt man ferner an, daß der örtliche Auftrieb nach dem Kutta-Joukowskischen Satz ermittelt werden kann, erhält man

$$\left(\frac{dc_a}{d\alpha}\right)_\infty \alpha_e(y)\,\frac{\rho_\infty}{2}U_\infty^2 l(y)dy = \rho_\infty U_\infty \Gamma(y)dy \quad . \tag{6.64}$$

Aus der letzten Gleichung ergibt sich $\alpha_e(y)$ zu

$$\alpha_e(y) = \frac{2\Gamma(y)}{U_\infty l(y) c'_{a_\infty}} = \gamma(\eta)\,f(\eta) \tag{6.65}$$

mit

$$f(\eta) = \frac{2b}{l(\eta)\,c'_{a_\infty}} \quad . \tag{6.66}$$

Mit dem Ausdruck für $\alpha_\imath$ läßt sich nach Prandtl der gesamte Anstellwinkel durch folgende Integro-Differentialgleichung ausdrücken:

$$\alpha_g(y) = \frac{2\Gamma(y)}{U_\infty l(y) c'_{a_\infty}} + \frac{1}{4\pi U_\infty}\int\limits_{-b/2}^{b/2}\left(\frac{d\Gamma}{dy'}\right)\frac{dy'}{(y-y')} \tag{6.67}$$

$$\alpha_g(\eta) = f(\eta)\,\gamma(\eta) + \frac{1}{2\pi}\int\limits_{-1}^{+1}\left(\frac{d\gamma}{d\eta'}\right)\frac{d\eta'}{(\eta-\eta')} \tag{6.68}$$

Diese Gleichung ist die Ausgangsgleichung der Traglinientheorie, in der folgende zwei Hauptaufgaben definiert sind:

1. Hauptaufgabe:	a)	bekannt:	$\gamma(\eta), f(\eta)$	
		gesucht:	$\alpha_g(\eta)$	Anstellwinkelverteilung (Verwindung)
	b)	bekannt:	$\gamma(\eta), \alpha_g(\eta)$	
		gesucht:	$f(\eta)$	
2. Hauptaufgabe:		bekannt:	$f(\eta), \alpha_g(\eta)$	
		gesucht:	$\gamma(\eta)$	

Elliptische Zirkulationsverteilung (1. Hauptaufgabe)

Es werden hier die Ergebnisse für die elliptische Zirkulationsverteilung [Trunkenbrodt 1967] wiederholt. Ist die Zirkulation durch

$$\Gamma(y) = \Gamma_o\sqrt{1-\left(\frac{2y}{b}\right)^2} \tag{6.69}$$

gegeben, wobei Γ_o eine Konstante ist, ergibt sich der Auftrieb des Flügels zu

$$A = \rho_\infty U_\infty \int_{-b/2}^{b/2} \Gamma(y) \cdot dy = \frac{\pi}{4} \rho_\infty U_\infty \Gamma_o b \tag{6.70}$$

Der Abwind ist dabei konstant

$$w_\imath(y) = \frac{\Gamma_o}{2b} \quad . \tag{6.71}$$

Der induzierte Widerstand der elliptischen Zirkulationsverteilung ist

$$W_\imath = \frac{\pi}{8} \cdot \rho_\infty \Gamma_o^2 \quad , \tag{6.72}$$

und der Beiwert des induzierten Widerstandes $C_{W_\imath}$ kann durch den Auftriebsbeiwert C_A und die Flügelstreckung ausgedrückt werden

$$C_{W_\imath} = \frac{C_A^2}{\pi \Lambda} \tag{6.73}$$

Dabei ist die Flügelstreckung

$$\Lambda = b^2/F \qquad \text{und} \qquad F = \int_{-b/2}^{b/2} l(y) \cdot dy \quad . \tag{6.74}$$

Der induzierte Anstellwinkel ist

$$\alpha_\imath = \frac{C_A}{\pi \Lambda} \quad . \tag{6.75}$$

Nach den letzten beiden Formeln können Widerstandsbeiwerte in Anstellwinkel für verschiedene Λ umgerechnet werden.

Lösung der Prandtlschen Integro-Differentialgleichung (2. Hauptaufgabe)

Nach einem Ansatz von Glauert und Trefftz kann Gl. (6.64) mittels einer Fourier-Reihe für die Zirkulation in ein lineares algebraisches Gleichungssystem gebracht werden. Die Zirkulation γ wird durch eine endliche Fourier-Reihe

$$\gamma(\vartheta) = 2 \sum_{\mu=1}^{m} a_\mu \sin \mu\vartheta \tag{6.76}$$

ersetzt, wobei man ϑ aus η durch die Transformation

$$\vartheta = \arccos \eta \tag{6.77}$$

gewinnt.

Die Integration der Gl. (6.64) ergibt unter besonderer Beachtung der Singularität unter dem Integral

$$\alpha_g(\vartheta) = 2 \cdot f(\vartheta) \cdot \sum_{\mu=1}^{m} a_\mu \sin \mu\vartheta + \sum_{\mu=1}^{m} \mu a_\mu \frac{\sin \mu\vartheta}{\sin \vartheta} \quad . \tag{6.78}$$

a_μ sind hier die Fourierkoeffizienten

$$\alpha_\mu = \frac{1}{\pi} \int_0^\pi \gamma(\vartheta) \sin \mu\vartheta d\vartheta \simeq \frac{1}{m+1} \sum_{n=1}^{m} \gamma_n \sin \mu\vartheta_n \tag{6.79}$$

Für die Lösung des Integrals wurde die Trapezformel benutzt. Ersetzt man die Koeffizienten a_μ durch den angenäherten Ausdruck Gl.(6.67) so folgt

$$\alpha_{g\nu} = f_\nu \cdot \gamma_\nu + \sum_{n=1}^{m} \gamma_n \sum_{\mu=1}^{m} \frac{\mu}{m+1} \frac{\sin \mu\vartheta_\nu}{\sin \vartheta_\nu} \sin \mu\vartheta_n \tag{6.80}$$

Damit ist die Prandtlsche Integralgleichung auf ein lineares Gleichungssystem mit m-Gleichungen für $\gamma_\nu(\nu = 1, 2....m)$ zurückgeführt.

In Matrizenschreibweise lautet Gl. (6.68)

$$\underline{\underline{B}} \cdot \underline{\gamma} = \underline{\alpha}_g \tag{6.81}$$

Hier bedeuten $\underline{\underline{B}}$ die Koeffizientenmatrix, die nur von der Flügelgeometrie abhängt, und γ den gesuchten Lösungsvektor.

Für den im Versuch verwendeten Flügel mit dem Profil NACA 23012 und den folgenden Flügelparametern

$$b = 0,9m; \quad l = 0,2m; \quad c_a = 5,35; \quad \alpha_g = 6^o; \quad \Lambda = 4,5 \tag{6.82}$$

ergab die Rechnung nach der Traglinientheorie die im folgenden Diagramm dargestellte Kurve 1. Im Vergleich dazu sind im gleichen Diagramm die Ergebnisse der erweiterten Traglinientheorie [Schlichting, Truckenbrodt 1967] aufgetragen Kurve 2.

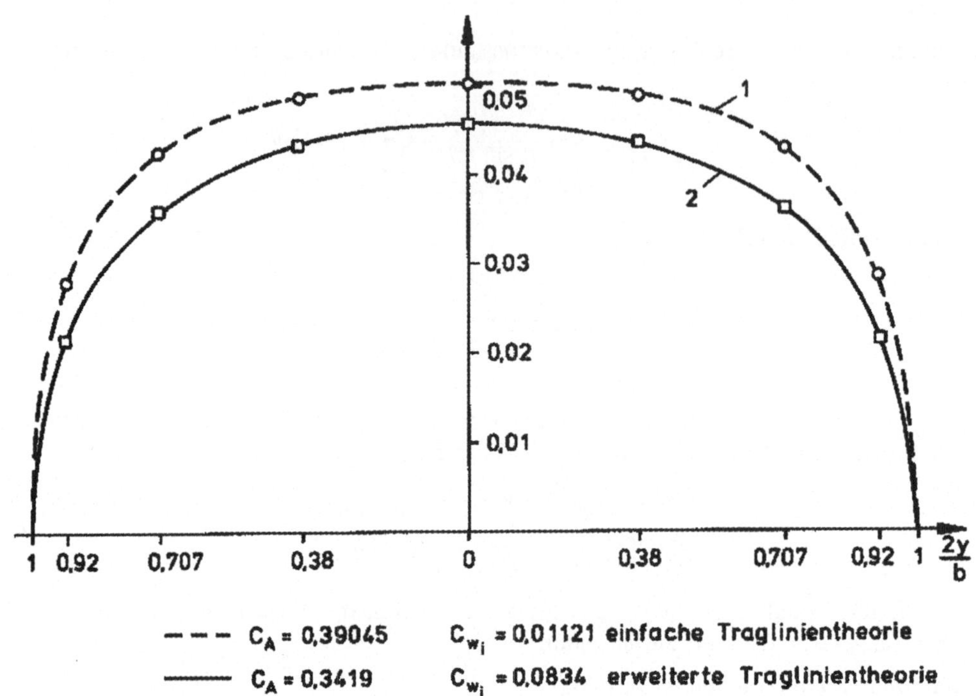

Auftriebverteilung am Rechteckflügel NACA-Profil 23012; $\alpha = 6^o$

Schrenksches Näherungsverrahren

Nach Schlichting [1967] konnte Munk zeigen, daß der induzierte Widerstand ein Minimum annimmt, wenn die Zirkulationsverteilung über dem Flügel elliptisch ist. Da die Zirkulationsverteilung auch von der Flügelform - in der Prandtlschen Gleichung tritt $l(y)$ auf - abhängt, ist es für Entwurfszwecke erstrebenswert, für einen vorgegebenen Flügel die Abweichung von der elliptischen Verteilung schnell abschätzen zu können. In [Schlichting und Truckenbrodt 1967] wird dazu der Vorschlag gemacht, den örtlichen Aftrieb gleich dem Mittelwert aus der elliptischen und einer zur örtlichen Flügeltiefe proportionalen Verteilung zu nehmen:

$$A(y) = \frac{1}{2}\left[a_0 \cdot l(y) + a_1\sqrt{1-\left(\frac{2y}{b}\right)^2}\right] \tag{6.83}$$

Die Konstanten a_0 und a_1 lassen sich durch Integration über die gesamte Spannweite ermitteln mit der Nebenbedingung, daß beide Teilintegrale gleich groß sein müssen. Für $c_a(y)$ ergibt sich

$$c_a(y) = \frac{C_A}{2}\left[1 + \frac{4l_m}{\pi l(y)} \cdot \sqrt{1-\left(\frac{2y}{b}\right)^2}\right] \tag{6.84}$$

wobei l_m die mittlere Flügeltiefe und C_A der Auftriebsbeiwert des Gesamtflügels ist. Die dimensionslose Zirkulationsverteilung ist dann:

$$\gamma(y) = \gamma_1(y) + \gamma_2(y) = \frac{C_A l(y)}{4b} + \frac{C_A F}{\pi b^2}\sqrt{1 - \left(\frac{2y}{b}\right)^2} \tag{6.85}$$

Dabei stellt $\gamma_1(y)$ den der Flügeltiefe proportionalen und $\gamma_2(y)$ den elliptischen Anteil dar.

Für einen Rechteckflügel erhält man folgende Verteilung.

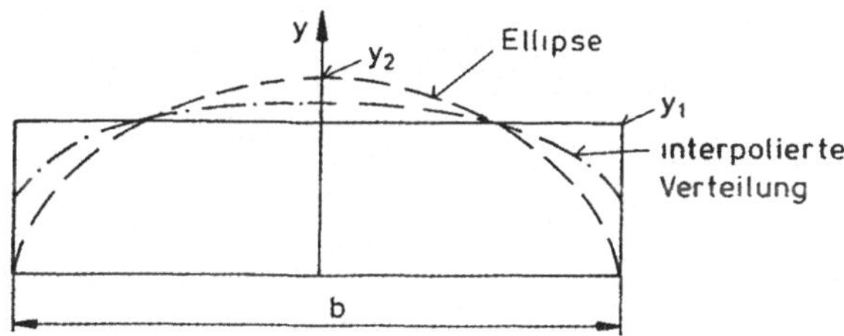

Zu beachten ist, daß die Schrenksche Verteilung an den Flügelenden beim Rechteckflügel nicht auf Null abfällt. Dieser Fehler ist aber ohne große Bedeutung, wenn man die Einfachheit des Verfahren bedenkt.

6.5.3 Versuchsdurchführung

Im Versuch wird ein Flügel von 900 *mm* Spannweite und 200 *mm* Flügeltiefe verwendet. Der Flügel ist unverwunden und besitzt das Profil NACA 23012 mit 30% Dickenrücklage, 12% relativer Dicke und 1,84% relativer Wölbung in 15% Rücklage.

Zur Messung der Druckverteilung über der Spannweite sind in fünf Schnitten (siehe Abbildung "Druckverteilung am Tragflügel") jeweils 14 Druckbohrungen an der Profiloberseite und 11 Druckbohrungen an der Unterseite angebracht. Die Druckbohrungen jedes Schnitts sind über Schläuche mit den Vielfachmanometern verbunden, so daß insgesamt 125 Verbindungen aus dem Flügel herausgeführt werden müssen. Damit die Druckleitungen eine möglichst geringe Störung des Strömungsfeldes verursachen, werden sie in einem senkrecht zum Flügel angebrachten Schwert zusammengefaßt (siehe Abbildung "Druckverteilung am Tragflügel"). Ein Vergleich der gerechneten mit der gemessenen Auftriebsverteilung zeigt, daß Abweichungen infolge Störungen durch das Schwert zwar vorhanden jedoch klein sind.

Von dem Schwert aus führen Schläuche zu 5 Vielfachmanometern, die mit Wasser als Sperrflüssigkeit gefüllt sind. Die gesamte Meßeinheit besteht aus einem mit Wasser gefüllten Vorratsbehälter, der gegenüber dem Außendruck abgedichtet ist, und in den 27 Glasröhren eintauchen. Der Druck im Vorratsbehälter kann durch Einlassen von Druckluft erhöht werden, was zur Folge hat, daß das Wasser in den Glasröhren hochsteigt. Legt man nun an 25 Röhren die Schläuche der Bohrungen eines Schnittes, so werden bei Unterdrücken die Wassersäulen hochgesaugt und bei Überdrücken abgesenkt. Die beiden verbleibenden Röhren stehen mit der Umgebungsluft in Verbindung und dienen als Referenzdruckanzeigen, so daß im Vielfachmanometer der Differenzdruck angegeben wird.

Die Größe des Schwertes und damit auch die Fehler der Messung ließen sich durch Einbau elektrischer Druckaufnehmer verringern. Jedoch ist das Vielfachmanometer wegen seiner Einfachheit besonders geeignet, die gemessene Druckverteilung auch bei Abreißen der Strömung zu veranschaulichen. Die Lage der Druckbohrungen ist in (siehe Abbildung "Druckverteilung am Tragflügel") angegeben.

Der Gesamtauftrieb des Flügels läßt sich ermitteln, indem man die gemessenen örtlichen Auftriebsbeiwerte über der Spannweite integriert.

Literaturhinweise

MULTHOPP, H.: *Die Berechnung von Auftriebsverteilung von Tragflügeln*, Luftfahrtforschung, Bd. 15, 1938

SCHLICHTING, H., TRUCKENBRODT, E.: *Aerodynamik des Flugzeugs, 2. Band, 2.Aufl.*, Springer-Verlag, 1967

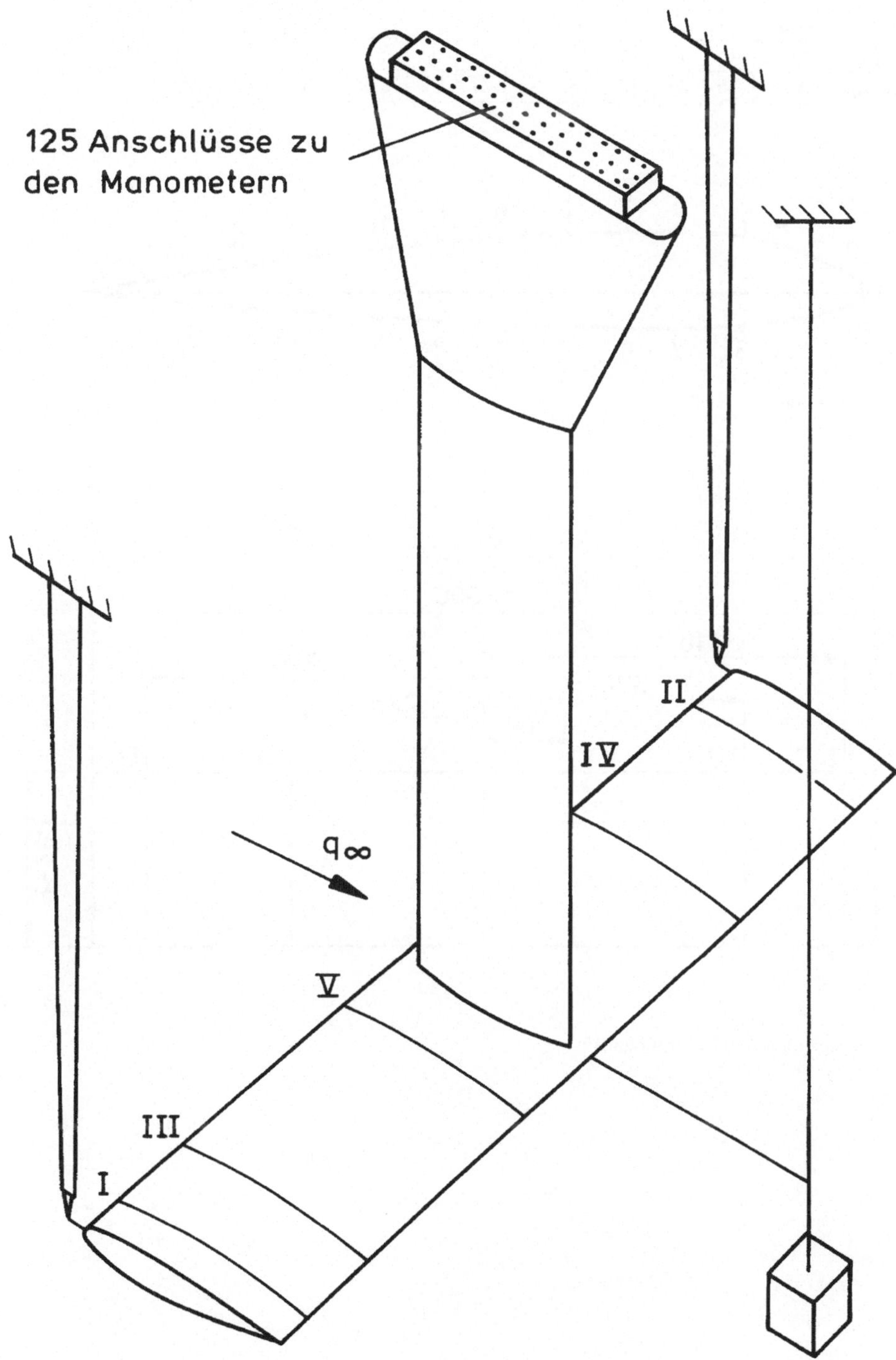

Druckverteilung am Tragflügel

Stelle	Dim.	1	2	3	4	5	6	7	8	9	10	11	12	13	14
$x_{Oberseite}$	mm	0	6	15	23	32	48	62	77	92	109	122	140	158	175
$x_{Unterseite}$	mm	15	23	32	48	62	77	92	109	122	147	170	—	—	—

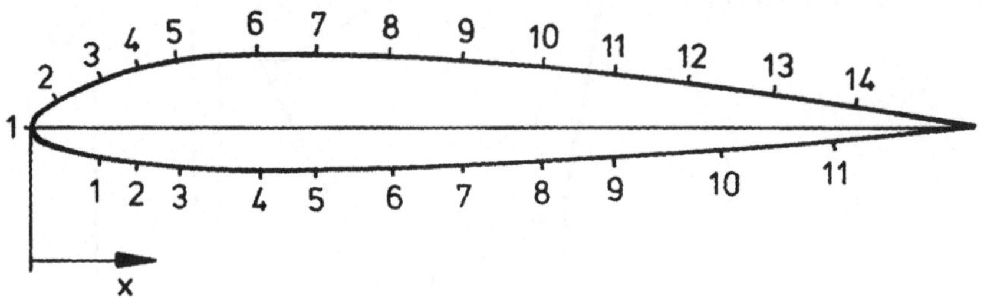

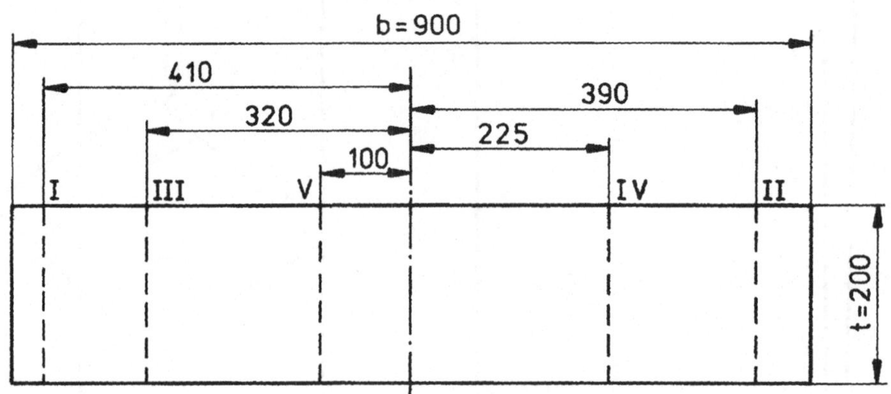

Druckbohrungen am NACA Profil 23012

6.5.4 Auswertung

1. Auswertung der Messung:

   (a) Diagramm $\Delta p = f(x)$ für die fünf Schnitte zeichnen;

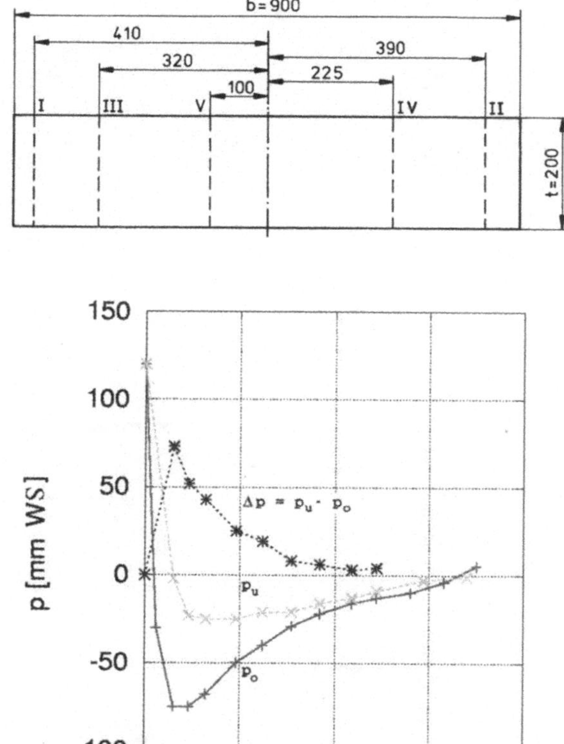

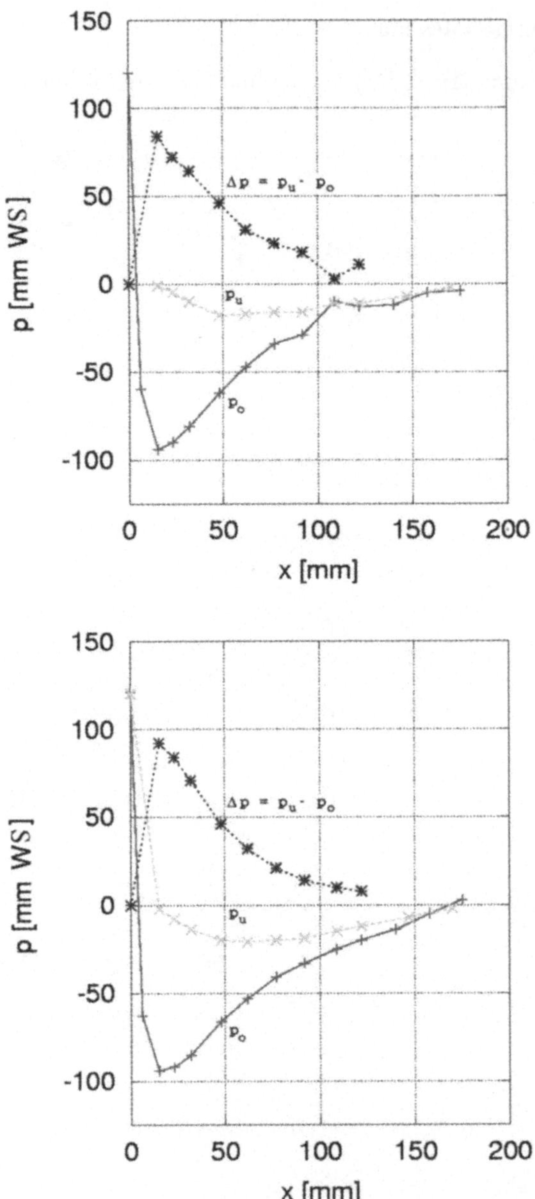
150
100
50
0
-50
-100
p [mm WS]
Δp = p_u - p_o
p_u
p_o
0
50
100
150
200
x [mm]
150
100
50
0
-50
-100
p [mm WS]
Δp = p_u - p_o
p_u
p_o
0
50
100
150
200
x [mm]

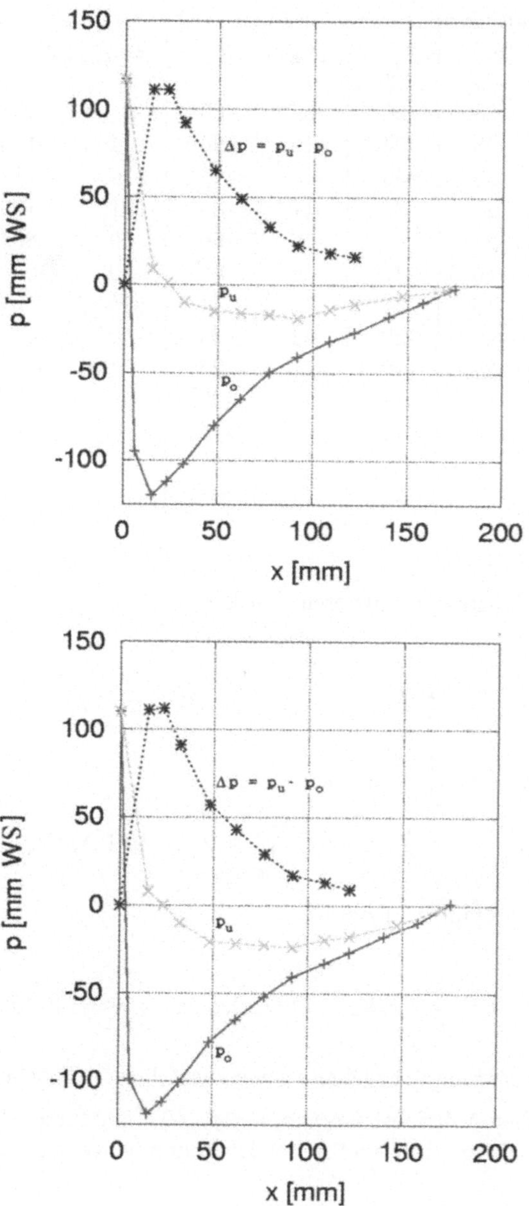
150
100
50
0
-50
-100
p [mm WS]
0
50
100
150
200
x [mm]
Δp = p_u - p_o
p_u
p_o
150
100
50
0
-50
-100
p [mm WS]
0
50
100
150
200
x [mm]
Δp = p_u - p_o
p_u
p_o

Druckverteilung p [mm WS]

	Schnitt I		Schnitt II		Schnitt III		Schnitt IV		Schnitt V	
	p_o	p_u	p_o	p_u	p_o	p_u	p_o	p_u	p_o	p_u
1	120	-2	120	-1	121	-2	117	9	110	8
2	-30	-23	-60	-5	-63	-8	-95	1	-99	0
3	-75	-25	-94	-10	-94	-14	-120	-10	-119	-10
4	-75	-25	-90	-18	-92	-20	-112	-15	-112	-21
5	-68	-21	-81	-17	-85	-21	-102	-16	-101	-22
6	-50	-21	-62	-16	-66	-20	-80	-17	-78	-23
7	-40	-16	-47	-16	-53	-19	-65	-19	-65	-24
8	-29	-13	-34	-11	-41	-15	-50	-14	-52	-20
9	-22	-9	-29	-11	-33	-12	-41	-11	-41	-18
10	-16	-3	-10	-7	-25	-7	-32	-6	-33	-11
11	-13	-1	-13	-2	-20	-2	-27	-3	-27	-2
12	-10	—	-12	—	-14	—	-18	—	-18	—
13	-4	—	-5	—	-5	—	-10	—	-10	—
14	5	—	-4	—	3	—	-2	—	1	—

(b) für alle Schnitte den mittleren Druck

$$\Delta p_m = \frac{1}{l}\int_0^l (\Delta p_u - \Delta p_o)dx \quad \text{bestimmen;}$$

$$\Delta p_m = \frac{1}{l}\int_0^l \Delta p\ dx$$

$$\Delta p_m = \frac{1}{l}\frac{h}{3}\left(\Delta p_0 + 4\ \Delta p_1 + 2\ \Delta p_2 + 4\ \Delta p_3 + ... + 4\ \Delta p_{n-1} + \Delta p_n\right)$$

(Simpson-Verfahren unstetig)

$$h = \frac{l}{n}; \quad \text{wähle:} \quad l = 19,6\ cm \Rightarrow n = 14; \quad h = 1,4\ cm$$

$\Delta p_\imath$ aus Diagramm (Ergebniss siehe nachfolgende Tabelle)

(c) den örtlichen Auftriebsbeiwert $c_a = \Delta p_m / \Delta p_{DV} \cdot \delta$ für alle Schnitte berechnen, daraus $\gamma = c_a \cdot l/2b$ ermitteln und in das Diagramm eintragen (Düseneichfaktor $\delta = 0,98$);

$$c_a = \left(\frac{\Delta p_m}{\Delta p_{DV}}\right) \cdot \delta = \frac{\Delta p_m}{1153.6\ Pa}$$

$$\gamma = c_a\,\frac{l}{2b}$$

Schnitt Nr.	1	2	3	4	5
Δp_0	0	0	0	0	0
Δp_1	627.84	941.760	922.14	1314.54	1255.680
Δp_2	451.260	706.32	725.94	961.38	961.38
Δp_3	313.920	490.5	529.74	725.94	686.7
Δp_4	196.200	333.54	372.78	549.36	470.880
Δp_5	117.72	176.58	255.16	392.4	333.54
Δp_6	78.48	98.1	176.58	294.3	235.44
Δp_7	39.240	58.860	117.72	235.44	137.340
Δp_8	19.62	39.24	78.48	176.58	98.1
Δp_9	19.620	19.620	58.86	137.34	78.480
$\Delta p_1 0$	19.620	19.620	39.24	98.10	58.860
$\Delta p_1 1$	9.81	9.81	19.62	78.48	39.240
$\Delta p_1 2$	9.81	9.81	19.62	39.240	19.620
$\Delta p_1 3$	5.886	3.924	9.81	19.620	19.620
$\Delta p_1 4$	0	0	9.81	9.810	9.810
$\Delta p_m\, l$	28.402	43.015	50.77	74.026	64.870
Δp_m	144.908	219.464	259.03	377.685	330.971
c_a	0.126	0.190	0.225	0.327	0.287
γ	0.014	0.021	0.025	0.036	0.032

(d) Abstand des Druckpunktes für den Querschnitt III von der Flügelvorderkante bestimmen. $c_{pres} = c_{po,u} = \frac{\Delta p}{\frac{\rho_\infty}{2} v_\infty^2} \frac{\Delta p}{q_\infty} = \frac{\Delta p}{1153\,6\ Pa}$

siehe Diagramm
Lage des Flächenschwerpunktes etwa bei $s = 43mm$

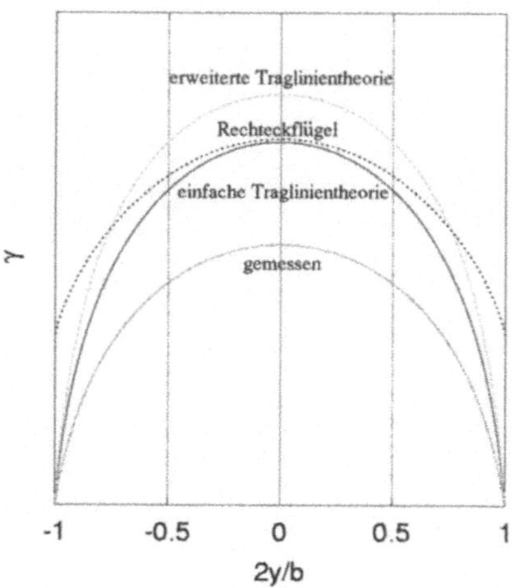

2. Diskutieren Sie den Einfluß der *Re*-Zahl auf den Höchstauftrieb eines Tragflügels.

Bei großen Anstellwinkeln liegt das Druckminimum auf der Oberseite des Flügels in der Nähe der Vorderkante. Der zur Hinterkante ansteigende Druck erzeugt einen starken positiven Druckgradienten, der entweder den laminar-turbulenten Umschlag oder Ablösung der laminaren Strömung hervorrufen kann. Ob der Umschlag oder die Ablösung zuerst auftritt, hängt hauptsächlich von der Reynoldsschen Zahl und von der Größe des Druckgradienten ab. Bei niederigen Reynolds-Zahlen tritt laminare Ablösung auf, und die Strömung reißt ab. Der maximale Auftriebsbeiwert ist entsprechend niedrig. Mit zunehmender Reynoldsscher Zahl tendiert die Strömung zum laminar-turbulenten Umschlag und zum Wiederanliegen. Der Höchstauftrieb nimmt deshalb mit zunehmender Reynolds-Zahl zu.

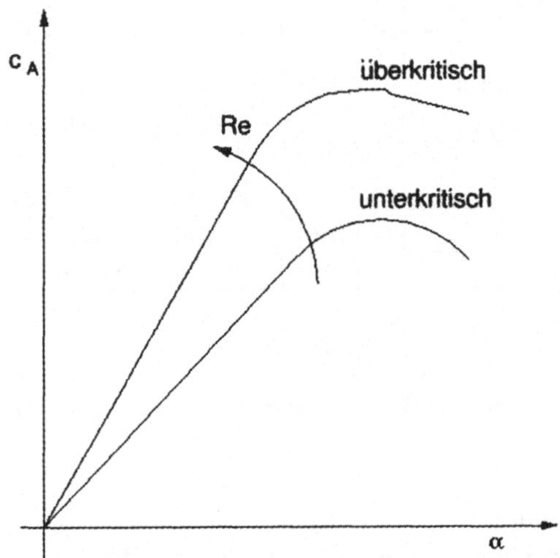

6.6 Kräfte am Tragflügel

Zusammenfassung

Für einen Rechteckflügel mit dem Profil $NACA23012$ werden zur Ermittlung des Auftriebs, des Widerstandes und des Kippmomentes mit der Windkanalwaage drei Luftkräfte (je Modell und Aufhängung) sowie der Widerstand der Aufhängung gemessen. Funktion und Anwendung der Waage und Korrekturen der Meßwerte für die Übertragung auf die Großausführung des Flügels werden erläutert.

6.6.1 Profilbezeichnungen

Profile für die Unterschallanströmung sind an der Flügelnase gut abgerundet und laufen im allgemeinen an der Hinterkante spitz zu. Die Profilform wird durch folgende Parameter gekennzeichnet:

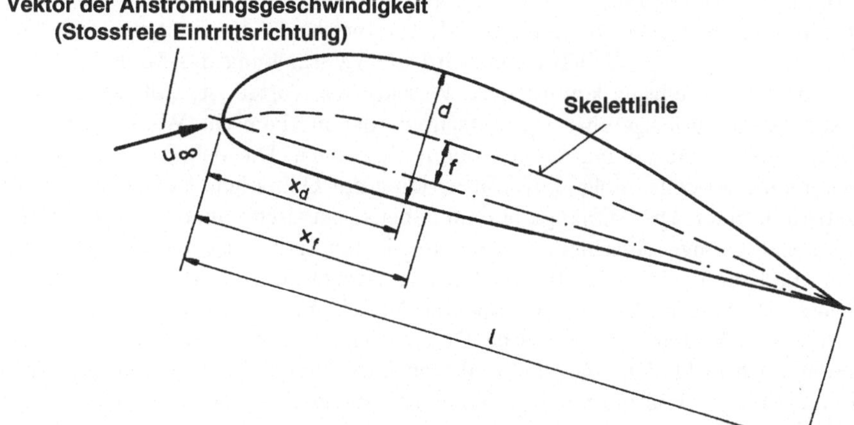

Profiltiefe l: charakteristischer Parameter, auf den alle Maße bezogen werden. Max. Profildicke d/l; Dickenrückenlage x_d/l; max. Wölbung f/l; Wölbungsrücklage x_f/l.

Der Einfluß der geometrischen Parameter auf die aerodynamischen Eigenschaften eines Profils ist bisher von mehreren Autoren untersucht worden, so z. B. [Abbott, v. Doenhoff, Pankhurst, Holder], besonders aber von der NACA [Ann. Reports 193, 1937]. Die Ziffern des hier verwendeten Profils bedeuten: Für die fünfziffrige Reihe (z.B. NACA 23012), die mit 2 beginnt, ist $x_d/l = 0.3 = \text{const}$; für 230..... gilt $f/l = 0{,}0184$.

Die Ziffer 2 gibt dabei 20/3 des Auftriebsbeiwertes c_a^* (= 0,3) bei stoßfreiem Eintritt an, d. h. wenn die Anströmung die Skelettlinie im Vorderkantenpunkt tangiert (vgl. obige Abbildung). Die 2. und 3. Ziffer bedeuten den doppelten Wert von x_f in Prozent von l: $x_f/l = 0{,}15$. Die 4. und 5. Ziffer geben d in Prozent von l an:
$d/l = 0{,}12$.

6.6.2 Kraftmessung

Die Luftkräfte an einem Flügel unendlicher Streckung können aufgeteilt werden in Auftrieb, Widerstand und Nickmoment um einen geeigneten Punkt. Die Kräfte, insbesondere der Profilwiderstand, lassen sich nicht aus der Druckverteilung ermitteln, da die Reibungskräfte hierbei nicht berücksichtigt werden. Bei der Umströmung eines Profils können die Reibungskräfte erheblich größer werden als die Druckkräfte (z. B. beim Profilwiderstand). Die Ermittlung des Widerstandes allein aus der Integration der Normalkräfte ist nur bei stumpfen Körpern mit guter Näherung möglich, da die Normalkräfte wesentlich größer sind als die Reibungskräfte. Man mißt daher die an Modellen angreifenden Luftkräfte im allgemeinen direkt mit Windkanalwaagen.

Windkanalwaagen

Bei Kraftmessungen mit Mehrkomponentenwaagen muß das Modell so aufgehängt werden, daß die einzelnen Kräfte sich möglichst nicht beeinflussen, d. h. eine Kraft, die in einer Koordinatenrichtung wirkt (z. B. Widerstand), soll nach Möglichkeit in einer anderen Koordinatenrichtung (z. B. Auftrieb) keine Komponente erzeugen. Man unterscheidet mechanische und elektrische Waagen. Bei den mechanische Hebelwaagen wird die Verschiebung des Modells infolge einer Luftkraft durch Gewichtauflegen kompensiert. Wesentlicher Vorteil ist, daß das Modell immer in seine Ausgangslage zurückgeführt wird. Nachteile der mechanische Waagen sind der hohe Platzbedarf und ihre Beschränkung auf stationäre Messungen. Die elektrische Waagen messen die Verschiebung des Modells infolge Luftkraftwirkung mit Ohmschen, kapazitiven oder induktiven Weggebern indirekt. Die Aufhängung muß dabei so elastisch sein, daß die zu erwartenden Luftkräfte nur eine geringe Verschiebung von Modell und Halterung bewirken. Zwischen der Verschiebung, die Komponenten in einer anderen Kraftrichtung erzeugt und der Empfindlichkeit der Anzeige der Waage, die mit zunehmender Verschiebung wächst, muß ein Kompromiß gewählt werden. Der Vorteil der elektrische Waagen liegt in der möglichen Miniaturisierung. Waagen werden auch in Modelle eingebaut. Wegen ihrer kurzen Ansprechzeit sind auch Messungen von instationären Kräften möglich. Sollen sich die gemessenen Komponenten mit einer elektrische Waage nicht gegenseitig beeinflussen, ist für die Halterung erheblicher Aufwand erforderlich.

Die im Versuch benutzte Waage ist eine mechanische Dreikomponentenwaage mit Drahtaufhängung und Kraftübertragung über Waagebalken, die in Schneiden gelagert sind.

Ein Modell wird durch sechs Drähte im Gleichgewicht gehalten, denen im allgemeinen Fall sechs Kräfte entsprechen, die mit den Waagen A', B, C, D, E und F gemessen werden. Aus der nachstehenden Skizze auf Seite 361 liest man die dort aufgeführten Größen ab.

Die einzelnen Komponenten, die gemessen werden sollen, werden anhand nachfolgender Abbildung auf Seite 361 erläutert; die Konstruktion der Waage selbst ist auf Seite 375 des Anhangs zu ersehen; die hintere Auftriebswaage verschiebt sich bei Anstellung des Flügelmodells horizontal, so daß die vorderen und hinteren Aufhängedrähte senkrecht bleiben, wenn sich der Abstand der Aufhängepunkte verändert.

Aus der Prinzipskizze auf der folgenden Seite liest man für das Gleichgewicht der einzelnen Systeme (Waagebalken) ab: Auf dem mittleren Waagebalken (a) wirken als äußere Kräfte A_H und A_V, gleichgewichthaltende Kräfte sind D und H.

1. Widerstand $W = A' + B$
2. Auftrieb $-A = C + D + E$
3. Seitenkraft $S = F$
4. Rollmoment $M_R = (C - D) \cdot b/2$
5. Giermoment $M_G = (A' - B) \cdot b/2$
6. Nickmoment $M_N = E \cdot t$

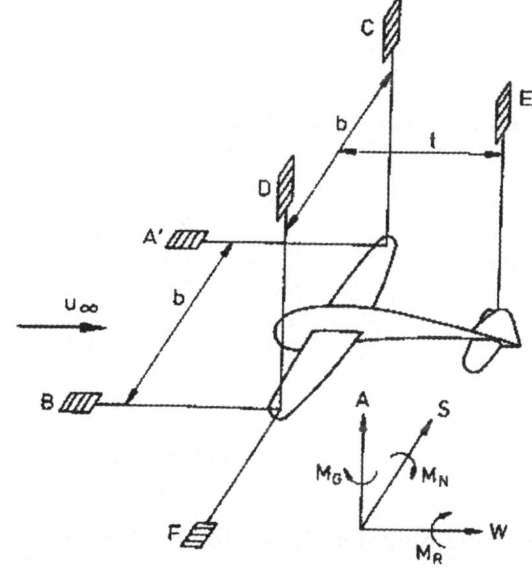

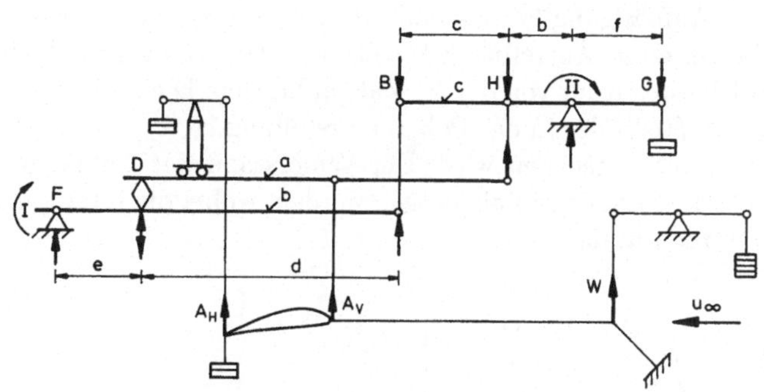

$$\sum K_y = 0 : A_H + A_V = D + H \tag{6.86}$$

Auf den unteren Waagebalken (b) wirkt D, F und B halten das Gleichgewicht.

$$\sum M_I = 0 : D \cdot e = B \cdot (e + d) \to D = B \cdot (e + d)/e \tag{6.87}$$

Beim oberen Balken (c) herrscht Gleichgewicht durch die Lagerkräfte im Punkt II, B, H und G wirken als äußere Kräfte.

$$\sum M_{II} = 0 : G \cdot f = H \cdot b + B \cdot (c + b)$$

$$\Rightarrow H = \frac{G \cdot f}{b} - \frac{B \cdot (c + b)}{b} \tag{6.88}$$

(b) und (c) werden in (a) eingesetzt:

$$A_V + A_H = A_{ges} = \frac{B \cdot (e+d)}{e} - \frac{B \cdot (c+b)}{b} + \frac{G \cdot f}{b} \tag{6.89}$$

Damit der Auftrieb der Kraft G (aufgelegtes Gewicht) proportional wird, muß gelten:

$$\frac{B \cdot (e+d)}{e} = \frac{B \cdot (c+d)}{b}, \quad d.h. \frac{d}{e} = \frac{c}{b} \tag{6.90}$$

Dann ist:

$$A_{ges} = G \cdot \frac{f}{b} = G \cdot Z_{A_{ges}} \tag{6.91}$$

Die Waage ist nach dieser Bedingung konstruiert ($Z_{A_{ges}} = 3$). Für die hintere Auftriebswaage sowie für die Widerstandswaage sind die Übersetzungsverhältnisse Z_{AH} und Z_W aus der Darstellung der Waage auf Seite 375 des Anhangs zu ersehen.

Bestimmung der Beiwerte aus den Meßdaten

Mit der Waage werden der Gesamtauftrieb A_{ges}, der hintere Auftrieb A_H und der Gesamtwiderstand von Modell und Aufhängung W bestimmt. Für eine festgelegte Geometrie des Profils (d. h. auch bei einem bestimmten Anstellwinkel) folgt aus den Ähnlichkeitsbedingungen, daß die dimensionslosen Kraftbeiwerte nur von der Re-Zahl abhängen: Die Beiwerte werden entweder in der Form $c_a, c_w, c_m = f(\alpha)$ oder in der Polarendarstellung $c_a, c_m = f(c_w)$ dargestellt, wobei die Re-Zahl als Parameter angegeben wird. Der Widerstand der Aufhängung muß gesondert gemessen und vom Gesamtwiderstand abgezogen werden, wobei die Interferenz von Modell und Halterung beachtet werden muß.

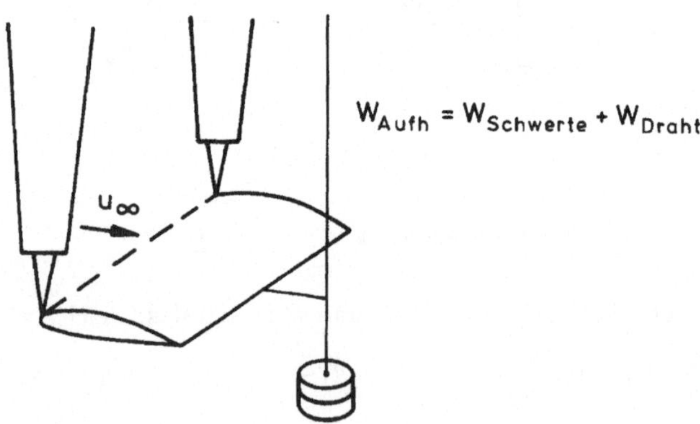

Der Widerstand der Aufhängung setzt sich nach obiger Abbildung aus dem beiden Schwertwiderständen und dem Drahtwiderstand zusammen. Der Widerstand des Schwertes wird in einem Vorversuch ohne Modell ermittelt und später bei der Dreikomponentenmessung berücksichtigt, während der Widerstand des Drahtes errechnet wird.

Der Momentenbeiwert ergibt sich aus einer Gleichgewichtsbetrachtung:

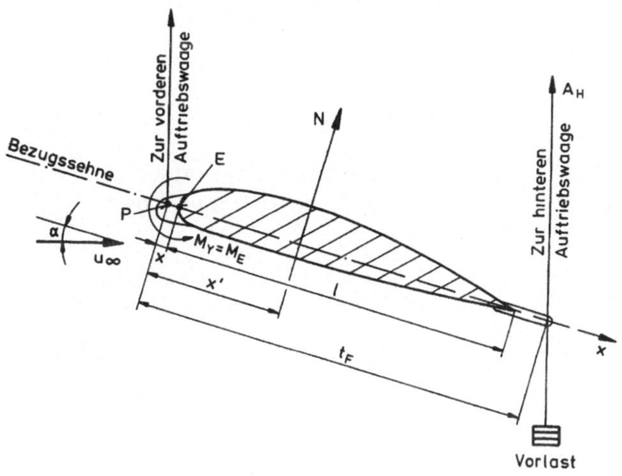

Mit Aufhängung gilt:

$$\sum M_P = 0: \; N \cdot x' - A_H \cdot t_F \cdot \cos\alpha = 0 \tag{6.92}$$

Das Flügelgewicht fällt heraus, da die Waage bei $u_\infty = 0$ abgeglichen wird. Für den freien Flug ergibt sich als Moment um E (wieder ohne Gewicht):
$M_E = N(x' - x)$. $N\,x'$ eingesetzt ergibt:

$$M_E = M_Y = A_H\, t_F\, \cos\alpha - N\,x \tag{6.93}$$

Mit der schematischen Darstellung der Luftkräfte auf Seite 375 sind

$$\begin{aligned} N &= A\cos\alpha + W\sin\alpha \\ T &= W\cos\alpha - A\sin\alpha \quad . \end{aligned} \tag{6.94}$$

Der Momentenbeiwert wird:

$$c_{m,y} = c_m = \frac{M_y}{\frac{\rho}{2} u_\infty^2 F_{Flugel}\, l_{Flügel}} \tag{6.95}$$

Bei der Bestimmung des Momentes ist die Änderung des hinteren Auftriebs (δA_H) infolge des statischen Momentes bei exzentrischer Schwerpunktlage zu beachten. Das Momentengleichgewicht um P ergibt (für $\alpha = 0$ bei symmetrischer ($\bullet$) und unsymmetrischer ($\star$) Schwerpunktlage (=Spl)):

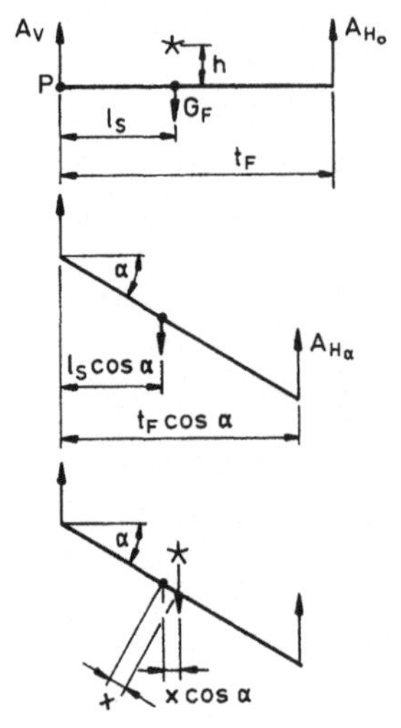

Bei symmetr. (•) und exzentr. (⋆) Spl und $\alpha = 0$
$A_{H_o}\, t_F = G_F\, l_S$

bei symmetr. Spl (•)
$A_{H_\alpha}\, t_F\, \cos\alpha = G_f\, l_S\, \cos\alpha$

bei exzentr. Spl (⋆)
$A_{H_\alpha}\, t_F\, \cos\alpha = G_f\, \cos\alpha\,(l_S + x)$

Mit $x = h\, \tan\alpha$ wird $\delta A_H = A_{H_\alpha} - A_{H_0}$
Für (•) $= 0$ für (⋆) $= G_F \dfrac{h}{t_F} \tan\alpha$

Bei Normallage des Flügels messen wir also einen zu geringen hinteren Auftrieb infolge der Änderung des statischen Momentes. Wird $h = 0$ (Schwerpunkt auf der Sehne; allgem.: auf Verbindungslinie der Aufhängepunkte), so entfällt die Korrektur $\Delta A_H = 0$. Abschätzung für den untersuchten Flügel: $G_F \approx 20kN; t_F \approx 0,3m; h \approx 3,5mm; \alpha_{max} \approx 22^o \rightarrow \tan\alpha_{max} \approx 0,4$.

$$\Delta A_{H_{max}} = \frac{2 \cdot 10^4 \cdot 3,5 \cdot 0,4}{300} N \approx 100\, N \tag{6.96}$$

$$\Delta A_H^* = \frac{1}{2}\delta A_H \longrightarrow (\Delta A_H^*)_{max} \approx 50\, N \qquad \text{(Ablesung auf 50 } N \text{ abrunden)} \tag{6.97}$$

Da der maximale Fehler bei Vernachlässigung von δA_H^* kleiner als 1% ist, soll in der Auswertung auf die Korrektur des hinteren Auftriebs verzichtet werden (bei stark gewölbten Profilen wird ΔA_H größer).

6.6.3 Meßwertübertragung

Einfluß der Reynolds-Zahl auf die Grenzschicht

Bei der Übertragung der Meßdaten vom Modell auf die Großausführung muß in inkompressibler Strömung die Re-Zahl für den Versuch und die Flugbedingungen den gleichen Wert haben; diese Forderung führt zu großen Modellen. Jedoch sind nur wenige Profilformen in Originalflügelgröße in großen Windkanälen untersucht worden.

Der Zusammenhang zwischen Kraftbeiwerten (z. B. $c_{W min}$ und $c_{a_{max}}$) und dem Grenzschichtverlauf als Funktion der Re-Zahl sei für das Profil NACA 23012 im folgenden Diagramm und der schematischen Darstellung qualitativ beschrieben.

Löst die laminare Grenzschicht hinter dem Dickenmaximum ab (Teilbild A), entsteht ein Totwassergebiet; c_W ist relativ groß. Schlägt die Grenzschicht hinter dem Dickenmaximum um (Teilbild B), löst die turbulente Grenzschicht wegen des größeren Impulsaustausches quer zur Wand erst kurz vor der Hinterkante ab; der c_W-Wert fällt und erreicht ein Minimum. Mit wachsender *Re*-Zahl wandert der Umschlagpunkt nach vorn (Teilbild C); das Stromlinienbild ändert sich gegenüber (Teilbild B) nicht, aber die Lauflänge der turbulenten Grenzschicht wird größer im Verhältnis zur Länge der laminaren; dadurch wird der Reibungsanteil des Widerstandes größer, und c_W steigt an. Ist die Grenzschicht über die nahezu gesamte Lauflänge turbulent, nimmt mit zunehmender Reynolds-Zahl der Widerstandsbeiwert ab, der Widerstand selbst steigt jedoch weiter.

Da die turbulente Grenzschicht einen größeren Druckanstieg zuläßt als die laminare, reißt die Strömung erst bei größerem Anstellwinkel (d. h. großes $c_{a_{max}}$) ab; mit steigender *Re*-Zahl wächst $c_{a_{max}}$ von 1,0 bei $Re \approx 10^5$ bis 1,7 bei $Re \approx 10^7$. Das Verhalten dieser Beiwerte zeigt die Empfindlichkeit dieses Profils gegenüber einer Änderung der *Re*-Zahl sehr deutlich.

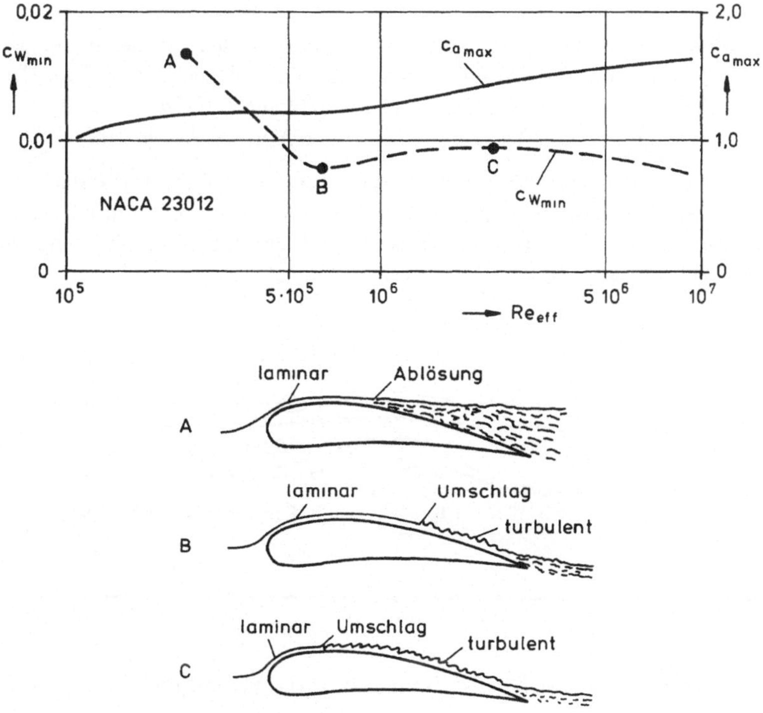

Meßwertkorrekturen infolge des endlichen Windkanaldurchmessers

Randbedingungen bei Windkanälen Durch den Einfluß der Strahlgrenze auf das Modell wird eine Korrektur der Meßdaten für die Übertragung auf das Original erforderlich. Die Modellabmessungen müssen aus diesem Grunde klein sein gegenüber dem Meßstrahldurchmesser, wogegen Ähnlichkeitsbedingungen - wegen der hohen Re-Zahlen bei Großausführungen - große Modellabmessungen fordern.

Für den geschlossenen Kanal sowie für den Freistrahl werden zunächst die Bedingungen am Rand der Meßstrecke erläutert. Beispiel: Eine frei angeströmte Kreisscheibe hat den in der Skizze schematisch dargestellten Verlauf $c_W = f(Re)$.

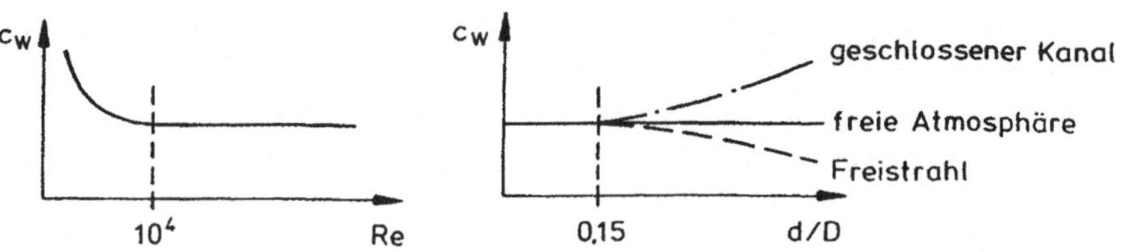

Für den Re-Zahlbereich, in dem c_W = const. ist, erhält man den skizzierten Vergleich zwischen Windkanälen und Anströmung in freier Atmosphäre (d = Durchmesser der Kreisscheibe; D = Durchmesser des Meßstrahls). Solange d/D klein bleibt (hier $d/D < 0{,}15$), stimmen die c_W-Werte beider Kanäle mit der Anströmung in freier Atmosphäre überein.

Der Vergleich eines umströmten stumpfen Körpers im geschlossenen Windkanal (feste Wand; $v_n = 0$) und in freier Atmosphäre zeigt, daß die Kanalwand die Stromlinien zusammendrückt. Das führt zu Übergeschwindigkeiten und höherem Widerstand gegenüber dem Fall der freien Anströmung (s. Abbildung).

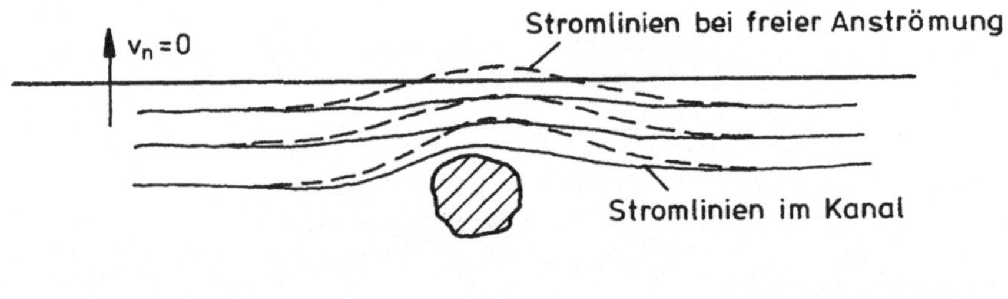

Bei einem Freistrahl sind die Verhältnisse umgekehrt; die Stromlinien können sich stärker ausdehnen als im Fall freier Anströmung.

Die wegen der Randbedingungen notwendigen Korrekturen erhält man entweder aus gesonderten Versuchen [NACA Annual Reports 1935, 1937, Pope 1954, Wien - Harms, 1932] oder aus theoretischen Abschätzungen [Pope 1954, Prandtl 1961]. Auf diese soll soweit eingegangen werden, daß die Tendenz der notwendigen Korrekturen sichtbar wird. Randbedingungen lassen sich bei Potentialströmungen relativ einfach durch Überlagerung von Singularitäten erfüllen. Zur Anwendung dieses Verfahrens werden folgende Voraussetzungen gemacht:

1. Reibungskräfte in der Mischzone am Strahlrand werden nicht berücksichtigt.
2. Vom Körper verursachte Störgeschwindigkeiten am Strahlrand sind klein gegen u_∞: $f(v_x, v_n, v_t) << u_\infty$ d. h. $h/D << 1$.
3. Inkompressibles Medium: $\rho = \text{const.}$
4. Stationäre Strömung.

Randbedingungen am Freistrahl (Kreisquerschnitt): Dazu wird die Geschwindigkeit am Strahlrand in die Komponente u_∞ und in die in der Skizze dargestellten Störgeschwindigkeitskomponenten zerlegt.

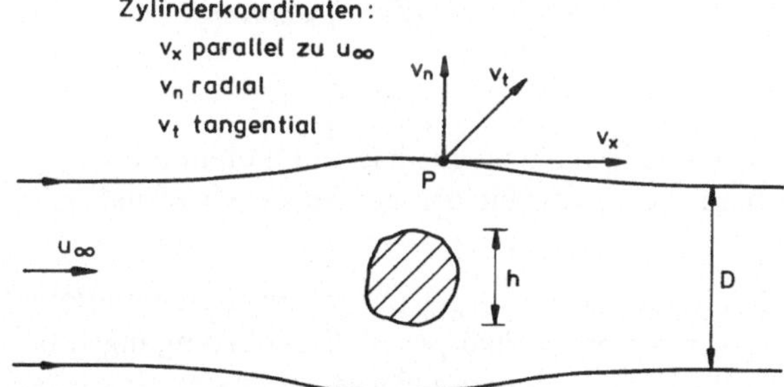

Die Bernoulli-Gleichung längs der Randstromlinie ergibt:

$$p_\infty + \frac{\rho}{2}u_\infty^2 = p + \frac{\rho}{2}\left[(u_\infty + v_x)^2 + v_n^2 + v_t^2\right] \tag{6.98}$$

Am Strahlrand herrscht überall Außendruck: $p = p_\infty$. Bei Vernachlässigung kleiner Größen (v_x, v_n, v_t) zweiter Ordnung ergibt sich

$$\frac{\rho}{2}u_\infty^2 = \frac{\rho}{2}u_\infty^2 + \rho u_\infty v_x \tag{6.99}$$

$$\rho u_\infty v_x = 0 \rightarrow v_x = 0 \tag{6.100}$$

Die Störgeschwindigkeit kann also nur eine Normal- und Tangentialkomponente haben. Das Geschwindigkeitsfeld läßt sich aus dem Potential ableiten, das sich aus der ungestörten Anströmung und dem Störpotential zusammensetzt:

$$\phi = \phi_\infty + \phi_{St}; \quad \phi_{St} = f(v_n;\ v_t) \tag{6.101}$$

Betrachtung der $n - t-$ Ebene: Unter den gemachten Voraussetzungen wird der Rand eine Potentiallinie, da die Bernoulli-Gleichung überall gilt.

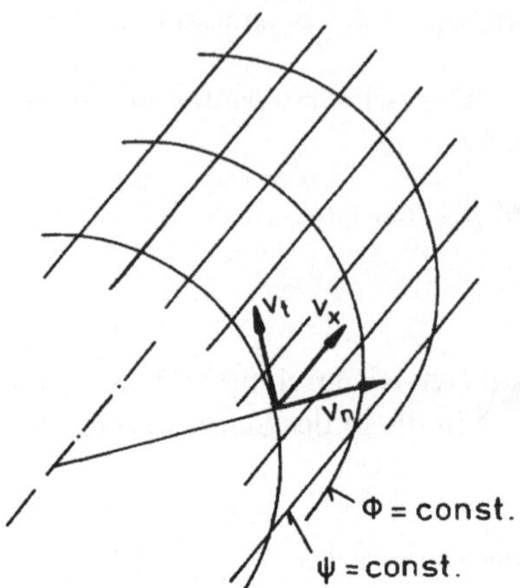

Da die Stromlinie ψ = const. senkrecht zu den Äquipotentiallinien stehen, ist $v_t = 0$. Die Randbedingungen lauten also: $v_n = 0$ für den geschlossenen Kanal; $v_x = v_t = 0$ für die offene Meßstrecke.

Gelingt es, bei einem frei umströmten Körper durch eine geeignete Potentialverteilung in einer bestimmten Entfernung von diesem Meßkörper die Randbedingungen für den betreffenden Kanaltyp zu erfüllen, so ist die Umströmung des Körpers im freien Raum derjenigen im Windkanal ähnlich.

Spiegelung von Singularitäten Für ebene Probleme ist das sogenannte Prinzip der Spiegelung eine einfache Methode, geeignete Potentiale zu suchen. Einige einfache Beispiele zum Spiegelprinzip seien zunächst erläutert:

1. Wie ändert sich das Geschwindigkeitsfeld (Stromlinienbild) einer punktförmigen Quelle in einem unendlich ausgedehnten ebenen Raum, wenn dieser durch eine gerade Wand mit der Entfernung a zur Quelle unterteilt wird?

   Die Randbedingung $v_n = 0$ wird vom Quellpotential allein offenbar nicht erfüllt. Durch Spiegelung der Quelle an der Wand (gleiche Stärke, gleicher Abstand) addieren sich die Geschwindigkeiten so, daß v_n längs der Spiegellinie verschwindet (siehe nachfolgende Abbildung). Zwei solche Quellen ergeben ein Strömungsbild, welches dem einer Einzelquelle in der Nähe einer festen Wand entspricht (Wand = Mittelsenkrechte der beiden Quellen). Die zweite Einzelquelle läßt sich dann auch als Spiegelbild der ersten Einzelquelle auffassen.

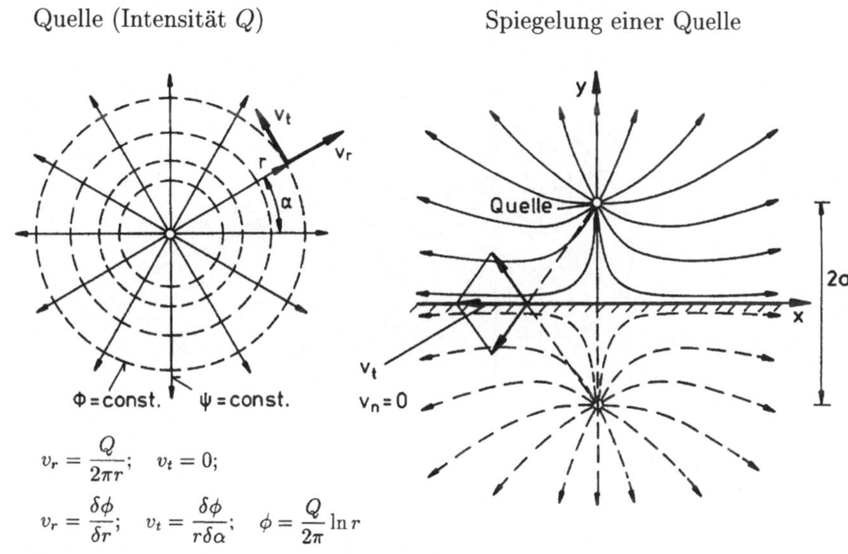

$$v_r = \frac{Q}{2\pi r}; \quad v_t = 0;$$

$$v_r = \frac{\delta\phi}{\delta r}; \quad v_t = \frac{\delta\phi}{r\delta\alpha}; \quad \phi = \frac{Q}{2\pi}\ln r$$

2. Das Strömungsbild eines Wirbels in der Nähe einer festen Wand (Zirkulation Γ) wird erreicht durch Spiegelung eines Wirbels gleicher Intensität aber umgekehrte Drehsinns:

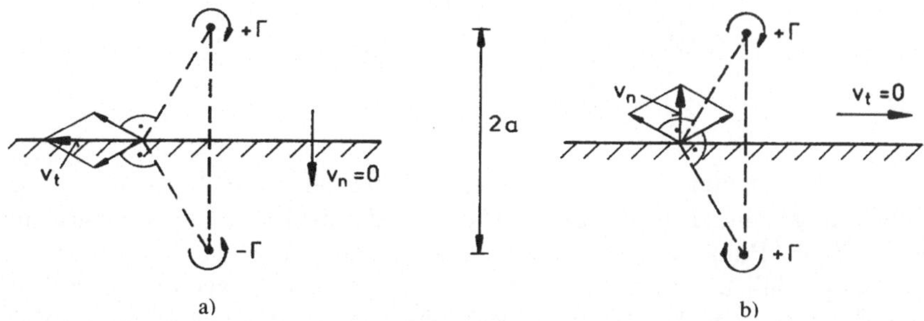

a) b)

3. Ein Wirbel in der Nähe einer Freistrahlgrenze wird simuliert durch Spiegelung eines Wirbels gleicher Intensität und gleichen Drehsinns (siehe obige Abbildung).

Anwendung der Spiegelung auf den Fall eines Tragflügels endlicher Spannweite in einem offenen Kanal (Freistrahl)

Der Strahlquerschnitt sei kreisförmig angenommen als Annäherung an den achteckigen Querschnitt des AIA-Kanals Göttinger Bauart. Für eine Abschätzung wird der Flügel durch einen tragenden Wirbel und zwei freie Randwirbel (Hufeisen) ersetzt. Es wird eine rechteckige Auftriebsverteilung angenommen.

Da die Profildicke sehr viel kleiner als der Strahldurchmesser ist, braucht die $x-y$-Ebene für eine Korrektur
($v_x = 0$) nicht betrachtet zu werden (siehe nachfolgende Abbildung) Da jedoch die Flügelbreite nur wenig kleiner als der Strahldurchmesser ist, muß die $y-z$-Ebene berücksichtigt werden.

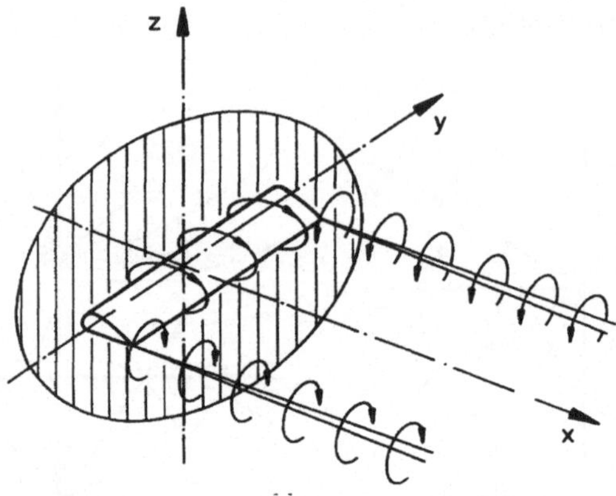

Am Ort des tragenden Wirbels wird der Strahlquerschnitt wie folgt dargestellt:

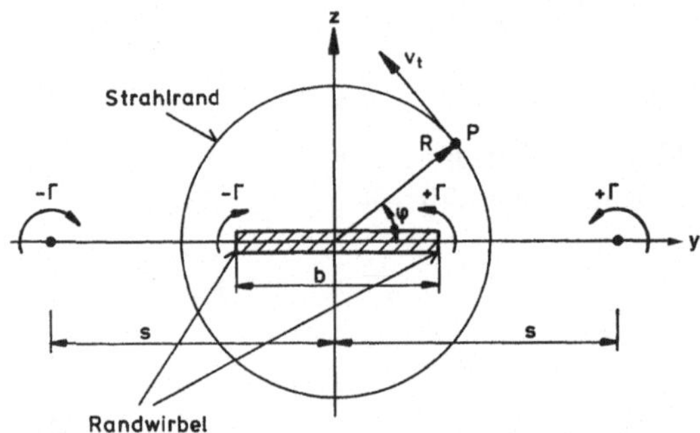

In der $y - z$-Ebene lautet die Bedingung am Strahlrand: $v_t = 0$. Sie wird vom Tragflügel im unendlich ausgedehnten Raum nicht erfüllt, da die beiden Randwirbel sich nicht zu Null ergänzen (z. B. im Punkt P). Die Randbedingung kann man durch Zusatzwirbelverteilung auf der y-Achse erfüllen. Wegen des ebenen Problems ist die Lage der Spiegelsingularitäten nicht sogleich ersichtlich. Aus Symmetriegründen benötigt man mindestens zwei Potentiale mit gleichen Abständen s vom Koordinatenursprung. Man sucht den Abstand s, bei dem an einem beliebigen Punkt P des Strahlrandes v_t dann verschwindet, wenn die Zirkulation der gespiegelten Wirbel gleich derjenigen der Flügelrandwirbel ist ($\gamma = \text{const}$).

In Polarkoordinaten:
$$v_t = \frac{1}{r}\frac{\partial\phi(r,\varphi)}{\partial\varphi} \tag{6.102}$$

Die von einem unendlich ausgedehnten Wirbelfaden induzierte Geschwindigkeit ist

$$v_t = \frac{\Gamma}{2\pi r} \tag{6.103}$$

Am Ort des tragenden Wirbels sind die freien Wirbel (von 0 bis + ∞) nur einseitig unendlich ausgedehnt. Mit dem Biot-Savart'schen Gesetz ergibt sich für den halben Wirbelfaden:

$$v_t = \frac{\Gamma}{4\pi r} \tag{6.104}$$

Man überlagert nun die vier Potentiale der in der letzten Abbildung dargestellten Wirbel und erfüllt die Bedingung: $v_t = 0$ auf dem Strahlrand. Führt man diese Rechnung durch und bestimmt den Abstand s so, daß v_t gleich Null wird, so ergibt sich:

1. Die Lösung hängt nicht von φ ab; sie gilt für alle Punkte auf dem Strahlrand.

2.

$$s = \frac{2\,R^2}{b} \qquad \text{oder} \qquad \frac{s}{R} = \frac{2\,R}{b} \tag{6.105}$$

Die Auflösung der Gleichung nach s unter der Bedingung $v_t = 0$ ist recht langwierig. Das Ergebnis wird daher nur mitgeteilt. Man erkennt, daß für $b/2 \ll R$ der Abstand s sehr groß wird, also die Zusatzwirbel wenig Einfluß auf den Strahlrand haben werden.

Die Kenntnis der den Freistrahlrand ersetzenden Wirbelverteilung gestattet nun Meßwertkorrekturen. Zunächst gilt qualitativ: Aus der Drehrichtung der Zusatzwirbel folgt, daß am Ort des Flügels eine zusätzliche Abwärtsgeschwindigkeit induziert wird. Man mißt also gegenüber der freien Atmosphäre im Freistrahl einen zu großen induzierten Widerstand und einen zu großen induzierten Anstellwinkel.

Flügelmitte: Vom linken Zusatzwirbel erhält man als Abwärtsgeschwindigkeit $\Gamma/4\pi s$, vom rechten den gleichen Betrag $\Gamma/4\pi s$.

Die Abwärtsgeschwindigkeit ist:

$$\Delta W = 2\,\frac{\Gamma}{4\pi s} = \frac{\Gamma}{2\pi s} = \frac{\Gamma\,b}{4\,\pi\,R^2} \tag{6.106}$$

Für eine Abschätzung sei $s \gg b/2$, so daß man das ΔW längs der Flügelspannweite als konstant ansehen kann. Der Zusammenhang zwischen Auftrieb und Zirkulation ist nach Kutta-Joukowsky:

$$\Gamma = \frac{A}{\rho u_\infty b} \quad . \tag{6.107}$$

Die Abwärtsgeschwindigkeit wird

$$\Delta W = \frac{A \cdot b/2}{\rho u_\infty b 2\pi R^2} = \frac{A}{4\rho u_\infty F_{Freistrahl}} \quad . \tag{6.108}$$

Aus der Anstellwinkeländerung

$$\Delta\alpha_i = \frac{\Delta W}{u_\infty} = \frac{2\,A}{8\,\rho\,u_\infty^2 F_D} \tag{6.109}$$

ergibt sich die Änderung des induzierten Widerstandes

$$\Delta W_i = A\Delta\alpha_i = \frac{A^2}{4\,\rho\,u_\infty^2 F_D} \quad . \tag{6.110}$$

Die gemessenen Werte α und W sind also um diese Korrekturwerte zu verringern, um sie dem Flügel in freier Atmosphäre zuzuordnen. Eine genaue Korrektur wird an Stelle des tragenden

Wirbels die tatsächliche Auftriebsverteilung berücksichtigen; die Zusatzwirbel haben dann eine entsprechende Verteilung. Prandtl [1961] hat diese Rechnung für die elliptische Auftriebsverteilung durchgeführt.

$$\Delta W_i = \frac{A^2}{8\frac{\rho}{2}u_\infty^2 F_D}\left[1 + \frac{3}{16}\left(\frac{b}{D}\right)^4 + \frac{5}{64}\left(\frac{b}{D}\right)^8 + ...\right] \tag{6.111}$$

mit $D = 2R$; und F = Fläche des Freistrahls.

$$\Delta\alpha_i = \frac{A}{8\frac{\rho}{2}u_\infty^2 F_D}\left[1 + \frac{3}{16}\left(\frac{b}{D}\right)^4 + \frac{5}{64}\left(\frac{b}{D}\right)^8 + ...\right] \tag{6.112}$$

Das erste Glied stimmt mit der groben Abschätzung überein; das zweite bringt für $b/D = 1/2$ z. B. einen weiteren Anteil von nur ca. 1 % des ersten Gliedes.

Diese Korrekturformeln sind auf dem Auswertebogen angegeben.

Literaturhinweise

ABBOTT, J.H., v. DOENHOFF, A.E. *Theory of Wind Sections*, Dover Publications, Inc., New York, 1959

ERGEBNISSE DER AVA GÖTTINGEN: III Lieferung, 1927.

NACA ANNUAL REPORTS: *z. B. für Profil NACA 23012:*, Tech. Rep. Nr. 530, 21st Ann. Rep. 1935 Tech. Rep. Nr. 586, 23rd Ann. Rep. 1937

PANKHURST, R.C., HOLDER, D.W.: *Wind-Tunnel Technique* Pitmann & Sons, Ltd. London.

POPE, A *Wind-Tunnel Testing*, Wiley & Sons, Inc., New York, 1954.

PRANDTL, L.: *Gesammelte Abhandlungen zur angewandten Mechanik, Hydro- und Aerodynamik, 1. Teil,* Springer-Verlag 1961.

RIEGELS, W. *Aerodynamische Profile*, Oldenbourg, München 1958,

WIEN - HARMS: *Handbuch der Experimentalphysik, Bd. IV,2. Teil*, Akad. Verlagges., Leipzig, 1932.

6.6.4 Auswertung

1. Zeichnen Sie folgende Funktionen in ein Diagramm
   a) c_a, c_W, $c_m = f(\alpha)$

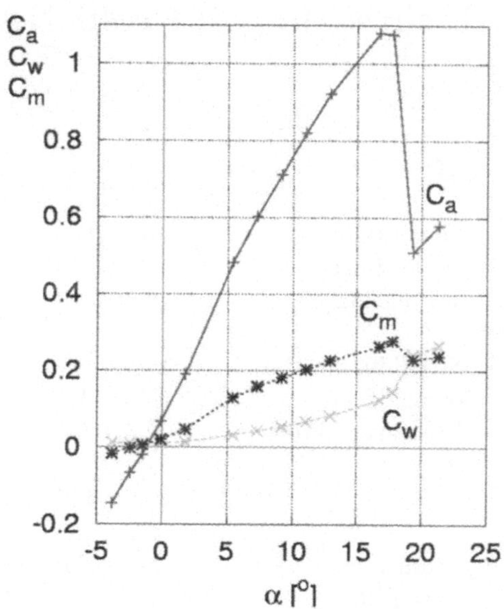

   b) c_a, $c_m = f(c_w)$

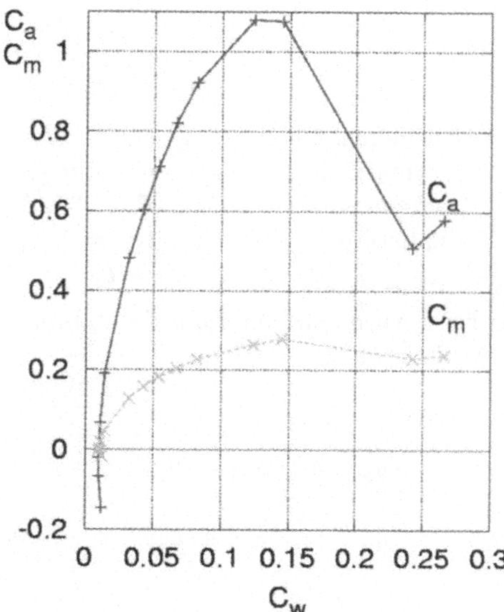

Auswertung einer Dreikomponentenmessung A_{ges}, W_{ges}, M_y am Rechteckflügel, Profil NACA 23012

Flügeldaten:	Spannweite	$b_f = 0.9\,m$
	Bezugsflügeltiefe	$l = l_\mu = 0.2\,m$
	⇒Flügelfläche	$F = [m^2]$
Windkanaldaten:	Strahldurchmesser	$D_D = 1.22\,m$
	Strahlfläche	$F_D = 1.165\,m^2$
	Düseneichfaktor	$\vartheta = 0.98$
Aufhängung:		$t_F = 0.2965\,m$
		$x = 0.0075\,m$
	Drahtdurchmesser	$\varnothing = 0.6\,mm$
	Gesamtfläche	$f_{W_{Aufh\,ges}} = 2.868 \cdot 10^{-3}\,m^2$
Waagengeometrien:		$z_{A_{ges}} = \frac{d}{e} = \frac{c}{b} = 3$
		$z_{A_H} = \frac{h}{g} = 2$
		$z_W = \frac{k}{i} = 1$
Luftdaten:	Umgebungsdruck	$Ba = [mm\ Hg]$
	Kinematische Zähigkeit	$\nu = [m^2/s]$
	Gaskonstante	$R = 287 J/kgK = 287\,m^2/s^2K$
	Temperatur	$t_{Str} = [^oC]$
		$\Rightarrow T_{Str} = [K]$

Der Düsenvorkammerdruck wurde im Versuch auf 81,6 $mm\ WS$ eingestellt. Danach ergibt sich der Staudruck in der Meßstrecke zu

$$q'_\infty = \Delta p_{DV} \cdot \vartheta = [mm\ WS]$$

$$q_\infty = \rho_W \cdot g \cdot q'_\infty = [Nm^2]$$

Ermitteln Sie die Anströmgeschwindigkeit u_∞ und die Reynolds-Zahl.

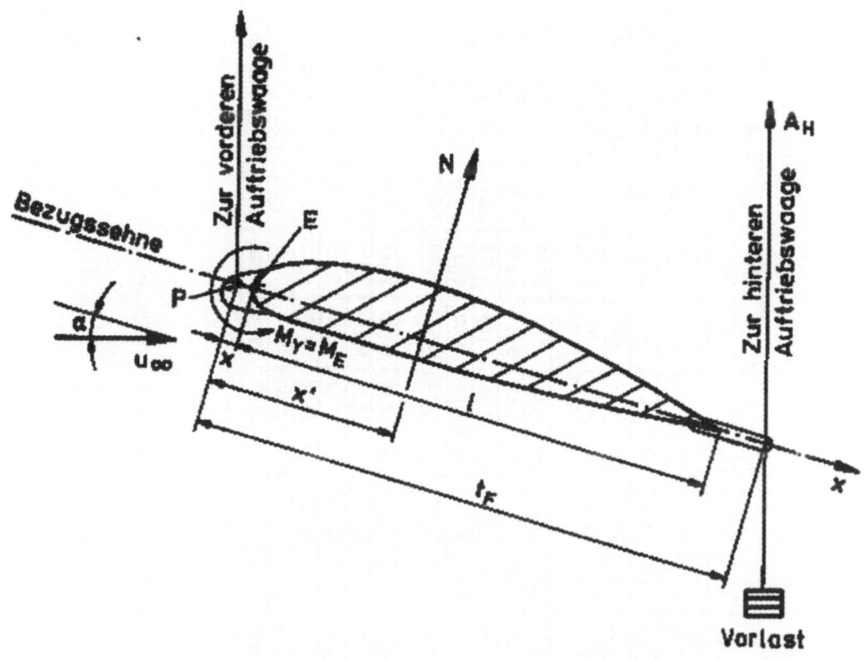

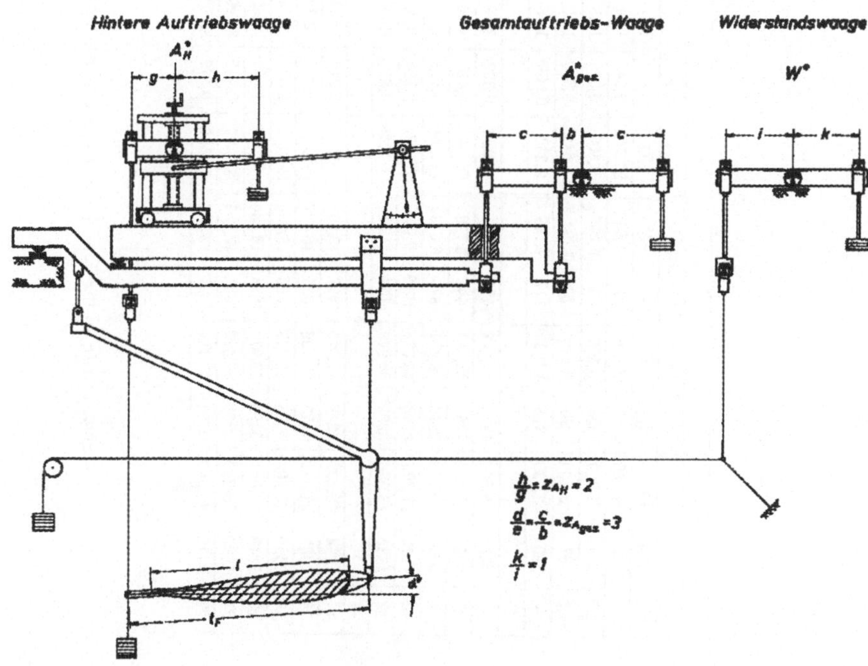

Dreikomponentenmessung Modellgrößen u. angreifende Luftkräfte (oben)
3-Komponentenwaage (unten)

1	2		3		4		5	6	7	8	9	10	11	12	13	14	15	16	17
α^*	W^-		A'_{ges}		A'_H		A_{ges}	c_a	W''	ΔW_i	W	c_w	$\Delta\alpha_i$	α	N	M_H	M_N	M_y	c_m
[°]	[p]	[N]	[p]	[N]	[p]	[N]	[N]	—	[N]	[N]	[N]	--	[°]	[°]	[N]	[Nm]	[Nm]	[Nm]	--
-4	427	4,200	-705	-6,916	-105	-1,030	-20,748	-0,147	1,94	0,06	1,88	0,013	-0,17	-3,83	-20,83	-0,609	-0,156	-0,453	-0,0160
-2,5	375	3,700	-333	-3,300	-21	-0,206	-9,800	-0,069	1,43	0,01	1,41	0,010	-0,08	-2,42	-9,85	-0,122	-0,074	-0,048	-0,0017
-1,5	367	3,600	-90	-0,883	30	0,294	-2,649	-0,019	1,35	0,00	1,35	0,010	-0,02	-1,48	-2,68	0,174	-0,020	0,195	0,0069
0	380	3,730	316	3,100	117	1,148	9,300	0,066	1,48	0,01	1,46	0,010	0.08	-0,08	9,30	0,681	0,070	0,611	0,0216
2																			
4	555	5,500	1571	15,412	470	4,611	46,235	0,327	3,19	0,31	2,89	0,020	0,38	3,62	46,32	2,729	0,347	2,381	0,0843
6	729	7,152	2261	22,180	693	6,798	66,541	0,472	4,90	0,64	4,26	0,030	0,55	5,45	66,65	4,013	0,500	3,513	0,1244
8	931	9,133	2872	28,174	879	8,623	84,523	0,598	6,88	1,03	5,85	0,041	0.70	7,30	84,58	5,072	0,634	4,438	0,1571
10	1142	11,203	3398	33,334	1019	9,996	100,003	0,708	8,95	1,44	7,51	0,053	0,83	9,17	99,92	5,852	0,749	5,103	0,1806
12	1335	13,096	3899	38,249	1153	11,311	114,748	0,812	10,85	1,90	8,95	0,063	0,95	11,05	114,33	6,583	0,858	5,725	0,2027
14																			
16	1974	19,400	4817	47,540	1417	13,901	142,647	1,010	17,11	2,94	14,18	0,100	1,18	14,82	141,53	7,969	1,061	6,907	0,2445
18	2307	22,632	5178	50,796	1540	15,107	152,400	1,079	20.38	3,35	17,03	0,121	1,26	16,74	150.84	8,579	1,131	7,446	0,2636
19	2586	25,400	5173	50,747	1620	15,892	152,241	1,075	23,12	3,34	19,77	0,140	1,26	17,74	151,03	8,976	1,133	7,843	0,2776
20	2819	27,654	5190	50,914	1665	16.334	152,742	1.081	23,40	3,37	22,04	0.136	1.26	18,74	151,73	9.173	1,138	8,035	0,2844
21	4000	39.240	2795	27,420	1331	13.057	82,300	0.552	36,99	0.98	36,01	0.255	0,68	20,32	89.64	7,261	0,672	6,589	0,2332
22	4112	40,340	2771	27,184	1357	13,312	91,550	0,577	38,09	0,96	37,13	0,263	0,67	21,33	89.47	7,354	0,671	6,683	0,2365

Auswertung einer Dreikomponentenmessung (Auftrieb, Widerstand, Nickmoment)

(Zahlen in () stellen die Rubriknummern im Meßprotokoll dar)

Meßwerte:

(1) geometrischer Anstellwinkel $\alpha^*[^o]$ (3) Gesamtauftrieb $A^*_{ges}[N]$

(2) Widerstand $W^*[N]$ (4) Auftrieb hinten $A^*_h[N]$

Ermittlung des Auftriebsbeiwertes:

(5) $A_{ges} = z_{A_{ges}} \cdot A^*_{ges}$ (6) $c_a = \dfrac{A_{ges}}{q_\infty \cdot F}$

Ermittlung des korrigierten Widerstandsbeiwertes:

a) Korrektur des Aufhängungseinflusses:

(7) $W' = z_W(W^* - W_{Aufh})$
mit $W_{Aufh} = c_w \cdot q_\infty \cdot f_{w_{Aufh}}$
$c_w = 1$

b) Korrektur des Einflusses des induzierten Widerstandes

(8) $\Delta W_\imath = \dfrac{A^2_{ges}}{8 q_\infty F_D}\left(1 + \dfrac{3}{16}\left(\dfrac{b_F}{D_D}\right)^4\right)$

(9) $W = W' - \Delta W_\imath$

(10) $c_w = \dfrac{W}{q_\infty F}$

Ermittlung des effektiven Anstellwinkels:

induzierter Anstellwinkel $\Delta\alpha_\imath$ im Freistrahl

(11) $\Delta\alpha_\imath = \dfrac{A_{ges}}{8 q_\infty F_D}\left(1 + \dfrac{3}{16}\left(\dfrac{b_F}{D_D}\right)^4\right)\dfrac{180}{\pi}$

(12) $\alpha = \alpha^* - \Delta\alpha_\imath$

Ermittlung der Normalkraft: (vgl. Seite 375)

(13) $N = A_{ges}\cos\alpha + W\sin\alpha$

Ermittlung des Nickmomentenbeiwertes, bezogen auf E:

(14) $M_H = A_H \cdot t_F \cdot \cos\alpha$
mit $A_H = A^*_H \cdot z_{AH}$

(15) $M_N = N \cdot x$

(16) $M_E = M_y = A_H \cdot t_F \cdot \cos\alpha - N \cdot x$

(17) $c_{my} = c_m = \dfrac{M_y}{q_\infty \cdot F \cdot l_\mu}$

6.7 Ausbreitung von Oberflächenwellen im seichten Wasser und von Druckwellen in Gasen.

Zusammenfassung Die Analogie zwischen den Strömungsvorgängen in flachem Wasser und der kompressiblen Gasströmung bezeichnet man als "Wasseranalogie". Zum Studium der Ausbreitung einer Druckwelle in einem mit Gas gefüllten Rohr wird die Ausbreitung einer Oberlächenwelle in einem seichten Gerinne untersucht.

6.7.1 Einleitung

In der Pysik nennt man unterschiedliche Vorgänge dann analog, wenn sie durch die gleichen mathematischen Beziehungen beschrieben werden. Die örtlichen Zustansänderungen in einem Strömungsfeld werden im allgemeinen durch partielle Differentialgleichungen mit vorgegebenen Rand- bzw. Anfangsbedingungen beschrieben. Kann ein anderer physikalischer Vorgang gefunden werden, der den gleichen Differentialgelichungen genügt, hat man ein dem Strömungsfeld analoges Feld.

In der Strömungsmechanik haben nur solche Analogien Bedeutung, die gestatten, das Strömungsfeld durch Übertragung von Beobachtungs- und Meßergebnissen aus dem analogen Feld einfacher als durch ein Strömungsexperiment zu bestimmen. Einige bekannte Beispiele für solche Analogien sind:

a) die elektrische Analogie der inkopressiblen Potentialströmung

Das Potential u des elektrischen Stromes in einem homogenen räumlichen Leiter genügt ebenso wie das Strömungspotential Φ der Laplaceschen Differentialgelichung

$$\Delta u = 0 \quad ; \quad \Delta\Phi = 0 \tag{6.113}$$

b) Die Hele-Shaw-Strömung

Wenn in der inkompressiblen Srömung die Trägheitskräfte gegenüber den Reibungskräften vernachlässigbar sind, wird sie durch die Laplacesche Differentialgelichung für den Druck p beschrieben:

$$\Delta p = 0 \tag{6.114}$$

Damit ist der Druck p die dem Strömungspotential Φ der inkompressiblen Potentialströmung analoge Größe. Diese Analogie wird im Versuch Druckverteilung am Halbkörper zur Beobachtung von Potentialströmungen um Körper verwendet.

6.7.2 Die Wasseranalogie der kompressiblen Strömung

Das Analogon der Gasströmung ist die Falchwasserströmung. Die Analogie gilt für stationäre und instationäre Strömungen.

Beobachtung

Im flachen, rasch stationär fließenden ("schießendem") Wasser in Gerinnen beobachtet man Oberlächenwellen, die wie Machsche Linien von Unebenheiten an den Wänden ausgehen:

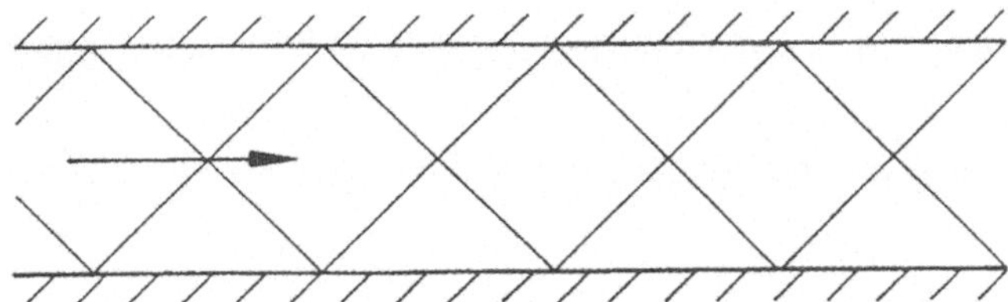

Vor einem Hinedernis zeigt sich ein Aufstau ("Wassersprung"), der die Form der Kopfwelle vor einem Körper in Überschallströmung hat:

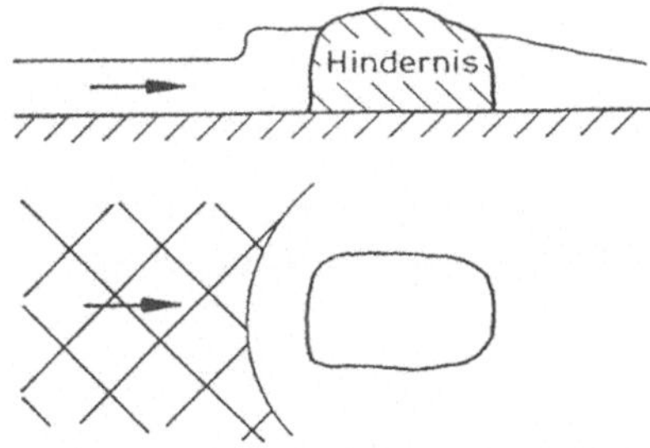

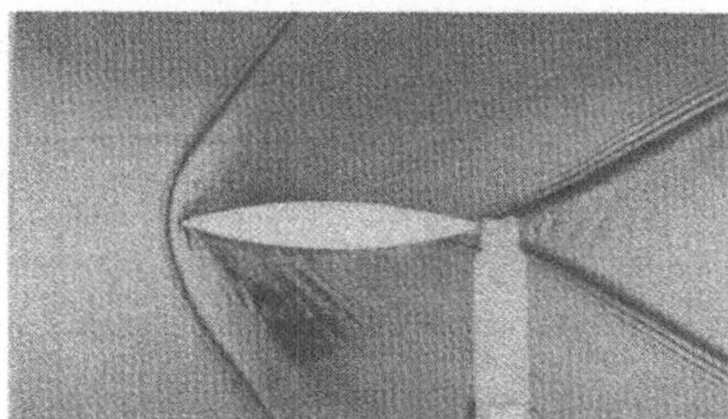

So kann schon aufgrund solcher Beobachtungen eine Analogie zwischen Überschallströmungen in Gasen und rasch fließendem Wasser vermutet werden. Diese Analogie besteht aber auch für Gasströmugen mit Unterschallgeschwindigkeit, wie eine genause Analyse bestätigt [Preiswerk 1938].

Oberflächenwellen

Als Oberlächenwellen [Prandtl 1965] bezeichnet man Wellen an der Grenze zweier Medien. Bei Oberlächenwellen auf einer freien Flüssigkeitsoberfläche unterscheidet man nach der Natur der Rückstellkraft Schwerewellen und Kapillarwellen.

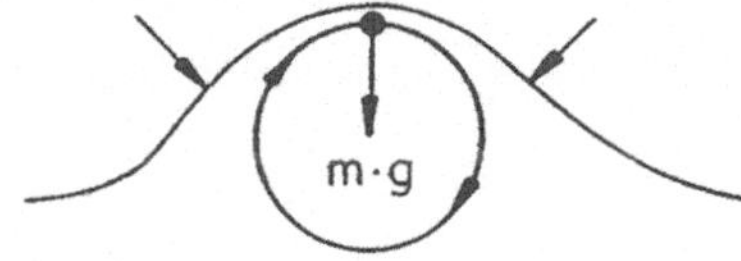

Schwerewellen

Unter der Wirkung der Trägheit und der Schwere laufen die einzelnen Flüssigkeitsteilchen angenähert auf Kreisbahnen senkrecht zur Oberfläche, deren Durchmessser mit der Tiefe unter der Wasseroberläche sehr stark abnimmt. Die Anwendung der Potentialtheorie auf Schwerewellen [Truckenbrodt 1968] ergibt für die Fortpflanzungsgeschwindigkeit eines Wellenberges, auch Phasengeschwindigkeit genannt,

$$c = \sqrt{\frac{\lambda\, g}{2\,\pi} \tan h \left(\frac{2\,\pi h}{\lambda}\right)} \quad . \tag{6.115}$$

Die Abhängigkeit der Fortpflanzungsgeschwindigkeit von der Wellenlänge wird als Dispersion bezeichnet.

Ist die Wassertiefe groß im Vergleich zur Wellenlänge ($h \ll \lambda$), wird

$$c = \sqrt{\frac{\lambda\, g}{2\,\pi}} \quad . \tag{6.116}$$

Ist umgekehrt die Wassertiefe sehr viel kleiner als die Wellenlänge ($hgg\lambda$), wird

$$c = \sqrt{g\, h} \quad . \tag{6.117}$$

In folgenden Abschnitt wird die Analogie der Ausbreitungsgeschwindigkeit $c = \sqrt{g\, h}$ einer "Flachwasserwelle" zu der Ausbreitungsgeschwindigkeit von Wellen in idealen Gasen konstanter spezifischer Wärme hergeleitet.

Kapillarwellen

Bei sehr kurzen Wellen werden die Rückstellkräfte, die die Welle wieder zu glätten suche, nicht mehr von der Schwere, sondern überwiegend von Oberlächenspanung erzeugt. Für die Phasengeschwindigkeit gilt:

$$c = \sqrt{\frac{2\,\pi\,\sigma}{\rho\,\lambda}} \tag{6.118}$$

Darin bedeutet σ die Kapillarkonstante. Für Wasser ist $\sigma = 72 \cdot 10^{-3} N/m$. Unter Berücksichtigung von Schwere und Kapillarität gilt für die Phasengeschwindigkeit von

Oberflächenwellen in tiefem Wasser

$$c = \sqrt{\frac{\lambda\, g}{2\,\pi} + \frac{2\,\pi\,\sigma}{\rho\,\lambda}} \quad . \tag{6.119}$$

Für die Wellenlänge $\lambda = 2\,\pi\sqrt{\sigma/g\,\rho}$ hat die Geschwindigkeit ein Minimum. Die Werte für Wasser sind $\lambda = 1,7\ cm$ und $c_{min} = 23,3\ cm/s$.

Herleitung der analogen Gesetze

Mit den Voraussetzungen für

Gas	Wasser
- ideales Gas mit konstanten spezifischen Wärmen	-flaches Wasser $z_0 \ll \lambda$ (dies bedeutet: Vertikalkomponenten von Geschwindigkeit und Beschleunigung sind vernachlässigbar)
-isentrope Srömung	-reibungsfreie Strömung

läßt sich zeigen, daß eine ebene instationäre Gasströmung und die Flachwaserströmung durch analoge Differentialgleichungen beschrieben werden [Niehus 1968].

Als Spezialfall wird nun die Analogie zwischen der Ausbreitung einer Druckströmung in einem mit Gas gefüllten Rohr konstanten Querschnitts und in einem seichten Wassergerinne konstanter Breite hergeleitet.

Gas	Wasser

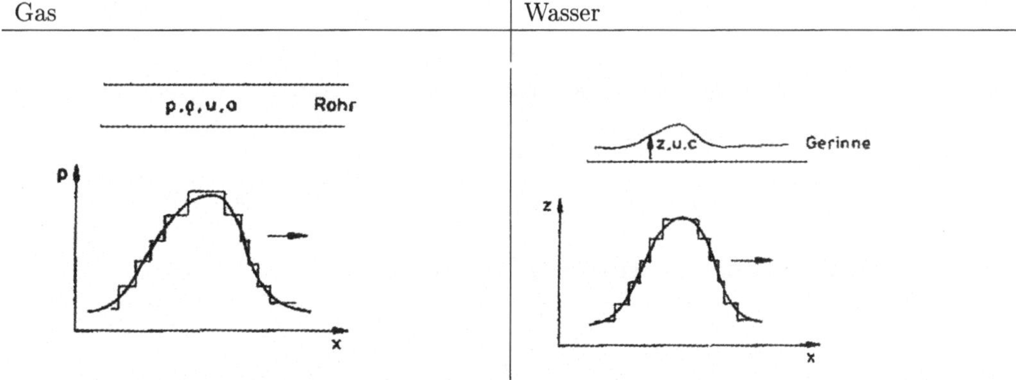

Betrachtet wird die skizzierte stetige Einzelwelle endlicher Amplitude, deren Verlauf durch eine Folge endlich vieler Wellenelemente, in denen sich der Strömungszustand unstetig ändert, approximiert wird.

Ein solches Wellenelement, durch das der Zustand des Fluids geringfügig geändert wird, z.B. die Geschwindigkeit von u auf $u + du$, breite sich mit Schallgeschwindigkeit im Gas bzw. Grundwellengeschwindigkeit im Wasser aus. Seine absolute Geschwindigkeit ist also $u + a$ bzw. $u + c$. Mit der absoluten Geschwindigkeit bewege sich auch die skizzierte Kontrollfläche.

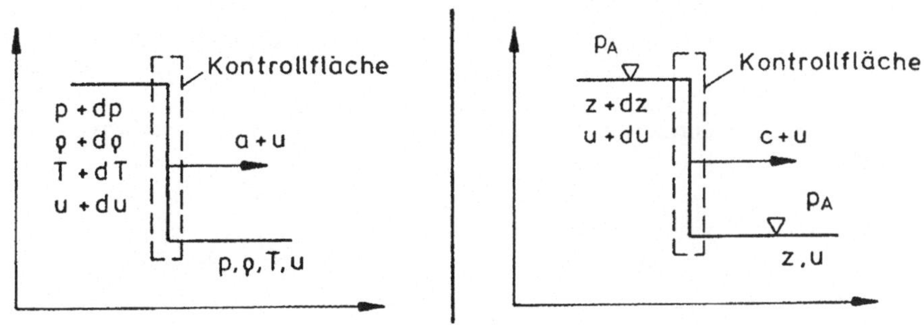

Für einen mit dieser Kontrollfläche mitlaufenden Beobachter erscheinen die durch das Wellenelement erzeugten Zustandsänderungen stationär. Für dieses System können daher die Grundgleichungen für stationäre Strömungen angesetzt werden:

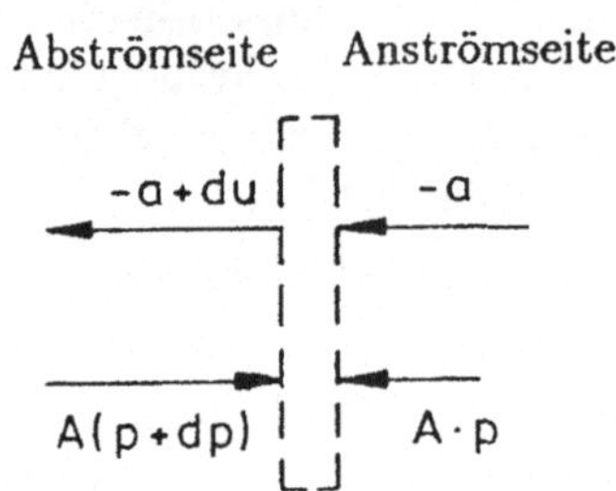

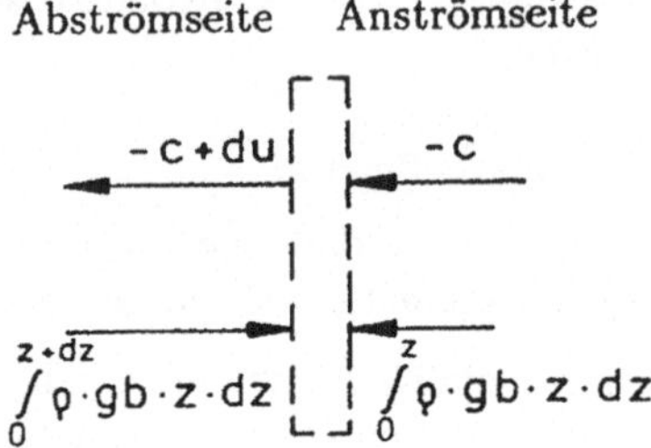

$u-(u+a)=-a$	Anströmgeschwindigkeit	$u-(u+c)=-c$
$u+du-(u+a)=-a+du$	Abströmgeschwindigkeit	$u+du-(u+c)=-c+du$

Damit ergibt die Kontinuitätsgleichung:

$$-a\rho\cdot A=(-a+du)(\rho+d\rho)\cdot A \;\Big|\; -c\rho bz=(-c+du)\rho\cdot b(z+dz)$$

und bei Vernachlässigung der Glieder höherer Ordnung

$$\rho\, du = a d\rho \qquad\Big|\qquad z\, du = cdz$$

Der Impulssatz ergibt:

$$-(\rho+d\rho)(-a+du)^2A+\rho a^2A=(p+dp)A-pA \quad\Big|\quad \begin{aligned}&-\rho b(z+dz)(-c+du)^2+\rho bzc^2\\&=\int_0^{z+dz}\rho gb\cdot zdz-\int_0^z\rho gb\cdot zdz\end{aligned}$$

Bei Vernachlässigung der Glieder höherer Ordnung ist

$$dp=a\rho du \qquad\Big|\qquad d\left(\frac{gz^2}{2}\right)=czdu$$

Aus den vereinfachten Kontinuitäts- und Impulsgleichungen folgt für die relative Ausbreitungsgeschwindigkeit

$$a^2=\frac{dp}{d\rho} \qquad\Big|\qquad c^2=\frac{d}{dz}\left(\frac{gz^2}{2}\right)$$

bzw.

$$a^2=\kappa\frac{p}{\rho} \qquad\Big|\qquad c^2=2\frac{\frac{g}{2}z^2}{z}=gz$$

(entsprechend Vorraussetzung:
Isentrope Zustandsänderung)

Durch Kombination können weitere analoge Größe gefunden werden. Aus der obigen Gleichung folgt zunächst:

$\frac{a_2^2}{a_1^2} = \frac{\kappa_2 R}{\kappa_1 R} \frac{T_2}{T_1}$	$\frac{c_2^2}{c_1^2} = \frac{2\frac{g}{2}z_2}{2\frac{g}{2}z_1}$
und für $\kappa =$ konst.	
$\frac{a_2^2}{a_1^2} = \frac{T_2}{T_1}$	$\frac{c_2^2}{c_1^2} = \frac{z_2}{z_1}$
Für ideales Gas konst. spez. Wärme folgt mit $h = c_p \cdot T = \frac{a^2}{\kappa-1}$ und $dh - \frac{1}{\rho}dp = 0$ (Isentrope) aus der vereinfachten Impulsgleichung	direkt aus der Kontinuitäts-, Impulsgleichung und der Ausbreitungsgeschwindigkeit
$du = \frac{2}{\kappa-1}da$	$du = 2d(\sqrt{gz})$

Analoge Größen und Schlußfolgerungen

Hieraus ergeben sich die analogen Größen:

Gas	*Wasser*
kompressibel	inkompressibel
Geschwindigkeit u	Geschwindigkeit u
Schallgeschwindigkeit a	Grundwellengeschwindigkeit c
Dichte ρ	Wasserhöhe z
Druch p	Produkt $\frac{1}{2}gz^2$
Verhältnis der spex. Wärme κ	Konstante 2
Temperatur T	Wasserhöhe z
Gaskonstante R	Kostante $\frac{g}{2}$
spezifische Wärme c_p	Konstante g
spezifische Wärme c_v	Konstante $\frac{g}{2}$
Machzahl $M = \frac{u}{a}$	Froudezahl $Fr = \frac{u}{c}$
Unterschallströmung $M > 1$	strömende Bewegung $Fr < 1$
Überschallströmung $M > 1$	schießende Bewegung $Fr > 1$

Aus den letzten Gleichungen folgt, wie sich innerhalb der Welle Druck, Teilchen- und Schall- bzw. Grundwellengeschwindikgeit ändern: Der Kopf der skizzierten Welle läuft schneller als ihr Schwanz. Wellenfronten, in denen sich Druck bzw. Wasserhöhe vergrößern, steilen sich auf, Wellenfronten, in denen sich diese Größen vermindern, flachen ab. Bei Gasen führt dieses Aufsteilen zum nichtisentropen Verdichtungsstoß; das Aufsteilen einer Oberflächenwelle führt zum verlustbehafteten Wassersprung.

Die am Beispiel der Einzelwelle abgeleitete Wasseranalogie für ein Gas mit dem Isentropenexponenten $\kappa = 2$ gilt allgemein für die Flachwasseranalogie. Solch ein Gas existiert nicht, $\kappa = 2$

entspricht wegen $\kappa = \frac{f+2}{f}$ einem Gas mit nur 2 Freiheitsgraden, wohingegen ein einatomiges Gas ($\kappa = 1,66$) schon 3 Freiheitsgrade besitzt. Durch vom Rechteckquerschnitt abweichende Gerinneformen können auch andere Werte des Isentropenexponenten κ nachgebildet werden. Für einen Dreiecksquerschnitt ergibt sich die Analogie zu einem Gas mit $\kappa = 1,5$.

Die Wasseranalogie wird im allgemeinen zur qualitativen Klärung von komplizierten Strömungsvorgängen, die rechnerisch aber auch experimentell schwer erfaßbar sind, angewandt. Sie erlaubt Vorgänge, wie z. B. die Ausbreitung einer Druckwelle (Auspuffsystem), die wegen ihrer großen Ausbreitungsgeschwindigkeiten nicht direkt zu beobachten sind, durch den analogen Vorgang im Gerinne gut zu verfolgen.

Literaturhinweise

NIEHAUS, G.: *Die Anwendbarkeit der Gas-Flachwasser-Analogie in quantitativer Form auf Strömungen um stumpfe Körper*, DLR, FB 68-21,1968

PRANDTL, L: *Führer durch die Strömungslehre*, Vieweg-Verlag, 1965

PREISWERK, E.: *Anwendung gasdynamischer Methoden auf Wasserströmungen mit freier Oberfläche*, ETH-Bericht Nr. 7, 1938.

TRUCKENBRODT, E: *Strömungsmechanik*, Springer-Verlag, 1968, S.355 ff.

Lexikon der Physik, Francksche Verlagsbuchhandlung Stuttgart

6.7.3 Versuchsdurchführung

Es wird ein einfacher instationärer Vorgang betrachtet, nämlich die Ausbreitung einer Oberlächenwelle durch Flachwasser in einem Gerinne konstanter Breite als Analogon zur Ausbreitung einer Druckwelle durch ein Gas in einem Rohr konstanten Querschnitts.

Im Versuch wird zunächst die Abhängigkeit der Grundwellengeschwindigkeit c von der Wasserspiegelhöhe z_0 gemessen, die der Abhängigkeit der Schallgeschwindigkeit eines Gases a von der Temperatur T analog ist. Danach wird die Veränderung des Wellenprofils einer Oberflächenwelle im Verlauf ihrer Wanderung durch das Gerinne untersucht, die sich analog der Profiländerung einer Druckwelle in einem Rohr vollzieht.

6.7.4 Auswertung

1. Messung der Ausbreitungsgeschwindigkeit einer kleinen Ströung in Abhängigkeit von der Wasserpiegelhöhe und Vergleich der gemessenen Geschwindigkeitswerten $c = \frac{\Delta x}{\Delta t}$ mit den nach der Theorie errechneten $c = \sqrt{g \cdot z_0}$

Δx	z_0	Δt	$c = \frac{\Delta x}{t}$	$c = \sqrt{g \cdot z_0}$
mm	mm	s	$\frac{m}{s}$	$\frac{m}{s}$
2000	25	3.6	0.55	0.495
		3.8	0.526	
		3.8	0.526	
	35	3.3	0.61	0.586
		3.3	0.61	
		3.25	0.615	
	46	2.8	0.714	0.672
		2.8	0.714	

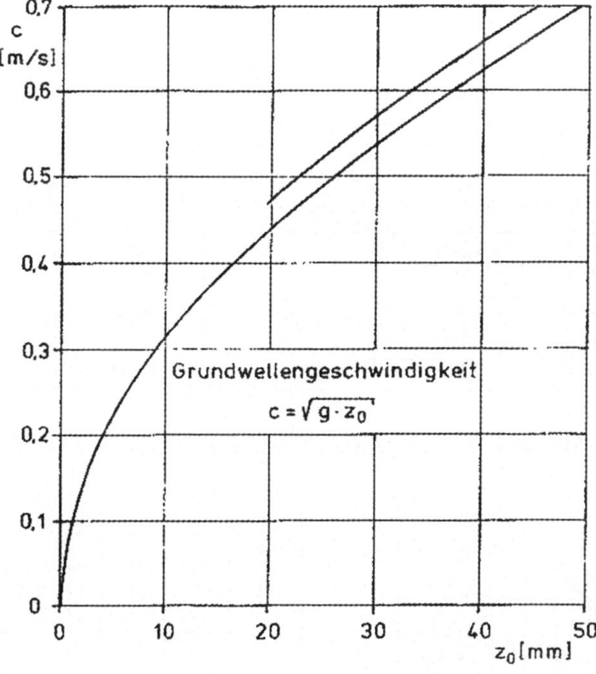

2. Vergleich zwischen gemessener (obere Kurve) und berechneter Verformung (untere Kurve) einer Oberflächenwelle längs des Gerinnes.

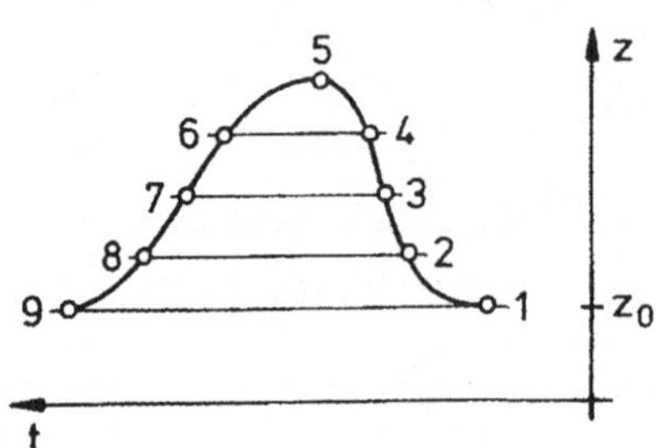

Die Ausgangswelle (Meßstelle I) soll in mindestens 8 Abschnitte unterteilt werden und für deren Endpunkte die theoretische Ausbreitungsgeschwindigkeit ermittelt werden. Die Verformung der Welle, die sich damit längs ihrer Wanderung durch das Gerinne ergäbe, wird mit der tatsächlich gemessenen verglichen.

Wie zuvor gezeigt beträgt die absolute Ausbreitungsgeschwindigkeit eines Wellenelementes

$\frac{dx}{dt} = c(z) + u(z)$ mit $c(z) = \sqrt{g \cdot z}$

$$u(z) = 2(\sqrt{g \cdot z} - \sqrt{g \cdot z_0})$$

$\frac{dx}{dt} = 3\sqrt{g \cdot z} - 2\sqrt{g \cdot z_0}$

Punkt	$z[mm]$	$3\sqrt{g \cdot z}[m/s]$	$2\sqrt{g \cdot z_0}[m/s]$	$dx/dt[m/s]$	$\Delta x[m]$	$\Delta t[s]$
1;9	40,3	1,886		0,634		1,18
2;8	42,3	1.933		0.683		1.10
3;7	44,3	1.977	1,25	0.727	0,75	1.03
4;6	46,3	2.022		0.772		0.97
5	47,7	2.052		0.802		0.935

Die für die Meßstelle II errechnete Wellenform ist in das Meßprotokoll einzutragen.

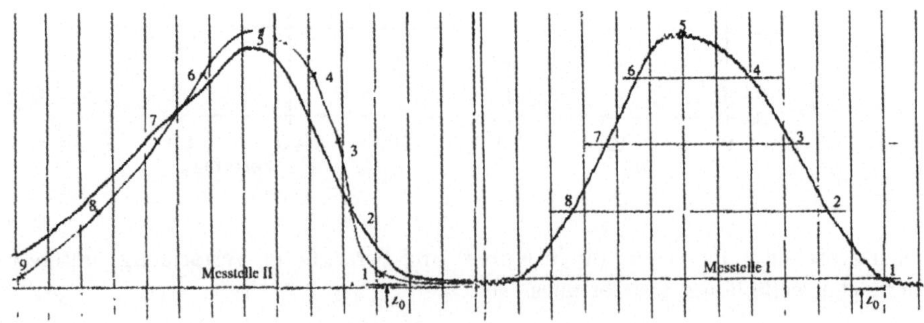

Ausbreitung einer Oberflächenwelle in einem Kanal konstanten Querschnitts

Diskutieren Sie die Abweichung zwischen der errechneten und gemessenen Wellenform.

Die Amplitude der vermessenen Welle ist geringer als die der errechneten. Die vermessene Welle ist insgesamt etwas flacher. Bei der Berechnung wurde reibungsfreie Strömung vorausgesetzt. Im Experiment machen sich die Reibungskräfte in der Form bemerkbar, daß die Welle gedämpft wird. Ferner werden in der Rechnung die Vertikalkomponenten der Geschwindigkeit und der

Beschleunigung vernachlässigt, d. h. es wurde angenommen, daß $z_0 \ll \lambda$ ist. Im Experiment waren $z_0 = 4\ cm$ und $\lambda \approx 11\ cm$.

3. Diskutieren Sie die Verformung einer sinusförmigen Druckwelle, die in einem mit einem kompressiblen Gas gefüllten Rohr konstanten Querschnitts läuft.

Die sinusförmige Welle breitet sich zunächst mit Schallgeschwindigkeit relativ zum strömenden Gas unter der Voraussetzung isentroper Zustandsänderungen aus, wobei sich die Druckwelle gemäß der Wasseranalogie aufsteilt, bis der Dichtegradient groß wird.

4. Geben Sie die Vor- und Nachteile an, die sich bei der Untersuchung von Gasströmungen mittels Flachwasserströmung ergeben.

Die Vorteile bestehen darin, daß mit der Flachwasseranalogie komplexe Strömungsvorgänge, die theoretisch und experimentell schwer zu erfassen sind, einfach nachgebildet werden können, so zum Beispiel Druckwellen mit großen Ausbreitungsgeschwindigkeiten, die nicht direkt beobachtet werden können.

Die Nachteile bestehen darin, daß die simulierten analogen Ergebnisse nur qualitativ übertragen werden können. Die Analogiebetrachtungen beinhalten auch vereinfachende Annahmen, die im Experiment nicht immer eingehalten werden können.

6.8 Widerstand und Verluste in kompressibler Rohrströmung

Zusammenfassung

In einem glatten zylindrischen Rohr werden der Widerstandsbeiwert einer Normblende (DIN 1952) und die durch die Blende hervorgerufenen gasdynamischen Verluste abhängig von der Mach-Zahl der Anströmung Ma_1 im Bereich $0,1 < Ma_1 < 0,3$ experimentell bestimmt. Zu diesem Zweck wird die Druckverteilung an der Rohrwand aufgenommen und der Durchfluß mit einer vorgeschalteten Normdüse gemessen.

6.8.1 Strömungswiderstand eines Rohres mit eingebauter Drossel (Blende, Düse, Ventil usw.)

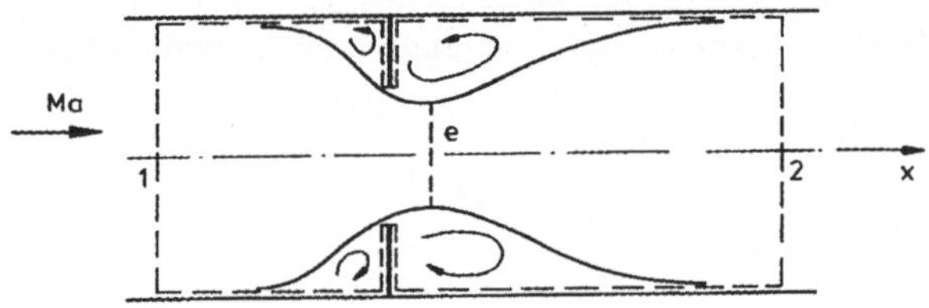

Der Gesamtwiderstand $W_{1,2}$ des Rohres der Länge $l_{1,2}$ mit Einbau setzt sich zusammen aus dem Reibungs- und dem Druckwiderstand

$$W_{1,2} = W_R + W_D \tag{6.120}$$

Nach dem Impulssatz ergbt er sich zu

$$W_{1.2} = A[(p_1 + \rho_1 u_1^2) - (p_2 + \rho_2 u_2^2)] \tag{6.121}$$

mit $A = \pi D^2/4$ und den über dem Querschnitt gemittelten Werten der Geschwindigkeit u und der Dichte ρ. In inkompressibler Strömung ist $\rho_1 u_1^2 = \rho_2 u_2^2 = \rho u^2$ und der Gesamtwiderstandsbeiwert ist definiert als

$$\zeta_{1,2ink} = \frac{W_{1,2}}{\frac{\varrho}{2}u^2 A} = \frac{p_1 - p_2}{\frac{\varrho}{2}u^2} \tag{6.122}$$

Da sich in kompressibler Rohrströmung u. a. der Staudruck $\rho u^2/2$ in Strömungsrichtung ändert, ist zur Ermittlung des Widerstandsbeiwerts Gl.(6.122) nicht geeignet. Es sind besondere Überlegungen notwendig, die später erläutert werden.

6.8.2 Reibungswiderstand eines Rohres ohne Drossel

Der Reibungsbeiwert λ bei ausgebildeter Rohrströmung

Der Reibungsbeiwert

$$\lambda = \frac{4\tau_w}{\frac{\rho u^2}{2}} \tag{6.123}$$

ist die mit dem örtlichen Staudruck dimensionslos gemachte örtliche Wandschubspannung τ_w. Für eine ausgebildete kompressible Rohrströmung in rauhen Rohren ist λ nicht nur von der Reynolds-Zahl Re und der äquivalenten Sandrauhigkeit r/k sondern auch von der Mach-Zahl Ma abhängig. Experimente [Frössel 1936, Naumann 1956, Jaeneke 1975] haben gezeigt, daß λ bei Überschallströmungen ($Ma > 1$) sich stark mit Ma ändert, bei Unterschallströmungen jedoch nur sehr wenig von Ma abhängt, so daß die in inkompressibler Strömung gemessenen Werte bei $Ma < 1$ gültig bleiben. Für glatte Rohre gilt im Bereich $2 \cdot 10^4 < Re < 2 \cdot 10^6$

$$\lambda = 0,0054 + 0,396 \cdot Re^{-0,3} \tag{6.124}$$

Die Änderung der Zustandsgrößen durch die Wandreibung

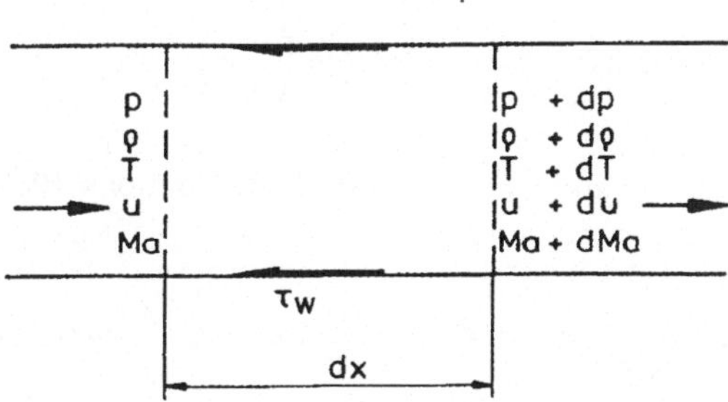

Für eindimensionale, stationäre, adiabate Strömung eines idealen Gases lauten die Erhaltungssätze in differentieller Form:

Kontinuitätsgleichung	$\frac{d\rho}{\rho} + \frac{du}{u} = 0$
Impulssatz	$dp + \rho u du + \frac{\lambda dx}{D}\frac{\rho u^2}{2} = 0$
Energiesatz	$c_p dT + u du = 0$

Zusätzlich gelten:

Gasgleichung $\frac{dp}{p} = \frac{d\rho}{\rho}\frac{dT}{T}$

und für konstant spez. Wärmen $\frac{dMa^2}{Ma^2} = \frac{du^2}{u^2} - \frac{dT}{T}$

Die Zuordnung von Entropiezunahme und Ruhedruckabnahme in der Strömung ergibt sich aus dem zweiten Hauptsatz:

$$Tds = c_p dT - \frac{dp}{\rho} \tag{6.125}$$

$$ds = c_p \frac{dT}{T} - R\frac{dp}{p} \tag{6.126}$$

Der Ruhezustand (T_0, p_0) eines strömenden Gases ist nun so definiert, daß er durch isentrope Abbremsung auf die Geschwindigkeit u = 0 hervorgeht. Es gilt daher

$$s = s_0, \quad ds = ds_0 \text{ und } ds_0 = c_p \frac{dT_0}{T_0} - R\frac{dp_0}{p_0} \quad . \tag{6.127}$$

Nach Vorraussetzung ist die Zustansänderung im Rohr adiabat $(dT_0 = 0)$; damit wird

$$s_{02} - s_{01} = s_2 - s_1 = R \ln\left(\frac{p_{01}}{p_{02}}\right) \quad . \tag{6.128}$$

Aus den obigen Gleichungen erhält man [Shapiro 1953, Emmons 1958] die Änderungen der Zustandsgrößen zu:

		$Ma < 1$	$Ma > 1$
$\frac{du}{u}$	$= \frac{\kappa Ma^2}{2(1-Ma^2)} \cdot \frac{\lambda}{D}dx$	> 0	< 0
$\frac{dT}{T}$	$= -\frac{\kappa Ma^2}{2(1-Ma^2)}(\kappa - 1) \cdot \frac{\lambda}{D}dx$	< 0	> 0
$\frac{dp}{p}$	$= -\frac{\kappa Ma^2}{2(1-Ma^2)}[1 + (\kappa-1)Ma^2] \cdot \frac{\lambda}{D}dx$	< 0	> 0
$\frac{d\rho}{\rho}$	$= -\frac{\kappa Ma^2}{2(1-Ma^2)} \cdot \frac{\lambda}{D}dx$	< 0	> 0
$\frac{dMa^2}{Ma^2}$	$= \frac{\kappa Ma^2}{1-Ma^2} \cdot \left(1 + \frac{\kappa-1}{2}Ma^2\right)\frac{\lambda}{D}dx$	> 0	< 0
$\frac{ds}{R}$	$= \frac{\kappa Ma^2}{2} \cdot \frac{\lambda}{D}dx$	> 0	> 0
$\frac{dp_0}{p_0}$	$= -\frac{\kappa Ma^2}{2} \cdot \frac{\lambda}{D}dx$	< 0	< 0

Die adiabate Zustandsänderung bei konstanter Massenstromdichte $\rho u = \dot{m}/A$ läßt sich im $T - s$–Diagramm darstellen. Man bezeichnet die sich ergebenden Kurven als Fanno-Kurven. Ihr Verlauf ergibt sich aus den obigen Gleichungen:

$$\frac{s - s_1}{R} = ln\left[\left(\frac{T}{T_0}\right)^{\frac{1}{\kappa-1}}\sqrt{1 - \frac{T}{T_0}}\right] - ln\left[\left(\frac{T_1}{T_0}\right)^{\frac{1}{\kappa-1}}\sqrt{1 - \frac{T_1}{T_0}}\right] \tag{6.129}$$

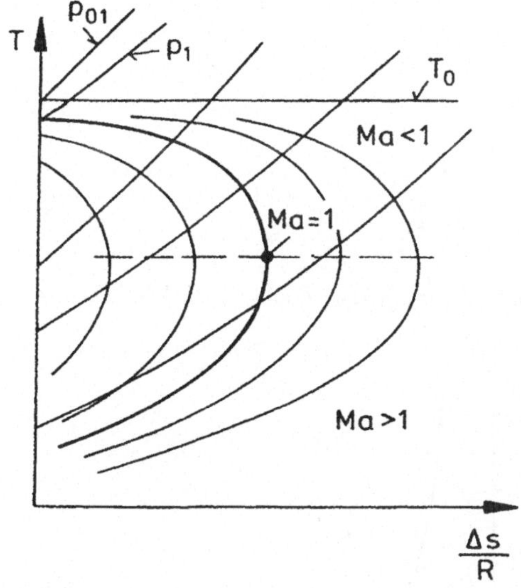

Nach dem zweiten Hauptsatz nimmt die Entropie in Strömungsrichtung zu und erreicht bei $Ma = 1$ ihr Maximum. Sowohl in Unterschall- als auch in Überschallströung durch ein Rohr mit konstantem Querschnitt strebt also die Mach-Zahl dem Wert $Ma = 1$ zu, der bei vorgegebenen Randbedingungen bei einer gewissen "maximalen" Rohrlänge L_{max} erreicht wird.

Der Widerstandsbeiwert ζ_{max}

Die maximale Rohrlänge, bei der am Ende $Ma = 1$ ist, erhält man durch Integration der Gleichung für $\frac{dMa^2}{Ma^2}$ von einer Eingangsmachzahl $Ma_1(x = 0)$ bis $Ma(x = L_{max}) = 1$:

$$\int_0^2 L_{max}\lambda\frac{dx}{D} = \int_{Ma_1^2}^{Ma^2=1} \frac{1 - Ma^2}{\kappa Ma^4\left(1 + \frac{\kappa-1}{2}Ma^2\right)}dMa^2 \tag{6.130}$$

Da $\lambda = \lambda(Re)$ ist und in kompressibler Rohrströmung sich die Re-Zahl entlang des Rohres wie die Mach-Zahl Ma ändert, kann die Integration der obigen Gleichung nur erfolgen, wenn man setzt

$$\bar{\lambda} = \frac{1}{L_{max}} \cdot \int_0^{L_{max}} \lambda \, dx \quad . \tag{6.131}$$

Definert man

$$\zeta_{max} = \bar{\lambda} \frac{L_{max}}{D} \quad , \tag{6.132}$$

so ergibt sich

$$\zeta_{max} = \frac{(1 - Ma_1^2)}{\kappa Ma_1^2} + \frac{(\kappa + 1)}{2\kappa} \ln \left[\frac{(\kappa + 1) Ma_1^2}{2 + (\kappa - 1) Ma_1^2} \right] \quad . \tag{6.133}$$

Im folgenden Diagramm ist $\zeta_{max} = \zeta(Ma)$ nach Gl. (6.133) für $\kappa = 1,4$ dargestellt.

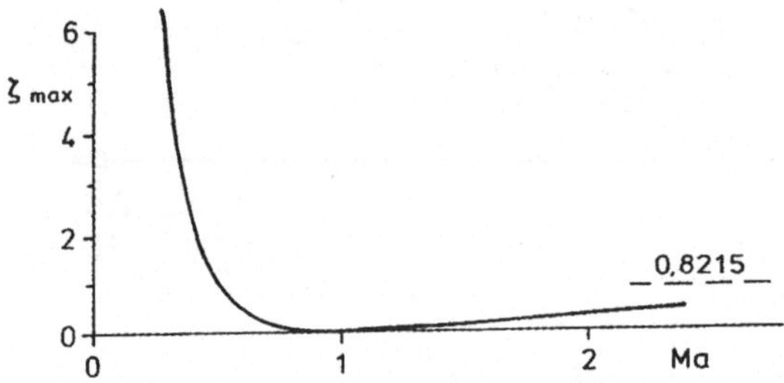

ζ_{max} ist also für ein bestimmtes ideales Gas mit konstanter spezifischer Wärme nur von der Mach-Zahl abhängig und damit in adiabater Rohrströmung wie diese eine Zustandsgröße.

Wenn daher in einem Rohr an den um den Abstand $l_{1,2}$ entfernten Orten die Mach-Zahlen Ma_1 und Ma_2 bekannt sind, so ergibt sich der Widerstandsbeiwert $\zeta_{1,2}$ dieser Rohrstrecke zu

$$\zeta_{1,2} = \zeta_{max}(Ma_1) - \zeta_{Ma_2} \quad , \tag{6.134}$$

und mit Gl. (6.132) folgt

$$\zeta_{1,2} = \frac{\bar{\lambda}}{D} [L_{max}(Ma_1) - L_{max}(Ma_2)] = \bar{\lambda} \frac{l_{1,2}}{D} \quad . \tag{6.135}$$

6.8.3 Der Widerstand der Blende

Da $\zeta_{max}(Ma)$ eine Zustandsgröße ist, ist auch $\zeta_{1,2} = \zeta(Ma_1, Ma_2)$ in adiabater Rohrströmung nur von den Zuständen in "1" und "2" abhängig, aber unabhängig vom Verlauf der Zustandsänderung von "1" nach "2". Es ist daher gleichgültig, ob die Zustandsänderung durch die Wirkung durch Reibungs- oder Druckwiderstand oder beide hervorgerufen wird. Der Gesamtwiderstandsbeiwert $\zeta_{1,2}$ einer Rohrstrecke mit Blende laßt sich deshalb auch mit Gl. (6.134) bestimmen, wenn nur der Ort "2" so weit stromab der Blende liegt, daß die der Widerstandsarbeit äquivalente Entropievermehrung abgeschlosssen ist.

Für die Berechnung einer Rohrleitung ist die Kenntnis des Widerstandes wichtig, der durch den Einbau einer Blende oder allgemein einer Drossel zusätzlich entsteht. Er setzt sich zusammen aus dem Druckwiderstand der Drossel und aus der durch ihren Einbau verursachten Änderung des Reibungswiderstandes der ausgebildeten Rohrströmung. Es ergibt sich als Differenz des gemessenen Widerstandes des Rohres mit eingebauter Blende und desselben Rohres ohne Blende. für die entsprechenden Widerstandsbeiwerte gilt also

$$\zeta_B = \zeta_{1,2} - \bar{\lambda}\frac{l_{1,2}}{D} \quad . \tag{6.136}$$

Im folgenden Diagramm ist der so ermittelte Wert ζ_B einer Normblende $(m = (D_B/D)^2 = 0,5)$ abhängig von Ma_1 aufgetragen. Die Reynolds-Zahl bei der Messung war $Re \approx 3 \cdot 10^5$.

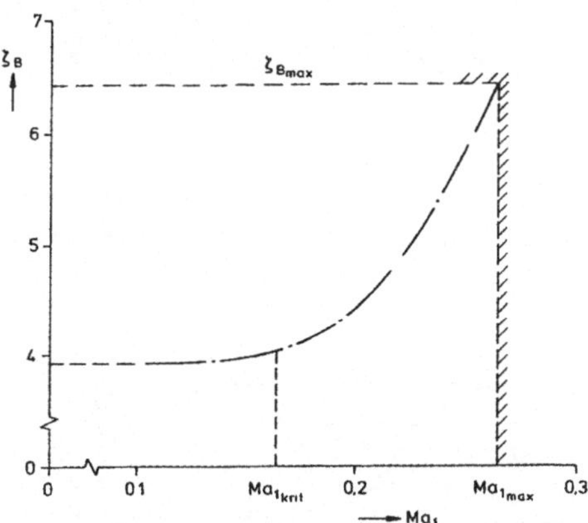

Der Verlauf $\zeta_B(Ma_1)$ sei anhand folgender Skizzen der sich mit Ma_1 ändernden Strömung durch diese Blende diskutiert.

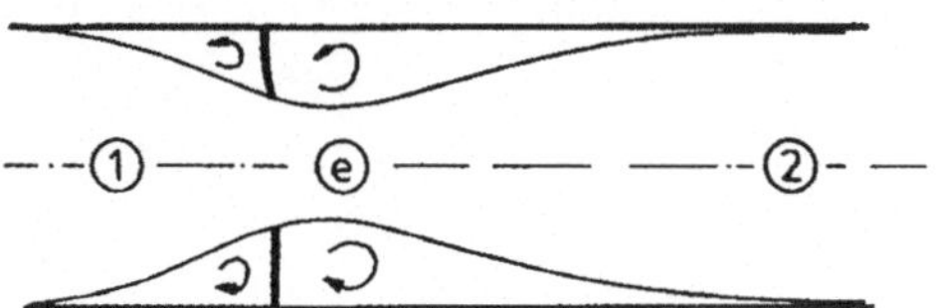

Bei kleiner Mach-Zahl Ma_1 ist $\zeta_B = \zeta_B(Re)$ allein und nahezu konstant. Mit steigender Mach-Zahl wird $\zeta_B = \zeta_B(Re, Ma)$ und wächst zunächst leicht an, bis bei der kritischen Anströmmachzahl Ma_{1krit} im engsten Querschnitt Schallgeschwindigkeit ($Ma_e = 1$) erreicht ist.

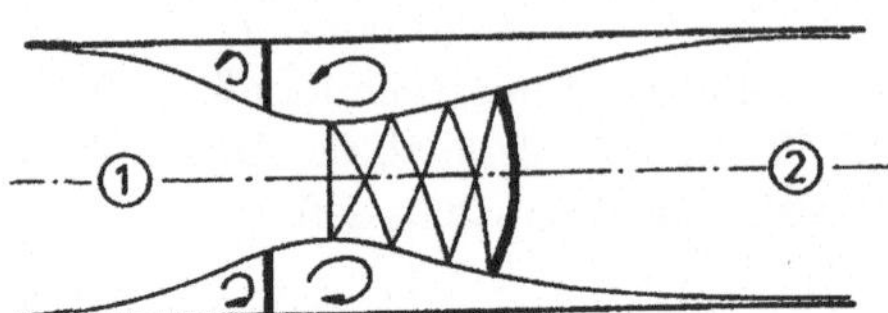

Danach beginnt ζ_B mit fallendem p_2/p_{01} stark zu wachsen. Verbunden damit ist eine Expansion des Strahles auf Überschallgeschwindigkeit mit anschliessender Verzögerung auf Unterschallgeschwindigkeit durch einen Verdichtungstoß. Gleichzeitig vergrößert sich der engste Querschnitt des Strahles, in dem $Ma_e = 1$ herrscht. Dadurch steigt der Massenstrom, und Ma_1 wird über Ma_{1krit} hinaus vergrößert.

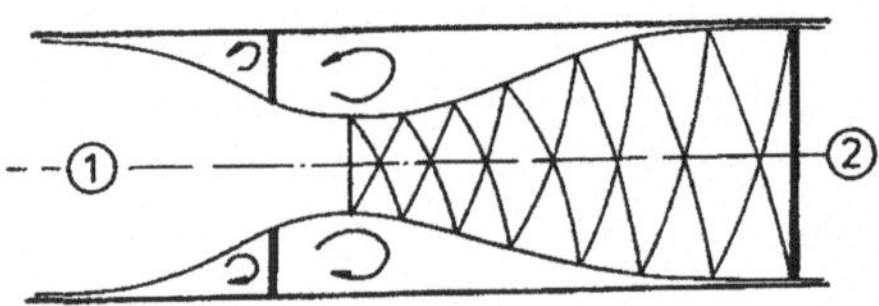

Der Widerstandsbeiwert der Blende erreicht seinen maximalen Wert ζ_{Bmax}, wenn das Überschallfeld sich bis zur Rohrwand ausgedehnt hat und eine Steigerung der Mach-Zahl über Ma_{1max} nicht mehr möglich ist

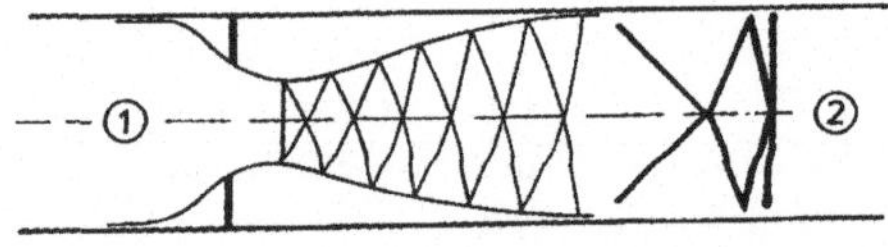

Eine weitere Absenkung des Druckverhältnisses p_2/p_{01} bewirkt nur eine Stromabbewegung des Stoßes, d. h. die Strömung im Rohr stromab des Anliegens geht in eine Überschallströmung über, mit einem System schiefer Stöße durchsetzt: Der Widerstandsbeiwert der Blende ändert sich praktisch nicht mehr.

Verluste

Die Verluste durch den Strömungswiderstand können verschieden charakterisiert werden.

Mechanischer Verlust (Impulsverlust)

Der Impulsverlust, den das Fluid (Gas) durch den Widerstand (Reibungs- und Druckwiderstand) eines Rohres ohne bzw. mit Drossel erfährt, ist durch den Impulssatz unabhängig vom Verlauf der gewählten Kontrollfläche bestimmt. Man legt die Kontrollfläche zweckmäßig so, daß der experimentelle Aufwand für die Bestimmung des Widerstandes minimal wird, d. h.,durch Querschnitte ohne radiale Druckgradienten und Geschwindigkeitskomponenten.

Der aus dem Impulsverlust berechnete dimensionslose Widerstandsbeiwert $\zeta_{1,2}$ ist bei geometrisch ähnlichen Anordnungen in Rohren gleicher relativer Rauhigkeit nur von der Reynolds-Zahl Re und der Mach-Zahl Ma abhängig.

Thermodynamische und gasdynamische Verluste in adiabater Strömung

Die durch den Widerstand (Reibungs- und Druckwiderstand) ausgelösten irreversiblen Vorgänge führen zur Entropievermehrung und Ruhedruckabnahme. Diese Vorgänge treten im allgeimenen nicht bereits an dem Ort auf, an dem der Widerstand angreift, so daß die Kontrollfläche durch Querschnitte gelegt werden muß, zwischen denen die den mechanischen Verlusten äquivalente Entropieerzeugung vor sich gegangen ist. Das gilt insbesondere für die thermodynamischen Verluste durch den Druckwiderstand, dessen Größe schon aus der Druckverteilung am Körper (hier an der Blende) bestimmbar ist. Bei der untersuchten Anordnung (Drossel im Rohr) entstehen die durch den Druckwiderstand bewirkte Entropievermehrung und der Ruhedruckverlust erst durch die mit Carnotschen Stoß bezeichnete Mischbewegung. Bei $Ma_1 > Ma_{krit}$ werden beide außer durch diese Mischbewegung auch durch den das Überschallgebiet abschließenden Verdichtungsstoß erzeugt. Bei $Ma_1 = Ma_{max}$ werden sie allein durch den abschließenden Verdichtungsstoß hervorgerufen, da die Strömung bis zu Stoß nahezu isentrop verläuft.

Literaturhinweise

EMMONS, H.W.: *High Speed Aerodynamics and Jet Propulsion, Vol. II: Fundamentals of Gas Dynamics, Princeton* New Jersey, 1958, S. 228 ff..

FRÖSSEL, W.: *Strömung in glatten, geraden Rohren mit Überschall- und Unterschallgeschwindigkeit*, Forsch. Ing.-Wesen, 1936, Bd. 7,S.75.

JAENEKE, CH.: *Untersuchungen zur Überschallströmung in einem Rechteckkanal*, Dissertation RWTH Aachen, 1975

NAUMANN, A.: *Druckverlust in Rohren nicht kreisförmigen Querschnitts bei hohen Geschwindigkeiten* Allgem. Wärmetechnik, 1956, Bd. 7, S.32

PRANDTL, L.: *Strömungslehre*, Vieweg-Verlag, 1669, S. 229.

SHAPIRO, A.: *The Dynamics and Thermodynamics of Compressible Fluid Flow, Part I*, New York, 1953, S.114, 155-160.

WIEN-HARMS: *Handbuch der Experimentalphysik*, Bd. IV/1, Leipzig, 1931, S. 369-375

6.8.4 Auswertung

Versuchsdurchführung

Für ein Mach-Zahl Ma_1 wird die Druckverteilung an der Rohrwand in der Umgebung der Blende mit einem Vielfachmanometer aufgenommen.

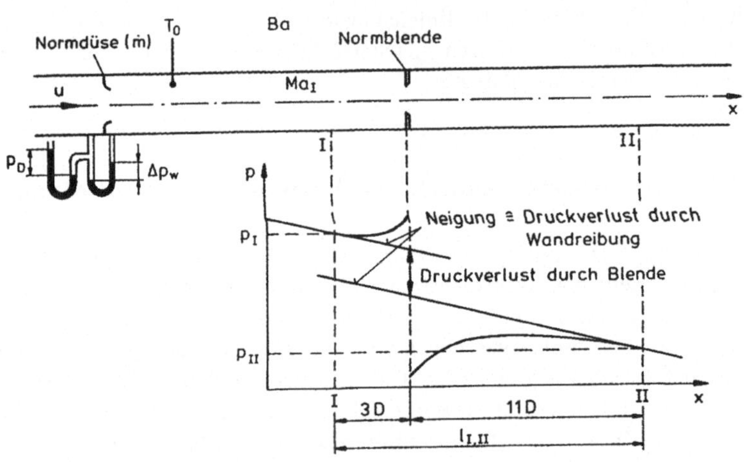

Es werden gemessen: $p_D, \Delta p_w, T_0, Ba, p(x)$

n	1	2	3	4	5	6	7	8	9	10	11	12
x/D	-5	-4	-3	-2	0	0,1	1,8	2,2	2,6	3,0	3,4	3,8
$p(x) - Ba$ $[mm\ Hg]$	491	490	489	490	500	73	195	217	234	244	251	259
$p(x)[N/m2] \cdot 10^3$	165	165	165.2	165	166 6	109 8	126.1	129	131.3	132.6	133 5	134.6
n	13	14	15	16	17	18	19	20	21	22	23	24
x/D	4,2	4,6	5,0	5,4	5,8	6,2	6,6	7,6	8,6	9,6	10,6	11,6
$p(x) - Ba$ $[mm\ Hg]$	260	261	260	261	261	260	260	259	257	257	255	254
$p(x)[N/m2]$	134 7	134 8	134.7	134.8	134.8	134 7	134 7	134 6	134.3	134.3	134.1	133.9

Versuchsauswertung

Aus $p_D, \Delta p_w, T_0$ und den Abmessungen der Düse läßt sich die Stromdichte nach DIN 1952 berechnen.

$$\rho u = m_D \, \alpha \, \epsilon \sqrt{2 \rho_D \, \Delta p_w} \tag{6.137}$$

Mit Hilfe der gasdynamischen Beziehungen können aus den Größen $\rho u, p$ und T_0 die Zustandsgrößen in den Querschnitten I und II bestimmt werden, und man erhält den Widerstandsbeiwert einer Blende ζ_B in Abhängigkeit von Ma_I und Re_I.

Ist an einem Ort der statische Druck p bekannt, so läßt sich mit der Meßwertkombination

$$\frac{\dot{m}}{Ap}\sqrt{\frac{RT_0}{\kappa}} = \frac{\rho u}{\rho T}\sqrt{\frac{RT_0}{\kappa}} = Ma\sqrt{\frac{T_0}{T}} \tag{6.138}$$

und

$$\frac{T_0}{T} = 1 + \frac{\kappa - 1}{2} Ma^2 \tag{6.139}$$

die Mach-Zahl Ma bestimmen. Setzt man $Ma\sqrt{\frac{T_0}{T}} = K$, so wird

$$Ma^2 = \frac{1}{\kappa - 1}\left[\sqrt{1 + 2K^2(\kappa - 2)} - 1\right] \quad . \tag{6.140}$$

Ist Ma bekannt, so folgt T/T_0 nach Gl.(6.139) und

$$\frac{p_0}{p} = \left(\frac{T_0}{T}\right)^{\frac{\kappa}{\kappa-1}} \quad . \tag{6.141}$$

Für die Zähigkeit von Luft gilt im untersuchten Temperaturbereich

$$\frac{\eta}{\eta_{0°C}} = \left(\frac{T}{T_{0°C}}\right)^{0,76} \quad . \tag{6.142}$$

Damit ist die Reynolds-Zahl

$$Re = \frac{\rho u D}{\eta(T)} = \frac{\rho u D}{\eta(T_0)}\left(\frac{T_0}{T}\right)^{0,76} = Re_0\left(\frac{T_0}{T}\right)^{0,76} \quad . \tag{6.143}$$

Widerstand und Verluste bei kompressibler Rohrströmung durch eine Normblende

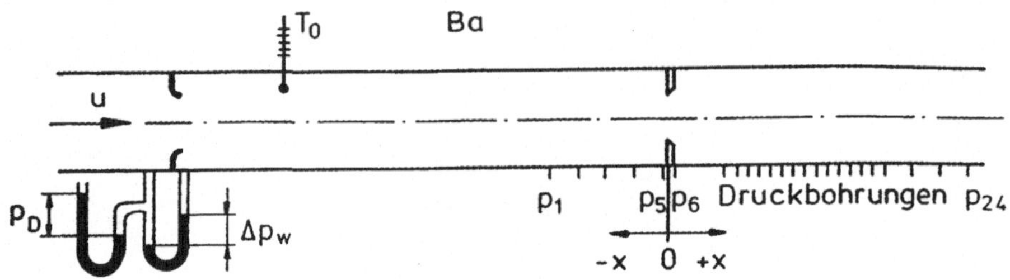

Nr.		Zeichen	Zahlenwert	Einheit	Gleichung
1	Rohrdurchmesser	D	0.05	m	
2	Düsendurchmesser	d_D	0.04	m	
3	Öffnungsverhältnis der Düse	m_D	0.64		$m_D = (d_D/D)^2$
4	Blendendurchmesser	d	0.0353	m	
5	Öffnungsverhältnis	m	0.5		$m = (d/D)^2$
6	Gaskonstante	R	287.3	Nm/kgK	
7	Zähigkeit bei 0^oC	η_{0^oC}	$1.71 \cdot 10^{-5}$	Ns/m^2	
8	Barometerstand	Ba	753	mm Hg	
9	Ruhetemperatur	T_0	293	K	
10	Überdruck vor Düse	h_D	555	mm Hg	
11	Wirkdruck	Δp_w	1085	mmWs	$1mm\ WS = 9.81\ N/m^2$
			10643.85	N/m^2	
12	Druck vor Düse	p_D	1308	mm Hg	$p_D = Ba + h_D$
			173964	N/m^2	$1mm\ Hg = 133\ N/m^2$
13	Dichte vor Düse	ρ_D	2.066	kg/m^3	$\rho_D = p_D/R\ T_0$
14	Zähigkeit bei T_0	η_0	$1.8044 \cdot 10^{-5}$	Ns/m^2	Gl. (6.142)
15	Druckverhältnis	p_2/p_1	0.9388		$p_2/p_1 = 1 - \Delta p_w/p_D$
16	Expansionszahl	ϵ	0.9389		aus Tabelle
17	geschätzte Durchflußzahl	α_0	1.1732		aus Tabelle
					$\alpha_0 = \alpha(Re = 10^5, m_D)$
18	Stromdichte	$\rho\ u(a_0)$	147	kg/sm^2	Gl. (6.137)
19	Reynolds-Zahl	Re_0	$4.096 \cdot 10^5$		$Re_0 = \rho\ u(a_0)\ D/\eta_0$
20	Durchflußzahl	α	1.1707		aus Tabelle
21	Stromdichte *	$\rho\ u$	147.523	kg/sm^2	$\rho u = \rho u(a_0) \cdot a/a_0$
22	Massenstrom	$\dot{m}$	0.2896	kg/s	$\dot{m} = \rho u D^2 \pi/4$
23	Druck bei I	p_I	$165.2 \cdot 10^3$	N/m^2	$p(x)$
24	Meßwetkombination	K_I	0.2189		Gl.(6.138)
25	Machzahl	M_I	0.2178		Gl.(6.140)
26	$\zeta_{max}(M_I)$	ζ_{maxI}	13		Diagramm
27	Temperaturverhältnis	T_0/T_I	1.0095		Gl.(6.139)
28	Ruhedruck	p_{0I}	$1.707 \cdot 10^5$	N/m^2	Gl.(6.141)
29	Reynoldszahl	Re_I	$4.125 \cdot 10^5$		Gl.(6.143)

*)eine nochmalige Itereation liefert kein genaueres Ergebnis

Nr.		Zeichen	Zahlenwert	Einheit	Gleichung
30	Reibungsbeiwert	λ_I	0.01358		Gl.(6.124)
31	Druck bei II	p_{II}	$134.1 \cdot 10^3$	N/m^2	$p(x)$
32	Meßwertkombination	K_{II}	0.2697		Gl.(6.138)
33	Machzahl	M_{II}	0.2678		Gl.(6.140)
34	$\zeta_{max}(M_{II})$	ζ_{maxII}	8		Diagramm
35	Temperaturverhältnis	T_0/T_{II}	1.01434		Gl.(6.139)
36	Ruhedruck	p_{oII}	$1.409 \cdot 10^5$	N/m^2	Gl.(6.141)
37	Reynoldszahl	Re_{II}	$4.14 \cdot 10^5$	N/m^2	Gl.(6.143)
38	Reibungsbeiwert	λ_{II}	0.01357		Gl.(6.124)
39	Gesamtwiderstandsbeiwert	$\zeta_{I,II}$	5		Gl.(6.134)
40	$\zeta_{Reibung}$	$\bar{\lambda} l_{I,II}/D$	0.19005		$\bar{\lambda} = 1/2(\lambda_I + \lambda_{II})$
41	Widerstandsbeiwert der Blende	ζ_B	4.81		Gl.(6.136)
42	Ruhedruckverhältnis	p_{0I}/p_{0II}	1.2115		
43	Entropieanstieg	$\Delta s/R$	0.192		Gl.(6.128)

6.8.5 Aufgaben

1. Die gemessene Druckverteilung an der Rohrwand ist in das Diagramm $p = f(x)$ einzutragen.

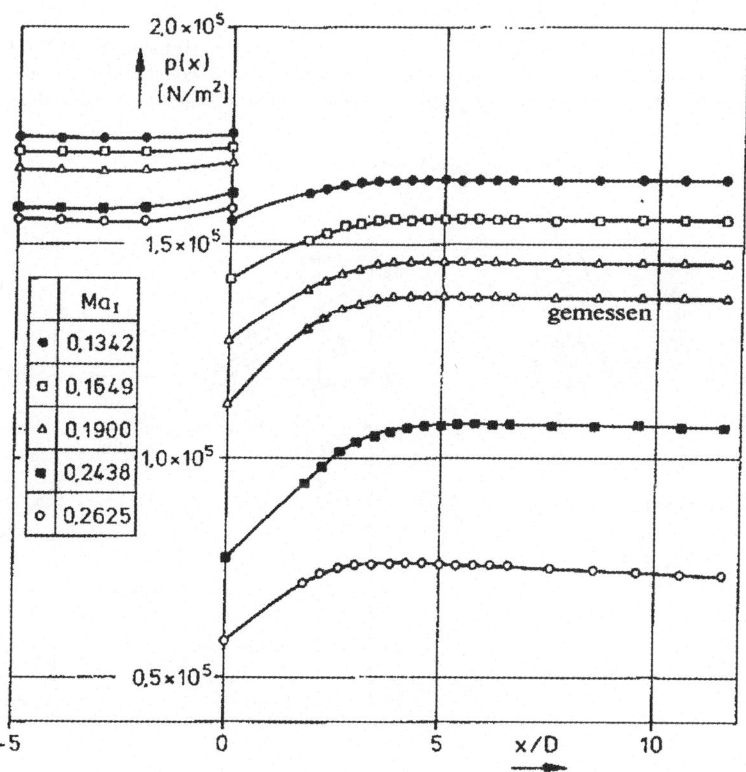

2. Der Blendenwiderstandsbeiwert, das Ruhedruckverhältnis p_{0II}/p_{0I} und die Entropievermehrung $\Delta S_{I,II}/R$ sind in die entsprechenden Diagramme einzutragen.

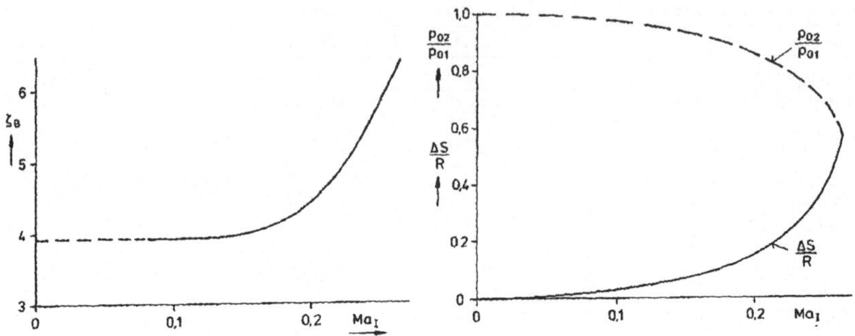

Widerstandsbeiwert ζ_B, Entropievermehrung und Ruhedruckverlust einer Normblende mit $m = 0,5$ abhängig von der Anström-Mach-Zahl Ma_1

3. Welche im Versuch gemessenen Größen werden benötigt, um die Mach-Zahl Ma_I zu bestimmen?

Zur Bestimmung der Mach-Zahl Ma_I müssen die Größen h_D, p_w, T, Ba und p_I gemessen werden.

4. Welche Strömung beschreibt die Fannokurve im T-s-Diagramm? Liegen die Zustände vor und hinter einem senkrechten Verdichtungsstoß auch auf der Fannokurve?

Die Fanno-Kurve beschreibt die Abhängigkeit der Temperatur T von der Entropiedifferenz $\Delta S/R$ in einer eindimensionalen, kompressiblen Strömung konstanter Massenstromdichte $\rho\, u = konst.$ mit adiabater Zustandsänderung. Die Zustände vor und hinter einem senkrechten Verdichtungsstoß liegen auch auf der Fanno-Kurve, da $\rho\, u$ und T_0 konstant bleiben.

Gasdynamische Größen in Abhängigkeit vom Druckverhältnis:

$$\frac{u\rho}{a_0\rho_0}\left(\frac{T_0}{T}\right)^{0,76} = \frac{Re}{\frac{a_0\,\rho_0\cdot l}{\eta_0}} = f\left(\frac{p}{p_0}\right)$$

$$Ma\,\frac{a_0}{a} = \frac{\dot{m}}{p\,A}\cdot\sqrt{\frac{RT_0}{\kappa}} = f\left(\frac{p}{p_0}\right)$$

$$Ma = f\left(\frac{p}{p_0}\right); \quad \frac{u}{a_0} = f\left(\frac{p}{p_0}\right)$$

unter der Vorraussetzung

$$s = s_0; \qquad \kappa = 1,4$$

$$\eta = \eta_0\left(\frac{T_0}{T}\right)^{0,76}$$

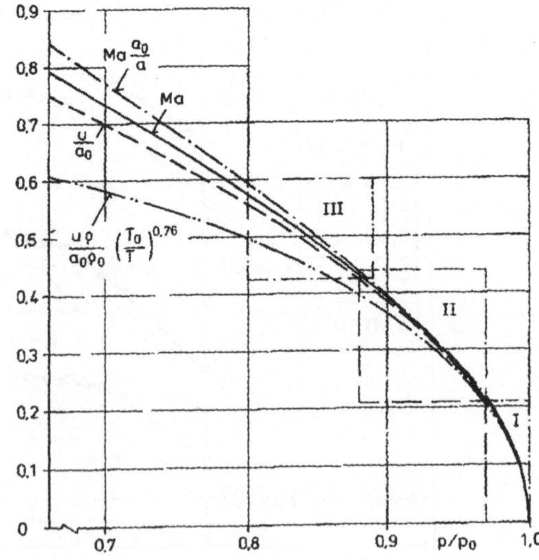

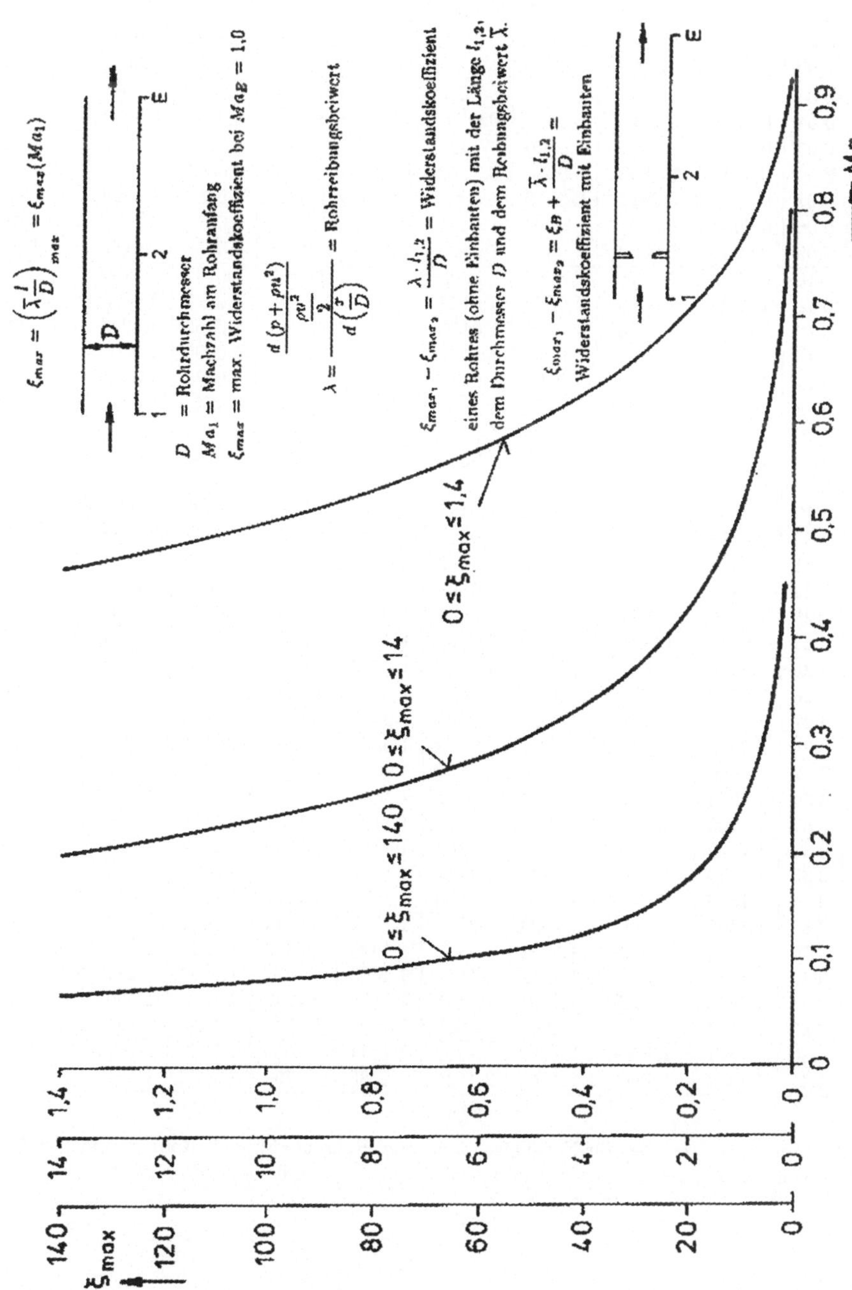

Widerstand in adiabater Rohrströmung ($\kappa = 1,4$)

Re		$2 \cdot 10^4$	$2,5 \cdot 10^4$	$3 \cdot 10^4$	$4 \cdot 10^4$	$6 \cdot 10^4$	$7 \cdot 10^4$	10^5	$2 \cdot 10^5$	10^4 bis $2 \cdot 10^5$
m	m^2	α_0								
0.1000	0.01						0.9892	0.9895	0.9895	0.9896
0.1414	0.02						0.9917	0.9924	0.9927	0.9928
0.1732	0.03						0.9946	0.9954	0.9959	0.9960
0.2000	0.04	0.9768	0.9849	0.9883	0.9926	0.9951	0.9973	0.9984	0.9992	0.9994
0.2236	0.05	0.9822	0.9871	0.9906	0.9951	0.9977	1.0002	1.0015	1.0026	1.0027
0.2449	0.06	0.9849	0.9895	0.9930	0.9976	1.0005	1.0033	1.0047	1.0059	1.0061
0.2646	0.07	0.9876	0.9921	0.9956	1.0002	1.0033	1.0064	1.0080	1.0093	1.0095
0.2828	0.08	0.9907	0.9951	0.9984	1.0031	1.0063	1.0096	1.0113	1.0128	1.0130
0.3000	0.09	0.9939	0.9982	1.0014	1.0060	1.0093	1.0128	1.0147	1.0163	1.0166
0.3162	0.10	0.9973	1.0015	1.0046	1.0092	1.0125	1.0162	1.0182	1.0199	1.0202
0.3317	0.11	1.0009	1.0050	1.0080	1.0126	1.0159	1.0196	1.0217	1.0235	1.0238
0.3464	0.12	1.0048	1.0086	1.0116	1.0160	1.0194	1.0230	1.0263	1.0272	1.0275
0.3606	0.13	1.0088	1.0123	1.0153	1.0197	1.0230	1.0266	1.0290	1.0309	1.0312
0.3742	0.14	1.0129	1.0163	1.0192	1.0235	1.0267	1.0303	1.0328	1.0347	1.0350
0.3873	0.15	1.0173	1.0206	1.0234	1.0274	1.0305	1.0341	1.0366	1.0385	1.0388
0.4000	0.16	1.0219	1.0251	1.0276	1.0316	1.0345	1.0380	1.0405	1.0424	1.0427
0.4123	0.17	1.0266	1.0297	1.0321	1.0358	1.0386	1.0420	1.0445	1.0463	1.0467
0.4243	0.18	1.0315	1.0344	1.0367	1.0402	1.0428	1.0461	1.0486	1.0504	1.0507
0.4359	0.19	1.0366	1.0393	1.0415	1.0447	1.0472	1.0503	1.0527	1.0545	1.0547
0.4472	0.20	1.0418	1.0444	1.0464	1.0494	1.0517	1.0546	1.0569	1.0586	1.0589
0.4583	0.21	1.0472	1.0496	1.0515	1.0543	1.0563	1.0590	1.0612	1.0628	1.0631
0.4690	0.22	1.0528	1.0550	1.0567	1.0593	1.0611	1.0636	1.0656	1.0671	1.0674
0.4796	0.23	1.0586	1.0606	1.0621	1.0644	1.0660	1.0682	1.0701	1.0715	1.0718
0.4899	0.24	1.0645	1.0662	1.0677	1.0697	1.0710	1.0730	1.0746	1.0760	1.0762
0.5000	0.25	1.0706	1.0721	1.0734	1.0751	1.0763	1.0779	1.0793	1.0805	1.0807
0.5099	0.26	1.0769	1.0782	1.0792	1.0806	1.0816	1.0830	1.0841	1.0852	1.0854
0.5196	0.27	1.0833	1.0844	1.0853	1.0864	1.0871	1.0881	1.0890	1.0899	1..0901
0.5292	0.28	1.0899	1.0908	1.0914	1.0923	1.0928	1.0934	1.0941	1.0948	1.0949
0.5385	0.29	1.0966	1.0972	1.0976	1.0982	1.0985	1.0989	1.0993	1.0998	1.0999
0.5477	0.30	1.1035	1.1037	1.1039	1.1042	1.1043	1.1045	1.1046	1.1049	1.1049
0.5568	0.31	1.1106	1.1106	1.1105	1.1104	1.1102	1.1101	1.1101	1.1101	1.1101
0.5657	0.32	1.1179	1.1176	1.1173	1.1168	1.1164	1.1159	1.1156	1.1155	1.1154
0.5745	0.33	1.1253	1.1246	1.1241	1.1233	1.1225	1.1218	1.1214	1.1209	1.1208
0.5831	0.34	1.1329	1.1320	1.1312	1.1300	1.1290	1.1279	1.1272	1.1266	1.1264
0.5916	0.35	1.1407	1.1394	1.1384	1.1368	1.1355	1.1341	1.1332	1.1324	1.1321
0.6000	0.36	1.1486	1.1470	1.1457	1.1438	1.1423	1.1406	1.1394	1.1383	1.1379
0.6083	0.37	1.1567	1.1548	1.1532	1.1510	1.1493	1.1472	1.1457	1.1445	1.1439
0.6164	0.38	1.1650	1.1627	1.1609	1.1583	1.1564	1.1540	1.1523	1.1508	1.1501
0.6245	0.39	1.1734	1.1709	1.1668	1.1658	1.1636	1.1609	1.1590	1.1573	1.1565
0.6325	0.40	1.1821	1.1793	1.1768	1.1735	1.1711	1.1680	1.1660	1.1641	1.1630
0.6403	0.41	1.1909	1.1877	1.1861	1.1813	1.1788	1.1754	1.1732	1.1710	1.1698

Durchflußzahlen $a_0 = f(m^2, Re)$ für Normdüsen in glatten Rohren, gültig für Rohrdurchmesser D von 50 bis 500 mm zwischen den angegeben Werten von m^2 (nicht von m) kann linear interpoliert werden.

p_2/p_1		1.0	0.98	0.96	0.94	0.92	0.90	0.85	0.80	0.75
m	m^2	ϵ für $\kappa = 1.2$								
0	0	1.0	0.9874	0.9748	0.9620	0.9491	0.9361	0.9029	0.8089	0.8340
0.3162	0.1	1.0	0.9856	0.9712	0.9568	0.9423	0.9278	0.8913	0.8543	0.8169
0.4472	0.2	1.0	0.9834	0.9669	0.9504	0.9341	0.9178	0.8773	0.8371	0.7970
0.5477	0.3	1.0	0.9805	0.9613	0.9424	0.9238	0.9053	0.8602	0.8163	0.7733
0.6325	0.4	1.0	0.9767	0.9541	0.9320	0.9105	0.8895	0.8390	0.7909	0.7448
0.6403	0.41	1.0	0.9763	0.9532	0.9308	0.9090	0.8877	0.8366	0.7881	0.7416
		ϵ für $\kappa = 1.3$								
0	0	1.0	0.9884	0.9767	0.9649	0.9529	0.9408	0.9100	0.8783	0.8457
0.3162	0.1	1.0	0.9867	0.9734	0.9600	0.9466	0.9331	0.8990	0.8645	0.8294
0.4472	0.2	1.0	0.9846	0.9693	0.9541	0.9389	0.9237	0.8859	0.8481	0.8102
0.5477	0.3	1.0	0.9820	0.9642	0.9466	0.9292	0.9120	0.8697	0.8283	0.7875
0.6325	0.4	1.0	0.9785	0.9575	0.9369	0.9168	0.8971	0.8495	0.8039	0.7599
0.6403	0.41	1.0	0.9781	0.9567	0.9358	0.9154	0.8954	0.8472	0.8012	0.7569
		ϵ für $\kappa = 1.4$								
0	0	1.0	0.9892	0.9783	0.9673	0.9563	0.9449	0.9162	0.8865	0.8558
0.3162	0.1	1.0	0.9877	0.9753	0.9628	0.9503	0.9377	0.9058	0.8733	0.8402
0.4472	0.2	1.0	0.9857	0.9715	0.9573	0.9430	0.9288	0.8933	0.8577	0.8219
0.5477	0.3	1.0	0.9833	0.9667	0.9503	0.9340	0.9178	0.8780	0.8388	0.8000
0.6325	0.4	1.0	0.9800	0.9604	0.9412	0.9223	0.9038	0.8588	0.8154	0.7733
0.6403	0.41	1.0	0.9796	0.9596	0.9401	0.9209	0.9021	0.8566	0.8127	0.7704
		ϵ für $\kappa = 1.66$								
0	0	1.0	0.9909	0.9817	0.9724	0.9629	0.9533	0.9288	0.9033	0.8768
0.3162	0.1	1.0	0.9896	0.9791	0.9685	0.9578	0.9471	0.9197	0.8917	0.8629
0.4472	0.2	1.0	0.9879	0.9759	0.9637	0.9516	0.9394	0.9088	0.8778	0.8464
0.5477	0.3	1.0	0.9858	0.9718	0.9577	0.9438	0.9299	0.8953	0.8609	0.8265
0.6325	0.4	1.0	0.9831	0.9664	0.9499	0.9336	0.9176	0.8782	0.8397	0.8020
0.6403	0.41	1.0	0.9827	0.9657	0.9490	0.9324	0.9161	0.8762	0.8373	0.7993

Expansionszahlen ϵ für Normdüsen für beliebige Gase und Dämpfe, für verschiedene Druckverhältnisse p_2/p_1. Quadrate der Öffnungsverhältnisse m und Isentropenexponenten k.

Die Zahlenwerte $m = m^2 = 0$ und $p_2/p_1 = 1$ sind nur aufgeführt, um die Interpolation von Werten ϵ für $m^2 < 0,1$ bzw. $p_2/p_1 > 0,98$ zu ermöglichen.

6.9 Meßverfahren für kompressible Strömungen

Zusammenfassung

Optische Meßverfahren zur Ermittlung des Dichtefeldes von Gasströmungen werden erklärt: Schattenoptik, Mach-Zehnder-Interferometer, Differentialinterferometer und die prinzipielle Wirkungsweise des holographischen Interferometers. Ferner werden das Hitzdraht-Anemometer und das Laser-Doppler-Anemometer zur Messung von örtlichen Strömungsgeschwindigkeiten erläutert.

6.9.1 Übersicht über einige Meßverfahren

1. Optische Verfahren zur Dichtemessung
2. Geschwindigkeits- und Turbulenzmessung (Hitzdraht-, Laser-Doppler-Anemometer)
3. Druckmessung
4. Kraft- und Momentenmessung
5. Temperaturmessung
6. Schubspannungsmessung
7. Stromliniensichtbarmachung
8. Konzentrationsmessungen
9. Wärmeübergangsmessung (Filmthermometer, Farbumschlag-Methode)

6.9.2 Optische Verfahren zur Dichtemessung

Die Ausbreitungsgeschwindigkeit c des Lichtes in Gasen ist von Art und Dichte ρ des Gases abhängig. Sie ist kleiner als die Lichtgeschwindigkeit im Vakuum. Der Brechungsindex n_1 eines Gases „1" ist definiert als das Verhältnis der Lichtgeschwindigkeit im Vakuum c_0 zu der in diesem Gas

$$n_1 = \frac{c_0}{c_1} \quad . \tag{6.144}$$

Unter der optischen Weglänge S versteht man die Strecke, die ein Lichtstrahl im Vakuum in der Zeit t zurücklegen würde, in der er im Gas mit dem Brechungsindex n_1 den geometrischen Weg l_1 zurücklegt

$$S = n_1\, l_1 \quad . \tag{6.145}$$

Durchläuft ein Lichtstrahl eine Mediengrenze zwischen zwei Gasen mit unterschiedlichem Brechungsindex, so wird er abgelenkt. Durchlaufen zwei Strahlen unterschiedliche optische Wege, so entsteht dabei ein Gangunterschied zwischen ihnen.

Verfahren, die auf der Ablenkung des Lichtes beruhen

Fällt ein Lichtstrahl senkrecht auf einen lichtdurchlässigen Keil mit dem Brechungsindex n_2 und dem Keilwinkel α_2, so wird der Strahl beim Austritt um den Winkel ε abgelenkt.

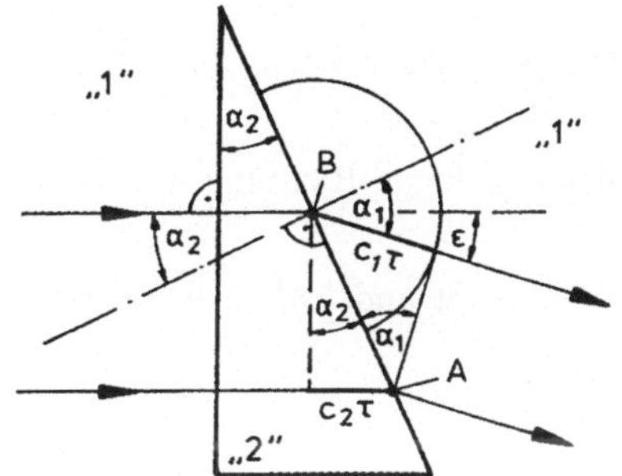

$$\begin{aligned} c_1 &> c_2 \quad , \quad n_1 < n_2 \\ \varepsilon &= \alpha_1 - \alpha_2 \\ \sin\alpha_1 &= c_1\tau/\overline{AB} \\ \sin\alpha_2 &= c_2\tau/\overline{AB} \\ \frac{\sin\alpha_1}{\sin\alpha_2} &= \frac{c_1\tau/\overline{AB}}{c_2\tau/\overline{AB}} = \frac{c_1}{c_2} = \frac{n_2}{n_1} \\ \sin\alpha_1 &= \sin\alpha_2\frac{n_2}{n_1} \end{aligned}$$

Für kleine α wird hieraus nach der Skizze

$$\varepsilon \approx \alpha_2\left(\frac{n_2}{n_1} - 1\right) \quad . \tag{6.146}$$

Der Brechungsindex n eines Gases oder Dampfes steht mit der Dichte ρ näherungsweise in der Beziehung:

$$n - 1 = K\,\rho \qquad \text{Gladstone-Dale} \tag{6.147}$$

Die Gladstone-Dale Konstante K ist dabei von der Gasart und der Wellenlänge des Lichtes abhängig, z.B.:

$$\begin{aligned} \text{Luft bei}15^oC, \quad \lambda &= 644\ nm \to K = 0,2255\cdot 10^{-3}\ m^3/kg \\ \lambda &= 447\ nm \to K = 0,2290\cdot 10^{-3}\ m^3/kg \end{aligned}$$

Weitere Werte sind:

Gladstone - Dale Konstante K

K $[m^3/kg]$	λ $[nm]$	Gasart
0,2239 $\cdot 10^{-3}$	912,5	Luft ($T = 288\ K$)
0,2274 $\cdot 10^{-3}$	509,7	
0,2330 $\cdot 10^{-3}$	356,2	
0,190 $\cdot 10^{-3}$	589	O_2 ($T = 273\ K$)
0,229 $\cdot 10^{-3}$	589	CO_2 ($T = 273\ K$)
0,238 $\cdot 10^{-3}$	589	N_2 ($T = 273\ K$)

Die stetige Zunahme des geometrischen Weges im Medium „2" längs des Keils mit konstantem Brechungsindex n_2 führt also zu einer Ablenkung des einfallenden Lichtstrahls. Entsprechend

Brechungsindex ($\lambda = 589\ nm,\ T = 293\ K$)		
Luft:	$n = 1{,}00027$	($p = 1\ bar$)
Wasser:	$n = 1{,}333$	
Kronglas (BK 7)	$n = 1{,}519$	
Flintglas (SF 10)	$n = 1{,}734$	

Kohärenzlängen einiger Lichtquellen		
Sonne	$\sim$	$10^{-7}\ m$
Spektrallampe	$\sim$	$10^{-1}\ m$
Ar - Laser	$\sim$	$10^{2}\ m$
He - Ne - Laser	$\sim$	$10^{4}\ m$

führt eine Zunahme des Brechungsindex quer zur Strahlrichtung bei konstantem geometrischen Weg l zu einer Ablenkung des Lichtes.

Ein Objekt, bei welchem sich das Produkt aus $n \cdot l$ in einer beliebigen Richtung ändert, bezeichnet man als Schliere.

Ist der Brechungsindex n in Richtung der Einstrahlung (x) konstant und ändert sich der geometrische Weg in y-Richtung nicht, so liegt eine ebene Schliere vor.

Für geringe Ablenkung in der Schliere gilt dann die Näherung

$$\varepsilon \approx \frac{l}{n}\frac{dn}{dy} \tag{6.148}$$

Mit Gl. (6.147) gilt demnach folgender proportionaler Zusammenhang für die ebene Schliere:

$$\varepsilon \sim l\frac{d\rho}{dy} \tag{6.149}$$

Schattenverfahren

Die auftretenden Winkel ε sind sehr klein ($\epsilon < 1/10^o$). Um sie sichtbar zu machen, bedient man sich zweier Verfahren. Das einfachste ist das Schattenverfahren. Fällt das Licht, das die Schliere durchquert hat, auf einen Film, so wird der Teil des Feldes, von dem das Licht abgelenkt wird, weniger geschwärzt, der Ort, auf den dieses Licht zusätzlich fällt, wird entsprechend stärker belichtet.

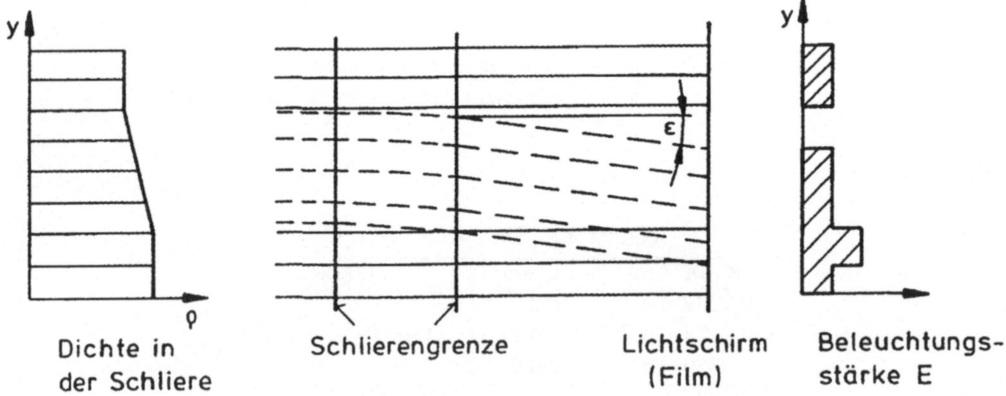

Man erkennt anhand der Abbildung, daß ein konstanter Dichtegradient, der sich längs des Phasenobjektes erstreckt, das gesamte einfallende Licht ablenkt, aber nicht zu einer Veränderung der Intensitätsverteilung des auf den Film fallenden Lichtes führt. Erst eine Änderung des

Dichtegradienten führt zu einer Aufhellung bzw. Verdunkelung von Bildteilen. Die Beleuchtungsstärke ergibt sich näherungsweise zu

$$\Delta E \sim \frac{d^2\rho}{dy^2} \tag{6.150}$$

Sprünge im Verlauf des Dichtegradienten, wie sie bei Verdichtungsstößen auftreten, werden daher besonders gut erfaßt.

Schlierenverfahren

Zum Aufbau einer Schlierenoptik muß zwischen Objekt und Abbildungsebene ein Brennpunkt (Brennfleck) erzeugt werden, in dem die nicht abgelenkten Strahlen (reguläres Strahlenbündel) fokussiert werden. Neben den Brennpunkt wird eine Schlierenkante gestellt, die das Licht, welches durch die Schliere zu ihr hingelenkt wird, abfängt, so daß die entsprechenden Filmflächen nicht belichtet werden.

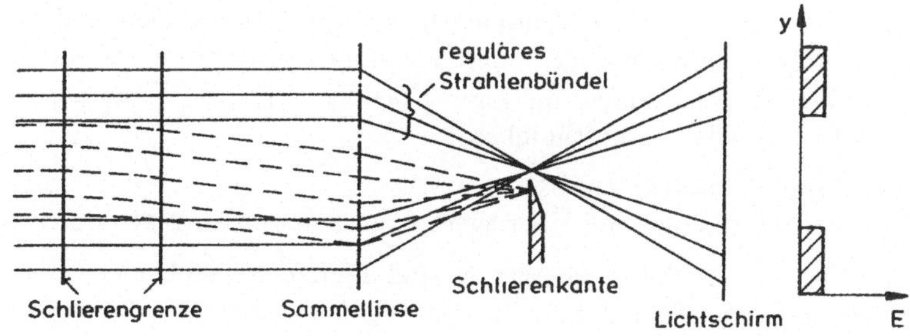

Der Brennpunkt der Sammellinse hat eine endliche Abmessung (Brennfleck). Damit die Optik ausreichend empfindlich wird, deckt man mit der Schlierenkante etwa den halben Brennfleck ab. Schlieren erscheinen dann je nach ihrer Richtung und Stärke in verschiedenen Grautönen, wobei etwa für die Intensitätsverteilung gilt

$$\Delta E \sim \frac{d\rho}{dy} \tag{6.151}$$

Das Schlierenverfahren ist empfindlicher als das Schattenverfahren und liefert sehr anschauliche Bilder vom Strömungsfeld.

Verfahren, die auf der Messung von Gangunterschieden beruhen (Interferometrische Meßverfahren)

Durchlaufen zwei gleiche Lichtstrahlen unterschiedliche optische Wege, so werden die Wellen relativ zueinander verschoben.

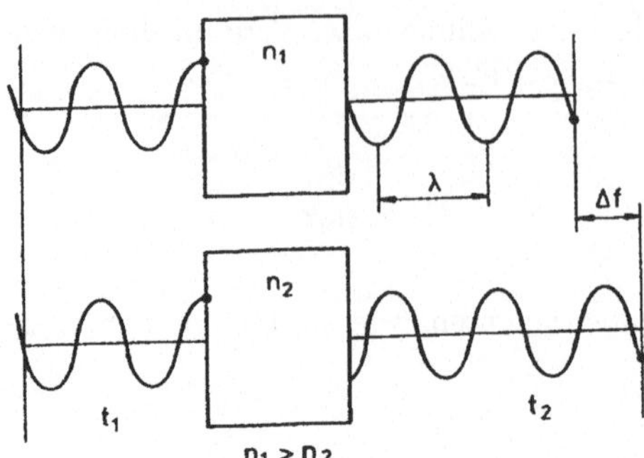

Die Verschiebung Δf bezeichnet man als Gangunterschied. Überlagert man die beiden Lichtstrahlen, so werden sie für den Fall, daß Δf ein ungerades, ganzzahliges Vielfaches der halben Wellenlänge ist, ausgelöscht. Wenn Δf ein ganzzahliges Vielfaches der Wellenlänge ist, werden sie verstärkt.

Zwei Lichtstrahlen, die in allen Eigenschaften außer der Phase gleich sind, bezeichnet man als kohärent. Zwei von unterschiedlichen Lichtquellen erzeugte Lichtstrahlen sind nicht kohärent. Kohärente Lichtstrahlen werden erzeugt, indem man einen Lichtstrahl aufteilt. Durch spätere Überlagerung der beiden Teilstrahlen, die unterschiedliche optische Wege durchlaufen haben können, ist deren Phasendifferenz bestimmbar.

Mach-Zehnder-Interferometer (MZI)
Im MZI erfolgen Strahlaufteilung und Überlagerung an halbdurchlässigen Spiegeln.

Stehen die Spiegel 1 bis 4 parallel zueinander, so sind die Lauflängen beider Teilstrahlen gleich. Befindet sich dabei in der Meßkammer ein in Richtung des Lichtstrahles konstantes Dichtefeld, so stellen die auftretenden Interferenzstreifen Linien konstanter Dichte dar.

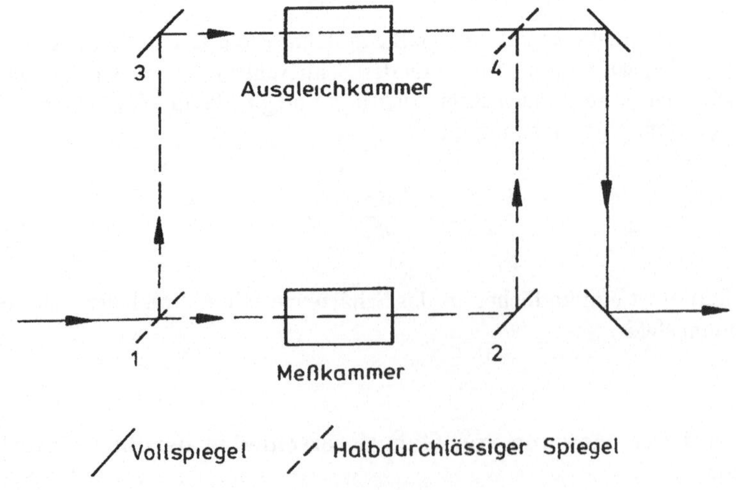

Diese Einstellung eignet sich zur qualitativen Beurteilung eines Strömungsvorganges sehr gut. Zur quantitativen Auswertung bedient man sich jedoch meist einer "Einstellung auf endlichen

Streifenabstand". Durch Kippen entsprechender Spiegel wird ein linear ansteigendes Dichtefeld, ein sogenanntes Keilfeld simuliert, so daß auch ohne Strömungsvorgang ein Feld paralleler äquidistanter Interferenzstreifen erscheint. Untersucht man einen Strömungsvorgang, so muß man bei der Auswertung von dem Summenfeld das bekannte Keilfeld abziehen. Das geschieht, indem man die Verschiebung des Streifens im Bild des Vorgangs gegenüber seiner Lage im Keilfeld ausmißt. Durch diese Art der Auswertung lassen sich auch Fehler, die von den Kanalscheiben oder den Spiegeln herrühren, und im Keilfeld enthalten sind, berücksichtigen.

Differentialinterferometer

Im Differentialinterferometer erfolgt die Strahlaufteilung an doppelbrechenden Kristallen. Man verwendet hierzu meist Wollaston-Prismen, deren Wirkungsprinzip in folgender Abbildung dargestellt ist. Der damit erreichbare Abstand d der beiden Strahlen ist so klein, daß beide Strahlen durch die Meßkammer laufen (Abstand in der Größenordnung 1 mm).

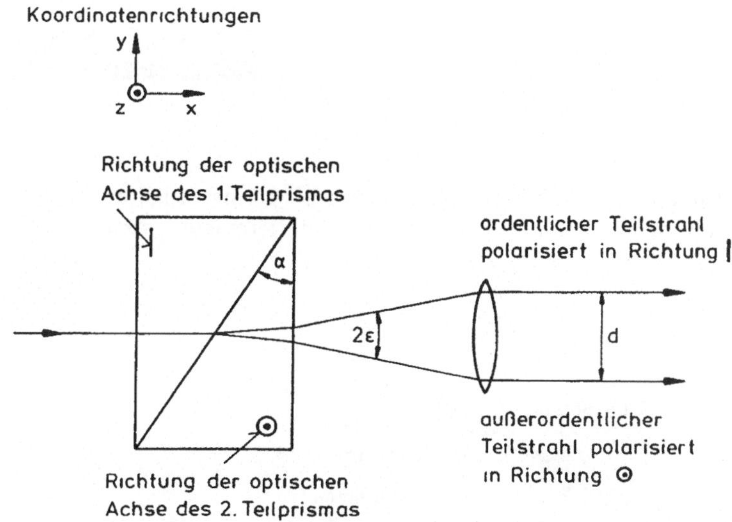

Überlagert man die beiden Teilstrahlen nach durchlaufen der Meßkammer, so kann der Dichtegradient bei ebenen und rotationssymmetrischen Feldern bestimmt werden. Ordnet man die Wollaston-Prismen so an, daß bei konstanter Dichte in der Meßkammer keine Interferenzstreifen auftreten (unendlicher Streifenabstand), so sind die Interferenzstreifen, die sich nach Aufbringen eines ebenen Dichtefeldes zeigen, Linien konstanter Dichtegradienten. Für die Erzeugung von Interferenzstreifen ist eine geeignete Polarisation der Strahlen erforderlich.

Optischer Aufbau

In den bisherigen Ausführungen wurde nur auf die physikalischen Prinzipien einzelner optischer Meßverfahren eingegangen. Um diese anwenden zu können, bedarf es eines optischen Aufbaus, der sowohl das Meßobjekt, als auch das meßtechnische Signal, z.B. die Streifen beim Interferometer auf den Film abbildet. Ferner ist es wichtig, die Meßkammer mit parallelem Licht zu

Ein Feld äquidistanter Interferenzstreifen läßt sich durch Verschieben der Wollaston-Prismen erreichen. Die Streifenverschiebung ΔW ist dann ein Maß für den Dichtegradienten. Es gilt [Merzkirch 1974]:

$$\frac{\Delta W}{W} = \frac{d}{\lambda} \cdot \left[\sin\beta \int \frac{\partial n}{\partial x} dl + \cos\beta \int \frac{\partial n}{\partial y} dl \right] \tag{6.152}$$

n = Brechungsindex
d = Strahlabstand
l = geometrischer Weg
Für rotationssymmetrische Dichtefelder läßt sich die Dichte durch Lösen einer Abel'schen Integralgleichung bestimmen.

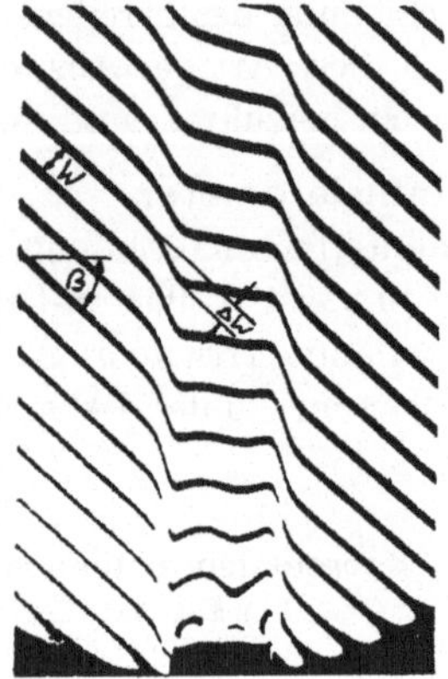

durchstrahlen. Um optische Abbildungsfehler möglichst gering zu halten, verwendet man meist den Z-Aufbau, der im folgenden für ein Differentialinterferometer gezeigt wird.

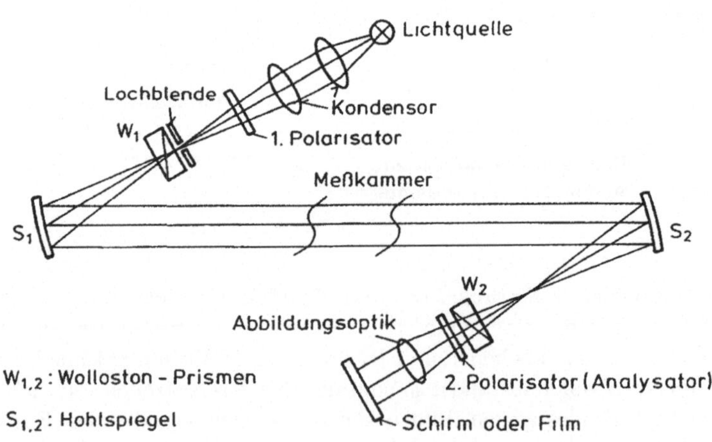

Das Licht der Lichtquelle wird vom Kondensor in einem Punkt fokussiert. Da dieser Punkt im Brennpunkt eines Hohlspiegels liegt, hat man hinter dem Spiegel einen parallelen Lichtstrahl, der die Meßkammer durchläuft und auf einen zweiten Hohlspiegel fällt, der das Licht in einem rückwärtigen Brennpunkt fokussiert. Um die Meßkammer in geeigneter Größe auf einem Film abbilden zu können, ist noch eine Abbildungsoptik erforderlich.

Holographische Interferometrie

Die bisher besprochenen Verfahren gestatten nur, zweidimensionale Dichtefelder zu erfassen. Die Entwicklung des Lasers hat die Holographie, mit deren Hilfe die von einem Körper ausgehenden Wellenfronten festgehalten werden können, besser durchführbar gemacht. Nachstehend ist eine typische Anordnung gezeigt. Bei der Aufnahme wird ein paralleles, von einem Laser ausgesandtes Lichtbündel an der Teilerplatte aufgespalten. Ein Teilbündel, das Referenzbündel, gelangt nach Umlenkung am Spiegel direkt zur fotografischen Schicht H (Hologramm). Das zweite Lichtbündel wird an einer Mattscheibe diffus gestreut.

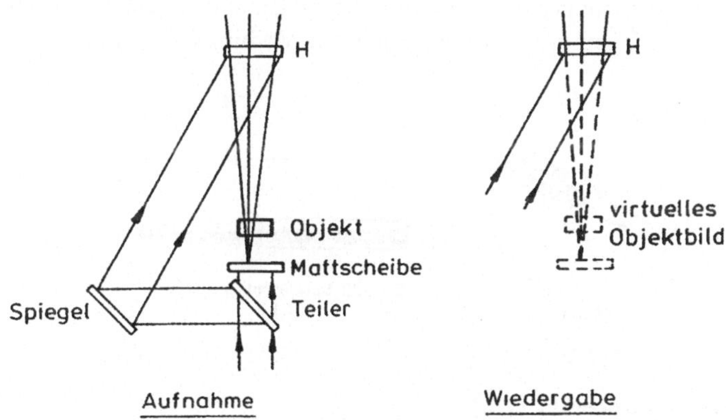

Das Objekt befindet sich hinter der Mattscheibe im diffusen Licht. In der fotografischen Schicht werden die durch das Objekt durchgehenden Wellenfronten, die mit dem Referenzstrahlenbündel interferieren, festgehalten.

Zur Wiedergabe wird das Hologramm H durch das Referenzstrahlenbündel erneut beleuchtet. Auf diese Weise entsteht ein dreidimensionales Bild von der Phasenlage des die Strömung durchdringenden Lichtes.

Es wird überwiegend das Verfahren der Doppelbelichtung des Hologrammes benutzt, d. h. die Belichtung erfolgt einmal ohne Strömung und zum anderen beim Strömungsvorgang. Auf diese Weise läßt sich die Dichteänderung infolge der Strömung bestimmen.

6.9.3 Geschwindigkeits- und Turbulenzmessung

Die vorher besprochenen optischen Verfahren liefern im allgemeinen über die Meßkammerbreite gemittelte Werte. Hitzdraht- und Laser-Doppler-Anemometer ermöglichen punktförmige Geschwindigkeitsmessung (mit einer Auflösung von ca. 1 mm^3).

Hitzdraht-Anemometer

Beim Hitzdraht- und Heißfilm-Anemometer werden die Meßgrößenaufnehmer mittels eines elektrischen Stromes beheizt, so daß ein Temperaturgefälle zwischen Aufnehmer und umströmendem Medium entsteht (Temperaturdifferenzen in Gasen ca. 200 bis 300 K).

Hitzdrähte (ø 10^{-6} bis 10^{-4} m) werden zwischen zwei Haltestiften aufgespannt, Heizfilme (Dicke 10^{-8} bis 10^{-6} m) befinden sich auf gläsernen oder keramischen Trägerkörpern.

Um von der Wärmeabfuhr des Aufnehmers auf die Geschwindigkeit schließen zu können, kann man entweder einen konstanten Heizstrom aufprägen und die Temperatur bzw. den elektrischen Widerstand messen (Konstant-Strom-Verfahren) oder umgekehrt bei konstanter Temperatur (Widerstand) den Strom nachregeln (Konstant-Temperatur-Verfahren). Die Regelung des Heizstromes kann selbsttätig mit einer elektronischen Einrichtung erfolgen; die Aufnehmer ordnet man zweckmäßig in einer Wheatstoneschen Brückenschaltung an.

Die Grenzen der Verfahren liegen im räumlichen und zeitlichen Auflösungsvermögen sowie im Amplitudenauflösungsvermögen. Ferner wird der Wärmeübergang der Anemometer durch Änderung der Dichte und Temperatur des strömenden Mediums beeinflußt.

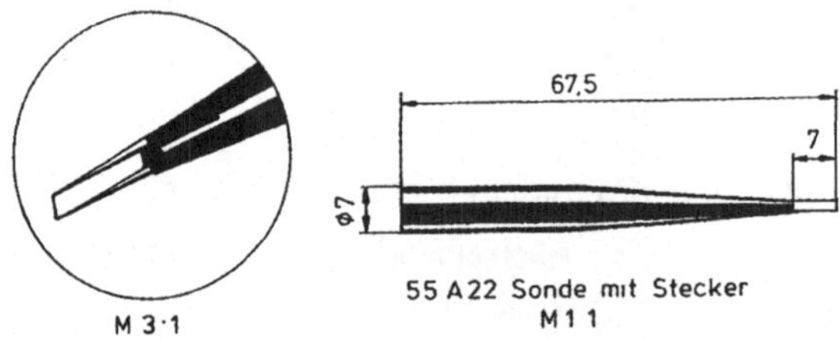

Laser-Doppler-Anemometer (LDA)

Das Laser-Doppler-Anemometer ist ein opto-elektronisches Meßverfahren, bei dem der Meßort das Schnittvolumen (typische Abmessungen: $\approx 1\ mm^3$) zweier sich kreuzender Laserstrahlen ist. Hierbei wird die Geschwindigkeit von kleinen in der Strömung mitgeführten Partikeln (ø 10^{-7} bis 10^{-5} m) mit Hilfe des von ihnen gestreuten Lichtes bestimmt.

Da sich die Partikel relativ zur Lichtquelle bewegen, ist das Streulicht beider Laserstrahlen aufgrund des Doppler-Effekts frequenzverschoben, und zwar wegen der unterschiedlichen Einstrahlrichtungen um unterschiedliche Beträge. Die Frequenzdifferenz der Dopplerverschiebungen wird als Dopplerfrequenz f bezeichnet und läßt sich als Schwebungsfrequenz der beiden Streulichtanteile mit Hilfe eines Photodetektors bestimmen.

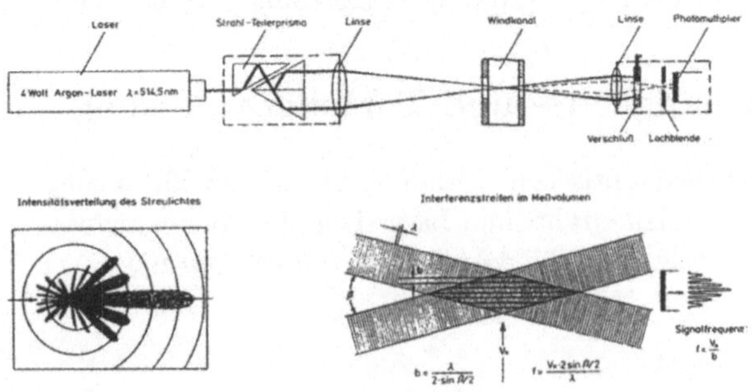

Von den vielen möglichen Anordnungen ist hier das "Zwei-Strahl-Verfahren" gezeigt. Hierbei läßt sich die Frequenz f auch mit Hilfe der Interferenz der beiden Laserstrahlen deuten.

Literaturhinweise

DURST, F., MELLING, A, WHITELAW, J.H.: *Principles and practice of laser-doppler-anemometrie*, Academic Press, 1976

FRANCON, M.: *Holographie*, Springer-Verlag, 1972

MERZKIRCH, W.: *Flow visualition*, Academic Press, 1976

SCHARDIN, H.: *Die Schlierenverfahren und ihre Anwendung*, Ergebnisse der exakten Naturwissenschaften, Bd.20, 1942.

STRICKERT, H.: *Hitzdrat- und Hitzfilmanemometrie*, VEB Verlag Technik, Berlin, 1974.

WUEST, W.: *Strömungsmeßtechnik*, Vieweg-Verlag, 1969.

6.9.4 Auswertung

Bestimmung der Mach-Zahl mittels Druckmessung:

$$\begin{aligned} \text{gemessen:}\quad p_0 - p &= 696\ mm\ Hg \\ p_0 &= 747,5\ mm\ Hg \\ \Rightarrow \frac{p}{p_0} &= 1 - \frac{p_0 - p}{p_0} = 0,068; \quad \frac{p_0}{p} = 14,51 \\ Ma &= \sqrt{\frac{2}{\kappa - 1}\left(\left(\frac{p_0}{p}\right)^{\frac{\kappa-1}{\kappa}} - 1\right)} = 2,39 \end{aligned}$$

1. Pitot-Druckmessung im Überschall

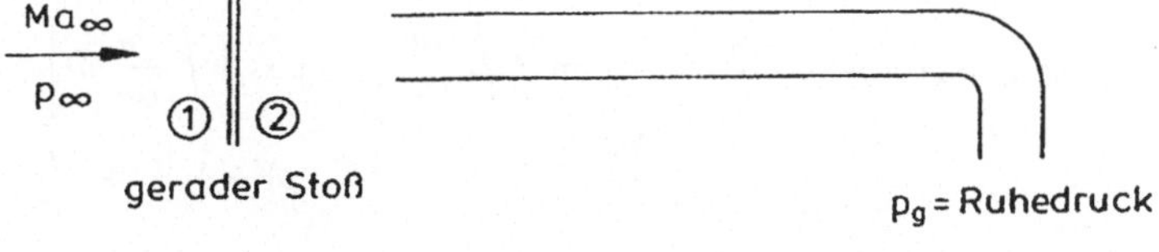

Ma∞

p∞

① ②

gerader Stoß

p_g = Ruhedruck

Gegeben: $\frac{p_{02}}{p_{01}} = g(Ma_\infty, \kappa)$ Gesucht: $\frac{p_g}{p_\infty} = f(Ma_\infty, \kappa)$ (Herleitung!)

$$g(M_\infty, \kappa) = \frac{p_{02}}{p_{01}} = \left[1 + \frac{2\,\kappa}{\kappa + 1}\left(Ma_\infty^2 - 1\right)\right]^{\frac{-1}{\kappa-1}} \cdot \left[\frac{\kappa + 1}{\kappa - 1 + \frac{2}{Ma_\infty^2}}\right]^{\frac{\kappa}{\kappa-1}}$$

$$p_{02} = p_g \quad ; \quad p_\infty = p_1$$

$$\frac{p_g}{p_\infty} = \frac{p_{02}}{p_1} = \frac{p_{02}}{p_{01}} \cdot \frac{p_{01}}{p_1} = g(Ma_\infty, \kappa)\,\frac{p_{01}}{p_1} = g(Ma_\infty, \kappa) \cdot \left(1 + \frac{\kappa - 1}{2} Ma_\infty^2\right)^{\frac{\kappa}{\kappa-1}} = f(Ma_\infty, \kappa)$$

2. Worin unterscheiden sich das Schatten- und das Schlierenverfahren? (optischer Aufbau, Meßgröße, Vor- und Nachteile)

   Beim Schattenverfahren führen Änderungen des Dichtegradienten zu Aufhellung oder Abdunkelung im Bild, $\Delta E \sim \frac{d^2\,\rho}{d\,y^2}$ wobei beim Schlierenverfahren die Dichtegradienten selbst sichtbar werden, $\Delta E \sim \frac{d\,\rho}{dy}$

 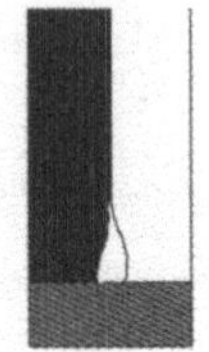 

3. Das Bild zeigt die Aufnahme einer Kerzenflamme mittels Differential-Interferometer bei endlichem Streifenabstand.

a) Wie erhält man hieraus das Dichteprofil?
b) Skizzieren Sie sorgfältig das Bild für unendlichen Streifenabstand. Was stellen die entstehenden Interferenzstreifen dar?
c) Skizzieren Sie sorgfältig das Bild für ein Mach-Zehnder-Interferometer bei endlichem Streifenabstand, wenn die Interferenzstreifen im Vergleichsfeld ohne Flamme diagonal verlaufen.

a) Die Streifenverschiebung ist das Maß für den Dichtegradienten $\Rightarrow$ Dichteprofil

$$\text{aus der Formel} \quad \frac{\Delta w}{w} = \frac{d}{\lambda}\left[\sin\beta \int \frac{\partial u}{\partial x}\, dl + \cos\beta \int \frac{\partial u}{\partial y}\, dl\right]$$

$$\Rightarrow \frac{\partial u}{\partial x} \quad , \quad \frac{\partial u}{\partial y} \quad ; \qquad n = (K \cdot \rho) + 1 \quad \Rightarrow \frac{\partial \rho}{\partial x}$$

b)

Die Interferenzstreifen sind Linien konstanter Dichtegradienten.

c)

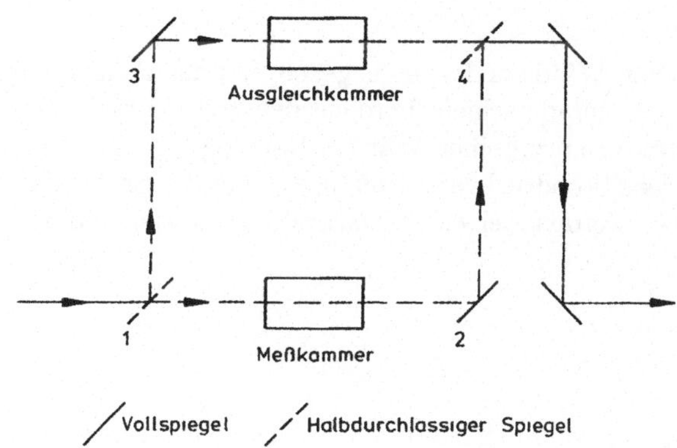

Sind die Spiegel 2 und 4 nicht gekippt, laufen die Strahlen durch. Es entsteht ein Gangunterschied und damit ein Interferenzfeld.

6.10 Überschallkanal und Verdichtungsstoß am Keil

Zusammenfassung
Es werden ein Überblick über die verschiedenen Windkanaltypen gegeben und das Prinzip der Überschallkanäle erläutert. Behandelt wird der gerade schiefe Verdichtungsstoß in stationärer ebener Strömung eines idealen Gases konstanter spezifischer Wärme; Reibung und Zu- bzw. Abfuhr von Wärme werden vernachlässigt. Das Stoßdruckverhältnis p_2/p_1 und der Stoßwinkel σ eines an einem Keil sich bildenden Stoßes werden bei einer Machzahl gemessen und mit theoretisch ermittelten Werten verglichen.

6.10.1 Einleitung

Aufgabe der Windkanäle ist die Erzeugung von räumlich und zeitlich möglichst konstanten Strömungen zur Untersuchung strömungstechnischer Probleme. Man ist in vielen Fällen auf Experimente angewiesen, da eine theoretische Erfassung insbesondere von komplizierten Strömungsvorgängen nicht immer möglich ist.

Da die Untersuchung der Strömung am Original aus Kostengründen nur selten möglich ist, müssen bei Modellversuchen die bekannten Ähnlichkeitskennzahlen eingehalten werden. Neben der geometrischen Ähnlichkeit sind dies:

Reynoldszahl $Re = \frac{\rho\, u\, l}{\eta}$

Machzahl $Ma = \frac{u}{a} = \frac{\text{Strömungsgeschwindigkeit}}{\text{Schallgeschwindigkeit}}$

Knudsenzahl $Kn = \frac{l_m}{l} = \frac{\text{mittlere freie Weglänge}}{\text{charakteristische Länge}}$

Prandtlzahl $Pr = \frac{\eta\, c_p}{\lambda}$

Strouhalzahl $Str = \frac{2\pi f\, l}{u} = \frac{\omega\, l}{u}$

Schmidtzahl $Sc = \frac{\nu}{D_{12}} = \frac{\text{kinematische Zähigkeit}}{\text{Diffusionskoeffizient}}$

Lewiszahl $Le = \frac{Pr}{Sc}$,

Die im Windkanal zu simulierenden Bereiche der Kennzahlen ergeben sich z. B. beim Raumgleiter aus deren Mission. Mit einem Windkanal können nicht die gesamten Flugzustände überdeckt werden (siehe folgende Abbildung), d. h. alle Kennzahlen sind in der Regel nicht einzuhalten. Insbesondere ist es oft schwierig, die erforderlichen Re-Zahlen zu erreichen, da sie zu hohe Ruhedrücke oder zu große Kanäle erfordern ($Re \sim p_0 \cdot l_{\text{Modell}}$).

Das nachstehende Diagramm zeigt die Arbeitsbereiche einiger Windkanäle

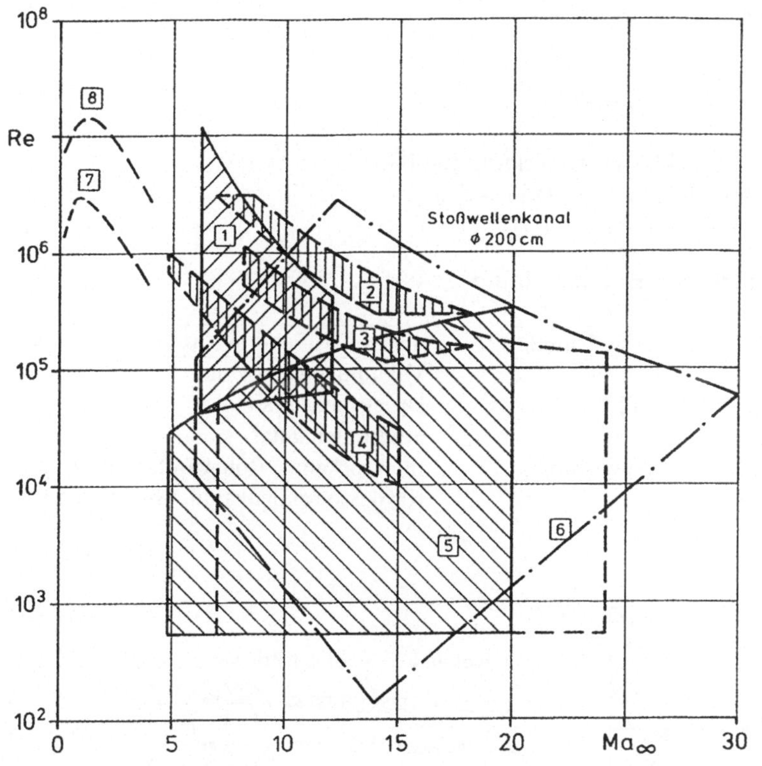

1 DLR-Hyperschallkanal	5 DLR-Plasma-Kanal PK1
2 DLR-Gun-Tunnel	6 DLR-Vakuum-Kanal
3 DFL-Gun-Tunnel	7 AIA-Vakuum-Kanal 15 x 15 cm^2
4 Stoßwellen-Kanäle (RWTH Aachen u. ISL Saint Louis)	8 AIA-Vakuum-Kanal 40 x 40 cm^2

DLR - Deutsches Zentrum für Luft- und Raumfahrt
RWTH - Rheinisch Westfälische Technische Hochschule
ISL - Insitute Saint Louis

6.10.2 Einteilung der Windkanäle

Einteilung nach der Machzahl

Unterschallkanal (inkompressibel)	$0 < Ma < 0{,}25$
Unterschallkanal (kompressibel)	$0{,}25 < Ma < 0{,}8$
Transonikkanal	$0{,}8 < Ma < 1{,}2$
Überschallkanal	$1{,}2 < Ma < 5$
Hyperschallkanal	$5 < Ma$

Bei den Hyperschallkanälen unterscheidet man "kalte" und "heiße" Kanäle je nachdem, ob nur die Mach-Zahl oder auch die Ruhetemperatur richtig simuliert wird. Im heißen Kanal werden auch Realgaseffekte untersucht.

Einteilung nach der Bauart

Windkanäle mit geschlossener Rückführung (Göttinger-Typ)
Windkanäle ohne Rückführung (Eiffel-Typ)

Einteilung nach der Betriebsdauer

Kontinuierlich arbeitende Kanäle	intermittierend arbeitende Kanäle
Windkanäle mit geschlossener Rückführung (Transonikkanal Göttingen)	Vakuumspeicherkanal
Plasmakanal	Druckspeicherkanal
MHD-Kanal (magneto-hydrodynamischer Kanal)	Stoßwellenkanal
	Injektorkanal, Rohrwindkanal
	Kryo-Stoßwellenkanal, Gun-Tunnel

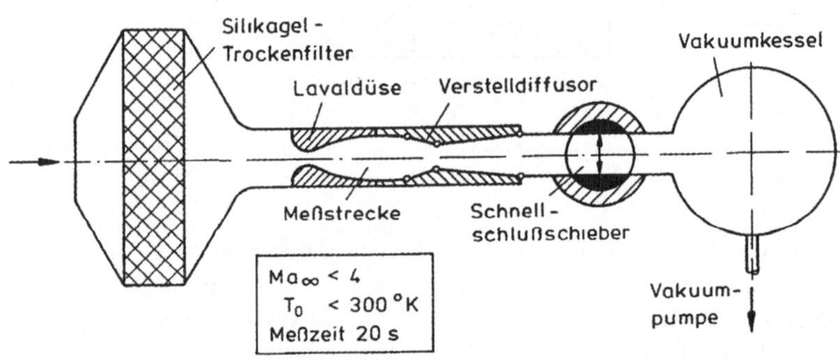

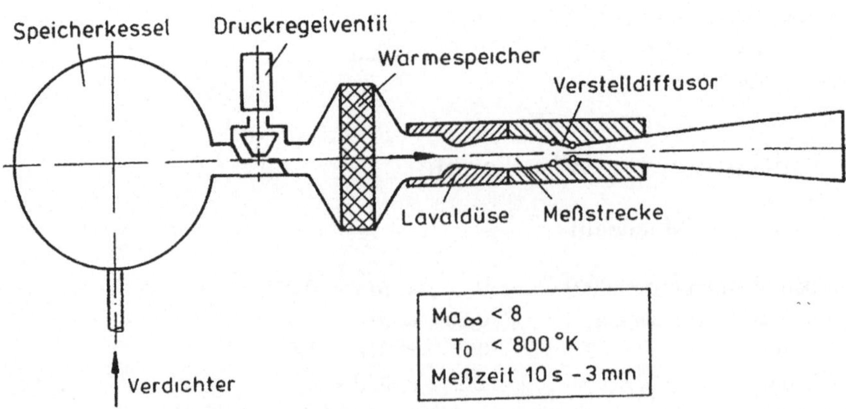

Vakuumspeicherkanal des AIA (oben)
Druckspeicherkanal (unten)

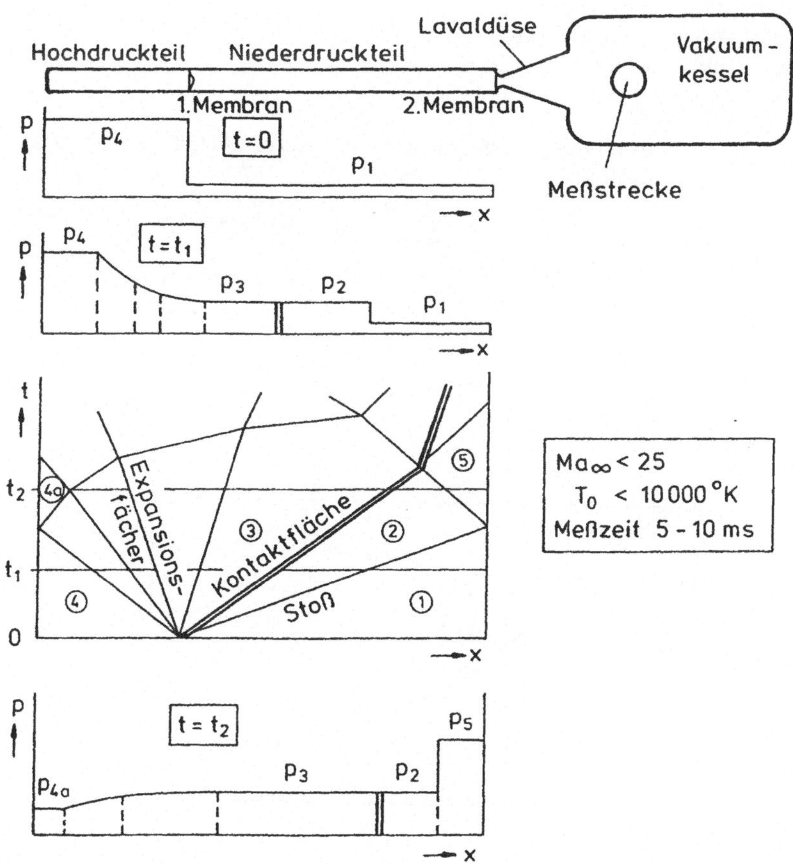

Stosswellenkanal

6.10.3 Bauteile eines Überschallkanals

Überschalldüse mit Meßkammer

Der Entwurf der Düse für einen Überschallwindkanal erfolgt mit dem Charakteristikenverfahren [Shapiro 1953]. Die Funktion einer solchen Düse ist die Beschleunigung der Strömung von $Ma = 1$ in der Nähe des Düsenhalses auf eine bestimmte Überschall-Mach-Zahl in der Meßstrecke (s. nachstehende Skizze und Diagramm). Die Düse besteht aus Unterschallteil, Schalldurchgang, Expansionsteil und Korrekturteil für gleichförmige Strömung in der Meßstrecke.

Im dem Bereich (7-5-3) expandiert die Strömung, welche mehrfach an der Düsenwand reflektiert wird. Infolge der konkaven Krümmung des Korrekturteils (3-1) werden die dort einfallenden Expansionswellen durch die Erzeugung gleichstarker Verdichtungswellen gelöscht. Bei richtig

ausgelegter Düsen-Geometrie ergibt sich ein Meßrhombus paralleler Strömung mit konstanter Mach-Zahl. Eine Variation der Mach-Zahl ist nur durch eine Änderung der gesamten Düsengeometrie zu erreichen. Das ist nur möglich mit
a) auswechselbaren Düsenblöcken
b) Düsen mit verstellbarer Kontur
c) geeignete Kombination aus a) und b).

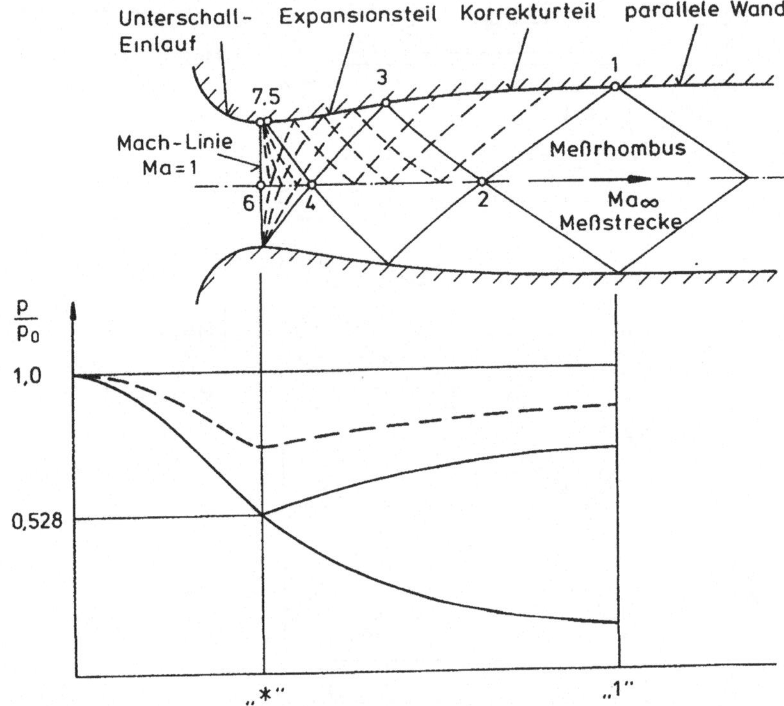

Daten für Luft: $\kappa = 1,4$, $T_0 = 288K$

Ma_∞	1	1,5	2	3	5	10	20
A_1/A^*	1,0	1,17	1,68	4,19	24,4	533	15300
p_1/p_0	0,527	0,279	0,1277	0,0273	0,0019	$+2,4 \cdot 10^{-5}$	$2,1 \cdot 10^{-7}$
$u[m/s]$	310	424	507	610	694	742	755
$T[K]$	240	198	157	102	47,5	13	

Diffusor

Analog zur Erzeugung der Überschallströmung in der Lavaldüse erfolgt die Verminderung der Geschwindigkeit mit Druckrückgewinn in einem Diffusor, der zunächst konvergiert und dann divergiert. Es wird ein großer Druckrückgewinn angestrebt, um
a) bei kontinuierlichem Betrieb die Verdichterleistung gering zu halten,
b) bei intermittierendem Betrieb optimale Blaszeiten zu erreichen.

Der größte Druckrückgewinn wird erreicht, wenn im Diffusorhals der kritische Strömungszustand herrscht und die Rückführung der Strömung in den Unterschall unmittelbar hinter dem Diffusorhals durch einen schwachen geraden Stoß im divergenten Teil des Diffusors erfolgt mit $A^* = A^{*'}$. Die Verluste aufgrund des Stoßes sind dann gering. Der Start des Überschallkanals erfordert jedoch eine andere Auslegung des Diffusor-Halsquerschnittes, wie die folgende einfache Überlegung zeigt [Pope und Goin 1960, Voigt 1960]

Beim Starten des Kanals herrscht im allgemeinen zunächst im gesamten Kanal eine Unterschallströmung. Schallgeschwindigkeit wird zuerst im engsten Querschnitt der Lavaldüse erreicht. Im divergenten Teil der Düse expandiert die Strömung auf Überschall, abgeschlossen durch einen Verdichtungsstoß, der stromab gedrängt wird. Für den Zustand, daß der Stoß gerade in der Meßstrecke steht (größte Intensität und maximale Verluste) muß der Querschnitt des Diffusorhalses richtig bemessen sein.
Aus der Kontinuitätsgleichung folgt

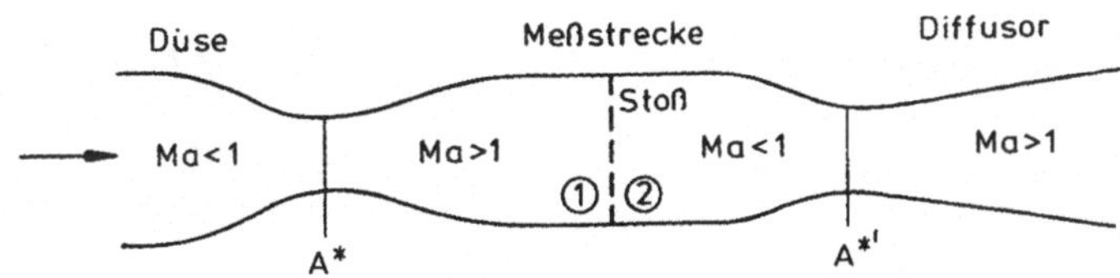

$$\begin{aligned} \rho^* A^* a^* &= \rho^{*'} A^{*'} a^{*'} \\ T_{01} &= T_{02} \quad \rightarrow \quad a^* = a^{*'} \quad \rightarrow \quad T^* = T^{*'} \\ \frac{A^{*'}}{A^*} &= \frac{\rho^*}{\rho^{*'}} = \frac{p^*}{p^{*'}} \cdot \frac{T^{*'}}{T^*} = \frac{p_{01}}{p_{02}} > 1 \end{aligned}$$

In einigen Fällen wurden Kanäle mit variablem Diffusorhalsquerschnitt gebaut, d. h. unmittelbar nach dem Kanalstart wird $A^{*'}$ auf A^* reduziert, um einen größeren Druckrückgewinn zu erzielen.

6.10.4 Schräger Verdichtungsstoß

Einleitung

Die Umlenkung einer Strömung an einer konkaven Ecke erfolgt bei Unterschallgeschwindigkeit stetig, bei Überschallgeschwindigkeit unstetig über einen Verdichtungsstoß.

Da dessen Dicke in der Größenordnung der mittleren freien Weglänge der Moleküle liegt, kann der Verdichtungsstoß als eine Unstetigkeit aufgefaßt werden, in der sich der Strömungszustand (Druck, Dichte, Temperatur, Geschwindigkeit usw.) sprunghaft ändert.

Bei hinreichend kleinem Umlenkwinkel und hinreichend großer Mach-Zahl vor dem Stoß ist dieser bei ebener Strömung gerade.

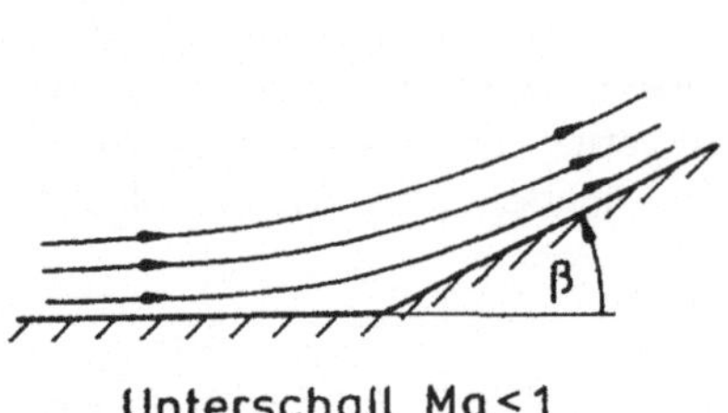

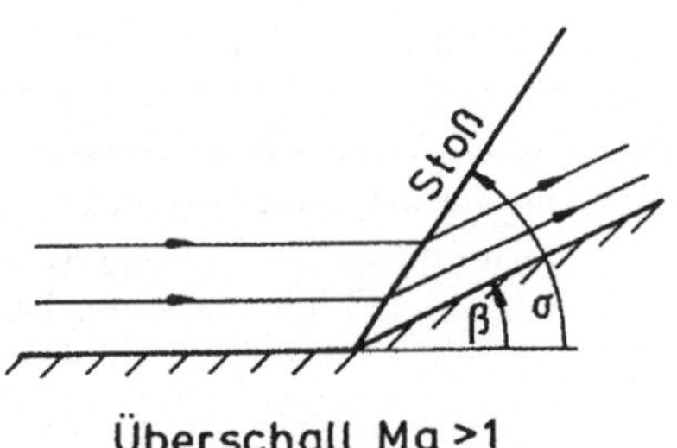

Ist der Umlenkwinkel groß, so erfolgt die Umlenkung über einen von der Ecke abgelösten, gekrümmten Verdichtungsstoß gemäß nebenstehender Skizze, der an der Wand als gerader senkrechter Stoß beginnt und dort Unterschallgeschwindigkeit erzeugt, so daß die Strömung stetig umgelenkt wird. In hinreichend großem Abstand von Wand und Ecke bleibt über den Stoß Überschallgeschwindigkeit erhalten. Längs einer bestimmten Linie ist $w = a$, und stromab davon geht die Strömung auf Überschallgeschwindigkeit über.

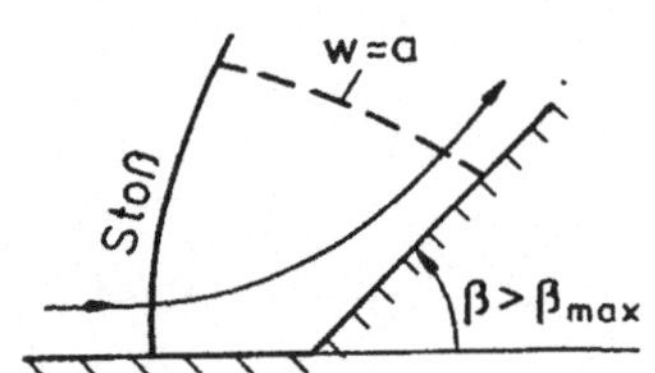

Berechnung der Zustandsänderung über den schiefen geraden Stoß

Voraussetzungen:

1. Die Strömung sei stationär und eben.
2. Die Wirkung von Schwerkraft und Reibungskraft sei vernachlässigbar.
3. Wärmeaustausch mit der Umgebung sei vernachlässigbar.
4. Das strömende Medium sei ein ideales Gas konstanter spezifischer Wärme.

Grundgleichungen

Bei den genannten Voraussetzungen lauten die Erhaltungssätze, angewendet auf die punktiert eingezeichnete Kontrollfläche in nebenstehender Skizze:

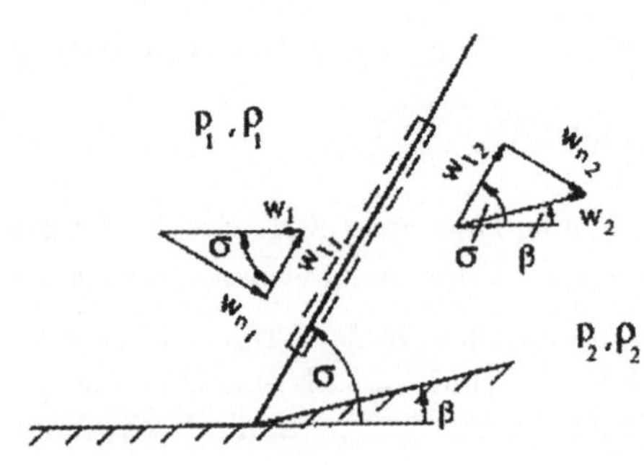

Kontinuitätssatz:

$$\rho_1 w_{1n} = \rho_2 w_{2n} \tag{6.153}$$

Impulssatz in Normal-Richtung:

$$p_1 - p_2 = \rho_2 w_{2n} w_{2n} - \rho_1 w_{1n} w_{1n} \tag{6.154}$$

Impulssatz in Tangential-Richtung:

$$0 = \rho_2 w_{2n} w_{2t} - \rho_1 w_{1n} w_{1t} \tag{6.155}$$

Energiesatz:

$$\frac{1}{2}(w_{1t}^2 + w_{1n}^2) + \frac{\kappa}{\kappa - 1}\frac{p_1}{\rho_1} = \frac{1}{2}(w_{2t}^2 + \hat{w}_n^2) + \frac{\kappa}{\kappa - 1}\frac{p_2}{\rho_2} \tag{6.156}$$

An den Geschwindigkeitsdreiecken der Skizze lassen sich folgende Beziehungen ablesen:

$$\sin\sigma = w_{1n}/w_1 \tag{6.157}$$
$$\tan\sigma = w_{1n}/w_{1t} \tag{6.158}$$
$$\tan(\sigma - \beta) = w_{2n}/w_{2t} \tag{6.159}$$
$$\sin(\sigma - \beta) = w_{2n}/w_2 \tag{6.160}$$

(6.161)

Gl. (6.157) läßt sich nach Einführung der Mach-Zahl vor dem Stoß

$$Ma_1 = \frac{w_1}{a_1} = w_1 / \sqrt{\kappa \frac{p_1}{\rho_1}} \quad , \tag{6.162}$$

wobei a die lokale Schallgeschwindigkeit ist, in der folgenden Form schreiben:

$$Ma_1^2 \sin^2\sigma = w_{1n}^2 / \left(\kappa \frac{p_1}{\rho_1}\right) \tag{6.163}$$

(6.164)

Lösung Aus den Gleichungen (6.153) bis (6.156) und (6.163) folgen

$$w_{1t} = w_{2t} \tag{6.165}$$

$$\frac{w_{2n}}{w_{1n}} = \frac{\rho_1}{\rho_2} = \frac{1 + \frac{\kappa-1}{2}\frac{w_{1n}^2}{\kappa p_1/\rho_1}}{\frac{\kappa+1}{2}\frac{w_{1n}^2}{\kappa p_1/\rho_1}} = \frac{1 + \frac{\kappa-1}{2} Ma_1^2 \sin^2\sigma}{\frac{\kappa+1}{2} Ma_1^2 \sin^2\sigma} = \frac{w_{2n}}{w_{1n}}(\kappa, Ma, \sigma) \tag{6.166}$$

$$\frac{p_2}{p_1} = 1 + \frac{2\kappa}{\kappa+1}\left(\frac{w_{1n}^2}{\kappa p_1/\rho_1} - 1\right) = 1 + \frac{2\kappa}{\kappa+1}(Ma_1^2 \sin^2\sigma - 1) = \frac{p_2}{p_1}(\kappa, Ma, \sigma) \tag{6.167}$$

Mit Gleichung (6.165) erhält man aus Gleichung (6.158) und (6.159):

$$\frac{w_{2n}}{w_{1n}} = \frac{\tan(\sigma - \beta)}{\tan\sigma} \quad , \tag{6.168}$$

und hieraus

$$\cot\beta = \tan\sigma \left(\frac{\frac{\kappa+1}{2} Ma^2}{Ma^2 \sin^2\sigma - 1} - 1\right) \quad ; \quad \sigma = \sigma(\kappa, Ma, \beta) \tag{6.169}$$

Die Gleichungen (6.167) und (6.169) liefern nach Elimination von σ die Gleichung der "Herzkurve"

$$\tan^2\beta = \left[\frac{Ma_1^2}{1+\frac{\kappa+1}{2\kappa}\left(\frac{p_2}{p_1}-1\right)}-1\right]\cdot\left[\frac{\frac{p_2}{p_1}-1}{\kappa Ma_1^2-\left(\frac{p_2}{p_1}-1\right)}\right]^2 \quad . \tag{6.170}$$

Aus (6.157) und (6.160) folgt

$$\frac{w_2}{w_1} = \frac{w_{2n}}{w_{1n}}\cdot\frac{\sin\sigma}{\sin(\sigma-\beta)} \quad . \tag{6.171}$$

Diese Gleichung führt nach Elimination von σ mit Hilfe der Gleichung (6.169) und der kritischen Schallgeschwindigkeit a^*

$$a^{*2} = \frac{2\kappa}{\kappa+1}R\cdot T_0$$

Mit R der Gaskonstanten und T_0, der Ruhetemperatur zur "Stoßpolaren":

$$(w_2\sin\beta)^2 = (w_1-w_2\cos\beta)^2\frac{w_1w_2\cos\beta-a^{*2}}{\frac{2}{\kappa+1}w_1^2-w_1w_2\cos\beta+a^{*2}}. \tag{6.172}$$

Herzkurve und Stoßpolare

Nachfolgend sind Herzkurve und Stoßpolare bei konstantem κ für eine Anström-Mach-Zahl skizziert.

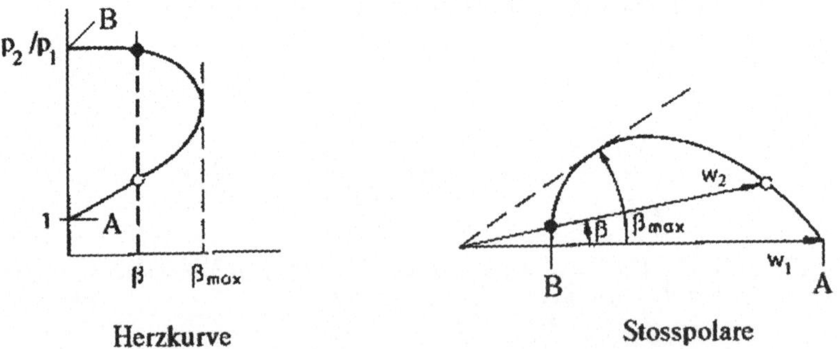

Herzkurve Stosspolare

Dargestellt ist jeweils nur der physikalisch sinnvolle Bereich ($p_2/p_1 \geq 1$ bzw. $w_2/w_1 \leq 1$). Bei vorgegebenem β existieren jeweils zwei Lösungen ($\circ$ und $\bullet$); in der Natur stellt sich beim geraden schiefen Stoß die Lösung mit dem kleineren p_2 und dem größeren w_2 - die sog. "schwache" Lösung ($\circ$) - ein. Für $\beta = 0$ zeigen sich in Herzkurve und Stoßpolare die Lösung für den senkrechten Verdichtungsstoß (B) und die triviale Lösung für die unveränderte Strömung (A). Für Umlenkwinkel $\beta > \beta_{max}$ existiert keine geschlossene Lösung für einen geraden Stoß; in diesem Fall erfolgt die Umlenkung über einen gekrümmten Verdichtungsstoß.

Ergänzende Bemerkungen

Hugoniot-Adiabate: Mit den Gleichungen (6.153) bis (6.155) erhält man aus Gleichung (6.156) den Energiesatz in Form der "Hugoniot-Adiabate"

$$\frac{\rho_2}{\rho_1} = \frac{(\kappa+1)\frac{p_2}{p_1} + (\kappa-1)}{(\kappa-1)\frac{p_2}{p_1} + (\kappa+1)} \tag{6.173}$$

oder in der von Kármán angegebenen Form

$$\frac{p_2 - p_1}{\rho_2 - \rho_1} = \kappa \, \frac{p_2 + p_1}{\rho_2 + \rho_1} \tag{6.174}$$

Aus (6.173) folgt für den sehr starken Stoß ($p_2/p_1 \to \infty$) das maximale Verdichtungsverhältnis für ein ideales Gas konstanter spezifischer Wärme

$$\left(\frac{\rho_2}{\rho_1}\right)_{p_2/p_1 \to \infty} = \frac{\kappa+1}{\kappa-1} \tag{6.175}$$

Aus (6.174) folgt für den sehr schwachen Stoß ($p_2/p_1 \to 1$)

$$\left(\frac{\Delta p}{\Delta \rho}\right)_{\hat{p}/p \to 1} = \kappa \, \frac{p}{\rho} = \left(\frac{dp}{d\rho}\right)_{isentrop} \tag{6.176}$$

Sehr schwache Stöße können in erster Näherung wie isentrope Kompressionswellen behandelt werden.

Maximaler Umlenkwinkel

Für $\kappa = 1,4$ beträgt der Umlenkwinkel β_{max}.

β_{max}	0°	23°	34°	42°	44°	45°
Ma	1	2	3	5	8	∞

Praktische Ausführung des Stoßpolarendiagramms

Alle Geschwindigkeiten sind durch die kritische Schallgeschwindigkeit a^* normiert, wobei a^* die Schallgeschwindigkeit im Hals der Laval-Düse ist, die in ihrem erweiterten Teil bei adiabater Strömung die Mach-Zahl Ma erzeugt. Zwischen den mit a^* normierten Geschwindigkeiten und Ma besteht die Beziehung

$$\frac{w}{a^*} \equiv Ma^* = \frac{w}{a} \cdot \frac{a}{a^*} = Ma \sqrt{\frac{\frac{\kappa+1}{2}}{1 + \frac{\kappa-1}{2} Ma^2}} \; . \tag{6.177}$$

Das Stoßpolarendiagramm auf Seite ?? dargestellt.

Zeichnet man die Geschwindigkeitsdreiecke der Strömung vor und hinter dem Stoß aufeinander, so erhält man wegen $w_1 = w_2$ nach Gl. (6.163) nebenstehendes Bild. Man erkennt, wie bei gegebenem Ma, κ, β und w_1 die Größen w_2, w_{n2}, w_{t2} und σ aus dem Stoßpolarendiagramm ermittelt werden können.

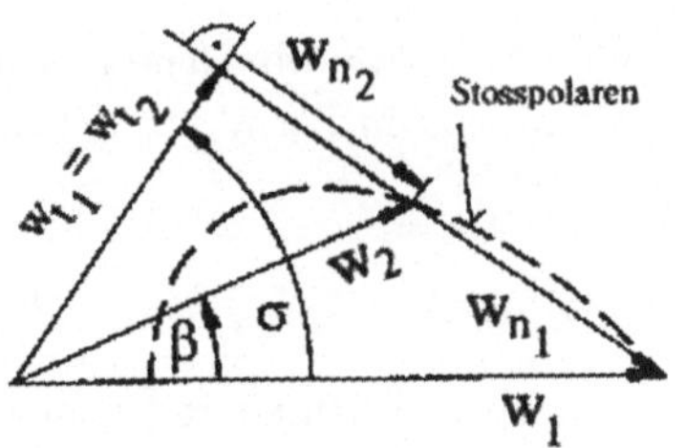

6.10.5 Versuchsdurchführung

Der Versuch wird im intermittierend arbeitenden Überschallkanal des Institutes durchgeführt. Die Luft wird aus der Umgebung (p_0, T_0) durch Laval-Düse und Meßstrecke in den Vakuumspeicher gesaugt.

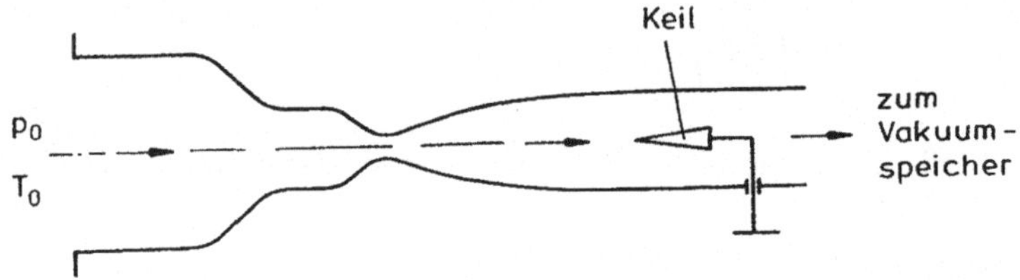

Die Düse erzeugt die Überschallströmung der Mach-Zahl $Ma \approx 2,0$ in der Meßstrecke.

Um eine symmetrische Strömung zu erhalten, wird der Keil mit Hilfe seiner Halterung so lange gedreht, bis die Druckdifferenz $p_{22} - p_{23}$ an den beiden symmetrisch gelegenen Druckbohrungen des Keiles verschwindet. Nach dieser Ausrichtung des Keiles werden die Druckdifferenzen $p_0 - p$, $p_0 - p_2$ und $p_0 - p_{exp}$ mit U-Rohren gemessen. Durch das Schlierenbild der Strömung werden der Stoßwinkel σ und Machscher Winkel α einer Mach-Linie der Anströmung sichtbar gemacht:

Die in der Aufnahme erkennbare, unter dem Winkel α geneigte Machsche Linie ist eigentlich ein sehr schwacher Verdichtungsstoß, der von einer kleinen Störung durch eine Klebefolie, die an der oberen Kanalwand angebracht ist, hervorgerufen wird.

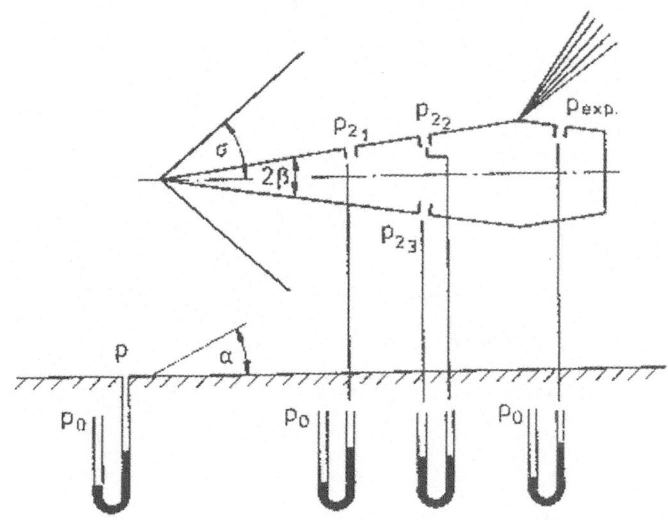

Literaturhinweise

WUEST, W.: *Strömungsmeßtechnik,* Vieweg-Verlag, 1969.

POPE, A., GOIN, K.L. *High-Speed Wind Tunnel Testing,* Jihn Wiley, 1965

OERTEL, H.: *Stoßrohre,* Springer-Verlag, 1966.

NAUMANN, A.: *Moderne Entwicklung bei Windkanälen, Die Umschau in Wissenschaft und Technik,* Heft 20, 1964, S. 613.

NAUMANN, A.: *Aerodynamische Gesichtspunkte der Windkanalentwicklung,* Jahrbuch WGL, 1954

HEYSER, A.: *Vorlesung: Versuchsanlagen der Strömungstechnik für Unter-, Über- und Hyperschallgeschwindigkeiten,* RWTH Aachen, 1972

SHAPIRO, A.H.: *The Dynamics and Thermodynamics of Compressible Fluid Flow,* Ronald Press, Vol. I, 1953, S. 507-512.

CUMMINGS, J.C.: *Development of a high-performance cryogenic shock tube,* Journal of Fluid Mechanics, Vol. 66, Part 1, 1874, S. 177-187.

VOIGT, F.: *Vorgänge beim Start einer Überschallströmung, Dissertation,* RWTH Aachen, 1960

PRANDTL, L. *Führer durch die Strömungslehre,* Vieweg-Verlag, 1965, S.302.

FLÜGGE, S.: *Handbuch der Physik: Strömungsmechanik,* Springer-Verlag, Band IX, 1959.

6.10.6 Auswertung

Meßwerte

$$
\begin{aligned}
p_0 &= 747\ mm\ Hg \\
p_0 - p_1 &= 690\ mm\ Hg \\
p_0 - p_2 &= 632\ mm\ Hg \\
\beta &= 5,75^o \\
\kappa &= 1,4 \\
p_0 - p_{exp} &= 700\ mm\ Hg
\end{aligned}
$$

$$\frac{p_0}{p} = \frac{1}{1-(p_0-p_1)/p_0} = 13,1$$

$$\frac{p_2}{p_1} = \frac{1-(p_0-p_2)/p_0}{1-(p_0-p_1)/p_0} = 2.017$$

Bestimmung der Mach-Zahl

1. $Ma = \dfrac{1}{sin\alpha} = 2.13$ aus Foto (α bestimmen)

$$2. \qquad Ma = \sqrt{\frac{2}{\kappa - 1}\left[\left(\frac{p_0}{p_1}\right)^{\frac{\kappa-1}{\kappa}} - 1\right]} = 2.33$$

Bestimmung von σ

1. $\sigma = 33.0°$ aus Foto
2. $\sigma = 39.9°$ aus $\sin\sigma = \sin\alpha \cdot \sqrt{\frac{\kappa+1}{2\kappa}\left(\frac{p_2}{p_1} - 1\right) + 1}$
3. $\sigma = 32.5°$ aus Stoßpolare $\left(Ma^* = Ma\sqrt{\frac{\frac{\kappa+1}{2}}{1 + \frac{\kappa-1}{2}Ma^2}} = 1.767\right)$

Bestimmung von p_2/p_1

1. $\frac{p_2}{p_1} = 2.017$ aus Messung
2. $\frac{p_2}{p_1} = 1.4$ aus Herzkurve

Fragen

1. Skizzieren Sie den Verlauf der Stoßkontur in den Schnitten (1, 2, 3) parallel zu den Seitenwänden des Kanals.

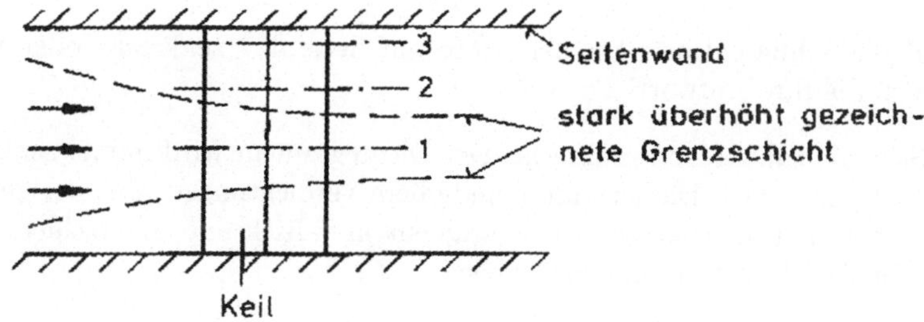

Fall 1:

$$Ma = 2,13$$

Fall 2:

$$Ma > 1$$
$$\sigma > 33^\circ$$

oder abgelöster Stoß für $\beta > \beta_{max}$

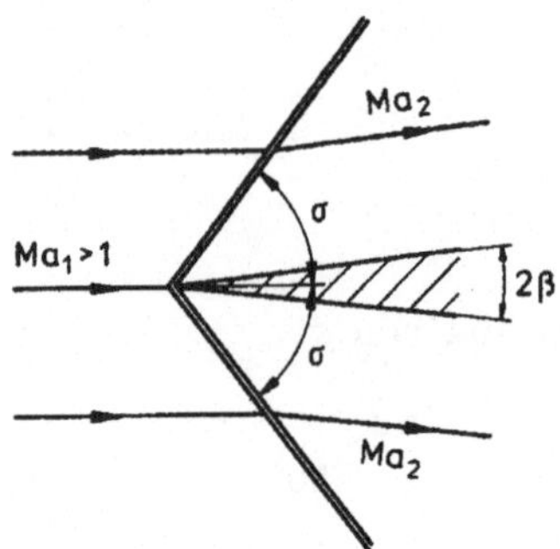

Fall 3:
$Ma < 1$, kein Stoß
durch Wandreibung abgebremste Störung
der $M > 1 \Rightarrow$ abgelöster Stoß

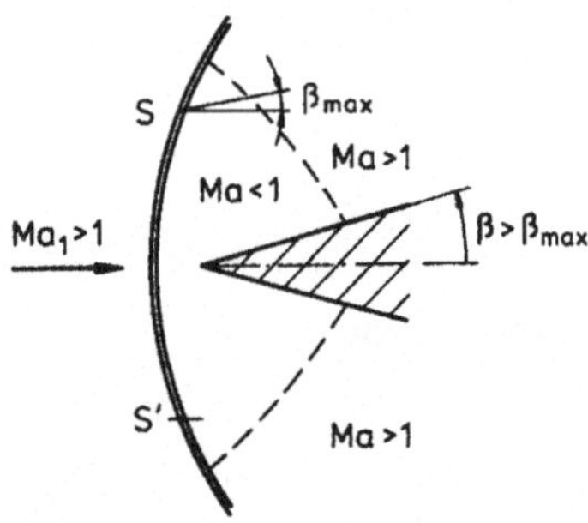

2. Vor und hinter einem senkrechten Verdichtungsstoß wird mit je einem Pitot-Rohr der Druck gemessen. Welche Drücke mißt man und wie verhalten sich die Anzeigen. (Der Stoß soll durch das erste Pitot-Rohr nicht beeinflußt werden.) Begründen Sie die Antwort.

   Man mißt den Gesamtdruck hinter dem Stoß, er ist in beiden Fällen gleich.

3. Stand die Schlierenkante bei dem Foto auf Seite 427 senkrecht oder waagerecht? Begründen Sie Ihre Antwort!

   Die Schlierenkante stand senkrecht. Der Dichtegradient wird immer senktrect zur Schlierenkante abgebildet. Da der untere und obere Verdichtungsstoß in der gleichen Graustufe abgebildet sind, obwohl der Dichtegradient in y-Richtung unterschiedlich ist, kann die Kante nur senkrecht gestanden haben.

4. Gegeben sei ein angestellter Keil mit $\beta = 20^o$ bei einer Anströmmachzahl $Ma_\infty = 2,91$.

   Wie groß kann der Anstellwinkel α werden, ohne daß der Verdichtungsstoß ablöst?

   $\beta_{max} = 33,8^\circ$ aus Herzkurve
   hier $\beta_{max} = \beta + \alpha_{max}$ für Unterseite

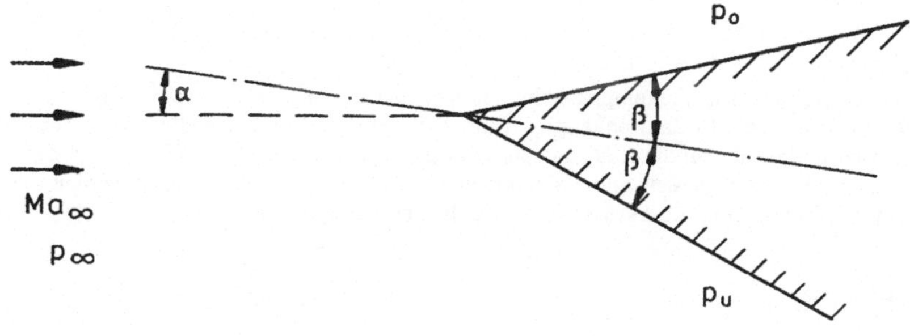

$\Rightarrow \alpha_{max} = 13,8°$

Wie groß ist in diesem Fall die Druckdifferenz $\frac{p_u - p_o}{p_\infty}$?

$\frac{p_u - p_o}{p_\infty} = 6,43$

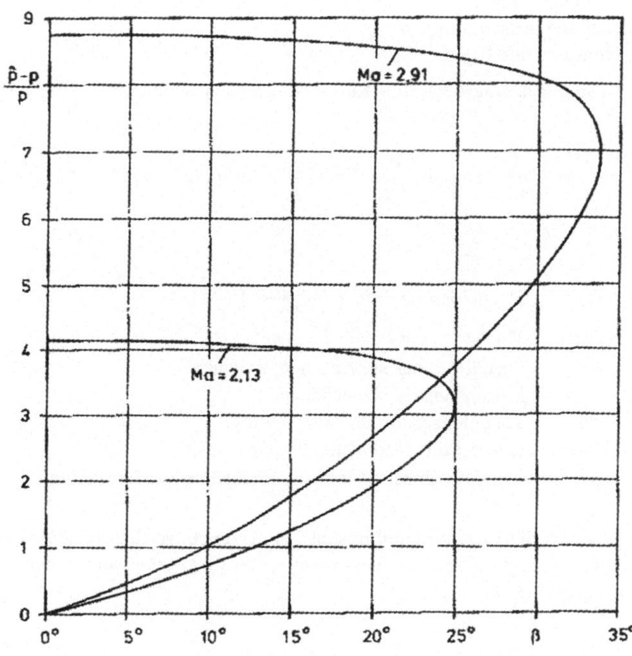

Herzkurve für $\kappa = 1.4$

6.11 Kugel in kompressibler Strömung

Zusammenfassung

Der Widerstand einer Kugel wird in kompressibler Unterschallströmung untersucht. Der Widerstandsbeiwert c_w ist von der Re-Zahl und der Ma-Zahl abhängig. An zwei Kugeln mit unterschiedlichem Durchmesser wird der Einfluß der kritischen Ma-Zahl auf die Ablösung der Grenzschicht aufgezeigt. Der Widerstand der beiden Kugeln wird bei verschiedenen Anströmgeschwindigkeiten gemessen. Mit einer Schlierenoptik werden die auftretenden Strömungsformen bei unter- und überkritischer Ma-Zahl sichtbar gemacht.

6.11.1 Einleitung

In diesem Versuch soll der Einfluß der Kompressibilität der Luft auf die Ausbildung des Strömungsfeldes um eine Kugel experimentell geprüft werden. In einer stationären Strömung muß die Kompressibilität berücksichtigt werden, wenn die relativen Dichteänderungen größer als ca. 1% sind. Der Widerstandsbeiwert c_w ist dann außer von den im Versuch - Kugel in inkompressbiler Strömung - genannten Kenngrößen zusätzlich von der Ma-Zahl der Anströmung abhängig.

Der im Windkanal gemessene Widerstandsbeiwert der Kugel

$$c_w = \frac{W}{q_\infty \frac{\pi}{4} D_K^2} \tag{6.178}$$

mit

W	Widerstand
$q_\infty = \frac{\varrho}{2} \cdot w_\infty^2$	Staudruck der Anströmung
D_K	Durchmesser der Kugel

ist von den folgenden Strömungskenngrößen und Randbedingungen abhängig:

$$c_w = f(Re, Ma_\infty, \kappa, \frac{k_s}{D_K}, Tu, \frac{A_{Ka}}{A_K}, \text{ Aufhängung}, Kn, ...) \tag{6.179}$$

Hierin sind:

Re	Reynoldssche Zahl $\left(\frac{\varrho_\infty u_\infty D_K}{\eta_\infty}\right)$
Ma_∞	Machsche Zahl $\left(\frac{w_\infty}{a_\infty}\right)$
κ	Verhältnis der spezifischen Wärmen
$\frac{k_s}{D_K}$	Rauhigkeit der Oberfläche
Tu	Turbulenzgrad der Anströmung
$\frac{A_{Ka}}{A_K}$	Querschnittsverhältnis Kanal-Kugel
Kn	Knudsen-Zahl $\frac{\lambda_\infty}{D_K}$ mit λ_∞ = mittlere freie Weglänge.

In dieser allgemeinen Form ist die Fnktion f unbekannt. Im Versuch werden nur Re- und Ma_∞-Zahl variiert, wobei die anderen Einflußgrößen, die durch die Versuchsanordnung gegeben sind, konstant gehalten werden.

6.11.2 Versuch

Versuchsanlage

Der Versuch wird im intermittierend arbeitenden Vakuum-Speicher-Kanal (Meßquerschnitt $15 \cdot 15\ cm^2$) des Instituts durchgeführt. Aus der Atmosphäre wird Luft über einen gut gerundeten Einlauf durch die Meßstrecke in einen Vakuumkessel gesaugt. Zwischen der Meßstrecke und dem Kessel befindet sich ein konvergent-divergent Diffusor mit verstellbarem engstem Querschnitt, in welchem bei genügend kleinem Druckverhältnis zwischen Kessel und Atmosphäre Schallgeschwindigkeit herrscht. Damit wird erreicht, daß trotz ansteigenden Kesseldruckes der Strömungszustand in der Meßstrecke für eine gewisse Zeit konstant bleibt. Für jedes Modell ist die Re-Zahl mit der Ma-Zahl in folgender Weise gekoppelt, wenn $\eta = \eta(T)$ bekannt ist:

$$Re = \frac{\rho\, u\, D_K}{\eta} = \frac{\rho}{\rho_0} \cdot \rho_0 \cdot \frac{u}{a_\infty} \cdot \frac{a_\infty}{a_0} \cdot a_0 \cdot \frac{\eta_0}{\eta} \cdot \frac{1}{\eta_0} \cdot D_K = f(Ma_\infty) \cdot \frac{\rho_0 \cdot a_0}{\eta_0} \cdot D_K \tag{6.180}$$

ρ_0 Ruhedichte der Luft
a_0 Ruheschallgeschwindigkeit
η_0 Zähigkeit

In einem Vakuum-Speicher-Kanal, für den ρ_0, a_0 und η_0 konstant sind, kann bei festgehaltener Ma-Zahl daher die Re-Zahl nur über den Kugeldurchmesser variiert werden.

Es werden zwei Kugeln mit verschiedenen Durchmessern von 25 mm und 50 mm in der Meßstrecke untersucht. Die Kugeln werden in ihrem Totwasser an einem Modellhalter befestigt. In dem Halter befindet sich ein Dehnmeßstreifen-Waage zur Messung des Widerstandes.

Widerstandswaage

Die im Halter eingebaute Waage mißt den Widerstand der Kugel durch eine Änderung des elektrischen Widerstandes eines gedehnten elektrischen Leiters (Dehnmeßstreifen). Die Anordnung des Halters und der Waage sind in folgender Abbildung dargestellt.

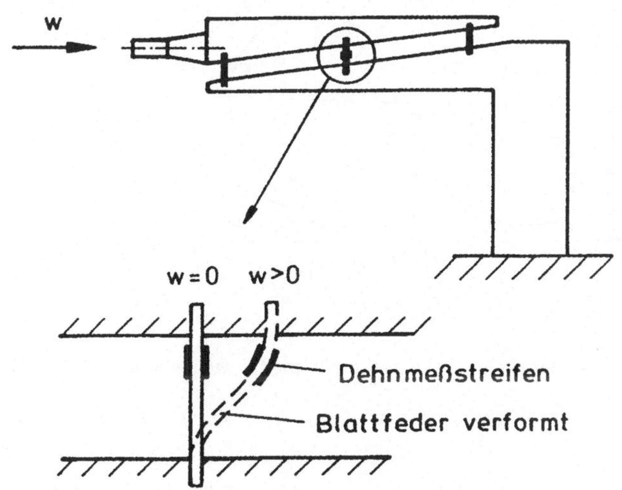

Unter Belastung verformen sich die Federelemente der Waage, und diese Verformung wird mit zwei Dehnmeßstreifen über eine Brückenschaltung gemessen. Die Dehnmeßstreifen in der Waage sind so angeordnet, daß eine weitgehende Temperaturkompensation gewährleistet ist. Die Eichung der Widerstandswaage wurde in einem Vorversuch in ausgebautem Zustand durch Belastung mit Gewichten durchgeführt.

Der Einfluß des Modellhalters auf den Kugelwiderstand bleibt unberücksichtigt.

Versuchsablauf

Für verschiedene Anströmgeschwindigkeiten w ist der Widerstand für zwei Kugeln mit ø 50 mm zu messen. Die Anströmgeschwindigkeit wird durch eine Änderung des Diffusorquerschnittts, in dem kritischer Zustand herrscht, variiert.

Der Zustand der ungestörten Anströmung läßt sich aus einer Druckmessung in diesem Bereich ermitteln. Eine schematische Skizze der Meßanordnung ist auf dem Datenblatt dargestellt.

Zur Beobachtung des Strömungsfeldes um die Kugel wird das Schlierenverfahren benutzt.

6.11.3 Grundlagen zur kompressiblen Strömung um eine Kugel

Potentialströmung

Das potentialtheoretische Strömungsfeld eines inkompressiblen Fluids gewinnt man aus der Übelagerung eines räumlichen Dipols und einer Parallelströmung. Nachstehend sind einige Stromlinien um eine Kugel dargestellt.

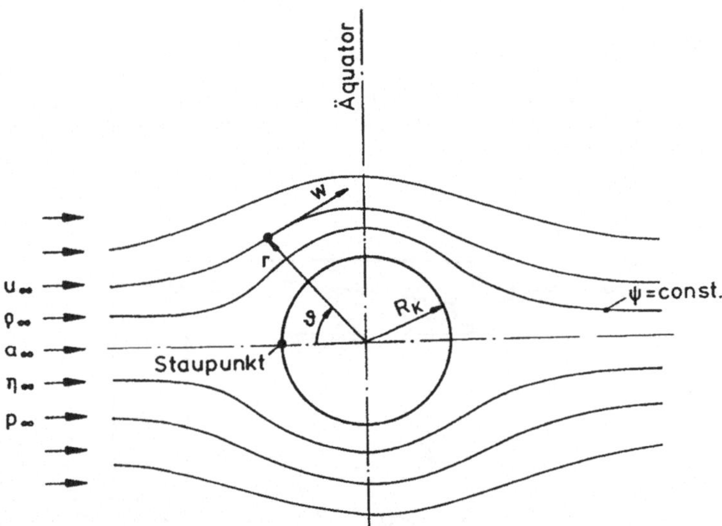

Die Geschwindigkeit und der Druck auf der Kugeloberfläche für die inkompressible Strömung wird beschrieben durch die Gleichungen

$$\frac{w}{w_\infty} = \frac{3}{2} \sin\, v \tag{6.181}$$

$$\frac{p_K - p_\infty}{\rho \frac{u_\infty^2}{2}} = 1 - \frac{9}{4} \sin^2\, v \text{ für } r = R_K \tag{6.182}$$

Lamla [1939] untersuchte die Potentialströmung eines kompressiblen Gases um die Kugel. Das folgende Diagramm stellt das Geschwindigkeitsverhältnis w_{kom}/w_{inkom} auf der Kugeloberfläche dar. Im Bereich des vorderen Staupunktes kommt es zu einer stärkeren Verzögerung und in Äquatornähe zu einer stärkeren Beschleunigung der Strömung, verglichen mit der inkompressiblen Strömung.

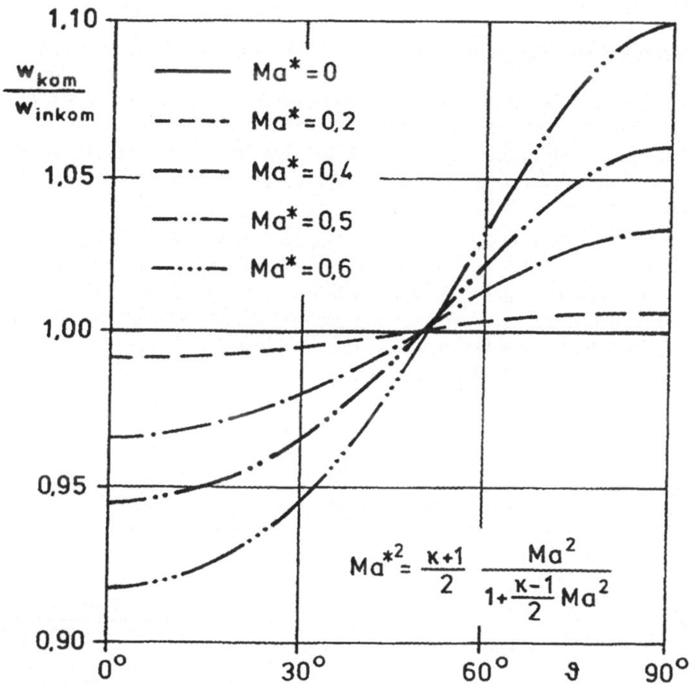

Nach Lambda [1939] ergibt sich für die kritische Ma-Zahl der Anströmung, bei der am Äquator der Kugel gerade Schallgeschwindigkeit auftritt, in einem Gas mit $\kappa = 1,4$ einen Wert von

$$Ma_{\infty krit} = 0,57 \quad Ma^*_{\infty krit} = 0,6 \tag{6.183}$$

Die Geschwindigkeit w_{kom} ist bei Ma_{krit} am Äquator gerade etwa 10% größer als die für inkompressible Strömung gerechnete.

Definition der kritischen Reynolds-Zahl

Der Charakter der Grenzschicht - laminar oder turbulent - bestimmt die Lage der Ablöselinie und damit die Größe des Totwassergebietes. Erfolgt der Umschlag von der laminaren zur turbulenten Grenzschicht vor Erreichen der Ablöselinie, so wandert diese von einem Ort vor dem Äquator weit hinter denselben und verkleinert das Totwasser. Die Re-Zahl, bei der er in inkompressibler Strömung erfolgt, heißt kritische Reynolds-Zahl.

Definition der kritischen Mach-Zahl

Eine Erhöhung der Ma-Zahl bei Unterschall-Anströmung führt infolge der Verdrängungswirkung der Kugel zu hohen lokalen Geschwindigkeiten in der Nähe des Äquators und schließlich zur Ausbildung eines örtlichen Überschallfeldes, das durch einen Stoß abgeschlossen wird. Die kleinste Anströmmachzahl, bei der an der Kugeloberfläche die örtliche Strömungsgeschwindigkeit gleich der örtlichen Schallgeschwindigkeit wird, heißt kritische Ma-Zahl.

Das Strömungsfeld in Abhängigkeit von Re und Ma

In der Einleitung wurde schon darauf hingewiesen, daß die Größe des Widerstandsbeiwertes mit der Lage der Ablöselinie zusammenhängt. Diese wird aber bestimmt durch den Charakter der Grenzschicht (laminar bzw. turbulent) vor dem Ort der Ablösung. Bei den Versuchen zeigt es sich jedoch, daß eine Ablösung bei überkritischer Ma-Zahl in der Nähe des Äquators auch durch den das Überschallgebiet abschließenden Stoß erzwungen wird. In der folgenden Abbildung links sind die Strömungsbilder skizziert, die auftreten, wenn Re_{krit} vor Ma_{krit} erreicht wird. Es kommt beim Erreichen von Re_{krit} zum Steilabfall des c_w-Wertes. Die Ablöselinie liegt hinter dem Äquator.

Beim Überschreiten der kritischen Ma-Zahl tritt am Äquator ein Verdichtungsstoß auf, der die Grenzschicht unmittelbar zum Ablösen bringt. Der c_w-Wert steigt wieder an. Für den Fall, daß Ma_{krit} vor Re_{krit} erreicht wird (Abbildung rechts), verhindert der Stoß den Abfall des c_w-Wertes beim Erreichen der kritischen Re-Zahl, indem er die sonst bei Re_{krit} auftretende Verlagerung der Ablöselinie über den Äquator hinaus verhindert. Die unterschiedlichen c_w-Verläufe lassen sich durch Änderung des Kugeldurchmessers von einem kleineren (rechtes Bild) zu einem grooßeren (linkes Bild) erklären.

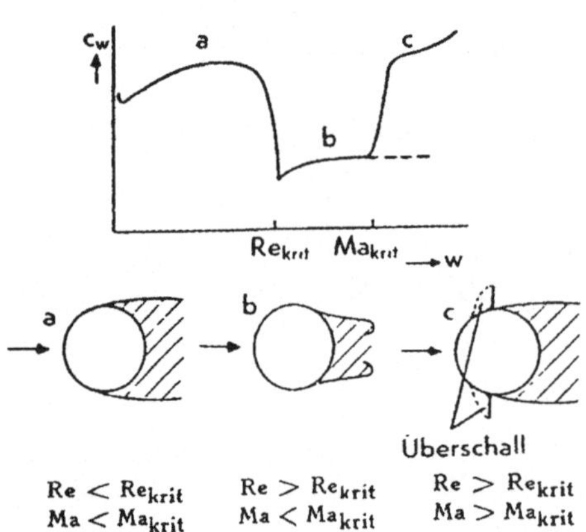

Widerstandsbeiwert und Strömungsbild in Abhangigkeit von der Anströmungsgeschwindigkeit fur große Kugeldurchmesser (schematisch)

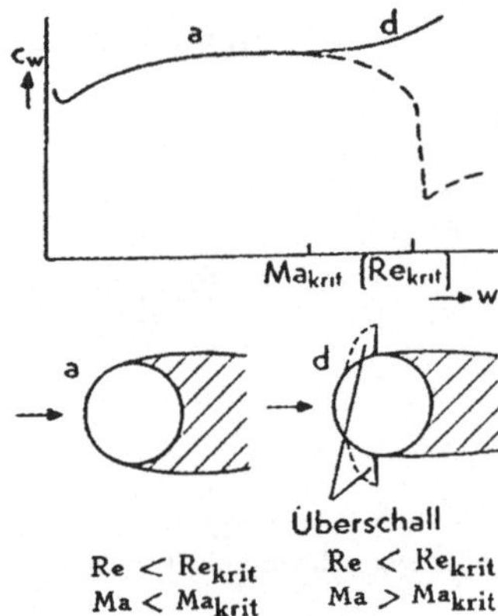

Widerstandsbeiwert und Stromungsbild in Abhängigkeit von der Anströmungsgeschwindigkeit fur kleine Kugeldurchmesser (schematisch)

Die Anströmungsgeschwindigkeiten, bei denen sich Re_{krit} bzw. Ma_{krit} einstellt, sind:

$$w_{Re,krit} = \frac{Re_{krit} \cdot \eta_\infty}{\rho_\infty D_K} \tag{6.184}$$

$$w_{Ma,krit} = Ma_{krit} \cdot a_\infty \tag{6.185}$$

Bei konstant gehaltener Anströmung ist w_{Makrit} = konst. und $w_{Rekrit} \approx 1/D_k$. Deshalb ist bei großen Durchmessern $w_{Rekrit} < w_{Makrit}$ (obige Abbildung links) und bei kleineren Durchmessern $w_{Rekrit} > w_{Makrit}$ (obige Abbildung rechts). Im Grenzfall $w_{Rekrit} = w_{Makrit}$ wird die kritische Re-Zahl und Ma-Zahl bei der selben Geschwindigkeit erreicht. Der zugehörige Kugeldurchmesser liegt zwischen 30 und 50 mm.

Experimentelle Ergebnisse

Die in den beiden folgenden Diagrammen dargestellten Meßergebnisse $c_w = f(Re, Ma)$ von Naumann und Walchner bestätigen diese Überlegungen [Naumann 1953].

Die Auftragung in der folgenden Abbildung zeigt zunächst den Einfluß der Anströmmachzahl auf den c_w-Wert bei verschiedenen Kugeldurchmessern. Man erkennt, daß bei kleinen Kugeldurchmessern bis ca. 30 mm Ma_{krit} vor Re_{krit} erreicht wird. Nach Überschreiten von Ma_{krit} steigt der Widerstand leicht an, da die Stoßintensität und damit die Verluste zunehmen.

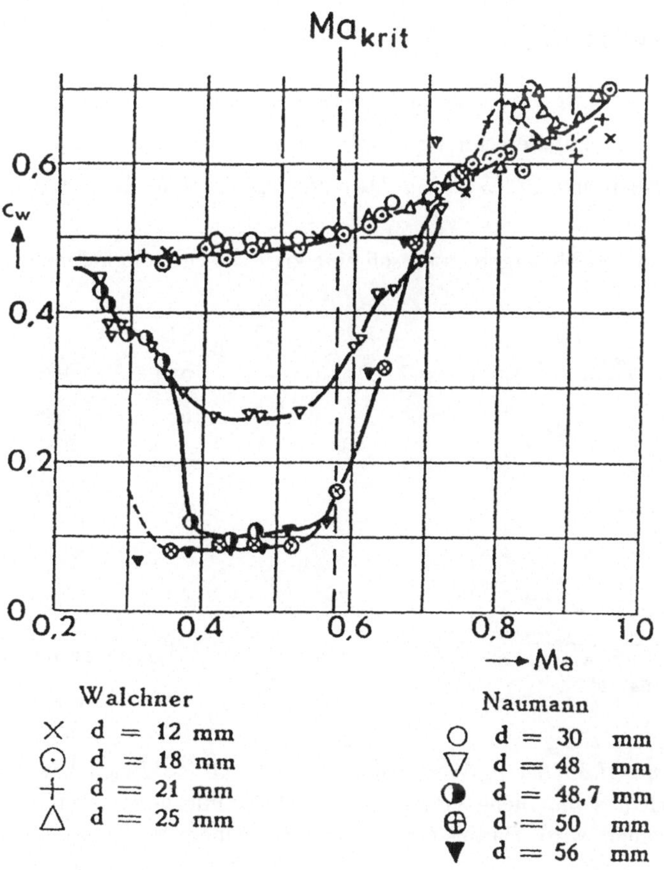

Für Kugeln mit Durchmesser größer als 50 mm wird Re_{krit} vor Ma_{krit} erreicht. Der starke Abfall des c_w-Wertes tritt wie in inkompressibler Strömung auf. Beim Überschreiten der kritischen Ma-Zahl steigt c_w wieder stark an.

In der Abbildung auf Seite 440 werden die gemessenen Widerstandsbeiwerte nach Naumann [1953] in Abhängigkeit von der Re-Zahl mit der Ma-Zahl und dem Kugeldurchmesser dargestellt.

Literaturhinweise

BAILEY: *Sphere drag coefficient for subsonic speeds in continuum and freemolecular flows*, J. Fluid Mech., Vol. 65, 1974, pp. 401-410.

LAMLA, E.: *Symmetrische Potentialströmung eines kompressiblen Gases Kreiszylinder und Kugel im unterkritischen Gebiet*, F.B. 1014, DVl, 1939

NAUMANN, A.: *Luftwiderstand der Kugel bei hohen Unterschallgeschwindigkeiten*, Allgemeine Wärmetechnick 4/10, 1953

6.11.4 Auswertung

Aus den Meßdaten (Seite 441) sind die Widerstandsbeierte $c_w = f(Re, Ma)$ zu berechnen:

Alle Gleichungen, die zur Berechnung benötigt werden, sind auf dem Meßprotokoll vermerkt.

Die Widerstandsbeiwerte $c_w = f(Ma, D_K)$ und $c_w = f(Re, D_K)$ sind darzustellen und zu diskutieren.

Zum Versuch und den Meßergebnissen soll eine kritische Stellungnahme gegeben werden.

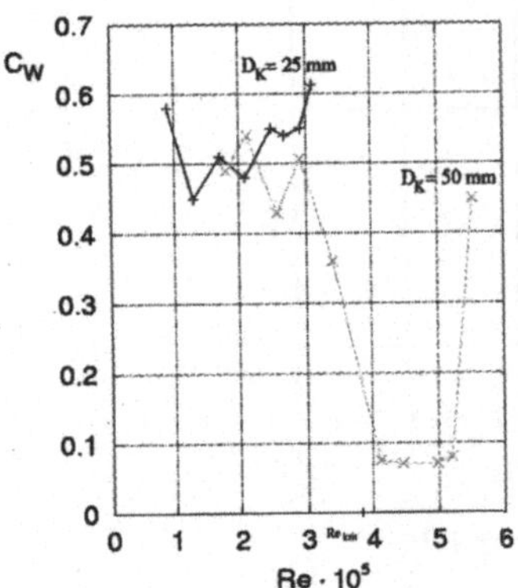

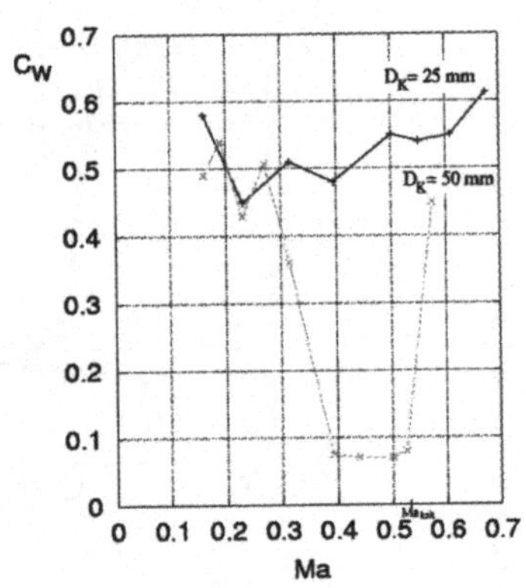

Für $D_K = 50\ mm$ fällt der c_w-Wert bei $Re \approx 3,5 \cdot 10^5 \approx Re_{krit}$ bzw. $Ma = 0,3$ steil ab, verursacht durch das plötzliche Verlagern der Ablöselinie hinter den Äquator, wodurch das Totwasser verkleinert wird. Daraus ergibt sich eine kleinere Widerstandskraft.

Bei $Ma = Ma_{krit} \approx 0,55$ steigt der c_w-Wert plötzlich stark an, da die Strömungsgeschwindigkeit kurz vor dem Äquator Überschall erreicht, was zu einem Verdichtungsstoß in unmittelbarer Äquatornähe führt. Durch den plötzlichen Druckanstieg wird eine Ablösung der Strömung hinter dem Stoß erzwungen, wodurch sich das Totwassergebiet wieder sprunghaft vergrößert.

Der Einbruch des c_w-Wertes tritt bei der 25 mm-Kugel nicht auf, weil hier Ma_{krit} schon vor Re_{krit} erreicht wird und der Verdichtungsstoß die Verlagerung der Ablöselinie verhindert.

Die Widerstandsmessungen sind prinzipiell recht ungenau, was die Streuung Meßdaten erklärt.

6.11.5 Fragen

1. Skizzieren sie das Strömungsbild um eine Kugel bei folgenden Anströmzuständen:

a.) $Ma_\infty = 0, \qquad Re > Re_{krit}$
b.) $Ma_\infty > Ma_{krit}, \quad Re > Re_{krit}$

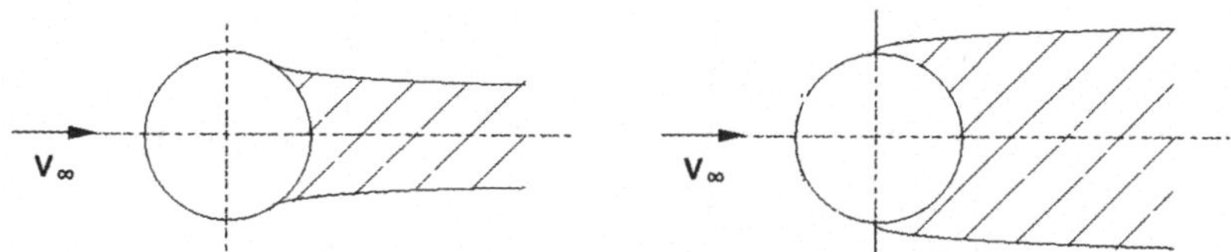

2. Warum steigt im Bereich $Ma_{krit} < Ma < 1$ der Widerstandsbeiwert c_w mit größer werdender Ma-Zahl weiter an?

Der Stoß wandert nach vorne, was zu einer weiteren Vergrößerung des Totwassers führt.

3. Wie groß ist bei einer Potentialströmung die Dichteänderung $(\rho_\infty - \rho)/\rho_\infty$ am Äquator einer Kugel, wenn die Anströmmachzahl $Ma_\infty = Ma_{krit}$? Es wird eine isentrope Zustandsänderung vorausgesetzt ($\kappa = 1,4$ Luft).

$$M_\infty = 0,57 \rightarrow \left(\frac{\rho_0}{\rho_\infty}\right) = 1,17$$

$$\frac{\rho_\infty - \rho}{\rho_\infty} = 1 - \frac{\rho}{\rho_\infty} \cdot \frac{\rho_0}{\rho_0} = 1 - \left(\frac{\rho}{\rho_0}\right)\left(\frac{\rho_0}{\rho_\infty}\right) = 1 - 0,634 \cdot 1,17 = 0,258$$

4. Bis zu welcher Strömungsgeschwindigkeit ist beim Windkanal der Einfluß der Kompressibilität der trockenen Luft im technischen Rahmen vernachlässigbar ($T_0 = 293K$)?

$$\frac{\rho_\infty - \rho}{\rho_\infty} > 0,01 \quad \Rightarrow \text{kompressibel}$$

$$\Rightarrow \frac{\rho}{\rho_0} < 0,99 \Rightarrow Ma > 0,14$$

$$u_\infty = Ma\sqrt{\kappa\, R\, T_0} \Rightarrow u_\infty \geq 48\frac{m}{s}$$

Bis zu einer Strömungsgeschwindigkeit von ca. $48\frac{m}{s}$ ist der Einfluß der Kompressibilität vernachässigbar, da die relativen Dichteänderungen unter 1% liegen.

Eichwerte der DMS-Kraftwaage

Belastung F	[N]	0	0,71	2,71	4,71	6,71	8,71	10,71	15,71	20,71
Anzeige Belastung	[Skt]	0	1,4	4,7	8,1	11,6	15,0	18,5	27,1	35,7
Anzeige Entlastung	[Skt]	0,2	1,5	4,9	8,4	11,8	15,1	18,5	27,1	35,7

F [N]
24
16
8
0
1cm ≙ 1mV
x neue Eichung
o alte Eichung
10
20
30
Skt
40
0
40
80
120
160
U/mV
200

Eichkurve

c_w
0,8
0,6
0,4
0,2
0
Ma = 0,9
0,85
0,8
0,75
0,7
0,66
0,63
0,6
Ma = 0,35
0,3
0,38
0,4
0,45
0,5
0,55
Ma_{krit}
0,5
1
2
3
4
5
6
Re
$7 \cdot 10^5$
d = 15 mm
d = 20 n.m
d = 25 mm
d = 30 mm
d = 38 mm
d = 45 mm
d = 48 mm
d = 48,7 mm
d = 50 mm
d = 56 mm

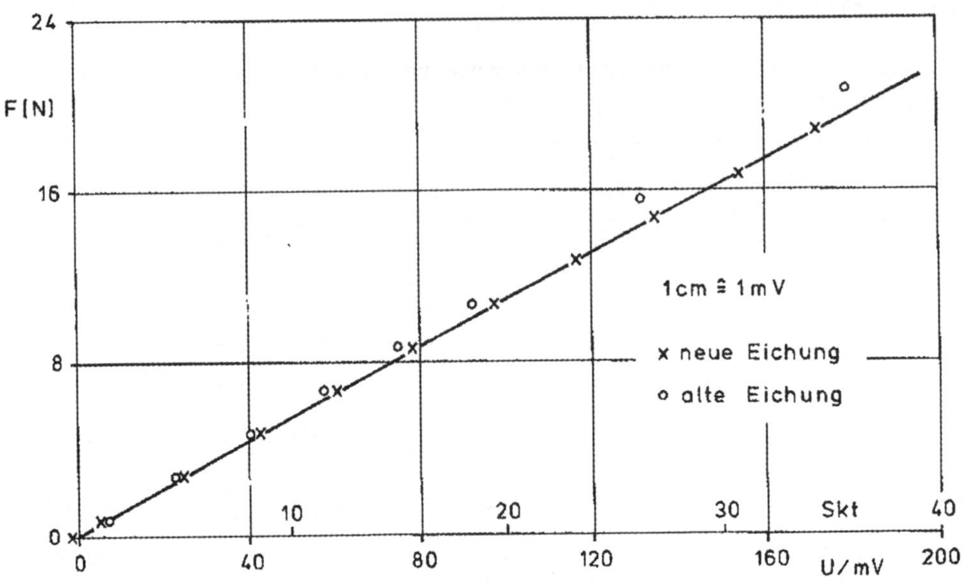

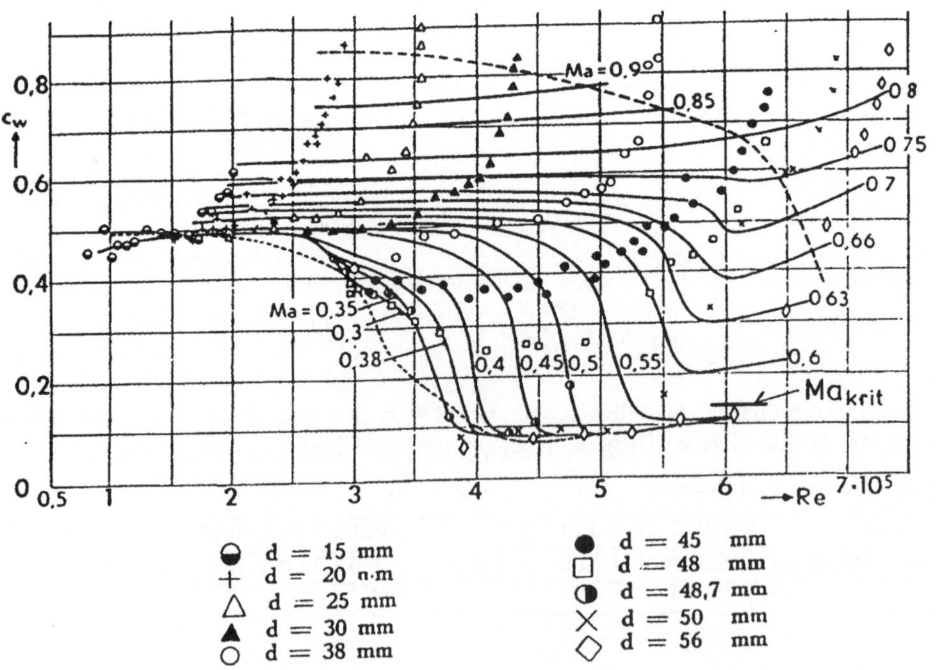

Kugel in kompressibler Strömung

1	2	3	4	5	6	7	8	9	10	11	12	13	14	15	16	17	18	19	20	21
D_K	Δp_0	p_0	$\Delta p_1'$	Δp_1	p_1	$\frac{p_1}{p_0}$	Ma	$\frac{u}{a_0}$	$\Re$	a_0	u_1	ρ_0	$\frac{\rho_1}{\rho_0}$	ρ_1	q_1	W	W	c_w	$\frac{a_0 \rho_0 D_K}{\eta_0}$	$Re \cdot 10^{-5}$
[mm]	[mmWS]	$[Nm^{-2}]$	[mmHg]	$[Nm^{-2}]$	$[Nm^{-2}]$	-	-	-	-	$[ms^{-1}]$	$[ms^{-1}]$	$[kgm^{-3}]$	-	$[kgm^{-3}]$	$[Nm^{-2}]$	[Skt]	[N]	-	-	-
Me	Me	-	Me	-	-	-	DIA	DIA	DIA	-	-	-	-	-	-	Me	Eichkurve	-	-	-
25			12	1601	98194	0,984	0,160	0,160	0,160		54,9		0,987	1,17	1763	1,1	0,5	0,58		0,89
			27	3602	96193	0,964	0,230	0,230	0,230		79,0		0,974	1,15	3589	1,5	0,8	0,45		1,29
			49	6537	93258	0,934	0,315	0,310	0,305		106,5		0,952	1,13	6408	2,9	1,6	0,51		1,70
			77	10273	89522	0,897	0,395	0,390	0,370		133,9		0,926	1,10	9861	4,2	2,3	0,48		2,09
			117	15610	84185	0,844	0,500	0,485	0,445		166,6		0,885	1,05	14572	7,0	3,9	0,55		2,49
			140	18678	81117	0,813	0,550	0,535	0,480		183,7		0,863	1,02	17210	8,2	4,6	0,54		2,68
			167	22280	77515	0,777	0,610	0,590	0,520		202,6		0,836	0,99	20318	9,7	5,5	0,55		2,91
			197	26283	73512	0,737	0,675	0,645	0,555		221,5		0,804	0,95	23305	12,4	7,0	0,61		3,10
50			12	1601	98194	0,984	0,160	0,160	0,160		54,9		0,987	1,17	1763	3,0	1,7	0,49		1,79
			19	2535	97260	0,975	0,190	0,190	0,190		65,2		0,982	1,16	2466	4,7	2,6	0,54		2,12
			27	3602	96193	0,964	0,230	0,230	0,230		79,0		0,974	1,15	3589	5,5	3,1	0,43		2,57
			37	4936	94859	0,951	0,270	0,265	0,260		91,0		0,964	1,14	4720	8,4	4,7	0,51		2,91
			49	6537	93258	0,934	0,315	0,310	0,305		106,5		0,952	1,13	6408	8,0	4,5	0,36		3,41
			77													2,5				
			94													3,1				
			117	15610	84185	0,844	0,500	0,485	0,445		166,6		0,885	1,05	14572	3,8	2,1	0,07		4,98
			128	17077	82718	0,829	0,525	0,510	0,465		175,1		0,874	1,04	15943	5,0	2,8	0,08		5,20
			149	19878	79917	0,801	0,575	0,555	0,495		190,6		0,852	1,01	18346	28,3	16,1	0,45		5,53

$Ba = 748$ $[mmHg]$
$p_a =$ $[Nm^{-2}]$
$t_a = 20,5$ $[°C]$
$T_a =$ $[K]$
$R = 287$ $[m^2 s^{-2} K^{-1}]$
$\kappa = 1,4$
$\eta_0 = 1,82 \; 10^{-5}$ $[Nsm^{-2}]$

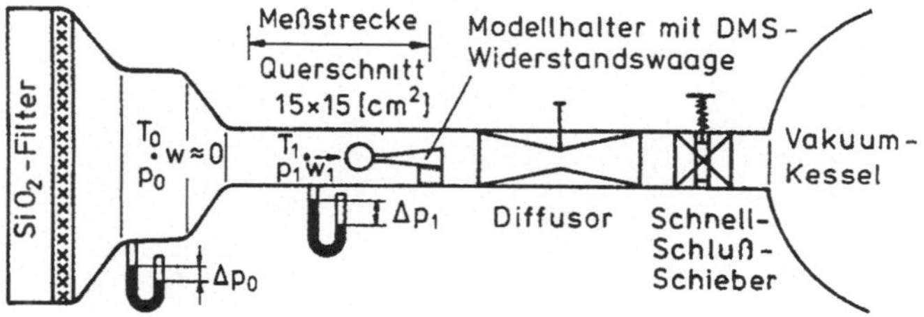

(3) $p_0 = p_a - \Delta p_0$
(5) $\Delta p_1 = \Delta p_1' \cdot 133,3$
(6) $p_1 = p_a - \Delta p_1$
(11) $a_0 = \sqrt{\kappa \cdot R \cdot T_0}$
(12) $u_1 = \frac{u_1}{a_0} \cdot a_0$
(13) $\rho_0 = \rho_a \cdot \frac{p_0}{p_a}$

(14) $\frac{\rho_1}{\rho_0} = \frac{1}{\left(1 + \frac{\kappa - 1}{2} Ma_1^2\right)^{\frac{1}{\kappa-1}}}$
(15) $\rho_1 = \frac{\rho_1}{\rho_0} \cdot \rho_0$
(16) $q_1 = \frac{\rho_1}{2} u_1^2$
(19) $c_w = \frac{W}{q_1 \frac{\pi \cdot D_K^2}{4}}$
(21) $Re = \Re \cdot \frac{a_0 \rho_0 D_K}{\eta_0}$

Sachwortverzeichnis